W0199306

Röbke · Wolfgramm

Arbeitsbuch Chemie für Mediziner und Biologen

Arbeitsbuch Chemie

für Mediziner und Biologen

Eine klausurorientierte Einführung

Von Dirk Röbke
und Udo Wolfgramm, Köln

4. Auflage

WVG Wissenschaftliche Verlagsgesellschaft mbH Stuttgart

Bibliografische Information der Deutschen Nationalbibliothek
Die Deutsche Nationalbibliothek verzeichnet diese Publikation in der Deutschen Nationalbibliografie; detaillierte bibliografische Daten sind im Internet über http://dnb.d-nb.de abrufbar.

ISBN 978-3-8047-2396-2

1. Auflage 1999
2. überarbeitete und erweiterte Auflage 2002
3. Auflage 2005
Die Vorauflagen sind unter dem Titel „Arbeitsbuch Chemie für Mediziner" erschienen.

Birkenwaldstraße 44, 70191 Stuttgart
Printed in Germany
www.wissenschaftliche-verlagsgesellschaft.de

Vorwort

Nach Erscheinen der ersten Auflage waren wir von der überwältigen Resonanz, die dieses Buch fand, sehr positiv überrascht.
Festhaltend am bewährten Konzept, haben wir seitdem in jeder Auflage viele der zahlreichen Anregungen, die uns von studentischer Seite erreichten, umgesetzt. Diesen engagierten Lesern gilt unser aufrichtiger Dank, denn nur so kann ein Buch „zielgruppengerecht“ wachsen und reifen. Zusätzliche Aufgaben wurden mit aufgenommen, und das Konzept wurde stellenweise ergänzt und erweitert.
An dieser Stelle möchten wir als Ergänzung zu diesem Werk die Bücher „Chemie für Mediziner“ von Christian Benz, Claudius Diez und Katherina Standhartinger (Wissenschaftliche Verlagsgesellschaft) sowie „Chemie für Ahnungslose“ von Katherina Standhartinger (erschienen im Hirzel Verlag) empfehlen.

Köln, im April 2007

Dirk Röbke
Udo Wolfgramm

Vorwort zur ersten Auflage

Die Idee zu diesem Buch entsprang einer Beobachtung, die wir während unserer Tätigkeit als Nachhilfelehrer in Chemie gemacht haben. Es fiel auf, dass es keine Verknüpfung zwischen der Theorie der Lehrbücher und der Praxis der Klausur gab. Durch die Verknüpfung eines klausurorientierten theoretischen Teils mit anschließend an Klausuren angelehnten Übungen möchten wir Ihnen einen anderen – nach unserem Dafürhalten besseren – Einstieg in die Chemie bieten. Wir werden zwar an einigen Stellen, die nach unserer Erfahrung zu tief in die Theorie einsteigen, auf Lehrbücher der Chemie und Physik hinweisen. Dabei werden Sie allerdings schnell merken, dass wir durchweg professionellere Lösungen meinen als die Bücher, die durch das Attribut „für Mediziner“ gekennzeichnet sind.
Um die Aufgaben nicht unnötig kompliziert zu gestalten, haben wir konsequent mit gerundeten Werten gearbeitet. Dadurch ist es möglich, die Ergebnisse im Kopf leicht nachzuvollziehen. Dabei haben wir uns an das Wort von C. F. Gauß gehalten, dass sich der Mangel an mathematischer Bildung durch nichts so auffallend zu erkennen gibt, wie durch maßlose Schärfe im Zahlenrechnen.
Um die Orientierung zu erleichtern, sind die Aufgaben mit einem **A** und die Lösungen mit einem **L** gekennzeichnet. Die Lösungen sind – wenn nötig – kommentiert.
Wir wünschen Ihnen viel Spaß beim Durcharbeiten des Buches und viel Erfolg bei Klausuren und Prüfungen.

Köln, im Februar 1999

Dirk Röbke
Udo Wolfgramm

Inhalt

Atombau und chemische Bindung

Die Vorstellung des Atoms als kleinste unteilbare Einheit ist sehr alt. Sie geht als Modell auf Euklides zurück. Erst in unserer Zeit wurde das Modell konkreter.
Demnach besteht ein Atom aus einem positiven Kern und einer negativen Hülle. Der Kern setzt sich aus positiven Protonen und neutralen Neutronen zusammen. Diesen Atombestandteilen wird die Masse eins zugeordnet. Die Hülle besteht aus negativen Elektronen. Diese werden als massefrei angesehen.
Das Atom wird durch elektrostatische Kräfte zusammengehalten. Dabei fixieren die Protonen im Kern die Elektronen der Hülle. Die Neutronen dienen als Isolationsmaterial zwischen den Protonen, die sich sonst natürlich abstoßen würden. Die Elektronen brauchen kein Isolationsmaterial, da sie einen großen Abstand voneinander haben. Die Anzahl der Protonen charakterisiert das jeweilige Element. Sie wird daher auch Ordnungszahl genannt.
Die Zahl der Neutronen in einem Element kann unterschiedlich ausfallen, man spricht von Isotopen. Dadurch gibt es Unterschiede in der Massenzahl, die die Summe aus Protonen und Neutronenzahl ist. Weil die Massenzahl daher ein Durchschnittswert der in der Natur vorkommenden Häufigkeit ist, folgt daraus, dass sie meist mehrere Nachkommastellen aufweist.
Zurzeit sind einhundertsechs Elemente bekannt, die in einer Tabelle, dem Periodensystem nach gewissen Kriterien geordnet werden. Diese Kriterien ergeben sich aus dem Aufbau der Elektronenhülle.
Nach einer alten Vorstellung (Bohrsches Atommodell) bewegen sich die Elektronen um den Kern wie Planeten um die Sonne. Dieses tun sie auf festen Bahnen, den sogenannten Schalen. Auf jeder Schale hat nur eine bestimmte Anzahl von Elektonen Platz. Dieses Modell erklärt den Aufbau der Atomhülle nicht vollständig. Eine bessere Erklärung liefert das sogenannte Orbitalmodell.
Dabei sind Orbitale als Aufenthaltswahrscheinlichkeiten innerhalb eines gewissen Raums definiert. Man nimmt an, dass sich ein Elektron zu 99% innerhalb dieses Orbitals aufhält. Die Gliederung der Elektronen in Orbitale erfolgt durch die sogenannten Quantenzahlen.
Es gibt vier verschiedene Quantenzahlen:

- Die Hauptquantenzahl entspricht einem großen Energieunterschied zwischen den Orbitalen und führt zu den Perioden des Periodensystems. Eine Periode ist eine Zeile in dieser Tabelle.
- Die Nebenquantenzahl charakterisiert die Form des Orbitals. Dabei gibt es kugelförmige s-Orbitale, hantelförmige p-Orbitale, kleeblattförmige d-Orbitale und f-Orbitale mit einer ausgeprägten Raumstruktur. Die Nebenquantenzahlen ergeben die Gruppen im Periodensystem.
- Die Magnetquantenzahl gibt die Raumausrichtung nicht kugelförmiger Orbitale an.
- Die Spinquantenzahl gibt die „Drehrichtung“ der Elektronen an.

Danach ergibt sich folgendes Bild, das im weiteren als Kästchenschema (VB-Theorie) bezeichnet wird. Dabei entspricht jedes Kästchen einem Orbital, das durch zwei Elektronen mit unterschiedlichem Spin besetzt werden kann. Durch dieses Kästchenschema wird das sogenannte Pauli-Prinzip automatisch erfüllt: die Elektronen eines Atoms unterscheiden sich in mindestens einer Quantenzahl voneinander.
Beim Auffüllen der Orbitale muss dann sowohl die Tatsache, dass als erstes natürlich die energieärmeren Orbitale, d.h. die unteren Kästchen des Kästchenschemas, besetzt werden, als auch die Hundsche Regel beachtet werden, das heißt, dass energiegleiche Orbitale erst einfach und dann unter Spinpaarung aufgefüllt werden (Erst ein Hund in die Hütte, dann zwei).

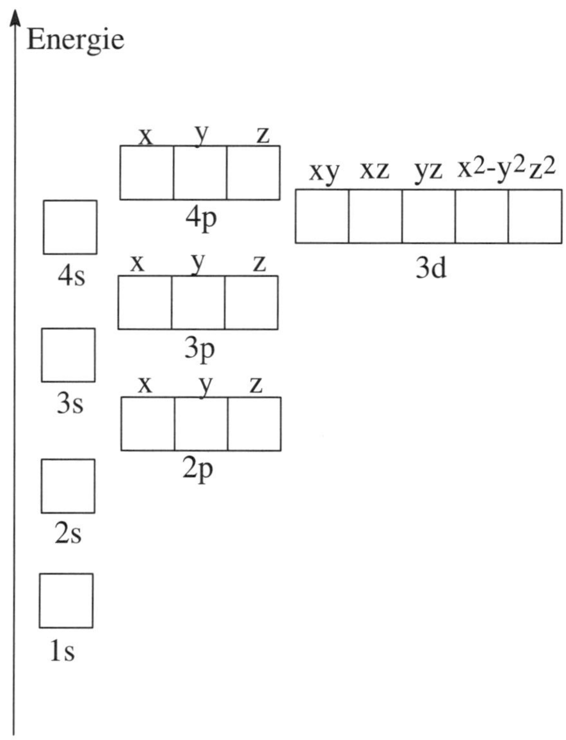

Dieses Kästchenschema ist nur eine Möglichkeit die Besetzung der Orbitale wiederzugeben. Eine weitere Möglichkeit ist das einfache Aufzählen der Orbitale. Dazu werden als erstes die Hauptquantenzahl, dann die Nebenquantenzahl und dann die Anzahl der Elektronen, die sich in dem jeweiligen Orbital befinden, als Exponent dargestellt.

Einige Beispiele: Lithium $1s^2\ 2s^1$

Chlor $1s^2\ 2s^2\ 2p^6\ 3s^2\ 3p^5$

Eisen $1s^2\ 2s^2\ 2p^6\ 3s^2\ 3p^6\ 4s^2\ 3d^6$

(Tipp: die Summe der Exponenten entspricht der Ordnungszahl. Vorsicht, wenn es sich um geladene Teilchen handelt.)

Beim Aufzählen kann das Periodensystem als Hilfe herangezogen werden, da es den Aufbau der Elektronenhülle widerspiegelt. Beachten Sie bitte, dass bei den d-Orbitalen die Hauptquantenzahl der Periodenzahl nicht entspricht, sondern um eins vermindert ist.

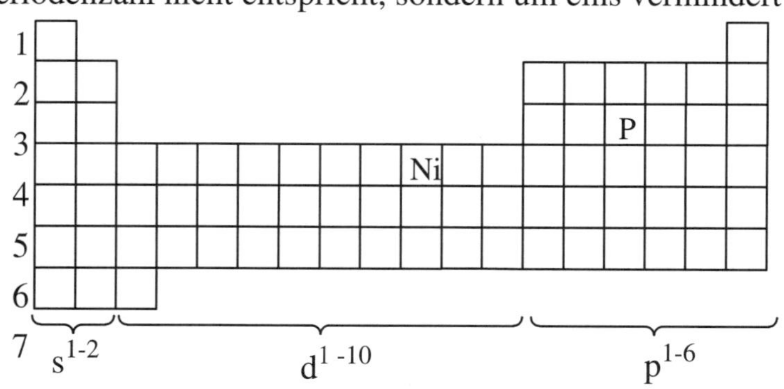

Als Beispiele sollen Phosphor und Nickel dienen:

Gehen Sie zeilenweise von links nach rechts vor.

P: $1s^2\ 2s^2\ 2p^6\ 3s^2\ 3p^3$

Ni: $1s^2\ 2s^2\ 2p^6\ 3s^2\ 3p^6\ 4s^2\ 3d^8$

Die Edelgaskonfiguration

Jedes Atom ist bestrebt den energieärmsten Zustand einzunehmen. Dieses ist erreicht, wenn die Orbitale eine abgeschlossene Elektronenhülle haben. Bei Edelgasen ist dieser Zustand verwirklicht. Alle anderen Atome versuchen diesen Zustand zu erreichen. Dieses erfolgt durch die chemische Bindung, von denen es verschiedene, später zu besprechende Typen, gibt.
De facto stellt es sich für das Atom als eine Aufnahme oder Abgabe von Elektronen im äusseren, dem sogenannten Valenzelektronenorbital dar. Betrachten wir das einmal für die Beispiele Natrium und Chlor.

Beispiel Natrium: Natrium befindet sich in der ersten Gruppe des Periodensystems, d.h. es befindet sich ein Elektron im äußeren Orbital.
Es ergibt sich folgende Elektronenkonfiguration: Na: $1s^2\ 2s^2\ 2p^6\ 3s^1$.
Edelgaskonfiguration könnte entweder durch die Aufnahme von sieben oder die Abgabe eines Elektrons erreicht werden. Natürlich ist es einfacher, die letzte Variante wahrzunehmen, so dass sich die Elektronenkonfiguration wie folgt darstellt: $1s^2\ 2s^2\ 2p^6$.
Dieses ist die Elektronenkonfiguration von Neon. Durch den Verlust dieses Elektrons, einer negativen Ladung also, überwiegt die positive Kernladung um eins, das Natrium ist einfach positiv geladen. Es wird als Na^+ dargestellt. Positiv geladene Teilchen werden als *Kationen* bezeichnet.

Beispiel Chlor: Chlor befindet sich in der siebten Gruppe des Periodensystems, d.h. es finden sich sieben Elektronen im äußeren Orbital.
Es ergibt sich folgende Elektronenkonfiguration: Cl: $1s^2\ 2s^2\ 2p^6\ 3s^2\ 3p^5$.
Auch hier ist das Bestreben, die Edelgaskonfiguration zu erreichen, vorhanden. Dieses wird am besten durch die Aufnahme eines Elektrons erreicht, so dass die Elektronenkonfiguration wie folgt aussieht: $1s^2\ 2s^2\ 2p^6\ 3s^2\ 3p^6$.
Diese Elektronenkonfiguration entspricht der von Argon. Durch die Aufnahme eines Elektrons ist das Chlor einfach negativ geladen, es wird als Cl^- dargestellt. Negativ geladene Teilchen werden als *Anionen* bezeichnet.

Beachten Sie eine wesentliche Einschränkung: Wir haben hier Extremfälle betrachtet, es gibt auch andere Möglichkeiten, die Edelgaskonfiguration zu erreichen. Diese diskutieren wir in einem späteren Abschnitt.

Elektronegativität

Sie kennzeichnet das Bestreben eines Atoms, Elektronen an sich zu binden. Am besten lässt sie sich als elektrostatische Erscheinung erklären. Diese hängt von zwei Größen ab:

1. Der Größe der elektrischen Ladung und dem daraus resultierenden elektrischen Feld. Dieses Feld wird durch die positive Kernladung erzeugt. Es gilt: je mehr Protonen, desto stärker ist das positive elektrische Feld. Sie alleine würde eine Zunahme der Elektronegativität bedingen.
2. Als gegenläufiger Effekt ist der Abstand der Elektronen vom Kern zu betrachten. Je weiter ein Elektron vom Kern entfernt ist, desto geringer ist die elektrostatische Wechselwirkung. Sie würde eine Abnahme der Elektronegativität bedingen.

Es ergibt sich folgendes Gesamtbild: Innerhalb einer Periode von links nach rechts, also einer Zeile im Periodensytem, nimmt die Elektronegavität zu (wachsende Kernladung bei gleicher Orbitalgröße). Innerhalb einer Gruppe, also einer Reihe im Periodensystem, nimmt die Elektronegativität ab (wachsende Kernladung bei zunehmender Orbitalgröße). Die Elektronegativität ist ausschlaggebend für die Art der Bindung.

Die chemischen Bindungen

Man unterscheidet intramolekulare von intermolekularen Wechselwirkungen. Die intramolekularen Wechselwirkungen, das heißt diejenigen, die zu einer chemischen Bindung und damit zum Aufbau eines Moleküls führen, lassen sich folgendermaßen unterteilen:

1. Ionenbindung
2. Kovalente Bindung, auch Elektronenpaarbindung oder Atombindung genannt
3. Koordinative Bindung
4. Metallische Bindung

Ad 1.: Die Ionenbindung ist die elektrostatische Wechselwirkung zwischen verschieden geladenen Atomen oder sogenannten Molekülionen. Sie ist abhängig von der Elektronegativität der einzelnen Atome bzw. ihrer Differenz untereinander. Je höher die Differenz desto größer ist der ionische Charakter einer Bindung. Eine Ionenbindung tritt dann auf, wenn die Elektronegavitätsdifferenz größer ist als 1,8.
Beispiel: Die oben genannten Atome Natrium (EN: 1,0) und Chlor (EN: 2,8) gehen aufgrund ihrer Elektronegativitätsdifferenz (2,8 – 1,0 = 1,8) eine Ionenbindung ein. Das bedeutet, dass das Natrium ein Elektron abgibt und das Chlor dieses Elektron aufnimmt. Dadurch erreichen beide die Edelgaskonfiguration.

$$Na + Cl \rightarrow Na^+ + Cl^-$$

Dabei ist zu beachten, dass sich die Summe der unterschiedlichen Ladungen innerhalb einer Ionenverbindung immer genau kompensieren muss.
z.B.:

$$2\,Al + 3\,S \rightarrow 2\,Al^{3+} + 3\,S^{2-} \rightarrow Al_2S_3$$

Aluminium erreicht die Edelgaskonfiguration durch Abgabe dreier Elektronen. Schwefel erreicht sie durch Aufnahme zweier Elektronen. Das kleinste gemeinsame Vielfache zwischen zwei und drei ist sechs. Also geben zwei Aluminiumatome $2 \times 3 = 6$ Elektronen ab und drei Schwefelatome nehmen $3 \times 2 = 6$ Elektronen auf. Die Anzahl der jeweils benötigten Atome in der Verbindung wird durch Indizes wiedergegeben. (Bemerkung: Zum Wesen einer chemischen Gleichung gehört es, dass sich auf der linken Seite vom Reaktionspfeil genauso viele Elemente befinden wie auf der rechten Seite.). Das Resultat der Ionenbindung ist im festen Zustand ein sogenanntes Ionengitter, bei dem ein einzelnes Kation von einer bestimmten Zahl von Anionen umgeben ist und umgekehrt.

Ad 2.: Im Falle der kovalenten Bindung werden keine Elektronen zwischen den Bindungspartnern übertragen, sondern von diesen gemeinsam in der Art benutzt, dass jedes Atom rechnerisch Edelkonfiguration erhält. Ein Beispiel soll mit Hilfe des Kästchenschemas an Chlor (Cl_2) erläutert werden.

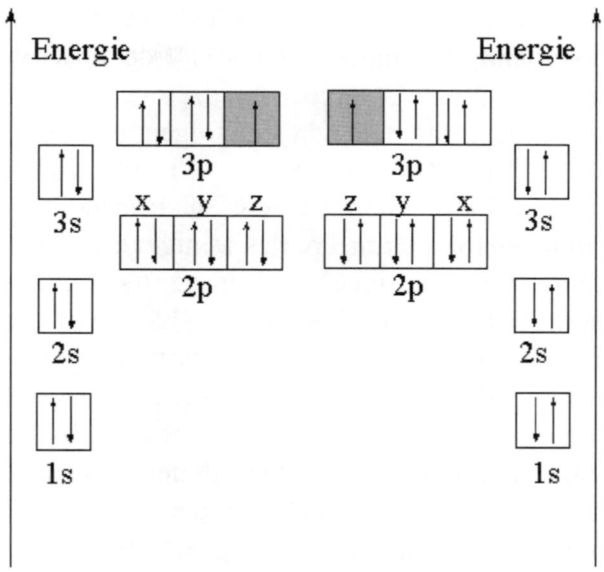

Das Kästchenschema zeigt die Elektronenkonfiguration zweier Chloratome vor der Verbindungsbildung.

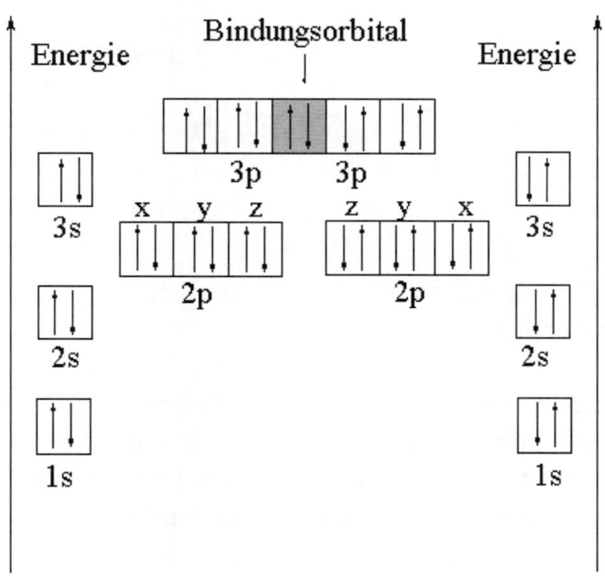

Nach der Verbindungsbildung wird in diesem Beispiel ein Orbital gemeinsam benutzt. Es entsteht ein sogenanntes Bindungsorbital. In diesem Fall für eine Einfachbindung, weil ein Elektronenpaar gemeinsam von den beiden Chloratomen benutzt wird. Dieses *gemeinsam* benutzte Elektronenpaar dient dann zum Erreichen der Edelgaskonfiguration.
Eine andere Art der Darstellung ist die sogenannte Valenzorbital- Strichschreibweise (Lewis- Formel). Hierzu werden nur die äusseren Elektronenpaare als Strich symbolisiert. Die nicht zur Bindung benutzten Elektronenpaare werden als freie Elektronenpaare bezeichnet und nur bei Bedarf mit geschrieben.

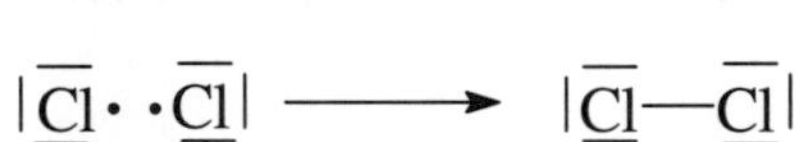

Beim Chlor-Molekül ist die Bindung, da die Elektronegativitätsdifferenz null beträgt, nicht polarisiert. Das heißt, dass das Bindungselektronenpaar gleich stark von beiden angezogen wird.

Ist einer der Bindungspartner elektronegativer, so ist das Bindungselektronenpaar zu diesem hin verschoben. Damit erhöht sich die Elektronendichte am elektronegativeren Element. Es ist damit negativ polarisiert, das weniger elektronegative Element ist daher positiv polarisiert. Eine derartige Polarisierung findet immer zwischen verschiedenen Elementen statt. Die Stärke der Polarisierung hängt von der Elektronegativitätsdifferenz ab. Wird eine bestimmte Differenz überschritten, so erhält man wieder eine Ionenbindung.

Ad 3.: Die koordinative Bindung stellt einen Sonderfall der kovalenten Bindung dar. Dabei stellt ein Bindungspartner sein Elektronenpaar, der andere ein freies Orbital (Elektronenpaarlücke) zur Verfügung. Die Auswirkung auf das Kästchenschema werden erst im Kapitel *Komplexe* dargestellt. Diese Betrachtung spielt ebenfalls bei der *Lewis-Säure- Base-Theorie* eine Rolle. In der Strichschreibweise stellt sich dies folgendermaßen dar. Als Beispiel dient die koordinative Bindung zwischen Aluminiumtrichlorid und Ammoniak.

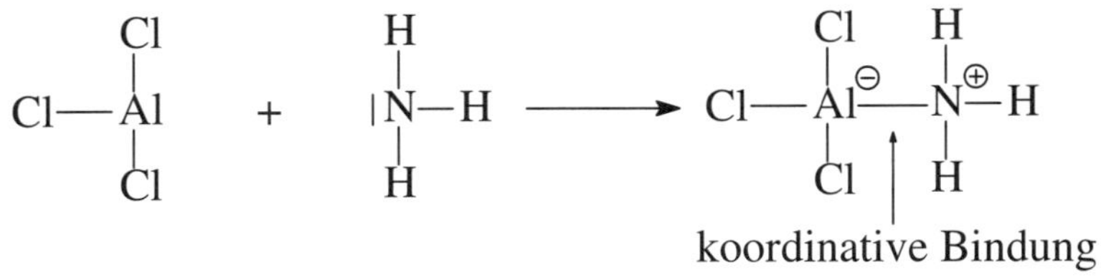

Die Ladungen ergeben sich dadurch, dass der Stickstoff formal ein Elektron an das Aluminium übertragen hat.

Ad 4.: Metalle haben eine niedrige Elektronegativität. Daraus folgt dann die Metallbindung für ungeladene Metallatome. Jedes Metallatom gibt ein bis zwei Elektronen in den Zwischenraum der Atome ab. Es bleibt ein positiv geladener Atomrumpf zurück und es entsteht das sogenannte Elektronengas. Dieses Elektronengas bedingt dann die typischen Eigenschaften der Metalle.

Diese sind:
- elektrische Leitfähigkeit
- Wärmeleitfähigkeit
- metallischer Glanz
- metallische Verformbarkeit (Duktilität)

Diese Mechanismen sind Thema der Physik.

Intermolekulare Wechselwirkungen

Sie stellen die Beziehungen zwischen den Molekülen dar und sind deutlich schwächer als die intramolekularen Wechselwirkungen. Sie bedingen die sogenannten Aggregatzustände: fest, flüssig und gasförmig, welche abhängig von Temperatur und Druck sind.

1. Wasserstoffbrückenbindung
2. Dipol-Dipol-Wechselwirkung (Van der Waals-Kräfte)
3. Ionen-Dipol-Wechselwirkung (Van der Waals-Kräfte)
4. Induzierter Dipol- induzierter Dipol-Wechselwirkung (London-Kräfte)

Ad 1.: Die Wasserstoffbrückenbindung ist die stärkste der intermolekularen Wechselwirkung. Dabei wechselwirkt ein kovalent gebundenes Wasserstoffatom mit einem freien Elektronenpaar eines Nichtmetallatoms hoher Elektronegativität (N, O, F).
Beispiel Wasser (H_2O):

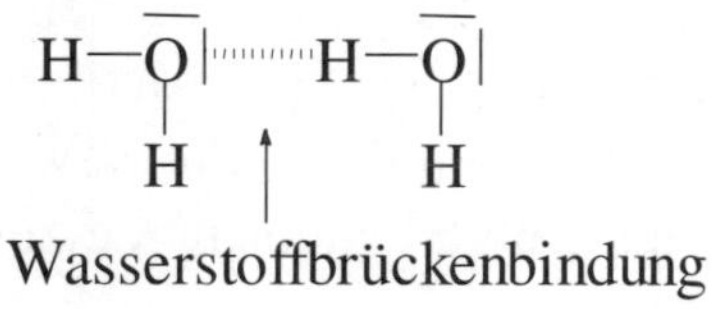

Ad 2.: Entscheidend für die Dipol- Dipol- Wechselwirkung ist das Vorhandensein polarer kovalenter Bindungen. Dadurch erhält ein Molekül einen positiv und einen negativ polarisierten Bereich. Die intermolekulare Wechselwirkung erfolgt dadurch, dass der positv polarisierte Teil eines Moleküls den negativ polarisierten Teil eines anderen Moleküls anzieht. Eine gute Vorstellung liefern magnetische Dipole, bei denen wie bekannt immer der Nord- mit dem Südpol zwischen zwei Magneten wechselwirkt. Als Beispiel soll hier die Wechselwirkung von Schwefeldioxid dienen.

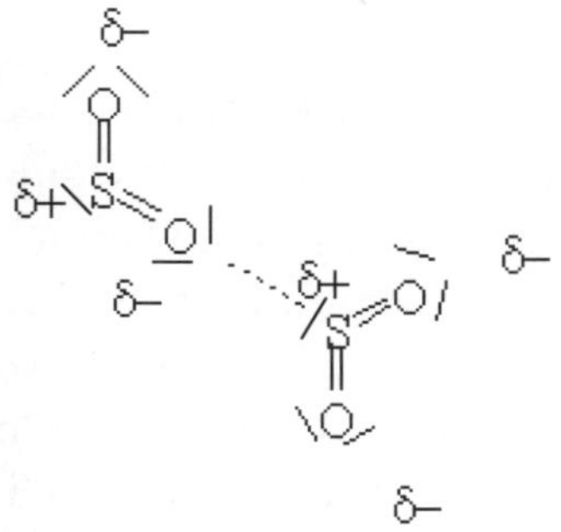

Diese Dipol- Dipol- Wechselwirkung funktioniert nur dann, wenn die Geometrie des Moleküls die polarisierten Teile des Moleküls nicht abschirmt. Man spricht von einem gerichteten Dipolmoment. Ein Molekül, bei dem zum Beispiel eine Abschirmung stattfindet, ist das Tetrachlorkohlenstoff- Molekül. Hier heben sich die Polaritäten auf. Dort liegen dann keine Dipol- Dipol- Wechselwirkungen vor.

Ad 3.: Die Ion- Dipol- Wechselwirkung kommt dadurch zustande, dass man Ionengitter in Wechselwirkung mit Dipolen bringt, oder etwas einfacher ausgedrückt: beim Lösen von Salzen in einem Lösungsmittel (auch Solvens genannt) wie zum Beispiel Wasser. Jedes einzelne Ion wird von einer Lösungsmittelhülle (bei Wasser Hydrathülle) umgeben, und zwar in der Gestalt, dass die positiven Ionen von den negativen Teilen der Lösungsmittel- Dipole umgeben sind und die negativen Ionen mit den positiven Enden der Lösungsmittel- Dipole in Wechselwirkung treten.

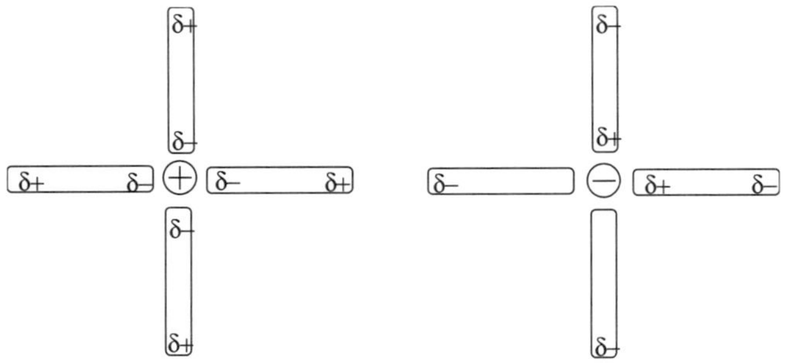

Diese Lösung hat dann elektrisch geladene Teilchen (die Ionen), die sich aufgrund der Lösungsmittelhülle frei in dem Dipol- Dipol-Medium bewegen können. Eine derartige Lösung leitet den elektrischen Strom durch die Bewegungen der Ionen im elektrischen Feld. Dabei gibt es allerdings einige Unterschiede zur metallischen Leitfähigkeit. Diese sind im Einzelnen:

- Metalle leiten durch Elektronen (dem Elektronengas), Lösungen von Ionen (sogenannte Elektrolyte) durch die Ionen
- Metalle leiten erheblich besser als Elektrolyte
- Metalle leiten bei zunehmender Temperatur schlechter, was durch die Schwingungen der Atomrümpfe bedingt wird, die den Elektronenfluß behindern. Elektrolyte leiten hingegen besser, die Ionen können sich bei höheren Temperaturen schneller bewegen.
- Elektrolyte zersetzen sich beim Leiten des Stroms, Metalle nicht.

Ad 4.: Die induzierter Dipol- induzierter Dipol-Wechselwirkung ist die schwächste aller Wechselwirkungen. Sie entstehen bei den Molekülen die kein gerichtetes Dipolmoment haben. Die Elektronenverteilung ist im zeitlichen Mittel gleich. Trotzdem kommt es dazu, dass bei einigen Molekülen dieses nicht zutrifft. Sie sind über einen kurzen Zeitraum ein Dipol. Diese „sporadischen“ Dipole können jetzt bei ihren Nachbarmolekülen eine Elektronendichteverschiebung induzieren, die dazu führt, dass auch dieses Molekül kurzzeitig Dipoleigenschaften aufweist. Dieser Effekt ist für das einzelne Molekül zeitlich begrenzt. Insgesamt ist er aber unterschwellig immer vorhanden und führt zu einer schwachen Bindung.

1. Aufgaben zum Atombau

A 1.01 Durch welche vier Quantenzahlen (nur Namen) können die Elektronen in einem Atom charakterisiert werden?

A 1.02 Erläutern Sie kurz folgende Begriffe:
- Pauli-Prinzip
- Hundsche Regel

A 1.03 Warum haben Edelgase im Gegensatz zu anderen Elementen ein nur sehr geringes Bestreben chemische Bindungen einzugehen?
Was bedeutet die Edelgasregel?

A 1.04 Entscheiden Sie, ob folgende Aussagen richtig oder falsch sind:
- Die Ordnungszahl eines Elementes entspricht der Anzahl von Neutronen im Kern.
- Die Elektronegativität nimmt innerhalb einer Periode von links nach rechts zu.
- Die Elektronegativität nimmt innerhalb einer Gruppe von unten nach oben zu.
- Als Isotopen bezeichnet man Atome unterschiedlicher Elemente mit gleicher Neutronenzahl.

A 1.05 Wie verändern sich die Ionisierungsenergie, der Atomradius, die Elektronegativität sowie der metallische Charakter innerhalb einer Gruppe des Periodensystems von oben nach unten und in einer Periode des Periodensystems von rechts nach links? Kreuzen Sie in den nachfolgenden Tabellen die korrekten Zuordnungen an.

Gruppe	wird größer	wird kleiner	bleibt gleich
Ionisierungsenergie			
Atomradius			
Elektronegativität			
metallischer Charakter			

Periode	wird größer	wird kleiner	bleibt gleich
Ionisierungsenergie			
Atomradius			
Elektronegativität			
metallischer Charakter			

A 1.06 Ordnen Sie die Elemente Lithium, Bor, Stickstoff und Fluor nach:
- abnehmendem Metallcharakter
- zunehmendem Atomradius

A 1.07 Geben Sie die vollständige Elektronenkonfiguration für folgende Elemente an:
- Magnesium (Z = 12)
- Schwefel (Z = 16)
- Eisen (Z = 26)

Welches dieser Elemente hat den größten Nichtmetallcharakter?

A 1.08 Gegeben sind die drei unbekannten Elemente X, Y, und Z, für die gilt:
- Element X hat die Ordnungszahl N.
- Element Y hat die Ordnungszahl N+1.
- Element Z hat die Ordnungszahl N+2.

Z bildet ein stabiles Kation Z^+, X ein stabiles Anion X^-.

Welche der folgenden Aussagen ist/sind falsch oder richtig?
- Ein Y-Atom hat ein Elektron mehr als ein X-Atom.
- Ein Y-Atom hat ein Elektron weniger als ein Z-Atom.
- Ein Z-Atom hat ein Proton mehr als ein X-Atom.
- Bei X könnte es sich um ein Halogen handeln.
- Bei Z könnte es sich um ein Alkalimetall handeln.

A 1.09 Ordnen Sie die Elemente Silicium (Si) und Stickstoff (N) nach:
- steigendem Atomradius
- steigender Elektronegativität

A 1.10 Das Element „E" wird durch folgendes Elementsymbol charaktersiert: ${}^{37}_{17}E$

Beantworten Sie anhand des Elementsymbols die folgenden Fragen:
- Name des Elementes
- Anzahl der Elektronen des Elementes
- Anzahl der Neutronen des Elementes
- Anzahl der Protonen des Elementes

Begründen Sie, warum das Element „E" in seinen Verbindungen häufig als Anion E^- auftritt.

A 1.11 Durch wie viele verschiedene Quantenzahlen ist ein Orbital definiert. Wie nennt man diese Quantenzahlen?

A 1.12 Ordnen Sie die folgenden Atomorbitale in der Reihenfolge ihrer Besetzung durch Elektronen:
3p 1s 3d 4d 4s 2s 5s

A 1.13 Zeichnen Sie ein einfaches Orbitaldiagramm für Stickstoff und füllen Sie die Elektronen energetisch optimal ein. Geben Sie die Elektronenkonfiguration von Stickstoff in Kurzschreibweise an. Welche Elektronenkonfiguration weist Stickstoff im NO_3^- -Ion auf? Ist diese Konfiguration besonders stabil?

A 1.14 In welcher Quantenzahl unterscheiden sich zwei Elektronen, die sich im 3s- Orbital eines Fe^{2+} -Ions befinden?

A 1.15 Das Trikation des Elementes E hat folgende Elektronenkonfiguration:

$1s^2\ 2s^2\ 2p^6\ 3s^2\ 3p^6\ 4s^2\ 3d^1$

Um welches Element handelt es sich?

A 1.16 Ein Trikation E^{3+} hat die Elektronenkonfiguration [Ar] $3d^6$; geben Sie den Namen des Elementes E an.

A 1.17 Geben Sie die Anzahl der Protonen, Neutronen und Elektronen in folgendem Teilchen an:

$^{34}S^{2-}$

Erreicht das Teilchen die Edelgaskonfiguration?

A 1.18 Gegeben ist das folgende allgemeine Elementsymbol $^{40}_{19}E$.
Beantworten Sie anhand dieses Elementsymbols folgende Fragen:
- Name des Elementes
- Anzahl der Protonen
- Anzahl der Neutronen
- Anzahl der Elektronen

Geben Sie die vollständige Elektronenkonfiguration des Elementes an.
Begründen Sie kurz, warum das obige Element in der Regel als E^+ auftritt.

A 1.19 Zeichnen Sie die Elektronenkonfiguration für das Fe^{2+}-Ion im Kästchenmodell und erläutern Sie die beiden Prinzipien, die bei der Verteilung der Elektronen auf die Orbitale angewendet werden.

A 1.20 Geben Sie die vollständige Elektronenkonfiguration der Elemente Phosphor (P) und Nickel (Ni) im Kästchenschema an.

A 1.21 Bestimmen Sie die Elektronenkonfiguration des Chlors in
- NaCl
- $NaClO_4$

---

2. Aufgaben zur chemischen Bindung

A 1.22 Erläutern Sie die wesentlichen Merkmale nachfolgender Bindungstypen:
- kovalente Bindung
- ionische Bindung
- metallische Bindung
- koordinative Bindung

A 1.23 Nennen Sie zwei typische Eigenschaften von Metallen.
Nennen Sie zwei charakteristische Eigenschaften salzartiger Stoffe.

A 1.24 Wie können Sie experimentell nachweisen, dass eine Verbindung aus Ionen aufgebaut ist?

A 1.25 Ordnen Sie die folgenden Verbindungen nach zunehmenden ionischen Charakter:
$AlCl_3$ LiF $MgCl_2$ $Ni(CO)_4$

A 1.26 Ordnen Sie die folgenden Verbindungen nach zunehmenden ionischen Charakter:
BeF_2 SiO_2 H_2O CdS
Elektronegativitäten:
Be 1,57 Cd 1,69 Si 1,90 H 2,10 F 4,10 S 2,58 O 3,44

A 1.27 Wie unterscheidet sich elektrolytische von metallischer Leitfähigkeit für den elektrischen Strom? Geben Sie jeweils die Art der Ladungsträger an und skizzieren Sie die Temperaturabhängigkeit der Leitfähigkeit für beide Fälle.

A 1.28 Wieviele Valenzelektronen besitzt das NO_2 insgesamt? Schlagen Sie eine Strukturformel unter Berücksichtigung freier Elektronenpaare vor.

A 1.29 Geben Sie je ein Beispiel für eine
- Wasserstoffbrückenbindung
- Dipol-Dipol-Wechselwirkung
- London-Kräfte

Erläutern Sie den Unterschied zwischen intermolekularen und intramolekularen Wechselwirkungen.

A 1.30 Erläutern Sie den Aufbau einer Wasserstoffbrückenbindung anhand eines konkreten Beispiels. Welche Voraussetzungen müssen erfüllt sein, damit eine Wasserstoffbrückenbindung auftritt?

A 1.31 Nennen Sie zwei charakteristische Eigenschaften von Wasser, die auf das Vorliegen von Wasserstoffbrückenbindungen hindeuten.
Warum lösen sich in Wasser polare Substanzen besser als unpolare?

A 1.32 Flüssiger Chlorwasserstoff ist ein Isolator, wird HCl aber in Wasser eingeleitet, erhalten Sie eine elektrisch leitende Lösung.
Worauf ist der Unterschied zurückzuführen (kurze Begründung)?

A 1.33 Warum liegt Wasser bei Raumtemperatur im flüssigen Aggregatzustand, das höhere Homologe H_2S jedoch im gasförmigen Zustand vor?

1. Lösungen zum Atombau

L 1.01 Hauptquantenzahl, Nebenquantenzahl, Magnetquantenzahl, Spinquantenzahl
(Denken Sie in der Klausurvorbereitung auch an einfache, repetitive Aufgaben.)

L 1.02 Pauli Prinzip: Die Elektronen innerhalb eines Atoms unterscheiden sich immer in mindestens einer Quantenzahl.
Hundsche Regel: Energiegleiche Orbitale werden erst einfach, dann unter Spinpaarung aufgefüllt. Denken Sie hier besonders an das Wort *„energiegleich“*!

L 1.03 Edelgase haben eine abgeschlossene Elektronenhülle. Dadurch besteht für Sie kein Bedarf an zusätzlichen Elektronen.
Die daraus abgeleitete Edelgasregel besagt, dass jedes Element bestrebt ist, eine abgeschlossene Elektronenhülle zu haben.

L 1.04 Erste Aussage: falsch, die Anzahl der Protonen im Kern entspricht der Ordnungszahl
Zweite Aussage: richtig
Dritte Aussage: richtig
Vierte Aussage: falsch, Isotope sind gleiche Elemente mit unterschiedlicher Neutronenzahl

L 1.05 Innerhalb einer Gruppe von oben nach unten gilt:

Gruppe	wird größer	wird kleiner	bleibt gleich
Ionisierungsenergie		X	
Atomradius	X		
Elektronegativität		X	
metallischer Charakter	X		

Innerhalb einer Periode von rechts nach links gilt:

Periode	wird größer	wird kleiner	bleibt gleich
Ionisierungsenergie		X	
Atomradius	X		
Elektronegativität		X	
metallischer Charakter	X		

Passen Sie genau auf, was in der Fragestellung steht!

L 1.06 Abnehmender Metallcharakter: Lithium > Bor >Stickstoff > Fluor
Zunehmender Atomradius: Fluor < Stickstoff < Bor < Lithium

L 1.07 Magnesium: $1s^2\ 2s^2\ 2p^6\ 3s^2$
Schwefel: $1s^2\ 2s^2\ 2p^6\ 3s^2\ 3p^4$
Eisen: $1s^2\ 2s^2\ 2p^6\ 3s^2\ 3p^6\ 4s^2\ 3d^6$
Schwefel hat den größten Nichtmetallcharakter.

L 1.08 Erste Aussage: richtig
Zweite Aussage: richtig
Dritte Aussage: falsch, die Ordnungszahlen sind um zwei verschieden.
Vierte Aussage: richtig, da die Edelgasregel bei Halogenen durch die Aufnahme eines Elektrons erfüllt wird.
Fünfte Aussage: richtig, da die Edelgasregel hier durch die Abgabe eines Elektrons erfüllt wird.

L 1.09 Steigender Atomradius: N < Si
Steigende Elektronegativität: Si < N

L 1.10 Name des Elementes: Chlor (Cl)
Anzahl der Elektronen des Elementes: 17
Anzahl der Neutronen des Elementes: 20
Anzahl der Protonen des Elementes: 17
Durch die Aufnahme eines Elektrons (17 + 1 = 18) wird die Elektronenkonfiguration des Argons erreicht.

L 1.11 Ein Orbital ist durch drei Quantenzahlen definiert: Hauptquantenzahl, Nebenquantenzahl und Magnetquantenzahl.

L 1.12 1s 2s 3p 4s 3d 5s 4d
Denken Sie daran, dass d- Orbitale immer nach dem s- Orbital der nächst höheren Periode aufgefüllt werden!

L 1.13

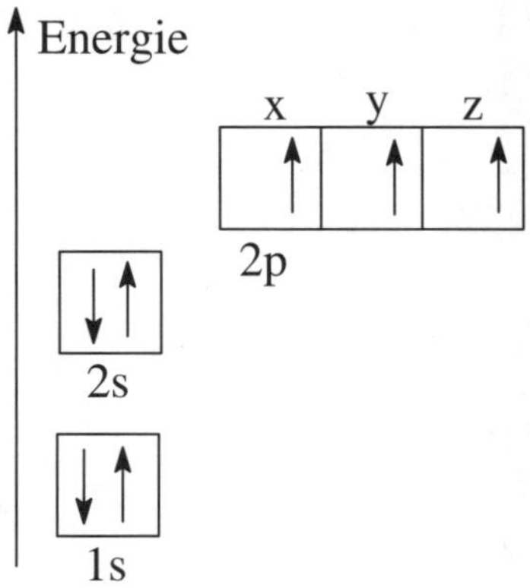

Kurzschreibweise: $1s^2\ 2s^2\ 2p^3$
Im NO_3^- liegt die Elektronenkonfiguration $1s^2$ vor, weil der Stickstoff die Ladung +5 trägt. Damit liegt eine Edelgaskonfiguration vor. Beachten Sie L 1.21.

L 1.14 Natürlich in der Spinquantenzahl!

L 1.15 $1s^2\ 2s^2\ 2p^6\ 3s^2\ 3p^6\ 4s^2\ 3d^1$
Summe der Exponenten: 2 + 2 + 6 + 2 + 6 + 2 + 1 = 21 Elektronen
Da es ein Trikation ist kommen noch drei Elektronen dazu: 21 + 3 = 24
Dann stimmt die Elektronenzahl mit der Ordnungszahl, hier von Chrom (Cr) überein. Beachten Sie, dass in dieser Fragestellung ein Fehler ist, da in einem Trikation der ersten Übergangsmetallreihe es keine gefüllten 4s- Orbitale gibt!
(Die Aufgabe stammte aber verbam ab origine aus einer Klausur!)

L 1.16 Die Elektronenkonfiguration lautet: [Ar] $3d^6$
[Ar] entspricht 18 Elektronen, dazu 6 Elektronen aus dem 3d sind 24 Elektronen. Man rechnet wieder wegen dem Trikation noch 3 Elektronen dazu, also 24 + 3 = 27. Das entspricht der Ordnungszahl von Kobalt (Co).

L 1.17 Das Element ist Schwefel und hat damit die Ordnungszahl 16, was der Protonenzahl entspricht. Die Neutronenzahl erhält man über Massezahl minus Ordnungszahl, also 34 – 16 = 18.
Die Elektronenzahl entspricht der Ordnungszahl plus/ minus zugefügter oder entfernter Elektronen, hier 16 + 2 = 18, womit das Teilchen eine Edelgaskonfiguration, hier von Argon erreicht.

L 1.18 Es handelt sich um Kalium. Kalium besitzt 19 Protonen, 21 Neutronen und 19 Elektronen. Die vollständige Elektronenkonfiguration lautet:
$1s^2\ 2s^2\ 2p^6\ 3s^2\ 3p^6\ 4s^1$
Durch die Abgabe eines Elektrons erreicht Kalium Edelgaskonfiguration.

L 1.19 Eisen hat die Ordnungszahl 26, Fe^{2+} hat somit 24 Elektronen.
Beachten Sie, dass in einem Übergangsmetall die Elektronen erst aus dem s- Orbital und dann aus dem d- Orbital entfernt werden. Es gelten natürlich Pauli-Prinzip und Hundsche Regel (siehe L 1.02).

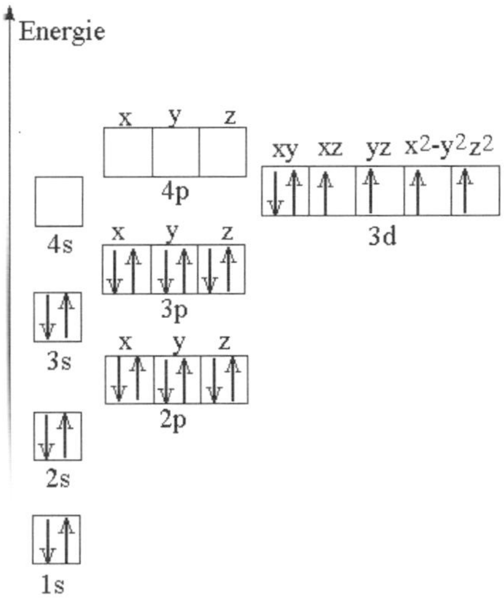

L 1.20 Kästchenmodell von Nickel (links) und Phosphor (rechts):

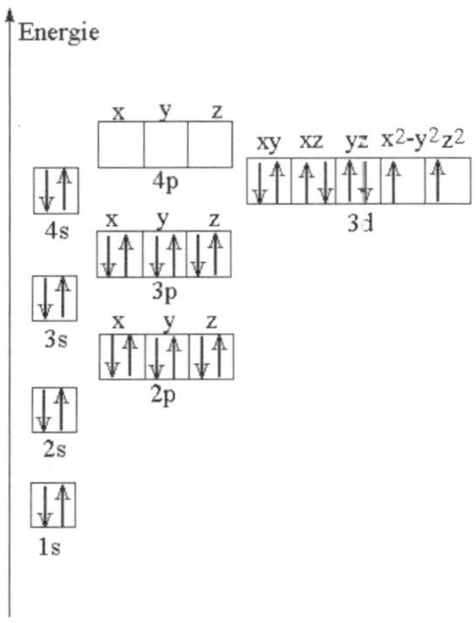

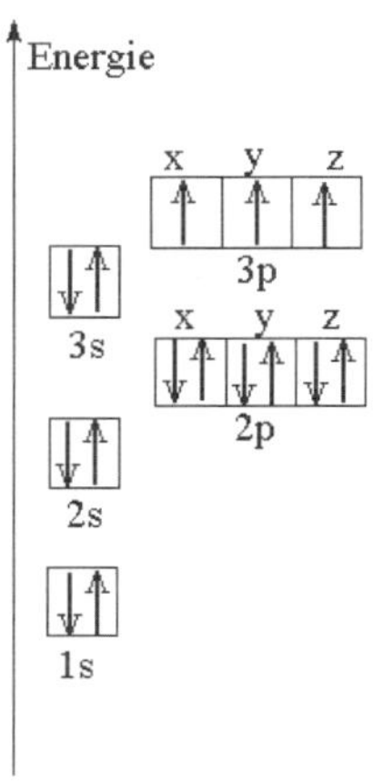

Denken Sie wieder daran: es ist ungeladenes Nickel, daher mit 4s- Elektronen.

L 1.21 Chlor ist in NaCl einfach negativ geladen. Es gilt daher: Ordnungszahl + 1 Elektron, 17 + 1 = 18 Elektronen, was der Edelgaskonfiguration des Argon entspricht.
Im $NaClO_4$ ist der Sachverhalt nicht ganz so einfach, da hier die Oxidationszahl des Chlor (siehe Kapitel Redoxreaktionen) mit der Ladung gleichgesetzt werden soll. Die Oxidationszahl ist +7, das Chlor hätte dann 17 – 7 = 10 Elektronen, was formal dem Neon entspricht. Was wir von dem leichtfertigen Gleichsetzen der Oxidationszahl mit dem Begriff der Ionenladung halten, werden wir in der Einleitung des Kapitels Redoxreaktionen noch ausführen. Im Sinne der Aufgabe gilt hier, dass in beiden Fällen die Edelgaskonfiguration erreicht wird.

2. Lösungen zur chemischen Bindung

L 1.22 *Kovalente Bindung*: Bei gleicher oder gering unterschiedlicher Elektronegativität werden die Elektronen, die zur Bindung benötigt werden, in einem oder mehreren gemeinsamen Orbitalen, den sogenannten Bindungsorbitalen, untergebracht. Die kovalente Bindung ist in ihrem Typ eine gerichtete Bindung zwischen zwei Atomen.
Ionische Bindung: Bei großen Elektronegativitätsunterschieden zwischen zwei Atomen erhält das elektronegativere Element das/ die Elektron(en), wird also negativ geladen. Das andere Element, das die Elektronen abgegeben hat, ist dementsprechend positv geladen, es findet eine nicht gerichtete elektrostatische Wechselwirkung zwischen den Atomen statt.
Metallische Bindung: Die Elemente mit geringer Elektronegativität (Metalle) geben jeweils ein bis zwei Elektronen in einen gemeinsamen Pool, der als Elektronengas bezeichnet wird, ab. Die positiven Atomrümpfe werden durch dieses Elektronengas zusammengehalten. Das Elektronengas ist auch für die metallischen Eigenschaften verantwortlich.
Koordinative Bindung: Sie ist eine Sonderform der kovalenten Bindung, bei der ein Partner ein Elektronenpaar, der andere eine Elektronenpaarlücke zur Verfügung stellt. Koordinative Bindungen werden von Lewis- Säuren (e^--Paarakzeptoren) mit Lewis-Basen (e^--Paardonatoren) gebildet.

L 1.23 Eigenschaften von Metallen: elektrische Leitfähigkeit, Wärmeleitfähigkeit, metallischer Glanz, Verformbarkeit (Duktilität).
Eigenschaften von Salzen: Lösungen und Schmelzen leiten den elektrischen Strom, der Feststoff aber nicht. Der Feststoff ist als Ionengitter aufgebaut und bildet deshalb Kristalle.

L 1.24 Die wässerige Lösung leitet den elektrischen Strom.

L 1.25 Ordnen nach zunehmenden ionischen Charakter: $Ni(CO)_4 < AlCl_3 < MgCl_2 < LiF$
Ausschlaggebend ist hier natürlich die Elektronegativitätsdifferenz, die in diesem Fall durch den Abstand im Periodensystem (je größer der Abstand, desto ionischer) abzuschätzen war.

L 1.26 Ordnen nach zunehmenden ionischen Charakter:
CdS (ΔEN = 0,89) < H_2O (ΔEN = 1,34) < SiO_2 (ΔEN = 1,54) < BeF_2 (ΔEN = 2,53)
Beachten Sie hierbei, dass Sie die Elektronegativitätsdifferenz von Element zu Element bilden, und dass es dabei völlig unwichtig ist, wie häufig das Element in der Verbindung vorkommt.

L 1.27 Metallische Leiter: geringer Widerstand, zersetzen sich nicht beim Leiten, Elektronen sind die Leitungsträger

---

Ionischer Leiter: hoher Widerstand, zersetzen sich beim Leiten, Ionen sind die Leitungsträger

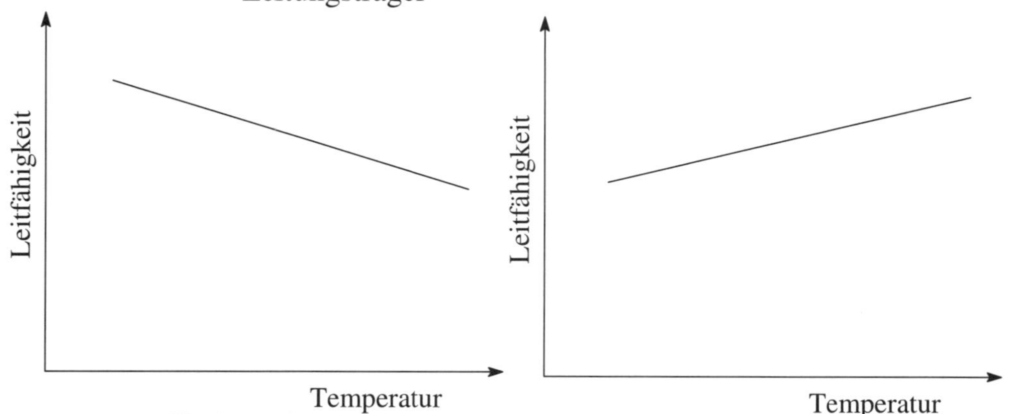

metallischer Leiter ionischer Leiter

Vergessen Sie nicht, die Skizze soll rein qualitativ sein. Um welche Temperaturbereiche es sich handelt und in wie weit die Linearität gewährleistet ist, steht hier außen vor.

L 1.28 Die Summe der Außenelektronen des NO_2 beträgt 17 (2 × 6 Aussenelektronen vom Sauerstoff, 5 vom Stickstoff). Das ergibt 8 Elektronenpaare und ein einsames Elektron, ein sogenanntes Radikal. Dieses Radikal muss sich beim Stickstoff befinden, da dieser mit 5 Aussenelektronen die ungerade Zahl verursacht. Als nächstes sollte die Oktettregel beachtet werden, die besagt, dass die Elemente der zweiten Periode (Sauerstoff und Stickstoff gehören dazu) maximal vier Orbitale haben (ein s- und drei p- Orbitale). Da von den vier Orbitalen des Stickstoffs als zentrales Atom der Verbindung, ein Orbital schon durch das Radikal (der einsame Klecks über dem N) besetzt ist, stehen nur noch drei Orbitale zur Verfügung, die dann zur Bindung befähigt sind. Die Zahl der Valenzelektronenpaare beträgt 3 und damit die der Valenzelektronen 6. Danach werden die verbliebenen Elektronenpaare, ebenfalls unter Berücksichtigung der Oktettregel, als freie Elektronenpaare an die Sauerstoffatome verteilt. Die positive und die negative Ladung am NO_2 entsteht durch die Zuordnung der Elektronenpaare, da der Stickstoff ein Elektron weniger in dem Orbital hat als normal (vier statt fünf) und der Sauerstoff ein Elektron mehr hat (sieben statt sechs), resultiert folgender Strukturvorschlag:

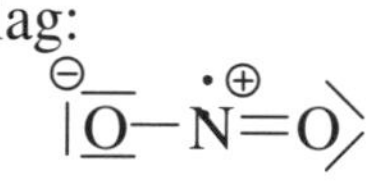

L 1.29 Beispiel für Wasserstoffbrückenbindung: H—F⋯H—F

Beispiel für Dipol- Dipol Wechselwirkung: 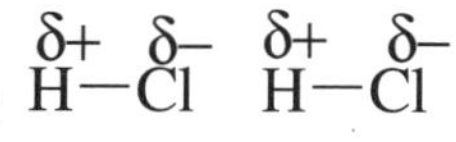

Beispiel für London- Kräfte:

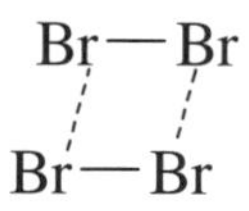

Hier eignet sich eine Reihe von Beispielen. Wichtig ist nur, dass bei Dipolen eine Elektronegativitätsdifferenz gegeben ist, die ein Dipolmoment bewirkt, bei Londonkräften aber nicht. Worauf es bei H-Brückenbindungen ankommt, erläutern wir in der folgenden Aufgabe noch einmal.
Der Unterschied von intramolekularen Kräften zu intermolekularen Kräften ist, dass intramolekulare Kräfte dafür zuständig sind, dass sich Moleküle aufbauen, die intermolekularen Kräfte sind erheblich schwächer und dafür zuständig, dass die Moleküle untereinander zusammenhalten.

L 1.30 Beispiel für eine H- Brücke:

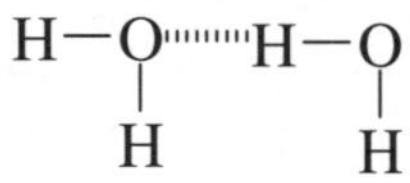

Wichtig für eine H- Brücke ist:
- das Vorhandensein eines Wasserstoffatoms in der Bindung
- ein Element der zweiten Periode mit freiem Elektronenpaar.

L 1.31 Charakteristische Eigenschaften: hoher Schmelz- und Siedepunkt, hohe Oberflächenspannung.
Beim Lösen eines Stoffes in einem anderen gilt immer, dass Gleiches Gleiches löst. Die Ursachen liegen darin, dass sie nur so in der Lage sind, die für sie spezifischen intermolekularen Wechselwirkungen auszuüben. In diesem Fall ist es eine Ion- Dipol Wechselwirkung.

L 1.32 Durch das Lösen in Wasser zerfällt das Molekül HCl in Ionen, die als Ladungsträger (hier H^+ und Cl^-) befähigt sind Strom zu leiten.

L 1.33 Wasser kann Wasserstoffbrückenbindungen ausbilden, H_2S hingegen nur Dipol- Dipol- Wechselwirkungen. Diese sind natürlich schwächer, der Aggregatzustand daher niedriger.

Nomenklatur anorganischer Verbindungen

Man unterscheidet bei der Nomenklatur, also der Benennung von Verbindungen zwei Systeme. Das erste System ist das der Trivialnamen, die meist historisch bedingt sind.
Einige Beispiele dafür sind:

Trivialname	Formel
Salzsäure	HCl
Schwefelsäure	H_2SO_4
Salpetersäure	HNO_3
Flußsäure	HF
Phosphorsäure	H_3PO_4
Ameisensäure	$HCOOH$
Kohlensäure	H_2CO_3
Essigsäure	CH_3COOH
Natronlauge	$NaOH$
Kalilauge	KOH
Kalkwasser	$Ca(OH)_2$
Ammoniak	NH_3
Wasser	H_2O
Kochsalz (Steinsalz)	$NaCl$

Bei diesen Verbindungsnamen hilft nur *Auswendiglernen.* Einige organische Verbindungen wie Ameisensäure und Essigsäure sind in der anorganischen Chemie sehr populär und wurden deswegen in der Tabelle aufgenommen.
Das zweite System ist das der rationalen Namen, auch IUPAC- Nomenklatur genannt (IUPAC heißt *International Union of Pure and Applied Chemistry).* Dabei wird immer angenommen, dass die Verbindung aus einem positivem und einem negativen Bestandteil bestehen. Der positive Anteil erhält den Elementnamen, mit einigen wenigen Ausnahmen (Wichtig: Ammoniak, hier heißt der positive Bestandteil NH_4^+ Ammonium).
Der negative Bestandteil wird mit Namen aus einer Liste benannt, die sich meist aus Trivialnamen herleiten (Liste siehe umseitig: *AUSWENDIGLERNEN!*).
Der Verbindungsname setzt sich folgendermaßen zusammen:

1. Eine Zählsilbe, die die *Anzahl* der positiven Bestandteile angibt
2. Den Namen des positiven Bestandteils (meistens ein Element oder NH_4^+)
3. Eine Zählsilbe, die die *Anzahl* der negativen Bestandteile angibt
4. Den Namen des negativen Bestandteils aus der Liste

Die Wortform ist ein sogenanntes Sammelwort (Wortthesaurus).

Zählsilben:

Anzahl	2	3	4	5	6	7	8	9	10
Zählsilbe	di	Tri	Tetra	Penta	Hexa	hepta	okta	nona	deka

Die Zählsilbe mono für 1 wird nicht erwähnt.

Liste mit den Namen der negativen Bestandteile:

Name	Formel	Bemerkung
Fluorid	F^-	
Chlorid	Cl^-	
Hypochlorit	ClO^-	
Chlorit	ClO_2^-	
Chlorat	ClO_3^-	
Perchlorat	ClO_4^-	
Bromid	Br^-	BrO_3^- analog zu Chlorat, also Bromat usw.
Iodid	I^-	IO_3^- analog zu Chlorat, also Iodat usw.
Oxid	O^{2-}	
Peroxid	O_2^{2-}	Gehen Sie im Regelfall von einem Oxid aus, Peroxide sind gesondert zu lernen.
Hydroxid	OH^-	
Sulfid Hydrogensulfid	S^{2-} HS^-	
Sulfit Hydrogensulfit	SO_3^{2-} HSO_3^-	
Sulfat Hydrogensulfat	SO_4^{2-} HSO_4^-	
Thiosulfat	$S_2O_3^{2-}$	
Nitrid	N^{3-}	
Nitrit	NO_2^-	
Nitrat	NO_3^-	
Hydrogenphosphit Dihydrogenphosphit	HPO_3^{2-} $H_2PO_3^-$	
Phosphat Hydrogenphosphat Dihydrogenphosphat	PO_4^{3-} HPO_4^{2-} $H_2PO_4^-$	
Cyanid	CN^-	
Carbonat Hydrogencarbonat	CO_3^{2-} HCO_3^-	

Einige Beispiele:

Einige Beispiele:	P_2O_5	Diphosphorpentoxid
	NaH_2PO_4	Natriumdihydrogenphosphat
	$Ca_3(PO_4)_2$	Tricalciumdiphosphat
	NH_4ClO_4	Ammoniumperchlorat
	PbO_2	Bleidioxid
	H_2O_2	Diwasserstoffperoxid (Vorsicht!)
	Al_2O_3	Dialuminiumtrioxid

Sehr gerne wird ein etwas vereinfachtes Nomenklatursystem benutzt. Dabei werden die Zählsilben nicht verwendet. Bei positiv geladen Teilchen, bei denen mehrere Ladungen oder Oxidationszahlen (siehe Kapitel Redoxreaktionen) möglich sind, wird diese als römische Ziffer eingefügt. Die Ladung des negativen Teilchens entnimmt man der Anionenliste. Beim Verbindungsaufbau müssen sich die Ladungen *immer* aufheben.

Beispiele:	$FeSO_4$	Eisen(II)-sulfat
	$Fe_2(SO_4)_3$	Eisen(III)-sulfat
	P_2O_5	Phosphor(V)-oxid
	$Ca_3(PO_4)_2$	Calciumphosphat

Bei Metallen der 1. und 2. Hauptgruppe sowie bei Bor und Aluminium entspricht die Ladung der Gruppennummer und braucht daher nicht erwähnt zu werden.

Nomenklatur der Komplexverbindungen

Dieser Abschnitt befindet sich aus methodischen Gründen an dieser Stelle. Er ist Voraussetzung für das Kapitel Komplexe.

Komplexverbindungen werden in eckigen Klammern geschrieben. Man unterscheidet Kation- und Neutralkomplexe von Anionkomplexen. Diese Einteilung ist notwendig, da Kationen vor Anionen genannt werden und daher unterscheidbar sein müssen. Ein Komplex besteht aus einem Zentralteilchen (immer ein Metall) und sogenannten Liganden.

Tabelle wichtiger Liganden

Name	Formel
Aqua	H_2O
Ammin	NH_3
Carbonyl	CO
Nitrosyl	NO
Fluoro	F^-
Chloro	Cl^-
Bromo	Br^-
Iodo	I^-
Hydroxo	OH^-
Cyano	CN^-
Cyanato	OCN^-
Thiocyanato	SCN^-
Thiosulfato	$S_2O_3^{2-}$

Kation- und Neutralkomplexe werden folgendermaßen benannt:

1. Anzahl und Name der Liganden
2. Deutscher Name des Zentralteilchens sowie dessen Ladung (Oxidationszahl)
3. Gegebenenfalls Anzahl und Name des Anions

Beispiele:

$[Cu(NH_3)_4]Cl_2$	Tetramminkupfer(II)-chlorid
$[Fe(H_2O)_6]_2(SO_4)_3$	Hexaquaeisen(III)-sulfat
$[Ni(CO)_4]$	Tetracarbonylnickel(0) gebräuchlicher ist Nickel(0)-tetracarbonyl

Tipp: In der Regel werden Komplexe von hinten nach vorne gelesen.

Bei Anionkomplexen ist die Nomenklatur etwas anders:

1. Anzahl und Name des Kations
2. Anzahl und Name der Liganden
3. Lateinischer Name des Zentralteilchens mit der Endung -at und dessen Ladung

Beispiele:

$Na_3[Fe(CN)_6]$	Trinatriumhexacyanoferrat(III)
$Na_3[Ag(S_2O_3)_2]$	Trinatriumdithiosulfatoargentat(I)
$K_2[PtCl_4]$	Dikaliumtetrachloroplatinat(II)

Tipp: Die Ladung (Oxidationszahl) des Zentralmetalls ergibt sich aus der Summe der Einzelladungen der Teilchen. Hierzu ein Beispiel:

$Na_2[Cu(CN)_4]$	Natrium	$2 \times (+1) = +2$
	Cyano	$4 \times (-1) = \underline{-4}$
		-2

Als Rest ergibt sich –2, damit hat Kupfer die Oxidationszahl +2, weil die Gesamtladung *dieser* Verbindung 0 ist.

1. Aufgaben zu Elementnamen

A 2.01 Ergänzen Sie in der folgenden Tabelle die fehlenden Angaben nach dem Muster der ersten Zeile:

Elementsymbol	Elementname	Ordnungszahl
O	Sauerstoff	8
Na		11
		17
As		
	Gallium	
Fe		
I		
	Wismut	
		55
Ta		
		18
	Blei	
Li		
		34
Pt		
	Technetium	
Mi		
	Silber	
Au		
		4
Rh		
	Antimon	
Br		
	Helium	
		23
Sn		
Zn		

2. Nomenklaturaufgaben einfacher anorganischer Verbindungen

A 2.02 Ergänzen Sie auch hier die Lücken der Tabelle. Achten Sie auf die exakte Nomenklatur und die vereinfachte Nomenklatur in Spalte zwei und drei!

Formel	Exakter Name	Vereinfachter Name
$NaCl$	Natriumchlorid	
$NaCN$		Natriumcyanid
	Eisensulfat	
$HgCl_2$		
		Natriumphosphat
	Kaliumhydrogencarbonat	
		Aluminiumchlorid
$Ba(NO_3)_2$		
	Diwismuttrisulfat	
		Zink(II)-hydrogenphosphat
$Ca_3(PO_4)_2$		
	Natriumchlorat	
$MgCO_3$		
		Natriumsulfit
$NaIO_3$		
		Eisen(III)-sulfat
		Kaliumaluminiumsulfat
PbO_2		
	Stickstoffdioxid	
		Selen(IV)-oxid
		Chlor(IV)-oxid
N_2O		
		Schwefel(VI)-oxid
P_4O_{10}		
As_2S_5		

3. Nomenklaturaufgaben zu Komplexen
3.1 Kationische Komplexe

A 2.03 Ergänzen Sie die folgende Tabelle:

Formel	IUPAC-Bezeichnung
$[Cu(NH_3)_4]SO_4$	
	Pentamminnickel(II)-dichlorid
$[Zn(H_2O)_4]F_2$	
	Pentacarbonyleisen(0)
	Bishexamminchrom(III)-trisulfat
$[PtCl_2(NH_3)_2]$	
$[Co(NH_3)_3(CN)_3]$	
	Pentaquanitrosoeisen(II)-sulfat
$[Al(H_2O)_4(OH)_2]NO_3$	

3.2 Anionische Komplexe

A 2.04 Füllen Sie auch hier die Lücken der Tabelle aus:

Formel	IUPAC-Bezeichnung
$K_3[Fe(CN)_6]$	
	Kaliumtetrahydroxoaluminat(III)
$K_3[AlF_6]$	
	Trinatriumdithiosulfatoargentat(I)
$Na_4[Co(CN)_6]$	
	Dicalciumhexacyanoferrat(II)
$K_2[PtCl_6]$	
	Lithiumdibromodichloroaluminat(III)
$K_3[NiCl_2Br_3]$	

A 2.05 Benennen Sie die folgenden Komplexe nach IUPAC (Eisen hat die Oxidationzahl +3, Silber die Oxidationszahl +1):

$[Co(NH_3)_3(H_2O)_2][FeCl_6]$
$[Ag(NH_3)_2][Al(OH)_4]$

1. Lösungen zu Elementnamen

L 2.01

Elementsymbol	Elementname	Ordnungszahl
O	Sauerstoff	8
Na	Natrium	11
Cl	Chlor	17
As	Arsen	33
Ga	Gallium	31
Fe	Eisen	26
I	Iod	53
Bi	Wismut	83
Cs	Cäsium	55
Ta	Tantal	73
Ar	Argon	18
Pb	Blei	82
Li	Lithium	3
Se	Selen	34
Pt	Platin	78
Tc	Technetium	43
Mi	Gibt es nicht, Pech!	
Ag	Silber	47
Au	Gold	79
Be	Beryllium	4
Rh	Rhodium	45
Sb	Antimon	51
Br	Brom	35
He	Helium	2
V	Vanadium	23
Sn	Zinn	50
Zn	Zink	30

Denken Sie daran: Es hat keinen Sinn, das Periodensystem der Elemente auswendig zu lernen, Sie sollten die Elemente aber schnell und sicher finden können.

2. Lösungen zur Nomenklatur einfacher anorganischer Verbindungen

L 2.02

Formel	exakter Name	Vereinfachter Name
$NaCl$	Natriumchlorid	Natriumchlorid
$NaCN$	Natriumcyanid	Natriumcyanid
$FeSO_4$	Eisensulfat	Eisen(II)-sulfat
$HgCl_2$	Quecksilberdichlorid	Quecksilber(II)-chlorid
Na_3PO_4	Trinatriumphosphat	Natriumphosphat
$KHCO_3$	Kaliumhydrogencarbonat	Kaliumhydrogencarbonat
$AlCl_3$	Aluminiumtrichlorid	Aluminiumchlorid
$Ba(NO_3)_2$	Bariumdinitrat	Bariumnitrat
$Bi_2(SO_4)_3$	Diwismuttrisulfat	Wismut(III)-sulfat
$Zn(HPO_4)$	Zinkhydrogenphosphat	Zink(II)-hydrogenphosphat
$Ca_3(PO_4)_2$	Tricalciumdiphosphat	Calciumphosphat
$NaClO_3$	Natriumchlorat	Natriumchlorat
$MgCO_3$	Magnesiumcarbonat	Magnesiumcarbonat
Na_2SO_3	Dinatriumsulfit	Natriumsulfit
$NaIO_3$	Natriumiodat	Natriumiodat
$Fe_2(SO_4)_3$	Dieisentrisulfat	Eisen(III)-sulfat
$KAl(SO_4)_2$	Kaliumaluminiumdisulfat	Kaliumaluminiumsulfat
PbO_2	Bleidioxid	Blei(IV)-oxid
NO_2	Stickstoffdioxid	Stickstoff(IV)-oxid
SeO_2	Selendioxid	Selen(IV)-oxid
ClO_2	Chlordioxid	Chlor(IV)-oxid
N_2O	Distickstoffmonoxid	Stickstoff(I)-oxid
SO_3	Schwefeltrioxid	Schwefel(VI)-oxid
P_4O_{10}	Tetraphosphordekaoxid	Phosphor(V)-oxid
As_2S_5	Diarsenpentasulfid	Arsen(V)-sulfid

Es fällt auf, daß man mit der vereinfachten Nomenklatur nicht nur häufig die gleichen Namen vergibt, sondern dass dies mitunter mit mehr Arbeit (durch das Bestimmen der Ladung) verbunden ist. Welche man selbst bevorzugt, bleibt einem dann selbst überlassen.
Bei Phosphor(V)-oxid kann man mit dem vereinfachten Namen unter Umständen etwas auf die falsche Spur (P_2O_5) geraten, hier ist etwas Vorwissen erforderlich.
Das gilt auch für Blei(IV)-oxid; die mitunter ebenfalls auftauchende Bezeichnung Bleiperoxid führt bei Chemikern zu lang anhaltenden Lachkrämpfen und sollte daher unter Rücksichtnahme auf das Zwerchfell vermieden werden.
Gehen Sie im Regelfall davon aus, daß Sie es nicht mit einem Peroxid zu tun haben, es sei denn Sie wissen es genau!

3. Lösungen zur Nomenklatur der Komplexe
3.1 Kationische Komplexe

L 2.03

Formel	IUPAC-Bezeichnung
$[Cu(NH_3)_4]SO_4$	Tetramminkupfer(II)-sulfat
$[Ni(NH_3)_5]Cl_2$	Pentamminnickel(II)-dichlorid
$[Zn(H_2O)_4]F_2$	Tetraquazink(II)-difluorid
$[Fe(CO)_5]$	Pentacarbonyleisen(0)
$[Cr(NH_3)_6]_2(SO_4)_3$	Bishexamminchrom(III)-trisulfat
$[PtCl_2(NH_3)_2]$	Diammindichloroplatin(II)
$[Co(NH_3)_3(CN)_3]$	Triammintricyanokobalt(III)
$[Fe(H_2O)_5NO]SO_4$	Pentaquanitrosoeisen(II)-sulfat
$[Al(H_2O)_4(OH)_2]NO_3$	Tetraquadihydroxoaluminium(III)-nitrat

Bei diesen Komplexen ist ebenfalls eine Vereinfachung gängig, und zwar wird die Zählsilbe des Anions (zum Beispiel: -di in -dichlorid oder -tri in -trisulfat) nicht erwähnt, man benutzt dann nur den einfachen Namen des Anions in der Benennung. Das ist möglich, da die Zahl der Anionen aus der Ladung des Zentralteilchens und der Ladung der Liganden (siehe Tabelle) bestimmbar ist.
Wenn der Ligand mit demselben Vokal beginnt wie die Zählsilbe endet, wird einer der Vokale gestrichen, also wird z.B. aus Tetraammin Tetrammin.
Und dann noch eine Kleinigkeit, die wir in der Einführung zu diesem Thema vergessen haben: Zählsilbe auf Zählsilbe geht nicht! Ein Dihexammminchrom(II)-sulfat wäre nicht eindeutig. Man benutzt daher Zählsilben „zweiter Ordnung“, wobei man die Zählsilbe als zweite Ordnung betrachtet, die in dem Klammersystem an der Klammer steht. Ein Beipiel ist das Bishexamminchrom(III)- trisulfat, welches Sie in der obigen Tabelle finden.
Zählsilben „zweiter Ordnung“:

Anzahl	2	3	4	5
Zählsilbe	bis	tris	tetrakis	pentakis

Man steht recht selten vor dem Problem diese Zählsilben zu benutzen, ob Sie sie daher lernen wollen, bleibt Ihnen überlassen.

3.2 Anionische Komplexe

L 2.04

Formel	IUPAC-Bezeichnung
$K_3[Fe(CN)_6]$	Trikaliumhexacyanoferrat(III)
$K[AI(OH)_4]$	Kaliumtetrahydroxoaluminat(III)
$K_3[AlF_6]$	Trikaliumhexafluoroaluminat(III)
$Na_3[Ag(S_2O_3)_2]$	Trinatriumdithiosulfatoargentat(I)
$Na_4[Co(CN)_6]$	Tetranatriumhexacyanocobaltat(II)
$Ca_2[Fe(CN)_6]$	Dicalciumhexacyanoferrat(II)
$K_2[PtCl_6]$	Dikaliumhexachlorplatinat(IV)
$Li[AlCl_2Br_2]$	Lithiumdibromodichloroaluminat(III)
$K_3[NiCl_2Br_3]$	Trikaliumtribromodichloronickelat(II)

Auch hier können Sie die Nomenklatur etwas vereinfachen, indem Sie die Zählsilben dieses Mal vor den Kationen nicht erwähnen, also anstelle eines Trikalium- einfach nur Kalium- schreiben. Die Begründung ist die gleiche wie in der vorherigen Erläuterung: durch die bekannte Ladung des Zentralteilchens (die römische Ziffer) und die (erlernte) Ladung der Liganden ist die Anzahl der Kationen indirekt bestimmbar.

L 2.05 Zweifels ohne etwas für Genießer:

$[Co(NH_3)_3(H_2O)_2][FeCl_6]$ Triammindiaquacobalt(III)-hexachloroferrat(III)

$[Ag(NH_3)_2][Al(OH)_4]$ Diamminsilber(I)-tetrahydroxoaluminat(III)

Reaktionsgleichungen

Reaktionsgleichungen lassen sich in zwei Typen unterteilen. Der eine Typ ist die sogenannte Redoxgleichung, der wir ein eigenes Kapitel gewidmet haben.
Der andere Typ, mit dem wir uns jetzt beschäftigen, läßt sich wiederum wie folgt unterteilen:

1. Doppelte Umsetzungen
2. Einfache Säure-Base-Reaktionen
3. Säure-Base-Reaktionen mit Verdrängung
4. Komplexgleichungen

Für alle Reaktionsgleichungen gilt:

- innerhalb einer Verbindung müssen die Ladungen ausgeglichen sein. Dieser Ausgleich erfolgt über die sogenannten Indizes.
- innerhalb einer Reaktionsgleichung muß die Menge der Atome links und rechts identisch sein. Dieser Ausgleich erfolgt über die sogenannten stöchiometrischen Faktoren.

Ad 1.: Bei diesem Gleichungstyp reagieren zwei Salze miteinander.
Dabei erfolgt der Austausch der Kationen und der Anionen, schematisch also:

$$AB + CD \rightarrow AD + CB$$

Betrachten wir jetzt einige spezielle Beispiele:

$$Ag^+NO_3^- + Na^+Cl^- \rightarrow Ag^+Cl^- + Na^+NO_3^-$$

Dieses Beispiel ist besonders einfach, weil die Kationen und Anionen gleiche Ladungen haben. Nehmen wir also ein etwas anspruchsvolleres Beispiel:

$$Mg^{2+}Cl^-{}_2 + Na^+{}_3PO_4^{3-} \rightarrow$$

Die Lösung erfolgt in drei Schritten.

1. Schritt: Austausch der Ionen:

$$Mg^{2+}Cl^-{}_2 + Na^+{}_3PO_4^{3-} \rightarrow Mg^{2+}PO_4^{3-} + Na^+Cl^-$$

Beachten Sie bitte, daß sie nur jeweils einzelne Ionen übertragen werden, d.h. bei Kationen immer nur einzelne Atome (Ausnahme NH_4^+), bei Anionen entweder einzelne Atome oder Molekülionen, deren Gestalt Sie der Anionenliste entnehmen können.

2. Schritt: Ladungsausgleich:

$$Mg^{2+}Cl^-{}_2 + Na^+{}_3PO_4^{3-} \rightarrow Mg^{2+}{}_3(PO_4^{3-})_2 + Na^+Cl^-$$

Ein Ladungsausgleich war hier nur beim Magnesiumphosphat nötig. Wie ein Ladungsausgleich erfolgt haben wir schon im 1. Kapitel beschrieben.
(Tip: gleiche Gesamtladung von Kationen und Anionen!)

3. Schritt: stöchiometrischer Ausgleich:

$$3\ Mg^{2+}Cl^-{}_2 + 2\ Na^+{}_3PO_4^{3-} \rightarrow 1\ Mg^{2+}{}_3(PO_4^{3-})_2 + 6\ Na^+Cl^-$$

Sie sehen, daß durch diese stöchiometrischen Faktoren die Anzahl der Atome links und rechts ausgeglichen wurde.

Ad 2.: Die einfachen Säure-Base Reaktionen können sie genauso handhaben, wie die oben aufgeführten doppelten Umsetzungen. Dabei ist der einzige Unterschied, daß nach dem Austausch der Ionen die Verbindung H^+OH^- zu H_2O zusammengefasst wird.
Beispiel: $Na^+OH^- + H^+Cl^- \rightarrow Na^+Cl^- + H^+OH^-$
wird zu: $Na^+OH^- + H^+Cl^- \rightarrow Na^+Cl^- + H_2O$

Es sind dabei allerdings zwei Ausnahmen zu berücksichtigen. Die erste Ausnahme betrifft das Ammoniak (NH_3), dass zwar eine Base ist, dem aber das OH^- fehlt. NH_3 nimmt selbst das Wasserstoffion der Reaktion auf und wird zu NH_4^+.
Beispiel:

$$NH_3 + H^+Cl^- \rightarrow NH_4^+Cl^-$$

Eine weitere Ausnahme betrifft das CO_2, das schon umgangssprachlich als Kohlensäure bezeichnet wird. Das CO_2 wird in der Reaktion zu CO_3^{2-}.
Beispiel:

$$2\ Na^+OH^- + CO_2 \rightarrow Na^+_2CO_3^{2-} + H_2O$$

Ad 3.: Bei diesen Reaktionen gilt, daß starke Säuren schwache Säuren aus Ihren Salzen verdrängen, bzw. starke Basen schwache Basen aus ihren Salzen verdrängen. Dabei müssen Sie noch nicht wissen, was starke oder schwache Säuren und Basen sind. Sie halten sich an die unter ad 1. eingeführten Tauschregeln.

$$2\ Na^+Cl^- + H^+_2SO_4^{2-} \rightarrow Na^+_2SO_4^{2-} + 2\ H^+Cl^-$$

Auch hier müssen Sie zwei Ausnahmen besonders berücksichtigen:
Die Verbindung $NH_4^+OH^-$ existiert nicht. Stattdessen schreiben Sie NH_3 und H_2O.
Das gilt ebenfalls für die Verbindung H_2CO_3, die in CO_2 und H_2O zerfällt.

Ad 4.: In diesem Kapitel werden nur Reaktionsgleichungen behandelt, in denen der Komplex vorgegeben ist. Der andere Typ, bei dem die Formel des Komplexes nicht vorgegeben ist, wird im Kapitel Komplexe behandelt. Es gelten die unter ad 1. besprochenen Kriterien, bei der Lösung der Gleichung sollten sie sich nach den Komplexliganden orientieren.
Beispiel:

$$....\ Cu^{2+}Cl^-_2 + ...\_\_\_\_\_\_\_\_ \rightarrow ....K^+_2[Cu(CN)_4]^{2-} + ...\_\_\_\_\_\_\_\_$$

Im Komplex sind folgende Teilchen neu zu finden: K^+ und CN^-, die zusammengesetzt das fehlende Teilchen auf der linken Seite der Reaktionsgleichung ergeben:

$$....\ Cu^{2+}Cl^-_2 + ...\ K^+CN^- \rightarrow ....K^+_2[Cu(CN)_4]^{2-} + ...\_\_\_\_\_\_\_\_$$

Der Rest ist normales Ausgleichen:

$$1\ Cu^{2+}Cl^-_2 + 4\ K^+CN^- \rightarrow 1\ K^+_2[Cu(CN)_4]^{2-} + 2\ K^+Cl^-$$

1. Aufgaben zu doppelten Umsetzungen

Vervollständigen Sie die folgenden Reaktionsgleichungen:

A 3.01

.... $Al_2(SO_4)_3$ + ... $BaCl_2$ → .... $BaSO_4$ + ... $AlCl_3$
.... $FeCl_3$ + ... NaCN → .... ______ + ... NaCl
.... $PbCl_2$ + ... ______ → .... PbS + ... NaCl
.... $CuSO_4$ + ... Na_2S → .... ______ + ... ______
.... $MgCl_2$ + ... Na_3PO_4 → .... ______ + ... ______

A 3.02

.... CaI_2 + ... AgF → .... ______ + ... ______
.... $ZnSO_4$ + ... BaS → .... _____ + ... _____
.... $Mg_3(PO_4)_2$ + ... $Al_2(C_2O_4)_3$ → .... ______ + ... ______
.... $FeBr_3$ + ... NH_4SCN → .... ______ + ... ______
.... $Zn(NO_3)_2$ + ... $(NH_4)_2S$ → .... ______ + ... ______

A 3.03

.... $Al_2(SO_4)_3$ + ... $BaCl_2$ → .... ______ + ... ______
.... $Cu(NO_3)_2$ + ... $(NH_4)_2S$ → .... ______ + ... ______
.... Li_3PO_4 + ... $MgCl_2$ → .... ______ + ... ______
.... MgI_2 + ... AgF → ....______ + ... ______
.... $CaCl_2$ + ... Na_3PO_4 → .... ______ + ... ______

A 3.04

.... NH_4CN + ... $FeCl_2$ → .... ______ + ... ______
.... $Pb(NO_3)_2$ + ... $(NH_4)_2S$ → .... ______ + ... ______
.... NH_4I + ... Ag_2SO_4 → .... ______ + ... ______
.... Eisen(III)-chlorid + ... NaSCN → .... ______ + ... ______
.... $ZnSO_4$ + ... Na_3PO_4 → .... ______ + ... ______

A 3.05

.... Kupfer(II)-nitrat + ... Schwefelwasserstoff → .... ______ + ... ______
.... Bariumchlorid + ... Aluminiumcarbonat → .... ______ + ... ______
.... Aluminiumsulfat + ... Strontiumbromid → .... ______ + ... ______
.... Aluminiumsulfat + ... Bariumchlorid → .... ______ + ... ______
.... Blei(II)-chlorid + ... Aluminiumsulfid → .... ______ +.... ______

2. Aufgaben zu Säure- Base Reaktionen

A 3.06

.... MgO + ... H_3PO_4 → .... $Mg_3(PO_4)_2$ + ... H_2O
.... $Al(OH)_3$ + ... H_2SO_4 → .... $Al_2(SO_4)_3$ + ... H_2O
.... $Fe(OH)_2$ + ... H_2SO_4 → .... ______ + ... H_2O
.... $Al(OH)_3$ + ... $KHSO_4$ → .... ______ + ... ______ + ... H_2O
.... $Cu(OH)_2$ + ... H_2S → .... ______ + ... ______

A 3.07

.... CaO + ... HCl → .... ______ + ... ______
.... H_3PO_4 + ... $Ca(OH)_2$ →.... ______ + ... ______
.... $Al(OH)_3$ + ... H_3PO_4 → .... ______ + ... ______
.... H_3PO_4 + ... $Mg(OH)_2$ → .... ______ + ... ______
.... $NaOH$ + ... CO_2 → .... ______ + ... ______

A 3.08

.... $Ca(OH)_2$ +.... CO_2 → .... ______ + ... ______
.... $Fe(OH)_3$ + ... HF → .... ______ + ... ______
.... $NaOH$ + ... $NaHCO_3$ → .... ______ + ... ______
.... $H_2C_2O_4$ + ... KOH → .... ______ + ... ______
.... $Ca(OH)_2$ + ... CH_3COOH → .... ______ + ... ______

A 3.09

.... Bariumhydroxid + ... Schwefelsäure → .... ______ + ... ______
.... Natronlauge + ... Natriumhydrogencarbonat → .... ______ + ... ______
.... Magnesiumhydroxid + ... Schwefelsäure → .... ______ + ... ______
.... Phosphorsäure + ... Calciumhydroxid → .... ______ + ... ______
.... Schwefelsäure + ... Ammoniak → .... ______

2.1 Aufgaben zu Säure- Base Reaktionen mit Verdrängungen

A 3.10

.... NH_4Cl + ... MgO → .... NH_3 + ... $MgCl_2$ + ... H_2O
.... $Al_2(CO_3)_3$ + ... $H_2C_2O_4$ → .... ______ + ... ______ + ... H_2O
.... $Pb(CH_3COO)_2$ + ... ______ → .... PbS + ... CH_3COOH
.... $CaBr_2$ + ... ______ → .... CaF_2 + ... HBr
.... $(NH_4)_2SO_4$ + ... KOH → .... K_2SO_4 + ... ______ + ... H_2O

A 3.11

.... $PbCO_3$ + ... H_2S → ....______ + ...______ + ... H_2O

.... $MgCO_3$ + ... HCl → ....______ + ... ______+ .... CO_2
.... $Ca(HCO_3)_2$ + ... HCl → .... ______ + ... ______ + ... ______
.... SrC_2O_4 + ... HCl → .... _______ + ...______
.... $Cu(NO_3)_2$ + ... H_2S → .... ______ + ... ______

A 3.12

.... $PbCO_3$ + ... HCl →.... ______ + ... ______ + ... ______
.... $CaBr_2$ + ... HF → .... ______ + ... ______
.... $(NH_4)_2SO_4$ + ... KOH → .... ______ + ... ______ + ... ______
.... CaC_2O_4 + ... HCl → .... ______ + ... ______
.... $(NH_4)_2SO_4$ + ... $Ba(OH)_2$ → .... ______ + ... ______ + ... ______

A 3.13

.... $Fe(CN)_3$ + ... H_2SO_4 → .... ______ + ... _______
.... $AlCl_3$ + ... NH_3 + ... H_2O → .... ______ + ... ______
.... Calciumcarbonat + ... Oxalsäure ($H_2C_2O_4$) → .... _____ + ... _____ + ... _____
.... Blei(II)hydrogencarbonat + ... Schwefelwasserstoff → .... ______ + ... ______
.... Calciumchlorid + ... Oxalsäure → .... ______ + ... ______

3. Aufgaben zu Komplexen

A 3.14

.... $[Ag(NH_3)_2]Cl$ + ... NaI → .... ______ + ... ______ + ... ______
.... AgCl + ... $K_2S_2O_3$ → .... ______ + ... KCl
.... ______ + ... LiF → .... $Li_3[AlF_6]$
.... $CrCl_3$ + ... _______ → .... $Na_3[Cr(C_2O_4)_3]$ + ... ______
.... $FeCl_3$ + ... ______ → .... $K_3[Fe(CN)_6]$ + ... ______

A 3.15

.... Kobalt(III)-bromid + ... Kaliumcyanid (im Überschuß) → .... _____ + ... _____
.... Tetramminkupfer(II)-chlorid + ... Schwefelwasserstoff → .... _____ + ... _____
.... Aluminiumhydroxid + ... Natronlauge → .... _____
.... Ammoniumcyanid (im Überschuß) + ... Eisen(II)-chlorid → .... ____ + ... ____
.... _____ +.... ______→ .... Glykokoll-Kupfer + ... Kohlendioxid + ... Wasser

4. Vermischte Textaufgaben

A 3.16

Calciumcarbonat + Oxalsäure $\rightarrow$
Ammoniumsulfat + Calciumhydroxid $\rightarrow$
Thermolyse von Ammoniumchlorid zu HCl und Ammoniak
Bildung von CO_2 durch Erhitzen von Calciumcarbonat
Reaktion von Zink(II)-sulfid mit Salzsäure zu Schwefelwasserstoff

A 3.17

Bildung von Phosphorsäure aus Diphosphorpentoxid und Wasser
Zerfall von Tetramminkupfer(II)-sulfat zu Kupfersulfat und Ammoniak
Bildung von Tetracarbonylnickel(0) aus Kohlenmonoxid und Nickel
Reaktion von Calciumoxid mit Wasser
Bildung von Salzsäure durch Reaktion von Natriumchlorid und Schwefelsäure

1. Lösungen zu doppelten Umsetzungen

L 3.01

$Al_2(SO_4)_3 + 3\ BaCl_2 \rightarrow 3\ BaSO_4 + 2\ AlCl_3$
$FeCl_3 + 3\ NaCN \rightarrow Fe(CN)_3 + 3\ NaCl$
$PbCl_2 + Na_2S \rightarrow PbS + 2\ NaCl$
$CuSO_4 + Na_2S \rightarrow CuS + Na_2SO_4$
$3\ MgCl_2 + 2\ Na_3PO_4 \rightarrow Mg_3(PO_4)_2 + 6\ NaCl$

L 3.02

$CaI_2 + 2\ AgF \rightarrow CaF_2 + 2\ AgI$
$ZnSO_4 + BaS \rightarrow ZnS + BaSO_4$
$Mg_3(PO_4)_2 + Al_2(C_2O_4)_3 \rightarrow 3\ MgC_2O_4 + 2\ AlPO_4$
$FeBr_3 + 3\ NH_4SCN \rightarrow Fe(SCN)_3 + 3\ NH_4Br$
$Zn(NO_3)_2 + (NH_4)_2S \rightarrow ZnS + 2\ NH_4NO_3$

L 3.03

$Al_2(SO_4)_3 + 3\ BaCl_2 \rightarrow 2\ AlCl_3 + 3\ BaSO_4$
$Cu(NO_3)_2 + (NH_4)_2S \rightarrow CuS + 2\ NH_4NO_3$
$2\ Li_3PO_4 + 3\ MgCl_2 \rightarrow Mg_3(PO_4)_2 + 6\ LiCl$
$MgI_2 + 2\ AgF \rightarrow MgF_2 + 2\ AgI$
$3\ CaCl_2 + 2\ Na_3PO_4 \rightarrow Ca_3(PO_4)_2 + 6\ NaCl$

L 3.04

$2\ NH_4CN + FeCl_2 \rightarrow Fe(CN)_2 + 2\ NH_4Cl$
$Pb(NO_3)_2 + (NH_4)_2S \rightarrow PbS + 2\ NH_4NO_3$
$2\ NH_4I + Ag_2SO_4 \rightarrow 2\ AgI + (NH_4)_2SO_4$
$FeCl_3 + 3\ NaSCN \rightarrow Fe(SCN)_3 + 3\ NaCl$
$3\ ZnSO_4 + 2\ Na_3PO_4 \rightarrow 3\ Na_2SO_4 + Zn_3(PO_4)_2$

L 3.05

$Cu(NO_3)_2 + H_2S \rightarrow CuS + 2\ HNO_3$
$3\ BaCl_2 + Al_2(CO_3)_3 \rightarrow 2\ AlCl_3 + 3\ BaCO_3$
$Al_2(SO_4)_3 + 3\ SrBr_2 \rightarrow 2\ AlBr_3 + 3\ SrSO_4$
$Al_2(SO_4)_3 + 3\ BaCl_2 \rightarrow 2\ AlCl_3 + 3\ BaSO_4$
$3\ PbCl_2 + Al_2S_3 \rightarrow 3\ PbS + 2\ AlCl_3$

2. Lösungen zu Säure- Base- Reaktionen (einfach)

L 3.06

$3\ MgO + 2\ H_3PO_4 \rightarrow Mg_3(PO_4)_2 + 3\ H_2O$
$2\ Al(OH)_3 + 3\ H_2SO_4 \rightarrow Al_2(SO_4)_3 + 6\ H_2O$
$Fe(OH)_2 + H_2SO_4 \rightarrow FeSO_4 + 2\ H_2O$
$2\ Al(OH)_3 + 6\ KHSO_4 \rightarrow Al_2(SO_4)_3 + 3\ K_2SO_4 + 6\ H_2O$
$Cu(OH)_2 + H_2S \rightarrow CuS + 2\ H_2O$

L 3.07

$CaO + 2\ HCl \rightarrow CaCl_2 + H_2O$
$2\ H_3PO_4 + 3\ Ca(OH)_2 \rightarrow Ca_3(PO_4)_2 + 6\ H_2O$
$Al(OH)_3 + H_3PO_4 \rightarrow AlPO_4 + 3\ H_2O$
$2\ H_3PO_4 + 3\ Mg(OH)_2 \rightarrow Mg_3(PO_4)_2 + 6\ H_2O$
$2\ NaOH + CO_2 \rightarrow Na_2CO_3 + H_2O$

L 3.08

$Ca(OH)_2 + CO_2 \rightarrow CaCO_3 + H_2O$
$Fe(OH)_3 + 3\ HF \rightarrow FeF_3 + 3\ H_2O$
$NaOH + NaHCO_3 \rightarrow Na_2CO_3 + H_2O$
$H_2C_2O_4 + 2\ KOH \rightarrow K_2C_2O_4 + 2\ H_2O$
$Ca(OH)_2 + 2\ CH_3COOH \rightarrow Ca(CH_3COO)_2 + 2\ H_2O$

L 3.09

$Ba(OH)_2 + H_2SO_4 \rightarrow BaSO_4 + 2\ H_2O$
$NaOH + NaHCO_3 \rightarrow Na_2CO_3 + H_2O$
$Mg(OH)_2 + H_2SO_4 \rightarrow MgSO_4 + 2\ H_2O$
$2\ H_3PO_4 + 3\ Ca(OH)_2 \rightarrow Ca_3(PO_4)_2 + 6\ H_2O$
$H_2SO_4 + 2\ NH_3 \rightarrow (NH_4)_2SO_4$

2.1 Lösungen zu Säure- Base- Reaktionen (Verdrängungen)

L 3.10

$2\ NH_4Cl + MgO \rightarrow 2\ NH_3 + MgCl_2 + H_2O$
$Al_2(CO_3)_3 + 3\ H_2C_2O_4 \rightarrow Al_2(C_2O_4)_3 + 3\ CO_2 + 3\ H_2O$
$Pb(CH_3COO)_2 + H_2S \rightarrow PbS + 2\ CH_3COOH$
$CaBr_2 + 2\ HF \rightarrow CaF_2 + 2\ HBr$
$(NH_4)_2SO_4 + 2\ KOH \rightarrow K_2SO_4 + 2\ NH_3 + 2\ H_2O$

L 3.11

$PbCO_3 + H_2S \rightarrow PbS + CO_2 + H_2O$
$MgCO_3 + 2\ HCl \rightarrow MgCl_2 + H_2O + CO_2$
$Ca(HCO_3)_2 + 2\ HCl \rightarrow CaCl_2 + 2\ H_2O + 2\ CO_2$
$SrC_2O_4 + 2\ HCl \rightarrow SrCl_2 + H_2C_2O_4$
$Cu(NO_3)_2 + H_2S \rightarrow CuS + 2\ HNO_3$

L 3.12

$PbCO_3 + 2\ HCl \rightarrow PbCl_2 + H_2O + CO_2$
$CaBr_2 + 2\ HF \rightarrow CaF_2 + 2\ HBr$
$(NH_4)_2SO_4 + 2\ KOH \rightarrow K_2SO_4 + 2\ H_2O + 2\ NH_3$
$CaC_2O_4 + 2\ HCl \rightarrow CaCl_2 + H_2C_2O_4$
$(NH_4)_2SO_4 + Ba(OH)_2 \rightarrow BaSO_4 + 2\ H_2O + 2\ NH_3$

L 3.13

$2\ Fe(CN)_3 + 3\ H_2SO_4 \rightarrow Fe_2(SO_4)_3 + 6\ HCN$
$AlCl_3 + 3\ NH_3 + 3\ H_2O \rightarrow Al(OH)_3 + 3\ NH_4Cl$
$CaCO_3 + H_2C_2O_4 \rightarrow CaC_2O_4 + H_2O + CO_2$
$Pb(HCO_3)_2 + H_2S \rightarrow PbS + 2\ H_2O + 2\ CO_2$
$CaCl_2 + H_2C_2O_4 \rightarrow CaC_2O_4 + 2\ HCl$

3. Lösungen zu Komplexen

L 3.14

$[Ag(NH_3)_2]Cl + NaI \rightarrow AgI + NaCl + 2\ NH_3$

$AgCl + 2\ K_2S_2O_3 \rightarrow K_3[Ag(S_2O_3)_2] + KCl$

$AlF_3 + 3\ LiF \rightarrow Li_3[AlF_6]$

$CrCl_3 + 3\ Na_2C_2O_4 \rightarrow Na_3[Cr(C_2O_4)_3] + 3\ NaCl$

$FeCl_3 + 6\ KCN \rightarrow K_3[Fe(CN)_6] + 3\ KCl$

L 3.15

$CoBr_3 + 6\ KCN \rightarrow K_3[Co(CN)_6] + 3\ KBr$

$[Cu(NH_3)_4]Cl_2 + H_2S \rightarrow CuS + 2\ NH_4Cl + 2\ NH_3$

$Al(OH)_3 + NaOH \rightarrow Na[Al(OH)_4]$

$6\ NH_4CN + FeCl_2 \rightarrow (NH_4)_4[Fe(CN)_6] + 2\ NH_4Cl$

$CuCO_3 + 2\ {}^{+}NH_3CH_2COO^{-} \rightarrow [Cu(NH_2CH_2COO)_2] + CO_2 + H_2O$

Hier war es etwas schwieriger: Durch die Bildung des Cu-Glycin-Komplexes wird Kohlensäure freigesetzt. In manchen Büchern wird dieser Komplex auch als Glykokollkupfer bezeichnet.

4. Lösungen zu vermischten Textaufgaben

L 3.16

$CaCO_3 + H_2C_2O_4 \rightarrow CaC_2O_4 + CO_2 + H_2O$

$(NH_4)_2SO_4 + Ca(OH)_2 \rightarrow 2\ NH_3 + 2\ H_2O + CaSO_4$

$NH_4Cl \rightarrow NH_3 + HCl$

$CaCO_3 \rightarrow CaO + CO_2$

$ZnS + 2\ HCl \rightarrow ZnCl_2 + H_2S$

L 3.17

$P_2O_5 + 3\ H_2O \rightarrow 2\ H_3PO_4$

$[Cu(NH_3)_4]SO_4 \rightarrow CuSO_4 + 4\ NH_3$

$Ni + 4\ CO \rightarrow [Ni(CO)_4]$

$CaO + H_2O \rightarrow Ca(OH)_2$

$2\ NaCl + H_2SO_4 \rightarrow Na_2SO_4 + 2\ HCl$

Stoffmengen und Konzentrationen

Dieses Kapitel gehört zu den wichtigen Grundvoraussetzungen für die meisten Rechnungen der anorganischen Chemie.
Zu den wesentlichen Erkenntnissen der Chemie gehört es, dass sich Stoffe in ganzzahligen Verhältnissen umsetzen. Diese sind von den Stoffen und deren sogenannten Molekulargewichten abhängig. Das Molekulargewicht ist die Menge eines Stoffes in Gramm, die ein sogenanntes Mol ergibt. Dabei ist ein Mol eine festgesetzte Anzahl von Teilchen (6×10^{23}).
Die genaue Herkunft dieser Definition können Sie einem Lehrbuch der Chemie entnehmen.
Das Molekulargewicht ist die Summe der Atommassen in Gramm. Um das zu erläutern, verwenden wir am besten ein Beispiel:

H_2SO_4	besteht aus:	2 × H zu 1 g = 2 g
		1 × S zu 32 g = 32 g
		4 × O zu 16 g = 64 g
		Summe: 98 g = 1 mol

Die SI-Einheit des Molekulargewichtes ergibt sich somit zu $\left[\frac{g}{mol}\right]$ und wird in Rechenformeln mit *MG* dargestellt. Das Mol selbst wird mit der Einheit [*mol*] erfasst und in Rechenformeln mit *n* dargestellt. Die zentrale Formel um den Zusammenhang zwischen Masse *m* in [*g*], Molekulargewicht *MG* in $\left[\frac{g}{mol}\right]$ und der Stoffmenge *n* in [*mol*] darzustellen ist:

$$n = \frac{m}{MG}$$

Beispiel: Wieviel *mol* sind 4 *g* NaOH?
Berechnen wir zuerst das Molekulargewicht:

NaOH	besteht aus:	1 × H zu 1 g = 1 g
		1 × Na zu 23 g = 23 g
		1 × O zu 16 g = 16 g
		Summe: 40 g = 1 *mol*

Berechnen wir mit der oben angegebenen Formel die Stoffmenge:

$$n = \frac{4g}{40\frac{g}{mol}} = 0{,}1\,mol$$

Die nächste Größe, die wir einführen müssen, ist die Konzentration. Bei Konzentrationen unterscheidet man verschiedene Arten:

1. Die Konzentration c_g in $\left[\frac{g}{l}\right]$
2. Die Konzentration c in $\left[\frac{mol}{l}\right]$, die auch als Molarität oder als molare Konzentration bezeichnet und gerne mit *M* oder *m* abgekürzt wird.
3. Sondergrößen wie Massenprozent, Volumenprozent etc. die allerdings in diesem Buch nicht verwendet werden.

Sie alle stellen Verteilungsdichten dar und gewinnen erst dann einen Bezug zu einer Stoffmenge oder Masse, wenn ein konkretes Volumen *V* angegeben wird.

Es gelten folgende Rechenformeln:

ad 1.: $c_g = \frac{m}{V} \Leftrightarrow m = c_g \times V$

ad 2.: $c = \frac{n}{V} \Leftrightarrow n = c \times V$

Verschiedene Möglichkeiten der Umrechnung entnehmen Sie bitte dem folgenden Diagramm:

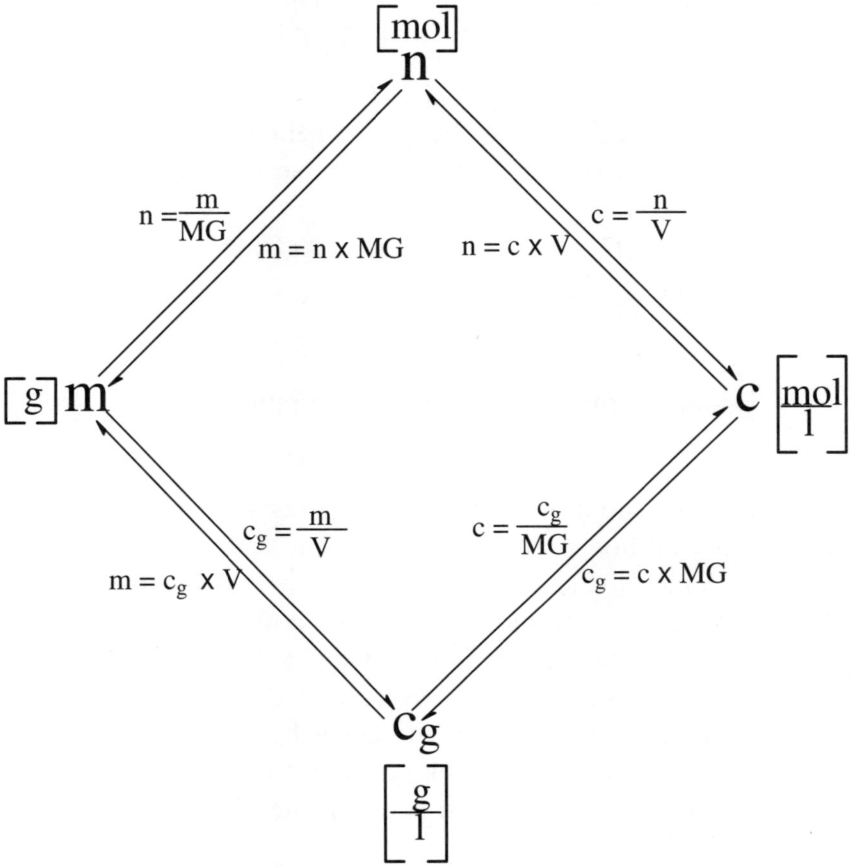

Beachten Sie bei allen Rechnungen, dass Sie sich nur entlang der Pfeile im Diagramm bewegen dürfen.

Um Stoffmengen und Konzentrationen zu bestimmen, werden folgende Verfahren verwendet:

1. Gravimetrie
2. Titrationen

ad 1.: Bei der Gravimetrie macht man sich die Schwerlöslichkeit einer Reihe von Salzen zunutze. Durch eine chemische Reaktion der zu bestimmenden Lösung mit einem Agens erfolgt eine Fällung, die als quantitativ angesehen werden kann. Dabei bedeutet quantitativ, dass die Reaktion (in diesem Fall die Fällung) vollständig ist. Inwieweit dieses Kriterium erfüllt ist, kann durch das Löslichkeitsprodukt überprüfen werden. Wir verweisen an dieser Stelle auf das Kapitel 7.

Ein Beispiel: Aus 100 ml einer Cl^- -Lösung werden durch Zusatz von Silbernitrat $AgNO_3$ 1,43g schwerlösliches Silberchlorid AgCl ausgefällt. Welche Konzentration hat die Chloridlösung in $\left[\frac{g}{l}\right]$?

Zuerst bestimmt man das *MG* von AgCl:

1 × Ag zu 108g =		108 g/mol
1 × Cl zu 35g =		35 g/mol
Summe:		143 g/mol

Danach wird die Stoffmenge AgCl ermittelt:

$$n = \frac{1{,}43g}{143\frac{g}{mol}} = 0{,}01mol$$

Aus der Reaktionsgleichung ist erkennbar, dass die Stoffmenge an Cl^- gleich (äquivalent) der Stoffmenge an AgCl ist.

$$Cl^- + AgNO_3 \rightarrow NO_3^- + AgCl\downarrow$$

Die Masse an Chlorid errechnet sich zu: $m = 0{,}01mol \times 35\left[\frac{g}{mol}\right] = 0{,}35g$

Damit gilt für die gesuchte Konzentration: $c_g = \frac{0{,}35g}{0{,}1l} = 3{,}5\left[\frac{g}{l}\right]$

Ad 2.: Titrationen sind Konzentrationsbestimmungen in Lösungen. Die unbekannte Stoffmenge oder Konzentration errechnet sich aus dem Verbrauch einer Lösung bekannter Konzentration. Der Äquivalenzpunkt ist durch eine Farbänderung oder durch sogenannte Indikatoren erkennbar. Indikatoren sind Farbstoffe, die im Verlauf einer Reaktion eine Farbänderung durchlaufen. Er lässt sich auch mit physikalischen Meßgrößen (z.B. Leitfähigkeit) erfassen, das wird im Rahmen dieses Buches nicht behandelt.
Die Lösung bekannter Konzentration befindet sich in einer sogenannten Bürette, die eine Messung des Verbrauchs an Lösung erlaubt. Ein bestimmtes Volumen der Lösung unbekannter Konzentration wird meist in ein Becherglas oder Erlenmeyerkolben gefüllt.
Siehe Zeichnung:

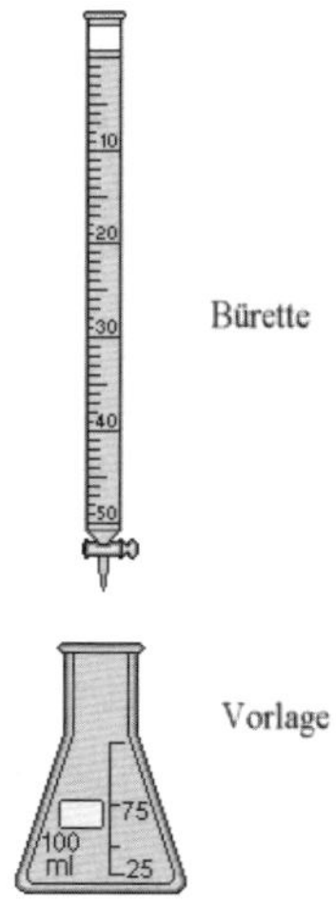

Die hier besprochenen Titrationen sind Säure-Base-Titrationen. Daher sollte als erstes eine einfache Säure-Base-Definition eingeführt werden. Die einfachste Definition ist die nach der Arrhenius-Theorie. Danach geben Säuren H^+ -Ionen ab, Basen hingegen OH^--Ionen. Die Anzahl der H^+-Ionen, die ein Säuremolekül bzw. OH^--Ionen die eine Basenmolekül abgeben kann, wird als Wertigkeit der Säure oder Base bezeichnet.
So ist zum Beispiel H_2SO_4 wegen ihrer 2 H^+-Ionen zweiwertig.
Ein anderes Beispiel ist $Ca(OH)_2$, das wegen der zwei OH^--Ionen ebenfalls zweiwertig ist.
Daraus ergibt sich ein gebräuchliches Konzentrationsmaß, die Normalität. Sie ist das Produkt aus Molarität und Wertigkeit. Bei einer „normalen" Lösung ist die Anzahl der H^+- oder OH^- -Ionen berücksichtigt, die Wertigkeit einer solchen Lösung ist immer eins. Gängige Abkürzungen für die Normalität ist *n* oder *N*.
Zurück zur Neutralisation. Neutral (im Sinne von äquivalent) reagiert eine Lösung immer dann, wenn das Produkt aus Stoffmenge und Wertigkeit des einen Stoffes identisch ist mit dem Produkt aus Stoffmenge und Wertigkeit des zweiten Stoffes.
Daraus resultiert folgende Rechenformel:

$$n_1 W_1 = n_2 W_2$$

oder auch:

$$c_1 V_1 W_1 = c_2 V_2 W_2$$

Die letzte Formel bezeichnen wir in diesem Buch als Neutralisationsformel.

Ein Beispiel: Berechnen Sie die Konzentration einer Probe von 100 ml Magensäure (HCl), wenn zur Neutralisation 40 ml einer 0,1 molaren Natronlauge verbraucht wurden.
Folgende Stoffe sind beteiligt:

NaOH: $W = 1$; $V = 40$ ml; $c = 0{,}1\left[\frac{mol}{l}\right]$

HCl : $W = 1$; $V = 100$ ml; $c = x\left[\frac{mol}{l}\right]$

In die Formel eingesetzt ergibt sich:

$$x \times 100 \times 1 = 0{,}1 \times 40 \times 1$$

x ergibt sich durch Umformen zu $0{,}04\left[\frac{mol}{l}\right]$

Eine spezielle Anwendung der Säure-Base-Titration ist der Ionenaustauscher, mit dessen Hilfe man die Konzentration einer Salzlösung bestimmen kann. Dabei wird ein bestimmtes Volumen einer Salzlösung unbekannter Konzentration (eine zu bestimmende Stoffmenge!) über ein speziell präpariertes Kunststoffharz gegeben. Dieses Harz kann entweder Kationen austauschen und heißt dann Kationenaustauscher, oder es tauscht Anionen aus und heißt dann –logischerweise– Anionenaustauscher.
Das Harz wird in eine sogenannte Säule eingefüllt, also eine aufrecht stehende Röhre, die durch einen Filter und einen Hahn abgeschlossen wird. Die ankommenden Ionen, zum Beispiel Kationen, werden durch die austauschbaren Ionen ersetzt. Es werden immer soviel austauschbare Ionen freigegeben, dass deren Produkt aus Anzahl und Ladung identisch ist mit dem Produkt aus Anzahl und Ladung der ausgetauschten Ionen. Hier entspricht die Ladung also der Wertigkeit. Bei einem sauren Ionenaustauscher (der so heißt, weil das austauschbare Ion H^+ ist) wird zum Beispiel ein Al^{3+}-Ion durch 3 H^+-Ionen ersetzt, oder ein Ca^{2+}-Ion durch 2 H^+-Ionen.

Das speziell präparierte Kunststoffharz sieht wie folgt aus (Beispiel Kationenaustauscher):

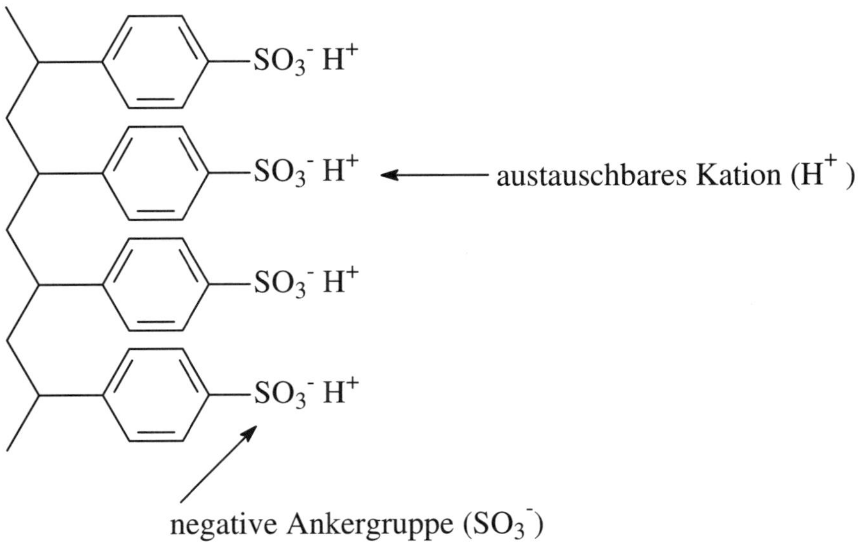

In diesem Fall verwendet man ebenfalls wieder die Neutralisationsformel, wobei die Wertigkeit dieses Mal durch Ladung und Anzahl der ausgetauschten Ionen innerhalb der Verbindung wiedergegeben wird. So beträgt die Wertigkeit folgender Salze beim Durchlauf durch einen sauren Kationenaustauscher:

Salz	Wertigkeit
Na^+Cl^-	1
$Ca^{2+}Cl^-_2$	2
$Al^{3+}Cl^-_3$	3
$Cr^{3+}_2(SO_4)^{2-}_3$	6

Durchgerechnete Beispiele finden Sie im Aufgabenteil!

Beachten Sie bitte: Physikalische Einheiten sollten korrekterweise in eckigen Klammern geschrieben werden. Allerdings werden diese in vielen Aufgaben und Büchern nicht immer beachtet (ohne eckige Klammern). Daher finden Sie in den Aufgabenteilen unseres Buches beide Schreibweisen.

1. Aufgaben zu Stoffmengen und Konzentrationen

A 4.01 Berechnen Sie das Molekulargewicht der folgenden Verbindungen.
Benutzen Sie dazu das im Anhang befindliche Periodensystem!

HCl	$KAl(SO_4)_2$
Na_2SO_4	$Ca_3(PO_4)_2$
HNO_3	$Al_2(SO_4)_3$
NaH_2PO_4	$Ca_5(PO_4)_3OH$

A 4.02 Geben Sie an, wie viel *mol* der angegebenen Stoffe vorliegen.

4,00 g $NaOH$	4,90 g H_2SO_4
1,20 g HCl	10,04 g $Ca_5(PO_4)_3OH$

A 4.03 Berechnen Sie die Konzentrationen in $\left[\frac{mol}{l}\right]$ für folgende Mischungen:
0,3 mol in 0,5 l wässeriger Lösung
0,1 mol in 0,2 l wässeriger Lösung
0,4 mol in 200 ml wässeriger Lösung
0,1 mmol in 0,25 l wässeriger Lösung
0,6 mmol in 300 ml wässeriger Lösung

A 4.04 Berechnen Sie die Konzentrationen in $\left[\frac{mol}{l}\right]$ für folgende Mischungen:
0,8 g $NaOH$ in 0,4 l wässeriger Lösung
4,9 mg H_2SO_4 in 5 ml wässeriger Lösung
1,1 g $CaCl_2$ in 250 ml wässeriger Lösung

A 4.05 Wie viel g der angegebenen Stoffe sind in folgenden Lösungen enthalten:
0,2 l einer 0,1 molaren HCl
50 ml einer 0,3 molaren KOH
250 ml einer 25 mmolaren H_3PO_4

Denken Sie daran:
Molar bedeutet $\left[\frac{mol}{l}\right]$. Es wird auch häufig mit einem m oder M abgekürzt.

A 4.06 Berechnen Sie, Wie viel g festes $NaCl$ man zur Herstellung von 2 Liter einer 0,15 molaren (physiologischen) Kochsalzlösung benötigt!

A 4.07 Ergänzen Sie folgende Tabelle. Benutzen Sie beim Molekulargewicht gerundete Werte!

Formel	MG	Volumen	Stoffmenge	Konzentration	Masse	Grammkonz.
H_2SO_4		20 ml		0,1 M		
NaOH			0,1 mol			4 g/l
HCl				1 M	3,6 g	
$Al_2(SO_4)_3$		50 ml	0,1 mol			
$Ca_5(PO_4)_3OH$		0,5 l			5,02 g	
HNO_3			0,005 mol	0,2 M		
Na_2SO_4		1000 ml			1,42 g	
$KMnO_4$		0,2 l	0,3 mol			
$H_2C_2O_4$			500 mmol			0,9 g/l
$Na_2S_2O_3$		100 ml	0,1 mol			

2. Aufgaben zur Gravimetrie

A 4.08 Aus 10 ml einer wässerigen Silbersalzlösung wird mit Natriumchlorid-Lösung Silberchlorid gefällt. Es resultiert 1,43 mg Niederschlag. Wie viel Milligramm Silberionen enthält ein Liter der Ausgangslösung?

A 4.09 Wie viel mg Niederschlag erhalten Sie, wenn Sie ein Liter der Lösung aus A 4.08 anstelle von Natriumchlorid-Lösung mit Natriumiodid-Lösung versetzen?

A 4.10 125 ml einer Calciumchlorid-Lösung werden mit wässeriger Natriumoxalatlösung ($Na_2C_2O_4$) versetzt, bis kein weiterer Niederschlag mehr entsteht. Der Niederschlag wird abfiltriert, getrocknet und gewogen; es resultieren 32 mg.
- Formulieren Sie die Reaktionsgleichung für die Fällungsreaktion.
- Berechnen Sie die Molarität der Calciumchlorid-Lösung.

A 4.11 250 ml einer Calciumchloridlösung werden mit einer wässerigen Ammoniumoxalatlösung versetzt, bis kein weiterer Niederschlag mehr entsteht. Der Niederschlag wird abfiltriert, getrocknet und gewogen. Es resultieren 128 mg Niederschlag.
- Formulieren Sie die Reaktionsgleichung für die Fällungsreaktion.
- Berechnen Sie die Molarität der Calciumchloridlösung.

A 4.12 Aus 250 ml einer wässerigen Silbersalzlösung werden durch Zugabe von Calciumchlorid 143 mg Silberchlorid ausgefällt.
- Formulieren Sie die Reaktionsgleichung für die Fällungsreaktion.
- Berechnen Sie die Molarität der wässerigen Silbersalzlösung.

A 4.13 Aus 200 ml einer Calciumsalzlösung unbekannter Konzentration werden durch Zugabe von Schwefelsäure 408 mg $CaSO_4$ ausgefällt.
Berechnen Sie den Gehalt der Ausgangslösung an Ca^{2+}-Ionen in $\left[\frac{g}{l}\right]$!

3. Aufgaben zu Titrationen

A 4.14 Zur Neutralisation von 25 ml Schwefelsäure werden 15 ml 0,1 molare Natronlauge verbraucht.
Welche Konzentration in $\left[\frac{mol}{l}\right]$ weist die Schwefelsäure auf?

A 4.15 Wie viel mg $Ca(OH)_2$ waren vorhanden, wenn man zur Einstellung auf pH = 7 50 ml 0,1 molare HCl benötigt?

A 4.16 Bei der Titration einer Schwefelsäurelösung mit 0,1 m NaOH wurden bis zum Äquivalenzpunkt 40 ml Lauge verbraucht.
Wie viel mol H_2SO_4 befanden sich in der Lösung?

A 4.17 Wie viel ml einer 0,1 molaren Salzsäure werden zur Neutralisation von 20 ml einer 0,15 molaren $Ca(OH)_2$-Lösung benötigt?

A 4.18 Wie viel ml 0,5 M H_2SO_4 benötigen Sie zur vollständigen Neutralisation von 8 g NaOH?

A 4.19 Wie viel ml einer 0,1 n HCl müssen Sie zu 0,5 l einer 0,1 mmolaren $Ca(OH)_2$ - Lösung zugeben, um einen pH-Wert von 7 einzustellen?

A 4.20 58,5 mg eines unbekannten Alkalimetalls werden mit Wasser nach folgender Reaktionsgleichung umgesetzt:

$$2\ Me + 2\ H_2O \rightarrow 2\ MeOH + H_2$$

Me =Alkalimetall

Zur Neutralisation der entstandenen Base werden 15 ml einer 0,1 molaren Salzsäure verbraucht. Um welches Alkalimetall handelt es sich?

A 4.21 46 mg eines unbekannten Alkalimetalls reagieren mit Wasser gemäß folgender Reaktionsgleichung:

$$2\ Me + 2\ H_2O \rightarrow 2\ MeOH + H_2$$

Zur Neutralisation der entstandenen Base MeOH werden 20 ml einer 0,1 molaren Salzsäure verbraucht. Um welches Alkalimetall handelt es sich?

A 4.22 Erläutern Sie kurz das Prinzip des Ionenaustauschers und nennen Sie zwei Anwendungsbereiche für Ionenaustauscher.

A 4.23 Über einen sauren Kationenaustauscher wird eine $CaCl_2$-Lösung gegeben, die 200 mg an Ca^{2+}-Ionen enthält.
Wie viel Milliliter einer 1 m Natriumhydroxidlösung benötigen Sie, um die eluierte Säure zu neutralisieren?

A 4.24 Berechnen Sie die Konzentration einer Aluminiumchloridlösung in g/l, wenn 10 ml dieser Lösung nach Lauf durch einen sauren Ionenaustauscher mit 6 ml 0,1 molarer Natronlauge neutralisiert werden.

A 4.25 25 ml einer wässerigen Chrom(III)-chloridlösung werden über einen sauren Ionenaustauscher geschickt. Die Titration der durchgelaufenen Lösung mit 0,1 m Natronlauge ergibt einen Verbrauch von 75 ml.
Wie viel mg Cr^{3+} enthält 1 ml dieser Chrom(III)-chlorid-Lösung?

A 4.26 Eine unbekannte Menge CaO wird in 100 ml 0,1 molarer Salzsäure gelöst. Die Titration der erhaltenen Lösung mit 0,1 molarer Natronlauge ergab einen Verbrauch von 60 ml NaOH bis zur Neutralisation.
- Geben Sie die Reaktionsgleichung für die Umsetzung von CaO mit HCl an.
- Berechnen Sie die Ausgangsmenge an CaO.
- Nennen Sie eine Fällungsreaktion für Calciumionen in wässeriger Lösung.

A 4.27 Sie verbrennen eine unbekannte Menge Barium (Ba) zu Bariumoxid (BaO). Dieses wird in 200 ml Wasser unter Bildung von Bariumhydroxid ($Ba(OH)_2$) gelöst. Daraufhin wird die erhaltene Lösung mit 20 ml 0,1 molarer H_2SO_4-Lösung versetzt, der ausfallende Niederschlag von $BaSO_4$-Lösung abfiltriert und die Lösung mit 0,1 molarer Natronlauge titriert. Es ergibt sich ein Verbrauch von 20 ml 0,1 molarer NaOH.
Wie viel Barium haben Sie zu Anfang verbrannt?

1. Lösungen zu Stoffmengen und Konzentrationen

L 4.01

HCl	MG: $1(H) + 35(Cl) = 36 \frac{g}{mol}$
Na_2SO_4	MG: $2 \times 23(Na) + 32(S) + 4 \times 16(O) = 142 \frac{g}{mol}$
HNO_3	MG: $1(H) + 14(N) + 3 \times 16(O) = 63 \frac{g}{mol}$
NaH_2PO_4	MG: $23(Na) + 2 \times 1(H) + 31(P) + 4 \times 16(O) = 120 \frac{g}{mol}$
$KAl(SO_4)_2$	MG: $39(K) + 27(Al) + 2 \times 32(S) + 2 \times 4 \times 16(O) = 258 \frac{g}{mol}$
$Ca_3(PO_4)_2$	MG: $3 \times 40(Ca) + 2 \times 31(P) + 2 \times 4 \times 16(O) = 310 \frac{g}{mol}$

$Al_2(SO_4)_3$ MG: $2 \times 27(Al) + 3 \times 32(S) + 3 \times 4 \times 16(O) = 342 \frac{g}{mol}$

$Ca_5(PO_4)_3OH$ MG: $5 \times 40(Ca) + 3 \times 31(P) + 3 \times 4 \times 16(O) + 16(O) + 1(H) = 502 \frac{g}{mol}$

Die jeweiligen Elemente stehen in Klammern.

L 4.02 4,00g NaOH
Zuerst müssen Sie das Molekulargewicht berechnen, hier in diesem Fall 40 [g/mol] (aus 23 + 16 + 1). Danach setzen Sie in die Formel ein, die in der Einleitung zum Umrechnen einer Masse in eine Stoffmenge eingeführt wurde (Diagramm):

$$n = \frac{m}{MG} = \frac{4{,}0g}{40\frac{g}{mol}} = 0{,}1mol$$

Diese Vorgehensweise benutzen Sie auch für die folgenden Aufgaben:

4,90g H_2SO_4 MG: 98 [g/mol]

$$n = \frac{m}{MG} = \frac{4{,}9g}{98\frac{g}{mol}} = 0{,}05mol$$

1,2g HCl MG: 36 [g/mol]

$$n = \frac{m}{MG} = \frac{1{,}2g}{36\frac{g}{mol}} = 0{,}0\overline{3}mol$$

10,04g $Ca_5(PO_4)_3OH$ 502 [g/mol]

$$n = \frac{m}{MG} = \frac{10{,}04g}{502\frac{g}{mol}} = 0{,}02mol$$

L 4.03 Benutzen Sie wieder die in dem Diagramm angegebene Formel, um aus Stoffmengen Konzentrationen zu machen:

0,3 mol in 0,5 l wässeriger Lösung:

$$c = \frac{n}{V} = \frac{0{,}3mol}{0{,}5l} = 0{,}6\frac{mol}{l}$$

0,1 mol in 0,2 l wässeriger Lösung:

$$c = \frac{n}{V} = \frac{0{,}1mol}{0{,}2l} = 0{,}5\frac{mol}{l}$$

0,4 mol in 200 ml wässeriger Lösung:
Rechnen Sie hier erst die Milliliter in Liter um!
200 ml = 0,2 l

$$c = \frac{n}{V} = \frac{0{,}4mol}{0{,}2l} = 2{,}0\frac{mol}{l}$$

0,1 mmol in 0,25 l wässeriger Lösung:
Rechnen Sie erst mmol in mol um!
0,1mmol = 0,0001 mol

$$c = \frac{n}{V} = \frac{0{,}0001mol}{0{,}25l} = 0{,}0004\frac{mol}{l}$$

0,6 mmol in 300 ml wässeriger Lösung:
Achtung: $\left[\frac{mmol}{ml}\right]=\left[\frac{mol}{l}\right]$!

$$c=\frac{n}{V}=\frac{0{,}6mol}{300l}=0{,}002\tfrac{mol}{l}$$

L 4.04 0,8 g NaOH in 0,4 l wässeriger Lösung:
Berechnen Sie zuerst, Wie viel mol 0,8 g NaOH entsprechen:
MG: 40 [g/mol]

$$n=\frac{m}{MG}=\frac{0{,}8g}{40\frac{g}{mol}}=0{,}02mol$$

Danach berechnen Sie die Konzentration nach der gegebenen Formel:

$$c=\frac{n}{V}=\frac{0{,}02mol}{0{,}4l}=0{,}05\left[\tfrac{mol}{l}\right]$$

4,9 mg H_2SO_4 in 5 ml wässeriger Lösung:
Sie können entweder den oben beschriebenen Weg gehen, oder aber folgende Variante benutzen:
Berechnen Sie die Grammkonzentration c_g:

$$c_g=\frac{m}{V}=\frac{4{,}9mg}{5ml}=\frac{4{,}9g}{5l}=0{,}98\left[\tfrac{g}{l}\right]$$

Berechnen Sie wieder das Molekulargewicht, hier 98 [g/mol].
Benutzen Sie dann die im Diagramm angegebene Formel zur Umrechnung von c_g in c:

$$c=\frac{c_g}{MG}=\frac{0{,}98\frac{g}{l}}{98\frac{g}{mol}}=0{,}01\left[\tfrac{mol}{l}\right]$$

1,1g $CaCl_2$ in 250 ml wässeriger Lösung:
Welchen Weg Sie benutzen ist, wiederum völlig egal, rechnen Sie aber zuerst die ml in Liter um! 250 ml = 0,25 l
MG: 110 [g/mol]

$$c_g=\frac{m}{V}=\frac{1{,}1g}{0{,}25l}=4{,}4\left[\tfrac{g}{l}\right]$$

Danach:

$$c=\frac{c_g}{MG}=\frac{4{,}4\frac{g}{l}}{110\frac{g}{mol}}=0{,}04\left[\tfrac{mol}{l}\right]$$

L 4.05 0,2 l einer 0,1 molaren HCl:
Berechnen Sie zuerst die Stoffmenge:

$$n=c\times V=0{,}2l\times 0{,}1\tfrac{mol}{l}=0{,}02[mol]$$

Zur Berechnung der Masse aus dem Molekulargewicht benötigen Sie das Molekulargewicht, hier 36 [g/mol]:

$$m=n\times MG=0{,}02mol\times 36\tfrac{g}{mol}=0{,}72g$$

---

50 ml einer 0,3 molaren KOH:
Rechnen Sie zuerst *ml* in *l* um! 50 ml = 0,05 l
MG: 56 [g/mol]
Danach, wie oben beschrieben:

$$n = c \times V = 0{,}05l \times 0{,}3\tfrac{mol}{l} = 0{,}015[mol]$$

$$m = n \times MG = 0{,}015 mol \times 56\tfrac{g}{mol} = 0{,}84 g$$

250 *ml* einer 25 mmolaren H_3PO_4:
Rechnen Sie auch hier erst die ml in l und die mmolar in molar um!
Vermeiden Sie es peinlichst Einheiten mit Potenzangabe (wie das m in ml) zu multiplizieren! Sie erleben sonst eine Überraschung!
250 ml = 0,25 l
25 mmolar = 0,025 molar
Der Rest läuft genauso:
MG: 98 [g/mol]

$$n = c \times V = 0{,}25l \times 0{,}025\tfrac{mol}{l} = 0{,}00625[mol]$$

$$m = n \times MG = 0{,}00625 mol \times 98\tfrac{g}{mol} = 0{,}6125 g$$

L 4.06 Das Schema von L 4.05 bleibt.
Also; $n = c \times V = 2l \times 0{,}15\tfrac{mol}{l} = 0{,}3[mol]$ benötigt man, um die Lösung herzustellen.
Bei einem Molekulargewicht von 58 [g/mol] für NaCl ergeben sich so
$m = n \times MG = 0{,}3 mol \times 58\tfrac{g}{mol} = 17{,}4 g$, die man zur Herstellung der Kochsalzlösung benötigt.

L 4.07

Formel	**MG**	**V**	**n**	c	**m**	c_g
H_2SO_4	98 g/mol	20 ml	0,002	0,1 M	0,196 g	9,8 g/l
NaOH	40 g/mol	1000 ml	0,1 mol	0,1 M	4 g	4 g/l
HCl	36 g/mol	0,1 l	0,1 mol	1 M	3,6 g	36 g/l
$Al_2(SO_4)_3$	342 g/mol	50 ml	0,1 mol	2 M	34,2 g	684 g/l
$Ca_5(PO_4)_3OH$	502 g/mol	0,5 l	0,01 mol	0,02 M	5,02 g	10,04 g/l
HNO_3	63 g/mol	25 ml	0,005 mol	0,2 M	0,315 g	12,6 g/l
Na_2SO_4	142 g/mol	1000 ml	0,01 mol	0,01 M	1,42 g	1,42 g/l
$KMnO_4$	158 g/mol	0,2 l	0,3 mol	1,5 M	47,4 g	237 g/l
$H_2C_2O_4$	90 g/mol	50 l	500 mmol	0,01 M	45 g	0,9 g/l
$Na_2S_2O_3$	158 g/mol	100 ml	0,1 mol	1 M	15,8 g	158 g/l

Denken Sie daran: Wenn Sie Schwierigkeiten mit diesen Aufgabentypen haben, sollten Sie die Übungen noch einmal wiederholen. Ohne die Grundkenntnisse in diesem Bereich ist der Bereich der pH-Wert Berechnung und des Löslichkeitsproduktes für Sie **nicht zu schaffen**!

2. Lösungen zur Gravimetrie

L 4.08 Berechnen Sie zuerst das Molekulargewicht von AgCl.
108 [g/mol] + 35 [g/mol] =143 [g/mol]
In 143 g AgCl sind 108 g Ag^+-Ionen (die gefragte Größe) enthalten.
Sie können eine Verhältnisgleichung aufstellen:

$$\frac{108\frac{g}{mol}}{143\frac{g}{mol}} = \frac{x\,mg}{1{,}43\,mg}$$

Daraus folgt, dass in 10 ml 1,08 mg Silberionen enthalten sind, das entspricht 108 mg in 1000 ml oder $108\frac{mg}{l}$.

L 4.09 Die Konzentration an Ag^+-Ionen beträgt 108 [mg/l].
Das Molekulargewicht von AgI beträgt 108 [g/mol] + 127 [g/mol] = 235 [g/mol].
Sie können wieder eine Verhältnisgleichung aufbauen, da in 235g AgI 108g Ag^+-Ionen enthalten sind. Daher gilt:

$$\frac{108\frac{g}{mol}}{235\frac{g}{mol}} = \frac{108\frac{mg}{l}}{x\frac{mg}{l}}$$

Beachten Sie bei der Aufstellung der Gleichung, was die gefragte Größe ist!
Es fallen 235 mg Niederschlag aus einem Liter aus.

L 4.10 Reaktionsgleichung:

$$CaCl_2 + Na_2C_2O_4 \rightarrow CaC_2O_4\downarrow + 2\ NaCl$$

Um die Molarität zu bestimmen benötigen Sie das Molekulargewicht der schwerlöslichen Komponente, hier 128 [g/mol].
Berechnen Sie zuerst die Grammkonzentration c_g:
32 mg Niederschlag aus 125 ml entspricht 256 mg pro Liter oder 0,256 [g/l]
Rechnen Sie jetzt von c_g in c um:

$$c = \frac{c_g}{MG} = \frac{0{,}256\frac{g}{l}}{128\frac{g}{mol}} = 0{,}002\frac{mol}{l}$$

Eine wichtige Voraussetzung für diese Aufgabe ist, dass die Stoffmenge an Calciumchlorid der Stoffmenge an Calciumoxalat entspricht (siehe Reaktionsgleichung), man also die Stoffmengen gleichsetzen kann.

L 4.11 Reaktionsgleichung:

$$CaCl_2 + (NH_4)_2C_2O_4 \rightarrow CaC_2O_4\downarrow + 2\ NH_4Cl$$

Der Rest läuft, wie oben erläutert:
MG: 128 [g/mol]
128 mg pro 250 ml entsprechen 512 mg pro Liter oder 0,512 [g/l]

$$c = \frac{c_g}{MG} = \frac{0{,}512\frac{g}{l}}{128\frac{g}{mol}} = 0{,}004\frac{mol}{l}$$

L 4.12 Reaktionsgleichung:

$$2\,Ag^+ + CaCl_2 \rightarrow 2\,AgCl\downarrow + Ca^{2+}$$

Die Stoffmenge an AgCl entspricht der Stoffmenge an Ag^+ -Ionen der gefragten Größe. Der Rest wie gehabt:

MG: 143 [g/mol]

143 mg in 250 ml entspricht 572 mg pro 1000 ml oder 0,572 [g/l]

$$c = \frac{c_g}{MG} = \frac{0{,}572\frac{g}{l}}{143\frac{g}{mol}} = 0{,}004\left[\frac{mol}{l}\right]$$

L 4.13 Das Schema bleibt:

MG: 136 [g/mol] von $CaSO_4$

408 mg in 200 ml entspricht 2040 mg in 1000 ml oder 2,04 [g/l]

$$c = \frac{c_g}{MG} = \frac{2{,}04\frac{g}{l}}{136\frac{g}{mol}} = 0{,}015\left[\frac{mol}{l}\right]$$

Die Konzentration an Ca^{2+} -Ionen ergibt sich somit zu:

$$c_g = c \times MG = 0{,}015\tfrac{mol}{l} \times 40\tfrac{g}{mol} = 0{,}6\tfrac{g}{l}$$

---

3. Lösungen zu Titrationen

L 4.14 Benutzen Sie die Neutralisationsgleichung in der Form

$$c_1 \times V_1 \times W_1 = c_2 \times V_2 \times W_2$$

Die Wertigkeit von Schwefelsäure beträgt 2 (wegen der zwei H in der Formel), die der Natronlauge 1 (wegen des einen OH in der Formel).

Durch Einsetzen folgt:

$$c(H_2SO_4) \times 25\text{ ml} \times 2 = 0{,}1\left[\tfrac{mol}{l}\right] \times 15\text{ ml} \times 1$$

Durch Auflösen folgt: $c(H_2SO_4) = 0{,}03\left[\tfrac{mol}{l}\right]$

Denken Sie daran: hier können sie ohne Folgen auch ml einsetzen, achten Sie aber darauf, dass auf beiden Seiten ml stehen müssen.

L 4.15 Berechnen Sie zuerst die Stoffmenge an $Ca(OH)_2$ mit der Neutralisationsformel:

$$n_1 \times W_1 = c_2 \times V_2 \times W_2$$

$$n \times 2 = 0{,}1 mol / l \times 0{,}05 l \times 1$$

$$n = 0{,}0025 mol$$

Danach ermitteln Sie die Masse:

$$m = 0{,}0025 mol \times 74 g / mol = 0{,}185 g = 185 mg$$

Beachten Sie, dass Sie hier das Volumen in Liter einsetzen müssen!

L 4.16 Der Äquivalenzpunkt ist der Punkt, bei dem die Menge an OH^--Ionen der Menge an H^+-Ionen entspricht; bei der Titration einer starken Base mit einer starken Säure entspricht das einem pH-Wert von 7.

Benutzen Sie hier die „Urform“ der Neutralisationsgleichung:

$$n_1 \times W_1 = n_2 \times W_2$$

Dazu müssen Sie zuerst die Stoffmenge an Natronlauge berechnen; vergessen Sie nicht, die ml in l umzurechnen!

40 ml = 0,04 l

$$n(NaOH) = c \times V = 0{,}1\,\tfrac{mol}{l} \times 0{,}04\,l = 0{,}004\,mol$$

Setzen Sie jetzt in die obige Gleichung ein:

$$n(H_2SO_4) \times 2 = 0{,}004\,mol \times 1$$
$$n(H_2SO_4) = 0{,}002\,mol$$

L 4.17 Hier ist die Salzsäure einwertig, die Calciumhydroxidlösung dagegen zweiwertig.

$$0{,}1\,\tfrac{mol}{l} \times x\,ml \times 1 = 0{,}15\,\tfrac{mol}{l} \times 20\,ml \times 2 \qquad x\,ml = 60\,ml$$

L 4.18 Die Vorgehensweise entspricht L 4.15. Anstelle von n benutzen wir direkt m/MG.

$$\frac{8g}{40g/mol} \times 1 = 0{,}5 mol/l \times V \times 2$$

Man erhält 0,2 l; also 200 ml.

L 4.19 Ein pH von 7 heißt für Titrationen von starken Basen mit starken Säuren (siehe Kapitel 6) Neutralisation. Das n als Einheit ist die sogenannte Normalität. Bei normalen Lösungen ist die Wertigkeit immer eins, ansonsten entspricht diese Einheit der Molarität! Das mmolar müssen sie noch in molar umformen, damit Sie auf beiden Seiten der Gleichung gleiche Einheiten haben. Das gilt natürlich auch für die Literangabe.

$$0{,}5\,l = 500\,ml$$
$$0{,}1\,mmolar = 0{,}0001\,molar$$
$$0{,}1\,\tfrac{mol}{l} \times x\,ml \times 1 = 0{,}0001\,\tfrac{mol}{l} \times 500\,ml \times 2 \qquad x\,ml = 1\,ml$$

Denken Sie daran: Das Umformen von physikalischen Einheiten sollte praktischen Erwägungen folgen! In dieser Aufgabe war es daher sinnvoll, die Literangabe in ml zu wandeln, da nach ml HCl gefragt wurde.

L 4.20 Bei der Neutralisation einer einwertigen Base (MeOH hat ein OH) mit einer einwertigen Säure (hier HCl) entspricht die Stoffmenge der Base der Stoffmenge der Säure. Die Basenstoffmenge ist aber identisch mit der Stoffmenge an eingesetztem Alkalimetall (siehe Reaktionsgleichung!).

Wir brauchen daher nur die Stoffmenge der Säure zu berechnen. Setzen wir das gegebene Gewicht in Relation zu der berechneten Stoffmenge, so erhalten wir [g/mol], das Molekulargewicht (hier besser Atomgewicht). Dann mal los:

Umrechnen von ml in l: 15 ml = 0,015 l

Umrechnen von mg in g: 58,5 mg = 0,0585 g

$$c \times V = n$$
$$0{,}1\,\tfrac{mol}{l} \times 0{,}015\,l = 0{,}0015\,mol$$

Letzter Schritt: $$\frac{0{,}0585g}{0{,}0015mol} = 39\tfrac{g}{mol} \Rightarrow Kalium$$

L 4.21 Die Vorgehensweise entspricht der unter L 4.20:
Umrechnen von ml in l: 20 ml = 0,02 l
Umrechnen von mg in g: 46 mg = 0,046 g

$$0{,}1\,\tfrac{mol}{l} \times 0{,}02\ \mathrm{l} = 0{,}002\ \mathrm{mol}$$

Dann:
$$\frac{0{,}046g}{0{,}002mol} = 23\tfrac{g}{mol} \Rightarrow Natrium$$

L 4.22 Ein Ionenaustauscher ist ein Kunststoff oder ein anderer polymerer Träger, an dem geladene Molekülgruppen (man spricht von funktionellen Gruppen) über kovalente Bindungen fest fixiert sind. Ihre Gegenladungen sind mit ionischen Wechselwirkungen an den Träger/Molekülgruppen gebunden und in einem Lösungsmittel gegen gleichgeladene, aber andere Ionen austauschbar.
Anwendungsbeispiele: Entsalzung von Wasser, quantitative Bestimmungen, in der Medizin, um einen zu hohen pH-Wert im Magen abzusenken, Trennung von Aminosäuren.

L 4.23 In dem Ionenaustauscher wird jedes Calciumion gegen 2 H^+-Ionen ausgetauscht, die Stoffmenge an H^+-Ionen ist doppelt so hoch wie die an Calcium.
Die Stoffmenge an Calciumionen beträgt:

$$n = \frac{0{,}2\ g}{40\tfrac{g}{mol}} = 0{,}005\,mol$$

Dabei haben wir, wie üblich, die 200 mg in 0,2 g übertragen.
0,005 mol Ca^{2+} entspricht nach dem oben ausgeführten 0,01 mol an H^+-Ionen.
Um sie zu neutralisieren, benötigt man die gleiche Stoffmenge einer einwertigen Base, hier Natriumhydroxidlösung. Daher gilt:

$$c \times V = n$$
$$1\,\tfrac{mol}{l} \times x\ \mathrm{l} = 0{,}01\ \mathrm{mol}$$
$$x\ \mathrm{l} = 0{,}01\ \mathrm{l}$$

Da nach ml gefragt wurde muss man noch mal umrechnen:

$$0{,}01\ \mathrm{l} = 10\ \mathrm{ml}$$

L 4.24 Benutzen Sie bei Ionenaustauscher-Aufgaben auch die Neutralisationsformel. Als Wertigkeit benutzen Sie bei Kationenaustauscher die Ladung des Kations. Hier ist für Al^{3+} die Wertigkeit 3.

$$c \times 10ml \times 3 = 0{,}1mol/l \times 6ml \times 1$$

Man erhält 0,02 mol/l, multipliziert mit dem MG ergibt sich: 2,64 g/l

---

L 4.25 Chrom ist dreifach positiv geladen, setzt also die dreifache Menge an H^+-Ionen frei.
Rechnen Sie die ml wieder in Liter um.
75 ml = 0,075 l
Die Stoffmenge an Natronlauge entspricht nach c × V = n:
$0{,}075\ \mathrm{l} \times 0{,}1\,\tfrac{mol}{l} = 0{,}0075$ mol NaOH bzw. neutralisierte H^+-Ionen.

Da die 0,0075 mol H^+-Ionen aus 0,025 l Lösung (25 ml) stammen, ist die Lösung:

$$\frac{0{,}0075 mol}{0{,}025 l} = 0{,}3 \tfrac{mol}{l} = 0{,}3 \tfrac{mmol}{ml} H^+ \Rightarrow \frac{0{,}3 \tfrac{mmol}{ml}}{3} = 0{,}1 \tfrac{mmol}{ml} Cr^{3+}$$

Da Chrom dreiwertig ist, musste durch 3 dividiert werden.
Bei einem Atomgewicht von 52 [g/mol] (= [mg/mmol]!) entspricht das:

$$0{,}1 \tfrac{mmol}{ml} \times 52 \tfrac{mg}{mmol} = 5{,}2 \tfrac{mg}{ml}$$

In einem ml sind 5,2 mg enthalten.

L 4.26 Diese Aufgaben werden als Rücktitrationen bezeichnet, da eine unbekannte Menge eines Stoffes indirekt bestimmt wird.
Die unbekannte Stoffmenge setzt sich mit folgender Reaktionsgleichung um:

$$CaO + 2\ HCl \rightarrow CaCl_2 + H_2O$$

Die Zweiwertigkeit des CaO muss nachher berücksichtigt werden. Um die Menge an Calciumoxid zu bestimmen, fragt man sich als erstes, welche Menge an Salzsäure durch die Natronlauge verbraucht wurde.
Man benutzt die Neutralisationsgleichung und löst am besten so auf, dass man sich fragt, welches Volumen der Salzsäure durch die Natronlauge verbraucht wurde:

$$0{,}1 \tfrac{mol}{l} \times x\ ml \times 1 = 0{,}1 \tfrac{mol}{l} \times 60\ ml \times 1 \qquad x\ ml = 60\ ml$$

Es wurden 60 ml der Salzsäure durch die Natronlauge verbraucht, es muss daher 40 ml durch das CaO verbraucht worden sein. 40 ml Salzsäure entspricht einer Stoffmenge von:

$$0{,}1 \tfrac{mol}{l} \times 0{,}04\ l = 0{,}004\ mol$$

Die ml wurden wieder in l umgerechnet.
0,004 mol Salzsäure entspricht 0,002 mol CaO (siehe Reaktionsgleichung).
(Der Begriff Ausgangsmenge lässt hier auf mol schließen, sonst wäre es eine Ausgangsmasse!)
Die übliche Nachweisreaktion ist die Fällung von CaC_2O_4. Die Reaktionsgleichung finden Sie in L 4.10.

L 4.27 Lassen Sie sich nicht verwirren, gehen Sie vor wie in L 4.26!

$$0{,}1 \tfrac{mol}{l} \times x\ ml \times 2 = 0{,}1 \tfrac{mol}{l} \times 20\ ml \times 1 \qquad x\ ml = 10\ ml$$

(Wer immer noch Schwierigkeiten beim Zuordnen hat; die Säuren stehen in der Neutralisationsgleichung bei uns immer links, die Basen rechts!)
Es verbleiben 10 ml Schwefelsäure, die nicht durch Natronlauge neutralisiert wurden, sondern nach: $BaO + H_2SO_4 \rightarrow BaSO_4 + H_2O$
verbraucht wurden. Da die Bariummenge der Bariumoxidmenge und auch der Bariumsulfatmenge entspricht (es ist jeweils ein Barium pro Verbindung enthalten!), und die Schwefelsäuremenge der Bariumoxidmenge entspricht, kann man diese gleichsetzen!

$$0{,}1 \tfrac{mol}{l} \times 0{,}01\ l = 0{,}001 mol\ H_2SO_4 \text{ bzw. } Ba$$

Es sind 0,001 mol Barium oder unter Berücksichtigung des Atomgewichts von 137 [g/mol] 0,137 g bzw. 137 mg Barium eingesetzt worden.

Massenwirkungsgesetz

Viele chemische Reaktionen laufen nicht vollständig ab. Es bildet sich immer ein sogenanntes dynamisches Gleichgewicht zwischen der linken Seite (Eduktseite) und der rechten Seite (Produktseite) aus. Für eine beliebige Reaktion stellt sich der Sachverhalt wie folgt dar:

$$A + B \rightleftharpoons C + D$$

Die Bildung der Produkte, die Hinreaktion, erfolgt mit einer bestimmten Geschwindigkeit v_{hin}. Diese hängt von der Konzentration der Edukte ab.

$$v_{hin} = k_{hin} \times [A] \times [B]$$

Die eckigen Klammern stehen für die Konzentration eines Stoffes in $\left[\frac{mol}{l}\right]$.

k_{hin} bedeutet die Geschwindigkeitskonstante, das ist die Frequenz mit der eine Reaktion erfolgt. Für die Rückreaktion lässt sich eine ähnliche Gleichung mit $v_{rück}$ formulieren:

$$v_{rück} = k_{rück} \times [C] \times [D]$$

Sobald sich das chemische Gleichgewicht eingestellt hat, ist die Bildungsgeschwindigkeit der Produkte gleich der Bildungsgeschwindigkeit der Edukte. Daher gilt:

$$v_{hin} = v_{rück}$$

$$k_{hin} \times [A] \times [B] = k_{rück} \times [C] \times [D]$$

Trennt man Konstanten und Konzentrationen auf verschiedene Seiten der Gleichung und fasst man die beiden Geschwindigkeitskonstanten zu einer Gesamtkonstante zusammen, so ergibt sich folgendes Bild:

$$K = \frac{k_{hin}}{k_{rück}} = \frac{[C] \times [D]}{[A] \times [B]}$$

Defintionsgemäß ist die Produktseite immer der Zähler (Merksatz: Produkt der Produkte durch Produkt der Edukte). Für den allgemeinen Fall einer Reaktion vom Typ:

$$aA + bB \rightleftharpoons cC + dD$$

gilt dann:

$$K = \frac{[C]^c \times [D]^d}{[A]^a \times [B]^b}$$

Merke: Die stöchiometrischen Faktoren werden zu Exponenten!

Das Massenwirkungsgesetz gibt die Lage des chemischen Gleichgewichtes wieder. Ist K größer als 1, so liegt das Gleichgewicht auf der Produktseite. Eine solche Reaktion wird als freiwillig bezeichnet, was sich beim Einstellen des Gleichgewichtes aus den Edukten durch Energieabgabe (meist in Form von Wärme) widerspiegelt. Liegt bei einer Reaktion diese Energieabgabe vor, spricht man von einer *exothermen* Reaktion.

Ist K kleiner als 1, liegt das Gleichgewicht auf der Eduktseite, es wird beim Einstellen dieses Gleichgewichtes aus den Edukten Energie aus der Umgebung aufgenommen. Dieses bezeichnet man als *endotherme* Reaktion. Die aufgenommene oder abgegebene Energie wird als Reaktionsenthalpie ΔH bezeichnet und in $\left[\frac{J}{mol}\right]$ angegeben. Das Δ steht für die Differenz der Energiegehalte der Produkte und Edukte.
Randbemerkung: Diese Darstellung ist eine Vereinfachung, sie trifft aber für die behandelten Reaktionen zu. Eine genaue Darstellung können Sie einem Lehrbuch entnehmen.

Durch folgende Kriterien lässt sich die Lage des Gleichgewichtes einer Reaktion beeinflussen:

1. Konzentrationsänderungen
2. Erhöhung oder Erniedrigung der Temperatur (Zufuhr oder Entzug von Wärme)
3. Druckerhöhung (im Regelfall nur bei Gasen)

Die Gleichgewichskonstante K des Massenwirkungsgesetzes wird durch Druck- und Temperaturänderung beeinflusst, nicht hingegen durch eine Konzentrationsveränderung.

Ad 1.: Der Einfluss einer Konzentrationsänderung lässt sich leicht an folgender Grafik erklären:

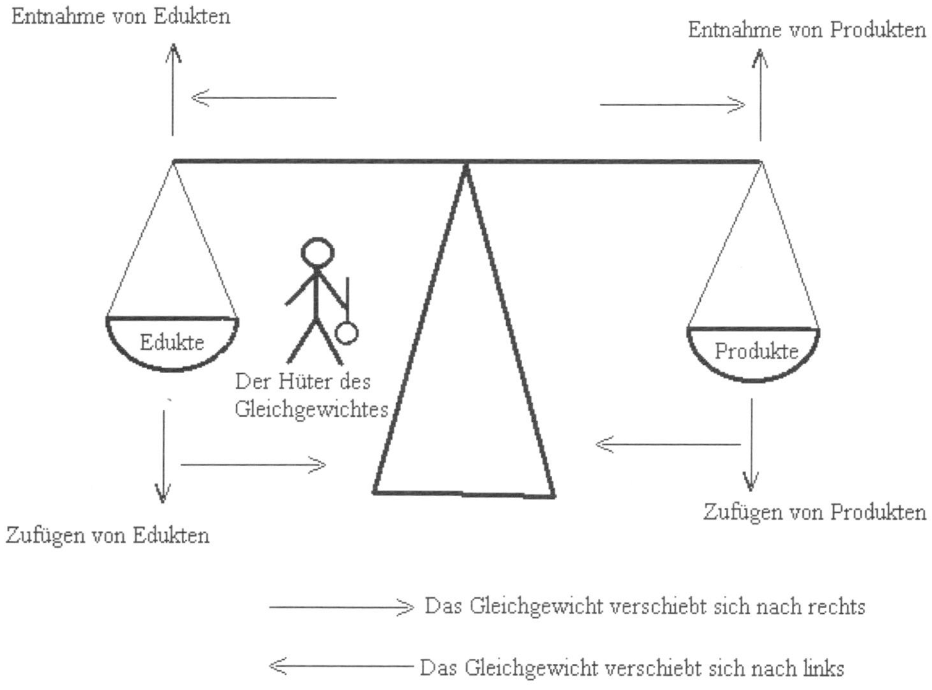

Wird demnach ein Edukt zugeführt, oder findet eine andere Reaktion statt, bei dem Edukte entstehen, so wird die Reaktion nach rechts verschoben, da die „Eduktschale schwerer" geworden ist.
Analoges gilt dann für das Zufügen von Produkten oder das Entfernen von Edukten bzw. Produkten. Man muß vereinfacht gesagt nur betrachten, in welche Richtung der „Hüter des Gleichgewichtes" schaufeln muß, um die Waage wieder ins Gleichgewicht zu bringen.

Ad 2.: Um den Einfluss von Temperaturänderungen auf die Lage des Gleichgewichts einer Reaktion zu untersuchen, muß die Wärmetönung (exotherm oder endotherm) dieser Reaktion bekannt sein. Handelt es sich um eine exotherme Reaktion, wird Wärme frei. Diese lässt sich als „Produkt“ ansehen. Daher führt eine Temperaturerhöhung zu einer Verschiebung der Lage des Gleichgewichts auf die Eduktseite, eine Temperaturerniedrigung zu einer Verschiebung auf die Produktseite.
Bei einer endothermen Reaktion muß Wärme zugeführt werden und lässt sich daher entsprechend als „Edukt“ auffassen. Temperaturerhöhung verschiebt die Lage des Gleichgewichtes auf die Produktseite, Temperaturerniedrigung auf die Eduktseite.

Ad 3.: Dieses Kriterium spielt nur bei Reaktionen eine Rolle, bei denen mindestens ein Reaktionsteilnehmer im gasförmigen Aggregatszustand vorliegt. Eine Druckerhöhung lässt sich genauso betrachten wie eine Konzentrationserhöhung, weil pro Volumen mehr Teilchen vorliegen. Bei einer Druckerniedrigung gilt es natürlich umgekehrt analog.
Bei gasförmigen Reaktionen lässt sich besonders gut das Prinzip von Le Chatelier erklären. Demnach gilt, *dass eine Reaktion, auf die ein Zwang ausgeübt wird, immer in die Richtung reagiert, die den Zwang vermindert.*
Betrachten wir folgende Reaktion:

$$N_2 + 3\,H_2 \rightleftharpoons 2\,NH_3$$

Auf der linken Seite befinden sich vier Volumenteile Gas (einmal Stickstoff und dreimal Wasserstoff), auf der rechten Seite befinden sich zwei Volumenteile Ammoniak.
Hinweis: Ein Mol eines Gases nimmt immer einen bestimmten Volumenteil in Anspruch, unter Normalbedingungen 22,4 l.
Bei einer Druckerhöhung gilt dann das Prinzip von Le Chatelier: Die Druckerhöhung stellt einen Zwang auf das System dar, die Reaktion weicht auf die Seite aus, die den Zwang vermindert, also dorthin wo weniger Teilchen vorhanden sind. Weniger Teilchen benötigen ein geringeres Volumen. Dadurch vermindern sich der Druck und der damit ausgeübte Zwang. Sie wissen ja, dass sich Druck und Volumen umgekehrt proportional zueinander verhalten.
Die Reaktion weicht also nach *rechts* aus. Eine Druckverminderung würde demnach genau den gegenteiligen Effekt haben.
Gegenbeispiel:

$$N_2 + O_2 \rightleftharpoons 2\,NO$$

Hier findet keine Volumenänderung statt, diese gasförmige Reaktion wäre also druckunabhängig.

Das Prinzip von Le Chatelier gilt nicht nur für gasförmige Reaktionen. Auch Konzentrationsänderungen sowie das Erwärmen oder Abkühlen einer Reaktion stellen einen Zwang dar. Entsprechende Formulierungen für ad 1. und ad 2. sehen wie folgt aus:

ad 1.: Die Konzentration eines Stoffes wird auf einer Seite erhöht, stellt also auf das Gleichgewicht einen Zwang dar. Das System verschiebt sich auf die Gegenseite, so dass das

Gleichgewicht wieder hergestellt wird. Eine Konzentrationsverminderung auf einer Seite stellt relativ eine Konzentrationserhöhung auf der anderen Seite dar, die dann wie oben beschrieben wirkt.

ad 2.: Die Zufuhr von Wärme oder ihre Entnahme (Abkühlen) stellt einen Zwang auf das System dar. Die durch Erwärmen zugeführte Energie muss durch einen endothermen Vorgang verbraucht werden. Bei einer als exotherm gekennzeichneten Reaktion ist das die endotherme Rückreaktion. Das Gleichgewicht verschiebt sich nach links.
Dieser Gedankengang lässt sich auf endotherme Reaktionen oder Abkühlen erweitern, insgesamt sähe das wie folgt aus:

	Abkühlen	Erwärmen
exotherme Reaktion	nach rechts	nach links
endotherme Reaktion	nach links	nach rechts

Chemische Reaktionen lassen sich auch anhand eines Energieprofils beschreiben. Das Energieprofil gibt an, wie groß die Enthalpie einer Reaktion ist, ob sie exotherm ($-\Delta H$) oder endotherm ($+\Delta H$) verläuft, und wie groß die so genannte Aktivierungsenergie E_A ist. Diese Aktivierungsenergie wird benötigt, um eine Reaktion einzuleiten.

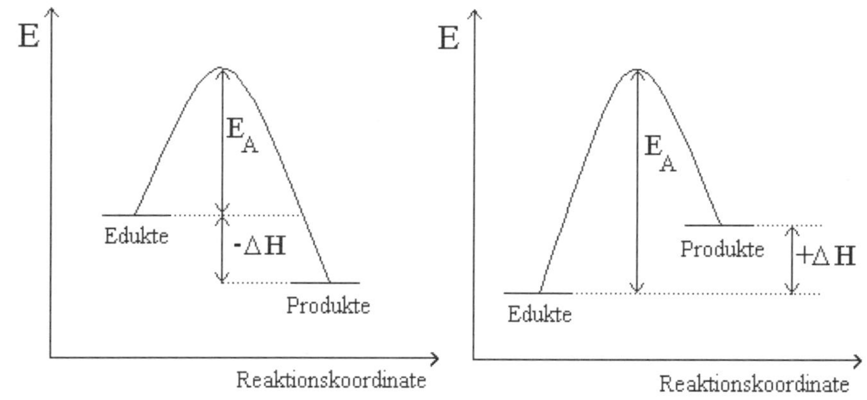

exothermer Verlauf einer Reaktion endothermer Verlauf einer Reaktion

Einen wesentlichen Einfluss auf die Aktivierungsenergie hat ein sogenannter Katalysator, der die Aktivierungsenergie senkt, die Lage des Gleichgewichtes aber nicht ändert. Die Folge ist, dass man mit weniger Energie das Gleichgewicht einstellen kann. Die Wirkung des Katalysators auf die Aktivierungsenergie wird in den Aufgaben (z.B. A 5.07) behandelt.

Aufgaben zum Massenwirkungsgesetz

A 5.01 $Fe^{3+} + 3\ SCN^- \rightleftharpoons Fe(SCN)_3 + x\ kJ$

- Auf welche Seite verschiebt sich das Gleichgewicht beim Abkühlen?
- Auf welche Seite verschiebt sich das Gleichgewicht bei Zugabe von Fluoridionen?
- Welchen Einfluss hätte ein geeigneter Katalysator auf die Aktivierungsenergie der obigen Reaktion?
- Skizzieren Sie das Reaktionsprofil dieser Reaktion im gegebenen Diagramm.

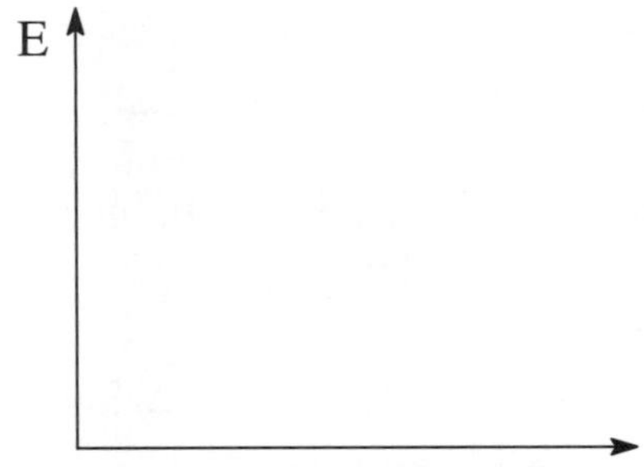

A 5.02 Schwefelsäure wird im Bleikammerprozeß über folgende (gekoppelte) Teilreaktionen dargestellt:

$$2\ NO + O_2 \rightleftharpoons 2\ NO_2$$
$$2\ SO_2 + 2\ NO_2 \rightleftharpoons 2SO_3 + 2\ NO$$
$$2\ SO_3 + 2\ H_2O \rightleftharpoons 2\ H_2SO_4$$

Formulieren Sie die Massenwirkungsgesetze für jede der gegebenen Teilreaktionen, sowie für die Gesamtreaktion.

A 5.03

I. $S + O_2 \rightleftharpoons SO_2$ $\Delta H = -\ 14\ kJ/mol$

II. $2\ SO_2 + O_2 \rightleftharpoons 2\ SO_3$ $\Delta H = -\ 30\ kJ/mol$

- Stellen Sie die Gesamtreaktion (inklusive Enthalpie!) für die Umsetzung von Schwefel zu Schwefeltrioxid auf.
- Formulieren Sie für die Gesamtreaktion das Massenwirkungsgesetz, alle Reaktionspartner sind gasförmig.
- Wohin verschiebt sich das Gleichgewicht II (nach rechts/ nach links/ gar nicht) bei:
  -- Temperaturerhöhung
  -- Druckerhöhung
  -- Zugabe eines Katalysators
  -- Zusatz von Sauerstoff?

A 5.04

$SO_2 + H_2O \rightleftharpoons H_2SO_3$ $\Delta H_{ges} = -12$ kJ/mol
$H_2SO_3 \rightleftharpoons H^+ + HSO_3^-$
$HSO_3^- \rightleftharpoons H^+ + SO_3^{2-}$

- Geben Sie das Massenwirkungsgesetz der Gesamtreaktion an.
- Wohin verschiebt sich das Gleichgewicht der Gesamtreaktion (nach rechts/ nach links/ gar nicht) bei:
  -- Zugabe von Calciumhydroxid
  -- Zugabe von Schwefelsäure
  -- Temperaturerhöhung
  -- Zugabe von Wasser?

A 5.05 Zur Darstellung von Salpetersäure wird in der Industrie das Ostwald- Verfahren der Ammoniak- Verbrennung angewendet.

$4\ NH_3(g) + 5\ O_2(g) \rightleftharpoons 4\ NO(g) + 6\ H_2O(g)$ $\Delta H = -906$ kJ

- Stellen Sie das Massenwirkungsgesetz für die oben stehende Reaktion auf.
- Wie verschiebt sich das Gleichgewicht bei
  -- Erhöhung der Temperatur
  -- Zugabe von Sauerstoff
  -- Erhöhung des Drucks
  -- Zugabe eines Katalysators?

A 5.06 Die Bildung von Stickstoffdioxid (NO_2) kann über folgende Gleichgewichtsreaktionen beschrieben werden:

I. $N_2 + O_2 \rightleftharpoons 2\ NO$ $\Delta H = 180{,}5$ kJ
II. $2\ NO + O_2 \rightleftharpoons 2\ NO_2$ $\Delta H = -114{,}1$ kJ

Wie werden die Gleichgewichte der Gleichungen I und II beeinflusst (Kriterium: Verschiebung nach rechts, nach links oder keine Veränderung)?

	I	II
Druckerhöhung		
Temperaturerhöhung		
Erhöhung der NO- Konz.		

Wie groß ist ΔH der Gesamtreaktion?

A 5.07 Gegeben ist folgende Gleichgewichtsreaktion:

$$CO + H_2O \rightleftharpoons CO_2 + H_2$$

mit dem dazugehörigen Energieprofil.

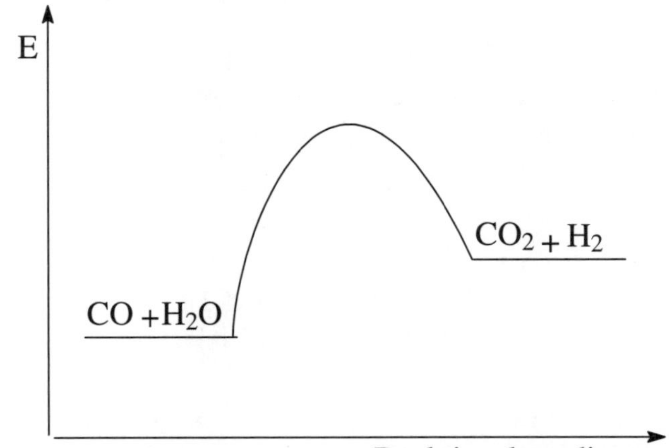

- Stellen Sie für die Reaktion das Massenwirkungsgesetz auf, alle Reaktionsteilnehmer liegen gasförmig vor.
- Tragen Sie in die Zeichnung A das Energieprofil der Reaktion nach Zugabe eines Katalysators ein.
- Bei welcher Temperatur (100 °C, 300 °C) ist die Ausbeute an H_2 höher? Begründen Sie Ihre Entscheidung.
- In welche Richtung (nach rechts/ nach links/ gar nicht) wird das Gleichgewicht verschoben, wenn der Partialdruck des Wassers erhöht wird?
- Erläutern Sie den Einfluss eines Katalysators auf die Gleichgewichtskonstante bzw. die Reaktionsgeschwindigkeit.

A 5.08 Die Autoprotolysekonstante von Wasser (pK_W) beträgt bei 20°C 14 und bei 100 C° 13.

$$H_2O \rightleftharpoons H^+ + OH^-$$

- Geben Sie den pH-Wert und den pOH-Wert von siedendem Wasser an.
- Wie verändert sich die elektrische Leitfähigkeit von Wasser beim Erwärmen? (Kriterium: wird größer/ wird kleiner/ bleibt gleich)
- Handelt es sich bei der Autoprotolyse von Wasser um eine exotherme oder um eine endotherme Reaktion?

A 5.09

$$H_2S \rightleftharpoons H^+ + A$$
$$A \rightleftharpoons H^+ + B$$
$$B + Pb^{2+} \rightleftharpoons C$$

- Vervollständigen Sie die Reaktionsgleichungen.
- Stellen Sie das Massenwirkungsgesetz für die Gesamtreaktion auf.
- In welche Richtung (nach rechts/ nach links/ gar nicht) verschiebt sich die Gesamtreaktion bei:
  - -- Erniedrigung des pH-Wertes
  - -- Einleiten von H_2S?

A 5.10 Die Darstellung von Spaltgas:

$$206{,}2\ kJ + CH_4\ (g) + H_2O\ (g) \rightleftharpoons CO\ (g) + 3\ H_2\ (g)$$

- Geben Sie das MWG der Reaktion an?
- Ist die Darstellung von Spaltgas exo- oder endotherm?
- In welche Richtung verschiebt sich das Gleichgewicht bei Zugabe von Methan?

A 5.11

$$Fe^{3+} + 3\ Cl^- \rightleftharpoons FeCl_3$$
$$FeCl_3 + Cl^- \rightleftharpoons [FeCl_4]^-$$

- Stellen Sie das Massenwirkungsgesetz für die Gesamtreaktion auf.
- Erläutern Sie mit Hilfe von Reaktionsgleichungen den Einfluss von
  -- F^--Ionen
  -- Ag^+-Ionen

  auf das Gesamtgleichgewicht.

A 5.12 $2\ NO_2$ (braunes Gas) $\rightleftharpoons$ N_2O_4 (farbloses Gas)

Beim Erwärmen wird die Gasmischung dunkler braun, beim Abkühlen heller.
- Handelt es sich um eine exotherme oder eine endotherme Reaktion (kurze Begründung)?
- Welche Farbänderung (dunkler/ heller/ bleibt gleich) erwarten Sie bei einer Druckerhöhung (Begründung!)?

A 5.13

I. $2\ C + O_2 \rightleftharpoons 2\ CO$ $\Delta H = -315$ kJ/mol
II. $CO + H_2O \rightleftharpoons H_2 + CO_2$ $\Delta H = +180$ kJ/mol

- Stellen Sie das Massenwirkungsgesetz für die Gesamtreaktion auf.
- Berechnen Sie die Bildungsenthalpie für die Gesamtreaktion.
- In welche Richtung verschiebt sich das Gleichgewicht durch:
  -- die Zugabe von Wasser
  -- eine Temperaturerniedrigung?

A 5.14

I. $H_3PO_4 \rightleftharpoons 3\ H^+ + PO_4^{3-}$ $\Delta H = +210$ kJ/mol
II. $3\ Fe^{2+} + 2\ PO_4^{3-} \rightleftharpoons Fe_3(PO_4)_2$ $\Delta H = -320$kJ/mol

Stellen Sie das Massenwirkungsgesetz für die Gesamtreaktion auf.

In welche Richtung (nach rechts/ nach links/ gar nicht) verschiebt sich das

---

Gesamtgleichgewicht bei:
- Erniedrigung des pH-Wertes
- Zugabe von OH^-
- Zugabe von CN^-
- beim Erwärmen?

A 5.15 Cu^{2+} bildet mit NH_3 einen tiefblauen Komplex $[Cu(NH_3)_4]^{2+}$.
- Wie wirkt sich die Zugabe von S^{2-}-Ionen aus?
- Welche der folgenden Aussagen ist falsch oder richtig?
  - -- Die Dissoziationskonstante des Komplexes wird kleiner.
  - -- Die blaue Farbe verschwindet.
  - -- Es fällt Kupfersulfid, CuS, aus.
  - -- Kupferionen werden aus dem Gleichgewicht entfernt.

A 5.16

I. $[Ag(H_2O)_2]^+ + NH_3 \rightleftharpoons [Ag(H_2O)(NH_3)]^+ + H_2O \quad \Delta H = \ 40 kJ/mol$

II. $[Ag(H_2O)(NH_3)]^+ + NH_3 \rightleftharpoons [Ag(NH_3)_2]^+ + H_2O \quad \Delta H = -60 kJ/mol$

- Geben Sie das Massenwirkungsgesetz der Gesamtreaktion an.
- In welche Richtung verschiebt sich das Gesamtgleichgewicht (nach rechts/ nach links/ gar nicht)
  - -- bei Zugabe von Ammoniak (NH_3)
  - -- bei Zugabe von Bromidionen?
- In welche Richtung verschiebt sich das Gesamtgleichgewicht bei Temperaturerniedrigung?

A 5.17 Die Darstellung von Ammoniak aus den Elementen verläuft nach folgender Gleichgewichtsreaktion:

$$N_2 + 3\,H_2 \rightleftharpoons 2\,NH_3 \qquad \Delta H = -534\ kJ/mol$$

- Warum muss bei der Synthese von Ammoniak ein Katalysator verwendet werden, obwohl es sich um eine exotherme Reaktion handelt? (Energiediagramm oder ähnliches)
- In welche Richtung verschiebt sich das Gleichgewicht (nach rechts/ nach links/ gar nicht), wenn alle Reaktionspartner gasförmig vorliegen bei:
  - -- Druckerhöhung
  - -- Temperaturerniedrigung
  - -- Zugabe von HCl-Gas
  - -- Einleiten von Stickstoff?

A 5.18

I. $CO_2 + H_2O \rightleftharpoons H_2CO_3$ $\Delta H = -10$ kJ/mol
II. $H_2CO_3 + H_2O \rightleftharpoons H_3O^+ + HCO_3^-$ $\Delta H = +13$ kJ/mol

- Stellen Sie das Massenwirkungsgesetz für die Gesamtreaktion auf.
- Wohin verschiebt sich das Gleichgewicht der Gesamtreaktion nach:

-- Temperaturerniedrigung
-- Zugabe von Natriumhydrogencarbonat?

Lösungen zum Massenwirkungsgesetz

L 5.01 - Da es sich bei der Reaktion um eine exotherme Reaktion handelt, verschiebt sich das Gleichgewicht auf die rechte Seite, da Wärme als Produkt auftritt.
- Fluoridionen bilden mit den Fe^{3+}-Ionen einen Komplex. Damit wird Fe^{3+} aus dem Gleichgewicht entfernt, das Gleichgewicht verschiebt sich nach links.

$$Fe^{3+} + 6\,F^- \rightleftharpoons [FeF_6]^{3-}$$

- Ein Katalysator reduziert bei jeder Reaktion die Aktivierungsenergie.
- Energiediagramm:

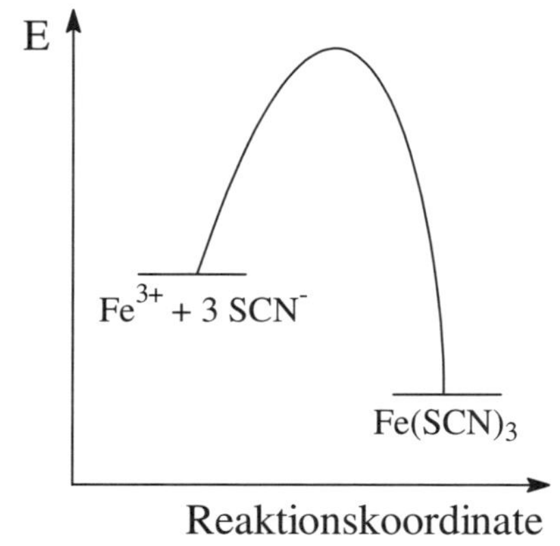

L 5.02 Für die Gleichgewichtskonstanten gilt:

$$K_{Gesamt} = K_1 \times K_2 \times K_3$$

$$K_1 = \frac{[NO_2]^2}{[NO]^2 \times [O_2]} \quad K_2 = \frac{[NO]^2 \times [SO_3]^2}{[SO_2]^2 \times [NO_2]^2} \quad K_3 = \frac{[H_2SO_4]^2}{[SO_3]^2 \times [H_2O]^2}$$

$$K_{Gesamt} = \frac{[H_2SO_4]^2}{[SO_2]^2 \times [O_2] \times [H_2O]^2}$$

L 5.03

$$2\,S + 2\,O_2 \rightleftharpoons 2\,SO_2 \qquad \Delta H = -28\ kJ/mol$$
$$2\,SO_2 + O_2 \rightleftharpoons 2\,SO_3 \qquad \Delta H = -30\ kJ/mol$$
$$2\,S + 3\,O_2 \rightleftharpoons 2\,SO_3 \qquad \Delta H = -58\ kJ/mol$$

Hier musste die 1. Gleichung mit zwei erweitert werden, auch die Energie!

$$K_P = \frac{P_{SO_3}^2}{p_S^2 \times P_{O_2}^3}$$

Das Massenwirkungsgesetz wird hier in der Partialdruckschreibweise formuliert. Diese Schreibweise wird bei Reaktionen mit gasförmigen Teilnehmern verwendet. Das Gleichgewicht II verschiebt sich bei Temperaturerhöhung nach links, bei Druckerhöhung nach rechts und bei Zusatz von Sauerstoff ebenfalls nach rechts. Zugabe eines Katalysators hat keinen Einfluss auf die Lage des Gleichgewichts.

L 5.04

$$K = \frac{[H^+]^2 \times [SO_3^{2-}]}{[SO_2] \times [H_2O]}$$

- Calciumhydroxid entfernt H^+ durch die Bildung von H_2O aus dem Gleichgewicht: nach rechts
- Schwefelsäure erhöht die H^+-Konzentration: nach links
- Temperaturerhöhung (exotherm): nach links
- Zugabe von Wasser: nach rechts

L 5.05

$$K_P = \frac{p^4(NO) \times p^6(H_2O)}{p^4(NH_3) \times p^5(O_2)}$$

- Erhöhung der Temperatur: links, da die Reaktion exotherm ist.
- Zugabe von Sauerstoff: rechts, da ein Edukt zugefügt wird.
- Erhöhung des Drucks: links, da weniger Edukt- als Produktteilchen vorhanden sind.
- Zugabe von Katalysator: gar nicht – Nie!

L 5.06

	I	II
Druckerhöhung	gar nicht	nach rechts
Temperaturerhöhung	nach rechts	nach links
Erhöhung der NO- Konz.	nach links	nach rechts

ΔH der Gesamtreaktion beträgt: +66,4 kJ/mol

L 5.07

$$K_P = \frac{P_{CO_2} \times P_{H_2}}{P_{CO} \times P_{H_2O}}$$

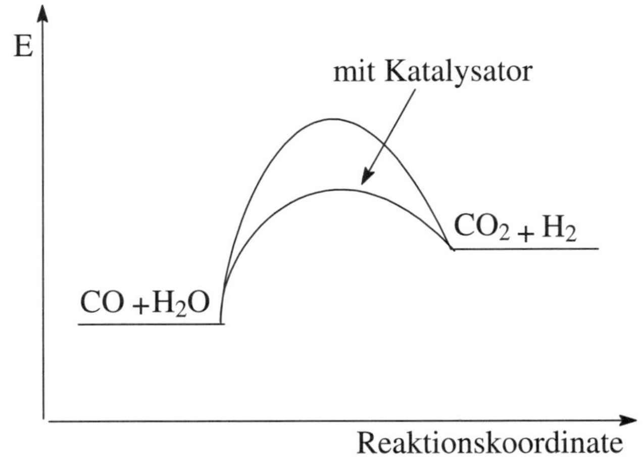

- Da es sich um eine endotherme Reaktion handelt, ist die Ausbeute bei 300°C höher als bei 100°C.
- Bei Zufuhr von Wasser wird das Gleichgewicht nach rechts verschoben.
- Auf die Gleichgewichtskonstante hat ein Katalysator keinen Einfluss. Er reduziert die Aktivierungsenergie und erhöht die Reaktionsgeschwindigkeit und ermöglicht damit die schnellere Einstellung des Gleichgewichts.

L 5.08
- Der pH-Wert von siedendem Wasser beträgt 6,5; der pOH-Wert ebenfalls 6,5. Denken Sie daran, dass die Summe aus pH- und pOH-Wert den pK_W-Wert ergibt.
- Die Leitfähigkeit nimmt zu, da der Anteil der Ionen (Produkt) größer wird.
- Bei der Autoprotolyse des Wassers handelt es sich um eine endotherme Reaktion, da bei der höheren Temperatur die Konzentration der Ionen höher ist.

L 5.09

$$H_2S \rightleftharpoons H^+ + HS^-$$
$$HS^- \rightleftharpoons H^+ + S^{2-}$$
$$S^{2-} + Pb^{2+} \rightleftharpoons PbS$$

$$H_2S + Pb^{2+} \rightleftharpoons PbS + 2\,H^+$$

$$K = \frac{[PbS] \times [H^+]^2}{[H_2S] \times [Pb^{2+}]}$$

- Erniedrigung des pH-Wertes verschiebt das Gleichgewicht nach links (Erhöhung der H^+-Konzentration).
- Einleiten von H_2S nach rechts.

L 5.10

$$K_p = \frac{p(CO) \times p^3(H_2)}{p(CH_4) \times p(H_2O)}$$

- Sie ist endotherm, da der Wärmebetrag auf der Eduktseite steht.
- Nach rechts, da ein Edukt zugefügt wird.

L 5.11

$$K = \frac{\left[[FeCl_4]^-\right]}{\left[Fe^{3+}\right] \times \left[Cl^-\right]^4}$$

- F^- - Ionen entfernen Fe^{3+} unter Bildung eines stabileren Komplexes aus dem Gleichgewicht nach links (Kapitel 10 Komplexe):

$$Fe^{3+} + 6\,F^- \rightleftharpoons [FeF_6]^{3-}$$

- Silberionen reagieren mit Chlorid zum schwerlöslichen AgCl, damit verschiebt sich das Gleichgewicht ebenfalls nach links.

$$Ag^+ + Cl^- \rightleftharpoons AgCl$$

L 5.12 Bei der Reaktion von Stickstoffdioxid handelt es sich um eine exotherme Reaktion, da sich das Gleichgewicht beim Abkühlen auf die Produktseite verschiebt (hellere Färbung). Bei Druckerhöhung wird das Gasgemisch heller, da auf der Produktseite der Reaktion weniger (farblose) Teilchen vorhanden sind.

L 5.13

$$2\,C + O_2 \rightleftharpoons 2\,CO \qquad \Delta H = -315\ kJ/mol$$

$$2\,CO + 2\,H_2O \rightleftharpoons 2\,H_2 + 2\,CO_2 \qquad \Delta H = +360\ kJ/mol$$

$$2\,C + O_2 + 2\,H_2O \rightleftharpoons 2\,H_2 + 2\,CO_2 \qquad \Delta H = +45\ kJ/mol$$

Beachten Sie bitte, dass die Produktanzahl der 1. Gleichung der Eduktanzahl der 2. Gleichung entsprechen muss. Auch die Energie muss entsprechend erweitert werden.

$$K_P = \frac{P_{CO_2}^2 \times P_{H_2}^2}{P_C^2 \times P_{H_2O}^2 \times P_{O_2}}$$

Zugabe von Wasser verschiebt das Gleichgewicht nach rechts, Temperaturerniedrigung, weil die Gesamtreaktion endotherm ist, nach links.
Bei Gasen wird an Stelle der eckigen Klammern für Konzentrationen ein P für Partialdruck benutzt. Über den Begriff des Partialdrucks können Sie sich in Lehrbüchern der Physik orientieren.

L 5.14

$$K = \frac{[Fe_3(PO_4)_2] \times [H^+]^6}{[Fe^{2+}]^3 \times [H_3PO_4]^2}$$

Beachten Sie hier, dass die erste Gleichung mit 2 multipliziert werden muss. Auch die Energie!! Damit ist die Gesamtreaktion endotherm.

- Erniedrigung des pH- Wertes: nach links
- Zugabe von OH^-: nach rechts, entfernt H^+ durch Wasserbildung
- Zugabe von CN^-: nach links, Eisen wird durch Komplexbildung aus dem Gleichgewicht entfernt.
- beim Erwärmen: nach rechts

L 5.15
- falsch: Die Dissoziationskonstante verändert sich natürlich nicht.
- richtig: Der Komplex dissoziiert und Kupferionen fallen als CuS aus.
- richtig
- richtig

L 5.16

$$K = \frac{[[Ag(NH_3)_2]^+] \times [H_2O]^2}{[[Ag(H_2O)_2]^+] \times [NH_3]^2}$$

- Zugabe von Ammoniak: nach rechts
- Zugabe von Bromidionen: nach links, Silberionen bilden schwerlösliches AgBr
- Temperaturerniedrigung: nach rechts, weil exotherm

L 5.17
- Bei der Synthese von Ammoniak muss ein Katalysator verwandt werden, um die sehr hohe Aktivierungsenergie zu mindern (Energiediagramm ähnlich wie L 5.01).
- Druckerhöhung: nach rechts
- Temperaturerniedrigung: nach rechts
- Zugabe von HCl -Gas: nach rechts; Bildung von Ammoniumchlorid
- Einleiten von Stickstoff: nach rechts

L 5.18

$$K = \frac{[H_3O^+] \times [HCO_3^-]}{[CO_2] \times [H_2O]^2}$$

- Temperaturerniedrigung: nach links (endotherm)
- Zugabe von Natriumhydrogencarbonat: nach links

Zum Schluss noch einige Bemerkungen:

- Bei exothermen Reaktionen ist K immer größer als 1, bei endothermen kleiner als 1.
- Die Begriffe stabil, energiearm, energetisch günstiger sind äquivalent verwendbar.
- Ein Katalysator verändert das Gleichgewicht nie!

Säuren und Basen

Dieses Kapitel ist in zwei Abschnitte gegliedert. Der erste Abschnitt behandelt Säure-Base-Theorien und stellt Ihnen die gängigsten Säuren und Basen vor. Im zweiten Abschnitt wird die sogenannte pH-Wertrechnung eingeführt.

Säure- Base- Theorien
Die einfache Arrhenius- Theorie haben wir bereits im Kapitel Konzentrationen behandelt. Hiernach gibt eine Säure im wässerigen Milieu H^+-Ionen (Protonen) und eine Base OH^--Ionen (Hydroxidionen) ab. Diese Theorie konnte jedoch nicht alle Säure- Base- Vorgänge ausreichend beschreiben und wurde später durch die Brönsted- Theorie ersetzt.
Demnach ist eine Säure ein Protonendonator und eine Base ein Protonenakzeptor. Der Säurebegriff ist identisch mit dem der Arrhenius-Theorie. Bei den Basen wurde der Begriff so erweitert, dass auch Basen wie Ammoniak (NH_3) erfasst werden.
Mit dieser Theorie lassen sich alle Vorgänge im wässerigen Medium gut beschreiben. Ein weiterer Begriff, der mit Hilfe der Brönsted- Theorie eingeführt werden kann, sind die sogenannten korrespondierenden/konjugierten Säure- Base- Paare (sowohl konjugiert als auch korrespondiert werden im gleichen Sinne verwand).
Beispiel:

$$HCl + NaOH \rightleftharpoons NaCl + H_2O$$

$$\text{Säure(I)} + \text{Base(II)} \rightleftharpoons \text{Base(I)} + \text{Säure(II)}$$

Zusammenfassend gilt, dass eine korrespondierende Säure stets ein Proton mehr als die dazugehörige Base enthält. Weitere Beispiele können Sie folgender Tabelle entnehmen:

Korrespondierende Säure	Korrespondierende Base
HCl	Cl^-
NH_4^+	NH_3
H_2SO_4	HSO_4^-
HSO_4^-	SO_4^{2-}
H_3O^+	H_2O
H_2O	OH^-
$CO_2 + H_2O$	HCO_3^-
HCO_3^-	CO_3^{2-}
HNO_3	NO_3^-

Wie Sie an dieser Tabelle sehen können wird zum Beispiel Wasser sowohl als korrespondierende Säure als auch als korrespondierende Base bezeichnet. Stoffe, die sich so verhalten, werden als Ampholyte bezeichnet (Adjektiv: amphoter).
Säure-Base-ähnliches Verhalten existiert auch in nichtwässerigen Medien. Dieses führt zu der allgemeinsten Theorie: der Lewis-Theorie. Hiernach sind Säuren Elektronenpaarakzeptoren und Basen Elektronenpaardonatoren. Lewis-Säuren haben Elektronenlücken und streben danach, die Edelgaskonfiguration zu erreichen.

Diese Theorie hat ein sehr weites Anwendungsspektrum etwa in der Komplexchemie oder auch in der organischen Theorie. Für die Berechnung von pH-Werten ist sie nicht notwendig. Beispiel:

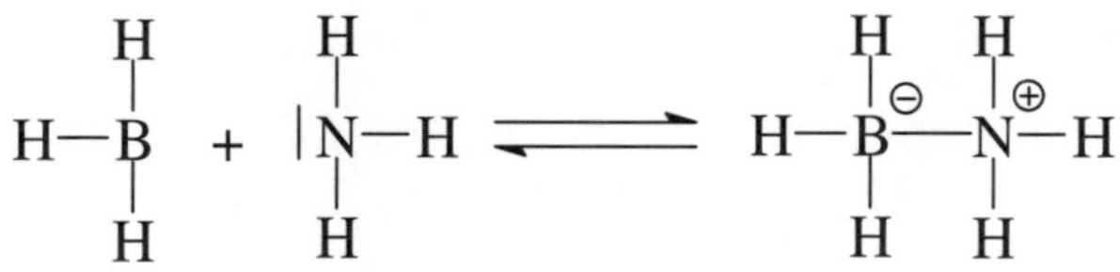

Gängige Säuren und Basen (die Begriffe „stark“ und „schwach“ werden anschließend erläutert) :

Starke Säure	Schwache Säure	Starke Base	Schwache Base
HCl	HF	NaOH	NH_3
HBr	HCN	KOH	
HI	$H_2O + CO_2$	$Ca(OH)_2$	
H_2SO_4	H_3PO_4	$Ba(OH)_2$	
HNO_3	CH_3COOH		

pH- Wertrechnung

Bei der pH-Wert Berechnung handelt es sich um eine logarithmische Darstellung der Konzentration an H_3O^+ oder OH -Ionen im wässerigen Medium. Es gilt:

$$pH = -\log[H_3O^+] \quad pOH = -\log[OH^-]$$

(Tip: Erinnern sie sich, dass [] die Konzentration eines Stoffes in $\frac{mol}{l}$ bedeutet!)

Zwischen beiden Ionentypen gibt es einen Zusammenhang. Dieser begründet sich aus der sogenannten Eigendissoziation des Wassers. Dabei ist folgendes Gleichgewicht zu betrachten:

$$H_2O + H_2O \rightleftharpoons H_3O^+ + OH^-$$

Daraus ergibt sich ein Massenwirkungsgesetz, das wie folgt aussieht:

$$K = \frac{[H_3O^+] \times [OH^-]}{[H_2O]^2}$$

Da das Gleichgewicht der Reaktion weitestgehend auf der linken Seite liegt, verändert sich die Konzentration an Wasser nur unwesentlich, sie wird daher als konstant angesehen. Es folgt daraus das sogenannte Ionenprodukt des Wassers:

$$K_W = K \times [H_2O]^2 = [H_3O^+] \times [OH^-]$$

Da die Konzentrationen an H_3O^+- und OH^--Ionen logarithmisch dargestellt werden, wird auch diese Gleichung logarithmiert:

$$-\log K_W = -\log[H_3O^+] + (-\log[OH^-]) = pH + pOH = 14$$

In neutralem Wasser gilt, dass die Konzentrationen an H_3O^+ und OH^- -Ionen gleich groß sind;

$$pH = pOH = 7$$

Fügt man jetzt eine Säure hinzu, erhöht sich die Konzentration an H_3O^+-Ionen.
Diese Konzentration hängt von zwei Faktoren ab; zum einen von der Konzentration der Säure und zum anderen von ihrer sogenannten Stärke. Diese Stärke kann durch das Massenwirkungsgesetz erfasst werden. Für die Reaktion einer Säure im wässerigen Medium gilt:

$$H^+A^- + H_2O \rightleftharpoons H_3O^+ + A^-$$

Das Massenwirkungsgesetz sieht wie folgt aus:

$$K = \frac{[H_3O^+] \times [A^-]}{[HA] \times [H_2O]}$$

Da die Konzentration an Säuren immer sehr gering gegenüber der Konzentration von Wasser ist, wird die Konzentration von Wasser als konstant angesehen und mit dem K als K_S zusammengefasst:

$$K_S = K \times [H_2O] = \frac{[H_3O^+] \times [A^-]}{[HA]}$$

Dieses K_S ist eine für die Säure spezifische „Materialkonstante“. Daraus folgernd unterscheidet man zwei Fälle.
Der erste Fall ist der der starken Säure, bei dem das K_S so groß ist, dass eine vollständige Reaktion angenommen werden kann, also:

$$H^+A^- + H_2O \rightarrow H_3O^+ + A^-$$

Da eine Rückreaktion ausgeschlossen ist, gilt, dass alle Säureteilchen HA sich vollständig zu H_3O^+-Ionen umsetzen, die Konzentration an zugefügter Säure also der Konzentration an H_3O^+ -Ionen entspricht (Ausnahme: z.B. Schwefelsäure, die sogar eine doppelt so große H_3O^+ -Ionenkonzentration zur Folge hat). Es gilt folgende Formel:

$$pH = -\log([Säure] \times W)$$

Dabei ist W die Wertigkeit, wie gesagt im Regelfall 1, bei Schwefelsäure 2.
Eine ähnliche Formel gilt für starke Basen, da auch hier von einer vollständigen Reaktion ausgegangen werden kann:

$$pOH = -\log([Base] \times W)$$

Hier sollten Sie sich merken, dass alle Basen, die aus der Gruppe der Alkalimetalle (erste Hauptgruppe) gebildet werden, eine Wertigkeit von 1 haben; die Basen die aus der Gruppe der Erdalkalimetalle (zweite Hauptgruppe) haben hingegen eine Wertigkeit von 2.

Beispiele: Welchen pH-Wert haben 0,5 l einer 0,005 m H_2SO_4 - Lösung?
Beachten Sie, dass Schwefelsäure eine starke Säure und zweiwertig ist. Daher gilt:

$$pH = -\log([0{,}005] \times 2) = -\log(0{,}01) = 2$$

Das Volumen spielt hier für die Berechnung des pH-Wertes keine Rolle sondern nur die Konzentration!!

Welchen pH- Wert hat eine 0,1 m Natriumhydroxidlösung?
Da NaOH eine starke Base ist, ergibt sich:

$$pOH = -\log([0{,}1] \times 1) = 1$$

Bei Basen erhält man immer zuerst den pOH-Wert. Den pH-Wert erhalten Sie über:

$$pH + pOH = 14$$
$$pH + 1 = 14$$
$$pH = 13$$

Der zweite Fall behandelt die schwachen Säuren oder Basen. Hier muss die Größe der Gleichgewichtskonstante berücksichtigt werden. Aus praktischen Gründen wird diese logarithmisch dargestellt. Es gilt für Säuren:

$$pK_S = -\log K_S$$

Für Basen gilt analog:

$$pK_B = -\log K_B$$

Die Berechnung des pH-Wertes erfolgt direkt aus dem Massenwirkungsgesetz. Für die Reaktion einer schwachen Säure gilt:

$$H^+A^- + H_2O \rightleftharpoons H_3O^+ + A^-$$

Es folgt damit folgendes Massenwirkungsgesetz:

$$K_S = \frac{[H_3O^+] \times [A^-]}{[HA]}$$

Die Konzentration an H_3O^+-Ionen entspricht der Konzentration an A^--Ionen, da für jedes H_3O^+ -Ion ein A^--Ion gebildet wird. Mathematisch folgt daraus:

$$[H_3O^+] = [A^-]$$

(Falls Sie im Massenwirkungsgesetz das Wasser im Nenner vermissen: Denken Sie daran, dass K_S das Produkt aus K und H_2O ist!)
Durch Einsetzen erhält man dann:

$$K_S = \frac{[H_3O^+] \times [H_3O^+]}{[HA]} = \frac{[H_3O^+]^2}{[HA]}$$

Das Gleichgewicht liegt in diesem Fall sehr weit auf der linken Seite der Reaktion.
Die Konsequenz ist, dass die Konzentration an HA in etwa der Ausgangskonzentration c_S entspricht. Somit erfolgt durch einsetzen:

$$K_S = \frac{[H_3O^+]^2}{c_S}$$

Diese Formel kann man wie folgt umstellen:

$$K_S \times c_S = [H_3O^+]^2$$

und:

$$[H_3O^+] = \sqrt{K_S \times c_S} = (K_S \times c_S)^{\frac{1}{2}}$$

Durch Logarithmieren erfolgt:

$$-\log[H_3O^+] = -\log(K_S \times c_S)^{\frac{1}{2}} = -\frac{1}{2}\log(K_S \times c_S) = \frac{1}{2}(-\log K_S + (-\log c_S))$$

Oder unter Verwendung der oben eingeführten Größen:

$$pH = \frac{1}{2}(pK_S - \log c_S)$$

Diese Formel dient zur Berechnung von pH- Werten schwacher Säuren.
Für schwache Basen lässt sich analog herleiten:

$$pOH = \frac{1}{2}(pK_B - \log c_B)$$

Beispiel: Welchen pH-Wert hat eine 0,01 m Blausäure (HCN; $pK_S = 9,3$)?
Es gilt:

$$pH = \frac{1}{2}(9,3 - \log 0,01)$$

$$pH = \frac{1}{2}(9,3 + 2)$$

$$pH = 5,65$$

Auch zwischen pK_S - und pK_B-Wert gibt es einen ähnlichen Zusammenhang wie zwischen pH- Wert und pOH-Wert:

$$pK_S + pK_B = 14$$

Man kann für eine korrespondierende Base den pK_B-Wert aus der korrespondierende Säure berechnen und umgekehrt.

Beispiel: Essigsäure hat einen pK_S-Wert von 4,75. Das korrespondierende Acetat- Anion hat somit einen pK_B-Wert von 9,25.

Wässerige Lösungen von Salzen können eine pH-Wertänderung verursachen. Erinnern Sie sich, dass Salze aus einer Säure und einer Base gebildet werden. Vereinfacht gilt, dass sich die stärkere Säure oder Base in einer schwach sauren oder schwach basischen Reaktion des Salzes durchsetzt. Wie die Salze im Allgemeinen reagieren, entnehmen Sie bitte folgender Tabelle:

Salze aus:	Starke Base	Schwache Base
Starke Säure	neutral*	schwach sauer
Schwache Säure	schwach basisch	annähernd neutral**

*Neutral heißt hier, dass es keinen Einfluss auf den vorhandenen pH-Wert der Lösung hat.
**Für diesen Fall gilt eine besondere Formel:

$$pH = \frac{pK_{S1} + pK_{S2}}{2}$$

Beispiel: Welchen pH- Wert hat eine 0,1 m Natriumacetatlösung?

Natriumacetat ist das Salz aus der starken Natronlauge und der schwachen Essigsäure ($pK_S = 4,75$). Das Salz wird schwach basisch reagieren. Die Reaktion mit Wasser nennt man Hydrolyse.

$$NaOAc + H_2O \rightleftharpoons Na^+ + HOAc + OH^-$$

OAc^- steht hier für Acetat, HOAc für Essigsäure. Das Acetat reagiert mit Wasser und bildet OH^--Ionen, die die basische Reaktion verursachen.

Da es sich um eine schwach basische Reaktion handelt, verwendet man die Formel für die schwache Base. Der pK_B-Wert errechnet sich aus dem gegebenen pK_S-Wert der korrespondierenden Essigsäure.

$$pK_B = 14 - 4{,}75 = 9{,}25$$

Einsetzen in die Formel für die schwache Base:

$$pOH = \frac{1}{2}(9{,}25 - \log 0{,}1)$$

$$pOH = 5{,}125$$

Umrechnen auf pH- Wert:

$$pH = 14 - 5{,}125 = 8{,}875$$

Einen besonderen Teil der pH-Wertrechnung stellen die sogenannten Puffersysteme dar. Sie werden dazu benutzt, pH-Werte in einer Lösung konstant zu halten, so dass die Zufuhr von Protonen oder Hydroxidionen nur einen sehr geringen Einfluß auf den pH-Wert ausübt. Dadurch lassen sich pH-Wert- empfindliche Reaktionen schützen. Dieses Prinzip findet man z.B. auch im Blut, in dem hauptsächlich ein Carbonatpuffer für die Einstellung eines pH-Wertes von 7,4 verantwortlich ist (Abweichungen werden als Azidose oder Alkalose bezeichnet). Ein Puffer wird gebildet, indem man in einer Lösung ein schwaches korrespondierendes Säure-Base-Paar hat, also eine schwache Säure und deren Salz oder eine schwache Base und deren Salz. Die Wirkung eines Puffers beruht darauf, dass zugegebene H^+-Ionen mit der korrespondierenden Base des Puffers reagieren. Das Produkt ist die korrespondierende Säure des Puffers, die nur einen geringen Einfluss auf den pH-Wert hat. Bei Zugabe von OH^- -Ionen reagieren diese natürlich mit der korrespondierenden Säure des Puffers und bilden dabei die korrespondierende Base. Auch diese beeinflusst den pH-Wert kaum.
Zur Berechnung der Puffersysteme wird die Puffergleichung (Henderson-Hasselbalch-Gleichung) verwendet. Sie wird ebenfalls aus dem Massenwirkungsgesetz gewonnen. Für ein Puffersystem leitet sie sich wie folgt her:

$$K_S = \frac{[H_3O^+] \times [A^-]}{[HA]}$$

Diese Gleichung wird sofort logarithmiert:

$$\log K_S = \log \frac{[H_3O^+] \times [A^-]}{[HA]} = \log[H_3O^+] + \log \frac{[A^-]}{[HA]}$$

Wenn man jetzt $\log K_S$ und $\log[H_3O^+]$ durch Subtraktion auf die jeweils andere Seite der Gleichung bringt erhält man:

$$-\log[H_3O^+] = -\log K_S + \log \frac{[A^-]}{[HA]}$$

$-\log[H_3O^+]$ ist aber der pH-Wert, $-\log K_S$ ist der pK_S-Wert :

$$pH = pK_S + \log \frac{[A^-]}{[HA]}$$

Die bessere allgemeine Formulierung benutzt den Begriff der schwachen korrespondierenden Base und der schwachen korrespondierenden Säure und lautet:

$$pH = pK_S + \log \frac{[korrespondierendeBase]}{[korrespondierendeSäure]}$$

Beispiel: Berechnen Sie den pH-Wert einer Lösung aus 0,1 Liter einer 0,1 molaren Ammoniaklösung nach Zugabe von 0,01 mol Ammoniumchlorid.
$pK_S(NH_4^+) = 9,2$
Die korrespondierende Base ist Ammoniak, die korrespondierende Säure ist hier das Ammonium-Ion.
Somit sieht die Gleichung wie folgt aus:

$$pH = 9,2 + \log \frac{[NH_3]}{[NH_4^+]}$$

Die Form der Gleichung erlaubt es hier (das gilt nur für Puffer!) mit Stoffmengen zurechnen: diese betragen für das Ammonium-Ion (aus dem Ammoniumchlorid) 0,01 mol und für das Ammoniak nach der Formel $c \times V = n$:

$$0,1 \ \tfrac{mol}{l} \times 0,1 l = 0,01 \ mol$$

Durch Einsetzen folgt:

$$pH = 9,2 + \log \frac{0,01 \ mol}{0,01 \ mol}$$

Wenn man jetzt die Gleichung auflöst, folgt:

$$pH = 9,2 + \log 1 = 9,2 + 0 = 9,2$$

Dieser Puffer ist übrigens in sofern bemerkenswert, weil der pH-Wert dem pK_S-Wert entspricht. Derartige Puffer werden als *äquimolar* (wegen gleicher Stoffmengen) oder als Puffer mit *maximaler Pufferkapazität* bezeichnet.

Beispiel: Berechnen Sie den pH-Wert von 100 ml einer 0,1 molaren Natronlauge (NaOH) nach Zusatz von 6,6 *g* Essigsäure (HOAc).
pK_S(HOAc) = 4,75 MG (HOAc): $60 \tfrac{g}{mol}$
Dieser Puffer wird durch die unvollständige Reaktion der Natronlauge mit der Essigsäure gebildet.
Berechnen wir zuerst die Stoffmengen an Natronlauge und Essigsäure:
Natronlauge:

$$100 \ ml \times 0,1 \ \tfrac{mol}{l} = 0,1 \ l \times 0,1 \ \tfrac{mol}{l} = 0,01 \ mol$$

Essigsäure:

$$\frac{6,6 \ g}{60 \frac{g}{mol}} = 0,11 \ mol$$

Danach stellt man eine Reaktionsgleichung auf und setzt die oben berechneten Stoffmengen (und nur Stoffmengen! NIE KONZENTRATIONEN) in einer sogenannten Bilanzrechnung ein. Dabei wird eine Situation vor der Reaktion (VR) und eine Situation nach der Reaktion (NR) unterschieden:

	NaOH	+	HOAc	→	NaOAc	+	H_2O
VR:	0,01 *mol*		0,11 *mol*		0,00 *mol*		0,00 *mol*
NR:	0,00 *mol*		0,10 *mol*		0,01 *mol*		0,01 *mol*

Sie setzen dabei wie folgt ein: vor der Reaktion (VR) wird die die Stoffmenge eingesetzt, die sie als Ausgangsmengen berechnet haben. Umgesetzt wird nie mehr, als der Stoff, der im Minimum vorhanden ist (das ist immer die starke Säure oder Base).

Dieser Stoff, der im Minimum vorhanden ist, wird auf der linken Seite der Reaktion subtrahiert, auf der rechten Seite addiert. Betrachtet wird nur das korrespondierende Säure- Base- Paar. Das durch die Reaktion gebildete Wasser fällt in einer wässerigen Lösung aufgrund der geringen Menge nicht ins Gewicht, sollten sich zusätzlich noch andere Salze bilden (ist hier nicht der Fall), so werden diese ebenfalls nicht betrachtet, da sie Salze sind, die formal (siehe oben!) aus starker Säure und starker Base gebildet werden.
Von dem korrespondierenden Säure-Base-Paaren ist immer ein Teil auf der linken Seite und ein Teil auf der rechten Seite der Reaktion zu finden.
In diesem Fall ist die korrespondierende Säure die Essigsäure und die korrespondierende Base das Acetat-Ion aus dem Natriumacetat, also:

$$pH = 4{,}75 + \log \frac{[OAc^-]}{[HOAc]}$$

Durch Einsetzen der oben für nach der Reaktion (NR) berechneten Menge (Achtung! Der Puffer wird immer durch NR beschrieben!) ergibt sich folgendes Bild:

$$pH = 4{,}75 + \log \frac{0{,}01\,mol}{0{,}10\,mol} = 4{,}75 + \log 0{,}1 = 4{,}75 - 1 = 3{,}75$$

Titrationskurven

Die Neutralisation hatten wir als Verfahren schon im Kapitel Stoffmengen und Konzentrationen kennengelernt. Hier ist der Versuchsaufbau fast der gleiche, nur dass anstelle eines Indikators ein sogenanntes pH- Meter verwendet wird. Ein pH-Meter ist nichts anderes als eine Meßelektrode, die auf elektronischem Weg den jeweiligen pH-Wert einer Lösung erfassen kann. Man nimmt dann eine Graphik auf, bei der die Änderung des pH- Wertes für jede über die Bürette zugegebene Menge der Base oder Säure aufgezeichnet ist.
Man kann in etwa fünf Typen von Titrationskurven unterscheiden:

1. Titration einer starken Säure mit einer starken Base
2. Titration einer schwachen Säure mit einer starken Base
3. Titration einer schwachen Base mit einer starken Säure
4. Titration einer schwachen Säure mit einer schwachen Base
5. Titration einer mehrwertigen schwachen Säure mit einer starken Base

Dabei befindet sich das, was jeweils als erstes genannt wird in der Vorlage, das jeweils letztgenannte wird in kleinen Mengen zugefügt und dann der pH-Wert gemessen.

ad 1.: Als Beispiel zur Erläuterung der Titration einer starken Säure mit einer starken Base soll hier die Titration von 100 ml einer 0,1 molaren Salzsäure mit 0,1 molarer Natronlauge dienen.

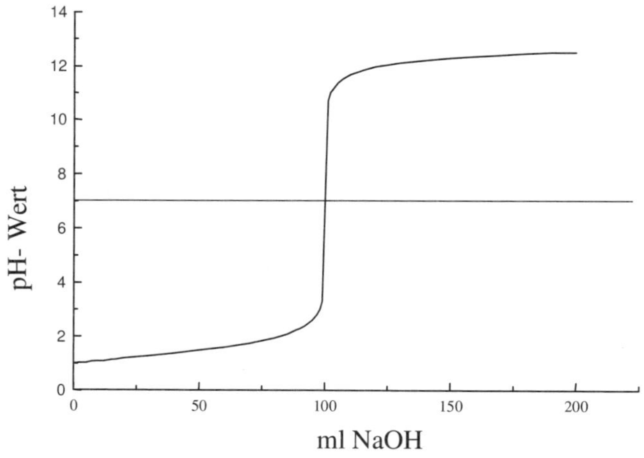

Durch das Erstellen einer kleinen Wertetabelle lässt sich die Kurve beschreiben. Wir möchten Ihnen das an diesem Beispiel erläutern.
Berechnen Sie dazu:
a) den pH-Wert der HCl
b) den pH- Wert nach Zugabe von 90 ml NaOH
c) den pH- Wert nach Zugabe von 100 ml NaOH
d) den pH- Wert nach Zugabe von 110 ml NaOH
e) den pH- Wert nach Zugabe von 200 ml NaOH

Sie müssen für jede Teilaufgabe einen pH-Wert berechnen. Das artet zwar in Arbeit aus, lässt sich aber nicht vermeiden.
a) pH = – log 0,1 = 1
Ab Aufgabe b) kommen Sie um eine Bilanzrechnung nicht mehr herum.
b) Die Stoffmengen werden über die Formel c×V = n berechnet.
Es ergibt sich für die HCl: 0,1 mol/l × 0,1 l = 0,01 mol
Bei der NaOH gilt analog: 0,1 mol/l × 0,09 l = 0,009 mol

	HCl +	NaOH	→	NaCl +	H_2O
VR:	0,01 *mol*	0,009 *mol*		0	0
NR:	0,001 *mol*	0		0,009 *mol*	0,009 *mol*

Wie Sie schon aus den vorigen Abschnitten wissen ist sowohl das entstehende H_2O wie auch NaCl (Salz aus starker Base und starker Säure) für die pH-Wert-Berechnung unwichtig (Faustregel: Wasser und neutrale Salze werden bei der pH-Wert-Berechnung **nie** berücksichtigt).
Es zählt nur die verbliebene Salzsäure. Von dieser Salzsäure muss für die pH-Wert-Berechnung die Konzentration berechnet werden. Das Volumen ergibt sich als 100 ml (aus der HCl) und 90 ml (aus der NaOH) zu 190 ml.
c = n/V also 0,001 mol/0,19 l = 0,005 mol/l
Der pH- Wert berechnet sich daher zu:
pH = – log 0,005 = 2,3

c) Berechnen Sie aus den Angaben die Stoffmengen.
Sie erhalten für HCl 0,01 mol und für NaOH 0,01 mol.

	HCl +	$NaOH$	→	$NaCl$ +	H_2O
VR:	0,01 *mol*	0,01 *mol*		0	0
NR:	0	0		0,01 *mol*	0,01 *mol*

So sieht von der Bilanzrechnung her eine Neutralisation aus, da weder HCl noch NaOH im Überschuss vorliegen. Da natürlich auch NaCl für den pH-Wert keine Rolle spielt, erhalten Sie den pH-Wert von Wasser, also 7.
(Ausnahme von der obigen Faustregel: Wenn nichts anderes da ist, wird nur der pH-Wert von Wasser berücksichtigt)
d) Das Schema bleibt das Gleiche, also erst Stoffmengen berechnen und dann einsetzen.
Es ergibt sich:

	HCl +	$NaOH$	→	$NaCl$ +	H_2O
VR:	0,01 *mol*	0,011 *mol*		0	0
NR:	0	0,001 *mol*		0,01 *mol*	0,01 *mol*

Sie müssen hier den pH-Wert einer starken Base berechnen. Vergessen Sie nicht zuerst aus der Stoffmenge eine Konzentration zu machen.
Das Volumen ergibt sich aus 100 ml + 110 ml.
c = 0,001 mol/ 0,21 l = 0,005 mol/l
pOH = – log 0,005 = 2,3 der pH-Wert ist dann 11,7
e) Wie üblich:

	HCl +	$NaOH$	→	$NaCl$ +	H_2O
VR:	0,01 *mol*	0,02 *mol*		0	0
NR:	0	0,01 *mol*		0,01 *mol*	0,01 *mol*

c = 0,01 mol/ 0,3 l = 0,033 mol/l
Aus diesen Angaben berechnet sich ein pH-Wert von 12,5.
Sie erhalten die folgende Wertetabelle:

	ml NaOH	pH-Wert
a)	0	1
b)	90	2,3
c)	100	7
d)	110	11,7
e)	200	12,5

Bei allen anderen Titrationskurven gehen Sie unter Verwendung der entsprechenden Formeln analog vor.

ad 2.: Die Titrationskurve einer schwachen Säure mit einer starken Base ist etwas komplizierter. Als Beispiel soll hier die Titration von 100 ml einer 0,1 molaren Essigsäure (pK_S (HOAc) = 4,75) mit einer 0,1 molaren Natronlauge dienen.

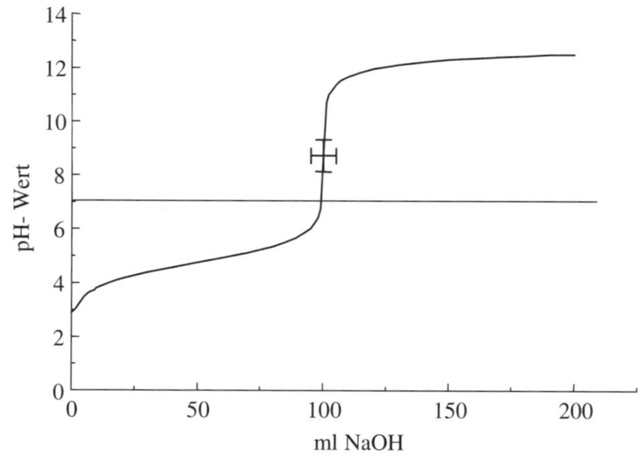

Der erste Punkt der Graphik wird durch die 0,1 molare Essigsäure bestimmt:

$$pH = \frac{1}{2}(4{,}75 - \log 0{,}1)$$

$$pH = \frac{1}{2}(4{,}75 + 1)$$

$$pH = 2{,}875$$

Der Äquivalenzpunkt der Titration einer schwachen Säure mit einer starken Base liegt immer im basischen und lässt sich wie folgt berechnen:

$$pK_B = 14 - 4{,}75 = 9{,}25$$

Einsetzen in die Formel für die schwache Base:

$$pOH = \frac{1}{2}(9{,}25 - \log 0{,}05)$$

$$pOH = 5{,}28$$

Umrechnen auf pH- Wert:

$$pH = 14 - 5{,}28 = 8{,}72$$

Jeder Punkt der sich jetzt zwischen dem Startwert der Titrationskurve und dem Äquivalenzpunkt befindet, wird durch die Puffergleichung beschrieben.
Das liegt daran, dass ein Teil der schwachen Säure noch nicht neutralisiert ist, der andere Teil als Salz vorliegt. Das Gemisch aus einer schwachen Säure und deren korrespondierender Base ist aber ein Puffer! Ein besonders markanter Punkt ist der Punkt der Halbneutralisation, hier bei 50 ml Natronlaugezugabe. Dort liegt ein äquimolarer Puffer vor
(die Hälfte der Essigsäure ist durch die Natronlauge zu Natriumacetat geworden, die andere Hälfte liegt noch als Essigsäure vor). Der pH- Wert ist daher mit dem pK_S-Wert identisch.
Nach dem Äquivalenzpunkt wird wie im oberen Beispiel jeder weitere Punkt durch die Zugabe der 0,1 molaren Natronlauge bestimmt.

ad 3.: Die Titrationskurve einer schwachen Base mit einer starken Säure entspricht in ihren Überlegungen dem Beispiel ad 2. In diesem Fall betrachten wir die Neutralisation einer 0,1 molaren Ammoniaklösung (pK_B (NH_3) = 4,75) mit einer 0,1 molaren Salzsäure.

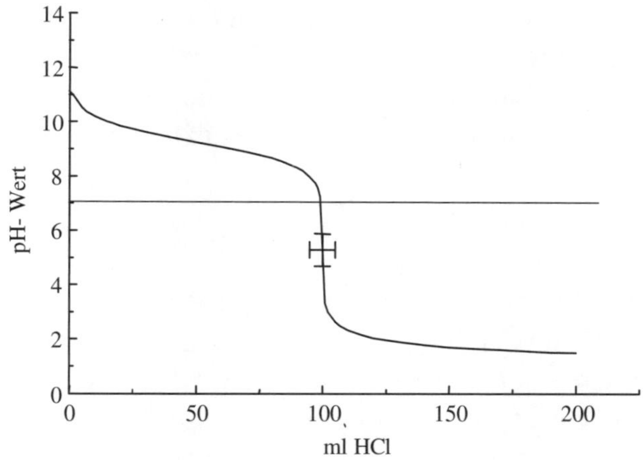

Der erste Punkt der Graphik wird durch die 0,1 molare Ammoniaklösung bestimmt und hat einen pH- Wert von:

$$pOH = \frac{1}{2}(4{,}75 - \log 0{,}1) = 2{,}875$$

$$pH = 14 - 2{,}875 = 11{,}125$$

Der pH- Wert am Äquivalenzpunkt ist hier durch das Salz aus einer schwachen Base und einer starken Säure bestimmt. Diese Verhalten sich, wie bekannt, wie eine schwache Säure (die Konzentration von 0,05 kommt dadurch zustande, dass die Stoffmenge an Salz der Stoffmenge an vorgelegter Base entspricht, sich aber das Volumen durch die Titration mittlerweile verdoppelt hat):

$$pH = \frac{1}{2}(9{,}25 + \log 0{,}05) = 5{,}28$$

Die Berechnung des pK_S- Wertes erfolgte natürlich wie oben gezeigt aus der Formel:

$$pK_S + pK_B = 14$$

Jeder Punkt zwischen diesen Punkten wir wiederum durch die Puffergleichung bestimmt. Hier ist ebenfalls der Punkt der Halbneutralisation mit dem pK_S-Wert identisch. Jeder Punkt über den Äquivalenzpunkt hinaus wird hier durch die starke Salzsäure bestimmt, wobei man jedoch Verdünnungseffekte in der Nähe des Äquivalenzpunktes berücksichtigen muss.

ad 4.: Die Titrationskurve einer schwachen Säure, hier 0,1 molare Essigsäure (pK_S (HOAc) = 4,75), mit einer schwachen Base, hier 0,1 molare Ammoniaklösung (pK_B (NH_3) = 4,75), zeigt eine sehr flache Charakteristik.

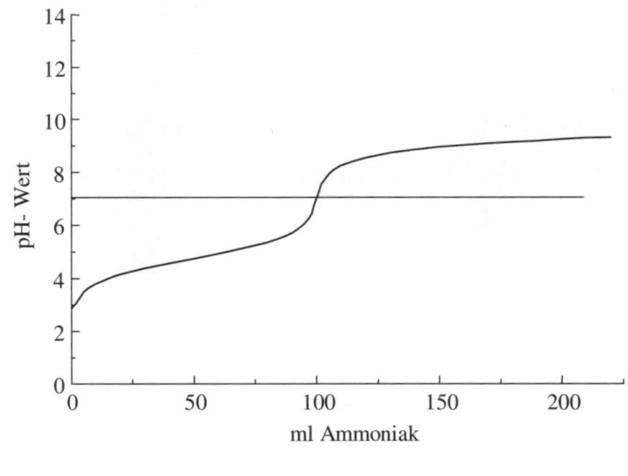

Der erste Punkt der Kurve wird durch die 0,1 molare Essigsäure bestimmt, deren pH-Wert sich genauso wie unter ad 2. zu 2,875 berechnen lässt.
Am Äquivalenzpunkt erhält man das Salz aus einer schwachen Base und einer schwachen Säure. Die Formel zur Bestimmung dieses pH-Wertes haben wir oben angegeben. Demnach gilt:

$$pH = \frac{4{,}75 + 9{,}25}{2} = 7$$

Jeder Punkt dazwischen wird durch den Essigsäurepuffer gegeben, da hier ein Gemisch aus dem korrespondierenden Säure-Base-Paar Essigsäure und Acetat besteht.
Jeder Punkt über den Äquivalenzpunkt hinaus wird durch einen Ammoniakpuffer bestimmt, da hier das korrespondierenden Säure-Base-Paar Ammoniak und Ammonium vorliegt. Der maximal zu erreichende pH- Wert beträgt:

$$pOH = \frac{1}{2}(4{,}25 - \log 0{,}1) = 2{,}875$$

$$pH = 11{,}125$$

Dazu muss aber Ammoniak in einem sehr deutlichen Überschuß zugegeben werden. Bis dahin ist der Kurvenverlauf sehr flach.

ad 5.: In diesem Fall muss man berücksichtigen, dass eine schwache Säure die Protonen nur Schritt für Schritt abgibt, man erhält also eine mehrstufige Titrationskurve. Wir haben aus didaktischen Gründen eine zweiprotonige Säure mit angenommenen pK_S-Werten ($pK_{S1}(H_2X) = 4$; $pK_{S2}(HX^-) = 9$) gewählt. Titriert wurde wiederum mit einer 0,1 molaren Natronlauge.

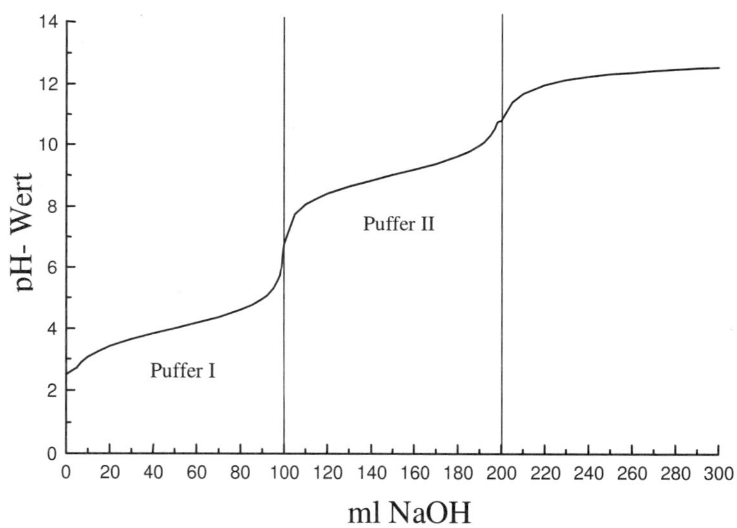

Den Verlauf der Kurve können sie der obigen Graphik entnehmen. Die Berechnung der Punkte erfolgt in jedem Bereich (pK_{S1} und pK_{S2}) nach der Pufferformel wie unter ad 2.

Atommassen finden Sie im Periodensystem am Ende des Buches.

1. Aufgaben zu starken Säuren und Basen

A 6.01 2 g Calcium werden gemäß unten angegebener Gleichung mit 100 ml Wasser zur Reaktion gebracht.
Berechnen Sie den pH-Wert der Lösung.

$$Ca + 2\ H_2O \rightarrow Ca(OH)_2 + H_2$$

A 6.02 Berechnen Sie den pH-Wert von:
- 5 ml 5×10^{-2} m H_2SO_4
- 150 ml 10^{-2} n KOH
- einer Mischung der beiden Lösungen, die mit Wasser auf ein Gesamtvolumen von einem Liter aufgefüllt wird.

A 6.03 Berechnen Sie den pH-Wert einer 0,005 molaren $Ca(OH)_2$-Lösung.
- Wie viel ml einer 0,1 n HCl müssen Sie zu 0,5 l dieser $Ca(OH)_2$-Lösung geben, um einen pH-Wert von 7 einzustellen?
- Wie ändert sich der pH-Wert bei Zugabe von $CaCl_2$, zu der gesättigten $Ca(OH)_2$-Lösung (Kriterium: wird kleiner/wird größer/bleibt gleich)?

A 6.04 Natrium reagiert mit Wasser gemäß folgender Reaktionsgleichung:

$$2\ Na + 2\ H_2O \rightarrow 2\ NaOH + H_2$$

Berechnen Sie den pH-Wert einer Lösung, die durch die Reaktion von 1000 ml Wasser mit 0,23g Natrium entstanden ist.

A 6.05 10 ml einer 0,005 molaren NaOH-Lösung werden zu 6 ml einer 0,005 molaren H_2SO_4-Lösung gegeben und dieses Gemisch wird mit Wasser auf ein Gesamtvolumen von einem Liter aufgefüllt.
Berechnen Sie den pH-Wert dieser Lösung.

A 6.06
- Berechnen Sie den pH-Wert von 1000 ml neutralem Wasser, das mit 0,01mol Salzsäure versetzt wird.
- Berechnen Sie den pH-Wert einer 0,5 molaren Schwefelsäure
- Welchen pH-Wert besitzt eine 10^{-8} molare Natriumhydroxidlösung.

A 6.07 Eine wässerige Lösung von Salzsäure hat den pH-Wert 4.
- Wie hoch ist die H^+-Ionenkonzentration?
- Welchen pH-Wert hat die Lösung, wenn man sie auf das hundertfache verdünnt?

2. Aufgaben zu schwachen Säuren, Basen und Salzen

A 6.08 Eine Lösung von 2,7 mg HCN in 1 ml Wasser besitzt einen pH-Wert von 5, berechnen Sie den pK_S-Wert von HCN.

A 6.09 Welche Normalität besitzt eine wässerige Essigsäurelösung, die einen pH-Wert von 2,9 aufweist ($pK_S(CH_3COOH) = 4,8$)

A 6.10 Welchen pK_S-Wert besitzt das Ammoniumion NH_4^+, wenn eine 0,01 molare Lösung von Ammoniumbromid einen pH-Wert von 5,6 aufweist? → pK_S
Welchen pK_S-Wert hat eine Ammoniumverbindung, wenn eine wässerige 10^{-3} n Ammoniaklösung einen pH-Wert von pH =10,13 aufweist? → pK_B!

A 6.11 Wie viel g HCN sind in 1 l wässeriger HCN-Lösung gelöst, die einen pH-Wert von pH = 5,7 hat? ($pK_S(HCN) = 9,4$)

A 6.12 Welchen pH-Wert besitzt eine 10^{-2} molare Ameisensäure-Lösung (HCOOH) $pK_S = 3,8$?

A 6.13 Berechnen Sie den pH-Wert einer 10^{-3} molaren Schwefelwasserstofflösung und geben Sie an, Wie viel Prozent des H_2S in dieser Lösung als HS^- dissoziiert vorliegen.
$pK_S = 7$

A 6.14 Welchen pH-Wert erwarten Sie, wenn 10 ml einer 0,05 molaren Natronlauge mit 5 ml einer 0,1 molaren Essigsäurelösung gemischt werden.
(Angabe: pH = 7, pH < 7, pH > 7)

A 6.15 Wie groß ist der pK_S-Wert der Ameisensäure, wenn eine 0,1 molare Lösung von Natriumformiat (Salz der Ameisensäure) einen pH-Wert von 8,4 aufweist.

A 6.16 Wie groß ist der pK_S-Wert von HCN, wenn in einer 0,001 molaren Lösung 0,1% der

3. Aufgaben zu Puffern

A 6.17 Berechnen Sie den pH-Wert einer Lösung, die 0,01 mol NaH_2PO_4 und 0,1 mol Na_2HPO_4 enthält. $pK_S(H_2PO_4^-) = 7,2$

Wie verändert sich der pH-Wert der obigen Lösung nach Zugabe von 0,09 mol NaH_2PO_4?
Wie verändert sich der pH-Wert nach Zugabe von Wasser (wird größer/ wird kleiner/ bleibt gleich)?
Wie verändert sich der pH-Wert nach Zugabe von 0,9 mol Natriumhydroxid (wird größer/ wird kleiner/ bleibt gleich)?

A 6.18 Gegeben ist ein Liter eines äquimolaren Kohlensäure/Hydrogencarbonat-Puffers ($[HCO_3^-]$ = 0,1 mol/l). Wie viel g Kohlendioxid müssen eingeleitet werden, damit sich der pH-Wert um eine Einheit ändert? pK_S (H_2CO_3) = 6,5

A 6.19 Welcher pH-Wert stellt sich durch die Zugabe von 1 ml 1 molarer HCl zu 100 ml 0,02 molarer NH_3 ein? (Volumenänderung vernachlässigen, pK_B (NH_3) = 4,8)

A 6.20 1,32 g Natriumdihydrogenphosphat werden in 100 ml einer 0,1 m Salzsäure gelöst.
- Welchen pH-Wert hat diese Lösung?
  $pK_S(H_3PO_4) = 2,1$
- Bei welchem Verhältnis der Pufferkomponenten ist die Pufferkapazität maximal?

A 6.21 Gegeben sind 100 ml einer 1 n Essigsäurelösung (pK_S der Essigsäure = 4,74). Welchen pH-Wert erhalten Sie nach Zugabe von 2 g NaOH zu obiger Essigsäurelösung?

A 6.22 Wie viel mmol NaH_2PO_4 müssen in 100 ml $5 \cdot 10^{-2}$ n HCl gelöst werden, damit die Wasserstoffionenkonzentration $10^{-3,1}$ mol/l beträgt? $pK_S(H_3PO_4) = 2,1$

A 6.23 In 10 ml 0,1 m HCl-Lösung werden 11 mmol NH_3 -Gas eingeleitet.
- Welchen pH-Wert hat die Lösung? pK_B (NH_3) = 4,8
- Geben Sie zwei Beispiele für biologisch relevante Puffersysteme.

A 6.24 Welchen pH-Wert hat eine Mischung aus 2,97 g HCN mit 10 ml 1 n NaOH? $pK_S(HCN) = 9,4$

A 6.25 Welchen pH-Wert besitzt ein Liter eines Puffers aus 0,05 mol Essigsäure und 0,15 mol Natriumacetat nach Zugabe von 5 ml einer 10 molaren HCl? Vernachlässigen Sie die Volumenänderung durch die Säurezugabe. $pK_S(CH_3COOH) = 4,75$

A 6.26 Gegeben ist ein Liter einer 1 molaren HCl-Lösung. Zu dieser Lösung werden nacheinander 1,1 mol festes NaOH und 0,2 mol festes NH_4Cl gegeben. Berechnen Sie den pH-Wert der resultierenden Lösung. pK_S (NH_4^+) = 9,25

A 6.27 Zur Herstellung eines Kohlensäure/Hydrogencarbonat-Puffers werden 4,4 g Kohlendioxid in eine Lösung von 0,84 g Natriumhydrogencarbonat in einem Liter Wasser eingeleitet. Berechnen Sie den pH-Wert der Lösung. $pK_S = 6{,}52$
- Wie viel Gramm Kohlendioxid müssen aus der Lösung entfernt werden, damit der Puffer seine maximale Pufferkapazität erhält.

A 6.28 Wie viel mmol NH_3 -Gas müssen in 10 ml einer 0,1 molaren Salzsäure eingeleitet werden, damit diese Lösung einen pH-Wert von 10,26 aufweist?
$pK_B (NH_3) = 4{,}74$

A 6.29 Welche pH-Werte stellen sich beim Mischen der folgenden Lösungen ein:
- 50 ml einer 0,2 mol/l Na_2HPO_4-Lösung mit 50 ml einer 2 mol/l NaH_2PO_4-Lösung
- 50 ml einer 0,2 mol/l H_3PO_4-Lösung mit 50 ml einer 2 mol/l NaH_2PO_4-Lösung

$pK_S (H_3PO_4) = 2{,}1$ $pK_S (NaH_2PO_4) = 7{,}2$

A 6.30 Der pH-Wert des Blutes wird durch einen Carbonat-Puffer auf pH = 7,4 gehalten.
- In welchem Verhältnis müssen HCO_3^- und CO_2 vorliegen, damit dieser pH-Wert erreicht wird? $pK_S (H_2CO_3) = 6{,}4$
- Wie wirkt sich die Zugabe von Na_2CO_3 auf den pH-Wert des Blutes aus? (sinkt/ steigt/ bleibt gleich)

A 6.31 Wie viel mg Natriumacetat müssen Sie zu 100 ml einer 1 molaren Salzsäure geben, um einen pH-Wert von 3,75 einzustellen?
$pK_S(\text{Essigsäure}) = 4{,}75$

A 6.32 Wie viel Milliliter einer 1 molaren Essigsäure müssen zu einer Lösung von 0,82 g Natriumacetat in 100 ml Wasser gegeben werden, damit sich der pH-Wert von 5,8 einstellt?
$pK_S(HAc) = 4{,}8$

A 6.33 Wie viel Gramm NH_3-Gas müssen in einem Liter 0,1 molarer Salzsäure eingeleitet werden, um einen pH-Wert von 8,2 einzustellen?
$pK_S (NH_4^+)= 9{,}2$

A 6.34 Welcher pH-Wert stellt sich durch Lösen von 0,44 g festem Kohlendioxid in einem Liter einer 0,01 molaren Natriumhydrogencarbonatlösung ein?
$pK_S (H_2CO_3) = 6{,}5$

A 6.35 Wie viel mg NH_4NO_3 müssen Sie zu 1 Liter einer 0,01 M Ammoniaklösung geben um einen pH-Wert von 9,2 zu erhalten?
$pK_B(NH_3) = 4{,}8$

A 6.36 In einem 2 l-Erlenmeyerkolben werden 477 g Ammoniumchlorid in 0,25 l Wasser gelöst. Anschließend gibt man 1000 ml einer 1 molaren Salzsäure zu und füllt mit Wasser auf 1,75 Liter auf. Danach werden 34 g Ammoniakgas NH_3 eingeleitet und es wird mit Wasser auf ein Gesamtvolumen von 2 l aufgefüllt. Welchen pH-Wert hat die Lösung?
pK_S (NH_4^+) = 9,25

4. Aufgaben zu Titrationen

A 6.37 Gegeben sind 10 ml einer 0,1 n Ameisensäure.
- Berechnen Sie den pH-Wert der Ameisensäure. pK_S(HCOOH) = 4
- Wie viel Milliliter einer 0,05 n KOH-Lösung benötigen Sie bei der Titration der Ameisensäure bis zum Erreichen des Äquivalenzpunktes? Skizzieren Sie die zugehörige Titrationskurve und tragen Sie in die Zeichnung die Lage (pH ~ 7, pH = 7, pH > 7) des Äquivalenzpunktes ein.
- Begründen Sie, warum es sinnvoller ist, Ameisensäure mit KOH-Lösung und nicht mit wässerigem Ammoniak zu titrieren!

A 6.38 Gegeben ist eine 0,1 m Essigsäurelösung (pKs = 4,75).
Skizzieren Sie den pH-Wertverlauf bei einer Titration der obigen Lösung mit 0,1 n NaOH. Berechnen Sie den pH-Wert am Äquivalenzpunkt und am Neutralpunkt. Bei welchem pH-Wert liegen Essigsäure und Acetationen im Verhältnis 1:10 vor?

A 6.39 Eine 0,01 molare NH_3-Lösung wird mit einer 1 molaren Salzsäure titriert.
- Berechnen Sie den pH-Wert vor Beginn der Titration pK_B (NH_3) = 4,75
- Berechnen Sie den pH-Wert am Äquivalenzpunkt.
- Zeichnen Sie den pH-Verlauf in Abhängigkeit vom zugesetzten Säurevolumen.

A 6.40 Zeichnern Sie die Titrationskurve von 1000 ml 0,01 M NH_3 mit 1 M CH_3COOH
pK_B (NH_3) = 4,8 pK_S (CH_3COOH) = 4,8
Berechnen Sie dazu:
- den pH-Wert der NH_3
- den pH-Wert nach Zugabe von 5 ml CH_3COOH
- den pH-Wert nach Zugabe von 10 ml CH_3COOH
- den pH-Wert nach Zugabe von 20 ml CH_3COOH

5. Vermischte Aufgaben

A 6.41 Es gelten die folgen Daten bei 25°C:
$H_3PO_4 \rightarrow H^+ + H_2PO_4^-$ pK_S = 2,1
$CH_3COOH \rightarrow H^+ + CH_3COO^-$ pK_S = 4,75

$H_2O + CO_2 \rightarrow H^+ + HCO_3^-$ $pK_S = 6{,}35$
$NH_4^+ \rightarrow H^+ + NH_3$ $pK_S = 9{,}24$

- Welche der aufgelisteten Spezies ist die stärkste Säure, welche die stärkste Base?
- Welche der aufgelisteten Säuren läßt sich mit NaOH gegen Methylorange (Umschlagsbereich: pH = 3,1 bis 4,4), welche mit Phenolphthalein (pH = 8,0 bis 9,8) als Indikator titrieren?

A 6.42 Kennzeichnen Sie in den nachfolgenden Reaktionsgleichungen die korrespondierenden Säure/Base-Paare:

$$NH_4Cl + NaOH \rightarrow NaCl + NH_3 + H_2O$$
$$K_2CO_3 + H_2O \rightarrow KHCO_3 + KOH$$

Erläutern Sie den Begriff „Amphoterie“ und geben zwei Beispiele für amphothere Substanzen.

A 6.43 Reagieren die wässerigen Lösungen der folgenden Salze sauer, neutral oder basisch?
K_2CO_3, $AlCl_3$, NH_4Cl, NH_4CH_3COO

A 6.44 Wie ist der pKs-Wert einer Säure definiert?
Ordnen Sie folgende Säuren nach steigender Acidität: Essigsäure, Schwefelsäure, Phosphorsäure, Trichloressigsäure
pK_S (Essigsäure) = 4,5 pK_S (Schwefelsäure) = 0,8 pK_S(Phosphorsäure) = 2,1
pK_S (Trichloressigsäure) = 3,8

A 6.45 Gegeben ist 1 l einer 0,5 m Schwefelsäurelösung.

- Welchen pH-Wert erhalten Sie, wenn Sie 17 g NH_3-Gas in diese Lösung einleiten?
- Welchen pH-Wert erhalten Sie, wenn Sie weitere 17 g NH_3-Gas einleiten?

pK_S (NH_4^+) = 9.25

A 6.46 Berechnen Sie den pH-Wert folgender Lösungen:
0,1 molare NaHCOO; 0,01 molarer HF; 0,2 molarer NH_4HCOO; 1 molarer NH_4Br
pK_S(HF) = 4,8 pK_S(HCOOH) = 3,8 pK_S(NH_4^+) =9,25

A 6.47 Kennzeichnen Sie in den folgenden Reaktionsgleichungen jeweils das korrespondierende Säure-Base-Paare

$$H_2SO_4 + 2\ KOH \rightarrow K_2SO_4 + 2\ H_2O$$
$$NH_3 + H_2O \rightarrow NH_4^+ + OH^-$$

A 6.48 Ordnen Sie die Säuren nach abnehmender Acidität.
Phosphorsäure $pK_S = 2{,}1$ Essigsäure $pK_S = 4{,}8$
Oxalsäure $pK_S = 1{,}2$ Trifluoressigsäure $pK_S = 1{,}8$

A 6.49 Geben Sie an, wie die wässerigen Lösungen der folgenden Salze reagieren (sauer, neutral, basisch):

Li_2CO_3 ; NH_4Br ; NH_4F

(pKs-Werte: HCO_3^- = 10,4; NH_4^+ = 9,25; HF = 3,14)

- Wie ist der K_S-Wert einer Säure definiert.

A 6.50 Gegeben ist 1 l einer 1 molaren Ameisensäure.

- Berechnen Sie den pH-Wert dieser Lösung.
- Wie viel g Natriumformiat (NaHCOO) müssen Sie hinzufügen, damit die H^+ Konzentration nur noch 1/100 der Ausgangskonzentration beträgt?

pK_S(HCOOH) = 4

A 6.51 Berechnen Sie jeweils den pH-Wert folgender Lösungen

- 0,001 molare Essigsäure, pKs (HOAc) = 4,8
- 0,05 molare $Ca(OH)_2$ -Lösung
- 0,1 molare Natriumacetatlösung

A 6.52 Erläutern Sie anhand einer Reaktionsgleichung, warum eine wässerige Lösung von Natriumcarbonat (Na_2CO_3) basisch, eine wässerige Lösung von Natriumchlorid dagegen neutral reagiert.

A 6.53 Wie reagiert eine wässerige Lösung folgender Salze (sauer/neutral/basisch)? (mit Begründung)

- Ammoniumacetat NH_4CH_3COO
- Ammoniumsulfat $(NH_4)_2SO_4$
- Ammoniumnitrat NH_4NO_3
- Ammoniumchlorid NH_4Cl

---

1. Lösungen zu starken Säuren und Basen

L 6.01 Zuerst wird die Stoffmenge von Calcium bestimmt.

$$\frac{2g}{40g/mol} = 0{,}05\ mol(Ca) \Rightarrow \frac{0{,}05\ mol}{100\ ml} \Rightarrow 0{,}5\ mol/l$$

Calciumhydroxid $Ca(OH)_2$ ist eine starke zweiwertige Base. Es gilt daher:

$$pOH = -\log(0{,}5 \times 2) = 0$$

Umrechnen auf pH: $pH = 14 - 0 = 14$

L 6.02 pH-Wert von:

$$pH(H_2SO_4) = -\log(0{,}05 \times 2) = 1$$
$$pOH(KOH) = -\log(0{,}01) = 2$$
$$pH(KOH) = 14 - 2 = 12$$

Zur Berechnung des pH-Wertes der Mischung beider Lösungen berechnet man die Stoffmengen an H^+ und OH^-. Der Faktor nach der Konzentration ist die Wertigkeit.

H^+: $$5\ ml \times 0{,}05 \frac{mmol}{ml} \times 2 = 0{,}5\ mmol$$

OH^-: $$150\ ml \times 0{,}01 \frac{mmol}{ml} \times 1 = 1{,}5\ \ mmol$$

Beachten Sie bitte, dass die Verwendung von *mmol/ml* äquivalent zur Verwendung von *mol/l* ist. Nach der Reaktion von H^+ und OH^- zu H_2O verbleibt ein Rest von 1 mmol OH^- in der mit Wasser auf einen Liter aufgefüllten Mischung.

Es gilt: $$1\frac{mmol}{l} \Rightarrow \frac{1}{1000} \times \frac{mol}{l} = 0{,}001\frac{mol}{l}$$

$$pOH = -\log(0{,}001) = 3$$

$$pH = 14 - 3 = 11$$

L 6.03 pH-Wert einer 0,005 molaren $Ca(OH)_2$- Lösung:

$$pOH = -\log(0{,}005 \times 2) = 2$$

$$pH = 14 - 2 = 12$$

Das Einstellen des pH-Wertes auf 7 entspricht hier einer Neutralisation:

$$c_1 V_1 W_1 = c_2 V_2 W_2$$

Nach Einsetzen und Auflösen auf das unbekannte Volumen ergibt sich:

$$0{,}1 \times V_1 \times 1 = 0{,}005 \times 500 \times 2$$

$$V_1 = 50\ ml$$

Achtung: 0,5 l entsprechen 500 ml

Die Zugabe von Calciumchlorid zu einer gesättigten Calciumhydroxidlösung bedingt wegen der Schwerlöslichkeit von Calciumhydroxid ein Ausfallen und damit einer Reduzierung des pH-Wertes. Normalerweise haben Salzzugaben bei starken Säuren oder Basen keinen Einfluss.

L 6.04 Als erstes wird die Stoffmenge von Na berechnet: $\frac{0{,}23 g / l}{23 g / mol} = 0{,}01 mol / l$

Wie in der Reaktionsgleichung ersichtlich entspricht die Stoffmenge von Na der Stoffmenge an NaOH. Damit ergibt sich der pH-Wert aus:

$$pOH = -\log(0{,}01) = 2$$

$$pH = 12$$

L 6.05 Die Berechnung erfolgt wie in L 6.02 nach:

H^+: $$6 ml \times 0{,}005 \frac{mmol}{ml} \times 2 = 0{,}06\ mmol$$

OH^-: $$10 ml \times 0{,}005 \frac{mmol}{ml} \times 1 = 0{,}05\ mmol$$

Es gilt: $$0{,}01\frac{mmol}{l} = \frac{0{,}01}{1000} \times \frac{mol}{l} = 10^{-5}\frac{mol}{l}$$

$$pH = -\log(10^{-5}) = 5$$

L 6.06 pH-Wert einer 0,01mol/l HCl: $pH = -\log(0{,}01) = 2$

pH-Wert einer 0,5 mol/l H_2SO_4: $pH = -\log(0{,}5 \times 2) = 0$

Achtung Fangfrage: Beachten Sie, dass schon die OH^-- Konzentration des Wassers 10^{-7} mol/l beträgt und damit der Wert 10^{-8} mol/l hinzu addiert werden muß. Als gute Näherung läßt sich bei allen Werten kleiner 10^{-7} pH = 7 angeben.

L 6.07 Die H^+- Ionenkonzentration erhalten Sie wie folgt:

$$[H^+] = 10^{-pH} \text{ hier also}: [H^+] = 10^{-4} \tfrac{mol}{l}$$

Wenn Sie eine Lösung um das hundertfache verdünnen sinkt die Konzentration logischerweise um den Faktor 100! Hier wäre das:

$$[H^+] = 10^{-6} \tfrac{\text{mol}}{\text{l}} \text{ der pH - Wert ist demnach}: pH = -\log 10^{-6} = 6$$

---

2. Lösungen zu schwachen Säuren, Basen und Salzen

L 6.08 Der erste Schritt ist wieder die Stoffmengenberechnung für HCN:

$$\frac{2{,}7 mg}{27 mg / mmol} = 0{,}1\ mmol$$

Die 0,1 mmol befinden sich in 1 ml Wasser. Damit haben Sie bereits die Konzentration: 0,1 mmol/ml was 0,1 mol/l entspricht.
Einsetzen in die Formel für die schwache Säure:

$$5 = \frac{1}{2}(pK_S - \log 0{,}1)$$

Umformen: $10 = pK_S + 1$ und Auflösen ergibt: $pK_S = 9$

L 6.09 Hier müssen Sie nur einsetzen und umformen:

$$2{,}9 = \frac{1}{2}(4{,}8 - \log c)$$

$$5{,}8 = 4{,}8 - \log c$$

$$\log c = -1 \Rightarrow c = 0{,}1$$

L 6.10 Auch bei dieser Aufgabe verwenden Sie einfach die Formel für schwache Säure:

$$5{,}6 = \frac{1}{2}(pK_S - \log 0{,}01)$$

$$pK_S = 9{,}2$$

Hier benötigen Sie zuerst den pOH- Wert: pOH = 14 – 10,13 = 3,87

$$3{,}87 = \frac{1}{2}(pK_B - \log 0{,}001)$$

$$pK_B = 4{,}74 \rightarrow pK_S = 14 - 4{,}74 = 9{,}26$$

L 6.11 Zuerst wird die Konzentration von HCN bestimmt:

$$5{,}7 = \frac{1}{2}(9{,}4 - \log c) \rightarrow c = 0{,}01\frac{mol}{l}$$

Dann bestimmt man nur noch die Grammkonzentration:

$$c_g = 0{,}01\frac{mol}{l} \times 27\frac{g}{mol} = 0{,}27\frac{g}{l}$$

L 6.12 Einsetzen in die Formel für schwache Säure:

$$pH = \frac{1}{2}(3{,}8 - \log 10^{-2}) = 2{,}9$$

L 6.13 Als erstes wird der pH-Wert bestimmt: $pH = \frac{1}{2}(7 - \log 10^{-3}) = 5$

pH = 5 entspricht einer Konzentration von 10^{-5} mol/l H^+ bzw. HS^-

Damit ist: $\frac{10^{-5} \times 100}{10^{-3}} \frac{HS^-}{H_2S} = 1\%$

L 6.14 Berechnung der Stoffmengen:

Essigsäure: $5ml \times 0{,}1\frac{mmol}{ml} \times 1 = 0{,}5mmol$

Natronlauge: $10ml \times 0{,}05\frac{mmol}{ml} \times 1 = 0{,}5mmol$

Die Stoffmengen von Säure und Base sind gleich. Es entsteht ein Salz aus schwacher Säure und starker Base, das basisch reagiert (pH > 7).

L 6.15 Wie in L 6.09 benötigen Sie zuerst den pOH-Wert: pOH = 14 – 8,4 =5,6

$$5{,}6 = \frac{1}{2}(pK_B - \log 0{,}1)$$

$$pK_B = 10{,}2 \Rightarrow pK_S = 14 - 10{,}2 = 3{,}8$$

L 6.16 In einer 0,001 molaren Lösung sind 0,1% der Moleküle dissoziiert. Das sind:

$$\frac{0{,}001 \times 0{,}1}{100} = 10^{-6}\frac{mol}{l}$$

Damit enthält die Lösung 10^{-6} mol/l H^+, was einem pH-Wert von 6 entspricht. Jetzt werden alle Angaben eingesetzt:

$$6 = \frac{1}{2}(pK_S - \log 0{,}001) \Rightarrow pK_S = 9$$

3. Lösungen zu Puffern

L 6.17 Beide Pufferbestandteile sind gegeben: NaH_2PO_4 ist die korrespondierende Säure, Na_2HPO_4 die korrespondierende Base.

$$pH = 7{,}2 + \log\frac{0{,}1mol}{0{,}01mol} = 8{,}2$$

- Nach Zugabe von 0,09 mol NaH_2PO_4:

$$pH = 7{,}2 + \log\frac{0{,}1mol}{0{,}01mol + 0{,}09mol} = 7{,}2$$

- Zugabe von Wasser ändert den pH-Wert eines Puffers nicht, weil es auf das Verhältnis beider Pufferbestandteile zueinander ankommt.
- Zugabe von 0,9 mol NaOH ändert sowohl die Stoffmenge der korrespondierenden Säure (Abnahme) als auch die der korrespondierenden Base (Zunahme). Hier wird die korrespondierende Säure vollständig verbraucht. Damit ist der Puffer zerstört. Der pH-Wert steigt stark an.

L 6.18 Äquimolar heißt, dass auch die Kohlensäurekonzentration (CO_2) 0,1 mol/l beträgt. Der pH-Wert eines äquimolaren Puffers entspricht dem pK_S- Wert ($pH = pK_S = 6{,}5$).
Kohlendioxid ist die korrespondierenden Säure des Puffers. Der pH-Wert soll sich um eine Einheit ändern und muß daher nun 5,5 betragen.

$$5{,}5 = 6{,}5 + \log\frac{0{,}1}{0{,}1 + x}$$

$$0{,}1 = \frac{0{,}1}{0{,}1 + x} \Rightarrow x = 0{,}9\ mol$$

0,9 mol CO_2 müssen eingeleitet werden. Umrechnung auf die Masse:

$$0{,}9\ mol \times 44\frac{g}{mol} = 39{,}6\ g\ CO_2$$

L 6.19 Bestimmung der Stoffmengen:

HCl: $1\ ml \times 1\frac{mmol}{ml} = 1\ mmol$ NH_3: $100\ ml \times 0{,}02\frac{mmol}{ml} = 2\ mmol$

Nun wird eine Bilanz vor und nach der Reaktion erstellt.

	HCl	+	NH_3	→	NH_4Cl
VR:	1 *mmol*		2 *mmol*		0 *mmol*
NR:	0 *mmol*		1 *mmol*		1 *mmol*

Umrechnen des pK_B- in den pK_S- Wert ergibt: $pK_S = 14 - 4{,}8 = 9{,}2$

Einsetzen in die Puffergleichung: $pH = 9{,}2 + \log\frac{1\ mmol}{1\ mmol} = 9{,}2$

L 6.20 Bestimmung der Stoffmengen ergibt:

NaH_2PO_4: $\frac{1{,}32g}{120g/mol} = 0{,}011\,mol \Rightarrow 11\,mmol$ HCl: $100\,ml \times 0{,}1\frac{mmol}{ml} = 10\,mmol$

Bilanzgleichung:

	NaH_2PO_4	+	HCl	→	H_3PO_4	+	NaCl
VR:	11 *mmol*		10 *mmol*		0 *mmol*		0 *mmol*
NR:	1 *mmol*		0 *mmol*		10 *mmol*		10 *mmol*

Einsetzen:

$$pH = 2{,}1 + \log\frac{1\,mmol}{10\,mmol} = 1{,}1$$

Bei einem Verhältnis von 1:1. Bedenken Sie, Salze aus starken Säuren und starken Basen (NaCl) haben keinen Einfluss auf den Puffer.

L 6.21 Bestimmung der Stoffmengen ergibt:

NaOH: $\frac{2g}{40g/mol} = 0{,}05\,mol \Rightarrow 50\,mmol$ Essigsäure: $100\,ml \times 1\frac{mmol}{ml} = 100\,mmol$

Bilanzgleichung:

	HOAc	+	NaOH	→	NaOAc	+	H_2O
VR:	100 *mmol*		50 *mmol*		0 *mmol*		0 *mmol*
NR:	50 *mmol*		0 *mmol*		50 *mmol*		50 *mmol*

Es ergibt sich ein äquimolarer Puffer, da [HOAc] = [NaOAc]: pH = pK_S = 4,74

L 6.22 Bestimmung der Stoffmengen ergibt:

HCl: $100\,ml \times 5 \times 10^{-2}\frac{mmol}{ml} = 5\,mmol$ $[H^+] = 10^{-3{,}1}$ entspricht pH = 3,1

Bilanzgleichung:

	NaH_2PO_4	+	HCl	→	H_3PO_4	+	NaCl
VR:	x *mmol*		5 *mmol*		0 *mmol*		0 *mmol*
NR:	x–5 *mmol*		0 *mmol*		5 *mmol*		5 *mmol*

Einsetzen:

$$3{,}1 = 2{,}1 + \log\frac{x - 5\,mmol}{5\,mmol} \Rightarrow x = 55\,mmol$$

L 6.23 Bestimmung der Stoffmengen:

HCl: $10\,ml \times 0{,}1\frac{mmol}{ml} = 1\,mmol$ NH_3: 11 *mmol*

Bilanzgleichung:

	HCl	+	NH_3	→	NH_4Cl
VR:	1 *mmol*		11 *mmol*		0 *mmol*
NR:	0 *mmol*		10 *mmol*		1 *mmol*

Umrechnen des pK_B- in den pK_S- Wert ergibt: $pK_S = 14 - 4{,}8 = 9{,}2$

Einsetzen in die Puffergleichung: $pH = 9{,}2 + \log\frac{10\ mmol}{1\ mmol} = 10{,}2$

Biologisch relevante Puffer sind zum Beispiel: Carbonatpuffer, Hämoglobinpuffer

---

L 6.24 Bestimmung der Stoffmengen ergibt:

NaOH: $10\,ml \times 1\frac{mmol}{ml} = 10\,mmol$ HCN: $\frac{2{,}97\,g}{27\,g/mol} = 0{,}11\,mol \rightarrow 110\,mmol$

Bilanzgleichung:

	HCN	+	NaOH	→	NaCN	+	H_2O
VR:	110 *mmol*		10 *mmol*		0 *mmol*		0 *mmol*
NR:	100 *mmol*		0 *mmol*		10 *mmol*		10 *mmol*

Einsetzen: $pH = 9{,}4 + \log\frac{10\,mmol}{100\,mmol} = 8{,}4$

L 6.25 Stoffmengenberechnung für HCl: $\frac{5\ ml \times 10\ mol}{1000\ ml} = 0{,}05\ mol$

HCl- Zugabe erhöht die Menge an korrespondierender Säure und reduziert den Anteil der korrespondierenden Base:

$$pH = 4{,}75 + \log\frac{0{,}15 - 0{,}05}{0{,}05 + 0{,}05} = 4{,}75$$

L 6.26 Hier stellt man am besten zwei Bilanzgleichungen auf. Bei der ersten handelt es sich um eine einfache Neutralisation (starke Säure/starke Base). Bei der zweiten bilden sich die Bestandteile eines Puffers.

	NaOH	+	HCl	→	H_2O	+	NaCl
VR:	1,1 *mol*		1 *mol*		0 *mol*		0 *mol*
NR:	0,1 *mol*		0 *mol*		1 *mol*		1 *mol*

Nun die zweite Bilanzgleichung:

	NaOH	+	NH_4Cl	→	NH_3	+	H_2O	+	NaCl
VR:	0,1 *mol*		0,2 *mol*		0 *mol*		0 *mol*		0 *mmol*
NR:	0 *mol*		0,1 *mol*		0,1 *mol*		0,1 *mol*		0,1 *mol*

Es entsteht ein äquimolarer Ammoniakpuffer: pH = pK_S = 9,25

L 6.27 Stoffmengen errechnen:

CO_2: $\frac{4{,}4\ g}{44\ g/mol} = 0{,}1\ mol$ $NaHCO_3$: $\frac{0{,}84\ g}{84\ g/mol} = 0{,}01\ mol$

Einsetzen in die Puffergleichung:

$$pH = 6{,}52 + \log\frac{0{,}01}{0{,}1} = 5{,}52$$

Für die maximale Pufferkapazität benötigt man äquimolare Stoffmengen beider Komponenten (für CO_2 also 0,01 mol). Daher müssen $0{,}1\text{mol} - 0{,}01\text{mol} = 0{,}09$ mol CO_2 entfernt werden. Errechnen der Masse: $0{,}09\ mol \times 44\ g\ /\ mol = 3{,}96\ g$

L 6.28 Bestimmung der Stoffmengen:

HCl: $10\ ml \times 0{,}1 \frac{mmol}{ml} = 1\ mmol$

Bilanzgleichung:

	HCl	+	NH_3	→	NH_4Cl
VR:	1 *mmol*		x *mmol*		0 *mmol*
NR:	0 *mmol*		x–1 *mmol*		1 *mmol*

Umrechnen des pK_B- in den pK_S- Wert ergibt: $pK_S = 14 - 4{,}74 = 9{,}26$

Einsetzen in die Puffergleichung: $10{,}26 = 9{,}26 + \log \frac{x - 1\ mmol}{1\ mmol} \Rightarrow x = 11\ mmol$

L 6.29 Stoffmengen errechnen:

Na_2HPO_4: $50\ ml \times 0{,}2 \frac{mmol}{ml} = 10\ mmol$ $NaH_2\ PO_4$: $50\ ml \times 2 \frac{mmol}{ml} = 100\ mmol$

Einsetzen in die Puffergleichung:

$$pH = 7{,}2 + \log \frac{10}{100} = 6{,}2$$

Stoffmengen errechnen:

H_3PO_4: $50\ ml \times 0{,}2 \frac{mmol}{ml} = 10\ mmol$ $NaH_2\ PO_4$: $50\ ml \times 2 \frac{mmol}{ml} = 100\ mmol$

Einsetzen in die Puffergleichung:

$$pH = 2{,}1 + \log \frac{100}{10} = 3{,}1$$

L 6.30 Hier müssen Sie nur die Puffergleichung aufstellen:

$$7{,}4 = 6{,}4 + \log \frac{[HCO_3^-]}{[CO_2]} \Rightarrow 10 = \frac{[HCO_3^-]}{[CO_2]} \Rightarrow \frac{10}{1} = \frac{[HCO_3^-]}{[CO_2]}$$

Das gesuchte Verhältnis ist 10 : 1. Denken Sie daran, dass mit CO_2 in diesem Zusammenhang Kohlensäure („H_2CO_3“) gemeint ist.
Der pH-Wert steigt durch Natriumcarbonatzugabe (Base!).

L 6.31 Bestimmung der Stoffmengen ergibt:

HCl: $100\ ml \times 1 \frac{mmol}{ml} = 100\ mmol$

Bilanzgleichung:

	HCl	+	NaOAc	→	HOAc	+	H_2O
VR:	100 *mmol*		x *mmol*		0 *mmol*		0 *mmol*
NR:	0 *mmol*		x–100 *mmol*		100 *mmol*		100 *mmol*

Einsetzen in die Puffergleichung: $3{,}75 = 4{,}75 + \log\frac{x - 100\ mmol}{100\ mmol} \Rightarrow x = 110\ mmol$

Berechnung der Masse: $110\ mmol \times 82\frac{mg}{mmol} = 9020\ mg \Rightarrow 9{,}02\ g$

Auch *mg/mmol* läßt sich wie *g/mol* verwenden!

L 6.32 Bestimmung der Stoffmenge von Natriumacetat:

NaOAc: $\frac{0{,}82\ g}{82\ g\ /\ mol} = 0{,}01\ mol$

Einsetzen in die Puffergleichung: $5{,}8 = 4{,}8 + \log\frac{0{,}01}{x} \rightarrow x = 0{,}001\ mol\ (HOAc)$

Das Volumen der benötigten Essigsäure läßt sich bequem als Dreisatz bestimmen:

$$\frac{1\ mol}{l} = \frac{1\ mol}{1000\ ml} = \frac{0{,}001\ mol}{x\ ml} \Rightarrow x = 1\ ml$$

L 6.33 Bestimmung der Stoffmengen:

HCl: $1\ l \times 0{,}1\frac{mol}{l} = 0{,}1\ mol$

Bilanzgleichung:

	HCl	+	NH_3	→	NH_4Cl
VR:	0,1 *mol*		x *mol*		0 *mol*
NR:	0 *mol*		x–0,1 *mol*		0,1 *mol*

Einsetzen in die Puffergleichung: $8{,}2 = 9{,}2 + \log\frac{x - 0{,}1\ mol}{0{,}1\ mol} \Rightarrow x = 0{,}11\ mol$

Berechnung der Masse: $0{,}11\ mol \times 17\frac{g}{mol} = 1{,}87\ g$

L 6.34 Berechnung der Stoffmengen:

CO_2: $\frac{0{,}44\ g}{44\ g\ /\ mol} = 0{,}01\ mol$ $NaHCO_3$: $0{,}01 mol\,/\,l \times 1 l = 0{,}01\ mol$

Es handelt sich um ein äquimolares Puffersystem: pH = pK_S = 6,5

L 6.35 Berechnung der Stoffmengen:

NH_3: $0{,}01 mol\,/\,l \times 1 l = 0{,}01\ mol$ NH_4NO_3: x mol

$9{,}2 = 9{,}2 + \log\frac{0{,}01}{x} \Rightarrow x = 0{,}01\ mol$

Wem es noch nicht aufgefallen ist: Es handelt sich um einen äquimolaren Puffer.

Berechnung der Masse: $0{,}01\ mol \times 80\frac{g}{mol} = 0{,}80\ g = 800\ mg$

L 6.36 Diese Aufgabe ist etwas für Liebhaber von Zahlenspielen.
Berechnung der Stoffmengen:

NH_4Cl: $\frac{477\ g}{53\ g\ /\ mol} = 9\ mol$ HCl: $1\,l \times 1\frac{mol}{l} = 1\,mol$ NH_3: $\frac{34\ g}{17\ g\ /\ mol} = 2\ mol$

Bedenken Sie, dass Ammoniumchlorid nicht mit Salzsäure reagiert, sondern nur die Salzsäure mit Ammoniak! Die vielen Volumenangaben dienen nur zur Verwirrung!
Bilanzgleichung:

	HCl	+	NH_3	→	NH_4Cl
VR:	1 *mol*		2 *mol*		0 *mol*
NR:	0 *mol*		1 *mol*		1 *mol*

Nun kann in die Puffergleichung eingesetzt werden, aber Sie dürfen das zuerst gelöste
Ammoniumchlorid (9 mol) nicht vergessen:

$$pH = 9{,}25 + \log\frac{1}{9+1} = 8{,}25$$

4. Lösungen zu Titrationen

L 6.37 - Bestimmung des pH-Wertes von Ameisensäure:

$$pH = \frac{1}{2}(4 - \log 0{,}1) = 2{,}5$$

- Berechnung des benötigten KOH- Volumens:

$$10\ ml \times 0{,}1\ n = x\ ml \times 0{,}05\ n \Rightarrow x = 20\ ml$$

- Titrationskurve:

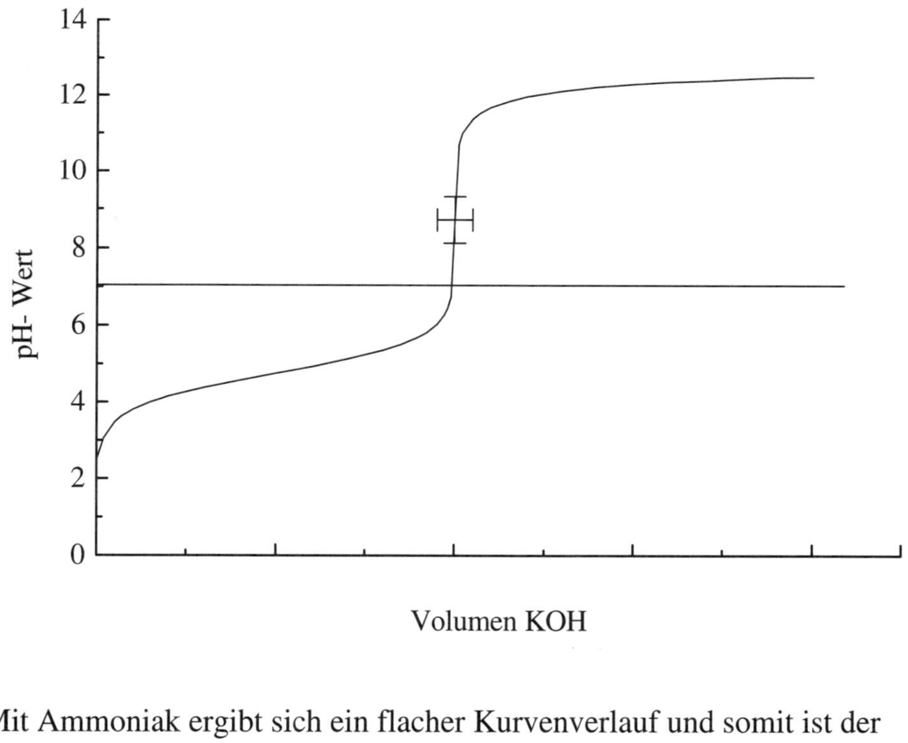

- Mit Ammoniak ergibt sich ein flacher Kurvenverlauf und somit ist der Äquivalenzpunkt schwer zu erkennen.

L 6.38 - Titrationskurve:

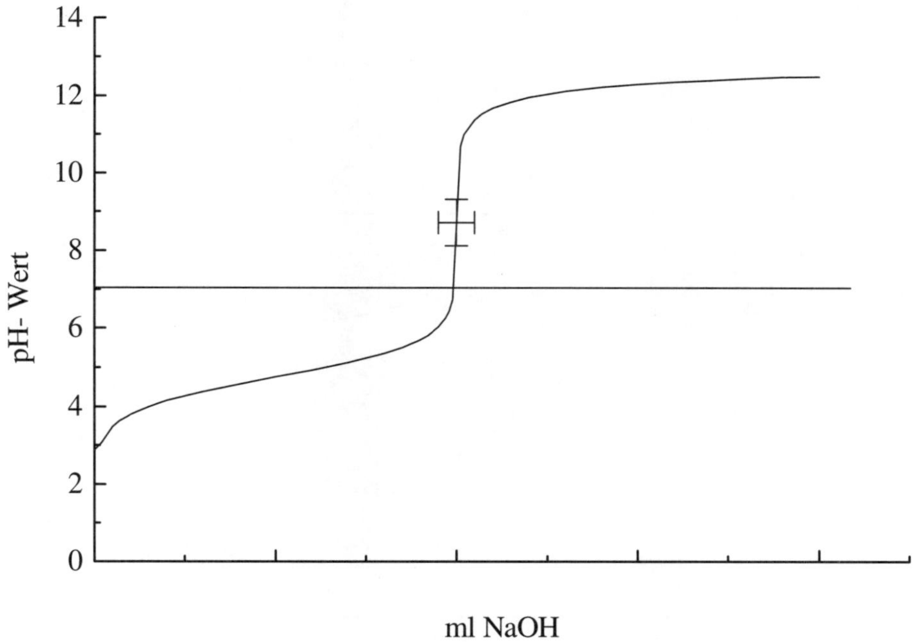

- Berechnung des Äquivalenzpunktes:
  Man erhält ein basisches Salz: $pK_B = 14 - 4{,}75 = 9{,}25$

$$pOH = \frac{1}{2}(9{,}25 - \log 0{,}1) = 5{,}125 \Rightarrow pH = 14 - 5{,}125 = 8{,}875$$

- Einsetzen in die Puffergleichung:

$$pH = 4{,}75 + \log\frac{10}{1} = 5{,}75$$

Achten Sie bei Angaben zum Verhältnis immer auf die Reihenfolge!
Am Neutralpunkt ist der pH-Wert 7.

L 6.39 Beginn der Titration:

$$pOH = \frac{1}{2}(4{,}75 - \log 0{,}01) = 3{,}375 \Rightarrow pH = 14 - 3{,}375 = 10{,}625$$

Am Äquivalenzpunkt existiert nur ein Salz aus schwacher Base und starker Säure:
Umrechnung von pK_B auf pK_S: $pK_S = 14 - 4{,}75 = 9{,}25$
Eingesetzt wird natürlich die geringere Konzentration, da das Volumen dieser Lösung sehr viel größer ist, als das der konzentrierteren.

$$pH = \frac{1}{2}(9{,}25 - \log 0{,}01) = 5{,}625$$

Titrationskurve:

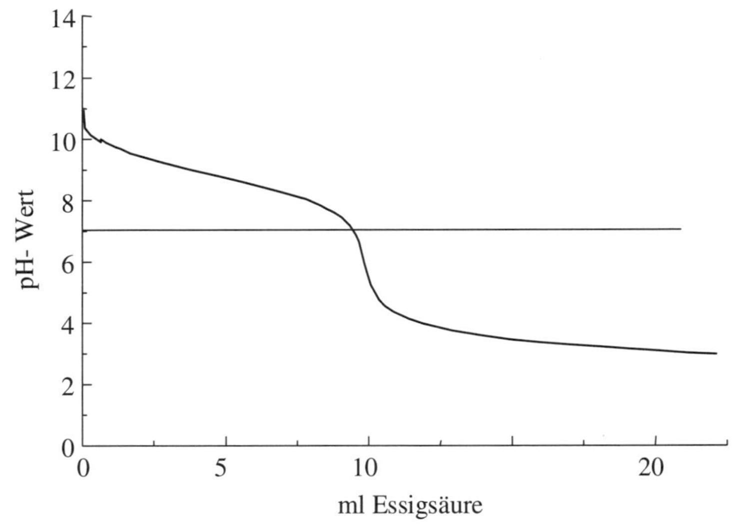

A 6.40 Berechnen Sie zuerst die pH-Werte:

- $pOH = \frac{1}{2}(4{,}8 - \log 0{,}01) = 3{,}4 \Rightarrow pH = 10{,}6$

- Berechnung der Stoffmengen:

NH_3: $0{,}01 mmol/ml \times 1000 ml = 10\,mmol$ CH_3COOH: $1\,mmol/ml \times 5\,ml = 5\,mmol$

Bilanzgleichung:

	CH_3COOH	+	NH_3	→	$NH_4\,CH_3COO$
VR:	5 *mmol*		10 *mmol*		0 *mol*
NR:	0 *mol*		5 *mmol*		5 *mmol*

Es ergibt sich ein äquimolarer Puffer aus NH_3 und NH_4^+, der pH-Wert ist 9,2.

pKs = 9,2 da NH3 ↑ ⇒ pKs = 14 − pKB

- Berechnung der Stoffmengen:

NH_3: $0{,}01 mmol/ml \times 1000 ml = 10\,mmol$ CH_3COOH: $1\,mmol/ml \times 10\,ml = 10\,mmol$

Bilanzgleichung:

	CH_3COOH	+	NH_3	→	$NH_4\,CH_3COO$
VR:	10 *mmol*		10 *mmol*		0 *mol*
NR:	0 *mol*		0 *mmol*		10 *mmol*

Es handelt sich bei dem Produkt um ein Salz aus einer schwachen Base und einer schwachen Säure:

$$pH = \frac{4{,}8 + 9{,}2}{2} = 7$$

- Berechnung der Stoffmengen:

NH_3: $0{,}01 mmol/ml \times 1000 ml = 10\,mmol$ CH_3COOH: $1\,mmol/ml \times 20\,ml = 20\,mmol$

Bilanzgleichung:

	CH_3COOH	+	NH_3	→	$NH_4\,CH_3COO$
VR:	20 *mmol*		10 *mmol*		0 *mol*
NR:	10 *mol*		0 *mmol*		10 *mmol*

Es ergibt sich ein äquimolarer Puffer aus CH_3COOH und CH_3COO^-, der pH-Wert ist 4,8.

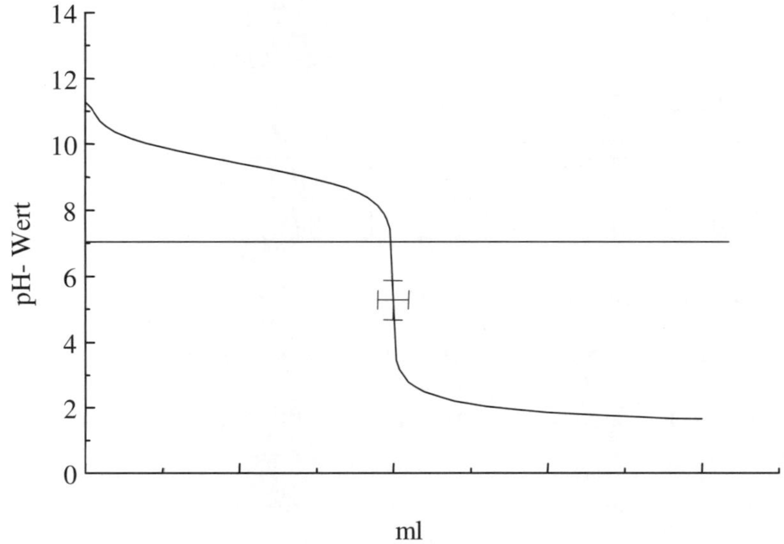

5. Lösungen zu vermischten Aufgaben

L 6.41 Grundsätzlich gilt, je kleiner der pK_S- Wert, desto stärker die Säure. Im Umkehrschluß gilt natürlich auch je größer der pK_S- Wert (also je kleiner der pK_B) desto stärker die Base.
Damit ist H_3PO_4 die stärkste Säure und Ammoniak die stärkste Base der aufgeführten Spezies. Phosphorsäure wird mit Methylorange als Indikator titriert, alle übrigen mit Phenolphthalein.

L 6.42

NH_4Cl	+ NaOH	→	NaCl	+ NH_3	+ H_2O
k. Säure I	k. Base II			k. Base I	k. Säure II

K_2CO_3	+ H_2O	→	$KHCO_3$	+ KOH
k. Base I	k. Säure II		k. Säure I	k. Base II

Amphoterie heißt, dass ein Stoff sowohl als Säure als auch als Base reagieren kann.
Beispiele: H_2O, HSO_4^-

L 6.43 Mittlerweile sollten Sie die Säurestärken einschätzen können.
K_2CO_3: basisch $AlCl_3$: sauer NH_4Cl: sauer NH_4CH_3COO: neutral

L 6.44 Nach steigender Acidität: Essigsäure, Trichloressigsäure, Phosphorsäure, Schwefelsäure
Achten Sie auf die Fragestellung!!

L 6.45 Bestimmung der Stoffmengen:

$H^+: 1\,l \times 0{,}5\frac{mol}{l} \times 2 = 1\,mol$ $\quad NH_3$: $\frac{17\,g}{17\,g\,/\,mol} = 1\,mol$

Bilanzgleichung:

	H^+	+	NH_3	→	NH_4^+
VR:	1 *mol*		1 *mol*		0 *mol*
NR:	0 *mol*		0 *mol*		1 *mol*

Die Konzentration für NH_4^+ ist daher 1 mol/l

Es entsteht ein saures Salz: $pH = \frac{1}{2}(9{,}25 - \log 1) = 4{,}625$

Bei weiterer NH_3- Zugabe (17g also 1 mol) entsteht ein äquimolarer Puffer:
$pH = pK_S = 9{,}25$

L 6.46 pH-Wert von 0,1 m NaHCOO: $pK_B = 14 - pK_S = 10{,}2$

$$pOH = \frac{1}{2}(10{,}2 - \log 0{,}1) = 5{,}6 \Rightarrow pH = 8{,}4$$

pH-Wert von 0,01 m HF: $pH = \frac{1}{2}(4{,}8 - \log 0{,}01) = 3{,}4$

pH-Wert von 0,02 m NH_4HCOO: $pH = \frac{3{,}8 + 9{,}25}{2} = 6{,}525$

pH-Wert von 1 m NH_4Br: $pH = \frac{1}{2}(9{,}25 - \log 1) = 4{,}625$

L 6.47

H_2SO_4	$+ 2\,KOH$	→	K_2SO_4	$+ 2\,H_2O$
k. Säure I	k. Base II		k. Base I	k. Säure II
NH_3	$+ H_2O$	→	NH_4^+	$+ OH^-$
k. Base I	k. Säure II		k. Säure I	k. Base II

L 6.48 Nach abnehmender Acidität: Oxalsäure, Trifluoressigsäure, Phosphorsäure, Essigsäure

---

L 6.49 Li_2CO_3: basisch $\quad NH_4Br$: sauer $\quad NH_4F$: sehr schwach sauer
Der K_S-Wert einer Säure ist die Konstante aus dem Massenwirkungsgesetz der Dissoziationsgleichung dieser Säure.

L 6.50 pH-Wert einer 1 m Ameisensäure: $pH = \frac{1}{2}(4 - \log 1) = 2$

Eine H^+-Konzentration von 1/100 bedeutet zwei Zehnerpotenzen weniger, damit zwei pH-Stufen mehr. Der pH-Wert beträgt also nun 4.
Einsetzen in die Puffergleichung (Es entsteht ein äquimolarer Puffer):

$$4 = 4 + \log\frac{x}{1} \Rightarrow x = 1\ mol$$

Umrechnen auf die Masse: $1\ mol \times 68\frac{g}{mol} = 68\ g$

L 6.51 pH-Wert von 0,001 m Essigsäure: $pH = \frac{1}{2}(4{,}8 - \log 0{,}001) = 3{,}9$

pH-Wert von 0,05 m $Ca(OH)_2$: $pOH = -\log(0{,}05 \times 2) = 1 \Rightarrow pH = 13$

pH-Wert von 0,1 m Natriumacetat ($pK_B = 14 - 4{,}8 = 9{,}2$):

$$pOH = \frac{1}{2}(9{,}2 - \log 0{,}1) = 5{,}1 \Rightarrow pH = 8{,}9$$

L 6.52

$$Na_2CO_3 + H_2O \rightarrow NaHCO_3 + Na^+ + OH^-$$

Natriumcarbonat reagiert mit Wasser im Sinne einer Hydrolysereaktion. Die entstehenden Hydroxidionen verursachen die basische Reaktion.

$$NaCl + H_2O \rightarrow Na^+ + Cl^- + H_2O$$

Hier kommt es zu keiner Hydrolysereaktion sondern nur zu einer Dissoziation.

L 6.53
- Ammoniumacetat reagiert in etwa neutral, da dieses Salz aus zwei gleich schwachen (bezogen auf die Zahlenwerte) Säuren und Basen gebildet wurde.
- Ammoniumsulfat reagiert sauer. Es ist zusammengesetzt aus einer starken Säure und einer schwachen Base.
- Für Ammoniumnitrat und Ammoniumchlorid gilt die gleiche Erklärung wie bei Ammoniumsulfat.

Löslichkeitsprodukt

Eine Reihe ionisch aufgebauter Verbindungen lösen sich nicht gut im wässerigen Medium; sie bilden einen schwerlöslichen Bodenkörper. Zwischen diesem Bodenkörper und dem wässerigen Medium existiert ein dynamisches Gleichgewicht. Für ein beliebiges Salz A_mB_n gilt folgende Gleichung (aq heißt in Wasser gelöst):

$$A_mB_n(\text{fest}) \rightleftharpoons m\ A^{n+}(aq) + n\ B^{m-}(aq)$$

Für das Massenwirkungsgesetz dieser Reaktion gilt:

$$K = \frac{[A^{n+}]^m \times [B^{m-}]^n}{[A_mB_n]}$$

Da dem festen Bodenkörper im eigentlichen Sinn keine Konzentration zugeordnet werden kann, wird diese als 1 gesetzt. Es ergibt sich:

$$K_L = L = [A^{n+}]^m \times [B^{m-}]^n$$

Diese Formel ist das sogenannte Löslichkeitsprodukt. Mit ihrer Hilfe lassen sich Konzentrationen schwerlöslicher Salze bestimmen. Man kann zwei Situationen unterscheiden:

1. Es existiert nur ein Gleichgewicht zwischen dem Salz und der Lösung.
2. Zusätzlich sind noch andere Salze beteiligt, die Einfluss auf die Lage des Gleichgewichts haben.

ad 1.: Man kann zeigen, dass zwischen der sogenannten *molaren Löslichkeit (Ml)*, das heißt die Konzentration des gelösten Salzes und dem Löslichkeitsprodukt folgender Zusammenhang gilt:

$$Ml = \sqrt[m+n]{\frac{L}{m^m \times n^n}}$$

Dieses soll an einem Beispiel verdeutlicht werden:
Berechnen Sie die molare Löslichkeit einer $Ca_3(PO_4)_2$ - Lösung, wenn das Löslichkeitsprodukt $L = 1{,}08 \times 10^{-13}$ [mol^5/l^5] ?
Die Verbindung besteht aus drei Calcium- und zwei Phosphationen. Nach Einsetzen in die Formel für die molare Löslichkeit ergibt sich:

$$[Ca_3(PO_4)_2] = \sqrt[3+2]{\frac{1{,}08 \times 10^{-13}}{3^3 \times 2^2}} = \sqrt[5]{\frac{108 \times 10^{-15}}{108}}$$

$$[Ca_3(PO_4)_2] = 10^{-3}[mol/l]$$

Beachten Sie bitte, dass die Konzentration der Calciumionen dreimal so groß ist wie die molare Löslichkeit, für die Phosphationen entsprechend zweimal so groß. Die molare Löslichkeit bezieht sich immer auf die Salzkonzentration und nicht auf die Ionenkonzentration. Die jeweilige Ionenkonzentration erhält man durch Multiplikation der molaren Löslichkeit mit ihrer Anzahl im Salz.

ad2.: Wird eine zweite ionisch aufgebaute Verbindung hinzugefügt, die mit dem schwerlöslichen Salz ein gemeinsames Ion hat, so wird die Löslichkeit des schwerlöslichen Salzes weiter herabgesetzt. Da die Konzentration des gemeinsamen Ions aus der gut löslichen Verbindung sehr viel größer ist, als die Konzentration dieses Ions aus der schwerlöslichen Verbindung wird diese aus praktischen Gründen in der Formel für das Löslichkeitsprodukt vernachlässigt und nur die Konzentration aus der gut löslichen Verbindung für dieses Ion angegeben.

Beispiel: Wie viel g AgCl lösen sich in einem Liter einer 0,1 m NaCl-Lösung?

$L(AgCl) = 1\times10^{-10}$ [mol^2/l^2]; MG (AgCl) = 143 [g/mol]

Das gemeinsame Ion ist Chlorid. Daher gilt:

$$1\times10^{-10}[mol^2/l^2] = [Ag^+]\times 0{,}1[mol/l]$$

Auflösen nach $[Ag^+]$:

$$[Ag^+] = \frac{1\times10^{-10}[mol^2/l^2]}{0{,}1[mol/l]} = 10^{-9}[mol/l]$$

Umrechnen der Konzentration auf die Grammkonzentration:

$$c_g = 10^{-9}[mol/l]\times143[g/mol] = 1{,}43\times10^{-7}[g/l]$$

Können sich mehrere schwerlösliche Salze aus den Ionen in einer Lösung bilden, so fällt das Salz mit der geringsten molaren Löslichkeit zuerst aus (Bei gleichen Exponenten der Einheiten das Salz mit dem kleinsten Löslichkeitsprodukt).

Beispiel: In einer Lösung befindet sich gleichzeitig NaCl, NaBr und NaI. In welcher Reihenfolge fallen die Silberhalogenide bei Zusatz von Silbernitrat aus?

$L(AgCl) = 1\times10^{-10}[mol^2/l^2]$

$L(AgBr) = 1\times10^{-12}[mol^2/l^2]$

$L(AgI) = 1\times10^{-16}[mol^2/l^2]$

Da die Exponenten der Einheiten der Löslichkeitsprodukte gleich sind, brauchen wir nur die Zahlenwerte vergleichen. Demnach fällt AgI zuerst aus, danach AgBr und schließlich AgCl.

1. Aufgaben zum Löslichkeitsprodukt

A 7.01 Wie groß ist die molare Löslichkeit von $Fe(OH)_3$, wenn das Löslichkeitsprodukt $L(Fe(OH)_3) = 2{,}7\times10^{-15}$ [mol^4/l^4] beträgt?

A 7.02 Wie groß ist die Iodidkonzentration einer Blei(II)-iodid-Lösung in g/l, wenn das Löslichkeitsprodukt $0{,}4\times10^{-14}$ [mol^3/l^3] beträgt?

A 7.03 Wie viel mg Silber sind in einem Liter einer gesättigten Lösung von Silberphosphat enthalten? $L(Ag_3PO_4) = 2{,}7\times10^{-15}$ [mol^4/l^4]

A 7.04 In einem Liter Wasser lösen sich 838 mg Silberphosphat. Berechnen Sie das Löslichkeitsprodukt von Ag_3PO_4.

A 7.05 Durch das Waschen eines Niederschlags aus 14,3 mg AgCl mit 100 ml Wasser wird 1% des Niederschlags gelöst. Berechnen Sie das Löslichkeitsprodukt.

A 7.06 Das Löslichkeitsprodukt von AgI beträgt 10^{-12} [mol^2/l^2]. Können Sie 2,35 mg AgI in 10 ml Wasser lösen, ohne dass ein Niederschlag auftritt?

A 7.07 Berechnen Sie das Löslichkeitsprodukt des $Al(OH)_3$, wenn sich in 100 ml 6×10^{-7} mol Hydroxidionen befinden.

A 7.08 Kupfersulfid (CuS) hat ein Löslichkeitsprodukt von $L = 10^{-44}$ [mol^2/l^2].
- Geben Sie die molare Löslichkeit von Kupfersulfid an.
- Wie viel Liter Wasser benötigen Sie um 0,96 g Kupfersulfid zu lösen?
- Geben Sie die Anzahl der Kupferionen an, die in einem Liter einer gesättigten Kupfersulfid-Lösung enthalten sind. Avogadrokonstante $N_L = 6\times10^{23} mol^{-1}$

A 7.09 Eine wässerige Lösung, die Bromid, Iodid, Chlorid und Cyanidionen enthält, wird mit Silberionen versetzt. In welcher Reihenfolge fallen die Silbersalze aus?

$L(AgCl) = 10^{-7}$ [mol^2/l^2] $L(AgCN) = 0{,}8\times10^{-7}$ [mol^2/l^2]
$L(AgBr) = 3\times10^{-9}$ [mol^2/l^2]
$L(AgI) = 1{,}7\times10^{-9}$ [mol^2/l^2]

A 7.10 In eine wässerige Lösung, die ein mol/l Hg^{2+}- und ein Mol Zn^{2+}-Ionen enthält, wird Schwefelwasserstoff eingeleitet. Der pH-Wert wird auf einen Wert von 1 eingestellt, so dass die Sulfid-Ionenkonzentration $[S^{2-}] = 10^{-20}$ mol/l beträgt.
Welches Sulfid/welche Sulfide (beide/ keines/ HgS/ ZnS) fällt/ fallen bei diesem pH-Wert aus?
$L(HgS) = 10^{-56}$ [mol^2/l^2] $L(ZnS) = 10^{-13}$ [mol^2/l^2]

A 7.11 Eine gesättigte Calciumfluoridlösung enthält in einem Liter Wasser 1,9 mg Fluorid-Ionen. Berechnen Sie das Löslichkeitsprodukt für Calciumfluorid.

A 7.12 Berechnen Sie den pH-Wert einer gesättigten $Ca(OH)_2$-Lösung.
$L(Ca(OH)_2) = 5\times10^{-4}$ [mol^3/l^3]

A 7.13 Wie viel mg Ca^{2+}-Ionen enthält ein Liter einer gesättigten Calciumphosphatlösung?
$L(Ca_3(PO_4)_2) = 1{,}08\times10^{-13}$ [mol^5/l^5]

A 7.14 Mit wie viel ml Wasser darf man einen Niederschlag von Calciumoxalat höchstens waschen, damit sich höchstens 0,256 mg des Niederschlages lösen ?
$L(CaC_2O_4) = 4\times10^{-10}$ [mol^2/l^2]

A 7.15 Wie viel Milligramm Magnesiumphosphat lösen sich in 0,1 l Wasser?
Wie viel Mg^{2+}-Ionen enthält ein Liter einer 0,1 m Magnesiumphosphat Lösung?
$L(Mg_3(PO_4)_2) = 10{,}8\times10^{-9}$ [mol^5/l^5] $N_L = 6\times10^{23}\ mol^{-1}$

---

2. Aufgaben zum Löslichkeitsprodukt mit Fremdstoff

A 7.16 Wie groß ist das Löslichkeitsprodukt von Silberchlorid, wenn sich in einer 10^{-2} molaren Chloridlösung $1{,}08\times10^{-3}$ mg/l Silberionen lösen ?

A 7.17 Das Löslichkeitsprodukt von $MgCO_3$ beträgt $2{,}5\times10^{-5}$ [mol^2/l^2].
Wie viel mg $MgCO_3$ lösen sich in einem Liter einer 0,125 molaren $MgCl_2$-Lösung?

A 7.18 Berechnen Sie die Molarität einer Natriumchloridlösung, wenn sich in einem Liter dieser Lösung 10^{-6} mol $PbCl_2$ lösen!
$L(PbCl_2) = 1{,}6\times10^{-9}$ [mol^3/l^3]

A 7.19 Wie viel mg festes Natriumhydroxid müssen mindestens zu einer Lösung von 7,4 mg Calciumhydroxid in 100 ml Wasser gegeben werden, damit $Ca(OH)_2$ ausfällt?
L ($Ca(OH)_2$) = 10^{-7} [mol^3/l^3]

A 7.20 Ein Liter einer Magnesiumchlorid-Lösung enthält 3 mmol Magnesiumchlorid. Wie viel Milligramm Natriumhydroxid müssen Sie zugeben, um eine gesättigte Magnesiumhydroxid-Lösung zu erhalten? L ($Mg(OH)_2$) = 3×10^{-11} [mol^3/l^3]

A 7.21 Wie viele mg $PbCl_2$ lösen sich in 1 l einer Salzsäure, die einen pH-Wert von 3 besitzt? L($PbCl_2$) = 10^{-12} [mol^3/l^3]

A 7.22 Eine Lösung von 0,01 mol Bariumchlorid in 1 Liter Wasser ist vorgegeben. Wie viel ml einer 2 molaren H_2SO_4 müssen mindestens zugegeben werden, um eine Ausfällung von $BaSO_4$ zu erreichen? L ($BaSO_4$) = 10^{-10} [mol^2/l^2]

A 7.23 Geben Sie die Löslichkeit von Bariumsulfat in Gramm pro Liter in einer 1 molaren Natriumsulfatlösung an. L ($BaSO_4$) = 10^{-10} [mol^2/l^2]

A 7.24 Die Löslichkeit von AgI in Wasser beträgt $2{,}35\times10^{-6}$g/l
- Wie groß ist das Löslichkeitsprodukt von AgI?
- Wie viele mol AgI lösen sich in einer wässerigen Lösung, die 1,5 g NaI in einem Liter Wasser enthält?

A 7.25 Die Löslichkeit von AgSCN in Wasser beträgt $1{,}66\times10^{-4}$ g/l.
- Wie groß ist das Löslichkeitsprodukt von AgSCN?
- Wie viel Mol AgSCN lösen sich in einer wässerigen Lösung, die 0,81g NaSCN in einem Liter Wasser enthält?

1. Lösungen zum Löslichkeitsprodukt

L 7.01 Wird nach der molaren Löslichkeit gefragt, verwendet man einfach die entsprechende Formel:

$$Ml = \sqrt[4]{\frac{2{,}7\times10^{-15}}{1^1\times3^3}} = \sqrt[4]{\frac{27\times10^{-16}}{27}} = 10^{-4}\left[\frac{mol}{l}\right]$$

Beachten Sie, dass sich die molare Löslichkeit immer auf das gesamte Molekül bezieht.

L 7.02 Auch hier wird zuerst eingesetzt:

$$Ml = \sqrt[3]{\frac{0{,}4 \times 10^{-14}}{1^1 \times 2^2}} = \sqrt[3]{\frac{4 \times 10^{-15}}{4}} = 1 \times 10^{-5}\left[\frac{mol}{l}\right] PbI_2$$

Beachten Sie, dass die Iodidkonzentration zweimal so groß wie die molare Löslichkeit ist (wg. den zwei Iodid in der Formel).
Zur Berechnung der Grammkonzentration muss mit dem MG multipliziert werden:

$$2 \times 10^{-5}\left[\frac{mol}{l}\right] \times 127\left[\frac{g}{mol}\right] = 2{,}54 \times 10^{-3}\left[\frac{g}{l}\right] Iodid$$

L 7.03 Vergleichen Sie mit L 7.02.

$$Ml = \sqrt[4]{\frac{2{,}7 \times 10^{-15}}{1^1 \times 3^3}} = \sqrt[4]{\frac{27 \times 10^{-16}}{27}} = 10^{-4}\left[\frac{mol}{l}\right]$$

Zur Berechnung der Grammkonzentration muss mit dem Molekulargewicht multipliziert werden. Vergessen Sie nicht den Faktor 3, da Ag_3PO_4

$$10^{-4}\left[\frac{mol}{l}\right] \times 108\left[\frac{g}{mol}\right] \times 3 = 0{,}0324\left[\frac{g}{l}\right] Ag^+ \Rightarrow 32{,}4\, mg/l(Ag^+)$$

L 7.04 Zuerst wird die Konzentration von Silberphosphat (Ag_3PO_4) bestimmt:

$$838\, mg/l \Rightarrow 0{,}838\, g/l \Rightarrow \frac{0{,}838\, g/l}{419\, g/mol} = 2 \times 10^{-3}\, mol/l$$

Dann wird in die Formel für das Löslichkeitsprodukt eingesetzt:

$$L = [Ag^+]^3 [PO_4^{3-}] = (3 \times 2 \times 10^{-3}\, mol/l)^3 (2 \times 10^{-3}\, mol/l) = 4{,}32 \times 10^{-10}\, mol^4/l^4$$

Beachten Sie, dass Silber dreimal im Salz vorhanden ist und damit auch die Silberkonzentration dreimal so groß ist!

L 7.05 Stoffmenge von AgCl bestimmen: $14{,}3\, mg \Rightarrow 0{,}0143\, g \Rightarrow \frac{0{,}0143\, g}{143\, g/mol} = 10^{-4}\, mol$

Davon lösen sich 1% in 100 ml, oder 10% in 1000 ml: $\frac{10 \times 10^{-4}\, mol/l}{100} = 10^{-5}\, mol/l$

Für das Löslichkeitsprodukt gilt:

$$L = [Ag^+] \times [Cl^-] = (10^{-5}\, mol/l) \times (10^{-5}\, mol/l) = 10^{-10}\, mol^2/l^2$$

L 7.06 Bestimmen der molaren Löslichkeit von AgI: $Ml = \sqrt[2]{\frac{10^{-12}}{1^1 \times 1^1}} = 10^{-6}\, mol/l$

Nun wird aus den Angaben die gewünschte Konzentration bestimmt:

$$2{,}35\, mg/10\, ml \rightarrow 2{,}35 \times 10^{-3}\, g/10\, ml \rightarrow 2{,}35 \times 10^{-3} \times 100\, g/l = 2{,}35 \times 10^{-1}\, g/l$$

$$\frac{2{,}35 \times 10^{-1}\, g/l}{235\, g/mol} = 10^{-3}\, mol/l$$

Die gewünschte Konzentration ist viel größer als die molare Löslichkeit. Daher sind 2,35 mg AgI in 10 ml Wasser nicht löslich.

L 7.07 Da die Hydroxidionenkonzentration 6×10^{-7} mol in 100 ml beträgt, entspricht das einer Konzentration von 6×10^{-6} mol/l. Die Konzentration an Hydroxidionen ist dreimal so groß wie an Aluminiumionen, die daher 2×10^{-6} mol/l beträgt.
Durch Einsetzen in die Formel für das Löslichkeitsprodukt folgt:
$L = [Al^{3+}]\times[OH^-]^3 = (2\times10^{-6}\text{ mol/l}) \times (6\times10^{-6}\text{ mol/l})^3 = 4{,}32\times10^{-22}\text{ mol}^4/\text{l}^4$

L 7.08 Bestimmen der molaren Löslichkeit: $Ml = \sqrt[2]{\frac{10^{-44}}{1^1\times1^1}} = 10^{-22}mol/l$

Stoffmengenberechnung: $\frac{0{,}96g}{96g/mol} = 10^{-2}mol$

Nun muss nur noch durch die molare Löslichkeit dividiert werden:

$$\frac{10^{-2}mol}{10^{-22}mol/l} = 10^{20}l$$

Erschrecken Sie nicht vor dieser großen Zahl. Um die Teilchenzahl zu bestimmen müssen Sie mit der Avogadrozahl multiplizieren:

$$10^{-22}mol/l\times6\times10^{23}/mol = 60\,Cu^{2+}/l$$

L 7.09 Bei gleichen Exponenten der Einheit des Löslichkeitsprodukt können die Zahlenwerte direkt verglichen werden: Zuerst fällt AgI , dann AgBr, danach AgCN und zum Schluss AgCl aus.

L 7.10 Man bildet einfach das Produkt aus der Metallkonzentration und der $[S^{2-}]$- Konzentration und vergleicht mit dem jeweiligen Löslichkeitsprodukt:

Für Hg^{2+} gilt: $1\,mol/l\times10^{-20}mol/l = 10^{-20}mol^2/l^2 > 10^{-56}mol^2/l^2$

Für Zn^{2+} gilt: $1\,mol/l\times10^{-20}mol/l = 10^{-20}mol^2/l^2 < 10^{-13}mol^2/l^2$

Für HgS ist das Löslichkeitsprodukt überschritten: HgS fällt aus. Für ZnS wird der Wert des Löslichkeitsprodukts nicht überschritten: ZnS bleibt in Lösung.

L 7.11 Bestimmung der F^--Konzentration:

$$1{,}9\,mg/l \Rightarrow 1{,}9\times10^{-3}g/l \Rightarrow \frac{1{,}9\times10^{-3}g/l}{19\,g/mol} = 10^{-4}mol/l$$

Die Ca^{2+}-Konzentration ist halb so groß wie die F^--Konzentration: $5\times10^{-5}mol/l$
Einsetzen in die Formel für das Löslichkeitsprodukt:

$$L(CaF_2) = 5\times10^{-5}mol/l\times(10^{-4}mol/l)^2 = 5\times10^{-13}mol^3/l^3$$

Hier war die gesamte F^--Konzentration gegeben. Daher wird diese nicht mit 2 erweitert, sondern die Ca^{2+}-Konzentration halbiert.

L 7.12 Bestimmung von *Ml*: $Ml = \sqrt[3]{\frac{5\times10^{-4}}{1^1\times2^2}} = \sqrt[3]{125\times10^{-6}} = 5\times10^{-2} mol/l$

$Ca(OH)_2$ ist eine starke Base: $pOH = -\log(5\times10^{-2}\times2) = 1 \Rightarrow pH = 13$

L 7.13 Bestimmung von *Ml*: $Ml = \sqrt[5]{\frac{1{,}08\times10^{-13}}{3^3\times2^2}} = 10^{-3} mol/l$

Die Ca^{2+}-Konzentration ist dreimal so groß: $3\times10^{-3} mol/l$

Umrechnen: $3\times10^{-3} mol/l\times40 g/mol = 0{,}12\, g/l \Rightarrow 120\, mg/l$

L 7.14 Bestimmen von *Ml*: $Ml = \sqrt[2]{\frac{4\times10^{-10}}{1^1\times1^1}} = 2\times10^{-5} mol/l$

Stoffmenge von CaC_2O_4 bestimmen: $0{,}256\, mg \Rightarrow \frac{2{,}56\times10^{-4} g}{128\, g/mol} = 2\times10^{-6} mol$

Volumen bestimmen: $\frac{2\times10^{-5} mol}{1000\, ml} = \frac{2\times10^{-6} mol}{x\, ml} \Rightarrow x = 100\, ml$

Der Niederschlag darf mit höchstens 100 ml Wasser gewaschen werden.

L 7.15 Bestimmen der molaren Löslichkeit:

$$Ml = \sqrt[5]{\frac{10{,}8\times10^{-9}}{3^3\times2^2}} = \sqrt[5]{\frac{108\times10^{-10}}{108}} = 10^{-2}\left[\frac{mol}{l}\right] Mg_3(PO_4)_2$$

Errechnen der Grammkonzentration: $10^{-2} mol/l\times262\, g/mol = 2{,}62\, g/l$

In 0,1 *l* sind es dann: $\frac{2{,}62}{10} g = 0{,}262\, g \Rightarrow 262\, mg$

Achtung, der zweite Teil der Aufgabe soll Sie aufs Glatteis führen. Die errechnete *Ml* ist die maximale Löslichkeit. Rechnen Sie also mit diesem Wert weiter und nicht mit 0,1 m: $3\times10^{-2} mol/l\times6\times10^{23}/mol = 18\times10^{21} Mg^{2+}/l$

---

2. Lösungen zum Löslichkeitsprodukt mit Fremdstoff

L 7.16 In diesen Aufgaben ist eine Komponente der zum Löslichkeitsprodukt zugehörigen Ionen vorgegeben. Hier sind es sogar zwei!
Berechnung der Konzentration von Ag^+:

$$1{,}08\times10^{-3} mg/l \Rightarrow \frac{1{,}08\times10^{-6} g/l}{108\, g/mol} = 10^{-8} mol/l(Ag^+)$$

Die Konzentration an Cl^- beträgt 10^{-2} mol/l.

Einsetzen in die Formel für L:
$L = [Ag^+] \times [Cl^-] = (10^{-8} mol/l) \times (10^{-2} mol/l) = 10^{-10} mol^2/l^2$

L 7.17 Hier setzen Sie einfach in das Löslichkeitsprodukt für $MgCO_3$ ein (Eigentlich müsste das zusätzlich hinzugekommene Mg^{2+} berücksichtigt werden, aber es kann in guter Näherung vernachlässigt werden. Dies gilt für alle Aufgaben dieser Art.):
$2{,}5 \times 10^{-5} mol^2/l^2 = 0{,}125\, mol/l \times [CO_3^{2-}] \Rightarrow [CO_3^{2-}] = 2 \times 10^{-4} mol/l = [MgCO_3]$

Berechnen der Masse: $2 \times 10^{-4} mol/l \times 84\, g/mol = 0{,}0168\, g/l \Rightarrow 16{,}8\, mg/l (MgCO_3)$

L 7.18 Einsetzen in das Löslichkeitsprodukt von $PbCl_2$:

$$1{,}6 \times 10^{-9} mol^3/l^3 = 10^{-6} mol/l \times [Cl^-]^2 \Rightarrow [Cl^-] = 0{,}04\, mol/l$$

Die NaCl-Lösung ist 0,04 molar.

L 7.19 Zuerst wird die Ca^{2+}-Konzentration bestimmt:

$$7{,}4\, mg/100\, ml \Rightarrow 74\, mg/1000\, ml \Rightarrow 0{,}074\, g/l \Rightarrow \frac{0{,}074\, g/l}{74\, g/mol} = 10^{-3} mol/l$$

Nun kann in die Formel für das Löslichkeitsprodukt eingesetzt werden:

$$10^{-7} mol^3/l^3 = 10^{-3} mol/l \times [OH^-]^2 \Rightarrow [OH^-] = 10^{-2} mol/l$$

Berechnen der Masse von NaOH: $10^{-2} mol/l \times 40\, g/mol = 0{,}4\, g/l \Rightarrow 400\, mg/l$
Achtung, es wurde nach 100 ml gefragt, also: 40 *mg*

L 7.20 In die Formel für das Löslichkeitsprodukt einsetzen (3 mmol entspricht 3×10^{-3} mol):

$$3 \times 10^{-11} mol^3/l^3 = 3 \times 10^{-3} mol/l \times [OH^-]^2 \Rightarrow [OH^-] = 10^{-4} mol/l$$

Berechnen der Masse von NaOH:

$$10^{-4} mol/l \times 40\, g/mol = 0{,}004\, g/l \Rightarrow 4\, mg/l$$

L 7.21 Eine Salzsäure mit pH = 3 ist: $3 = -\log c \Rightarrow c = 10^{-3} mol/l = [HCl]$
Da die Konzentration von H^+ der von Cl^- entspricht, kann man diese in die Formel für das Löslichkeitsprodukt einsetzen:

$$10^{-12} mol^3/l^3 = [Pb^{2+}] \times (10^{-3} mol/l)^2 \Rightarrow [Pb^{2+}] = 10^{-6} mol/l$$

Berechnen der Masse:

$$10^{-6} mol/l \times 277\, g/mol = 2{,}77 \times 10^{-4}\, g/l \Rightarrow 0{,}277\, mg/l$$

L 7.22 In die Formel für das Löslichkeitsprodukt einsetzen:

$$10^{-10} mol^2/l^2 = 0{,}01\, mol/l \times [SO_4^{2-}] \Rightarrow [SO_4^{2-}] = 10^{-8} mol/l$$

Das gesuchte Volumen lässt sich über einen Dreisatz bestimmen:

$$\frac{2\,mol}{1000\,ml} = \frac{10^{-8}\,mol}{x\,ml} \Rightarrow x = 5\times10^{-6}\,ml$$

L 7.23 In die Formel für das Löslichkeitsprodukt einsetzen:

$$10^{-10}\,mol^2/l^2 = \left[Ba^{2+}\right]\times 1\,mol/l \rightarrow \left[Ba^{2+}\right] = 10^{-10}\,mol/l$$

Umrechnen auf die Grammkonzentration von $BaSO_4$:

$$10^{-10}\,mol/l \times 233\,g/mol = 2{,}33\times10^{-8}\,g/l$$

L 7.24 Zuerst bestimmt man die Konzentration von AgI: $\frac{2{,}35\times10^{-6}\,g/l}{235\,g/mol} = 10^{-8}\,mol/l$

Berechnung des Löslichkeitsprodukts von AgI:

$$L = 10^{-8}\,mol/l \times 10^{-8}\,mol/l = 10^{-16}\,mol^2/l^2$$

Berechnung der NaI-Konzentration: $\frac{1{,}5\,g/l}{150\,g/mol} = 10^{-2}\,mol/l$

Einsetzen in die Formel für das Löslichkeitsprodukt:

$$10^{-16}\,mol^2/l^2 = \left[Ag^{+}\right]\times 10^{-2}\,mol/l \rightarrow \left[Ag^{+}\right] = 10^{-14}\,mol/l$$

Es lösen sich 10^{-14} mol AgI in der Lösung.

L 7.25 Zuerst bestimmt man die Konzentration von AgSCN: $\frac{1{,}66\times10^{-4}\,g/l}{166\,g/mol} = 10^{-6}\,mol/l$

Berechnung des Löslichkeitsprodukts von AgSCN:

$$L = 10^{-6}\,mol/l \times 10^{-6}\,mol/l = 10^{-12}\,mol^2/l^2$$

Berechnung der NaSCN-Konzentration: $\frac{0{,}81\,g/l}{81\,g/mol} = 10^{-2}\,mol/l$

Einsetzen in die Formel für das Löslichkeitsprodukt:

$$10^{-12}\,mol^2/l^2 = \left[Ag^{+}\right]\times 10^{-2}\,mol/l \rightarrow \left[Ag^{+}\right] = 10^{-10}\,mol/l$$

Es lösen sich 10^{-10} mol AgSCN in der Lösung.

Redoxreaktionen

Die Redoxreaktionen unterscheiden sich erheblich von den im Kapitel 3 besprochenen Reaktionsgleichungen. Hier ändern sich die Ladungen oder Oxidationszahlen der Reaktionspartner. Es findet ein Elektronenaustausch statt. Dabei gibt ein Partner Elektronen ab, seine Oxidationszahl wird größer, er wird *oxidiert*. Ein anderer Reaktionspartner nimmt diese Elektronen auf, seine Oxidationszahl wird verringert, er wird *reduziert*. Den Reaktionspartner, der oxidiert wird, nennt man Reduktionsmittel, denjenigen, der reduziert wird Oxidationsmittel. Es ist elementar, die Oxidationszahlen der Reaktionspartner vor und nach der Reaktion zu kennen. Bei den Oxidationszahlen werden die Bindungselektronen der Verbindungspartner entsprechend ihrer Elektronegativität zugeordnet. Das elektronegativere Element erhält die Bindungselektronen. Die Annahme ist, dass eine Verbindung nur aus Ionen aufgebaut ist. Bedenken Sie die Einschränkung der Definition: Sie gilt nur bei Redoxreaktionen oder in Nomenklaturfragen; an anderer Stelle hat sie nichts zu suchen. Es müssen daher einige Regeln zur Bestimmung von Oxidationszahlen festlegt werden.

1. Sind Atome oder Moleküle elementar vorhanden, das heißt nicht in Verbindung mit anderen Atomen oder Molekülen und ungeladen, erhalten diese die Oxidationszahl 0. Bei Elementionen entspricht die Ladung der Oxidationszahl.
2. Metalle haben immer eine positive Oxidationszahl oder sie sind ungeladen, dann ist ihre Oxidationszahl null. Alkalikationen haben immer die Oxidationszahl +1, Erdalkalikationen haben immer die Oxidationszahl +2. In Bor- und Aluminiumverbindungen haben diese die Oxidationszahl +3.
3. Fluor, wenn nicht elementar, hat immer die Oxidationszahl –1.
4. Sauerstoff, wenn nicht elementar, hat im Regelfall die Oxidationszahl –2. Ausnahmen sind Verbindungen mit Fluor (Sauerstoff hat dann positive Oxidationszahlen) und sogenannte Peroxide, von denen Sie sich nur das H_2O_2 merken sollten. Sauerstoff hat hier die Oxidationszahl –1.
5. Wasserstoff hat im Regelfall die Oxidationszahl +1, Ausnahmen sind die sogenannten Hydride. Bei Hydriden handelt es sich um Verbindungen von Wasserstoff mit Metallen ohne Beteiligung von Nichtmetallen. In diesen Verbindungen ist die Oxidationszahl des Wasserstoffs –1.

Ansonsten gilt, dass die Summe der Oxidationszahlen gleich der Gesamtladung der Verbindung oder Ionen entspricht (Denken Sie an die Anionenliste aus Kapitel 2 !!!).

Einige Beispiele:

$$\overset{0}{O_2} \qquad \overset{+1}{H_2}\overset{+6}{S}\overset{-2}{O_4} \qquad \overset{+1}{K}\overset{+7}{Mn}\overset{-2}{O_4} \qquad \overset{+1}{Na_2}\overset{+2,5}{S_4}\overset{-2}{O_6}$$

Beachten Sie bitte, dass die Oxidationszahlen jeweils nur für ein Atom angegeben werden. Um das zu erläutern, betrachten wir noch einmal die Verbindung $Na_2S_4O_6$.
Sie besteht aus 2 Na mit der jeweiligen Oxidationszahl +1, insgesamt +2;
des weiteren sind 6 O-Atome enthalten, die jeweils –2 geladen sind, insgesamt –12;
da die Summe 0 sein muss, sind die S-Atome insgesamt +10 geladen, d.h. pro S-Atom +2,5.
Um jetzt eine Redoxgleichung zu lösen, müssen Sie für jedes einzelne Atom innerhalb der Redoxgleichung eine Oxidationszahl bestimmen. Danach suchen Sie die Atome, bei denen sich die Oxidationszahl von der linken zur rechten Seite hin geändert hat. Bei einem Atom muss die Oxidationszahl größer, bei einem anderen kleiner geworden sein.

Markieren Sie diese beiden korrespondierenden Redoxpärchen mit einem Unterpfeil, also einer Verbindungslinie. Schreiben Sie an den Unterpfeil die Änderung der Oxidationszahl *pro Atom.*
Beachten Sie auch, ob eine Oxidation oder eine Reduktion stattgefunden hat.
Danach bauen Sie aus der ursprünglichen Stoffgleichung eine Ionengleichung auf. Dafür benötigen Sie die beiden korrespondierenden Redoxpärchen, sollten diese ionisch aufgebaut sein, lassen Sie das Ion innerhalb der Verbindung weg, das nicht von der Änderung der Oxidationszahl betroffen ist. Als Faustregel baut sich das Ion, das Sie betrachten aus dem Element, dessen Oxidationszahl geändert wird, aus direkt rechts (als nächster Buchstabe!) davon stehendem Sauerstoff und eventuell aus (meist links) stehenden Wasserstoff auf. Vergessen sie nicht, die Anzahl der Atome in der Verbindung und die Ladung des Ions (kann aus der Ladung des nicht mehr berücksichtigten Teils geschlossen werden) anzugeben.
Da die meisten Redoxgleichungen entweder im sauren oder basischen Medium stattfinden, gehört außerdem entweder H^+ und H_2O oder OH^- und H_2O in die Ionengleichung. In welchem Medium Sie sich befinden, erkennen Sie an der Stoffgleichung.
Aus der Ionengleichung werden die Teilgleichungen entwickelt, eine für den Oxidationsvorgang, eine für den Reduktionsvorgang.
Die Regeln, nach denen eine Teilgleichung aufgebaut wird, sind recht streng und gut zu handhaben!
In der Teilgleichungen wird das Redoxpärchen, das oxidiert oder reduziert wird betrachtet.
Dabei müssen Sie folgendes in dieser Reihenfolge beachten:

- Ist die Anzahl der Atome, die oxidiert werden, identisch?
  Wenn nicht müssen Sie über einen stöchiometrischen Koeffizienten ausgleichen!
- Bestimmen Sie die Zahl der Atome (aus Index und stöchiometrischen Koeffizienten) und multiplizieren Sie diese mit der Zahl der Elektronen, die sich pro Atom geändert haben.
- Danach zählen Sie die Sauerstoffe auf der linken und auf der rechten Seite (stöchiometrischen Koeffizienten nicht vergessen!). Bestimmen Sie daraus die Differenz.
  Um die Sauerstoffe auszugleichen benützen Sie das Medium. In einem sauren Medium geben Sie auf der Seite, die einen Überschuss an Sauerstoff hat (das ist bei der Oxidation die rechte Seite und bei der Reduktion die linke Seite) für jeden Sauerstoff zwei H^+-Ionen dazu, aus denen auf der anderen Seite der Reaktion (bei der Oxidation die linke Seite und bei der Reduktion die rechte Seite) H_2O entsteht.
  In einem basischen Medium wird der Überschuss an Sauerstoffatomen pro Atom durch jeweils ein H_2O entfernt, das zu je zwei OH^--Ionen wird.
  Ist keine Differenz an Sauerstoffatomen festzustellen, brauchen Sie natürlich nicht auszugleichen!
- Ein weiteres Problem können überzählige Wasserstoffanteile in den Verbindungen sein. Sie werden entweder nach dem obigen Schema mit den Sauerstoffatomen verrechnet, oder man muss sie entsprechend dem Medium gesondert behandeln. In einem sauren Medium werden sie einfach als H^+-Ionen freigesetzt, in einem basischen Medium mit OH^--Ionen zu H_2O umgewandelt.

Nach der Aufstellung der Teilgleichungen sollten Sie sich noch einmal versichern, ob es sich auch um *Gleichungen* handelt, d.h. dass die Anzahl der Atome und Ionenladungen (Elektronen zählen mit!) auf jeder Seite identisch ist.
Im nächsten Schritt werden die beiden Teilgleichungen durch Multiplizieren der ganzen Gleichung auf dieselbe Elektronenzahl gebracht. Dabei sollte die gleiche Elektronenzahl dem kleinsten gemeinsamen Vielfachen entsprechen!

Jetzt addieren Sie die beiden Teilgleichungen und kürzen, hier im Sinne von subtrahieren, die Elektronen und gegebenenfalls H_2O, H^+ - und OH^--Ionen (nichts anderes!).
Anschließend werden die so gewonnenen stöchiometrischen Faktoren in die Stoffgleichung übertragen. Sollten sich in der Stoffgleichung Verbindungen befinden, die durch die Ionengleichung nicht erfasst wurden, so gleichen Sie diese nach dem in Kapitel 2 gelernten Regeln aus.
Ein Beispiel:

Ox.-Zahl	+4 | −2		+1 | −1				+2 | −1		0		+1 | −2	
	.... MnO_2	+	.... HCl			→	.... $MnCl_2$	+	.... Cl_2	+	.... H_2O	
	Red:2e		Ox:2e									
I.G.:	MnO_2	+	Cl^-	+	H^+	→	Mn^{2+}	+	Cl_2	+	H_2O	M
Red.:	MnO_2	+	$2e^-$	+	$4\ H^+$	→	Mn^{2+}	+			$2\ H_2O$	1
Ox.:			$2\ Cl^-$			→			Cl_2	+	$2\ e^-$	1
Σ	MnO_2	+	$2\ Cl^-$	+	$4\ H^+$	→	Mn^{2+}	+	Cl_2	+	$2\ H_2O$	
Resultat	$1\ MnO_2$	+	4 HCl			→	$1\ MnCl_2$	+	$1\ Cl_2$	+	$2\ H_2O$	

Jetzt im Einzelnen: Gegeben war die Reaktionsgleichung in der zweiten Zeile. Bei diesem Aufgabentyp werden immer Edukte und Produkte gegeben, man muss nur die stöchiometrischen Koeffizienten bestimmen. Als erstes werden die Oxidationszahlen bestimmt und mit Hilfe der Unterpfeile die korrespondierenden Redoxpaare gekennzeichnet. Danach wird eine Ionengleichung (I.G.) entwickelt. Dabei erweist es sich als günstig, dass HCl eine starke Säure ist, so dass man sie in H^+-Ionen für den Sauerstoffausgleich und Cl^- als Teil eines korrespondierenden Redoxpaares zerlegen kann (Merke: starke Säuren werden in H^+-Ionen und Anion aufgeteilt, schwache Säuren nicht !). Anschließend werden die Teilgleichungen nach den oben genannten Regeln erstellt. Der Multiplikator (M) ist hier 1, da beide Redoxteilgleichungen über dieselbe Elektronenzahl verfügen. Danach werden die Redoxgleichungen addiert (Σ) und dann wieder zu einer Stoffgleichung zusammengefügt. Dabei ist bei der Komponente HCl, die sowohl Protonen für den Sauerstoffausgleich und Cl^- lieferte die größere Zahl, hier an H^+-Ionen, zu übernehmen, dass man eine ausreichende Zahl an Cl^--Ionen hat versteht sich dann von selbst.
Ein weiteres Beispiel:

Ox.-Zahl	+1 | −2 | +1		0			+1 | −1		+1 | +1 | −2		+1 | −2	
	.... NaOH	+	.... Cl_2	→		.... NaCl	+	.... NaClO	+	.... H_2O	
			Red:1e			Ox:1e					
I.G.:	OH^-	+	Cl_2	→		Cl^-	+	ClO^-	+	H_2O	M
Red.:	Cl_2	+	$2\ e^-$	→		$2\ Cl^-$					1
Ox.:	Cl_2	+	$4\ OH^-$	→		$2\ ClO^-$	+	$2\ e^-$	+	$2\ H_2O$	1
Σ	$2\ Cl_2$	+	$4\ OH^-$	→		$2\ Cl^-$	+	$2\ ClO^-$	+	$2\ H_2O$	
Resulat	$1\ Cl_2$	+	2 NaOH	→		1 NaCl	+	1 NaClO	+	$1\ H_2O$	

Jetzt wieder im Einzelnen: Diese Reaktion fand im Gegensatz zu der ersten Beispielreaktion im basischen Medium statt. Daraus folgt, dass der Ausgleich der gebundenen Sauerstoffe (hier bei der Oxidation) mit H_2O und OH^- erfolgen muss (H^+ haben in so einer Gleichung nichts - aber auch wirklich gar nichts - verloren!!!). Außerdem geht sowohl die Reduktion, wie auch die Oxidation, von demselben Element aus. Derartige Reaktionen, bei denen ein Element in

einer Oxidationsstufe durch die Reaktion in eine höhere und eine niedrigere Oxidationsstufe gebracht werden, heißen Disproportionierung.
Das Gegenbeispiel gibt es auch; es nennt sich dann Komproportionierung. Ansonsten läuft die Abwicklung der Reaktion genauso wie im ersten Beispiel. dass hier der Multiplikator (M) wiederum 1 ist, macht die Sache recht einfach.
Zwischen der Ionengleichung und der Stoffgleichung ist noch einmal ein kleiner Unterschied, da in der Ionengleichung alle stöchiometrischen Faktoren durch 2 geteilt werden können. Diese Möglichkeit tritt aber nur bei Disproportionierungs- und Komproportionierungsreaktionen auf, und selbst hier nicht immer.
Bei den folgenden Aufgaben werden die Multiplikatoren (M) meist ungleich 1 sein, streichen Sie dann (oder setzten Sie ihn wie wir in Klammern) den stöchiometrischen Faktor und ersetzen sie ihn durch den neuen mit dem Multiplikator versehenen stöchiometrischen Faktor.

Zur Verdeutlichung aller Ladungsbegriffe:

1. effektive Ladung: elektrostatische Gesamtladung eines Moleküls oder Ions
2. formale Ladung: entsteht durch das Verwenden der Valenzstrichschreibweise und stellt die Differenz zwischen Außenelektronen des jeweiligen Atoms und den durch die Valenzstrichschreibweise zugefügten bzw. entfernten Elektronen dar.
   Die Summe der formalen Ladungen entspricht der effektiven Ladung
3. Oxidationszahl: Differenz der Aussenelektronen eines Atoms und der aufgrund der Elektronegativitäten diesem Atom zugeordneten Elektronen. Die Summe der Oxidationszahlen ergibt ebenfalls die effektive Ladung.

1. Aufgaben zur Bestimmung von Oxidationszahlen

A 8.01 Bestimmen Sie die Oxidationszahl von Wasserstoff in folgenden Verbindungen:
H_2O_2
$LiAlH_4$
$NaHSO_4$

A 8.02 Bestimmen Sie die Oxidationszahl des Schwefels in:
$H_2S_2O_3$
$Na_2S_4O_6$
H_2SO_3
$Al_2(SO_4)_3$
Na_2S

A 8.03 Bestimmen Sie die Oxidationszahl der unterstrichenen Atome in den folgenden Verbindungen:
$\underline{P}_4O_6$
$H_2\underline{O}$
$H\underline{Se}O_3^-$
$[\underline{Fe}(CN)_6]^{4-}$

A 8.04 Geben Sie je ein konkretes Beispiel für:
- Stickstoff in der Oxidationsstufe -III
- Phosphor in der Oxidationsstufe +V

---

2. Aufgaben zu Redoxgleichungen in Ionenform

A 8.05 Bei den ersten Aufgaben haben wir die Sache für Sie etwas vereinfacht und die Gleichung sofort in der Ionenform angegeben.
Gehen Sie vor, wie wir es in dem Text beschrieben haben!
Lösen Sie die folgenden Redoxaufgaben, leiten sie auch die Teilgleichungen her!
.... I_2 + ... SO_2 + ... H_2O $\rightarrow$ .... I^- + ... SO_4^{2-} + ... H^+

A 8.06
.... $Cr_2O_7^{2-}$ + ... Cl^- + ... H^+ $\rightarrow$ .... Cr^{3+} + ... Cl_2 + ... H_2O

A 8.07
.... NH_4^+ + ... S^{2-} + ...O_2 $\rightarrow$ .... NH_3 + ... S + ... H_2O

A 8.08

.... Fe^{2+} + ... NO_3^- + ... H^+ → .... Fe^{3+} + ... NO + ... H_2O

A 8.09

.... I_2 + ... $S_2O_3^{2-}$ → .... I^- + ... $S_4O_6^{2-}$

A 8.10

.... MnO_4^- + ... S^{2-} + ... H^+ → .... Mn^{2+} + ... S + ... H_2O

A 8.11

.... Zn + ... SO_3^{2-} + ... H^+ → .... Zn^{2+} + ... S + ... H_2O

A 8.12 Achten Sie auf das basische Medium!

.... Cr^{3+} + ... $[Fe(CN)_6]^{3-}$ + ... OH^- → .... CrO_4^{2-} + ... $[Fe(CN)_6]^{4-}$ + ... H_2O

A 8.13

.... CrO_4^{2-} + ... SO_3^{2-} + ... OH^- + ... H_2O → .... SO_4^{2-} + ... $[Cr(OH)_6]^{3-}$

3. Aufgaben zu Redoxreaktionen in Stoffgleichungsform

A 8.14 Lösen Sie die folgenden Redoxaufgaben, leiten Sie auch die Teilgleichungen her!

.... $SnCl_2$ + ... $HgCl_2$ → .... $SnCl_4$ + ... Hg

A 8.15

.... PbO_2 + ... H_2SO_4 + ... Pb → .... $PbSO_4$ + ... H_2O

Um welchen Typ von Reaktion handelt es sich?

A 8.16

.... Zn + ... HNO_3 → .... H_2 + ... $Zn(NO_3)_2$

Diese Reaktion eignet sich gut, um Wasserstoff im Labormaßstab herzustellen!

A 8.17

.... PbO_2 + ... HCl → .... $PbCl_2$ + ... Cl_2 + ... H_2O

A 8.18

.... Cu + ... HNO_3 → .... NO + ... $Cu(NO_3)_2$ + ... H_2O

A 8.19 Vorsicht bei der Ionengleichung! Schwefelsäure gibt nur H^+-Ionen ab (und nicht H_2^+ oder so einen Unfug!).

.... MnO_2 + ... H_2SO_4 + ... H_2O_2 $\rightarrow$ .... O_2 + ... $MnSO_4$ + ... H_2O

A 8.20

.... $KMnO_4$ + ... HCl $\rightarrow$ .... $MnCl_2$ + ... Cl_2 + ... KCl + ... H_2O

Diese Reaktion wird zur Herstellung von Chlor im Labormaßstab benutzt.

A 8.21

.... $KBrO_3$ + ... $H_2C_2O_4$ $\rightarrow$ .... CO_2 + ... KBr + ... H_2O

A 8.22

.... $KBrO_3$ + ... KI + ... HBr $\rightarrow$ ..... KBr + ... I_2 + ... H_2O

A 8.23

.... Na_2CrO_4 + ... HCl $\rightarrow$ .... $CrCl_3$ + ...$NaCl$ + ...Cl_2 + ...H_2O

An alle Chemiker! Bitte nicht lachen; diese Aufgabe stammt verbam ab origine aus einer Klausur! Wir wissen, dass CrO_4^{2-} nicht im sauren Medium vorkommt, von anderen Ungereimtheiten, über die Sie stolpern könnten, ganz zu schweigen!
An alle anderen; stören Sie sich an gar nichts, gehen Sie vor wie sonst auch!

A 8.24

....Pb_3O_4 + ... HCl $\rightarrow$ .... $PbCl_2$ + ... Cl_2 + ... H_2O

A 8.25

.... Na_2CrO_4 + ... Na_2SO_3 + ... HCl $\rightarrow$ .... $CrCl_3$ + ... $NaCl$ + ... Na_2SO_4 + ... H_2O

Kommentar siehe A 8.23

A 8.26

.... Zn + ... Na_2CrO_4 + ... HCl $\rightarrow$ .... $ZnCl_2$ + ... $CrCl_3$ + ... $NaCl$ + ... H_2O

No comment!

A 8.27

.... NH_4NO_3 $\rightarrow$ .... N_2O + ... H_2O

A 8.28

.... NH_4Cl + ... $NaNO_2$ $\rightarrow$ .....N_2 + ... $NaCl$ + ...H_2O

A 8.29

.... $K_2Cr_2O_7$ + ... $H_2C_2O_4$ $\rightarrow$ .... CO_2 + ... Cr_2O_3 + ... $K_2C_2O_4$ + ... H_2O

A 8.30

.... $K_2Cr_2O_7$ + ... Na_2SO_3 + ...HCl $\rightarrow$ .... $CrCl_3$ + ... KCl + ... Na_2SO_4 + ... H_2O

A 8.31

... $KMnO_4$ + ... H_2SO_4 + ... NaI $\rightarrow$ ... I_2 + ... Na_2SO_4 + ... $MnSO_4$ + ... K_2SO_4 + ... H_2O

A 8.32

.... $KMnO_4$ + ... H_2SO_4 + ... $H_2C_2O_4$ $\rightarrow$ .... $MnSO_4$ + ... CO_2 + ... K_2SO_4 + ... H_2O

A 8.33

.... $KMnO_4$ + ... H_2SO_4 + ... H_2O_2 $\rightarrow$ .... K_2SO_4 + ... O_2 + ... $MnSO_4$ + ... H_2O

Diese Reaktion eignet sich gut, um Sauerstoff im Labormaßstab herzustellen.

A 8.34

.... $KMnO_4$ + ... H_2SO_4 + ... $NaNO_2$ $\rightarrow$ .... $NaNO_3$ + ... $MnSO_4$ + ... K_2SO_4 + ... H_2O

A 8.35

.... $KMnO_4$ + ... H_2SO_4 + ... Na_2SO_3 $\rightarrow$ .... Na_2SO_4 + ... $MnSO_4$ + ... K_2SO_4 + ... H_2O

A 8.36

.... $Mn(NO_3)_2$ + ... HNO_3 + ... PbO_2 $\rightarrow$ .... $Pb(NO_3)_2$ + ... $HMnO_4$ + ... H_2O

Reaktionen, bei denen $HMnO_4$ entsteht, sind besonders lustig!

A 8.37 Achten Sie bei der Aufstellung der Ionengleichung nicht nur, wie schon gesagt, auf die H_2SO_4 sondern auch auf das $Cr_2(SO_4)_3$.

.... K_2CrO_4 + ... H_2SO_4 + ... K_2SO_3 $\rightarrow$ .... K_2SO_4 + ... $Cr_2(SO_4)_3$ + ... H_2O

A 8.38

.... $K_2Cr_2O_7$ + ... H_2SO_4 + ... KNO_2 $\rightarrow$ .... KNO_3 + ... $Cr_2(SO_4)_3$ + ... K_2SO_4 + ... H_2O

A 8.39

.... $KClO$ → .... KCl + ... $KClO_3$

A 8.40 Achten Sie auf das Medium!

.... $KMnO_4$ + ... KOH + ... Na_2SO_3 → .... K_3MnO_4 + ... Na_2SO_4 + ... H_2O

A 8.41

.... $KMnO_4$ + ... H_2O + ... Na_2SO_3 → .... MnO_2 + ... Na_2SO_4 + ... KOH

A 8.42

.... $KMnO_4$ + ... $MnSO_4$ + ... KOH → .... MnO_2 + ... K_2SO_4 + ... H_2O

A 8.43

.... $KMnO_4$ + ... H_2O_2 → .... MnO_2 + ... O_2 + ... KOH + ... H_2O

A 8.44

.... $MnSO_4$ + ... H_2O_2 + ... KOH → .... MnO_2 + ... K_2SO_4 + ... H_2O

A 8.45

.... $Ba(MnO_4)_2$ + ... $MnCl_2$ + ... $NaOH$ → .... MnO_2 + ... $BaCl_2$ + ... $NaCl$
+ .... H_2O

A 8.46

.... $NaOH$ + ... Zn + ... H_2O → .... H_2 + ... $Na_2[Zn(OH)_4]$

Haben Sie keine Angst vor Redoxreaktionen mit einem Komplex!
Teilen Sie die Oxidationsgleichung in zwei Teile auf; die Oxidation des Zentralteilchens und eine Komplexbildungsgleichung.

A 8.47 Schwierig!

.... Zn + ... $NaNO_3$ + ... H_2O → .... NH_3 + ... $Zn(OH)_2$ + ... $NaOH$

A 8.48

.... $NaClO_3$ + ... $NaOH$ + ... SO_2 → .... $NaCl$ + ... Na_2SO_4 + ... H_2O

A 8.49 Auch nicht einfach....

.... NH_2OH → .... N_2O + ... NH_3 + ... H_2O

A 8.50 Stellen Sie die Redoxgleichungen (mit Teilgleichungen) für folgende Umsetzungen in wässeriger Lösung auf:
- Kaliumdichromat mit schwefliger Säure
- Kaliumpermanganat mit Eisen(II)-sulfat in Schwefelsäure
- Mangandioxid mit Bromwasserstoffsäure

---

1. Lösungen zur Bestimmung von Oxidationszahlen

L 8.01 H_2O_2 — H +1; O –1
$LiAlH_4$ — H –1; Li +1; Al +3 Achtung: Das ist ein Hydrid!
$NaHSO_4$ — H +1; Na +1; S +6; O –2 Kein Hydrid, da mit Nichtmetallanteil!

L 8.02 $H_2S_2O_3$ — H +1; O –2; S +2 Denken Sie daran: Bestimmen Sie die Oxidationszahl pro Atom!
$Na_2S_4O_6$ — Na +1; O –2; S +2,5
H_2SO_3 — H +1; O –2; S +4
$Al_2(SO_4)_3$ — Al +3; O –2; S +6
Na_2S — Na +1; S –2

L 8.03 $\underline{P}_4O_6$ — P +3
$H_2\underline{O}$ — O –2
$H\underline{Se}O_3^-$ — Se +4 Denken Sie daran: Die Summe der Oxidationszahlen entspricht der Ionenladung!
$[\underline{Fe}(CN)_6]^{4-}$ — Fe +2 Tipp: Cyanid ist als Ion 1– geladen, danach gilt der gleiche Gedankengang wie in dem Beispiel vorher.

L 8.04 - Stickstoff in der Oxidationsstufe -III — Bestes Beispiel NH_3 oder NH_4^+

- Phosphor in der Oxidationsstufe + V — Mögliche Beispiele: H_3PO_4; PCl_5; PF_5

---

2. Lösungen zu Redoxgleichungen in Ionenform

L 8.05

Ox.-Zahl	0	+4 | −2	+1 | −2		−1	+6 | −2	+1	
I.G.:	$1\ I_2$ +	$1\ SO_2$ +	$2\ H_2O$	$\rightarrow$	$2\ I^-$ +	$1\ SO_4^{2-}$ +	$4\ H^+$	M
	Red:1e	Ox:2e						
Red.:	I_2 +	$2\ e^-$		$\rightarrow$	$2\ I^-$			1
Ox.:	SO_2 +	$2\ H_2O$		$\rightarrow$	SO_4^{2-} +	$2e^-$	+ $4\ H^+$	1
Σ	I_2 +	SO_2 +	$2\ H_2O$	$\rightarrow$	$2\ I^-$ +	SO_4^{2-}	+ $4\ H^+$	

Vergessen Sie nicht: der Unterpfeil gibt die Änderung der Oxidationszahl pro Atom an, beim Iod werden aber zwei Atome reduziert.

L 8.06

Ox.-Zahl	+6 | −2	−1	+1		+3	0	+1 | −2	
I.G.:	$1\ Cr_2O_7^{2-}$ +	$6\ Cl^-$ +	$14\ H^+$	$\rightarrow$	$2\ Cr^{3+}$ +	$3\ Cl_2$ +	$7\ H_2O$	M
	Red:3e	Ox:1e						
Red.:	$Cr_2O_7^{2-}$ +	$6\ e^-$ +	$14\ H^+$	$\rightarrow$	$2\ Cr^{3+}$ +	$7\ H_2O$		1
Ox.:	$6\ (2)\ Cl^-$			$\rightarrow$	$3\ (1)\ Cl_2$ +	$6\ (2)\ e^-$		3
Σ	$Cr_2O_7^{2-}$ +	$6\ Cl^-$ +	$14\ H^+$	$\rightarrow$	$2\ Cr^{3+}$ +	$3\ Cl_2$ +	$7\ H_2O$	

In Klammern steht der ursprüngliche stöchiometrische Koeffizient, vor der Klammer die ausmultiplizierte (siehe M!) Form, die für die Addition der Gleichungen wichtig ist.

L 8.07

Ox.-Zahl	−3 | +1	−2	0		−3 | +1	0	+1 | −2	
I.G.:	$4\ NH_4^+$ +	$2\ S^{2-}$ +	$1\ O_2$	$\rightarrow$	$4\ NH_3$ +	$2\ S$ +	$2\ H_2O$	M
	Ox:2e	Red:2e						
Red.:	O_2 +	$4\ e^-$ +	$4\ NH_4^+$	$\rightarrow$	$2\ H_2O$ +	$4\ NH_3$		1
Ox.:	$2\ (1)\ S^{2-}$			$\rightarrow$	$2\ (1)\ S$ +	$4\ (2)\ e^-$		2
Σ	$4\ NH_4^+$ +	$2\ S^{2-}$ +	O_2	$\rightarrow$	$4\ NH_3$ +	$2\ S$ +	$2\ H_2O$	

L 8.08

		M
Ox.-Zahl	$\overset{+2}{}$ Fe; $\overset{+5}{}$ N $\overset{-2}{}$ O; $\overset{+1}{}$ H; $\overset{+3}{}$ Fe; $\overset{+2}{}$ N $\overset{-2}{}$ O; $\overset{+1}{}$ H $\overset{-2}{}$ O	
I.G.:	$3\,Fe^{2+} + 1\,NO_3^- + 4\,H^+ \rightarrow 3\,Fe^{3+} + 1\,NO + 2\,H_2O$	
	Ox:1e; Red:3e	
Red.:	$NO_3^- + 4\,H^+ + 3\,e^- \rightarrow NO + 2\,H_2O$	1
Ox.:	$3\,(1)\,Fe^{2+} \rightarrow 3\,(1)\,Fe^{3+} + 3\,(1)\,e^-$	3
Σ	$3\,Fe^{2+} + NO_3^- + 4\,H^+ \rightarrow NO + 3\,Fe^{3+} + 2\,H_2O$	

L 8.09

		M
Ox.-Zahl	$\overset{0}{}$ I; $\overset{+2}{}$ S $\overset{-2}{}$ O; $\overset{-1}{}$ I; $\overset{+2,5}{}$ S $\overset{-2}{}$ O	
I.G.:	$1\,I_2 + 2\,S_2O_3^{2-} \rightarrow 2\,I^- + 1\,S_4O_6^{2-}$	
	Red:1e; Ox:0,5e	
Red.:	$I_2 + 2\,e^- \rightarrow 2\,I^-$	1
Ox.:	$2\,S_2O_3^{2-} \rightarrow S_4O_6^{2-} + 2\,e^-$	1
Σ	$I_2 + 2\,S_2O_3^{2-} \rightarrow 2\,I^- + S_4O_6^{2-}$	

L 8.10

		M
Ox.-Zahl	$\overset{+7}{}$ Mn $\overset{-2}{}$ O; $\overset{-2}{}$ S; $\overset{+1}{}$ H; $\overset{+2}{}$ Mn; $\overset{0}{}$ S; $\overset{+1}{}$ H $\overset{-2}{}$ O	
I.G.:	$2\,MnO_4^- + 5\,S^{2-} + 16\,H^+ \rightarrow 2\,Mn^{2+} + 5\,S + 8\,H_2O$	
	Red:5e; Ox:2e	
Red.:	$2(1)\,MnO_4^- + 10(5)\,e^- + 16(8)\,H^+ \rightarrow 2\,(1)\,Mn^{2+} + 8\,(4)\,H_2O$	2
Ox.:	$5\,(1)\,S^{2-} \rightarrow 5\,(1)\,S + 10\,(2)\,e^-$	5
Σ	$2\,MnO_4^- + 5\,S^{2-} + 16\,H^+ \rightarrow 2\,Mn^{2+} + 5\,S + 8\,H_2O$	

L 8.11

Ox.-Zahl	$\overset{0}{}$ Zn: 0; SO_3^{2-}: +4, −2; H^+: +1; Zn^{2+}: +2; S: 0; H_2O: +1, −2	
I.G.:	$2\,Zn + 1\,SO_3^{2-} + 6\,H^+ \rightarrow 2\,Zn^{2+} + 1\,S + 3\,H_2O$ (Ox:2e; Red:4e)	M
Red.:	$SO_3^{2-} + 4\,e^- + 6\,H^+ \rightarrow S + 3\,H_2O$	1
Ox.:	$2\,(1)\,Zn \rightarrow 2\,(1)\,Zn^{2+} + 4\,(2)\,e^-$	2
Σ	$2\,Zn + SO_3^{2-} + 6\,H^+ \rightarrow 2\,Zn^{2+} + S + 3\,H_2O$	

L 8.12

Ox.-Zahl	Cr^{3+}: +3; $[Fe(CN)_6]^{3-}$: +3, +2, −3; OH^-: −2, +1; CrO_4^{2-}: +6, −2; $[Fe(CN)_6]^{4-}$: +2, +2, −3; H_2O: +1, −2	
I.G.:	$1\,Cr^{3+} + 3\,[Fe(CN)_6]^{3-} + 8\,OH^- \rightarrow 1\,CrO_4^{2-} + 3\,[Fe(CN)_6]^{4-} + 4\,H_2O$ (Ox:3e; Red:1e)	M
Red.:	$3\,(1)\,[Fe(CN)_6]^{3-} + 3\,(1)\,e^- \rightarrow 3\,(1)\,[Fe(CN)_6]^{4-}$	3
Ox.:	$Cr^{3+} + 8\,OH^- \rightarrow CrO_4^{2-} + 3\,e^- + 4\,H_2O$	1
Σ	$Cr^{3+} + 3\,[Fe(CN)_6]^{3-} + 8\,OH^- \rightarrow CrO_4^{2-} + 3\,[Fe(CN)_6]^{4-} + 4\,H_2O$	

L 8.13

Ox.-Zahl	CrO_4^{2-}: +6, −2; SO_3^{2-}: +4, −2; OH^-: −2, +1; H_2O: +1, −2; SO_4^{2-}: +6, −2; $[Cr(OH)_6]^{3-}$: +3, −2, +1	
I.G.:	$2\,CrO_4^{2-} + 3\,SO_3^{2-} + 2\,OH^- + 5\,H_2O \rightarrow 3\,SO_4^{2-} + 2\,[Cr(OH)_6]^{3-}$ (Ox:2e; Red:3e)	M
Red.:	$2\,(1)\,CrO_4^{2-} + 6\,(3)\,e^- + 8\,(4)\,H_2O \rightarrow 2\,(1)\,[Cr(OH)_6]^{3-} + 4\,(2)\,OH^-$	2
Ox.:	$3\,(1)\,SO_3^{2-} + 6\,(2)\,OH^- \rightarrow 3\,(1)\,SO_4^{2-} + 6\,(2)\,e^- + 3\,(1)\,H_2O$	3
Σ	$2\,CrO_4^{2-} + 3\,SO_3^{2-} + 2\,OH^- + 5\,H_2O \rightarrow 3\,SO_4^{2-} + 2\,[Cr(OH)_6]^{3-}$	

Zugegeben; diese Aufgabe ist wegen der gleichzeitigen Komplexbildungsreaktion schon recht schwer.

3. Lösungen zu Redoxreaktionen in Stoffgleichungsform

Neutral

L 8.14

Ox.-Zahl: SnCl₂: +2 | −1; HgCl₂: +2 | −1; SnCl₄: +4 | −1; Hg: 0

$$1\ SnCl_2 + 1\ HgCl_2 \rightarrow 1\ SnCl_4 + 1\ Hg$$

(Ox: 2e; Red: 2e)

		M
I.G.:	$Sn^{2+} + Hg^{2+} \rightarrow Sn^{4+} + Hg$	
Red.:	$Hg^{2+} + 2\ e^- \rightarrow Hg$	1
Ox.:	$Sn^{2+} \rightarrow Sn^{4+} + 2\ e^-$	1
Σ	$Sn^{2+} + Hg^{2+} \rightarrow Sn^{4+} + Hg$	

Saures Medium

L 8.15

Ox.-Zahl: PbO₂: +4 | −2; H₂SO₄: +1 | +6 | −2; Pb: 0; PbSO₄: +2 | +6 | −2; H₂O: +1 | −2

$$1\ PbO_2 + 2\ H_2SO_4 + 1\ Pb \rightarrow 2\ PbSO_4 + 2\ H_2O$$

(Red: 2e; Ox: 2e)

		M
I.G.:	$PbO_2 + H^+ + Pb \rightarrow Pb^{2+} + H_2O$	
Red.:	$PbO_2 + 4\ H^+ + 2\ e^- \rightarrow Pb^{2+} + 2\ H_2O$	1
Ox.:	$Pb \rightarrow Pb^{2+} + 2\ e^-$	1
Σ	$PbO_2 + 4\ H^+ + Pb \rightarrow 2\ Pb^{2+} + 2\ H_2O$	

Bei dieser Reaktion handelt es sich um eine Komproportionierung.
Denken Sie beim Übertragen der H^+-Ionen daran, dass Schwefelsäure zweiwertig ist!

L 8.16

Saures Medium

Ox.-Zahl: Zn (0); H (+1), N (+5), O (−2); H (0); Zn (+2), N (+5), O (−2)

$$1\,Zn + 2\,HNO_3 \rightarrow 1\,H_2 + 1\,Zn(NO_3)_2$$

Red:1 (HNO₃ → H₂); Ox:2e (Zn → Zn(NO₃)₂)

		M
I.G.:	$Zn + H^+ \rightarrow H_2 + Zn^{2+}$	
Red.:	$2\,H^+ + 2\,e^- \rightarrow H_2$	1
Ox.:	$Zn \rightarrow Zn^{2+} + 2\,e^-$	1
Σ	$Zn + 2\,H^+ \rightarrow H_2 + Zn^{2+}$	

Denken Sie bei der Oxidationszahlbestimmung von Zn im Zinknitrat an Ihre **Anionentabelle** (aus dem Kapitel über Nomenklatur)! Das Zinkion muss zweifach positiv sein (wegen der zwei NO_3^-) und hat somit als Elemention die Oxidationszahl +2!

L 8.17

Saures Medium

Ox.-Zahl: Pb (+4), O (−2); H (+1), Cl (−1); Pb (+2), Cl (−1); Cl (0); H (+1), O (−2)

$$1\,PbO_2 + 4\,HCl \rightarrow 1\,PbCl_2 + 1\,Cl_2 + 2\,H_2O$$

Red:2e (PbO₂ → PbCl₂); Ox:1e (HCl → Cl₂)

		M
I.G.:	$PbO_2 + Cl^- + H^+ \rightarrow Pb^{2+} + Cl_2 + H_2O$	
Red.:	$PbO_2 + 4H^+ + 2\,e^- \rightarrow Pb^{2+} + 2\,H_2O$	1
Ox.:	$2\,Cl^- \rightarrow Cl_2 + 2\,e^-$	1
Σ	$PbO_2 + 2\,Cl^- + 4H^+ \rightarrow Pb^{2+} + Cl_2 + 2\,H_2O$	

L 8.18

Saures Medium

Ox.-Zahl: Cu (0); H (+1), N (+5), O (−2); N (+2), O (−2); Cu (+2), N (+5), O (−2); H (+1), O (−2)

$$3\,Cu + 8\,HNO_3 \rightarrow 2\,NO + 3\,Cu(NO_3)_2 + 4\,H_2O$$

Ox:3e (HNO₃ → NO); Red:2e (Cu → Cu(NO₃)₂)

		M
I.G.:	$Cu + NO_3^- + H^+ \rightarrow NO + Cu^{2+} + H_2O$	
Red.:	$2\,(1)\,NO_3^- + 8\,(4)\,H^+ + 6\,(3)\,e^- \rightarrow 2\,(1)\,NO + 4\,(2)\,H_2O$	2
Ox.:	$3\,(1)\,Cu \rightarrow 3\,(1)\,Cu^{2+} + 6\,(2)\,e^-$	3
Σ	$3\,Cu + 2\,NO_3^- + 8\,H^+ \rightarrow 3\,Cu^{2+} + 2\,NO + 4\,H_2O$	

L 8.19

Ox.-Zahl: $\overset{+4\,-2}{1\,MnO_2} + \overset{+1\,+6\,-2}{1\,H_2SO_4} + \overset{+1\,-1}{1\,H_2O_2} \rightarrow \overset{0}{1\,O_2} + \overset{+2\,+6\,-2}{1\,MnSO_4} + \overset{+1\,-2}{2\,H_2O}$

Red: 2e (Mn); Ox: 1e (O)

		M
I.G.:	$MnO_2 + H^+ + H_2O_2 \rightarrow O_2 + Mn^{2+} + H_2O$	M
Red.:	$MnO_2 + 4\,H^+ + 2\,e^- \rightarrow Mn^{2+} + 2\,H_2O$	1
Ox.:	$H_2O_2 \rightarrow O_2 + 2\,e^- + 2\,H^+$	1
Σ	$MnO_2 + 2\,H^+ + H_2O_2 \rightarrow Mn^{2+} + O_2 + 2\,H_2O$	

Vergessen Sie nicht die H^+-Ionen zu kürzen!

L 8.20

Ox.-Zahl: $\overset{+1\,+7\,-2}{2\,KMnO_4} + \overset{+1\,-1}{16\,HCl} \rightarrow \overset{+2\,-1}{2\,MnCl_2} + \overset{0}{5\,Cl_2} + \overset{+1\,-1}{2\,KCl} + \overset{+1\,-2}{8\,H_2O}$

Red: 5e (Mn); Ox: 1e (Cl)

		M
I.G.:	$MnO_4^- + Cl^- + H^+ \rightarrow Mn^{2+} + Cl_2 + H_2O$	M
Red.:	$2\,(1)\,MnO_4^- + 10\,(5)\,e^- + 16\,(8)\,H^+ \rightarrow 2\,(1)\,Mn^{2+} + 8\,(4)\,H_2O$	2
Ox.:	$10\,(2)\,Cl^- \rightarrow 5\,(1)\,Cl_2 + 10\,(2)\,e^-$	5
Σ	$2\,MnO_4^- + 10\,Cl^- + 16\,H^+ \rightarrow 2\,Mn^{2+} + 5\,Cl_2 + 8\,H_2O$	

L 8.21

Ox.-Zahl: $\overset{+1\,+5\,-2}{1\,KBrO_3} + \overset{+1\,+3\,-2}{3\,H_2C_2O_4} \rightarrow \overset{+4\,-2}{6\,CO_2} + \overset{+1\,-1}{1\,KBr} + \overset{+1\,-2}{3\,H_2O}$

Ox: 1e (C); Red: 6e (Br)

		M
I.G.:	$BrO_3^- + H_2C_2O_4 \rightarrow CO_2 + Br^- + H_2O$	M
Red.:	$BrO_3^- + 6\,e^- + 6\,H^+ \rightarrow Br^- + 3\,H_2O$	1
Ox.:	$3\,(1)\,H_2C_2O_4 \rightarrow 6\,(2)\,CO_2 + 6\,(2)\,e^- + 6\,H^+$	3
Σ	$BrO_3^- + 3\,H_2C_2O_4 \rightarrow 6\,CO_2 + Br^- + 3\,H_2O$	

L 8.22 saures Medium

Ox.-Zahl: $\overset{+1\,+5\,-2}{1\,KBrO_3} + \overset{+1\,-1}{6\,KI} + \overset{+1\,-1}{6\,HBr} \rightarrow \overset{+1\,-1}{7\,KBr} + \overset{0}{3\,I_2} + \overset{+1\,-2}{3\,H_2O}$

Red: 6e; Ox: 1e

		M
I.G.:	$BrO_3^- + I^- + H^+ \rightarrow Br^- + I_2 + H_2O$	
Red.:	$BrO_3^- + 6\,e^- + 6\,H^+ \rightarrow Br^- + 3\,H_2O$	1
Ox.:	$6\,(2)\,I^- \rightarrow 3\,(1)\,I_2 + 6\,(2)\,e^-$	3
Σ	$1\,BrO_3^- + 6\,I^- + 6\,H^+ \rightarrow 1\,Br^- + 3\,I_2 + 3\,H_2O$	

Insgesamt 7 KBr: Nur eines aus der Ionengleichung mit BrO_3^-, die anderen von der Säure (HBr) und KI.

L 8.23 saures Medium

Ox.-Zahl: $\overset{+1\,+6\,-2}{2\,Na_2CrO_4} + \overset{+1\,-1}{16\,HCl} \rightarrow \overset{+3\,-1}{2CrCl_3} + \overset{+1\,-1}{4\,NaCl} + \overset{0}{3\,Cl_2} + \overset{+1\,-2}{8\,H_2O}$

Red: 3e; Ox: 1e

		M
I.G.:	$CrO_4^{2-} + Cl^- + H^+ \rightarrow Cr^{3+} + Cl_2 + H_2O$	
Red.:	$2\,(1)\,CrO_4^{2-} + 6\,(3)\,e^- + 16\,(8)\,H^+ \rightarrow 2\,(1)\,Cr^{3+} + 8\,(4)\,H_2O$	2
Ox.:	$6\,(2)\,Cl^- \rightarrow 3\,(1)\,Cl_2 + 6\,(2)\,e^-$	3
Σ	$2\,CrO_4^{2-} + 6\,Cl^- + 16\,H^+ \rightarrow 2\,Cr^{3+} + 3\,Cl_2 + 8\,H_2O$	

L 8.24 saures Med.

Ox.-Zahl: $\overset{+2,66\,-2}{1\,Pb_3O_4} + \overset{+1\,-1}{8\,HCl} \rightarrow \overset{+2\,-1}{3\,PbCl_2} + \overset{0}{1\,Cl_2} + \overset{+1\,-2}{4\,H_2O}$

Red: 2/3e; Ox: 1e

		M
I.G.:	$Pb_3O_4 + Cl^- + H^+ \rightarrow Pb^{2+} + Cl_2 + H_2O$	
Red.:	$Pb_3O_4 + 2\,e^- + 8\,H^+ \rightarrow 3\,Pb^{2+} + 4\,H_2O$	1
Ox.:	$2\,Cl^- \rightarrow 1\,Cl_2 + 2\,e^-$	1
Σ	$Pb_3O_4 + 2\,Cl^- + 8\,H^+ \rightarrow 3\,Pb^{2+} + 1\,Cl_2 + 4\,H_2O$	

L 8.25

Ox.-Zahl: Na +1, Cr +6, O −2 | Na +1, S +4, O −2 | H +1, Cl −1 | Cr +3, Cl −1 | Na +1, Cl −1 | Na +1, S +6, O −2 | H +1, O −2

$$2\ Na_2CrO_4 + 3\ Na_2SO_3 + 10\ HCl \rightarrow 2\ CrCl_3 + 4\ NaCl + 3\ Na_2SO_4 + 5\ H_2O$$

Red:3e (Cr: $Na_2CrO_4 \rightarrow CrCl_3$); Ox:2e (S: $Na_2SO_3 \rightarrow Na_2SO_4$)

		M
I.G.:	$CrO_4^{2-} + SO_3^{2-} + H^+ \rightarrow Cr^{3+} + SO_4^{2-} + H_2O$	
Red.:	$2\ (1)\ CrO_4^{2-} + 6\ (3)\ e^- + 16\ (8)\ H^+ \rightarrow 2\ (1)\ Cr^{3+} + 8\ (4)\ H_2O$	2
Ox.:	$3\ (1)\ SO_3^{2-} + 3\ (1)\ H_2O \rightarrow 3\ (1)\ SO_4^{2-} + 6\ (2)\ e^- + 6\ (2)\ H^+$	3
Σ	$2\ CrO_4^{2-} + 3\ SO_3^{2-} + 10\ H^+ \rightarrow 2\ Cr^{3+} + 3\ SO_4^{2-} + 5\ H_2O$	

L 8.26

Ox.-Zahl: Zn 0 | Na +1, Cr +6, O −2 | H +1, Cl −1 | Zn +2, Cl −1 | Cr +3, Cl −1 | Na +1, Cl −1 | H +1, O −2

$$3\ Zn + 2\ Na_2CrO_4 + 16\ HCl \rightarrow 3\ ZnCl_2 + 2\ CrCl_3 + 4\ NaCl + 8\ H_2O$$

Ox:2e (Zn: $Zn \rightarrow ZnCl_2$); Red:3e (Cr: $Na_2CrO_4 \rightarrow CrCl_3$)

		M
I.G.:	$Zn + CrO_4^{2-} + H^+ \rightarrow Zn^{2+} + Cr^{3+} + H_2O$	
Red.:	$2\ (1)\ CrO_4^{2-} + 6\ (3)\ e^- + 16\ (8)\ H^+ \rightarrow 2\ (1)\ Cr^{3+} + 8\ (4)\ H_2O$	2
Ox.:	$3\ (1)\ Zn \rightarrow 3\ (1)\ Zn^{2+} + 6\ (2)\ e^-$	3
Σ	$3\ Zn + 2\ CrO_4^{2-} + 16\ H^+ \rightarrow 3\ Zn^{2+} + 2\ Cr^{3+} + 8\ H_2O$	

L 8.27

Ox.-Zahl: N −3, H +1, N +5, O −2 | N +1, O −2 | H +1, O −2

$$1\ NH_4NO_3 \rightarrow 1\ N_2O + 2\ H_2O$$

Ox:4e (N −3 → +1); Red:4e (N +5 → +1)

		M
I.G.:	$NH_4^+ + NO_3^- \rightarrow N_2O + H_2O$	
Red.:	$2\ NO_3^- + 8\ e^- + 10\ H^+ \rightarrow N_2O + 5\ H_2O$	1
Ox.:	$2\ NH_4^+ + H_2O \rightarrow N_2O + 10\ H^+ + 8\ e^-$	1
Σ	$2\ NH_4^+ + 2\ NO_3^- \rightarrow 2\ N_2O + 4\ H_2O$	

Wie gesagt, Sie können bei Komproportionierungen häufig durch zwei kürzen.

L 8.28

Ox.-Zahl: NH_4Cl: −3, +1, −1; $NaNO_2$: +1, +3, −2; N_2: 0; $NaCl$: +1, −1; H_2O: +1, −2

$$1\ NH_4Cl + 1\ NaNO_2 \rightarrow 1\ N_2 + 1\ NaCl + 2\ H_2O$$

Ox: 3e; Red: 3e

		M
I.G.:	$NH_4^+ + NO_2^- \rightarrow N_2 + \ldots + H_2O$	
Red.:	$2\ NO_2^- + 8\ H^+ + 6\ e^- \rightarrow N_2 + 4\ H_2O$	1
Ox.:	$2\ NH_4^+ \rightarrow N_2 + 8\ H^+ + 6\ e^-$	1
Σ	$2\ NH_4^+ + 2\ NO_2^- \rightarrow 2\ N_2 + 4\ H_2O$	

L 8.29

Ox.-Zahl: $K_2Cr_2O_7$: +1, +6, −2; $H_2C_2O_4$: +1, +3, −2; CO_2: +4, −2; Cr_2O_3: +3, −2; $K_2C_2O_4$: +1, +3, −2; H_2O: +1, −2

$$1\ K_2Cr_2O_7 + 4\ H_2C_2O_4 \rightarrow 6\ CO_2 + 1\ Cr_2O_3 + 1\ K_2C_2O_4 + 4\ H_2O$$

Ox: 1e; Red: 3e

		M
I.G.:	$Cr_2O_7^{2-} + H_2C_2O_4 \rightarrow CO_2 + Cr_2O_3 + H_2O$	
Red.:	$Cr_2O_7^{2-} + 8\ H^+ + 6\ e^- \rightarrow Cr_2O_3 + 4\ H_2O$	1
Ox.:	$3\ (1)\ H_2C_2O_4 \rightarrow 6\ (2)\ CO_2 + 6\ (2)\ e^- + 6\ H^+$	3
Σ	$Cr_2O_7^{2-} + 3\ H_2C_2O_4 + 2\ H^+ \rightarrow 6\ CO_2 + Cr_2O_3 + 4\ H_2O$	

Achtung: Drei Oxalsäuremoleküle sind aufgrund der Redoxreaktion in der Gleichung, das vierte Molekül dient zur doppelten Umsetzung.

L 8.30

Ox.-Zahl: $K_2Cr_2O_7$: +1, +6, −2; Na_2SO_3: +1, +4, −2; HCl: +1, −1; $CrCl_3$: +3, −1; KCl: +1, −1; Na_2SO_4: +1, +6, −2; H_2O: +1, −2

$$1\ K_2Cr_2O_7 + 3\ Na_2SO_3 + 8\ HCl \rightarrow 2\ CrCl_3 + 2\ KCl + 3\ Na_2SO_4 + 4\ H_2O$$

Red: 3e; Ox: 2e

		M
I.G.:	$Cr_2O_7^{2-} + SO_3^{2-} + H^+ \rightarrow Cr^{3+} + SO_4^{2-} + H_2O$	
Red.:	$Cr_2O_7^{2-} + 14\ H^+ + 6\ e^- \rightarrow 2\ Cr^{3+} + 7\ H_2O$	1
Ox.:	$3\ (1)\ SO_3^{2-} + 3\ (1)\ H_2O \rightarrow 3\ (1)\ SO_4^{2-} + 6\ (2)\ e^- + 6\ (2)\ H^+$	3
Σ	$Cr_2O_7^{2-} + 3\ SO_3^{2-} + 14\ H^+ \rightarrow 2\ Cr^{3+} + 3\ SO_4^{2-} + 4\ H_2O$	

L 8.31

Ox.-Zahl: $\overset{+1\,+7\,-2}{KMnO_4}$, $\overset{+1\,+6\,-2}{H_2SO_4}$, $\overset{+1\,-1}{NaI}$, $\overset{0}{I_2}$, $\overset{+1\,+6\,-2}{Na_2SO_4}$, $\overset{+2\,+6\,-2}{MnSO_4}$, $\overset{+1\,+6\,-2}{K_2SO_4}$, $\overset{+1\,-2}{H_2O}$

$$2\,KMnO_4 + 8\,H_2SO_4 + 10\,NaI \rightarrow 5\,I_2 + 5\,Na_2SO_4 + 2\,MnSO_4 + 1\,K_2SO_4 + 8\,H_2O$$

Ox: 1e (NaI → I₂); Red: 5e (KMnO₄ → MnSO₄)

		M
I.G.:	$MnO_4^- + I^- + H^+ \rightarrow I_2 + Mn^{2+} + H_2O$	
Red.:	$2\,(1)\,MnO_4^- + 10\,(5)\,e^- + 16\,(8)\,H^+ \rightarrow 2\,(1)\,Mn^{2+} + 8\,(4)\,H_2O$	2
Ox.:	$10\,(2)\,I^- \rightarrow 5\,(1)\,I_2 + 10\,(2)\,e^-$	5
Σ	$2\,MnO_4^- + 10\,I^- + 16\,H^+ \rightarrow 5\,I_2 + 2\,Mn^{2+} + 8\,H_2O$	

L 8.32

Ox.-Zahl: $\overset{+1\,+7\,-2}{KMnO_4}$, $\overset{+1\,+6\,-2}{H_2SO_4}$, $\overset{+1\,+3\,-2}{H_2C_2O_4}$, $\overset{+2\,+6\,-2}{MnSO_4}$, $\overset{+4\,-2}{CO_2}$, $\overset{+1\,+6\,-2}{K_2SO_4}$, $\overset{+1\,-2}{H_2O}$

$$2\,KMnO_4 + 3\,H_2SO_4 + 5\,H_2C_2O_4 \rightarrow 2\,MnSO_4 + 10\,CO_2 + 1\,K_2SO_4 + 8\,H_2O$$

Red: 5e (KMnO₄ → MnSO₄); Ox: 2e (H₂C₂O₄ → CO₂)

		M
I.G.:	$MnO_4^- + H_2C_2O_4 + H^+ \rightarrow Mn^{2+} + CO_2 + H_2O$	
Red.:	$2\,(1)\,MnO_4^- + 10\,(5)\,e^- + 16\,(8)\,H^+ \rightarrow 2\,(1)\,Mn^{2+} + 8\,(4)\,H_2O$	2
Ox.:	$5\,(1)\,H_2C_2O_4 \rightarrow 10\,(2)\,CO_2 + 10\,(2)\,e^- + 10\,H^+$	5
Σ	$2\,MnO_4^- + 5\,H_2C_2O_4 + 6\,H^+ \rightarrow 2\,Mn^{2+} + 10\,CO_2 + 8\,H_2O$	

L 8.33

Ox.-Zahl: $\overset{+1\,+7\,-2}{KMnO_4}$, $\overset{+1\,+6\,-2}{H_2SO_4}$, $\overset{+1\,-1}{H_2O_2}$, $\overset{+1\,+6\,-2}{K_2SO_4}$, $\overset{0}{O_2}$, $\overset{+2\,+6\,-2}{MnSO_4}$, $\overset{+1\,-2}{H_2O}$

$$2\,KMnO_4 + 3\,H_2SO_4 + 5\,H_2O_2 \rightarrow 1\,K_2SO_4 + 5\,O_2 + 2\,MnSO_4 + 8\,H_2O$$

Ox: 1e (H₂O₂ → O₂); Red: 5e (KMnO₄ → MnSO₄)

		M
I.G.:	$MnO_4^- + H_2O_2 + H^+ \rightarrow O_2 + Mn^{2+} + H_2O$	
Red.:	$2\,(1)\,MnO_4^- + 10\,(5)\,e^- + 16\,(8)\,H^+ \rightarrow 2\,(1)\,Mn^{2+} + 8\,(4)\,H_2O$	2
Ox.:	$5\,(1)\,H_2O_2 \rightarrow 5\,(1)\,O_2 + 10\,(2)\,e^- + 10\,(2)\,H^+$	5
Σ	$2\,MnO_4^- + 5\,H_2O_2 + 6\,H^+ \rightarrow 5\,O_2 + 2\,Mn^{2+} + 8\,H_2O$	

L 8.34

Ox.-Zahl: $\overset{+1\,+7\,-2}{2\,KMnO_4}$ + $\overset{+1\,+6\,-2}{3\,H_2SO_4}$ + $\overset{+1\,+3\,-2}{5\,NaNO_2}$ → $\overset{+1\,+5\,-2}{5\,NaNO_3}$ + $\overset{+2\,+6\,-2}{2\,MnSO_4}$ + $\overset{+1\,+6\,-2}{1\,K_2SO_4}$ + $\overset{+1\,-2}{3\,H_2O}$

Ox:2e (N: NaNO₂ → NaNO₃); Red:5e (Mn: KMnO₄ → MnSO₄)

		M
I.G.:	$MnO_4^- + H^+ + NO_2^- \rightarrow NO_3^- + Mn^{2+} + H_2O$	M
Red.:	$2\,(1)\,MnO_4^- + 10\,(5)\,e^- + 16\,(8)\,H^+ \rightarrow 2\,(1)\,Mn^{2+} + 8\,(4)\,H_2O$	2
Ox.:	$5\,(1)\,NO_2^- + 5\,(1)\,H_2O \rightarrow 5\,(1)NO_3^- + 10\,(2)\,e^- + 10\,(2)\,H^+$	5
Σ	$2\,MnO_4^- + 6\,H^+ + 5\,NO_2^- \rightarrow 5\,NO_3^- + 2\,Mn^{2+} + 3\,H_2O$	

L 8.35

Ox.-Zahl: $\overset{+1\,+7\,-2}{2\,KMnO_4}$ + $\overset{+1\,+6\,-2}{3\,H_2SO_4}$ + $\overset{+1\,+4\,-2}{5\,Na_2SO_3}$ → $\overset{+1\,+6\,-2}{5\,Na_2SO_4}$ + $\overset{+2\,+6\,-2}{2\,MnSO_4}$ + $\overset{+1\,+6\,-2}{1\,K_2SO_4}$ + $\overset{+1\,-2}{3\,H_2O}$

Ox:2e (S: Na₂SO₃ → Na₂SO₄); Red:5e (Mn: KMnO₄ → MnSO₄)

		M
I.G.:	$MnO_4^- + H^+ + SO_3^{2-} \rightarrow SO_4^{2-} + Mn^{2+} + H_2O$	M
Red.:	$2\,(1)\,MnO_4^- + 10\,(5)\,e^- + 16\,(8)\,H^+ \rightarrow 2\,(1)\,Mn^{2+} + 8\,(4)\,H_2O$	2
Ox.:	$5\,(1)\,SO_3^{2-} + 5\,(1)\,H_2O \rightarrow 5\,(1)\,SO_4^{2-} + 10\,(2)\,e^- + 10\,(2)\,H^+$	5
Σ	$2\,MnO_4^- + 6\,H^+ + 5\,SO_3^{2-} \rightarrow 5\,SO_4^{2-} + 2\,Mn^{2+} + 3\,H_2O$	

L 8.36

Ox.-Zahl: $\overset{+2\,+5\,-2}{2\,Mn(NO_3)_2}$ + $\overset{+1\,+5\,-2}{6\,HNO_3}$ + $\overset{+4\,-2}{5\,PbO_2}$ → $\overset{+2\,+5\,-2}{5\,Pb(NO_3)_2}$ + $\overset{+1\,+7\,-2}{2\,HMnO_4}$ + $\overset{+1\,-2}{2\,H_2O}$

Red:2e (Pb: PbO₂ → Pb(NO₃)₂); Ox:5e (Mn: Mn(NO₃)₂ → HMnO₄)

		M
I.G.:	$Mn^{2+} + H^+ + PbO_2 \rightarrow Pb^{2+} + HMnO_4 + H_2O$	M
Red.:	$5\,(1)\,PbO_2 + 20\,(4)H^+ + 10\,(2)\,e^- \rightarrow 5\,(1)\,Pb^{2+} + 10\,(2)\,H_2O$	5
Ox.:	$2\,(1)\,Mn^{2+} + 8\,(4)\,H_2O \rightarrow 2\,(1)\,HMnO_4 + 14\,(7)\,H^+$	2
Σ	$2\,Mn^{2+} + 6\,H^+ + 5\,PbO_2 \rightarrow 5\,Pb^{2+} + 2\,HMnO_4 + 2\,H_2O$	

Bemerkung: Diejenigen, die anstelle von $HMnO_4$ mit MnO_4^- gearbeitet haben, werden sehr wahrscheinlich Probleme mit den H^+-Ionen gehabt haben. Merke: Bei schwachen Säuren lässt man besser das Wasserstoffatom an der Säure.

L 8.37

Ox.-Zahl: $\overset{+1\,+6\,-2}{}$ $\overset{+1\,+6\,-2}{}$ $\overset{+1\,+4\,-2}{}$ $\overset{+1\,+6\,-2}{}$ $\overset{+3\,+6\,-2}{}$ $\overset{+1\,-2}{}$

$$2\,K_2CrO_4 + 5\,H_2SO_4 + 3\,K_2SO_3 \rightarrow 5\,K_2SO_4 + 1\,Cr_2(SO_4)_3 + 5\,H_2O$$

Ox:2e; Red:3e

										M
I.G.:	CrO_4^{2-} +	H^+	+ SO_3^{2-}	$\rightarrow$	SO_4^{2-}	+	Cr^{3+}		+ H_2O	M
Red.:	$2\,(1)\,CrO_4^{2-} + 6\,(3)\,e^- + 16\,(8)\,H^+$			$\rightarrow$	$2\,(1)\,Cr^{3+}$	+	$8\,(4)\,H_2O$			2
Ox.:	$3\,(1)\,SO_3^{2-}$ +	$3\,(1)\,H_2O$		$\rightarrow$	$3\,(1)\,SO_4^{2-}$		$+ 6\,(2)\,e^-$		$+ 6\,(2)\,H^+$	3
Σ	$2\,CrO_4^{2-}$ +	$10\,H^+$	+ $3\,SO_3^{2-}$	$\rightarrow$	$3\,SO_4^{2-}$	+	$2\,Cr^{3+}$		+ $5\,H_2O$	

Vorsicht: Siehe L 8.29 (hier ist das Problem beim Sulfat).

L 8.38

Ox.-Zahl: $\overset{+1\,+6\,-2}{}$ $\overset{+1\,+6\,-2}{}$ $\overset{+1\,+3\,-2}{}$ $\overset{+1\,+5\,-2}{}$ $\overset{+3\,+6\,-2}{}$ $\overset{+1\,+6\,-2}{}$ $\overset{+1\,-2}{}$

$$1\,K_2Cr_2O_7 + 4\,H_2SO_4 + 3\,KNO_2 \rightarrow 3\,KNO_3 + 1\,Cr_2(SO_4)_3 + 1\,K_2SO_4 + 4\,H_2O$$

Ox:2e; Red:3e

									M
I.G.:	$Cr_2O_7^{2-}$ +	H^+	+ NO_2^-	$\rightarrow$	NO_3^- +	Cr^{3+}		+ H_2O	M
Red.:	$Cr_2O_7^{2-}$ +	$14\,H^+$	$+ 6\,e^-$	$\rightarrow$	$2\,Cr^{3+}$	$+ 7\,H_2O$			1
Ox.:	$3\,(1)\,NO_2^-$ +	$3\,(1)\,H_2O$		$\rightarrow$	$3\,(1)\,NO_3^-$	$+ 6\,(2)\,e^-$	$+ 6\,(2)\,H^+$		3
Σ	$Cr_2O_7^{2-}$ +	$8\,H^+$	+ $3\,NO_2^-$	$\rightarrow$	$3\,NO_3^-$ +	$2\,Cr^{3+}$		+ $4\,H_2O$	

L 8.39

Ox.-Zahl: $\overset{+1\,+1\,-2}{}$ $\overset{+1\,-1}{}$ $\overset{+1\,+5\,-2}{}$

$$3\,KClO \rightarrow 2\,KCl + 1\,KClO_3$$

Red:2e; Ox:4e

					M
I.G.:	ClO^-		$\rightarrow$	$Cl^- + ClO_3^-$	M
Red.:	$2\,(1)\,ClO^- + 4\,(2)\,H^+$	$+ 4\,(2)\,e^-$	$\rightarrow$	$2\,(1)\,Cl^- + 2(1)H_2O$	2
Ox.:	$ClO^- + 2\,H_2O$		$\rightarrow$	$ClO_3^- + 4\,H^+ + 4\,e^-$	1
Σ	$3\,ClO^-$		$\rightarrow$	$2\,Cl^- + 1\,ClO_3^-$	

L 8.40

Ox.-Zahl: KMnO₄ → ...

$$\overset{+1\,|\,+7\,|\,-1}{1\ KMnO_4} + \overset{+1\,|\,-2\,|\,+1}{2\ KOH} + \overset{+1\,|\,+4\,|\,-2}{1\ Na_2SO_3} \rightarrow \overset{+1\,|\,+5\,|\,-2}{1\ K_3MnO_4} + \overset{+1\,|\,+6\,|\,-2}{1\ Na_2SO_4} + \overset{+1\,|\,-2}{1\ H_2O}$$

Red:2e; Ox:2e

		M
I.G.:	$MnO_4^- + OH^- + SO_3^{2-} \rightarrow MnO_4^{3-} + SO_4^{2-} + H_2O$	
Red.:	$MnO_4^- + 2\,e^- \rightarrow MnO_4^{3-}$	1
Ox.:	$SO_3^{2-} + 2\ OH^- \rightarrow SO_4^{2-} + 2\,e^- + H_2O$	1
Σ	$MnO_4^- + 2\ OH^- + SO_3^{2-} \rightarrow MnO_4^{3-} + SO_4^{2-} + H_2O$	

L 8.41

Ox.-Zahl

$$\overset{+1\,|\,+7\,|\,-2}{2\ KMnO_4} + \overset{+1\,|\,-2}{1\ H_2O} + \overset{+1\,|\,+4\,|\,-2}{3\ Na_2SO_3} \rightarrow \overset{+4\,|\,-2}{2\ MnO_2} + \overset{+1\,|\,+6\,|\,-2}{3\ Na_2SO_4} + \overset{+1\,|\,-2\,|\,+1}{2\ KOH}$$

Red:3e; Ox:2e

		M
I.G.:	$MnO_4^- + H_2O + SO_3^{2-} \rightarrow MnO_2 + SO_4^{2-} + OH^-$	
Red.:	$2\,(1)\,MnO_4^- + 6\,(3)\,e^- + 4\,(2)\,H_2O \rightarrow 2\,(1)\ MnO_2 + 8\,(4)\,OH^-$	2
Ox.:	$3\,(1)\ SO_3^{2-} + 6\,(2)\ OH^- \rightarrow 2\,(1)\ SO_4^{2-} + 6\,(2)\,e^- + 2\,(1)\,H_2O$	3
Σ	$2\ MnO_4^- + H_2O + 3\ SO_3^{2-} \rightarrow 2\ MnO_2 + 3\ SO_4^{2-} + 2\ OH^-$	

L 8.42

Ox.-Zahl

$$\overset{+1\,|\,+7\,|\,-2}{2\ KMnO_4} + \overset{+2\,|\,+6\,|\,-2}{3\ MnSO_4} + \overset{+1\,|\,-2\,|\,+1}{4\ KOH} \rightarrow \overset{+4\,|\,-2}{5\ MnO_2} + \overset{+1\,|\,+6\,|\,-2}{3\ K_2SO_4} + \overset{+1\,|\,-2}{2\ H_2O}$$

Red:3e; Ox:2e

		M
I.G.:	$MnO_4^- + Mn^{2+} + OH^- \rightarrow MnO_2 + H_2O$	
Red.:	$2\,(1)\,MnO_4^- + 6\,(3)\,e^- + 4\,(2)\,H_2O \rightarrow 2\,(1)\ MnO_2 + 8\,(4)\,OH^-$	2
Ox.:	$3\,(1)\,Mn^{2+} + 12\,(4)\,OH^- \rightarrow 3\,(1)\ MnO_2 + 6\,(2)\,H_2O + 6\,(2)\,e^-$	3
Σ	$2\,MnO_4^- + 3\,Mn^{2+} + 4\,OH^- \rightarrow 5\,MnO_2 + 2\ H_2O$	

L 8.43

Ox.-Zahl: $\overset{+1\,+7\,-2}{2\,KMnO_4} + \overset{+1\,-1}{3\,H_2O_2} \rightarrow \overset{+4\,-2}{2\,MnO_2} + \overset{0}{3\,O_2} + \overset{+1\,-2\,+1}{2\,KOH} + \overset{+1\,-2}{2\,H_2O}$

Red: 3e; Ox: 1e

		M
I.G.:	$MnO_4^- + H_2O_2 \rightarrow MnO_2 + O_2 + OH^- + H_2O$	
Red.:	$2\,(1)\,MnO_4^- + 6\,(3)\,e^- + 4\,(2)\,H_2O \rightarrow 2\,(1)\,MnO_2 + 8\,(4)\,OH^-$	2
Ox.:	$3\,(1)\,H_2O_2 + 6\,(2)\,OH^- \rightarrow 3\,(1)\,O_2 + 6\,(2)\,e^- + 6\,(2)\,H_2O$	3
Σ	$2\,MnO_4^- + 3\,H_2O_2 \rightarrow 2\,MnO_2 + 3\,O_2 + 2\,OH^- + 2\,H_2O$	

L 8.44

Ox.-Zahl: $\overset{+2\,+6\,-2}{1\,MnSO_4} + \overset{+1\,-1}{1\,H_2O_2} + \overset{+1\,-2\,+1}{2\,KOH} \rightarrow \overset{+4\,-2}{1\,MnO_2} + \overset{+1\,+6\,-2}{1\,K_2SO_4} + \overset{+1\,-2}{2\,H_2O}$

Ox: 2e; Red: 1e

		M
I.G.:	$Mn^{2+} + H_2O_2 + OH^- \rightarrow MnO_2 + H_2O$	
Red.:	$H_2O_2 + 2\,e^- \rightarrow 2\,OH^-$	1
Ox.:	$Mn^{2+} + 4\,OH^- \rightarrow MnO_2 + 2\,e^- + 2\,H_2O$	1
Σ	$Mn^{2+} + H_2O_2 + 2\,OH^- \rightarrow 1\,MnO_2 + 2\,H_2O$	

H_2O_2 ist hier Oxidationsmittel, es kann aber auch als Reduktionsmittel dienen (L 8.43).
Wahrscheinlich werden sich auch einige fragen, wieso das Produkt der Reduktion sich hier zu OH^- und nicht zu H_2O ergibt. Tatsächlich steht in der ungekürzten Fassung zuerst H_2O als Produkt, aber beim Ausgleichen der fehlenden Protonen im basischen Medium muss auch auf der Eduktseite H_2O hinzugesetzt werden (vgl. einführenden Text!), so dass es sich am Ende auf beiden Seiten kürzt. Mit etwas Ausdauer kommt man aber von selbst auf diese Lösung!

L 8.45

Ox.-Zahl: $\overset{+2\,|\,+7\,|\,-2}{}$ Ba(MnO₄)₂; $\overset{+2\,|\,-1}{}$ MnCl₂; $\overset{+1\,|\,-2\,|\,+1}{}$ NaOH; $\overset{+4\,|\,-2}{}$ MnO₂; $\overset{+2\,|\,-1}{}$ BaCl₂; $\overset{+1\,|\,-1}{}$ NaCl; $\overset{+1\,|\,-2}{}$ H₂O

$$1\,Ba(MnO_4)_2 + 3\,MnCl_2 + 4\,NaOH \rightarrow 5\,MnO_2 + 1\,BaCl_2 + 4\,NaCl + 2\,H_2O$$

Red:3e; Ox:2e

		M
I.G.:	$MnO_4^- + Mn^{2+} + OH^- \rightarrow MnO_2 + H_2O$	M
Red.:	$2\,(1)\,MnO_4^- + 6\,(3)\,e^- + 4\,(2)\,H_2O \rightarrow 2\,(1)\,MnO_2 + 8\,(4)\,OH^-$	2
Ox.:	$3\,(1)\,Mn^{2+} + 12\,(4)\,OH^- \rightarrow 3\,(1)\,MnO_2 + 6\,(2)\,H_2O + 6\,(2)\,e^-$	3
Σ	$2\,MnO_4^- + 3\,Mn^{2+} + 4\,OH^- \rightarrow 5\,MnO_2 + 2\,H_2O$	

Sie sehen den Vorteil der Ionengleichung; selbst unübersichtliche Gleichungen werden sehr einfach! Vergleichen Sie mit L 8.42.

L 8.46

Ox.-Zahl: $\overset{+1\,|\,-2\,|\,+1}{}$ NaOH; $\overset{0}{}$ Zn; $\overset{+1\,|\,-2}{}$ H₂O; $\overset{0}{}$ H₂; $\overset{+1\,|\,+2\,|\,-2\,|\,+1}{}$ Na₂[Zn(OH)₄]

$$2\,NaOH + 1\,Zn + 2\,H_2O \rightarrow 1\,H_2 + 1\,Na_2[Zn(OH)_4]$$

Red:1e; Ox:2e

		M
I.G.:	$OH^- + Zn + H_2O \rightarrow H_2 + [Zn(OH)_4]^{2-}$	M
Red.:	$2\,H_2O + 2\,e^- \rightarrow H_2 + 2\,OH^-$	1
Ox.:	$Zn + 4\,OH^- \rightarrow [Zn(OH)_4]^{2-} + 2\,e^-$	1
Σ	$2\,OH^- + 1\,Zn + 2\,H_2O \rightarrow 1\,H_2 + 1\,[Zn(OH)_4]^{2-}$	

L 8.47

Ox.-Zahl: $\overset{0}{}$ Zn; $\overset{+1\,|\,+5\,|\,-2}{}$ NaNO₃; $\overset{+1\,|\,-2}{}$ H₂O; $\overset{-3\,|\,+1}{}$ NH₃; $\overset{+2\,|\,-2\,|\,+1}{}$ Zn(OH)₂; $\overset{+1\,|\,-2\,|\,+1}{}$ NaOH

$$4\,Zn + 1\,NaNO_3 + 6\,H_2O \rightarrow 1\,NH_3 + 4\,Zn(OH)_2 + 1\,NaOH$$

Red:8e; Ox:2e

		M
I.G.:	$Zn + NO_3^- + H_2O \rightarrow NH_3 + Zn^{2+} + OH^-$	M
Red.:	$NO_3^- + 8\,e^- + 6\,H_2O \rightarrow NH_3 + 9\,OH^-$	1
Ox.:	$4\,(1)\,Zn \rightarrow 4\,(1)\,Zn^{2+} + 8(2)\,e^-$	4
Σ	$4\,Zn + 1\,NO_3^- + 6\,H_2O \rightarrow 1\,NH_3 + 4\,Zn^{2+} + 9\,OH^-$	

Die OH^--Ionen müssen Sie auf der Produktseite etwas verteilen.

L 8.48

Ox.-Zahl: $\overset{+1\,+5\,-2}{1\,NaClO_3} + \overset{+1\,-2\,+1}{6\,NaOH} + \overset{+4\,-2}{3\,SO_2} \rightarrow \overset{+1\,-1}{1\,NaCl} + \overset{+1\,+6\,-2}{3\,Na_2SO_4} + \overset{+1\,-2}{3\,H_2O}$

Red:6e (Cl: $NaClO_3 \rightarrow NaCl$); Ox:2e (S: $SO_2 \rightarrow Na_2SO_4$)

		M
I.G.:	$ClO_3^- + OH^- + SO_2 \rightarrow Cl^- + SO_4^{2-} + H_2O$	M
Red.:	$ClO_3^- + 3\,H_2O + 6\,e^- \rightarrow Cl^- + 6\,OH^-$	1
Ox.:	$3\,(1)\,SO_2 + 12\,(4)\,OH^- \rightarrow 3\,(1)\,SO_4^{2-} + 6\,(2)\,H_2O + 6\,(2)\,e^-$	3
Σ	$ClO_3^- + 6\,OH^- + 3\,SO_2 \rightarrow Cl^- + 3\,SO_4^{2-} + 3\,H_2O$	

L 8.49

Ox.-Zahl: $\overset{-1\,+1\,-2\,+1}{4\,NH_2OH} \rightarrow \overset{+1\,-2}{1\,N_2O} + \overset{-3\,+1}{2\,NH_3} + \overset{+1\,-2}{3\,H_2O}$

Ox:2e ($NH_2OH \rightarrow N_2O$); Red:2e ($NH_2OH \rightarrow NH_3$)

		M
I.G.:	$NH_2OH \rightarrow N_2O + NH_3 + H_2O$	M
Red.:	$2\,(1)\,NH_2OH + 4\,(2)\,H^+ + 4\,(2)\,e^- \rightarrow 2\,NH_3 + 2\,H_2O$	2
Ox.:	$2\,NH_2OH \rightarrow N_2O + H_2O + 4\,H^+ + 4\,e^-$	1
Σ	$4\,NH_2OH \rightarrow 1\,N_2O + 2\,NH_3 + 3\,H_2O$	

Diese Gleichung können Sie sowohl im sauren als auch im basischen Medium lösen.

L 8.50 - Kaliumdichromat mit schwefliger Säure

s

Ox.-Zahl: $\overset{+1\,+6\,-2}{K_2Cr_2O_7} + \overset{+1\,+4\,-2}{4\,H_2SO_3} \rightarrow \overset{+1\,+4\,-2}{K_2SO_3} + \overset{+3\,+6\,-2}{1\,Cr_2(SO_4)_3} + \overset{+1\,-2}{4\,H_2O}$

Ox:2e ($H_2SO_3 \rightarrow Cr_2(SO_4)_3$); Red: 3e ($K_2Cr_2O_7 \rightarrow Cr_2(SO_4)_3$)

		M
I.G.:	$Cr_2O_7^{2-} + H^+ + SO_3^{2-} \rightarrow SO_4^{2-} + Cr^{3+} + H_2O$	M
Red.:	$Cr_2O_7^{2-} + 6\,(3)\,e^- + 14\,H^+ \rightarrow 2\,Cr^{3+} + 7\,H_2O$	1
Ox.:	$3\,(1)\,SO_3^{2-} + 3\,(1)\,H_2O \rightarrow 3\,(1)\,SO_4^{2-} + 6\,(2)\,e^- + 6\,(2)\,H^+$	3
Σ	$Cr_2O_7^{2-} + 8\,H^+ + 3\,SO_3^{2-} \rightarrow 3\,SO_4^{2-} + 2\,Cr^{3+} + 4\,H_2O$	

- Kaliumpermanganat mit Eisen(II)-sulfat in Schwefelsäure

Ox.-Zahl

$$\overset{+1\,|\,+7\,|\,-2}{2\,KMnO_4} + \overset{+1\,|\,+6\,|\,-2}{8\,H_2SO_4} + \overset{+2\,|\,+6\,|\,-2}{10\,FeSO_4} \rightarrow \overset{+3\,|\,+6\,|\,-2}{5\,Fe_2(SO_4)_3} + \overset{+2\,|\,+6\,|\,-2}{2\,MnSO_4} + \overset{+1\,|\,+6\,|\,-2}{1\,K_2SO_4} + \overset{+1\,|\,-2}{8\,H_2O}$$

Ox: 1e (Fe); Red: 5e (Mn)

		M
I.G.:	$MnO_4^- + Fe^{2+} + H^+ \rightarrow Fe^{3+} \quad Mn^{2+} + H_2O$	M
Red.:	$2\,(1)\,MnO_4^- + 10\,(5)\,e^- + 16\,(8)\,H^+ \rightarrow 2\,(1)\,Mn^{2+} + 8\,(4)\,H_2O$	2
Ox.:	$10\,(1)\,Fe^{2+} \rightarrow 10\,(1)\,Fe^{3+} + 10\,(1)\,e^-$	10
Σ	$2\,MnO_4^- + 10\,Fe^{2+} + 16\,H^+ \rightarrow 10\,Fe^{3+} \quad 2\,Mn^{2+} + 8\,H_2O$	

Der stöchiometrische Faktor ist hier 10, damit Eisen(III)-sulfat ganzzahlig gebildet werden kann.

- Mangandioxid mit Bromwasserstoffsäure

Ox.-Zahl

$$\overset{+4\,|\,-2}{1\,MnO_2} + \overset{+1\,|\,-1}{4\,HBr} \rightarrow \overset{+2\,|\,-1}{1\,MnBr_2} + \overset{0}{1\,Br_2} + \overset{+1\,|\,-2}{2\,H_2O}\ s$$

Red: 2e (Mn); Ox: 1e (Br)

		M
I.G.:	$MnO_2 + Br^- + H^+ \rightarrow Mn^{2+} + Br_2 + H_2O$	M
Red.:	$MnO_2 + 4H^+ + 2\,e^- \rightarrow Mn^{2+} + 2\,H_2O$	1
Ox.:	$2\,Br^- \rightarrow Br_2 + 2\,e^-$	1
Σ	$MnO_2 + 2\,Br^- + 4H^+ \rightarrow Mn^{2+} + Br_2 + 2\,H_2O$	

Um diese Aufgaben zu lösen, bedarf es dann etwas mehr an Wissen, z.B. einen guten Schulgrundkurs in Chemie.

Nernstsche Gleichung

Man kann Redoxprozesse räumlich voneinander trennen. Dabei entsteht eine galvanische Zelle, die aus zwei sogenannten Halbzellen besteht (z.B. eine Batterie). In der einen Halbzelle findet eine Reduktion statt, sie wird Kathode genannt. In der anderen Halbzelle, der Anode, findet eine Oxidation statt. Da an der Anode Elektronen abgegeben werden, wird diese auch als Minuspol bezeichnet. Die Kathode nennt man entsprechend auch Pluspol.
Als Beispiel soll eine Kupfer-Zink-Zelle dienen.

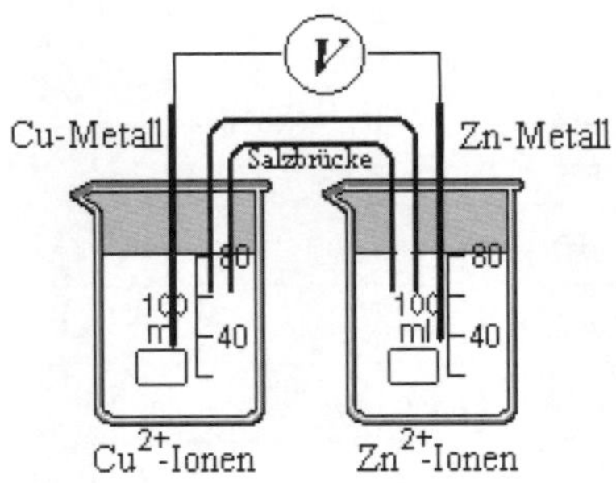

Eine Halbzelle enthält eine 1 molare Kupfersalzlösung (Cu^{2+}-Kationen), in die eine Elektrode aus Kupfer eintaucht. In der anderen Halbzelle befindet sich eine 1 molare Zinksalzlösung (Zn^{2+}), die Elektrode besteht aus Zink. Die Anionen der Salzlösungen spielen für die Betrachtungen keine Rolle und werden daher nicht erwähnt. Die Halbzellen sind durch einen sogenannten Stromschlüssel, hier eine Salzbrücke verbunden. Ihre Aufgabe ist es eine leitfähige Verbindung zu schaffen, ohne dass sich die beiden Lösungen vermischen können. Werden nun die beiden Elektroden über ein Kabel leitfähig verbunden, so finden in den Halbzellen Redoxvorgänge statt.

Cu^{2+}/Cu^{0}-Halbzelle: $Cu^{2+} + 2\,e^{-} \rightleftharpoons Cu^{0}$

Zn^{2+}/Zn^{0}-Halbzelle: $Zn^{0} \rightleftharpoons Zn^{2+} + 2\,e^{-}$

$$\Sigma \quad Cu^{2+} + Zn^{0} \rightleftharpoons Cu^{0} + Zn^{2+}$$

Cu^{2+}-Kationen werden zu elementarem Kupfer reduziert und elementares Zink wird zu Zn^{2+}-Kationen oxidiert. Kupfer wird hier als das edlere Metall bezeichnet. Verwendet man andere Metallkombinationen, so lassen sich diese in einer bestimmten Abfolge sortieren.
Wird in die obige Halbzellenkombination zwischen den beiden Elektroden ein sogenanntes Spannungsmessinstrument eingefügt, so misst man eine Spannungsdifferenz von ca. 1,1 Volt. Andere Metallpaarungen ergeben andere Spannungs- oder auch Potentialdifferenzen. Um eine quantitative Betrachtungsweise zu ermöglichen, hat man eine Redoxreaktion als Normierung auf 0 Volt gesetzt. Das ist das Potential einer sogenannten Normalwasserstoffelektrode (gängige Abkürzung: NWE). „Normal“ heißt, dass die Reaktion unter Standardbedingungen abläuft: 1 molare Lösung, 25 °C, 1 bar und reine Metalle.

$$H_2 \rightleftharpoons 2\,H^{+} + 2\,e^{-} \quad 0\,V$$

Da Wasserstoff unter diesen Bedingungen gasförmig ist, verwendet man eine Hilfselektrode aus Platin, die von Wasserstoff umspült wird. Auf ihr bildet sich ein molekularer Film von Wasserstoff, so dass das Platin nur als Träger dient.
Kombiniert man 1 molare Metallsalzlösungen mit entsprechender Elektrode mit der Normalwasserstoffelektrode, so werden die gemessenen Potentialdifferenzen als Normalpotentiale E_0 bezeichnet und ergeben die Spannungsreihe der Elemente (siehe nachfolgende Tabelle).

Red $\rightleftharpoons$ Ox + e^-	E_0 (Volt)
Li $\rightleftharpoons Li^+ + 1\ e^-$	– 3,045
Na $\rightleftharpoons Na^+ + 1\ e^-$	– 2,713
Al $\rightleftharpoons Al^{3+} + 3\ e^-$	– 1,66
Zn $\rightleftharpoons Zn^{2+} + 2\ e^-$	– 0,763
Cr $\rightleftharpoons Cr^{3+} + 3\ e^-$	– 0,744
Fe $\rightleftharpoons Fe^{2+} + 2e^-$	– 0,41
Pb $\rightleftharpoons Pb^{2+} + 2e^-$	– 0,126
$H_2 \rightleftharpoons 2\ H^+ + 2\ e^-$	0
Cu $\rightleftharpoons Cu^{2+} + 2\ e^-$	+ 0,337
Ag $\rightleftharpoons Ag^+ + e^-$	+ 0,799
Pt $\rightleftharpoons Pt^{2+} + 2\ e^-$	+ 1,20
Au $\rightleftharpoons Au^{3+} + 3\ e^-$	+ 1,498

Aus der Tabelle nimmt man für das Beispiel der Kupfer-Zink-Zelle die Normalpotentiale für Kupfer und Zink und bildet die Differenz:

$$\Delta E = E_0(Cu) - E_0(Zn)$$
$$\Delta E = 0{,}337V - (-0{,}763V) = 1{,}100V$$

Tipp: Die Differenz wird immer so gebildet, dass der kleinere vom größeren Wert subtrahiert wird. Vergessen Sie das Minuszeichen nicht!!

Wenn die Normalbedingungen nicht erfüllt sind, also z.B. andere Konzentrationen vorliegen, ändern sich die Potentiale. Die sogenannte Nernstsche Gleichung berücksichtigt diese Abweichungen. Es gilt:

$$E = E_0 + \frac{RT}{zF} \times \ln \frac{[Ox]}{[Red]}$$

In der Praxis wird mit einer Näherungsformel für Raumtemperatur gearbeitet.

$$E = E_0 + \frac{0{,}06}{z} \times \log \frac{[Ox]}{[Red]}$$

In der Nernstschen Gleichung bedeutet R die allgemeine Gaskonstante, T die Temperatur in Kelvin, z ist die Zahl der in der Redoxreaktion übertragenen Elektronen, F ist die Faradaykonstante. Durch Zusammenfassen der Konstanten bei einer bestimmten Temperatur und

Umwandlung des natürlichen in einen dekadischen Logarithmus erhält man den Wert 0,06. In einigen Büchern finden Sie auch 0,059. Die eckigen Klammern beziehen sich natürlich wieder auf eine Konzentration. [*Ox*] ist die Konzentration der oxidierten Form, [*Red*] die der reduzierten Form. Die Nernstsche Gleichung wird aus einer Teilgleichung einer Redoxreaktion entwickelt, das heißt für eine Redoxreaktion erhält man zwei Nernstsche Gleichungen. Falls eine der Komponenten der Teilgleichung die Oxidationsstufe 0 besitzt, hier im Sinne von festen oder gasförmigen Komponenten, wird ihre Konzentration in der Nernstschen Gleichung zu 1 gesetzt.

Beispiele: Wie groß ist das Potential einer 0,01 molaren Cu^{2+}/Cu Halbzelle gegenüber einer 0,0001 molaren Zn^{2+}/Zn Halbzelle?

Teilgleichung für Cu^{2+}/Cu: $Cu^{2+} + 2\,e^- \rightleftharpoons Cu^0$

Teilgleichung für Zn^{2+}/Zn: $Zn \rightleftharpoons Zn^{2+} + 2e^-$

Aufstellen der Nernstschen Gleichung (Tipp: Die oxidierte Form finden Sie auf der Seite der Elektronen):

$$E_{Cu^{2+}/Cu} = E_0 + \frac{0,06}{2}\log\frac{[Cu^{2+}]}{[Cu^0]}$$

$$E_{Cu^{2+}/Cu} = 0,337 + \frac{0,06}{2}\log\frac{[0,01]}{[1]} = 0,277\,V$$

$$E_{Zn^{2+}/Zn} = E_0 + \frac{0,06}{2}\log\frac{[Zn^{2+}]}{[Zn^0]}$$

$$E_{Zn^{2+}/Zn} = -0,763 + \frac{0,06}{2}\log\frac{[0,0001]}{[1]} = -0,883\,V$$

Die E_0-Werte sind der obigen Tabelle der Normalpotentiale entnommen. Das Potential ergibt sich als Differenz:

$$\Delta E = 0,277\,V - (-0,883\,V) = 1,160\,V$$

Oft finden Sie Aufgaben, bei denen eine Halbzelle die Normalwasserstoffelektrode ist. Hier müssen Sie nur eine Nernstsche Gleichung für die andere Halbzelle angeben, weil das Potential der Normalwasserstoffelektrode 0 V beträgt.

Ein anderer Aufgabentyp:

Stellen Sie die Nernstsche Gleichung für folgende Teilgleichung auf:

$$MnO_4^- + 8\,H^+ + 5\,e^- \rightleftharpoons Mn^{2+} + 4\,H_2O$$

$$E = E_0 + \frac{0,06}{5}\log\frac{[MnO_4^-]\times[H^+]^8}{[Mn^{2+}]}$$

Beachten Sie, dass alle Bestandteile der Teilgleichung mit Ausnahme des H_2O in der Nernstschen Gleichung übernommen werden müssen. Die Konzentrationsänderung durch das in der Reaktion entstehende Wasser ist vernachlässigbar klein.

Potentiale, die H^+ oder OH^- in einer Teilgleichung enthalten, sind pH-Wert abhängig.

Wichtige Tipps zum Schluss:

1. Benutzen Sie immer Teilgleichungen in Ionenform.
2. Verwenden Sie die Teilgleichung in der einfachen Form, d.h. in der nicht ausmultiplizierten Form, also mit minimalem Elektronenumsatz.
3. Konzentrationen werden in der Nernstschen Gleichung wie im Massenwirkungsgesetz angegeben.

Aufgaben zur Nernstschen Gleichung

A 9.01 Wie groß ist die Konzentration an Pb^{2+}-Ionen in einer Lösung, wenn das Potential gegenüber einer Normalwasserstoffelektrode – 0,25 V beträgt?
E_0 (Pb^{2+}/Pb) = – 0,13 V
Wie ändert sich das gemessene Potential (wird größer/wird kleiner/bleibt gleich), wenn durch das Einleiten von H_2S Bleisulfid (PbS) gefällt wird?

A 9.02 Sie messen mittels einer Kupfer- und einer Normalwasserstoffelektrode das Potential des Cu^{2+}/Cu^0 -Redoxpaares in einer Kupfersalzlösung unbekannter Konzentration. Das so ermittelte Potential beträgt + 0,29 V. Wie groß ist die Konzentration an Kupferionen in dieser Lösung? $E_0(Cu^{2+}/Cu)$ = + 0,35 V

A 9.03 Sie messen mittels einer Quecksilber- und einer Normalwasserstoffelektrode das Potential des Hg^{2+}/Hg -Redoxpaares in einer Quecksilbersalzlösung unbekannter Konzentration. Das gemessene Potential beträgt 0,32 V. Wie groß ist die Hg^{2+} Konzentration in dieser Lösung? E_0 = 0,35 V
Wie verändert sich das gemessene Potential, wenn man der Lösung Quecksilber(II)-chlorid zusetzt? (wird größer/ wird kleiner/ bleibt gleich).

A 9.04 Wie groß ist die Konzentration an Cu^{2+} in einer Lösung, wenn das gemessene Potential gegenüber der Normalwasserstoffelektrode 0,20 V beträgt? E_0(Cu) = 0,35 V
Wie ändert sich das Potential (wird größer/wird kleiner/bleibt gleich) bei Zugabe von Schwefelwasserstoff (H_2S)?

A 9.05 Berechnen Sie das Potential, welches in einer 0,01 molaren Fe^{2+} -Lösung gegen eine Normalwasserstoffelektrode gemessen wird.
E_0 (Fe^{2+}/Fe) = – 0,40 V

A 9.06 Gegeben ist die folgende Redoxreaktion:
$3\ Zn + 2\ CrO_4^{2-} + 16\ H^+ \rightarrow 3\ Zn^{2+} + 2\ Cr^{3+} + 8\ H_2O$
Formulieren Sie die Nernstschen Gleichungen für die beiden korrespondierenden Redoxpaare.

A 9.07 Was geschieht wenn man zu einer Blei-(II)-nitrat- Lösung einmal elementares Kupfer oder elementares Zink hinzugibt. Erläutern Sie mit Hilfe von Reaktionsgleichungen.

E_0(Zn) = – 0,76 V E_0(Pb) = – 0,13 V E_0(Cu) = + 0,35 V

A 9.08 Gegeben ist eine galvanische Zelle, welche aus einer Platin- und einer Zinkhalbzelle besteht. Die Potentiale der beiden Halbzellen sind angegeben. Berechnen Sie das Potential der galvanischen Zelle unter Standardbedingungen.

$E_0 (Pt^{2+}/Pt) = 1{,}2$ V $\qquad$ $E_0 (Zn^{2+}/Zn) = -0{,}76$V

- Was würde passieren wenn Sie einen Zinkstab in eine Platin(II)-chlorid-Lösung tauchen?
- Was würde passieren wenn Sie einen Platinstab in eine Zink(II)-chlorid-Lösung tauchen?

A 9.09 Gegeben ist folgende Redoxgleichung:

$$5\,Fe^{2+} + MnO_4^- + 8\,H^+ \rightarrow 5\,Fe^{3+} + Mn^{2+} + 4\,H_2O$$

Stellen Sie die Nernstschen Gleichungen für die beteiligten Redoxpaare auf. Berechnen Sie die Spannung eines derartigen galvanischen Elementes, wenn die Konzentration der beteiligten Ionen jeweils 1 molar ist.

$E_0 (Fe^{3+}/Fe^{2+}) = +\,0{,}77$ V $\qquad$ $E_0 (MnO_4^-/Mn^{2+}) = +\,1{,}51$ V

A 9.10 Das Normalpotential der Reaktion $Me \rightarrow Me^+ + e^-$ (Me = Metall) beträgt + 0,79V. Welche/ welches der folgenden Halogenidionen kann/ können durch das Metall oxidiert werden? Begründen Sie Ihre Entscheidung.

$Cl^- \rightleftharpoons 1/2\,Cl_2 + e^-$ $\qquad$ $E_0 = 1{,}35$ V

$Br^- \rightleftharpoons 1/2\,Br_2 + e^-$ $\qquad$ $E_0 = 1{,}06$ V

$I^- \rightleftharpoons 1/2\,I_2 + e^-$ $\qquad$ $E_0 = 0{,}52$ V

A 9.11 Berechnen Sie das Potential einer Halbzelle gegenüber der Normalwasserstoff-elektrode für die unten angegebene Reaktion unter folgenden Bedingungen:

$[\,Mn^{2+}\,] = 0{,}01$ mol/l $\quad$ $[\,MnO_4^-\,] = 0{,}1$ mol/l $\quad$ pH = 1 $\quad$ $E_0 = 1{,}54$V

$$MnO^-_{,4} + 8\,H^+ + 5\,e^- \rightleftharpoons Mn^{2+} + 4\,H_2O$$

A 9.12 Klassifizieren Sie die folgenden Aussagen als richtig oder falsch:

- Die Nernstsche Gleichung gestattet die Berechnung des Potentials E eines Redoxpaares, wenn die Reaktionspartner nicht unter Normalbedingungen vorliegen.
- Das Redoxpotential E eines Redoxpaares hängt nur von der Konzentration der oxidierten Form, nicht aber von der reduzierten Form ab.
- Das Redoxpotential E eines Redoxpaares ist temperaturabhängig
- Das Redoxpotential E eines Redoxpaares ist immer pH-Wert abhängig.

A 9.13 Welche der folgenden Aussage(n) ist (sind) falsch?

Eine Normalwasserstoffelektrode ist:

- eine Elektrode aus Blech, die in eine 1 molare Platinlösung eintaucht und mit H^+-Ionen umspült wird, um eine Atmosphäre normalen Wasserstoffs zu erzeugen.
- eine Elektrode aus Platinblech, die einen Bezug aus Wasserstoff von einer Atmosphäre erhält, um H^+-Ionen zu erzeugen (T = 25 °C).

- eine Bezugselektrode aus Platinblech, die in eine 1 molare H^+-Ionen-Lösung eintaucht und mit Wasserstoff von einer Atmosphäre umspült wird (T = 25 °C).
- ein Platinblech, dessen Bezug aus normalem Wasserstoff die Bestimmung des pH-Wertes einer 1 molaren H^+-Ionen-Lösung ermöglicht (T = 25 °C).

A 9.14 Ordnen Sie die Elemente Gold, Natrium, Kupfer, Zink und Wasserstoff in einer "Spannungsreihe" an. Schreiben Sie dazu die Element/Molekülsymbole so in eine Zeile, dass das Element mit dem größten positiven Normalpotential rechts steht.

A 9.15 Klassifizieren Sie folgende Aussagen als falsch (f) oder richtig (r).

- Die Normalpotentiale von unedlen Elementen sind kleiner als Null.
- Das Redoxpotential kann pH-Wert abhängig sein.

A 9.16 Physiologisch interessant sind so genannte Konzentrationsketten. Dabei werden zwei gleiche Elektroden verwendet, bei denen unterschiedliche Konzentrationen vorliegen. Als Beispiel sollten Sie bitte Folgendes berechnen. Wie groß ist die Spannung zwischen einer Normalkupferzelle und einer Kupferzelle mit einer Cu^{2+}-Konzentration von 0,01 mol/l? $E_0(Cu^{2+}/Cu) = +0{,}35$ V

A 9.17 Wie groß ist die Konzentration einer Zn^{2+}-Lösung in einer Zinkzelle, wenn die Spannungsdifferenz zu einer Normalzinkzelle 0,09 V beträgt?
$E_0(Zn^{2+}/Zn) = -0{,}76$ V

A 9.18 Eine Silberzelle enthält neben einer Silberelektrode eine gesättigte Lösung von Silberchlorid. Gegenüber einer Normalsilberelektrode erzeugt Sie eine Spannung von 0,24 V. Berechnen Sie das Löslichkeitsprodukt von Silberchlorid!
$E_0(Ag^+/Ag) = +0{,}80$ V

A 9.19 Auch pH-Werte können durch Konzentrationsketten bestimmt werden. Berechnen Sie den pH-Wert in einer Wasserstoffelektrode, wenn das gegenüber einer Normalwasserstoffelektrode gemessene Potential 0,18 V beträgt.

A 9.20 Geben Sie zwei Beispiele an, bei dem Konzentrationsketten physiologisch bedeutsam sind.

A 9.21 Und jetzt noch eine allgemeine Frage: Woran erkennt man, dass sich eine galvanische Zelle im chemischen Gleichgewicht befindet?

Lösungen zur Nernstschen Gleichung

L 9.01 Die angegebenen Werte werden einfach in die Nernstsche Gleichung für Pb^{2+}/Pb eingesetzt. Beachten Sie, dass die Konzentration für Pb^0 gleich 1 gesetzt wird.
Bei dieser Art Aufgaben ist die Gegenelektrode in der Regel die Normalwasserstoffelektrode. Daher brauchen Sie die Nernstsche Gleichung nur einmal aufzustellen.

$$-0{,}25\ V = -0{,}13\ V + \frac{0{,}06}{2}\log\frac{[Pb^{2+}]}{1}$$

$$-0{,}12\ V = 0{,}03\log[Pb^{2+}]$$

$$[Pb^{2+}] = 10^{-4}\,mol/l$$

Wird Pb^{2+} aus der Lösung entfernt, verringert sich das Potential.

L 9.02 Einsetzen in die Nernstsche Gleichung für Cu^{2+}/Cu:

$$0{,}29\ V = 0{,}35\ V + \frac{0{,}06}{2}\log\frac{[Cu^{2+}]}{1}$$

Nach Umformen ergibt sich für die Cu^{2+}-Konzentration: $[Cu^{2+}] = 10^{-2}\,mol/l$

L 9.03 Einsetzen in die Nernstsche Gleichung für Hg^{2+}/Hg:

$$0{,}32\ V = 0{,}35\ V + \frac{0{,}06}{2}\log\frac{[Hg^{2+}]}{1}$$

Nach Umformen ergibt sich für die Hg^{2+}-Konzentration:

$$[Hg^{2+}] = 10^{-1}\,mol/l$$

Bei Zusatz von Quecksilber(II)-chlorid wird das Potential größer.

L 9.04 Einsetzen in die Nernstsche Gleichung für Cu^{2+}/Cu:

$$0{,}20\ V = 0{,}35\ V + \frac{0{,}06}{2}\log\frac{[Cu^{2+}]}{1}$$

Nach Umformen ergibt sich für die Cu^{2+}- Konzentration:

$$[Cu^{2+}] = 10^{-5}\,mol/l$$

Durch Zugabe von H_2S wird Cu^{2+} aus der Lösung als Kupfersulfid ausgefällt, daher wird das Potential kleiner.

L 9.05 Auch hier setzen Sie in die Nernstsche Gleichung ein:

$$E_{Fe/Fe^{2+}} = -0{,}40\ V + \frac{0{,}06}{2}\log\frac{[0{,}01]}{1} = -0{,}46\ V$$

L 9.06 Zuerst werden die Teilgleichungen der Redoxreaktion aufgestellt:

Oxidation: $Zn \rightleftharpoons Zn^{2+} + 2\ e^-$

Reduktion: $CrO_4^{2-} + 3\ e^- + 8\ H^+ \rightleftharpoons Cr^{3+} + 4\ H_2O$

Für beide Reaktionsgleichungen wird eine Nernstsche Gleichung gebildet:

$$E_{Zn^{2+}/Zn} = E_0 + \frac{0{,}06}{2}\log\frac{[Zn^{2+}]}{1}$$

$$E_{CrO_4^{2-}/Cr^{3+}} = E_0 + \frac{0{,}06}{3}\log\frac{[CrO_4^{2-}]\times[H^+]^8}{[Cr^{3+}]}$$

L 9.07 Da Kupfer ein größeres Normalpotential als Blei hat, findet keine Reaktion statt. Zink hat ein kleineres Normalpotential als Blei, eine Redoxreaktion läuft ab:

$$Pb(NO_3)_2 + Zn^0 \rightleftharpoons Zn(NO_3)_2 + Pb^0$$

L 9.08 Die Spannungsdifferenz ergibt sich wie folgt:

$$\Delta E = E_{red} - E_{ox}$$

$$\Delta E_0 = 1{,}20 - (-0{,}76) = 1{,}96\ \text{V}$$

- Zink ist unedler als Platin, so dass Zink oxidiert wird und die Elektronen an Pt^{2+} übertragen werden. Dadurch entsteht elementares Platin, das sich auf dem Zinkstab niederschlägt.
- Umgekehrt kann natürlich kann natürlich keine Reaktion erfolgen, da edlere Elemente an unedlere keine Elektronen übertragen.

L 9.09 Zuerst werden die Teilgleichungen der Redoxreaktion aufgestellt:

Oxidation: $Fe^{2+} \rightleftharpoons Fe^{3+} + e^-$

Reduktion: $MnO_4^- + 5\ e^- + 8\ H^+ \rightleftharpoons Mn^{2+} + 4\ H_2O$

$$E_{Fe^{3+}/Fe^{2+}} = E_0 + \frac{0{,}06}{1}\log\frac{[Fe^{3+}]}{[Fe^{2+}]}$$

$$E_{MnO_4^-/Mn^{2+}} = E_0 + \frac{0{,}06}{5}\log\frac{[MnO_4^-]\times[H^+]^8}{[Mn^{2+}]}$$

Wenn alle Konzentrationen 1 molar sind, entfällt der logarithmische Teil: $\log 1 = 0$

Damit ist das Potential: $\Delta E = 1{,}51\ V - 0{,}77\ V = 0{,}74\ V$

L 9.10 Nur Iodid kann durch das Metall oxidiert werden, weil das Metall Iodid gegenüber das größere Normalpotential besitzt.

L 9.11 Einsetzen in die Nernstsche Gleichung (siehe L 9.09):

$$E = 1{,}54 + \frac{0{,}06}{5}\lg\frac{[0{,}1]\times[0{,}1]^8}{[0{,}01]} = 1{,}456\ \mathrm{V}$$

Beachten Sie bitte, dass der pH-Wert in die Nernstsche Gleichung als Konzentration eingeht.

L 9.12 richtig, falsch, richtig, falsch

L 9.13 Bis auf die dritte Aussage sind die übrigen falsch.

L 9.14 Natrium, Zink, Wasserstoff, Kupfer, Gold

L 9.15 richtig, richtig

L 9.16 Stellen Sie zuerst die Nernst-Gleichung auf:

$$E = E_0 + \frac{0{,}06\,V}{2}\log\frac{[Cu^{2+}]}{1}$$

Die Normalkupferelektrode hat ein Halbzellenpotential von 0,35 V.
Wenn Sie jetzt die Konzentration von Cu^{2+} in der anderen Halbzelle einsetzen, sieht die Nernst-Gleichung wie folgt aus:

$$E = 0{,}35\,V + \frac{0{,}06\,V}{2}\log\frac{0{,}01}{1} = 0{,}29\,V$$

Die Spannungsdifferenz beträgt:

$$\Delta E = 0{,}35\,V - 0{,}29\,V = 0{,}06\,V$$

L 9.17 Die Aufgabenstellung ist umgekehrt zu der Vorhergehenden. Also muss man auch den Lösungsweg anders herum beschreiten.

$$\Delta E = E(\mathrm{Re}\,d) - E(Ox)$$

Jetzt wird es etwas schwierig. Es gibt zwei Möglichkeiten: Entweder ist die Konzentration in der Zinkzelle, die sie bestimmen wollen größer oder niedriger als die der Normalzinkzelle. Da die Konzentrationsänderungen exponentiell verlaufen müsste die Konzentration entweder sehr viel höher als 1 molar (die Konzentration von Zink in der Normalzelle!) oder deutlich niedriger als 1 molar sein. Die Erfahrung lehrt, dass eine sehr viel höhere Konzentration als 1 molar, also 10 molar oder gar 100 molar eher Unsinn sind.
Da daher die Konzentration in der gesuchten Zelle unter 1 mol/l beträgt wird dort die Oxidation von Zn zu Zn^{2+} stattfinden. Überlegen Sie warum. Beachten Sie dazu die letzte Frage in diesem Kapitel.

Es gilt:

$$0{,}09\,V = -0{,}76\,V - E(Ox)$$
$$E(Ox) = -0{,}85\,V$$

Die Nernst-Gleichung entspricht der von A 9.16 (natürlich mit Zn^{2+} statt Cu^{2+}). Durch Einsetzen der Zahlen erhält man:

$$-0{,}85\,V = -0{,}76V + \frac{0{,}06\,V}{2}\log\frac{[Zn^{2+}]}{1}$$
$$-0{,}09\,V = 0{,}03\,V\log[Zn^{2+}]$$
$$[Zn^{2+}] = 10^{-3}\,\frac{mol}{l}$$

L 9.18 Lassen Sie sich durch die Frage nach dem Löslichkeitsprodukt nicht irritieren. Gehen Sie wie in L 9.17 vor!

$$0{,}24\,V = 0{,}80\,V - E(Ox)$$
$$E(Ox) = 0{,}56\,V$$

Setzen Sie auch hier das Ergebnis in die Nernst-Gleichung ein:

$$0{,}56\,V = 0{,}80\,V + \frac{0{,}06\,V}{1}\log\frac{[Ag^{+}]}{1}$$
$$-0{,}24\,V = 0{,}06\,V\log[Ag^{+}]$$
$$[Ag^{+}] = 10^{-4}\,\frac{mol}{l}$$

Das Löslichkeitsprodukt für AgCl formuliert sich wie folgt:

$$L = [Ag^{+}]\times[Cl^{-}]$$

Da in der gesättigten Lösung zu jedem Ag^+-Ion ein Cl^--Ion gehört sind die Konzentrationen gleich. Durch Einsetzen erhält man:

$$L = 10^{-4}\,\tfrac{mol}{l}\times 10^{-4}\,\tfrac{mol}{l} = 10^{-8}\,\tfrac{mol^2}{l^2}$$

L 9.19 Gehen Sie auch hier wie L. 9.17 vor:

$$0{,}18\,V = 0{,}00\,V - E(Ox)$$
$$E(Ox) = -0{,}18\,V$$

Die Gleichung in der Halbzelle lautet:

$$H_2 \quad 2H^+ + 2\,e^-$$

Die Nernst-Gleichung lautet daher formal:

$$E = E_0 + \frac{0{,}06\,V}{2}\log\frac{[H^{+}]^2}{1}$$

Einsetzen!

$$-0{,}18\,V = 0\,V + \frac{0{,}06\,V}{2}\log\frac{[H^+]^2}{1}$$
$$-0{,}18\,V = 0\,V + 0{,}06\,V\log[H^+]$$
$$-3 = \log[H^+]$$
$$3 = -\log[H^+]$$
$$pH = 3$$

Beachten Sie: Exponenten kann man aus Logarithmen vorziehen, also:

$$\log a^b = b\log a$$

L 9.20 Auf jeden Fall sollte Ihnen Muskeltonus und Aktionspotential der Nervenzellen einfallen. Wichtig: Die Konzentrationsunterschiede zwischen den Zellwänden bedingt die Reaktion. Die Angabe als Spannung erfolgt eher aus Bequemlichkeit, hat aber mit der Funktion nichts zu tun.

L 9.21 Im chemischen Gleichgewicht ist die galvanische Zelle (Batterie) leer. Die Potentialdifferenz ist 0.
Hoffentlich haben diese Aufgaben nicht dazu geführt, dass die Batterien in Ihrem Taschenrechner das chemische Gleichgewicht erreicht haben.

Komplexverbindungen

Einige Probleme der Komplexchemie, wie Nomenklatur oder Komplexe in Reaktionsgleichungen wurden schon in vorangegangenen Kapiteln behandelt. Auch der Bindungstyp des Komplexes, die koordinative Bindung wurde schon besprochen. Bleiben also zum Schluss noch einige wesentliche Überlegungen. Der Komplex besteht immer aus zwei Komponenten: Dem *Zentralteilchen*, für Sie immer *ein* Metallion oder ein ungeladenes Metallatom. Prinzipiell sind alle Metallionen geeignet, in den Klausuren werden aber in der Regel außer Aluminium, Platin, Silber und den Metallionen der ersten Periode der Übergangsmetalle kaum andere Zentralteilchen verwendet.
Dem *Liganden*, in den Klausuren meist einfache Nichtmetallverbindungen, von denen wir schon einige im Kapitel Nomenklatur vorgestellt haben.
Das Zentralteilchen stellt innerhalb der koordinativen Bindung die Elektronepaarlücken zur Verfügung, gängigerweise 2 bis 6, was von der Art und der Ladung des Zentralteilchen, abhängig ist. Das Zentralteilchen ist also eine mehrwertige Lewis-Säure, die Anzahl der Elektronenpaarlücken des Zentralteilchens wird als *Koordinationszahl* bezeichnet. Damit es so viele Elektronenpaarlücken wie möglich zur Verfügung stellen kann, hybridisiert es, d.h. die äußeren s-, p- und d-Orbitale, die sich energetisch am nächsten liegen, werden alle auf ein gemeinsames Niveau angehoben. Anschließend werden die metalleigenen Elektronen unter kurzer Aussetzung der Hundschen Regel spingepaart. Diese Spinpaarung hat ihre Ursache in der Annäherung der Liganden. Sie kann normalerweise nur von sogenannten starken Liganden vollzogen werden, sogenannte schwache Liganden sind dazu nicht in der Lage. Um die Sache aber zu vereinfachen, gehen Sie immer davon aus, dass Sie einen starken Liganden haben.
Im Kästchenschema stellt sich die Hybridisierung wie folgt dar:

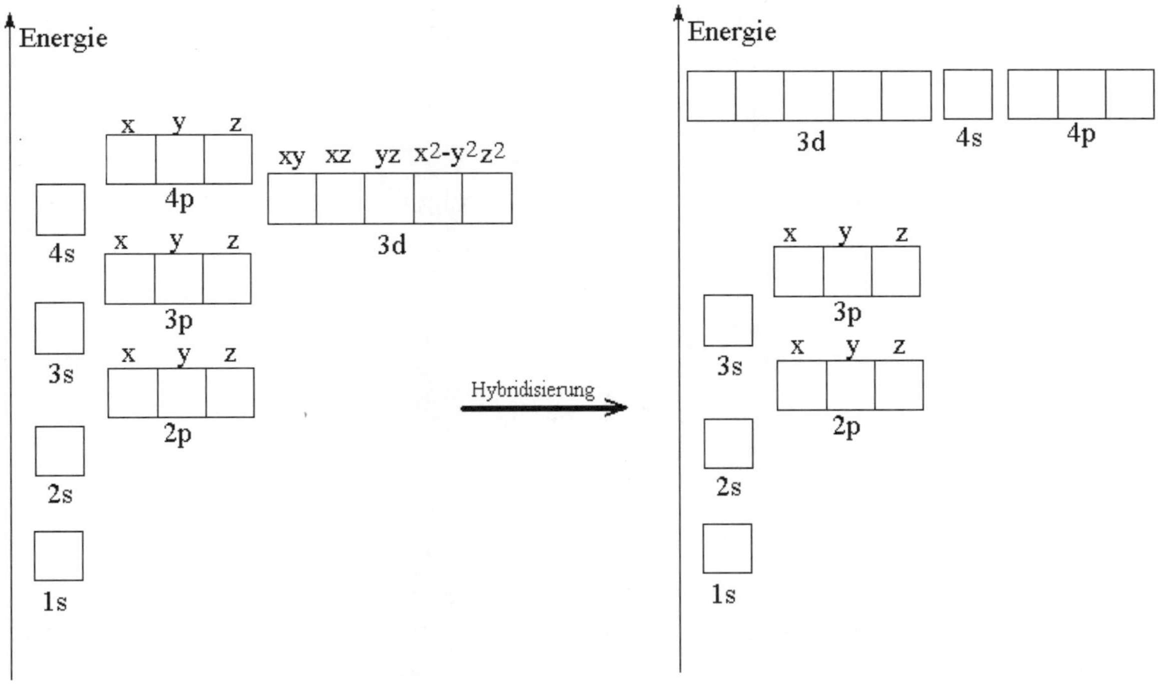

Wie Sie hier am Beispiel einer Übergangsmetallverbindung der vierten Periode sehen, werden die oberen Orbitale energetisch angehoben. Die unteren Orbitale bleiben davon unberührt. Der Sinn einer Hybridisierung liegt darin, möglichst viele gleichartige zur koordinativen Bindung geeignete Orbitale zu bilden. Der Energieaufwand, der betrieben werden muss, um die

Orbitale anzuheben, wird durch die Freisetzung der Bindungsenergie mehr als ausgeglichen, der Prozess der Komplexbildung ist also exotherm.
Weitere Gründe für das Zentralteilchen Komplexe zu bilden, sind, dass es zum einen durch die Auffüllung der Orbitale mit Ligandenelektronenpaaren sehr häufig zur Ausbildung einer Edelgaskonfiguration am Zentralteilchen kommt. Zum anderen können die so aufgenommenen Ladungen benutzt werden, um die meist hohe Ladung des Zentralteilchens zu kompensieren. Es gilt nämlich, dass kein Atom gerne geladen ist, die formale Ladung sollte sich zwischen +1 und –1 bewegen (Elektroneutralitätsprinzip nach Pauling). Um aber nicht durcheinander zu kommen, gilt, dass jedes Atom seine Ladung oder Oxidationszahl, die es vor der Komplexbildung besessen hat, beibehält. Wie man die Ladung des Zentralteilchens bestimmt, haben wir im Kapitel Nomenklatur besprochen.
Als Beispiel soll hier die Komplexbildung des Fe^{2+}- Ions dienen:
Eisen hat die Ordnungszahl 26, hat also, wenn es zweifach positiv geladen ist, 24 Elektronen. Diese befinden sich in den hier weißen Orbitalen. Die grau unterlegten Orbitale werden dann von Elektronenpaaren der Liganden besetzt. Hier in diesem Fall sind es sechs Orbitale, die Koordinationszahl ist sechs. Die Hybridisierung wird, da sie aus zwei d-, einem s-, und drei p-Orbitalen besteht, als d^2sp^3-Hybridisierung bezeichnet.

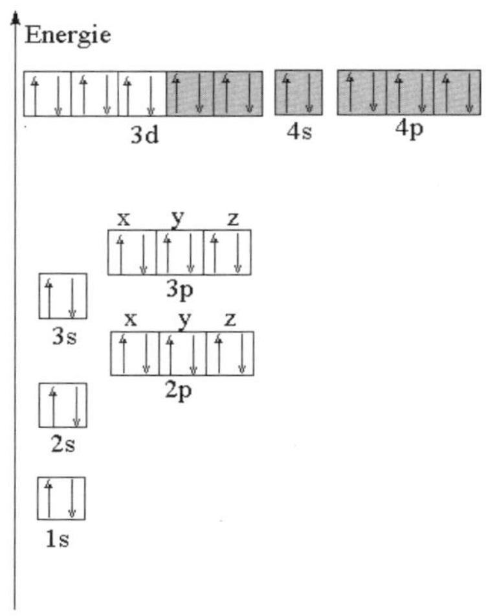

Ein Komplex dieser Art ist z.B. das $[Fe(CN)_6]^{2-}$. Er verfügt über eine oktaedrische Raumstruktur:

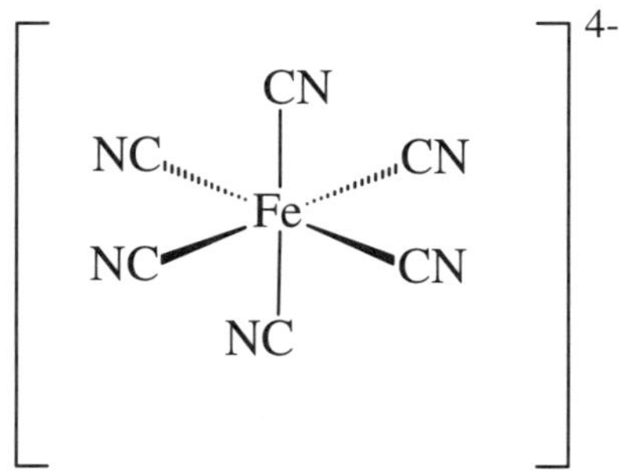

Die Liganden stellen, wie schon erwähnt, die Elektronenpaare zur Verfügung, sind also Lewis-Basen. Die Anzahl, die sogenannte *Zähnigkeit*, der vom Liganden zur Verfügung gestellten Elektronenpaare kann üblicherweise zwischen eins bis sechs liegen.
Ist die Zähnigkeit größer als eins (zwei und darüber) spricht man von einem sogenannten Chelatkomplex, da das Zentralteilchen von dem Liganden sozusagen in die Zange genommen wird (griechisch: *cheles* gleich Krebsschere). Nachfolgend sehen Sie einige Beispiele für Chelatliganden. Bei Ethylendiamin, Glykol und Glycin handelt es sich um zweizähnige Liganden. Die Bindung zum Zentralmetall erfolgt beim Ehylendiamin über die freien Elektronenpaare

der Stickstoffe (Aminogruppen), bei Glykol über die beiden OH-Gruppen und bei Glycin über eine Aminogruppe und eine OH-Gruppe. EDTA ist ein Beispiel für einen sechszähnigen Liganden, die Bindung erfolgt über die zwei Stickstoffatome und die vier negativgeladenen Sauerstoffatome.

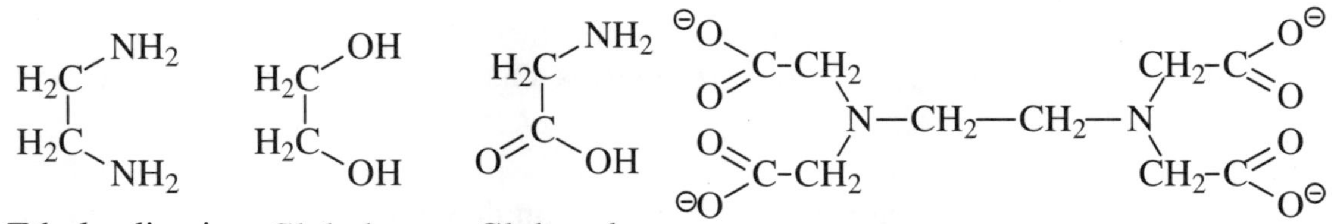

Ethylendiamin Glykol Glykocol Glycin Ethylendiamintetraacetat EDTA

Durch die Komplexbildung wird das chemische Verhalten des Zentralteilchens, so zum Beispiel das Normalpotential, völlig verändert.
Diese Tatsache macht sich auch die Natur zunutze, in dem es Metallionen durch Komplexbildung für ihre Zwecke modifiziert. So z.B. im Häm des Hämoglobins, wo die Sauerstoffaufnahme durch Bildung einer koordinativen Bindung von O_2 mit einem in einem Porphyrinring eingebettetem Fe^{2+}-Ion erfolgt. Ein anderes Beispiel von Komplexchemie in der Natur ist das Chlorophyll der Blätter, bei dem ein Mg^{2+}-Ion durch ein Porphyrinringsystem eingebunden wird.

Massenwirkungesetz der Komplexe
Für Komplexbildungsreaktionen lässt sich natürlich auch ein Massenwirkungsgesetz formulieren. Als Beispiel dient hier der Tetramminkupfer(II)-komplex:

$$Cu^{2+} + 4\ NH_3 \rightleftharpoons [Cu(NH_3)_4]^{2+}$$

$$K_A = \frac{\left[[Cu(NH_3)_4]^{2+}\right]}{\left[Cu^{2+}\right] \times \left[NH_3\right]^4}$$

Die Konstante K_A wird Komplexbildungskonstante genannt. Für die Rückreaktion, die Dissoziation des Komplexes, lässt sich ebenfalls ein Massenwirkungsgesetz formulieren:

$$K_D = \frac{\left[Cu^{2+}\right] \times \left[NH_3\right]^4}{\left[[Cu(NH_3)_4]^{2+}\right]}$$

Die Konstante K_D heißt entsprechend Komplexdissoziationskonstante. Beide Konstanten stehen in einem Zusammenhang:

$$K_A = \frac{1}{K_D}$$

1. Aufgaben zu Komplexen

A 10.01 Welche der angegebenen Moleküle oder Ionen können als Ligand in einem Metallkomplex auftreten?

NH_4^+ , CN^-, NH_3 , CH_4 , $S_2O_3^{2-}$, H_2N-CH_2-COO^- , H_3O^+ , Ag^+, $C_2O_4^{2-}$, CO, I^-, EDTA, Li^+

Formulieren Sie je einen Komplex (Formel) mit diesen Liganden.

A 10.02 Entscheiden Sie, ob die nachfolgenden Verbindungen als Chelatliganden fungieren können. Kreuzen Sie die korrekten Zuordnungen an.

	ja	nein
EDTA		
Tartrat		
CO		
F^-		
CN^-		
Ethylendiamin		
OH^-		
$C_2O_4^{2-}$		

A 10.03 Was versteht man unter der Zähnigkeit eines Liganden? Erläutern Sie anhand eines konkreten Beispiels.

A 10.04 Nennen sie zwei biologisch relevante Komplexe. Welches Zentralmetall enthalten die von Ihnen genannten Komplexe?

A 10.05 Nennen Sie je ein konkretes Beispiel für einen Komplex mit Ammoniak und mit Wasser als Liganden (Summenformel).

A 10.06 Geben Sie je ein konkretes Beispiel für einen Komplex mit:
- Oxidationsstufe des Zentralmetalls gleich 0
- einem sechszähnigen Liganden
- Koordinationszahl 6
- Chelatliganden
- Warum besitzt ein Komplex mit der Koordinationszahl 6 Oktaederkonfiguration?

A 10.07 Gegeben Sind die Komplexe a- f

a) 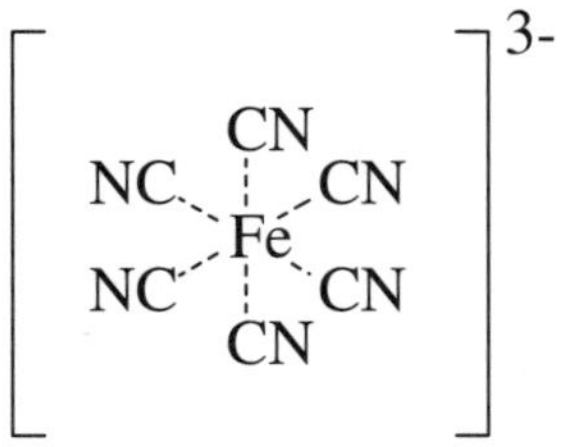

b) $[Ni(CO)_4]$

c) 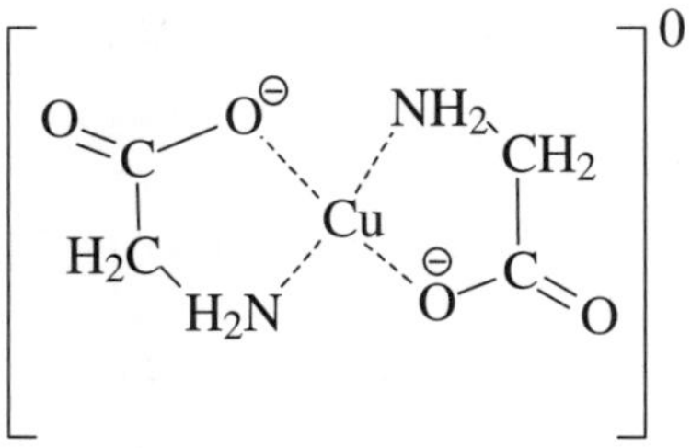

d) $K_2[PtCl_6]$ e) $Na_3[Cr(C_2O_4)_3]$ f) $Na_3[Ag(S_2O_3)_2]$

Vervollständigen sie folgende Tabelle:

	a	B	c	d	e	f
Zähnigkeit der Liganden						
Ladung des Zentralatoms						

A 10.08 Gegeben sind die Komplexe A bis C.

$Fe(CO)_5$

A

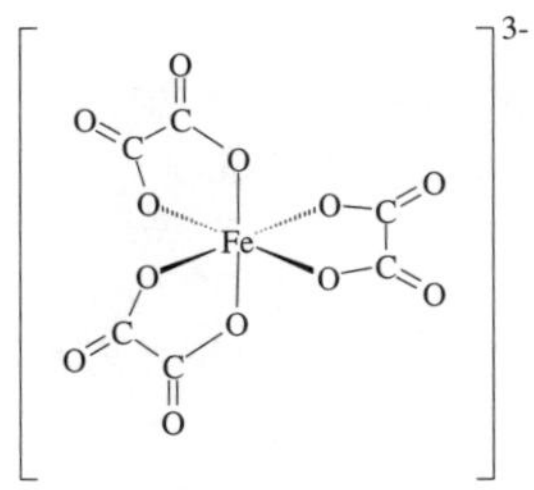

B

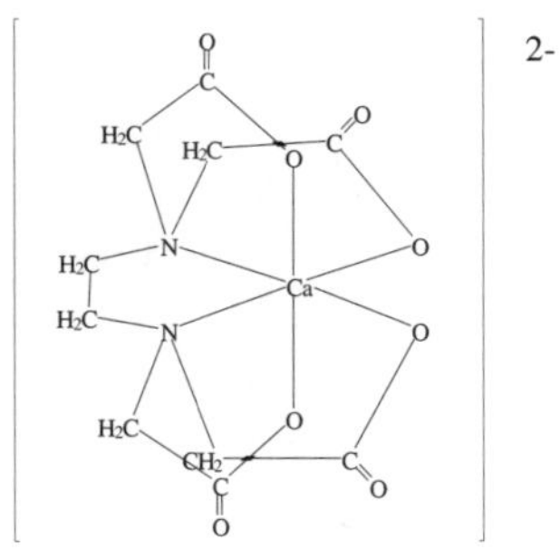

C

Vervollständigen Sie folgende Tabelle:

	A	B	C
Zähnigkeit des Liganden			
Ladung des Zentralatoms			

A 10.09 Penicillamin wird zur Behandlung von Kupferspeicherkrankheiten und bei Schwermetallvergiftungen eingesetzt. Formulieren Sie die Struktur des Komplexes, den Cu^{2+} mit Penicillamin (Donoratome N und S) bildet.

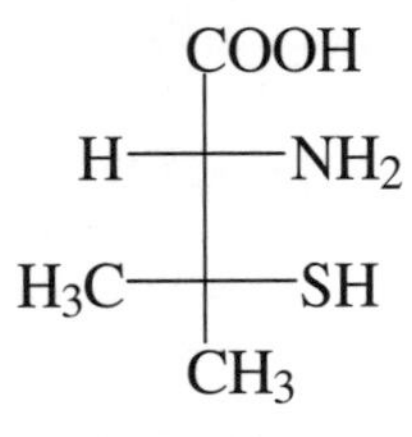

Penicillamin

2. Aufgaben zu Edelgaskonfiguration und dem Kästchenmodell

A 10.10 Bestimmen Sie die Ladung (Wertigkeit) des Zentralmetalls in folgenden Komplexen:

$Na[Al(OH)_4]$ $K_4[Fe(CN)_6]$ $[Ni(CO)_4]$ $[Ag(S_2O_3)_2]^{3-}$

A 10.11 Bestimmen Sie die Wertigkeit des Zentralmetalls in folgenden Komplexen:
$[Co(CN)_6]^{4-}$ $[PtCl_2(NH_3)_2]^{2+}$ $Fe(CO)_5$ $Na[Al(OH)_4(H_2O)_2]$

A 10.12 Gegeben ist folgender Komplex (Eisen ist +3 geladen):
$[Co(NH_3)_3(H_2O)_3][FeCl_6]$
Welche(s) Zentralteilchen (beide, Co, Fe, keines) erreicht(en) in diesem Komplex die Krypton-Edelgaskonfiguration?

A 10.13 Gegeben ist folgende komplexe Verbindung:
$K[AI(OH)_4]$
- Geben Sie die vollständige Elektronenkonfiguration (Kästchenschema) von Aluminium in dem Komplex an.
- Geben Sie die Hybridisierung des Zentralatoms in dem genannten Komplexes an.
- Welche geometrische Anordnung weisen die Liganden auf?

A 10.14 Entscheiden Sie anhand des Kästchenmodells ob das Zentralion des unten abgebildeten Komplexes Edelgaskonfiguration besitzt:

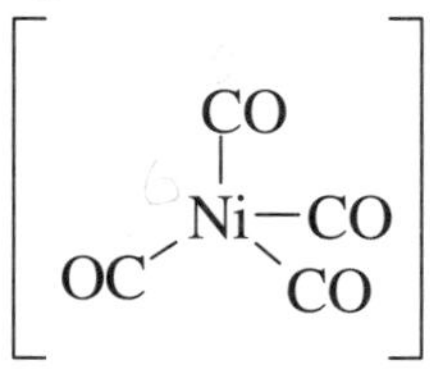

A 10.15 Zweiwertiges Nickel bildet mit Cyanidionen einen Cyanokomplex.
- Geben Sie die vollständige Elektronenkonfiguration von Nickel an.
- Für welchen Cyanokomplex erwarten Sie eine besonders hohe Stabilität?

A 10.16 Gegeben sind die beiden Komplexverbindungen $K_4[Fe(CN)_6]$ (gelbes Blutlaugensalz) und $K_3[Fe(CN)_6]$ (rotes Blutlaugensalz). Erklären Sie anhand des Kästchenmodells die unterschiedliche Stabilität der beiden Komplexe.

A 10.17 Erklären Sie anhand des Kästchenmodells, welcher der beiden Komplexe stabiler ist:
$Co(CN)_6^{3-}$ $Co(CN)_6^{4-}$

---

3. Aufgaben zum Massenwirkungsgesetz bei Komplexen

A 10.18 Welcher Zusammenhang besteht zwischen der Dissioationskonstante K_D und der Stabilitätskonstante K_A eines Komplexes?

A 10.19 Gegeben ist der Cobaltkomplex $[Co(CN)_6]^{3-}$. Stellen Sie das Massenwirkungsgesetz für die Dissoziation des Komplexes in wässeriger Lösung auf.

A 10.20 Gegeben ist folgende Reaktion:

$$Cu^{2+} + 4\,NH_3 \rightleftharpoons [Cu(NH_3)_4]^{2+} \qquad \Delta H = -10\ kJ$$

- Stellen Sie das Massenwirkungsgesetz für die Reaktion auf.
- Wohin verschiebt sich das Gleichgewicht nach Zugabe von Natriumsulfid?
- Wohin verschiebt sich das Gleichgewicht nach Zugabe von Ethylendiamin?
- Wohin verschiebt sich das Gleichgewicht nach Zugabe von Salzsäure? (nach rechts, nach links, gar nicht)
- Wenn Sie $[Cu(NH_3)_4]^{2+}$ in möglichst hoher Ausbeute darstellen wollten, würden Sie die Reaktion bei 20° C oder bei 40° C durchführen?
- Besitzt der obige Komplex Edelgaskonfiguration?

A 10.21 Welche der nachfolgenden Aussagen ist (sind) richtig (r) bzw. falsch (f)?
- Bei Zugabe von Schwefelwasserstoff zu einer blauen Lösung des Kupfertetrammin-Komplexes fällt Kupfersulfid aus.
- Die Koordinationszahl eines Zentralions in einem Metallkomplex ist gleich der Zahl der freien Elektronenpaare im Molekül.
- $[Fe(CN)_6]^{4-}$ ist stabiler als $[Fe(CN)_6]^{3-}$, weil Komplexe mit der höheren negativen Gesamtladung die größere Beständigkeit besitzen.

1. Lösungen zu Komplexen

L 10.01 Liganden sind entweder negativ geladen oder verfügen über freie Elektronenpaare.
Mögliche Liganden sind: CN^-, NH_3, $S_2O_3^{2-}$, $H_2NCH_2COO^-$, $C_2O_4^{2-}$, CO, I^-, EDTA
Die Komplexbeispiele sind:
$K_3[Fe(CN)_6]$, $[Cu(NH_3)_4]Cl_2$, $Na_3[Ag(S_2O_3)_2]$, $[Cu(H_2NCH_2COO)_2]$, $Na_3[Cr(C_2O_4)_3]$, $[Ni(CO)_4]$, $[AgI_2]^-$, $[CaEDTA]^{2-}$

L 10.02

	ja	nein
EDTA	X	
Tartrat	X	
CO		X
F^-		X
CN^-		X
Ethylendiamin	X	
OH^-		X
$C_2O_4^{2-}$	X	

L 10.03 Die Zahl der Bindungsmöglichkeiten eines Liganden an ein Zentralteilchen entspricht seiner Zähnigkeit. Cl^- ist ein einzähniger Ligand, $C_2O_4^{2-}$ demnach ein zweizähniger Ligand.

L 10.04 Hämoglobin mit Eisen als Zentralmetall, Chlorophyll mit Mg, Vitamin B_{12} mit Kobalt oder auch Carboxypeptidase mit Zink.

L 10.05 Komplex mit Ammoniak: $[Cu(NH_3)_4]Cl_2$
Komplex mit Wasser: $[Fe(H_2O)_6]Cl_3$

L 10.06 - Komplex mit Oxidationsstufe des Zentralmetalls gleich null: $[Fe(CO)_5]$
- Komplex mit einem sechszähnigen Liganden: $[CaEDTA]^{2-}$
- Komplex mit der Koordinationszahl 6: $K_3[Fe(CN)_6]$
- Komplex mit Chelatliganden: $[Cu(H_2NCH_2COO)_2]$
- Oktaederkonfiguration gewährleistet einen maximalen Abstand der Liganden bei einem sechszähnigen Komplex.

L 10.07

	a	B	c	d	e	f
Zähnigkeit der Liganden	1	1	2	1	2	1!
Ladung des Zentralatoms	+3	0	+2	+4	+3	+1

Thiosulfat fungiert im Silberkomplex nur als einzähniger Ligand!

L 10.08

	A	B	C
Zähnigkeit des Liganden	1	2	6
Ladung des Zentralatoms	0	+3	+2

L 10.09

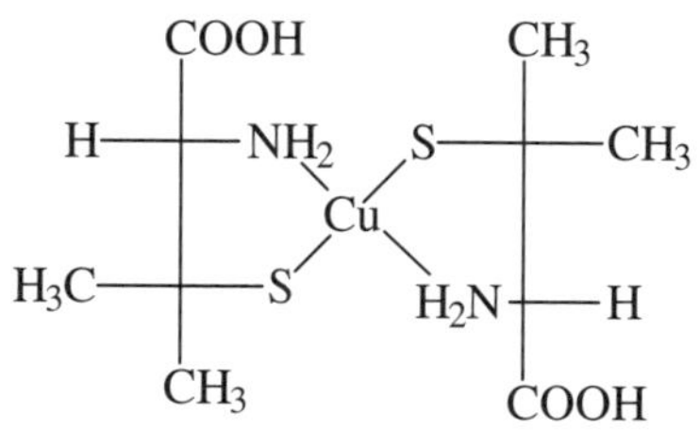

2. Lösungen zu Edelgaskonfiguration und dem Kästchenmodell

L 10.10 Aus der Liste der Ligandmoleküle im Kapitel Nomenklatur können Sie die Ladung der Liganden entnehmen. Die Ladung der vor den Klammern stehenden Alkalimetalle ist bekannt.

$Na[Al(OH)_4]$: Die Verbindung ist insgesamt neutral. $4 \times OH^- = 4-$

$1 \times Na^+ = 1+$

Damit die Verbindung neutral, ist gilt: $1 \times Al = +3$

$K_4[Fe(CN)_6]$: Verwenden Sie das gleiche Verfahren. $6 \times CN^- = 6-$

$4 \times K^+ = 4+$

$\Rightarrow Fe = +2$

$[Ni(CO)_4]$ $4 \times CO = 0$

$\Rightarrow Ni = 0$

$[Ag(S_2O_3)_2]^{3-}$: Die Summe der Ladungen der am Komplex beteiligten Teilchen muss der Außenladung entsprechen. $2 \times S_2O_3^{2-} = 4-$

$\Rightarrow Ag = +1$

Daraus resultiert die Gesamtladung von 3–.

L 10.11 Gehen Sie genauso wie in L 10.10 vor. Es ergibt sich:

$[Co(CN)_6]^{4-}$	Co = 2+
$[PtCl_2(NH_3)_2]^{2+}$	Pt = 4+
$Fe(CO)_5$	Fe = 0
$Na[Al(OH)_4(H_2O)_2]$	Al = +3

L 10.12 Cobalt ist +3 geladen. Die Ordnungszahl des Cobalt ist 27, somit hat das Atom selbst 24 Elektronen. Jeder einzähnige Ligand (hier H_2O und NH_3) stellt ein Elektronenpaar zur Verfügung, so ergeben sich für diesen Komplex:
24 (aus dem Zentralmetall) + 6 × 2 (aus den Liganden) = 36 Elektronen, was der Ordnungszahl des Krypton entspricht, also ja.
Beim Eisen geht man genauso vor:
Ordnungszahl 26 minus 3 Elektronen (wg. 3+) ergibt 23 Elektronen für das Zentralmetall. Es sind sechs einzähnige Liganden vorhanden, demnach gilt:

$$23 + 6 \times 2 = 35 \text{ Elektronen}$$

Daraus folgt, dass Eisen die Edelgasregel nicht erfüllt.

L 10.13 Aluminium ist in dem Komplex dreifach positiv geladen und hat somit 10 Elektronen. Für die Ligandenelektronenpaare können das 3s- und die 3p- Orbitale hybridisiert werden, womit sich mit den Liganden Elektronenpaaren (in den grauen Kästchen) folgendes Bild ergibt:

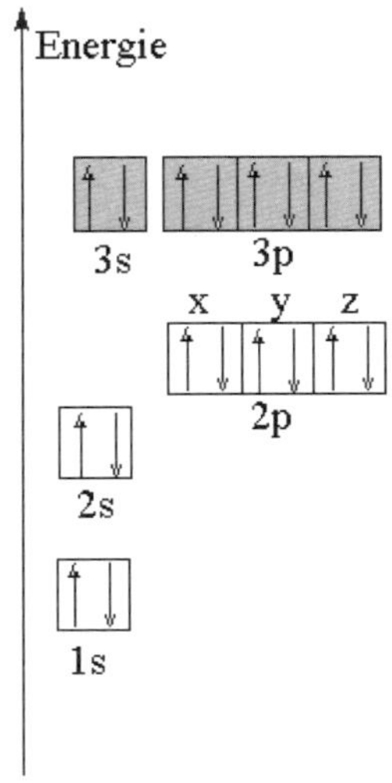

Komplexe die ein s- und drei p- Orbitale hybridisieren und für die Bindung zur Verfügung stellen (die Hauptquantenzahl ist dabei unwichtig!) heißen sp^3-Hybride und haben eine Tetraederstruktur (gleich Anordnung der Liganden).

L 10.14 Nickel ist in diesem Komplex ungeladen und hat somit 28 Elektronen. Dazukommen die vier Elektronenpaare der Carbonylliganden (in den grauen Kästchen).

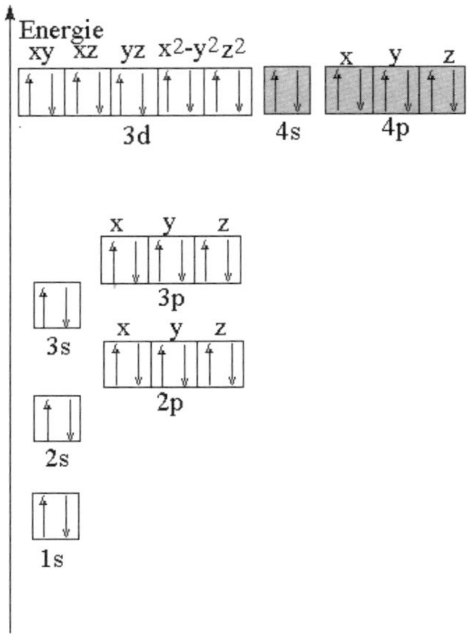

Es handelt sich wieder um einen sp^3-Komplex mit Edelgaskonfiguration.

L 10.15 Nickel hat die Ordnungszahl 28, zweiwertiges Nickel hat somit 26 Elektronen. Im Grundzustand haben Sie folgende Elektronenkonfiguration:

$$1s^2\ 2s^2\ 2p^6\ 3s^2\ 3p^6\ 3d^8$$

(Vergessen Sie nicht, dass die 4s- Elektronen als erstes abgegeben werden.) Um die nächste Edelgaskonfiguration zu erreichen, müßten zu den 26 Elektronen des Nickels weitere 10 Elektronen aus Liganden dazukommen (damit sich 36 Elektronen gleich Krypton ergeben). Dazu wären fünf einzähnige Liganden wie zum Beispiel Cyanid erforderlich. Es ergibt sich für so einen Komplex folgende Formel:

$$[Ni(CN)_5]^{3-}$$

L 10.16 Die Vorgehensweise entspricht der in L 10.14. Eisen ist in dem Komplex $[Fe(CN)_6]^{4-}$ zweifach positiv geladen und hat somit 24 Elektronen. In dem Komplex $[Fe(CN)_6]^{3-}$ ist das Eisen dreifach positiv geladen und hat daher 23 Elektronen. Dazu kommen jeweils sechs Ligandenelektronenpaare:

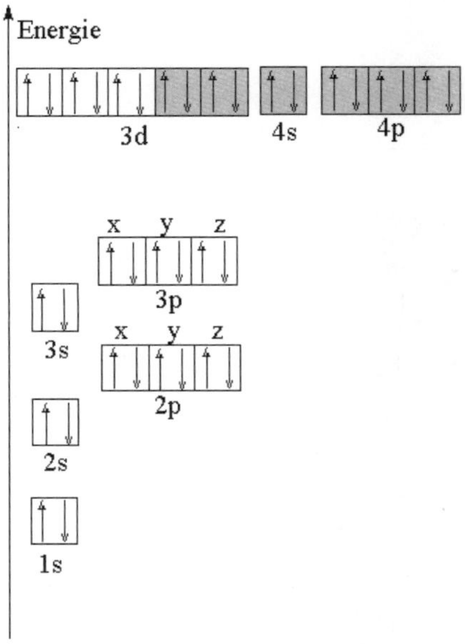

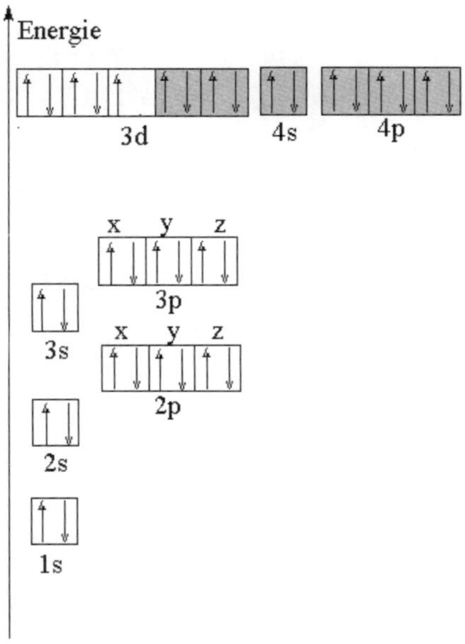

$[Fe(CN)_6]^{4-}$ $[Fe(CN)_6]^{3-}$

Der erste Komplex hat wieder eine Edelgaskonfiguration und ist somit stabil, dem zweiten Komplex fehlt ein Elektron zur Kryptonkonfiguration, er ist ein gutes Oxidationsmittel. Es handelt sich hier übrigens um d^2sp^3-Hybride.

L 10.17 Die Vorgehensweise entspricht der in der vorigen Aufgabe. Cobalt ist in dem Komplex $[Co(CN)_6]^{3-}$ dreifach positiv und hat somit 24 Elektronen. In dem Komplex $[Co(CN)_6]^{4-}$ ist das Zentralteilchen zweifach positiv geladen, es hat 25 Elektronen. Hinzu kommen sechs Ligandenelektronenpaare.

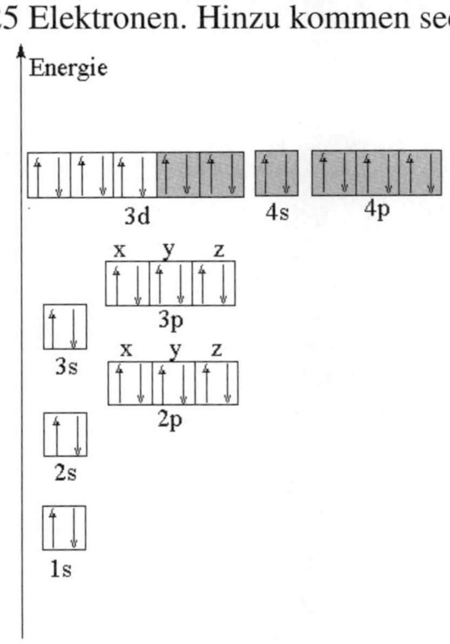

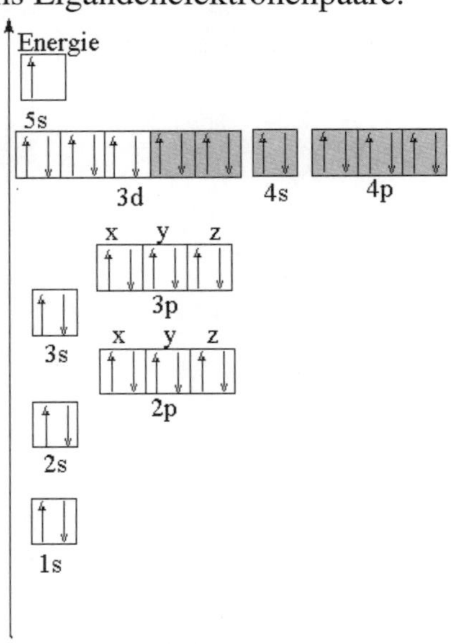

$[Co(CN)_6]^{3-}$ $[Co(CN)_6]^{4-}$

Der erste Komplex hat Edelgaskonfiguration und ist stabil; der zweite Komplex hat ein Elektron mehr als der Edelgaskonfiguration entspricht, er ist ein Reduktionsmittel.

3. Lösungen zum Massenwirkungsgesetz bei Komplexen

L 10.18 Dissoziationskonstante und Stabilitätskonstante sind umgekehrt proportional zueinander:

$$K_A = \frac{1}{K_D}$$

L 10.19

$$[Co(CN)_6]^{3-} \rightleftharpoons Co^{3+} + 6\ CN^-$$

$$K_D = \frac{[Co^{3+}] \times [CN^-]^6}{[[Co(CN)_6]^{3-}]}$$

L 10.20

$$K_A = \frac{[[Cu(NH_3)_4]^{2+}]}{[Cu^{2+}] \times [NH_3]^4}$$

- nach links, Cu^{2+} wird als CuS ausgefällt
- nach links, weil Chelatkomplexe meist energetisch begünstigt sind
- nach links, HCl reagiert mit Ammoniak unter Salzbildung
- bei 20° C ist die Ausbeute höher (exotherme Reaktion)
- Cu^{2+} besitzt 9 Außenelektronen, dazu kommen 4 mal 2 Elektronen von Ammoniak. Das ergibt zusammen 17 Elektronen. Damit erreicht der Komplex nicht die Edelgaskonfiguration (nötig wären 18 Außenelektronen).

L 10.21
- richtig: Cu^{2+} wird als CuS gefällt
- falsch
- falsch

Nomenklatur organischer Verbindungen

Dieses Kapitel ist die Grundvoraussetzung in der organischen Chemie. Sie sollten es daher sehr gründlich lernen, vor allem die folgenden Tabellen sind äußerst wichtig (um es ganz genau zu sagen: ohne die Tabelle sitzen Sie hier sehr schnell im falschen Film!). Die Nomenklatur dient zur Beschreibung der Struktur organischer Verbindungen. Die Bildung des Nomenklaturnamens ist wiederum durch einen Wortthesaurus (dtsch: Sammelwort) gegeben. Er setzt sich aus drei Teilen zusammen:

Präfix–Wortstamm–Suffix

Das oberste Gebot ist, dass jeder Nomenklaturname eindeutig nur eine Verbindung zu beschreiben hat. Das heißt nicht, dass jede Verbindung auch nur mit einem Namen beschrieben werden kann, es gibt manchmal Alternativen. (Diesen Satz hören Puristen der Nomenklatur nicht sehr gerne. Aber irgendwie muss man sehen, dass man schnell auf eine vernünftige und eindeutige Lösung kommt, d.h. man muss die Regeln manchmal auslegen, denn es sind schließlich Regeln und keine Gesetze!)

Der Wortstamm ist die längste Kohlenstoffkette oder ein Ring. Die Kohlenstoffketten sind in der so genannten homologen Reihe der Alkane angeordnet und haben nach wachsender Kohlenstoffzahl folgende Namen:

Formel	Struktur	Name	Restformel	Restnamen
CH_4		Methan	CH_3	Methyl
C_2H_6		Ethan	C_2H_5	Ethyl
C_3H_8		Propan	C_3H_7	Propyl
C_4H_{10}		Butan	C_4H_9	Butyl
C_5H_{12}		Pentan	C_5H_{11}	Pentyl
C_6H_{14}		Hexan	C_6H_{13}	Hexyl
C_7H_{16}		Heptan	C_7H_{15}	Heptyl
C_8H_{18}		Oktan	C_8H_{17}	Oktyl
C_9H_{20}		Nonan	C_9H_{19}	Nonyl
$C_{10}H_{22}$		Dekan	$C_{10}H_{21}$	Dekyl
$C_{11}H_{24}$		Undekan	$C_{11}H_{23}$	Undekyl
$C_{12}H_{26}$	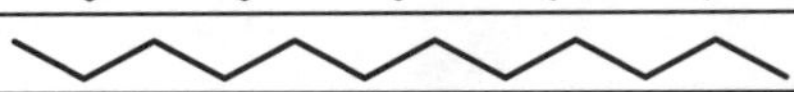	Dodekan	$C_{12}H_{25}$	Dodekyl
$C_{20}H_{42}$		Eicosan	$C_{20}H_{41}$	Eicosyl

Bei den Strukturformeln haben wir hier sofort die gängige Strichschreibweise benutzt. Dabei bedeutet jede Spitze und jede Ecke in der Kette ein Kohlenstoffatom. Wasserstoffatome werden nur dann mitgeschrieben, wenn man sie besonders hervorheben will oder wenn sie an so genannten Heteroatomen gebunden sind. Heteroatome sind alle Atome in der organischen Chemie, die weder Kohlenstoff noch Wasserstoff sind. Denken Sie daran, dass Kohlenstoff vierbindig ist und sich daraus die Zahl der Wasserstoffatome ergibt.

Häufig wird auch vor dem Namen ein kleines n gesetzt (Bsp.: n-Heptan), um anzuzeigen, dass es sich um nicht verzweigte Ketten handelt. Sobald die Ketten verzweigt sind oder andere Atome als Kohlenstoff enthalten, wird die Sache komplizierter. Nachdem Sie die längste Kohlenstoffkette bzw. den größten Kohlenstoffring gefunden haben, müssen Sie alle an dieser Kette (oder Ring) befindlichen Gruppen identifizieren. Eine besondere Rolle spielen dabei Kohlenwasserstoffreste. Diese werden immer nur als Präfix verwendet und allgemein als R– bezeichnet. Die Namen finden Sie in den beiden letzten Spalten der obigen Tabelle.

In der nachfolgenden Tabelle finden Sie die Namen der funktionellen Gruppen. Der Name der funktionellen Gruppe ist jeweils grau markiert. Nachdem alle Gruppen identifiziert wurden, muss die der höchsten Funktionalität bestimmt werden. In der nachfolgenden Tabelle sind die funktionellen Gruppen nach absteigender Funktionalität geordnet, so hat z.B. eine Säure eine höhere Priorität als ein Keton. Die Gruppe mit der höchsten Funktionalität gibt den Suffixnamen. Alle anderen Gruppen sind dann Präfixe, die nicht nach der Funktionalität sondern *alphabetisch* geordnet werden.

Tabelle der funktionellen Gruppen nach absteigender Funktionalität

Präfix	Suffix	Strukturformel	Semistrukturformel
Carboxy	-carbonsäure	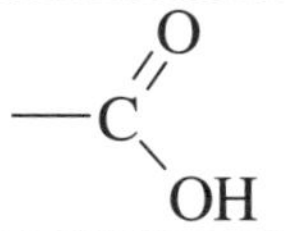	–COOH
	-säure	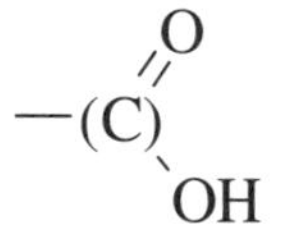	–(C)OOH
Sulfo	-sulfonsäure	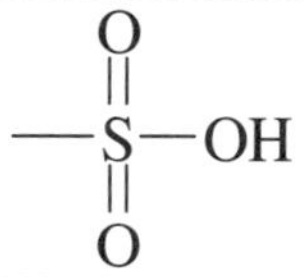	$–SO_3H$
-oxycarbonyl-	-carbonsäureester	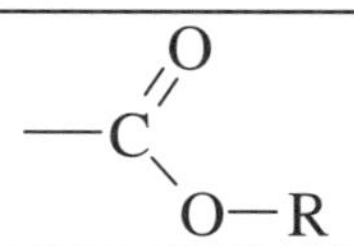	–COOR
	-säureester alternativ: -ester oder –oat	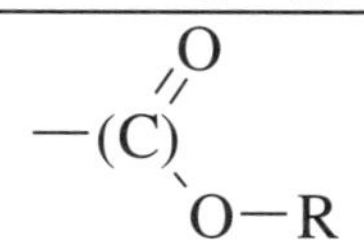	–(C)OOR
Halogenformyl-	-carbonsäurehalogenid	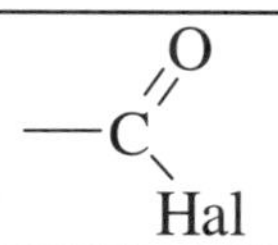	–COHal
	-säurehalogenid	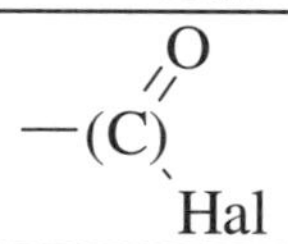	–(C)OHal
Carbamyl-	-carbonsäureamid	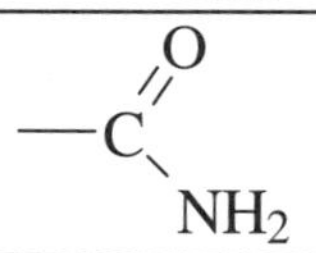	$–CONH_2$ –CONHR $–CONR_2$
	-säureamid alternativ: -amid	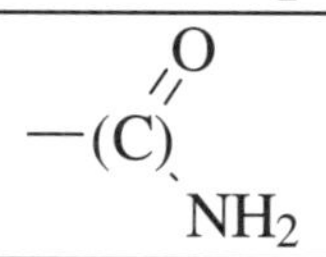	$–(C)ONH_2$ –(C)ONHR $–(C)ONR_2$
Sulfamyl-	-sulfonsäureamid	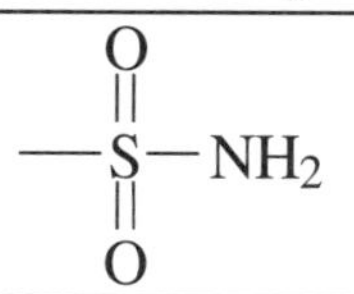	$–SO_2NH_2$ $–SO_2NHR$ $–SO_2NR_2$
Cyano-	-carbonsäurenitril	—C≡N	–CN
	-nitril	—(C)≡N	–(C)N
Formyl-	-carbaldehyd (Aldehyd)	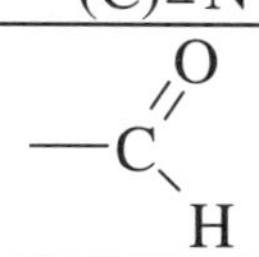	–CHO

Fortsetzung

Oxo-	-al	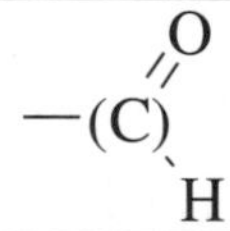	–(C)HO
Oxo-	-on (Keton)	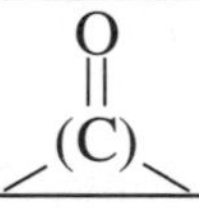	–(C)O–
Hydroxy-	-ol (Alkohol)	—OH	-OH
Mercapto-	-thiol	—SH	–SH
Amino-	-amin	$—NH_2$	$–NH_2$,–NHR,$–NR_2$
Imino-	-imin	=NH	=NH,=NR
-oxy-	(Ether)	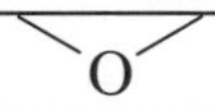	–OR
-thio-	(Thioether)	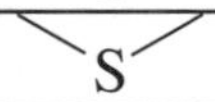	–SR
Fluor-	(Halogenid)	—F	–F
Chlor-	"	—Cl	–Cl
Brom-	"	—Br	–Br
Iod-	"	—I	–I
Nitro-	(Nitroverbindung)	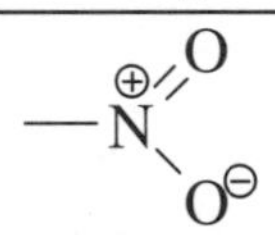	$–NO_2$
Phenyl-	-	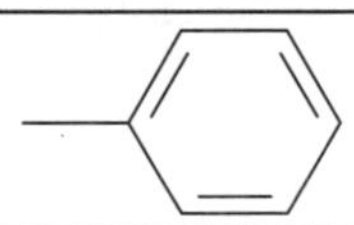	$–C_6H_5$
Benzyl-	-	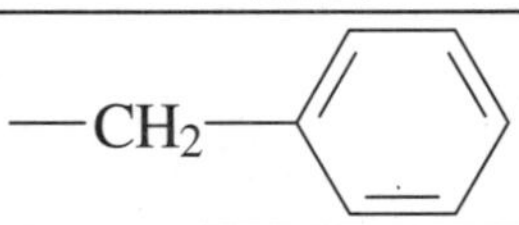	$–CH_2–C_6H_5$
Alkyl-	-	R—	–R

Noch einige wichtige Bemerkungen:
Bei vielen der hier gezeigten funktionellen Gruppen ist Kohlenstoff enthalten. Wenn dieser in der Tabelle in Klammern steht, so gehört dieser Kohlenstoff *mit* zur längsten Kohlenstoffkette. Alkyl- steht repräsentativ für Methyl-, Ethyl-, Propyl- usw. (Siehe erste Tabelle).
Die in Klammern stehenden Begriffe kennzeichnen die Stoffklasse, gehören aber nicht zur Nomenklatur.
Sollte das Suffix -ether oder -amin sein, so ergibt sich eine leicht geänderte Nomenklatur, die im Weiteren noch diskutiert wird. Bei den Suffixen -carbonsäureester (auch -Säureester) wird der Alkylrestname R in das Suffix eingefügt, so dass das Suffix dann Säurealkylester lautet. Dieses gilt auch für -carbonsäureamide (bzw. -säureamide); dort werden die gegebenenfalls vorhandenen Reste ebenfalls in das Suffix eingebaut (siehe Beispiele). Wenn eine Gruppe mehrmals auftritt, so wird das mit den Zählsilben gekennzeichnet, die man vor die funktionelle Gruppe stellt:

Zählsilben

Anzahl	2	3	4	5	6	7	8	9	10
Zählsilbe	di	tri	tetra	penta	hexa	hepta	okta	nona	deka

Die Zählsilbe mono für 1 wird nicht erwähnt.

Nachdem jetzt jede Gruppe klassifiziert, geordnet und benannt wurde, muss nur noch ihre „Adresse" an der längsten Kohlenstoffkette zugeordnet werden. Man spricht hier von einem Lokanten (Positionszahl). Dazu wird die Kette durchgezählt und die Position der funktionellen Gruppe mit einer Zahl, die vor die funktionelle Gruppe gestellt wird (sozusagen die Hausnummer), gekennzeichnet. Wenn eine funktionelle Gruppe mehrfach vorkommt, so werden die Lokanten vor die Zählsilbe gestellt. Die Zahl der aufgezählten Lokanten muss mit der Zählsilbe übereinstimmen. Hat man zum Beispiel die Zählsilbe tri vor einer funktionellen Gruppe, so müssen auch drei, jeweils durch ein Komma getrennte, Lokanten davor stehen. Ein Lokant braucht nicht angegeben zu werden, wenn die Position der funktionellen Gruppe von vornherein eindeutig ist. Dieses gilt auf jeden Fall für folgende Suffixe:
-säure, -säureester, -säurehalogenid, -säureamid, -nitril, -al (nicht für -carbonsäure usw.!).

Einige Beispiele:

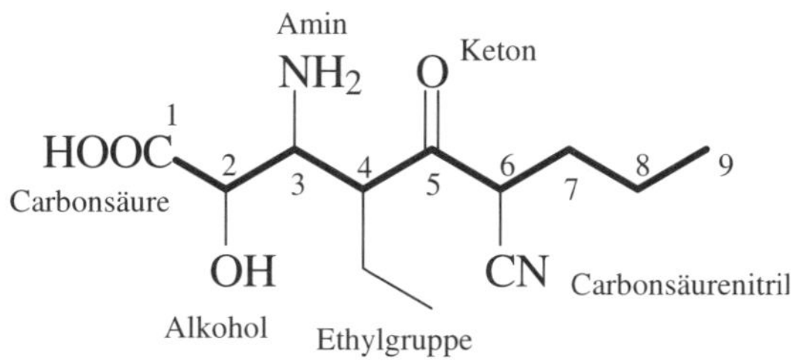

Wir haben bei der gegebenen Struktur schon die längste Kette fett gekennzeichnet. Es handelt sich um ein **Nonan**. Danach werden die funktionellen Gruppen, die sich an der längsten Kette befinden, identifiziert. Die funktionelle Gruppe mit der höchsten Priorität ist die Carbonsäure. Da der Kohlenstoff der Carbonsäure mit zur längsten Kette gehört ergibt sich als Suffixnamen **-säure**.
Alle anderen funktionellen Gruppen müssen daher in alphabetischer Reihenfolge vor den Wortstamm gestellt werden: **Amino-, Cyano-, Ethyl-, Hydroxy-, Oxo-**.
Danach wird die Kette fortlaufend durchnumeriert. Bei der Nummerierung achtet man darauf, dass die oben aufgezählten Suffixe, bei denen eine Positionszahl nicht notwendig ist, immer auf der ersten Position stehen. Wenn so ein Suffix nicht vorhanden ist, sollte man immer so zählen, dass die Positionsnummern möglichst klein sind. Die funktionellen Gruppen sollen möglichst am Anfang der Kette stehen. Der Name ergibt sich demnach wie folgt:

3-Amino-6-cyano-4-ethyl-2-hydroxy-5-oxononansäure

Denken Sie daran: Auch bei einem Sammelwort schreibt man nur den ersten Buchstaben groß!

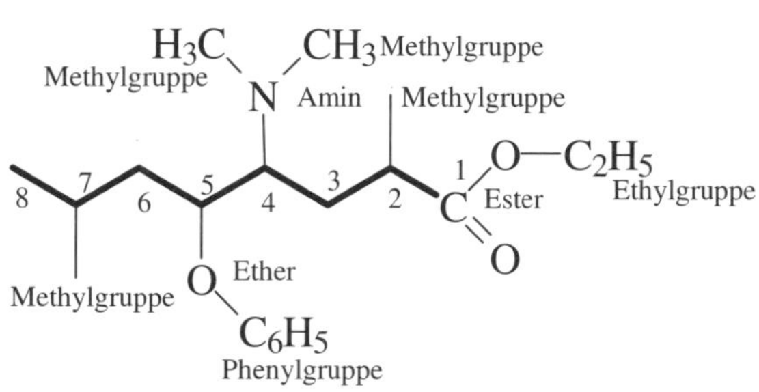

Die längste Kette ist in diesem Fall **Oktan**, die höchste Funktionalität ist die des **Säureesters**. Die anderen *direkt* an der Kette gebundenen Funktionalitäten in alphabetischer Reihenfolge sind: **Amino-**, **Methyl-** sowie **-oxy-**.

Die an Heteroatome gebundenen Kohlenwasserstoffreste werden durch eine entsprechende Stellung vor dem Präfixnamen und der Nennung des Elementsymbols als Positionszahl bestimmt. Es ergibt sich daraus:
N,N-Dimethylamino- sowie O-Phenyloxy-, das aber besser zu einem **Phenoxy-** verschliffen wird. Die Nennung des Elementsymbols von Sauerstoff ist etwas zu korrekt und im Allgemeinen nicht üblich. Übrigens: Die Präfixe sollen zwar alphabetisch geordnet werden, aber Zählsilben und die beiden an der Aminogruppe hängenden Methylgruppen zählen nicht, sondern nur das Präfix als solches.
Im Falle des Suffixes Säureester wird die Ethylgruppe in den Namen „eingebaut“, es ergibt sich ein **-säureethylester**. Es ergibt sich folgender Name:

4-N,N-Dimethylamino-2,7-dimethyl-5-phenoxyoktansäureethylester

Ist doch ganz harmlos - oder?
Als ein weiteres Beispiel soll hier die Zitronensäure dienen. Sie hat folgende Strukturformel:

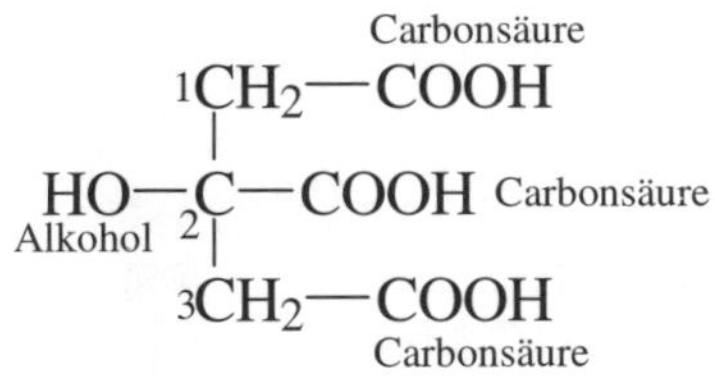

Die längste Kohlenstoffkette ist ein Pentan. Dadurch hätte man das Problem, dass man eine -säure wie auch eine -carbonsäure in der Bezeichnung unterbringen müsste. Dies geht nicht, da es dann zwei Suffixe wären. Auch die Behandlung der mittleren Carbonsäurefunktion als Präfix erscheint nicht sonderlich elegant. Daher ist es besser, wenn man die -säuren als -carbon-säuren aus der längsten Kette ausgliedert. Es ergibt sich als Wortstamm **Propan**. Als Suffix verwenden wir - wie diskutiert - -carbonsäure, bzw. da es drei Funktionen sind **– tricarbon-säure**. Das Präfix ergibt sich aus dem Alkohol zu **Hydroxy-.**
Die Nomenklaturbezeichnug ist daher am besten:

2-Hydroxypropan-1,2,3-tricarbonsäure

Ether, Ketone und Amine
Sollte das Suffix -ether sein, so sind an der funktionellen Gruppe zwei Kohlenwasserstoffgruppen. Es hat sich als praktisch erwiesen, diese als Alkylreste zu betrachten. Wenn der Rest eine Phenylgruppe ist, so heißt diese verallgemeinernd zwar Arylrest, stören Sie sich aber nicht an solchen Feinheiten. Betrachten wir diesen Sachverhalt an einem Beispiel:

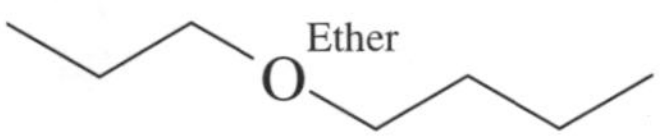

Dieser Ether hat einen **Butyl**rest und einen **Propyl**rest, die Bezeichnung lautet daher:

Butylpropylether

Sollten die Reste gleich sein, so erhält man einen symmetrischen Ether. Sollten die Alkylreste noch weitere Substituenten enthalten, ergibt sich daraus eine Eigenwilligkeit in der Nomenklatur. Zur Erläuterung soll folgendes Beispiel dienen:

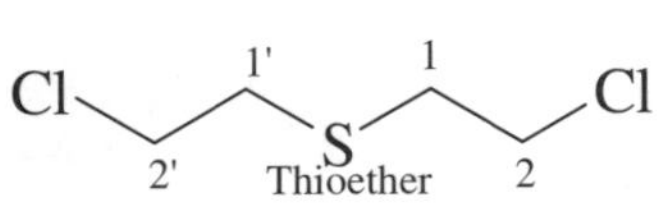

Wie Sie sehen, hat das Molekül im Schwefelatom eine Spiegelebene. Die Bezeichnung der Kohlenstoffatome entspricht der von Punkten und Bildpunkten in der Geometrie. Dass von der höchsten funktionellen Gruppe, hier dem **-thioether,** aus gezählt wird, ist selbstverständlich. Der Name ergibt sich daher zu:

2,2'-Dichlordiethylthioether

Anmerkung: Diese Verbindung hat den Trivialnamen Lost, und unsere persönliche Hoffnung ist es, dass Sie dieses Zeug nur auf dem Papier kennenlernen werden!

Bei Aminen wird diese Form der Nomenklatur dann verwendet, wenn sie Suffix sind und sich mehr als eine Kohlenstoffgruppe am Stickstoffatom befindet. Zwei Beispiele zur Erläuterung:

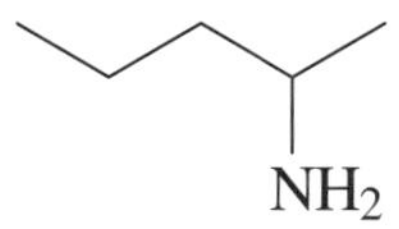

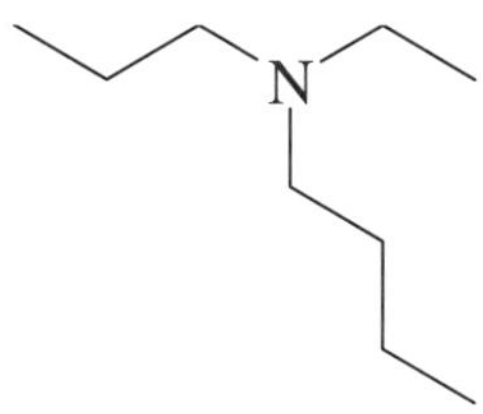

Das linke Beispiel enthält als längste Kette ein **Pentan** und als höchste Priorität ein **Amin** an der zweiten Position. Der Name lässt sich daher am besten mit **Pentan-2-amin** wiedergeben. Bei dem rechten Beispiel sind mehrere Kohlenwasserstoffreste enthalten, Sie haben daher zwei Möglichkeiten. Die erste Möglichkeit besteht darin, die längste Kette als Wortstamm zu benutzen, hier also **Butan**. Die höchste Funktionalität ist die des **Amins,** die anderen organischen Reste werden mit der „Positionszahl" N für die Bindung an den Stickstoff benannt. Der Name ergibt sich somit zu **N-Ethyl-N-propyl-butanamin**. Die andere Möglichkeit ergibt sich dadurch, dass man die Situation genauso wie bei einem Ether betrachtet, also alle drei Kohlenstoffketten als Reste ansieht. Der Nomenklaturname wäre demzufolge:

Butyl-ethyl-propylamin

Bei Ketonen gibt es ebenfalls die Möglichkeit, diese Form der Bezeichnung zu wählen. Sie ist alles andere als eine strenge Nomenklatur und sollte daher nur im „Notfall" benutzt werden. Zur Erläuterung soll hier das Butanon dienen:

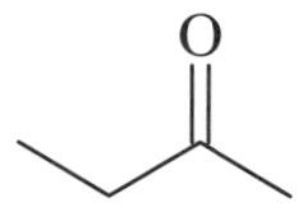

Wir betrachten die Reste links und rechts von der **Keto**funktion (dem C=O). Es befinden sich eine **Ethyl**gruppe auf der linken Seite und eine **Methyl**gruppe auf der rechten Seite. Der Kohlenstoff des **Ketons** zählt nicht mit. Der Name ergibt sich zu **Ethylmethylketon**.

Ungesättigte Verbindungen (Doppel- oder Dreifachbindungen)

Wenn sich in der längsten Kette eine Doppel- oder eine Dreifachbindung befindet, so gehört Sie in der Nomenklatur mit zum Wortstamm. Doppelbindungen enden mit der Endsilbe -en und einer davorgestellten Positionszahl. Bei Dreifachbindungen ist die Endung -in und eine entsprechende Positionszahl. Dabei sind Dreifachbindungen der harmlosere Fall. Ein Beispiel:

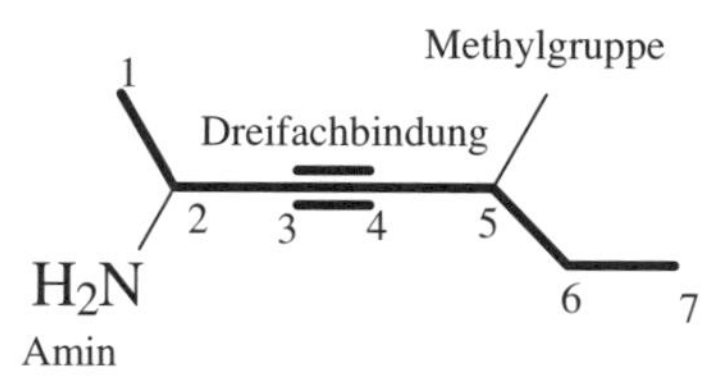

Die längste Kette ist hier ein Heptan mit einer Dreifachbindung an der dritten Stelle, der Wortstamm ist daher **Hept-3-in** (manchmal auch 3-Heptin genannt). Die höchste Funktionalität ist die des **Amin**s auf der zweiten Position. Als Präfix ist die **Methyl**gruppe auf Position 5 vorhanden. Es ergibt sich somit:

5-Methylhept-3-in-2-amin

Bei Doppelbindungen wird die Nomenklatur etwas komplizierter. Da die Doppelbindung im Gegensatz zur Einfachbindung nicht mehr frei drehbar ist, ergibt sich für den Molekülaufbau, dass man in der Regel zwei Isomere unterscheiden muss. Im ersten Fall bleibt der Kettenverlauf auf einer Seite der Doppelbindung, im zweiten Fall wechselt er die Seite. Dieses wird gerne an der Verbindung But-2-en eingeführt, so dass wir uns hier dieser Sitte anschließen werden:

cis-But-2-en

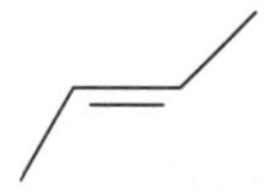

trans-But-2-en

Traditionell wird die Verbindung, bei der die (längste) Kohlenstoffkette auf derselben Seite bleibt, als *cis* bezeichnet, beim Wechsel der (längsten) Kohlenstoffkette auf die andere Seite bezeichnet man das als *trans*.
Bei den Verbindungen handelt es sich, da sie die gleichen Summenformeln haben, um Isomere. Die Bezeichnung für diese Isomerie lautet cis- trans- Isomerie, die Verbindungen werden auch häufig als geometrische Isomere bezeichnet. Der in einigen Büchern gebräuchlichen Eingliederung unter den Oberbegriff der Konfigurationsisomerie für diese Isomerie folgen wir nicht, da wir diese für wenig sinnvoll halten.
Diese Nomenklatur ist nicht ausreichend und wird heute nur noch selten verwendet. Die neue Nomenklatur werden wir an einem Beispiel erläutern, das sofort die Schwächen der cis- trans-Nomenklatur aufzeigt:

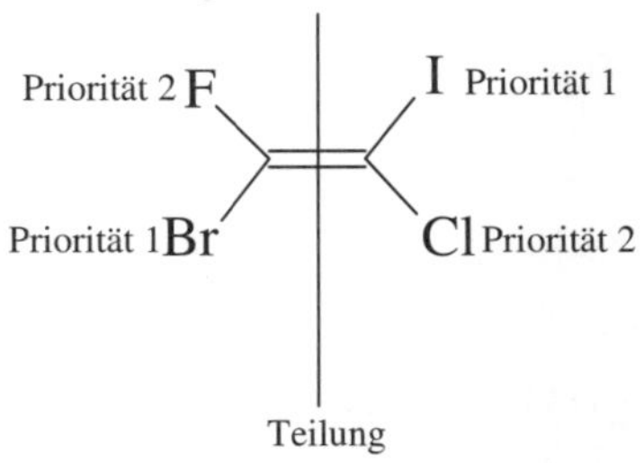

E-1-Brom-2-chlor-1-fluor-2-iodethen

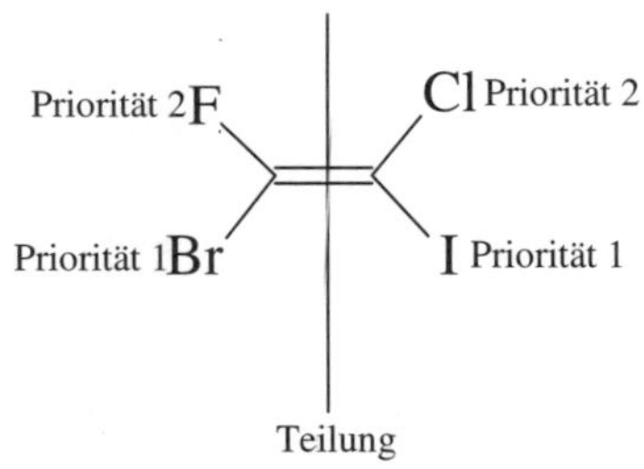

Z-1-Brom-2-chlor-1-fluor-2-iodethen

Wie Sie sehen, kann man sich in diesem Beispiel nicht an den Kettenverlauf einer Kohlenstoffkette halten. Man zeichnet daher eine Hilfslinie ein, die das Molekül in der Doppelbindung genau teilt. Man betrachtet jetzt die zwei Atome (oder Gruppen) an jedem Kohlenstoff der Doppelbindung und ordnet ihnen eine Priorität zu. Dazu benutzt man die Ordnungszahlen (nicht die Massezahlen, im Periodensystem gibt es zwei „Dreher"). Je höher die Ordnungszahl, desto höher die Priorität.
Sollte diese Unterscheidung an dieser Stelle noch nicht möglich sein, so geht man eine Bindung weiter. Befinden sich dort unterschiedliche Atome, so wird an dieser Stelle die Entscheidung über die Priorität gefällt, sollte das noch nicht möglich sein, so geht man wiederum eine Bindung vom betrachteten Zentrum weiter usw. Doppelt gebundene Atome zählen bei dieser Betrachtung doppelt und Dreifachbindungen dreifach.

Bemerkung: Kommen Sie nicht auf die Idee, die Summe der Ordnungszahlen oder ähnliches zu bilden. Haben Sie zum Beispiel an zwei zu betrachtenden Gruppen zwei gleiche und ein verschiedenes Atom, so zählt das unterschiedliche Atom.
Wenn jetzt jeder der beiden Gruppen eine Priorität zugeordnet wurde so gilt folgendes: Befinden sich die ersten Prioritäten jeder Seite der Teilung auf der gleichen Seite der Doppelbindung, so bezeichnet man das als *Z* (dtsch. zusammen). Befinden sich die Prioritäten der Teilung auf verschiedenen Seiten der Doppelbindung, so bezeichnet man dieses als *E* (dtsch. entfernt).
Ein Beispiel:

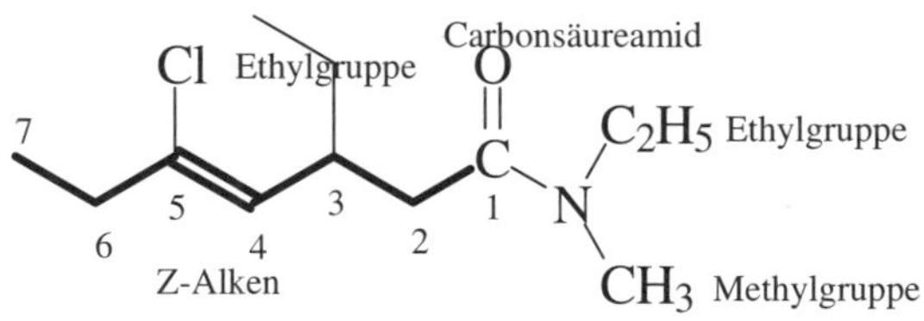

Die längste Kette ist ein Heptan, das an der vierten Position ungesättigt ist. Der Wortstamm lautet daher **Hept-4-en**. Die Doppelbindung ist ein **Z**- Isomer (links: Cl höher als C, rechts: C höher als H). Die höchste Funktionalität ist die des Carbon**säureamid**s. Am Stickstoff des Amids befinden sich eine **Ethyl**- und eine **Methyl**gruppe. Die Präfixe sind das **Chlor**atom und eine **Ethyl**gruppe. Der Name ergibt sich somit zu:

Z-5-Chlor-3-ethylhept-4-ensäure-N-ethyl-N-methylamid

Verzweigte Kohlenstoffketten

Sollten sich an der längsten Kohlenstoffkette Kohlenstoffreste befinden, die nicht mit ihrem ersten Kohlenstoffatom an dieser Kette hängen, wird das durch folgende Nomenklaturregelung berücksichtigt. Die Kohlenstoffe der Verzweigung werden ebenfalls durchnumeriert. Die Position des Kohlenstoffs der verzweigten Kette, der an den Kohlenstoff der längsten Kette anbindet, wird zwischen dem Restnamen und der Restendung -yl- eingefügt. Ein Beispiel:

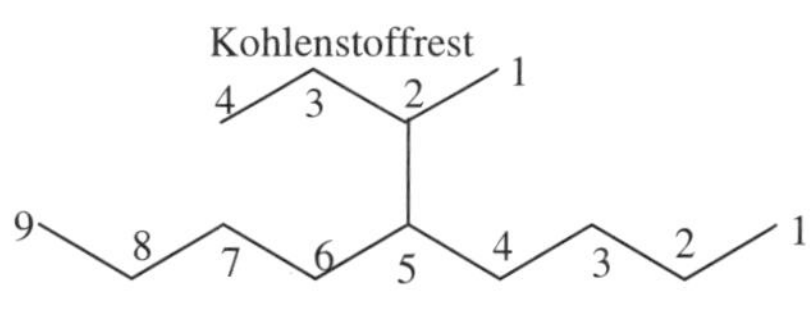

Die längste Kette ist ein **Nonan**, die Seitengruppe ein **Butyl**rest, der an der zweiten Stelle „einzweigt“. Der Nomenklaturnamen lautet somit: **5-But-2-ylnonan**.
Neben dieser rationalen Nomenklatur gibt es noch einige Trivialnamen für verzweigte Reste. Diese Namen dürfen immer noch an Stelle der rationalen Namen benutzt werden. Folgende Kohlenstoffrestnamen sollten Sie kennen:

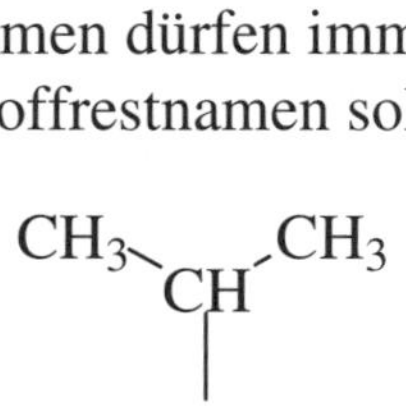

Isopropylrest

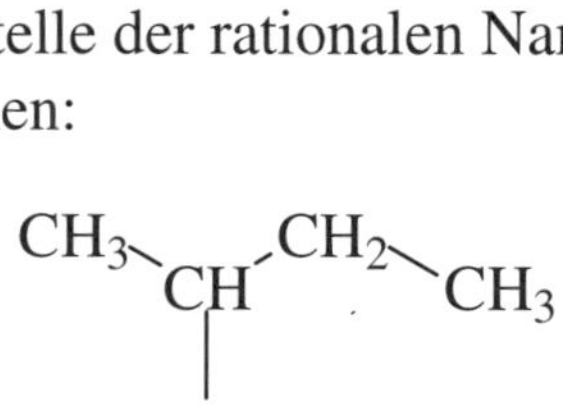

Isobutylrest

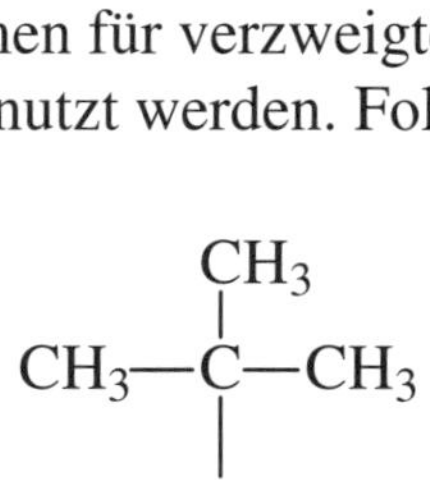

tertiär Butylrest

Aromatische Verbindungen

Bei den Verbindungen, die Benzol enthalten, ergibt sich ein gesondertes Nomenklatursystem. Der Wortstamm ist hier natürlich Benzol. Besser wäre die Bezeichnung Benzen, die sich bis jetzt aber nicht durchsetzen konnte.

Bei einer einfachen Substitution am Benzolring ändert sich nichts, das gesonderte Nomenklatursystem wird erst dann benutzt, wenn zwei Reste am Benzolring gebunden sind. Wenn sich zwei Substituenten am Benzolring befinden, so ergeben sich drei Möglichkeiten der Anordnung:

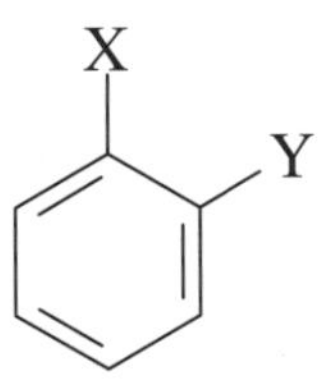

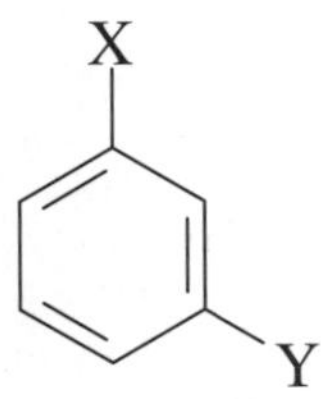

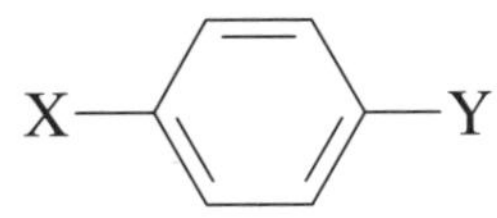

	ortho- Substitution	meta- Substitution	para- Substitution
Alternativ:	1,2- Substitution	1,3-Substitution	1,4-Substitution

Die Begriffe ortho, meta und para sind heute noch gängig und sollten gelernt werden. Wir machen darauf aufmerksam, dass die Bezeichnungen nicht für Cyclohexan anwendbar sind, und dass sie sich mit dem Molekül mitdrehen. Wichtig ist nur, dass sich die Substituenten bei einer ortho-Substitution direkt benachbart befinden, bei einer meta-Substitution durch einen weiteren Kohlenstoff getrennt sind und sich bei einer para- Substitution genau gegenüberliegen.

Einige Beispiele:

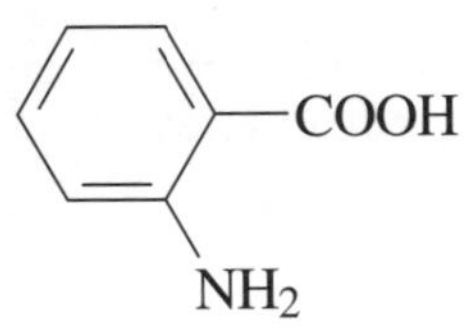

Der Wortstamm ist **Benzol**, die höchste Funktionalität die einer **Carbonsäure**, das **Amin** ist Präfix. Das Substitutionsmuster ist **1,2** oder **ortho**. Der Name lautet daher entweder **ortho-Aminobenzolcarbonsäure** (verkürzt: o-Aminobenzolcarbonsäure) oder **2-Aminobenzol-1-carbonsäure** (der Lokant 1 ist bei der Carbonsäure eigentlich überflüssig, überlegen Sie selbst warum!).

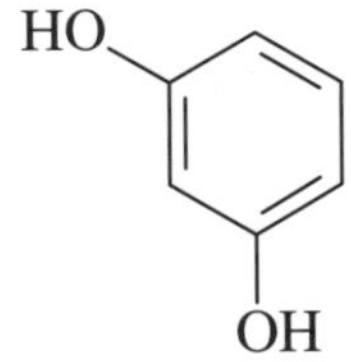

Hier befinden sich am **Benzol**ring zwei **Hydroxy**gruppen in Metaposition. Die Bezeichnung lautet daher: **meta-Dihydroxybenzol** (m-Dihydroxybenzol) oder **1,3-Dihydroxybenzol**. Oft werden Substituenten mit niedriger Funktionalität (z.B.: Alkohole und Amine) als Präfix erfasst.

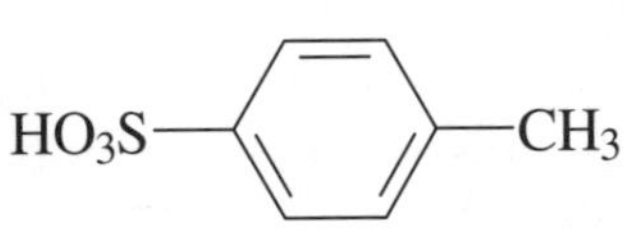

Am **Benzol**ring befinden sich eine Sulfonsäuregruppe und ein Methylrest in Para-Position. Der Name lautet: **para-Methylbenzolsulfonsäure** (kurz: p-Methylbenzolsulfonsäure) oder **4-Methylbenzol-1-sulfonsäure**.

Eine entsprechende Nomenklatur für drei und mehr Substituenten existiert zwar auch, aber hier empfiehlt es sich, Positionszahlen anzugeben. Denken Sie auch hier daran, immer den kürzesten Weg der Nummerierung zu wählen.

Bei der Nomenklatur größerer aromatischer Systeme werden Kohlenstoffe, die nicht mit Substituenten besetzt werden können, gesondert gezählt. Das sind diejenigen, die die aromatischen Ringe verbinden. Erläutert sei das am Beispiel des Naphtalins:

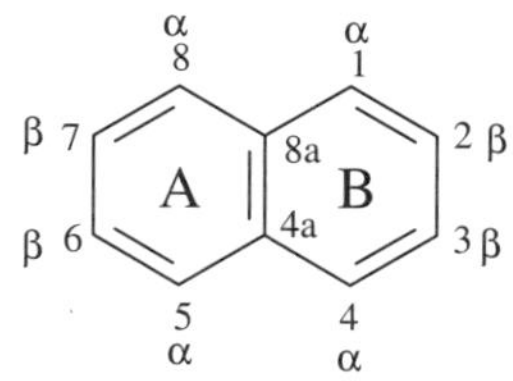

Nach alter Nomenklatur werden die einfachen Substitutionsprodukte (mit einem Substituenten am C, der nicht Wasserstoff ist) durch die griechischen Buchstaben α und β gekennzeichnet. Die Ringe werden gerne durch Großbuchstaben kenntlich gemacht.

Kette oder Ring

In vielen Verbindungen sind sowohl Ketten- als auch Ringstrukturen enthalten. Hier müssen Sie gewichten, welcher Strukturteil sich besser als Wortstamm eignet. Die Kohlenstoffanzahl ist dabei nicht unbedingt ausschlaggebend. Ein wichtiges Kriterium, was als Wortstamm zu wählen ist, ergibt sich aus der Frage, ob die meisten funktionellen Gruppen an der Kette oder an dem Ring sitzen. Dabei sollte man auch auf den Sitz der Gruppe mit der höchsten Funktionalität achten. Wenn dann immer noch keine Klarheit herrscht gilt: Ringe vor Ketten.
Einige Beispiele:

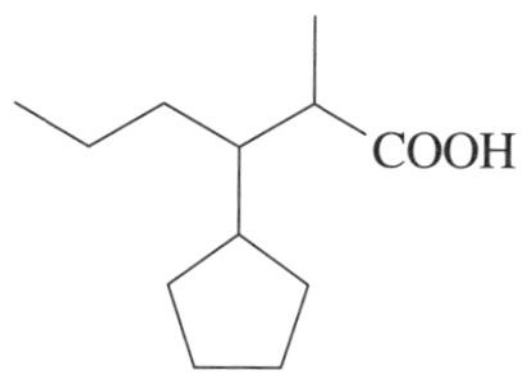

Die funktionelle Gruppe eine **Carbonsäure** sitzt an der Kohlenstoffkette. Sie ergibt daher den Wortstamm **Hexan**. Der **Cyclopentyl**ring ist ebenso wie die **Methyl**gruppe Präfix. Der Name ergibt sich zu: **2-Methyl-3-cyclopentylhexansäure**.

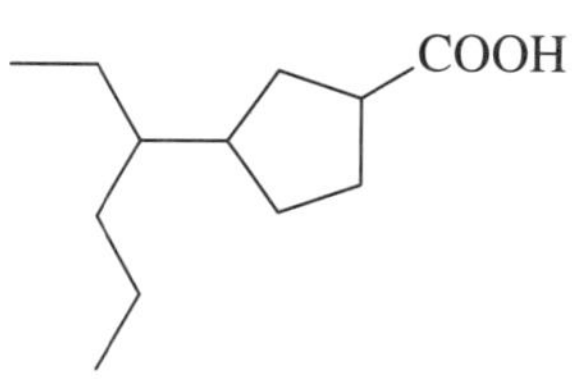

Die funktionelle Gruppe befindet sich am Ring, die Kette wird als Rest betrachtet. Der Name lautet: **3-Hex-3-ylcyclopentan-1-carbonsäure**.
(Um es für Puristen ganz deutlich zu sagen: Die Reihenfolge ist festgelegt; Verbindungsstamm wird: 1. Das System mit den meisten Hauptgruppen; 2. Ringsysteme, entweder Heterocyclen oder Carbocyclen; 3; die längste Kette.)
Ein anderes Nomenklaturproblem wollen wir an folgendem Beispiel erläutern:

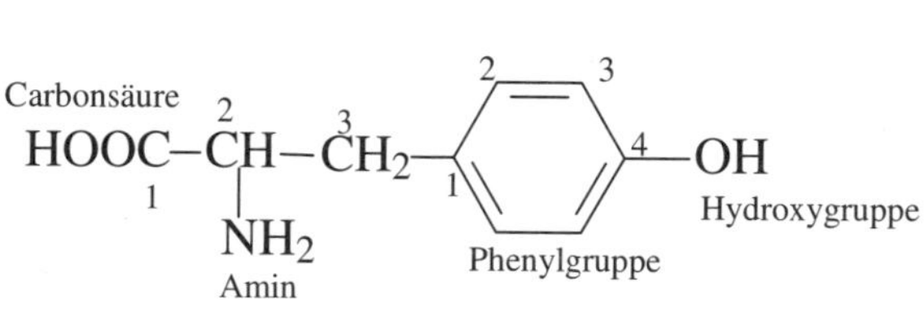

Es handelt sich um die Aminosäure Tyrosin. Wir haben auf einer der folgenden Seiten eine Liste der Aminosäuren. Als mögliche Wortstämme ergeben sich sowohl Propan als auch Benzol. Sie sehen, dass an dem Propan mehr funktionelle Gruppen gebunden sind, als am Benzolring. Daher wird diese Gruppe als Wortstamm bezeichnet. Im anglikanischen Raum spricht man von Parentalstruktur, weil diese Gruppe die meisten „Kinder“, also funktionelle Gruppen bindet. Das zweite Problem ist die Hydroxygruppe am Benzolring, also ein Substituent am Präfix. Die Zusammengehörigkeit wird hier durch eine Klammer deutlich gemacht. Der Lokant der Hydroxygruppe ergibt sich wie folgt. Man zählt von der Bindungsstelle des Substituenten am Stamm bis zur funktionellen Gruppe. Der Name lautet daher:

2-Amino-3-(4-hydroxyphenyl)-propansäure

Veraltete Nomenklatur der Carbonylverbindungen

Bei Carbonylverbindungen (Säuren, Ester, Amide, Ketone, kurzgesagt alles mit einer C=O -Gruppe) gibt es noch eine veraltete Nomenklatur, die gelegentlich in diesem Bereich Verwendung findet. Dabei wird der *Kohlenstoff* neben der Carbonylgruppe als α, der darauffolgende als β usw. bezeichnet. Diese Nomenklatur dient zumeist nur zur Orientierung und ist nicht an eine Richtung (bei Ketonen) gebunden. Diese Bezeichnung überträgt sich auch auf die Gruppen, die an den Kohlenstoff gebunden sind. Ein Beispiel:

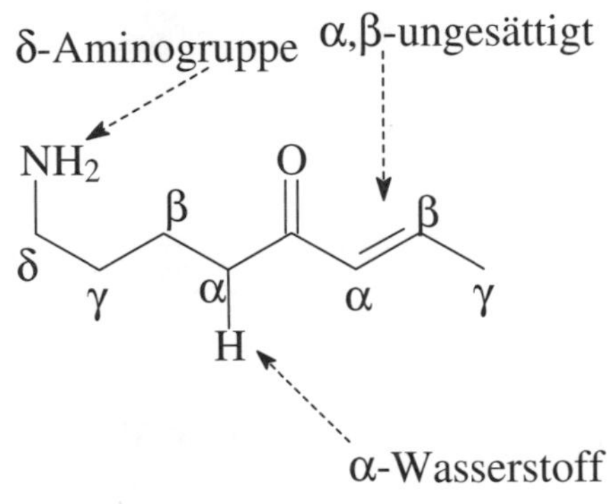

Cyclische Ester und Amide

Ringförmige Ester und Amide haben traditionell die Namen Lacton und Lactam. Zur Bestimmung der Ringgröße bei Lactonen wird die Position der Kohlenstoffe, an denen der Ring beginnt (Carbonylgruppe!) und schließt, vor das Suffix -olid gesetzt. Ansonsten gilt wieder die Regel der längsten Kohlenstoffkette. Die IUPAC- Nomenklatur der Lactame wird hier nicht besprochen, da sie die Kenntnis der Namen einer Reihe von heterocyclischen Verbindungen voraussetzt. Gelegentlich wird auch die oben erwähnte veraltete Nomenklatur der Carbonylverbindungen zur Bestimmung der Ringgröße verwendet. Einige Beispiele:

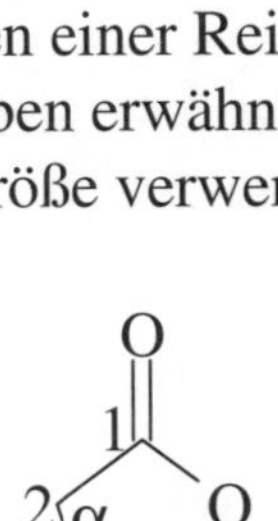

Die längste Kette hat vier Kohlenstoffe, es handelt sich um ein **Butan**, die funktionelle Gruppe ist die eines **Lacton**s, das am vierten Kohlenstoff den Ring schließt. Der Name lautet daher: **Butan-1,4-olid** oder Butan-γ-lacton.

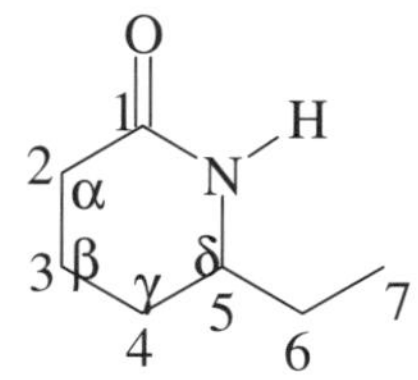

Die längste Kette ist die eines **Heptans**, die funktionelle Gruppe ist ein **Lactam**, das sich am fünften Kohlenstoff befindet. Gezählt wird, wie auch bei den Lactonen, ab der höchsten funktionellen Gruppe, also dem Ester-Kohlenstoff oder dem Amid-Kohlenstoff. Der Name lautet daher: **Heptan-δ-lactam**.
Bei Aufgaben zur Benennung von Verbindungen nach IUPAC können Sie beruhigt davon ausgehen, dass Lactame und Lactone, wenn sie vorkommen, immer die höchste funktionelle Gruppe (Suffix) sind.

Trivialnamen
Hier hilft nur schlichtes Auswendiglernen. Informieren Sie sich vorher, welche der angegebenen Trivialnamen Sie benötigen!

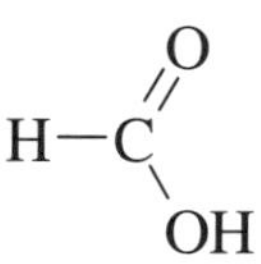
Ameisensäure

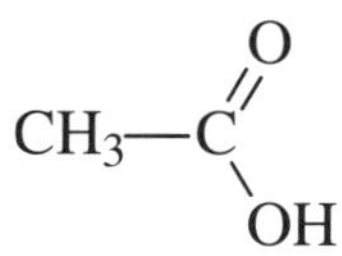
Essigsäure

$CH_3—CH_2—CH_2—COOH$
Buttersäure

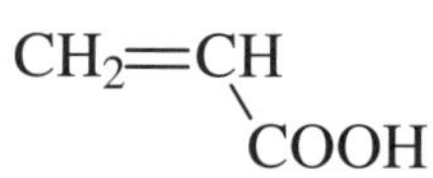
Acrylsäure

Oxalsäure

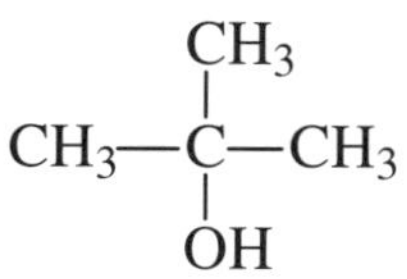
tert.-Butylalkohol

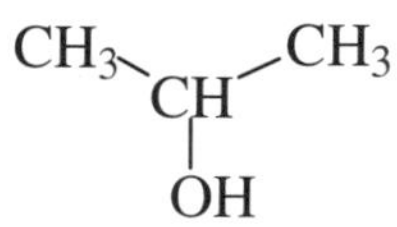
Isopropanol

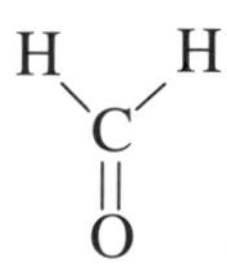
Formaldehyd

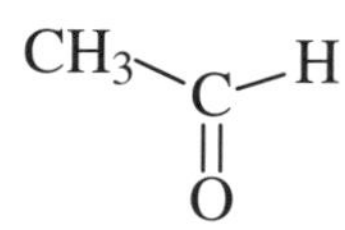
Acetaldehyd

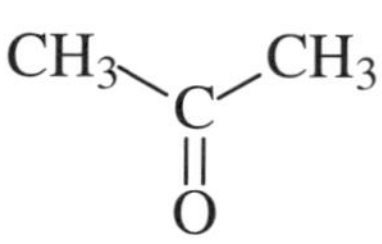
Aceton

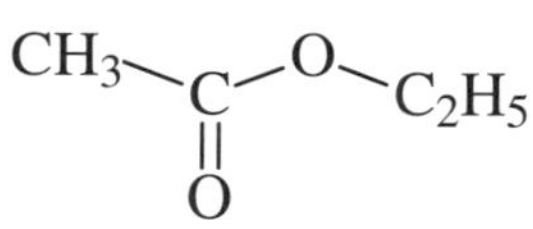
Essigester

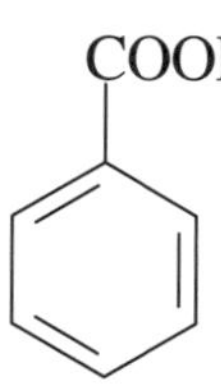
Benzoesäure

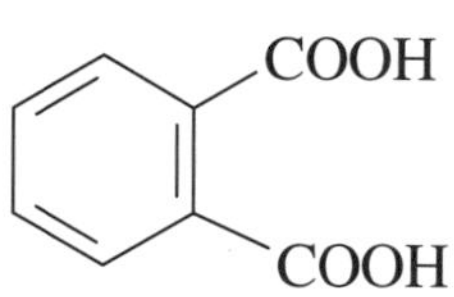
Phthalsäure

Terephthalsäure

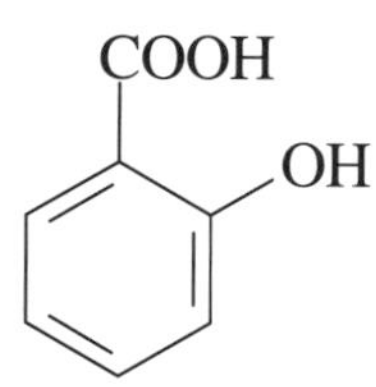
Salicylsäure

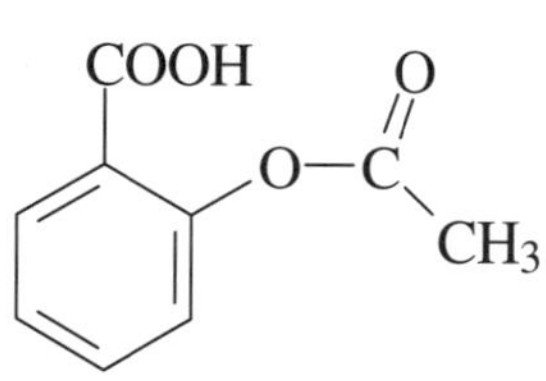
Acetylsalicylsäure

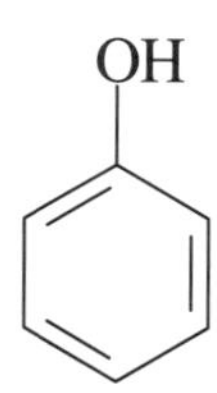
Phenol

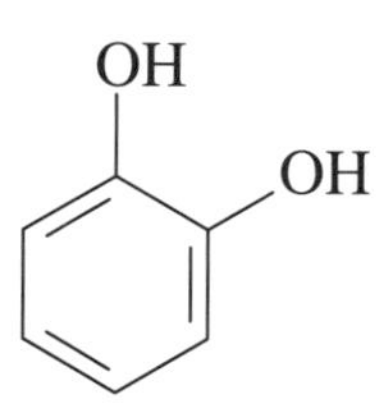
Brenzcatechin

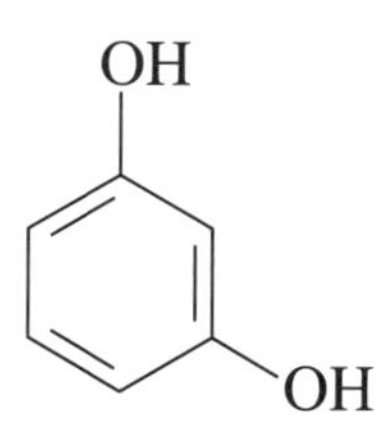
Resorcin

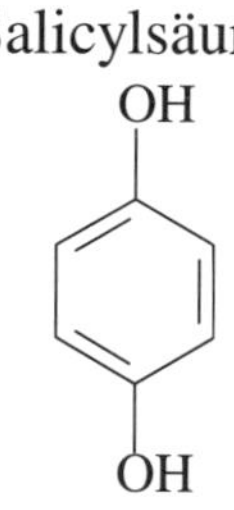
Hydrochinon

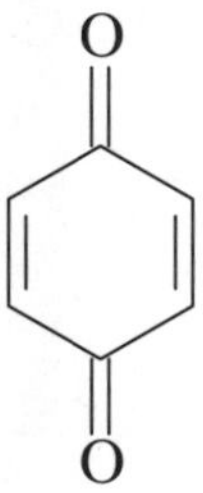
p-Chinon

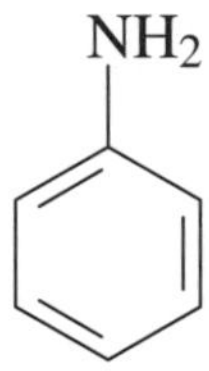
Anilin

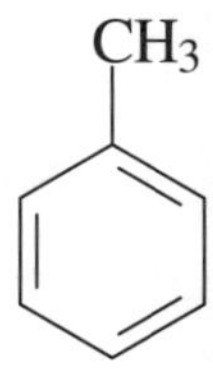
Toluol

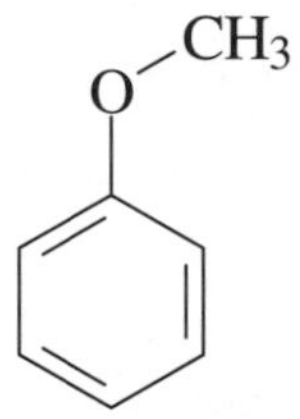
Anisol

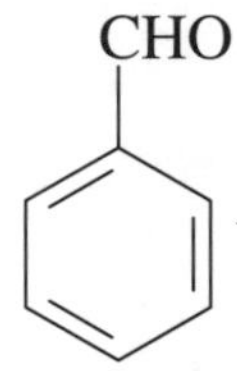
Benzaldehyd

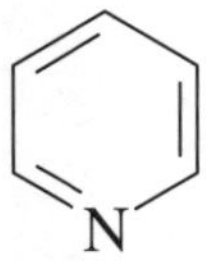

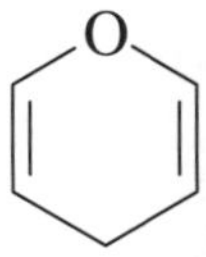

PyridinPyrrol 4-Pyran Furan

Gängige Trivialnamen in der Biochemie

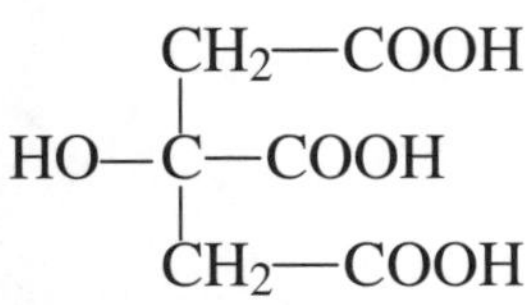
Zitronensäure

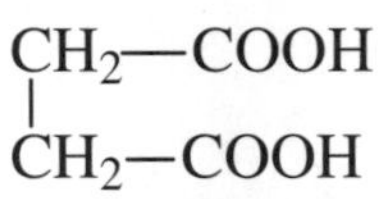
Bernsteinsäure

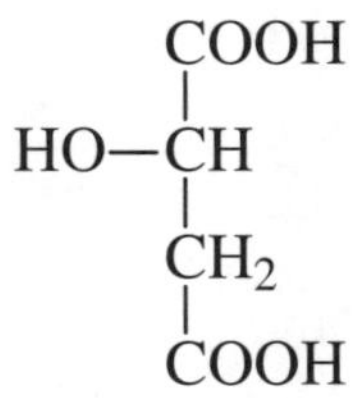
Äpfelsäure

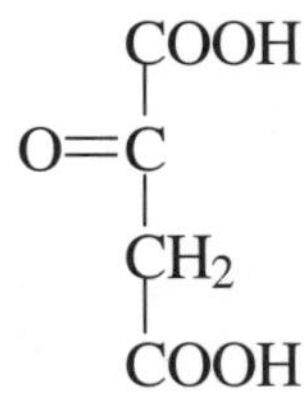
Oxalessigsäure

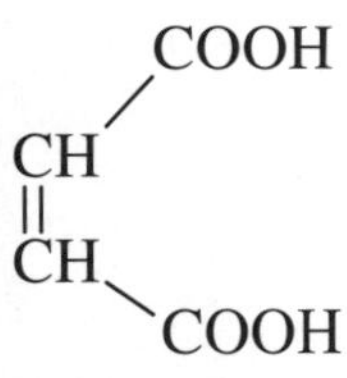
Maleinsäure

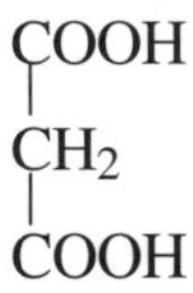
Malonsäure

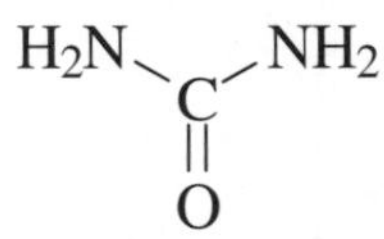
Harnstoff

Aminosäuren

Neutrale Aminosäuren

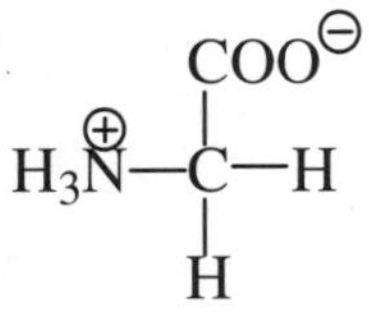
Glycin

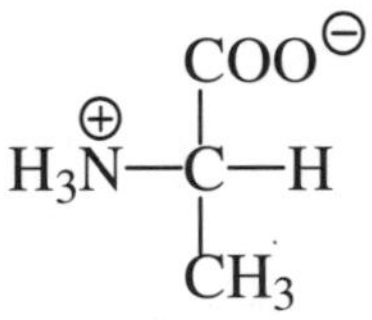
Alanin

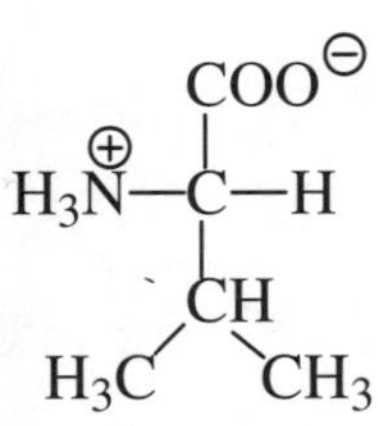
Valin

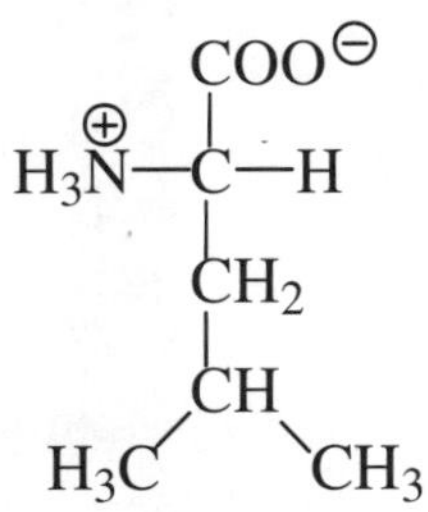
Leucin

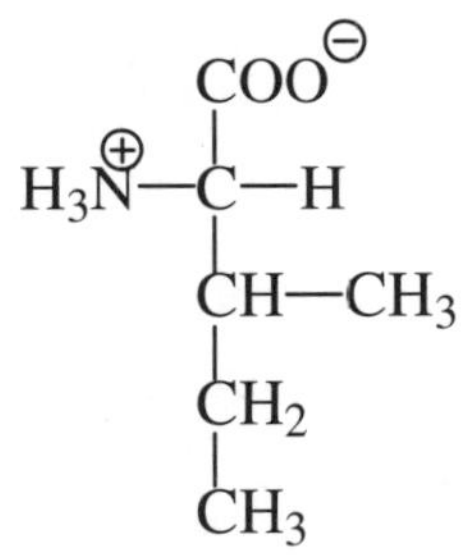
Isoleucin

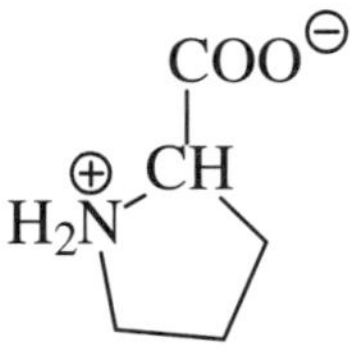
Prolin

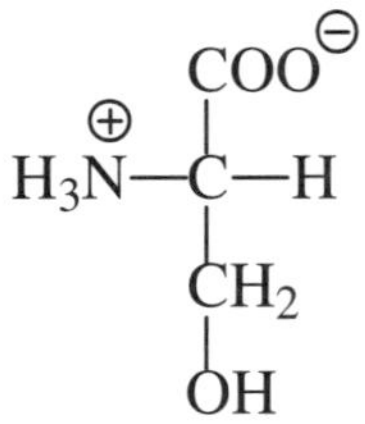
Serin

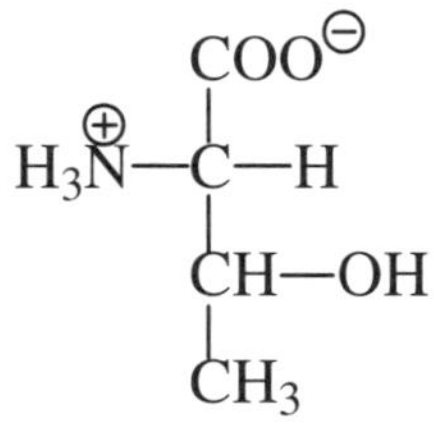
Threonin

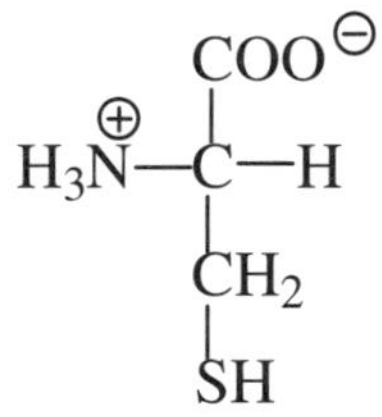
Cystein

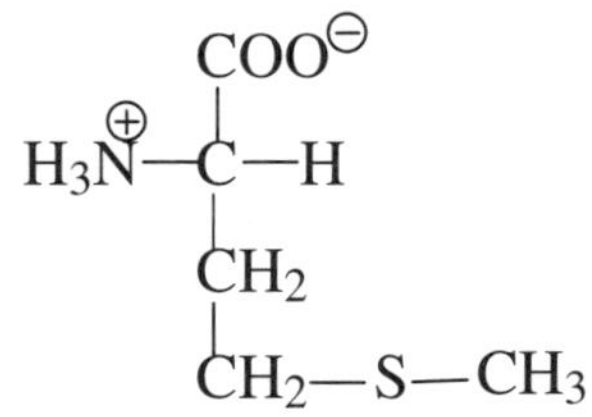
Methionin

Aromatische Aminosäuren

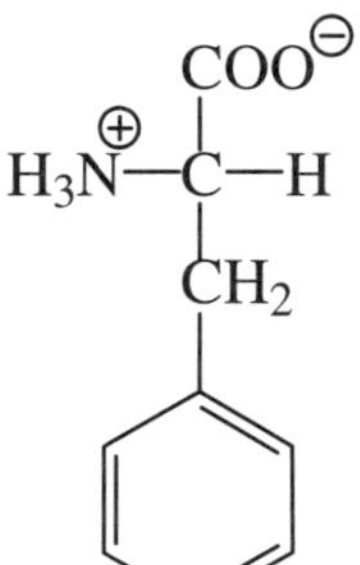
Phenyl-
alanin

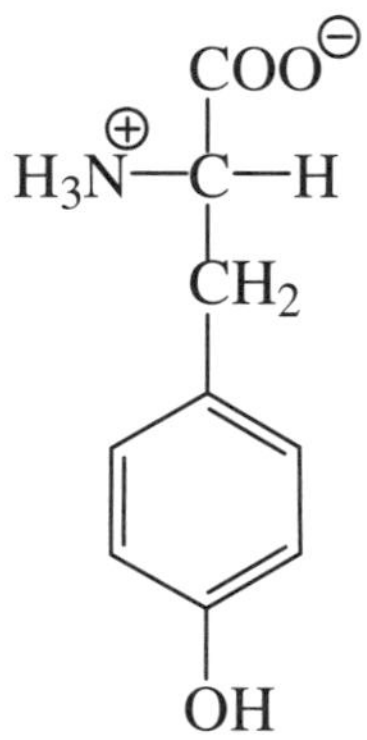
Tyrosin

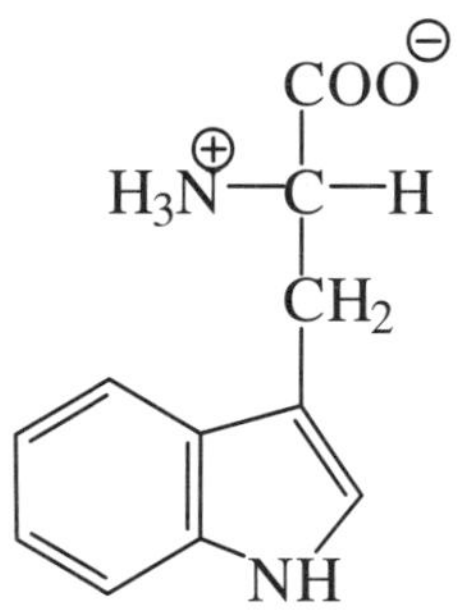
Tryptophan

Basische Aminosäuren

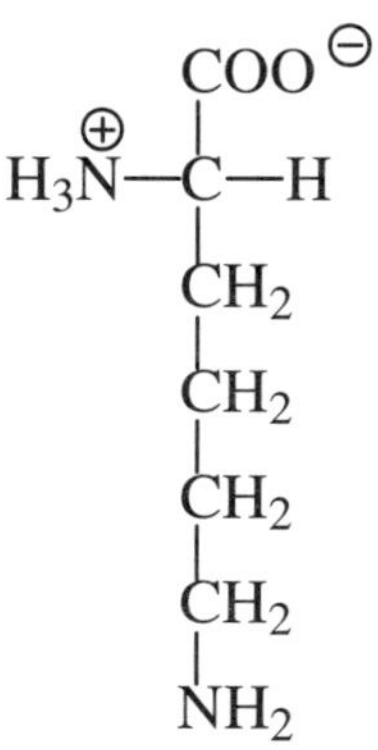
Lysin

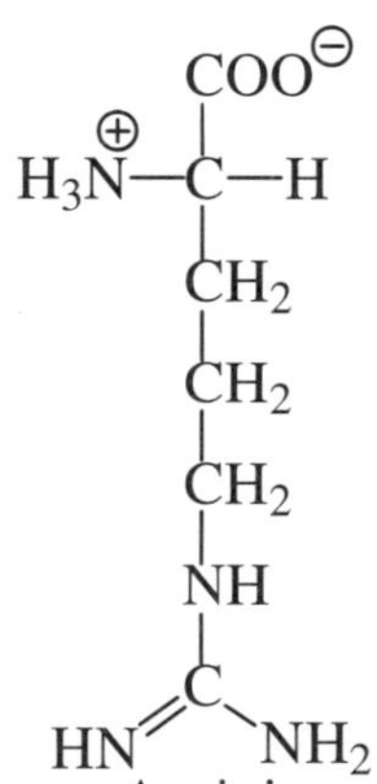
Arginin

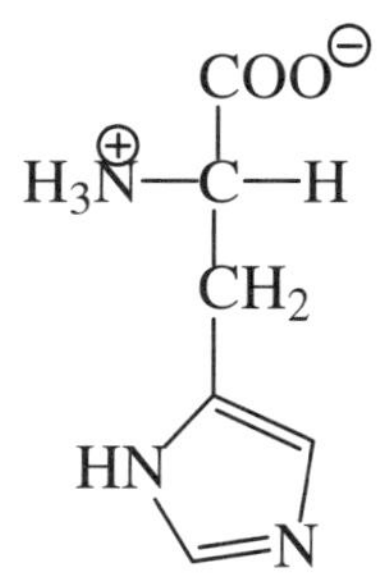
Histidin

Saure Aminosäuren und ihre Amide

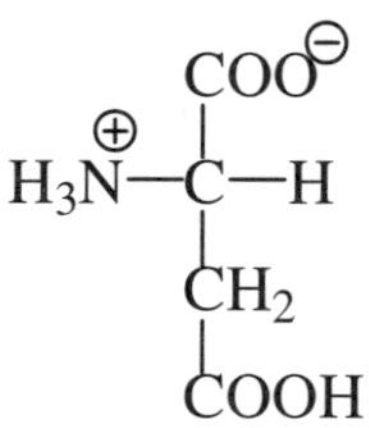
Asparagin-
säure

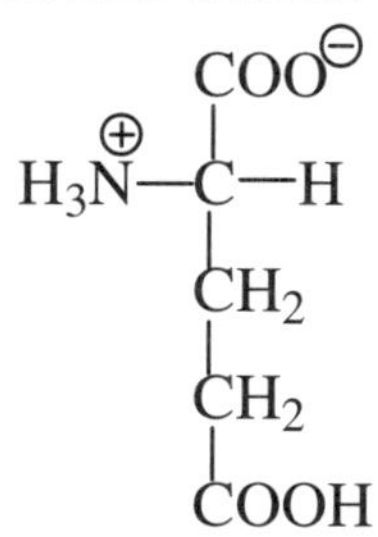
Glutamin-
säure

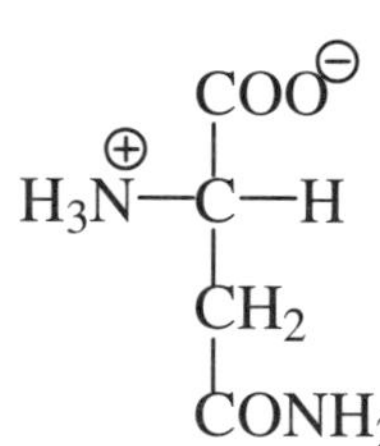
Asparagin

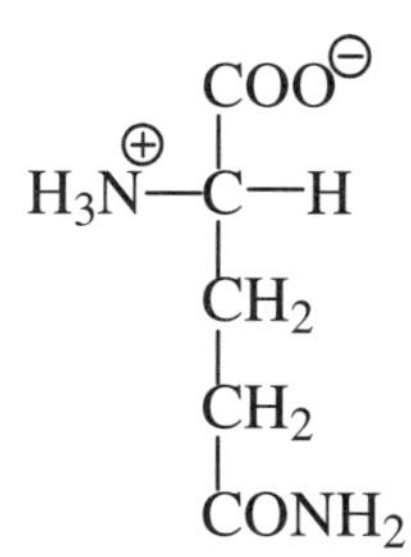
Glutamin

Anmerkung: Histidin ist nicht nur eine basische Aminosäure, sondern gehört auch zur Gruppe der aromatischen Aminosäuren.

Klassifikationen

Eine häufig gestellte Aufgabe ist es, einfach nur die Stoffklassen zu erkennen. Die Stoffklassen sind in der Nomenklaturtabelle grau unterlegt. Es gibt allerdings mehrere Stoffklassen, die von der hier vorgestellten Nomenklatur anders oder nicht erfasst werden, aber wegen ihrer besonderen Eigenschaften häufig getrennt erkannt werden müssen. Dazu gehören:

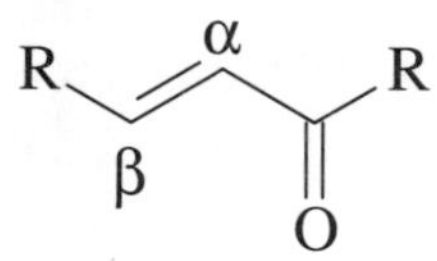

α,β-ungesättigte Carbonylverbindungen: Eine Carbonylverbindung, hier ein Keton, ist nur durch *eine* Einfachbindung von einer Doppelbindung getrennt.

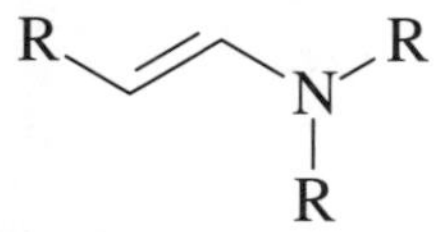

Enamin: Ein Amin ist nur durch *eine* Einfachbindung von einer Doppelbindung getrennt.

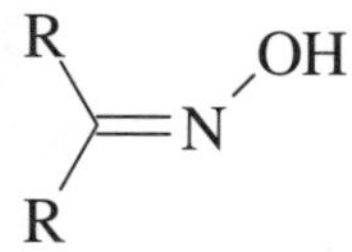

Oxim: Ein Imin, das eine –OH -Gruppe als Rest trägt.

AS mit polaren und unpolaren Seitenketten

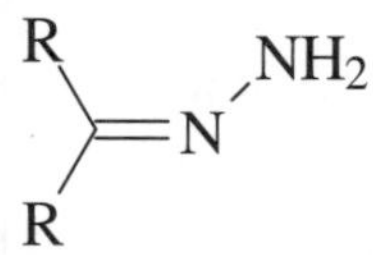

Hydrazon: Ein Imin, das eine $-NH_2$ -Gruppe als Rest trägt.

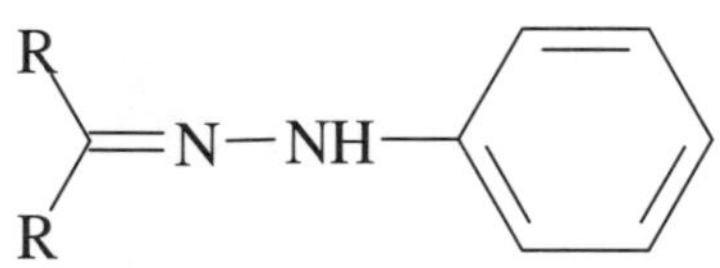

Phenylhydrazon: Ein Imin, das eine $-NH-C_6H_5$ -Gruppe als Rest trägt.

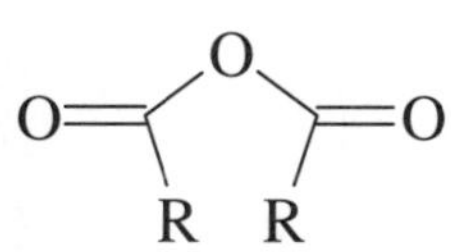

Säureanhydrid: Eine Sauerstoffbrücke wird von zwei Carbonylgruppen flankiert.

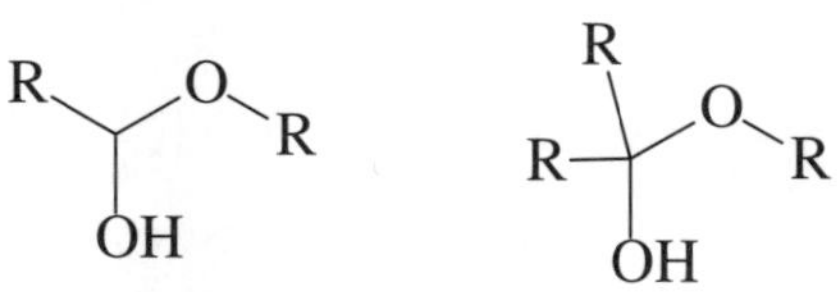

Halbacetale (links) und Halbketale (rechts): Ein Kohlenstoffatom direkt neben einer Sauerstoffbrücke trägt eine –OH- Gruppe. Diese Gruppen spielen bei Zuckern eine zentrale Rolle.

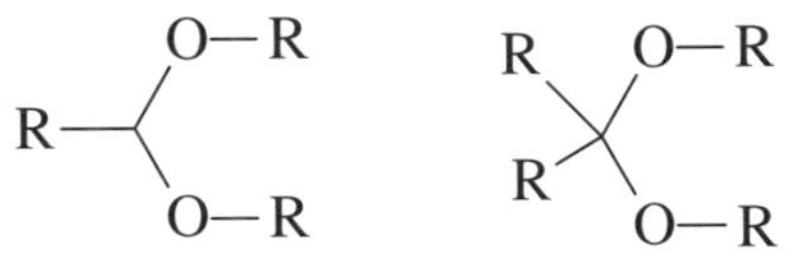

Acetale (links) und Ketale (rechts): Zwei Sauerstoffbrücken werden durch ein Kohlenstoffatom getrennt.
Achtung: Säureanhydride, Ester, Ether und die Gruppe der Halbacetale und -ketale bzw. die der Acetale und Ketale werden wegen des gemeinsamen Merkmals der Sauerstoffbrücke häufig miteinander verwechselt.
Auch bei mehr als einer Doppelbindung ergeben sich Klassifikationen. Sind zwei Doppelbindungen durch *mehr* als *eine* Einfachbindung getrennt, so bezeichnet man diese Doppelbindungen als isoliert.

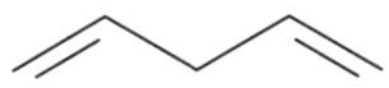

Sind zwei Doppelbindungen durch *nur eine* Einfachbindung getrennt, so bezeichnet man diese Doppelbindungen als konjugiert.

Sind zwei Doppelbindungen durch *keine* Einfachbindung getrennt, so bezeichnet man diese Doppelbindungen als kumuliert.

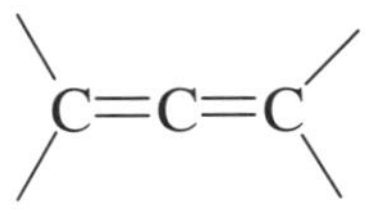

Warum diese Klassifikation sinnvoll ist, können Sie einem Lehrbuch der organischen Chemie entnehmen.
Eine weitere Klassifikation hat sich als sinnvoll erwiesen. Dabei geht es um die Zahl der Kohlenstoffreste (nicht deren Länge), mit denen ein Kohlenstoffatom oder ein Stickstoffatom verbunden ist. Ist ein Kohlenstoffatom oder Stickstoffatom mit *einem* Kohlenstoffrest verbunden, so nennt man das *primär*.

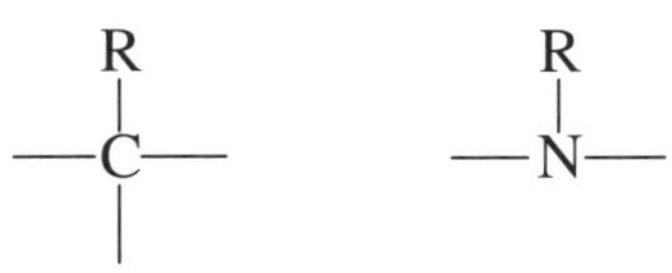

Ist ein Kohlenstoffatom oder Stickstoffatom mit *zwei* Kohlenstoffresten verbunden, so nennt man das *sekundär*.

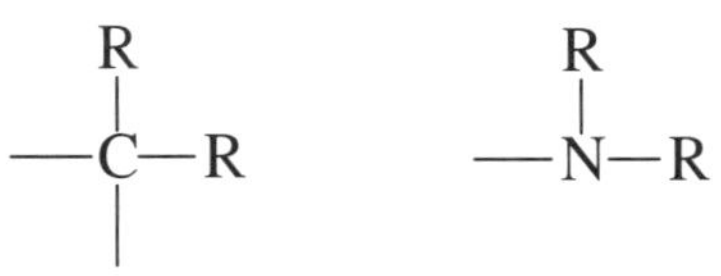

Ist ein Kohlenstoffatom oder Stickstoffatom mit *drei* Kohlenstoffresten verbunden, so nennt man das *tertiär*.

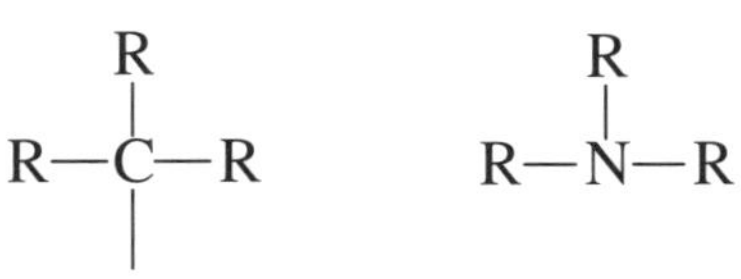

Ist ein Kohlenstoffatom oder Stickstoffatom mit *vier* Kohlenstoffresten verbunden, so nennt man das *quartär*.

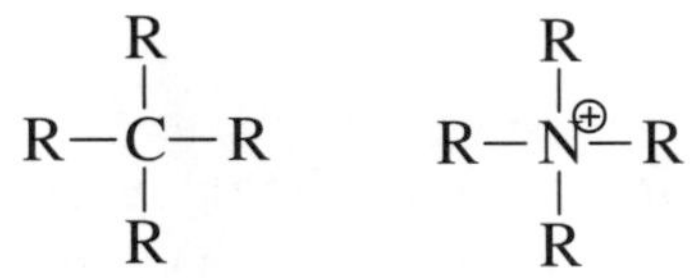

Mit R- ist der Kohlenstoffrest gemeint, die nicht spezifizierten Bindungen können entweder Wasserstoffatome (bei Stickstoff als Zentralatom nur Wasserstoff!) oder andere Atome bzw. Gruppen sein, aber explizit (und logischerweise) nicht Kohlenstoff.
Einige Beispiele:

$$CH_3\text{–}CH_2\text{—}OH$$

Betrachtet werden soll der Kohlenstoff, an dem die –OH -Gruppe sitzt, es ist ein primärer Kohlenstoff, da er einen Kohlenstoffrest hat. Es ist ein primärer Alkohol.

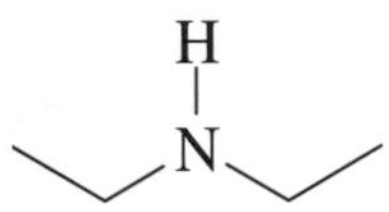

Dieses Amin hat zwei Kohlenstoffreste, es ist ein sekundäres Amin.

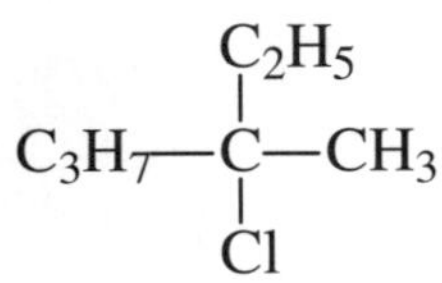

Betrachtet werden soll der Kohlenstoff, der das Chloratom trägt. Da er drei weitere Kohlenstoffreste trägt, handelt es sich um einen tertiären Kohlenstoff, die Stoffklasse wäre die eines tertiären Halogenalkans.

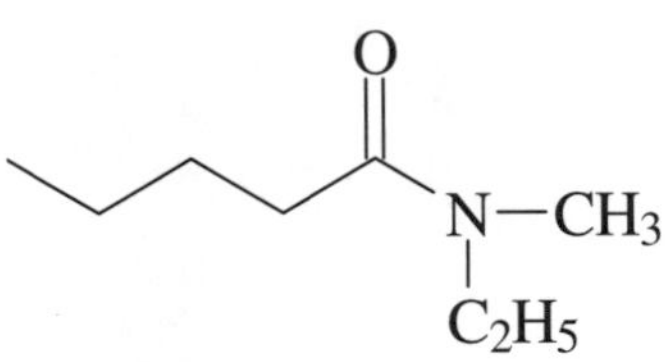

Es handelt sich um ein Amid. Das Stickstoffatom trägt drei Kohlenstoffreste, es ist ein tertiäres Amid.

1. Aufgaben zum Erkennen funktioneller Gruppen

A 11.01 Zeichnen Sie je ein konkretes Beispiel für:
a) Alken b) Ether c) Sulfonsäure d) Phenol e) Aldehyd f) Lactam
g) Carbonsäurechlorid h) Imin i) Enamin j) Ester k) tertiäres Amid l) Lacton

A 11.02 Benennen Sie bei den Molekülen A bis D sechs funktionelle Gruppen so genau wie möglich:

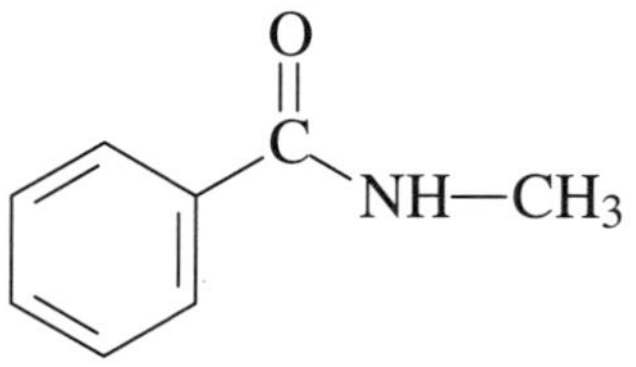

A

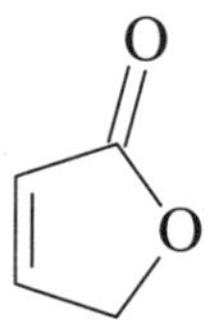

B

$CH_3-C\equiv CH$

C

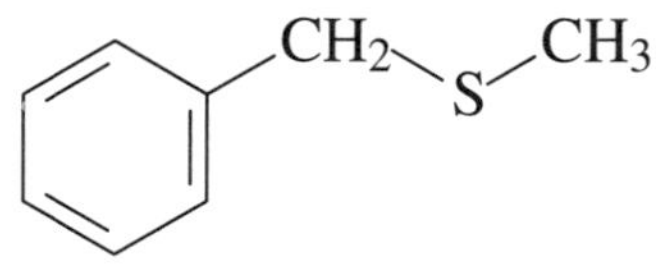

D

A 11.03 Zu welchen Substanzklassen gehören die folgenden Verbindungen?

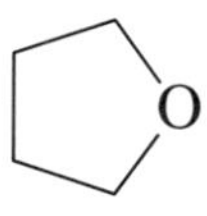

A

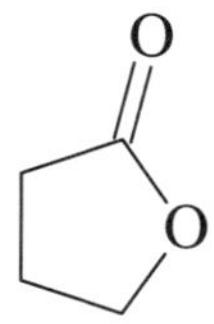

B

C

A 11.04 Ordnen Sie den Molekülen A bis E sechs korrekte funktionelle Gruppen zu:

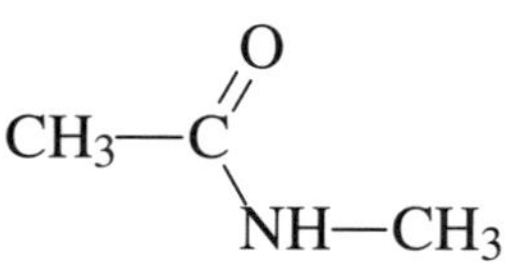

A

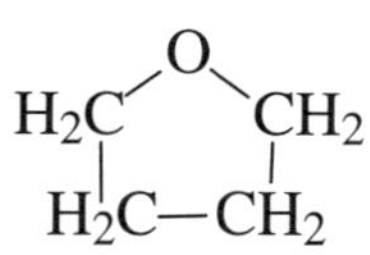

B

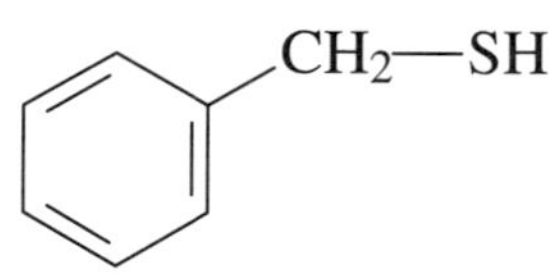

C

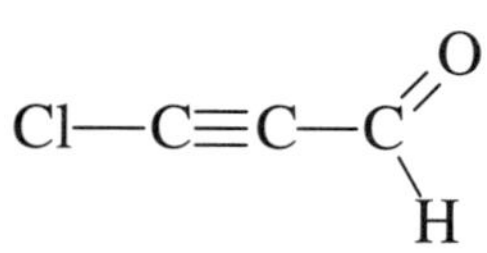

D

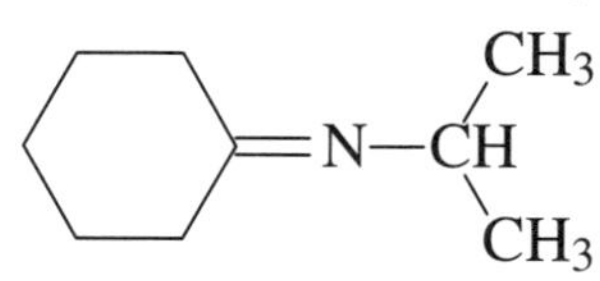

E

Alkan, Alken, Alkin, Ether, Ester, Lacton, Keton, Aldehyd, Carbonsäure, prim./ sek./ tert. Alkohol, prim./ sek./ tert. Amin, prim./ sek./ tert. Säureamid, Enamin, Imin, Thioether, Thioalkohol, Thiocarbonsäure

A 11.05 Zeichnen Sie ein Molekül, das folgende funktionelle Gruppen hat:
a) Phenylgruppe b) sekundäres Amin c) tertiärer Alkohol
d) α,β-ungesättigtes Keton e) Acetal f) Alkin

A 11.06 Zeichnen Sie Cyclohexanderivate, die folgende funktionelle Gruppen enthalten:
a) Lactam b) Phenylgruppe c) sekundäres Amid d) Enamin

A 11.07 Zeichnen Sie Moleküle, die die aufgeführten Gemeinsamkeiten haben:
a) ein cyclisches Carbonsäureanhydrid
b) einen Benzolring mit einer Halbacetalgruppe
c) ein cyclisches Ketal mit einer Phenylgruppe
d) ein tertiäres Amid mit zwei Methylgruppen

A 11.08 Markieren Sie in dem folgenden Molekül die angegebenen funktionellen Gruppen:

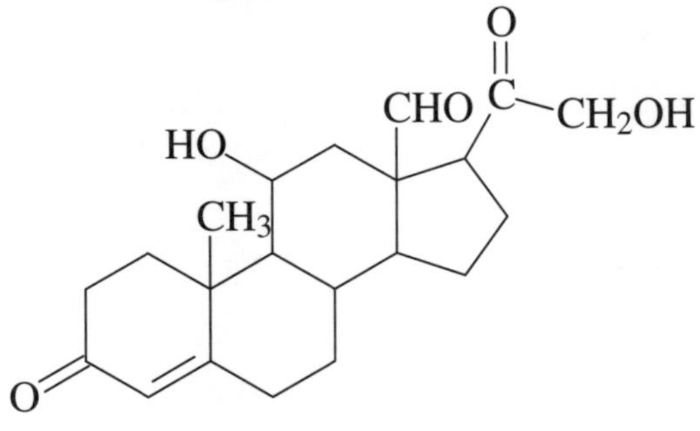

a) primärer Alkohol b) Keton c) α,β-ungesättigtes Keton d) sekundärer Alkohol
e) Aldehyd f) Methylgruppe g) Cyclohexan-Ring h) Cyclopentan-Ring

A 11.09 Markieren Sie auch hier wieder die angegebenen funktionellen Gruppen:

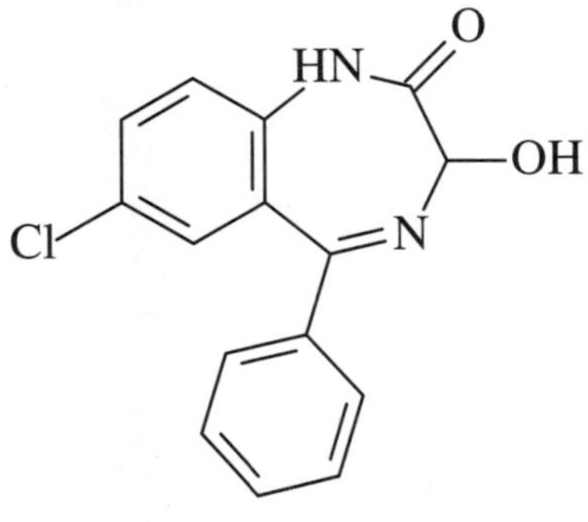

a) Phenyl-Gruppe b) Imin c) sekundärer Alkohol d) Lactam

A 11.10 Tetracyclin gehört zu einer wichtigen Klasse von Antibiotika. Markieren Sie in diesem Molekül folgende funktionellen Gruppen (jeweils nur ein Beispiel):
a) Alkohol b) Keton c) Amin d) Amid e) Enol

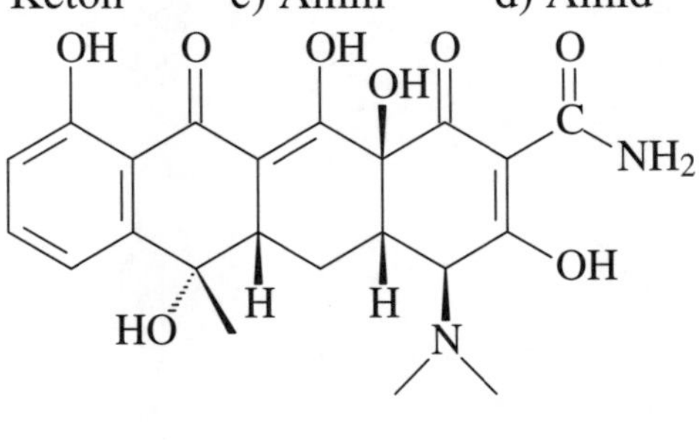

A 11.11 Benennen Sie auch hier die markierten funktionellen Gruppen:

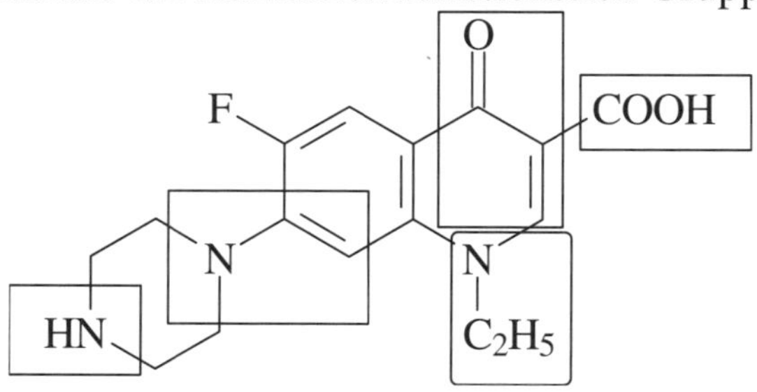

A 11.12 Kennzeichnen Sie die unten aufgeführten funktionellen Gruppen in der folgenden Verbindung:

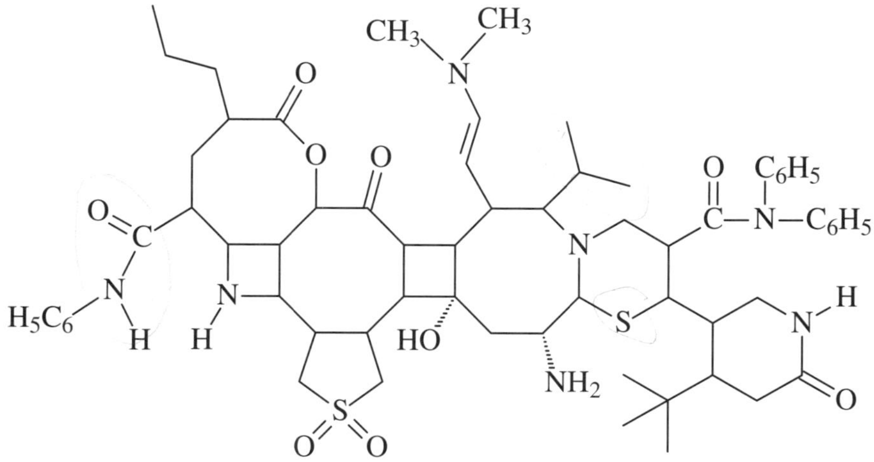

a) sekundäres Amid b) Isopropylgruppe c) Thioether d) Keton
e) tertiärer Alkohol f) sekundäres Amin g) Lacton h) Enamin

A 11.13 Kennzeichnen Sie auch hier die unten aufgeführten funktionellen Gruppen in der folgenden Verbindung:

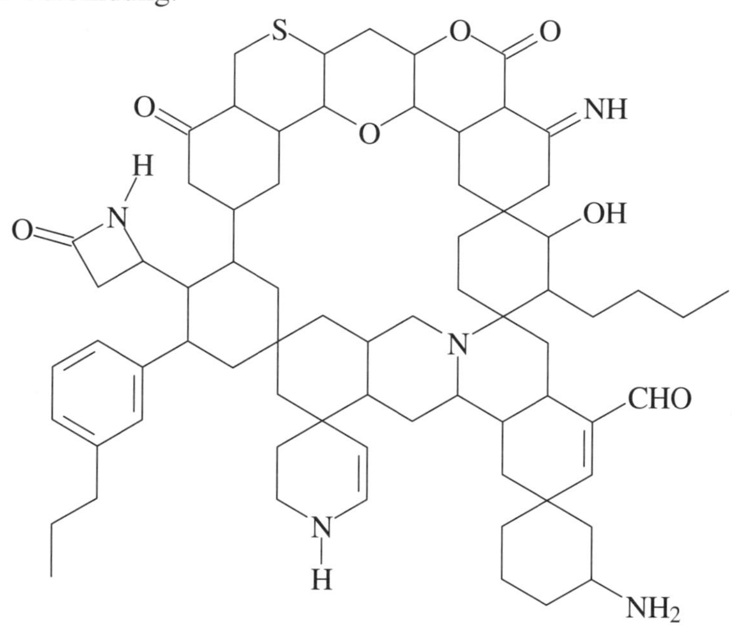

a) Phenylgruppe b) tert. Amin c) Keton
d) sek. Säureamid e) Ester f) Imin

A 11.14 Markieren Sie bei dieser Verbindung die unten aufgeführten funktionellen Gruppen:

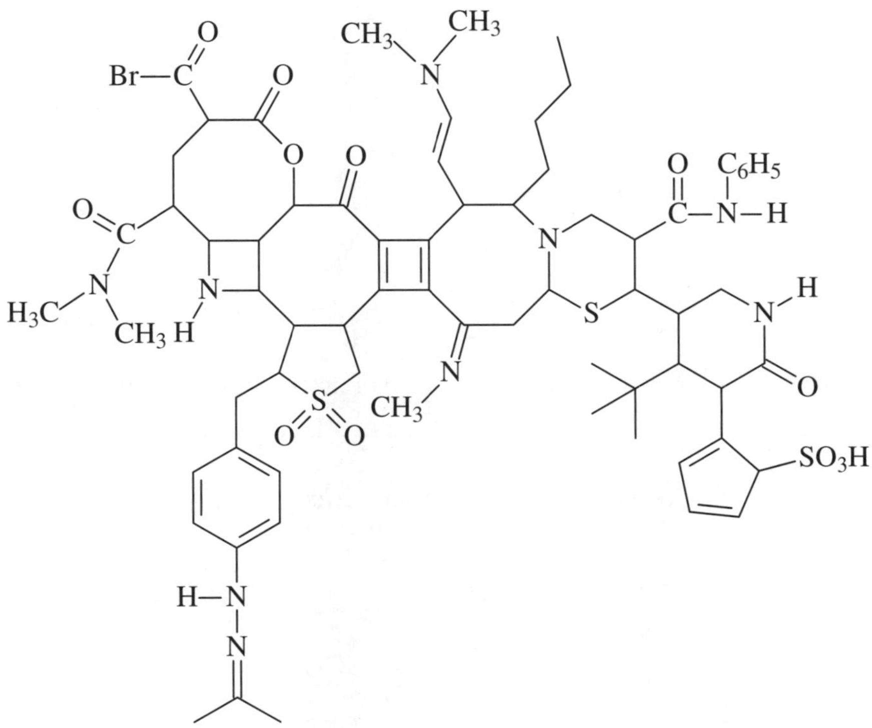

a) tert. Amid b) Säurebromid c) Imin
d) Cyclobutadien e) n-Butylgruppe f) Sulfonsäure
g) tert. Amin h) Phenylhydrazon

A 11.15 Markieren Sie bei dieser Verbindung die unten aufgeführten funktionellen Gruppen:

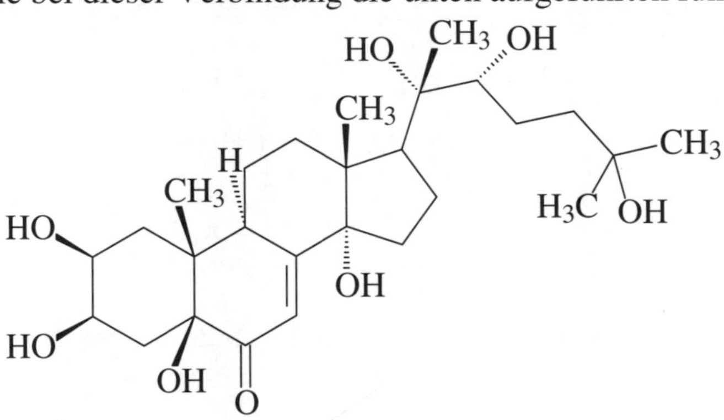

a) tertiärer Alkohol b) sekundärer Alkohol c) 1,2-Diol d) α,β-ungesättigtes Keton
e) Methylgruppe

A 11.16 Benennen Sie die gekennzeichneten Gruppen möglichst genau:

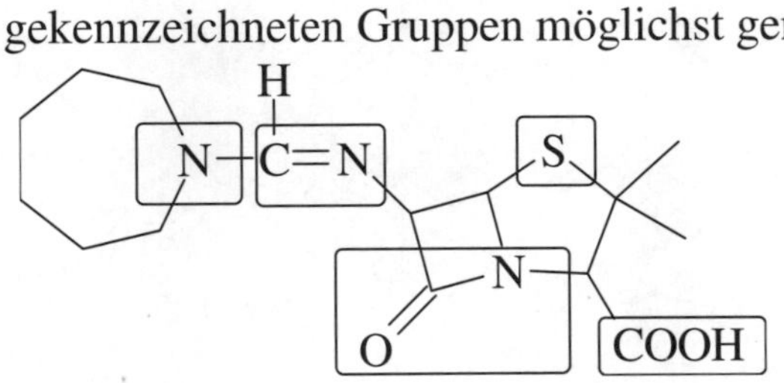

A 11.17 Stellen Sie fest, wo die unten aufgeführten funktionellen Gruppen in der folgenden Verbindung enthalten sind:

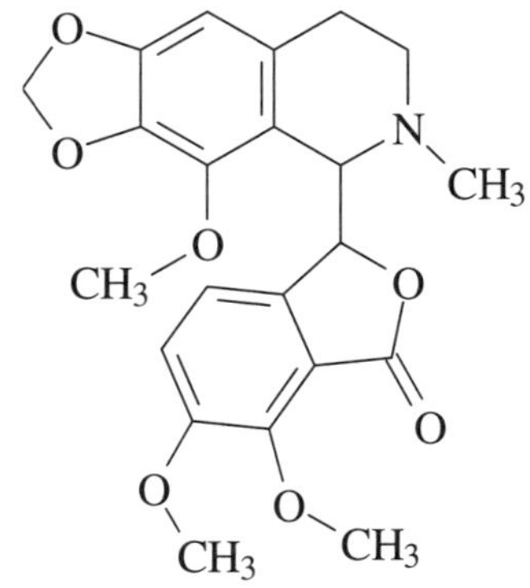

a) Ether b) Acetal c) tertiäres Amin d) Lacton e) Lactam f) Aromat

A 11.18 Benennen Sie die markierten funktionellen Gruppen möglichst genau:

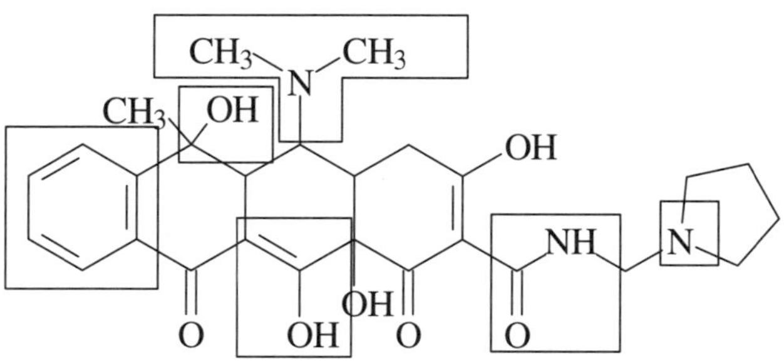

A 11.19 Benennen Sie die markierten funktionellen Gruppen möglichst genau:

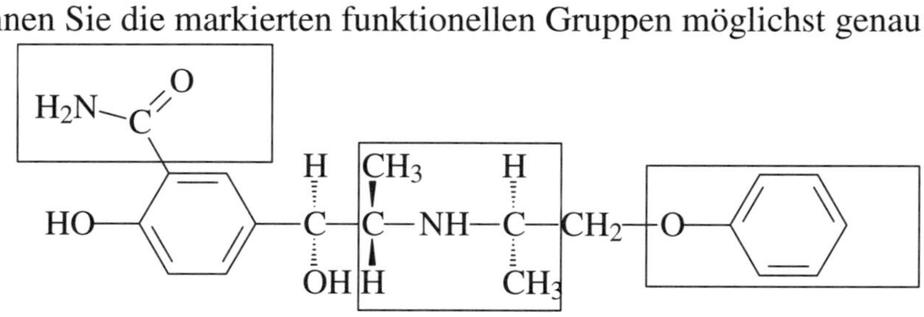

A 11.20 Welche funktionellen Gruppen bzw. Strukturelemente hat die unten aufgeführte Verbindung?

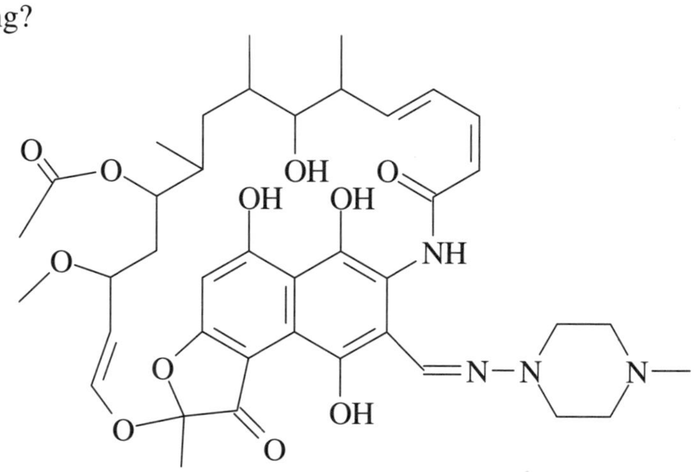

A 11.21 Kennzeichnen Sie die unten aufgeführten funktionellen Gruppen in folgender Struktur:

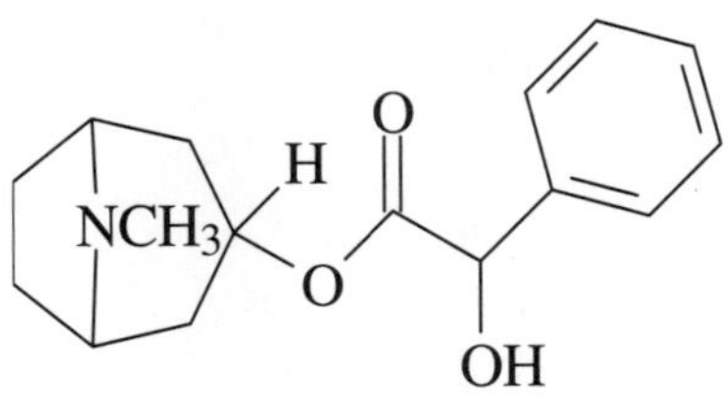

a) tertiäres Amin b) Ester c) sekundärer Alkohol d) Phenylgruppe

A 11.22 Benennen Sie die im folgenden Viagra-Molekül gekennzeichneten Gruppen:

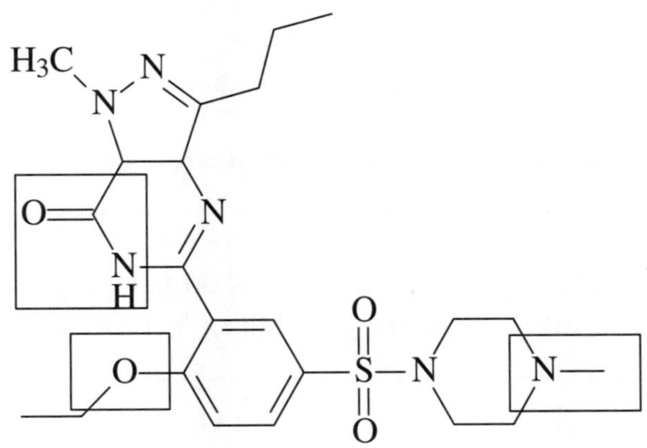

A 11.23 Auch hier sollen Sie die unten aufgeführten funktionellen Gruppen kennzeichnen:

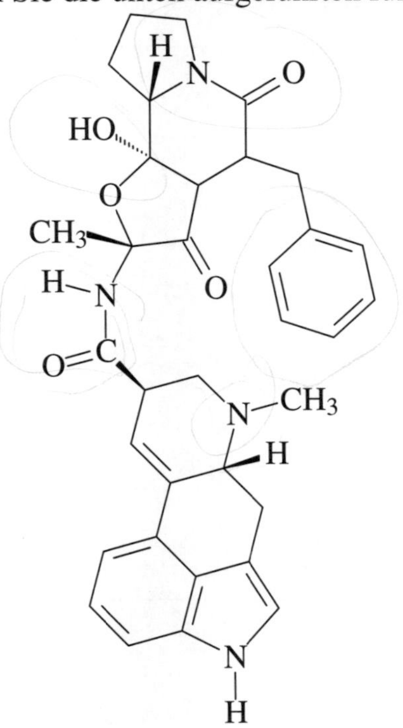

a) Phenylgruppe b) sekundäres Amid c) tertiäres Amid d) tertiäres Amin
e) Halbacetal

A 11.24 Na, raten Sie mal wie hier die Aufgabe lautet?

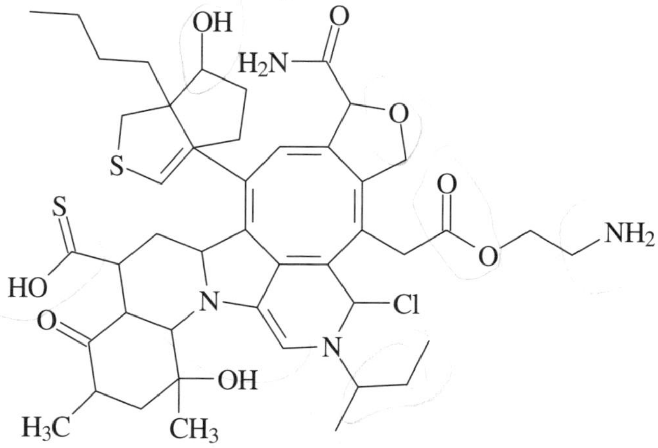

a) sek. Alkohol
b) 2-Butylgruppe
c) prim. Amin
d) Thiocarbonsäure
e) Enamin
f) Ether

2. Aufgaben zum Zeichnen einer Strukturformel nach gegebenen Namen

Die Aufgabenstellung bei den folgenden Aufgaben ist immer die gleiche.
Zeichnen Sie die Strukturformel der unten angegebenen Verbindungen.

A 11.25 a) 2-Methylbutan
b) 2,2,3-Trimethylbutan
c) 5-Ethyl-2,5-dimethylnonan
d) 3-Isopropylpentan

A 11.26 a) 2-Brom-3,4-dimethylpentan
b) 3,4-Dichlorbutan-1-ol
c) 1,1,1-Trichlorethan
d) 2-Brom-3-chlornonan
e) Z-2,3-Difluorbut-2-en
f) E-1-Brom-1-chlor-2-iodethen

A 11.27 a) 2,3-Dichlorbuta-1,3-dien
b) 2,2,3-Trimethylbutan-1,4-diol
c) Methylisopropylether
d) 2,2'-Dibromdiethylether

A 11.28 a) 2,2-Dichlorethansäure
b) 2,3-Dimethylbutandisäure
c) 2-Aminopentansäure
d) Nonan-3,5-dicarbonsäure
e) Z-But-2-endisäure

A 11.29 a) 2-Chlorpropanal
b) 1-Brompropan-2-on
c) Ethylmethylketon
d) Propansäureethylester (Ethylpropanoat)
e) 3-Methylpentan-2,4-dion

A 11.30 a) 4-Bromhexan-3-ol
b) Chloressigsäurebenzylester
c) Ethylpropylether
d) Cyclohexylamin

A 11.31 a) 1,3-Dimethylbenzol
b) para-Dichlorbenzol
c) 1,2-Dihydroxybenzol
d) 1-Chlor-4-fluorbenzol

A 11.32 a) 3-Bromtoluol
b) ortho-Methylphenol
c) ortho-Nitrotoluol
d) 4-Hydroxybenzoesäure
e) 2-Brombenzaldehyd

A 11.33 a) Benzylchlorid
b) E-Diphenylethen
c) Benzoesäurechlorid
d) Benzoesäurepropylester

A 11.34 a) para-Chloranilin
b) N-(2-Chlorethyl)-N-methylamin
c) N,N-Dimethylanilin
d) Ethylphenylether
e) 3-Isopropyl-2-nitrobenzoesäure
f) p-Nitrobenzaldehyd

A 11.35 a) N,N-Dimethylethansäureamid
b) N-Phenylbenzoesäureamid
c) E-N,N-Dimethylbut-1-enamin
d) Butan-2-imin
e) 2-Chlorbutansäure-N-ethylamid

A 11.36 a) 2-Chlorpropylnitril
b) Diethylpropandioat (Propandisäurediethylester)
c) 2-Amino-3-phenylpropansäure
d) 2-Nitroethansäurebenzylester

A 11.37 a) N,N-Dimethyl-4-nitroanilin
b) Cyclohexanon
c) 1,3-Dichlorcyclopentan
d) 1,3-Dimethylcyclohexan-1-ol
e) 5-Benzylcyclohex-3-en-1-on

A 11.38 a) Cycloheptan-1,3-dion
b) 2,2,2-Trichlor-ethan-1,1-diol
c) 2,3,4-Trihydroxybutanal
d) Diphenylketon

A 11.39 a) Z-Diethylbut-2-endioat (Butendisäurediethylester)
b) Butandisäureanhydrid
c) N-Methylprop-2-ylimin
d) 3-Oxobutansäure

A 11.40 a) Glycol
b) Glycerin
c) Glykokoll
d) Essigsäurethylester

A 11.41 a) Naphthalin
b) Acetylsalicylsäure
c) Essigsäureanhydrid

A 11.42 a) Aceton
b) Acetylessigester
c) Acetylaceton
d) Perchloressigsäure (Trichloressigsäure)

A 11.43 a) 5-Pent-2-ylnonan
b) Prop-2-ylcyclohexan
c) Butansäurepent-3-ylester (Pent-3-ylbutanoat)
d) 2,3-Dioxobutandisäurediethylester (Diethyl-2,3-dioxobutandioat)

A 11.44 a) γ-Butanlactam
b) 1,5-Hexanolid
c) 2-Chlor-1,5-pentanolid
d) δ-Heptanlactam

A 11.45 a) Cyclopenta-1,3-dien
b) para-Phenolsulfonsäure
c) N,N-Dimethylbenzolsulfonsäureamid
d) Tetrahydrofuran

A 11.46 Geben Sie den IUPAC- Namen und die Struktur folgender Moleküle an:
a) Toluol b) Anilin c) Anisol d) Phthalsäure

3. Aufgaben zum Bezeichnen von Strukturen nach IUPAC

Bezeichnen Sie die gegebenen Strukturen nach IUPAC:

A 11.47

a) 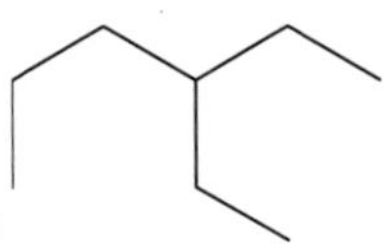
b) 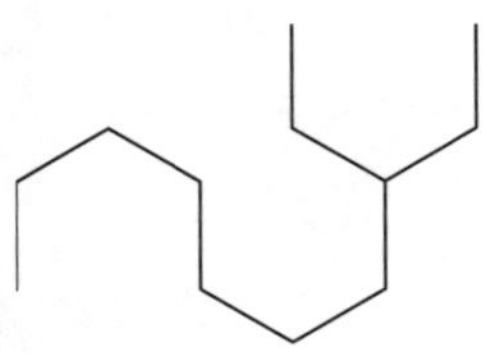
c) 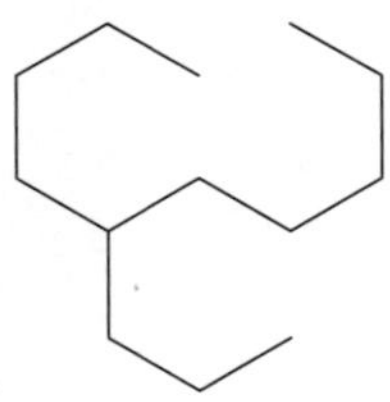
d) 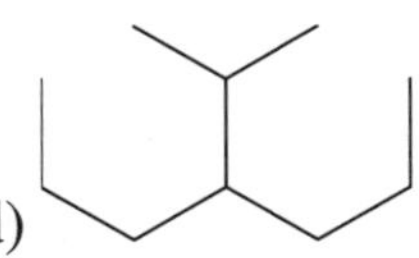

A 11.48

a) 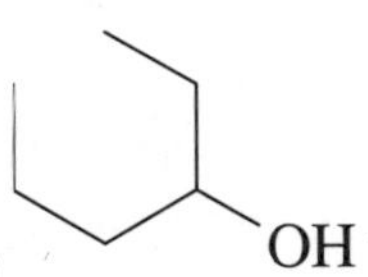

b) 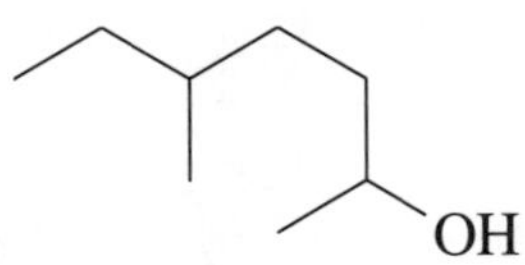

c) 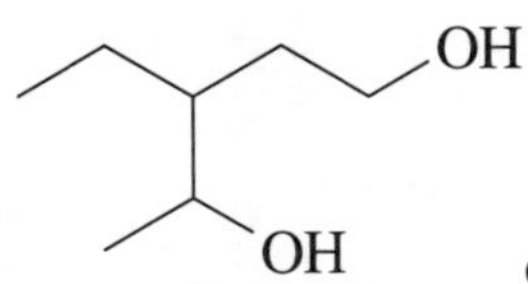

d) 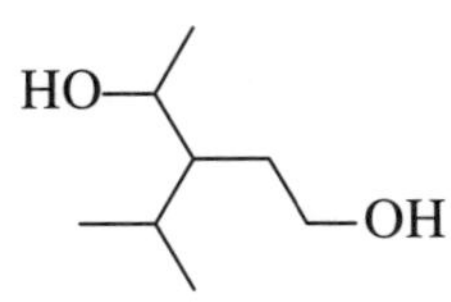

A 11.49

a) 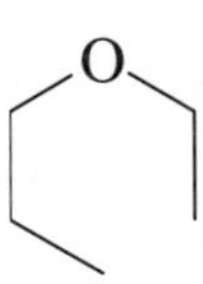

b) 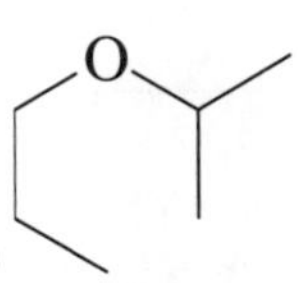

c) 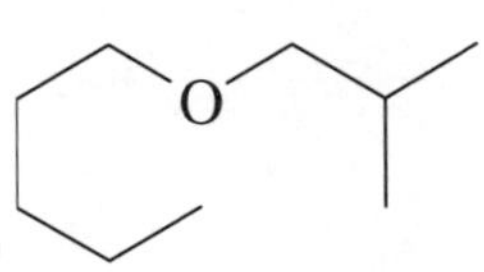

d) 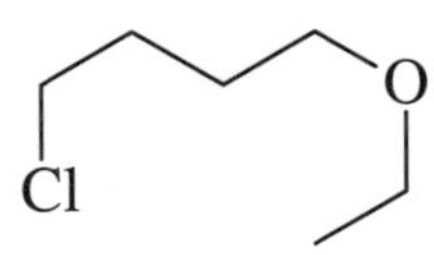

A 11.50

a) 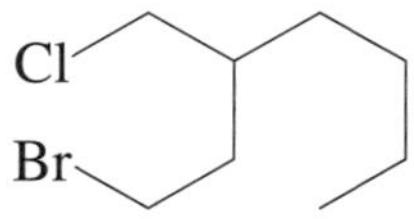

b) 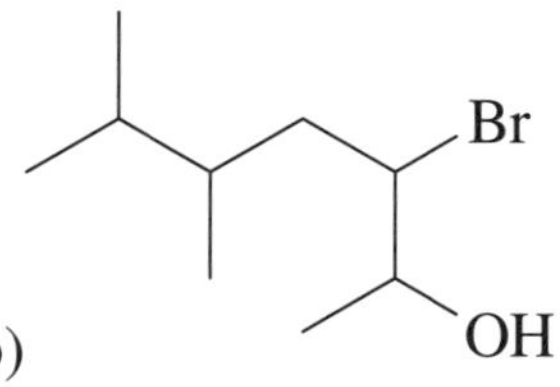

c) 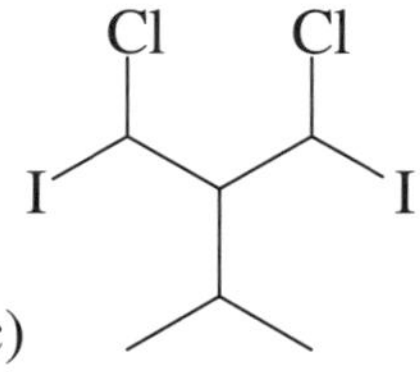

d) 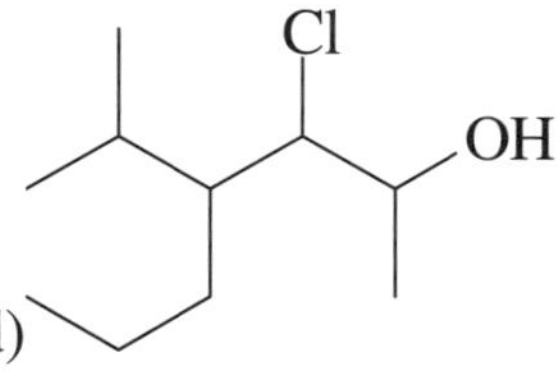

A 11.51

a) 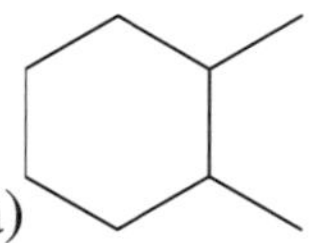
b) 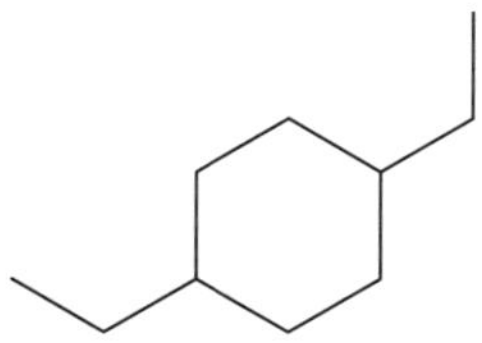
c) 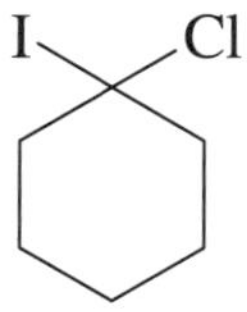

d) 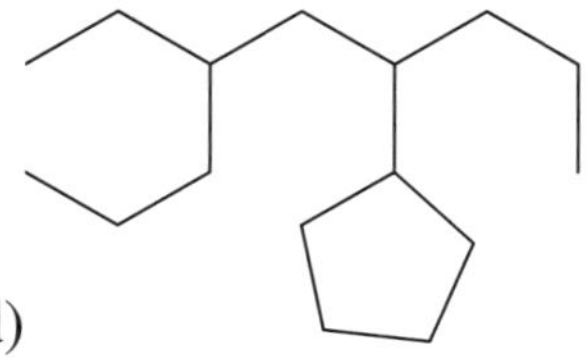

A 11.52

a) 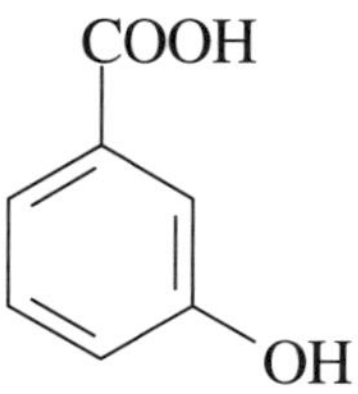

b) 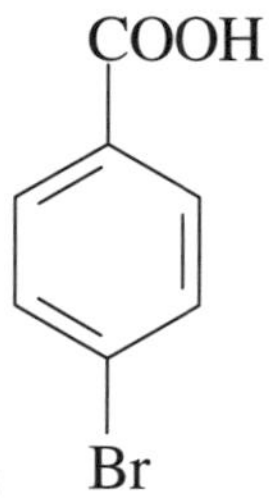

c) 

d) 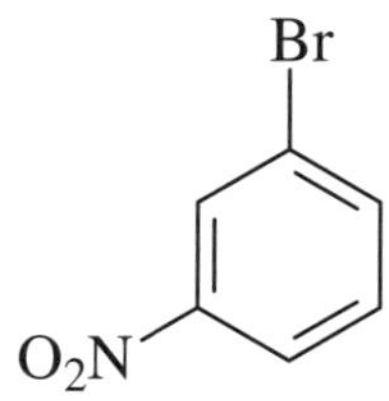

A 11.53

a) 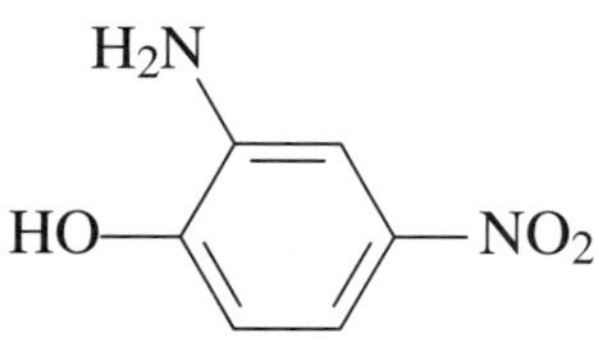

b) 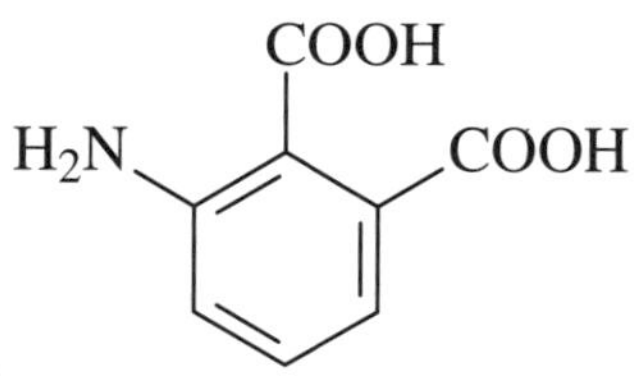

c) 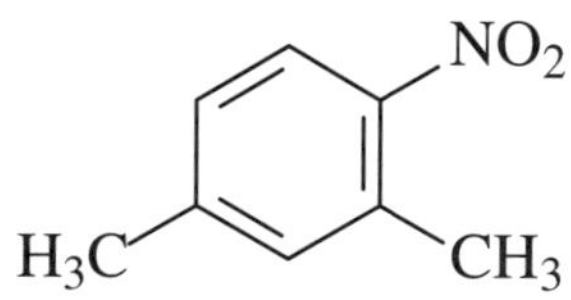

d) 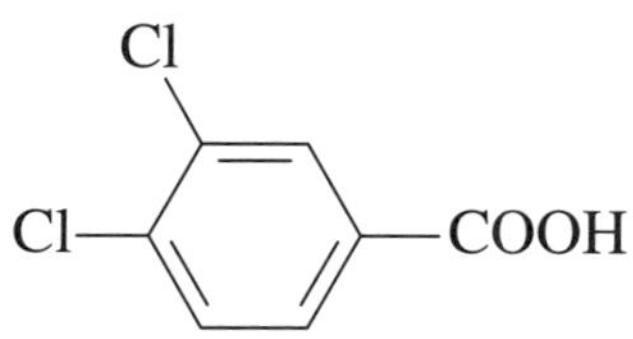

e) 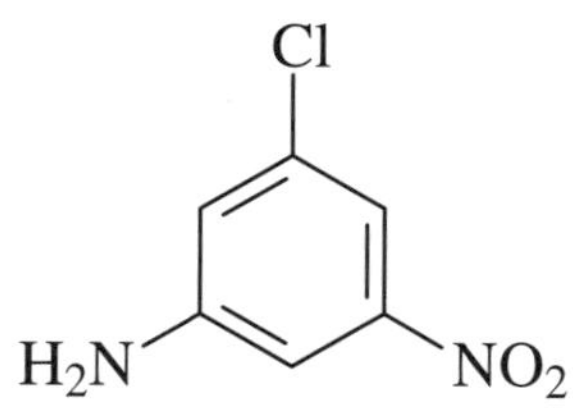

A 11.54

a) 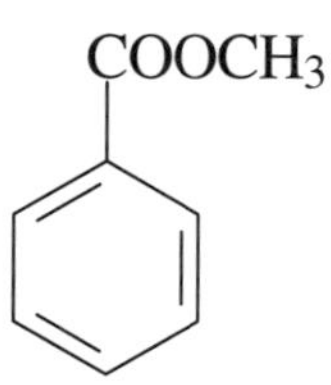

b) 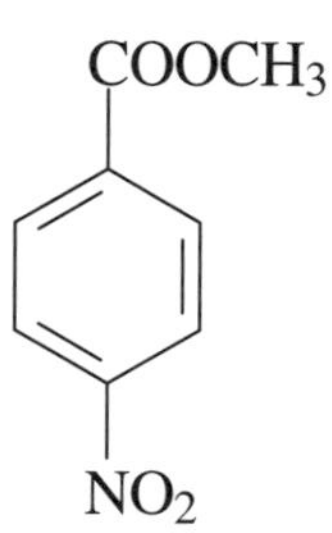

c) 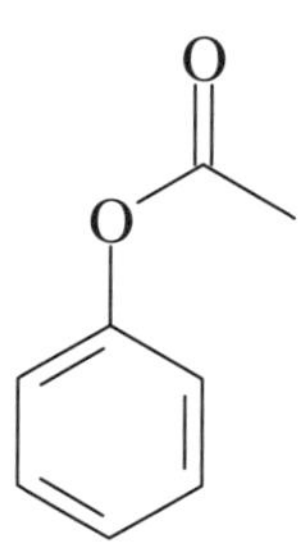

d) 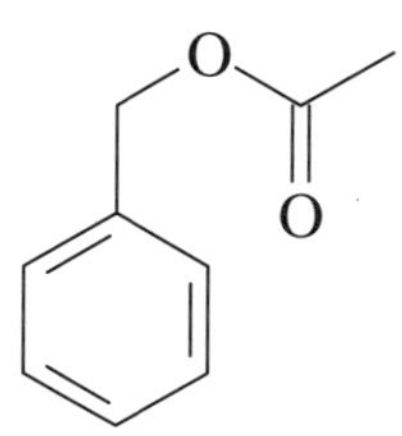

A 11.55

a) 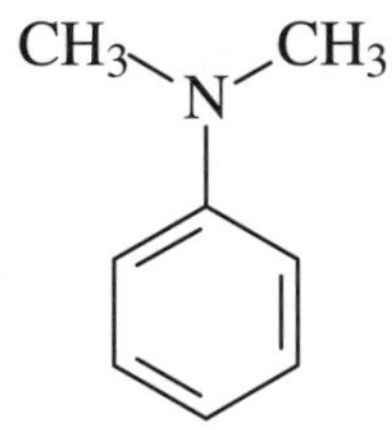 b) 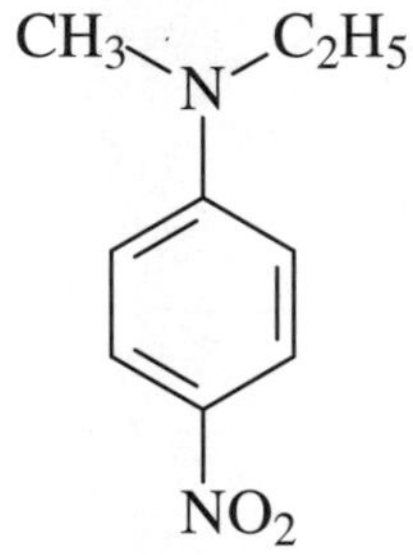 c) 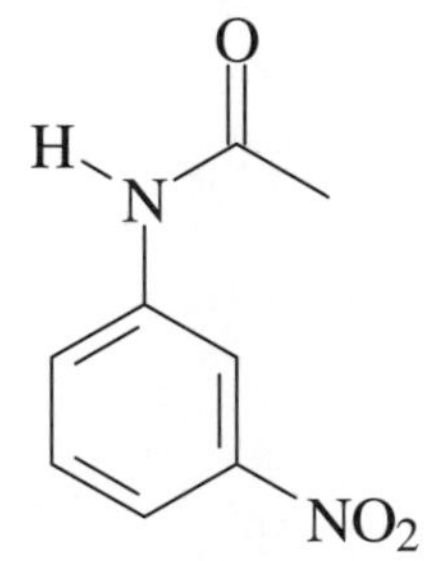 d) 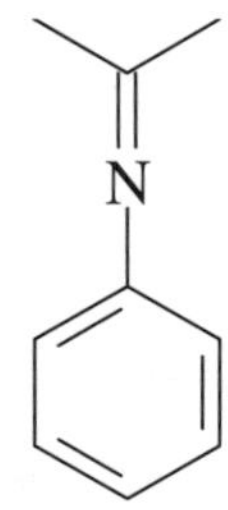

A 11.56

a) 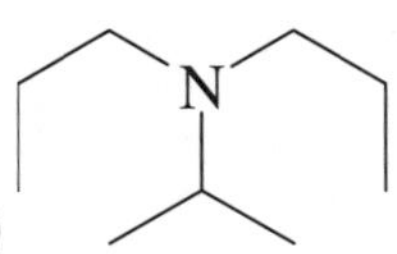 b) 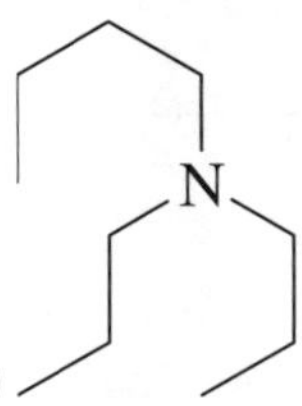 c) 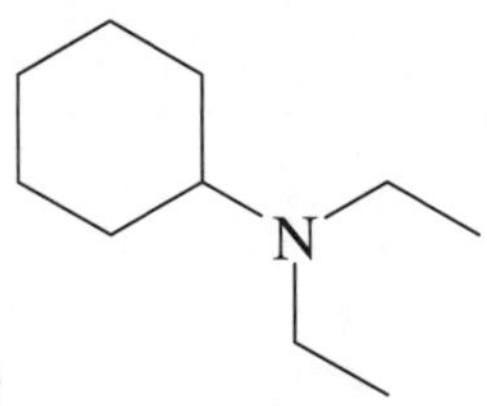 d) 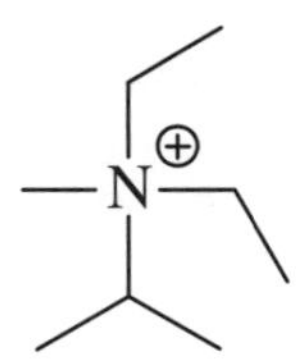

A 11.57

a) 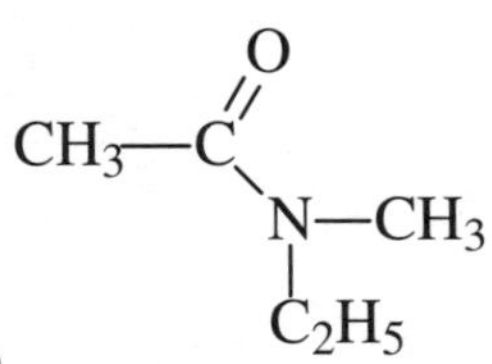 b) 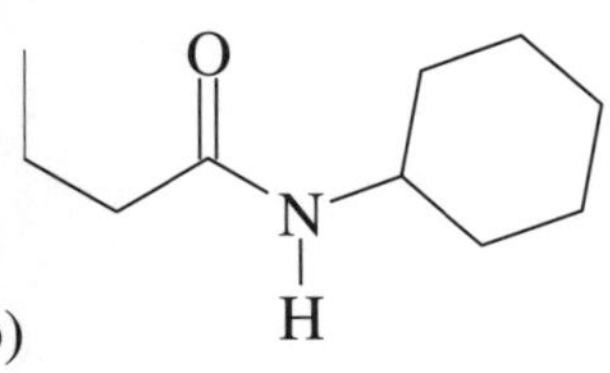 c) 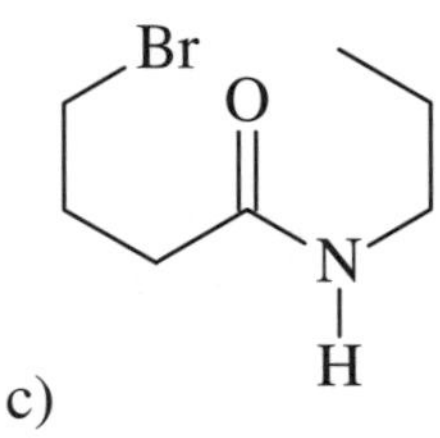

d) 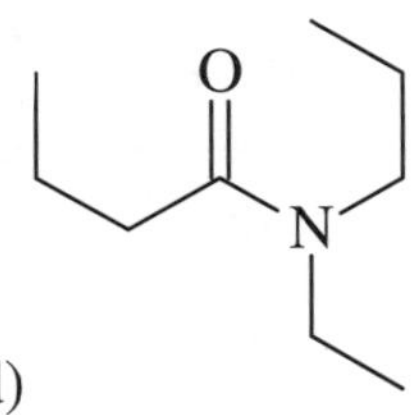 e) 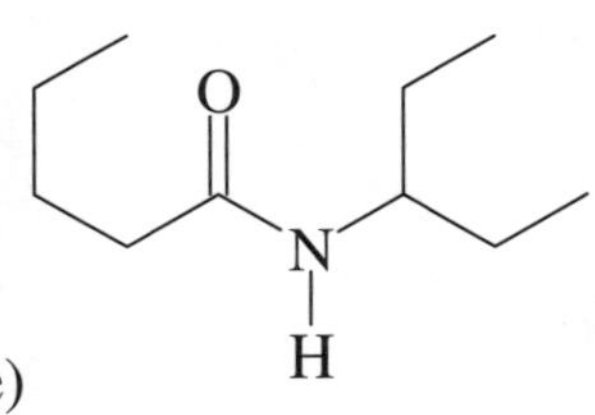

A 11.58

a) 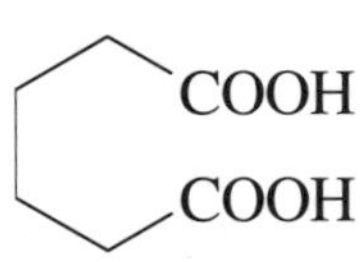 b) 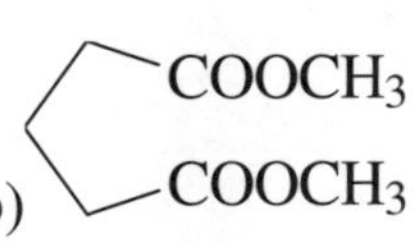 c) 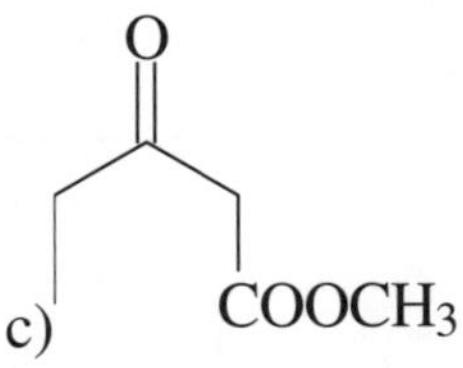 d) 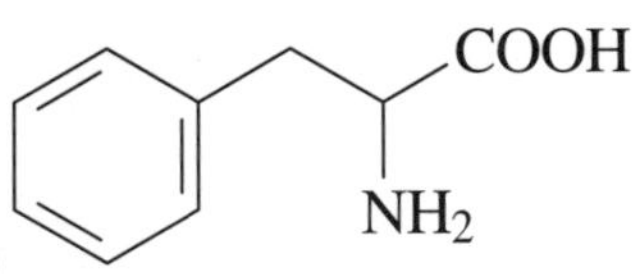

A 11.59

a) 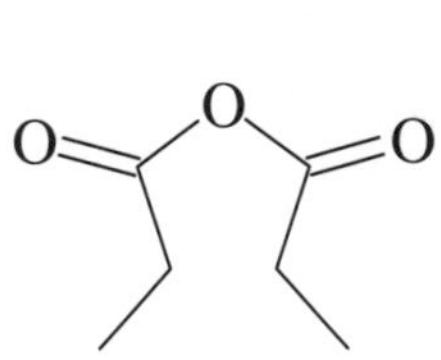 b) 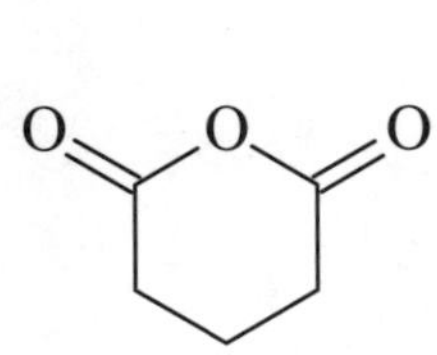 c) 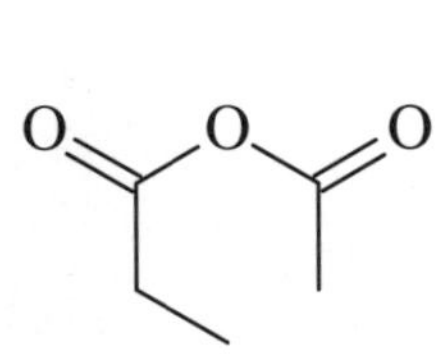 d) 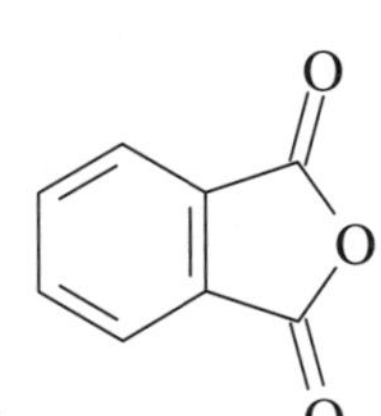

A 11.60

a) 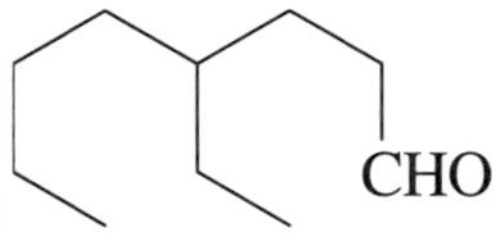

b) 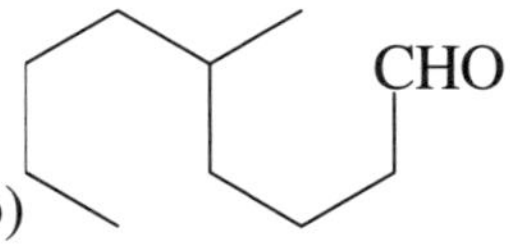

c) 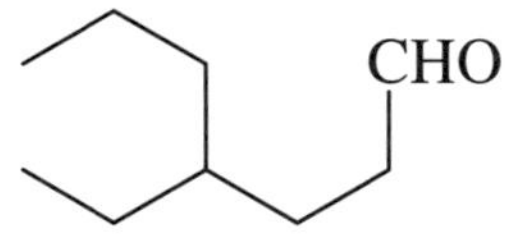

A 11.61

a) 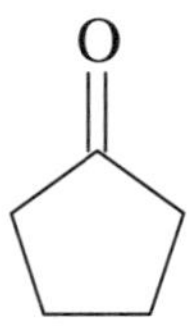

b) 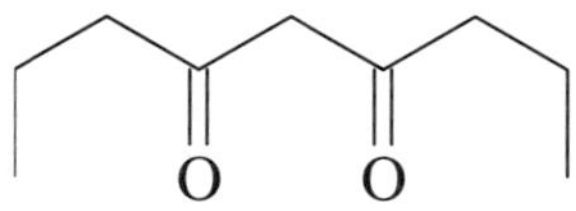

c) 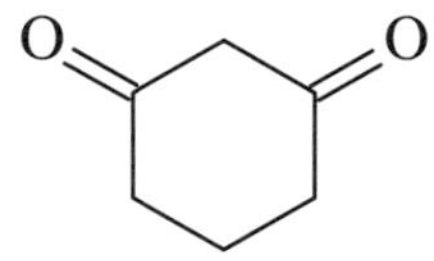

d) 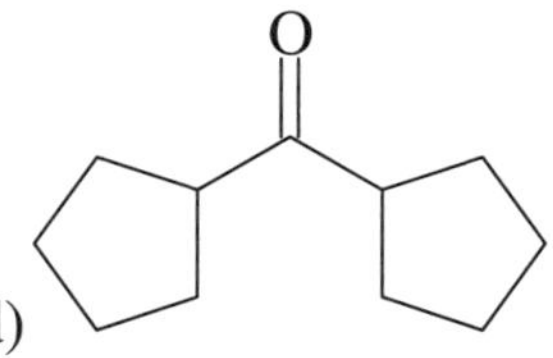

A 11.62

a) 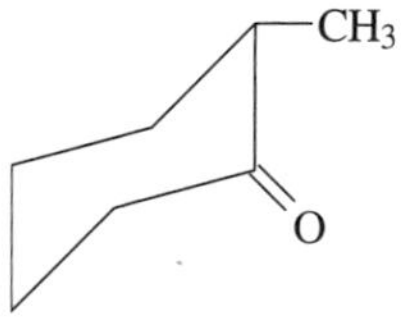

b) 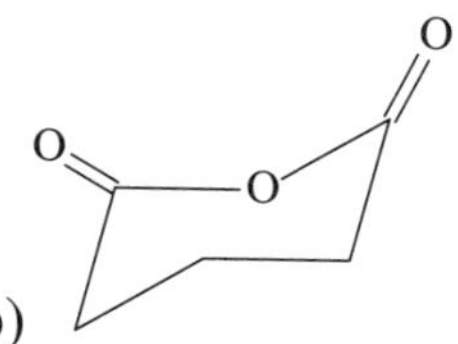

c) 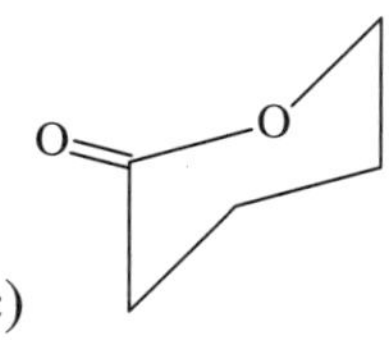

A 11.63

a) 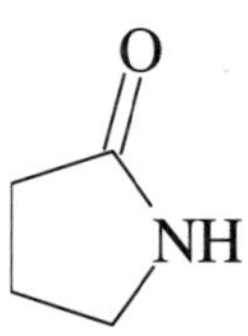

b) 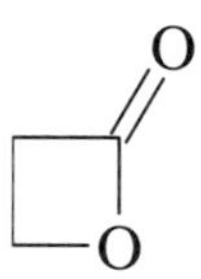

c) 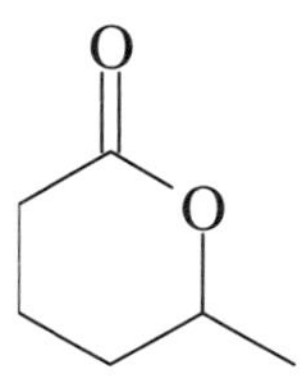

d) 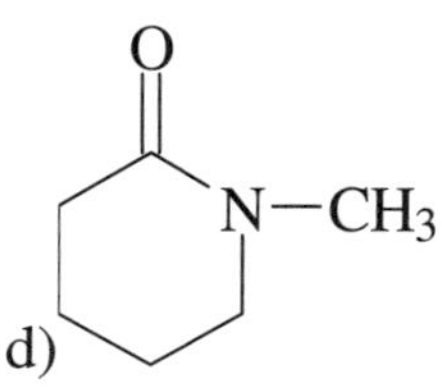

A 11.64

a) 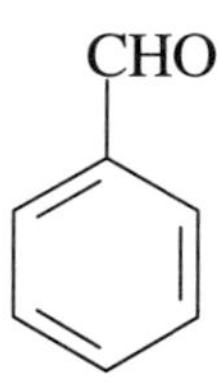

b) 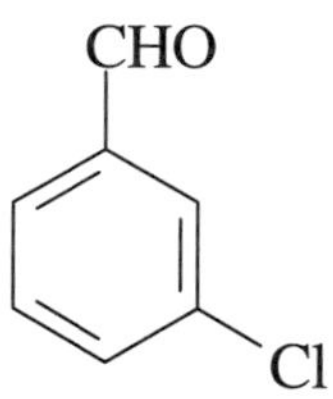

c) 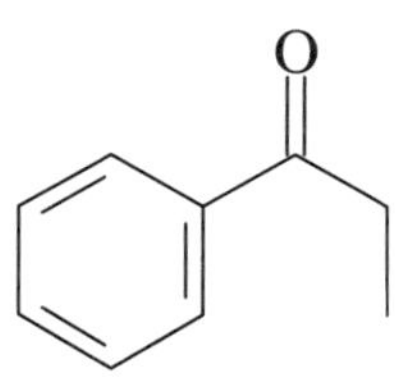

d) 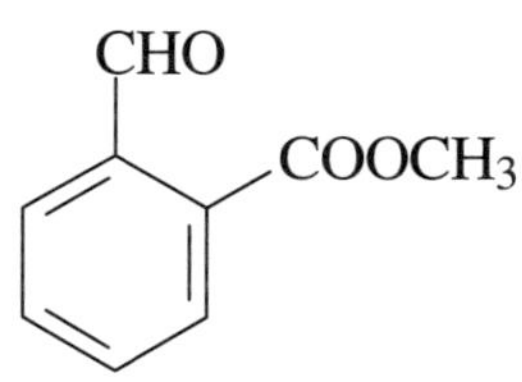

A 11.65

a) 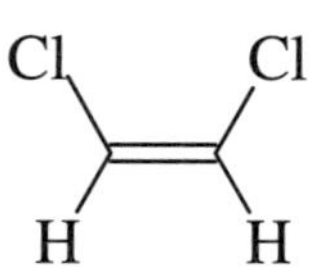

b) 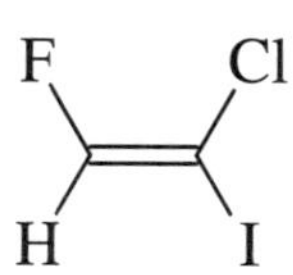

c) 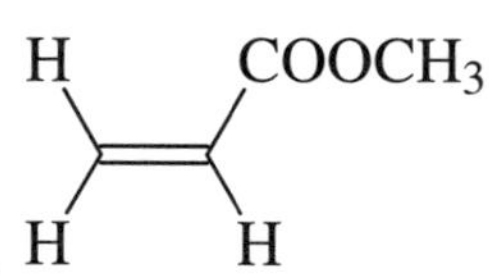

d) 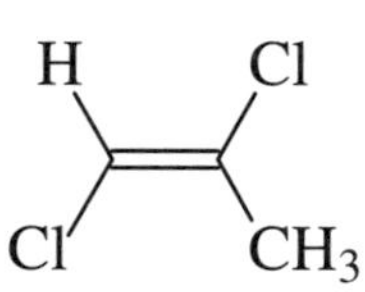

e) 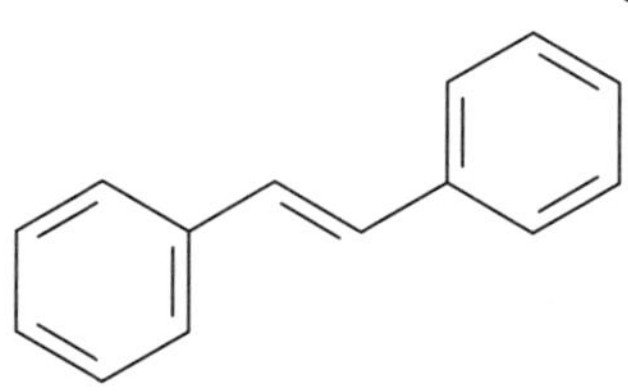

A 11.66

a) 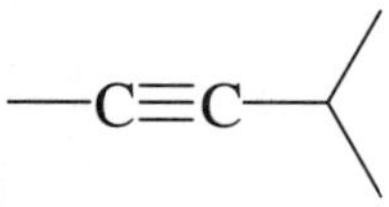

b) $HOOC—C≡C—COOH$

c) 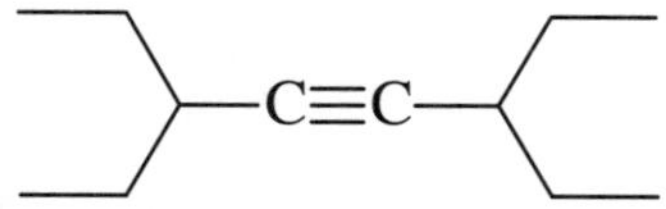

d) 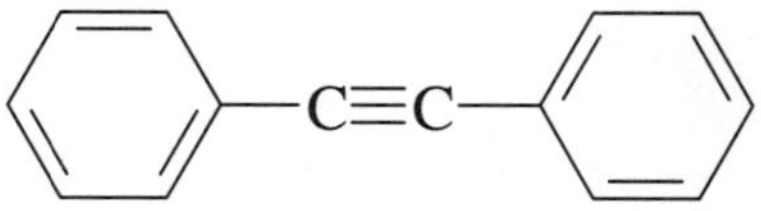

e) 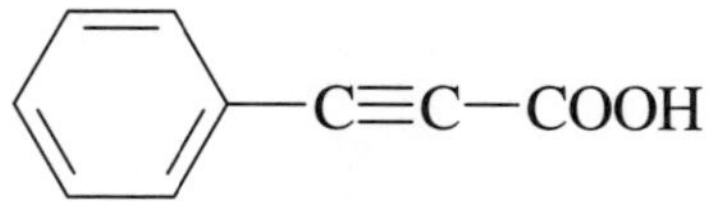

A 11.67

a) 

b) 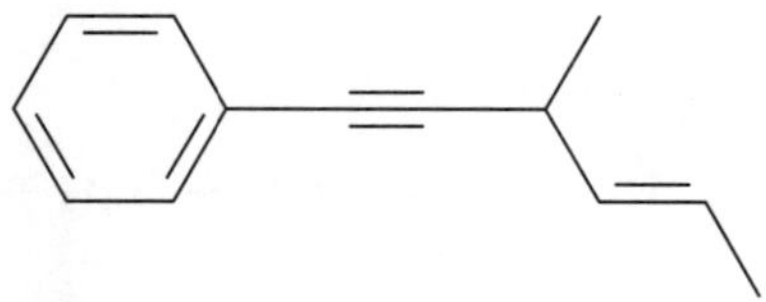

A 11.68

a) 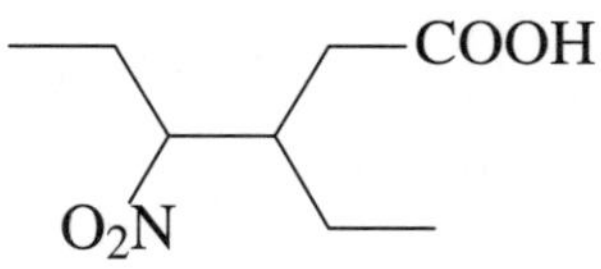

b) 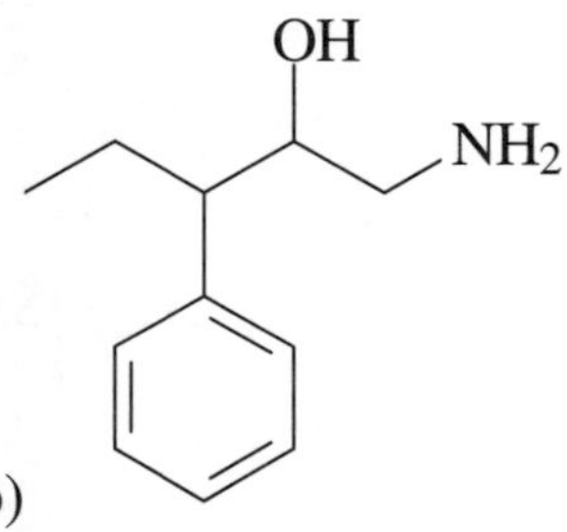

c) 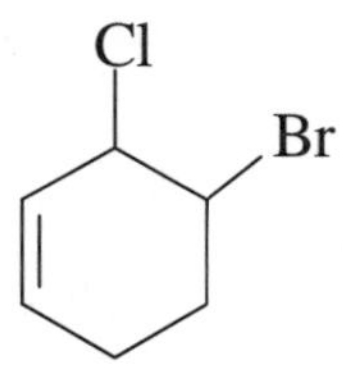

d) 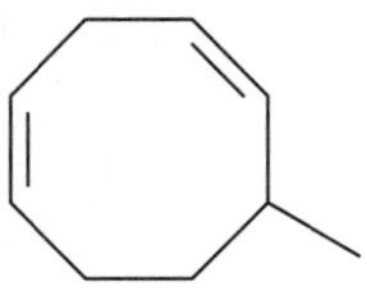

e) 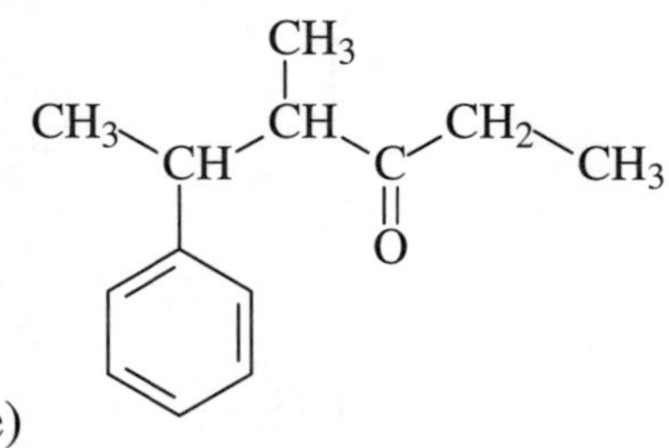

f) 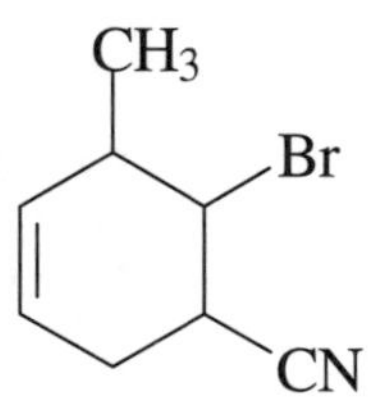

A 11.69

a) 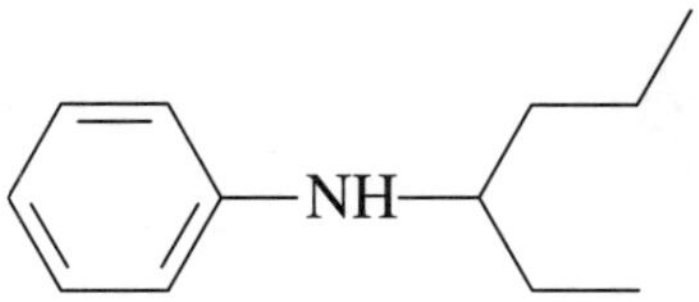

b) 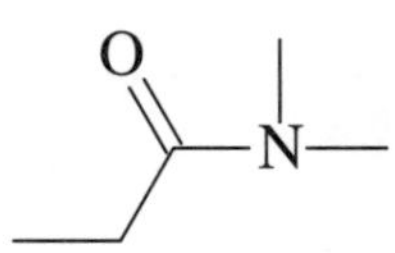

c) $CH_3—CH_2—CN$

d) $CF_3—CHClBr$

e)
Br
$CH_3—CH—CH_2—SH$

A 11.70

a) 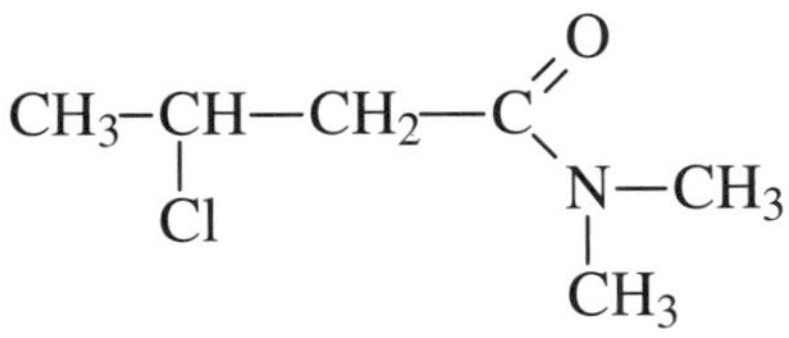

b) 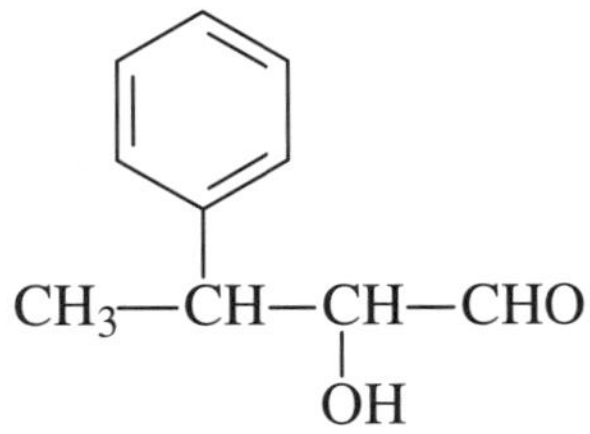

c) 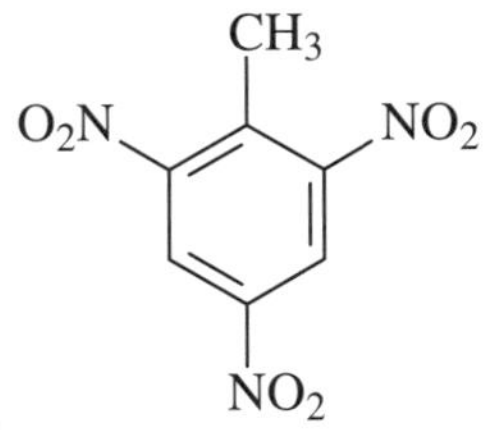

A 11.71

a) 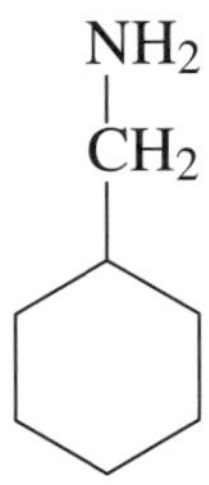

b) 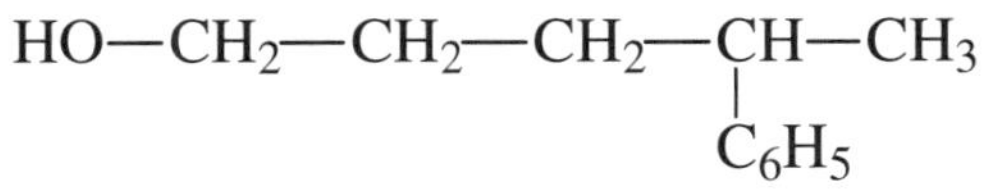

c) 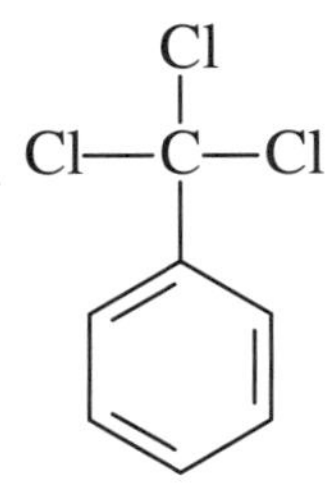

A 11.72

a) 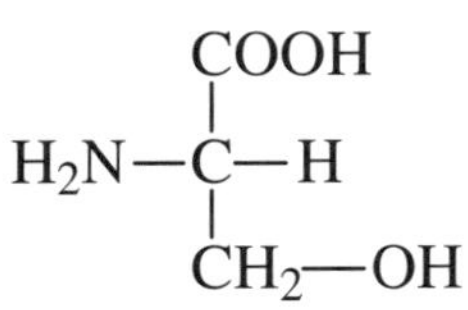

b) 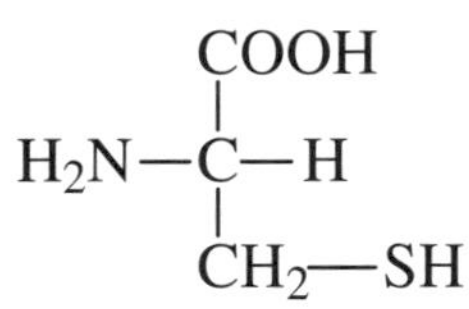

c) 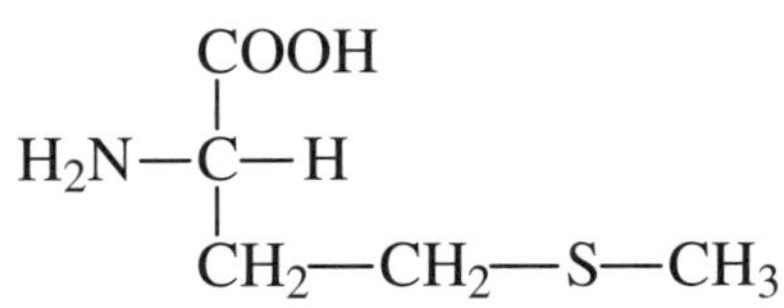

d) 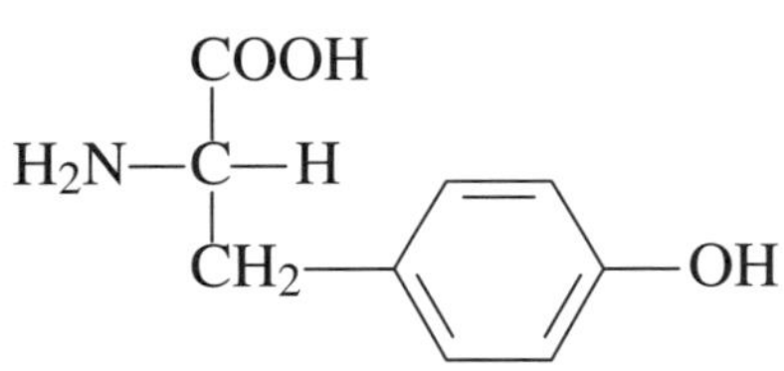

e) 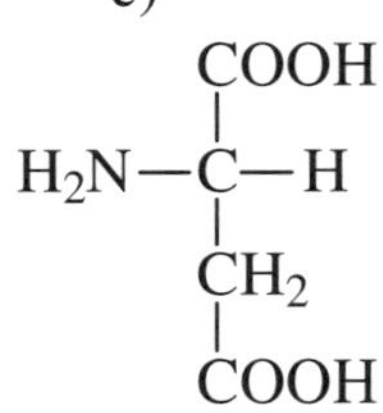

f) 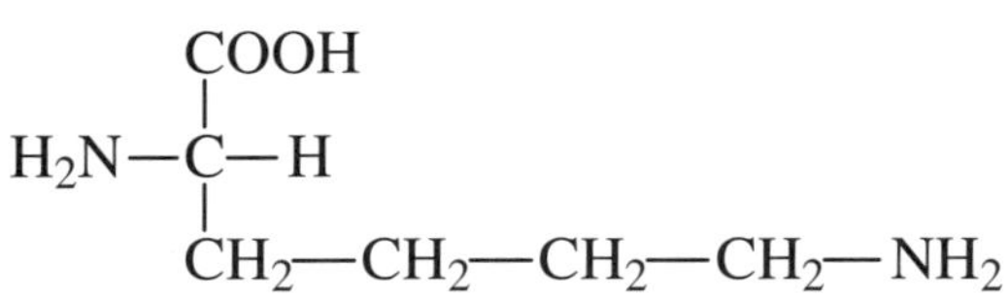

g) 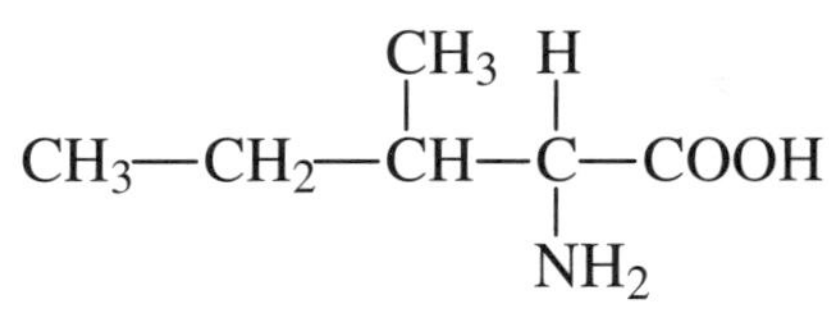

1. Lösungen zum Erkennen funktioneller Gruppen

L 11.01

a) 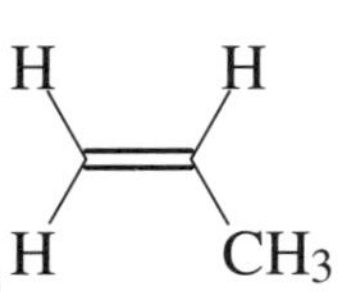

b) 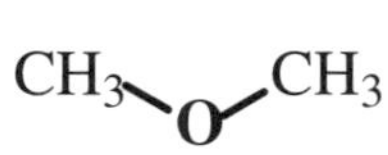

c) 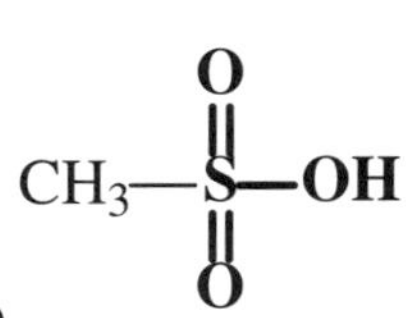

d) 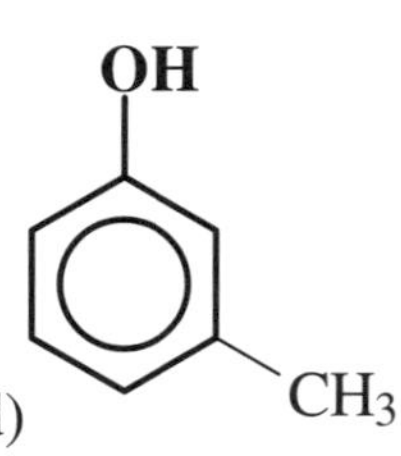

e) 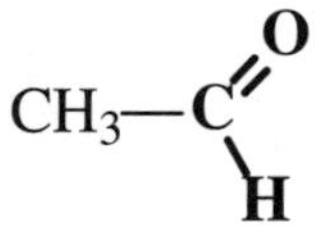

f) 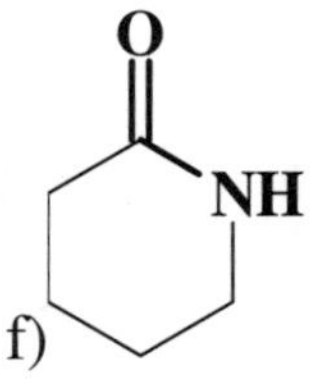

g) 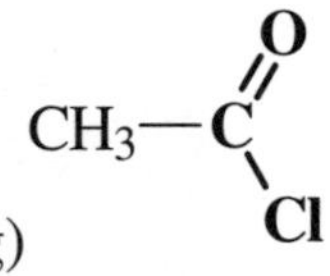

h) 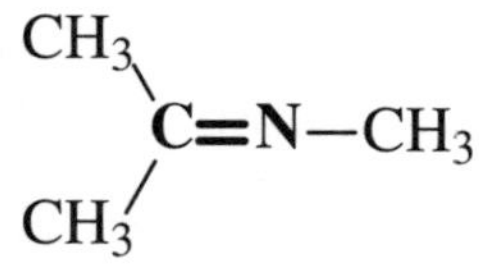

i) 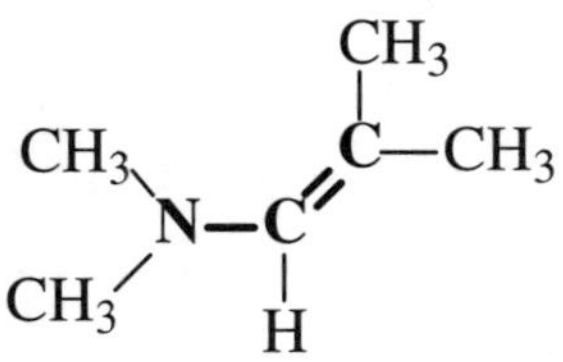

j) 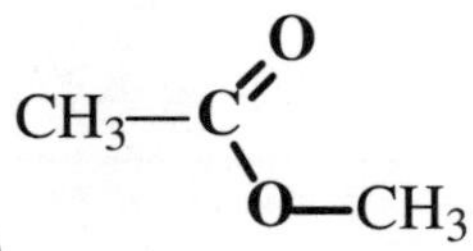

k) 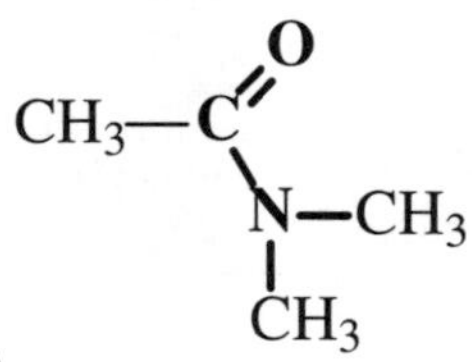

l) 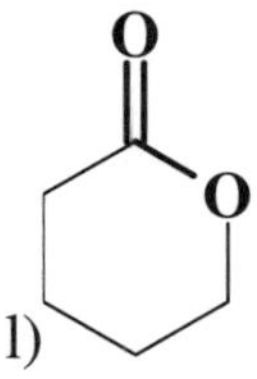

Die entscheidenden Molekülbausteine sind fett markiert, die Reste können variieren.

L11.02

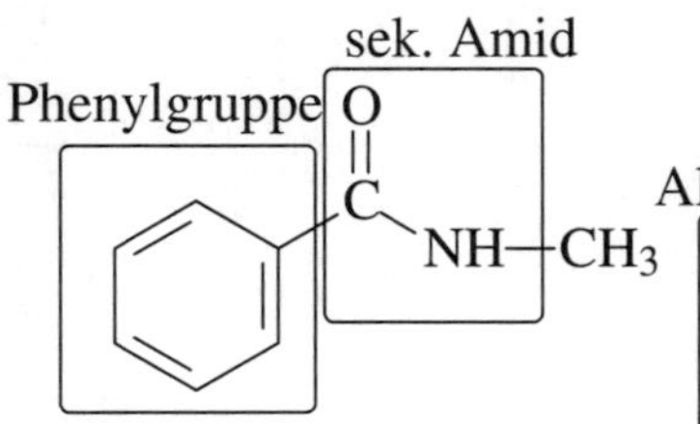

A

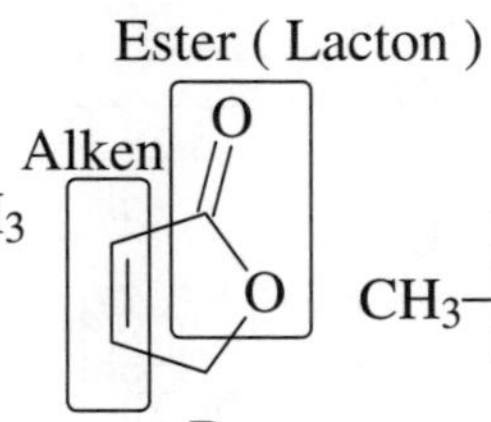

B

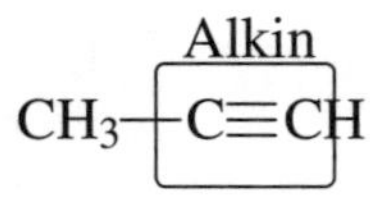

C

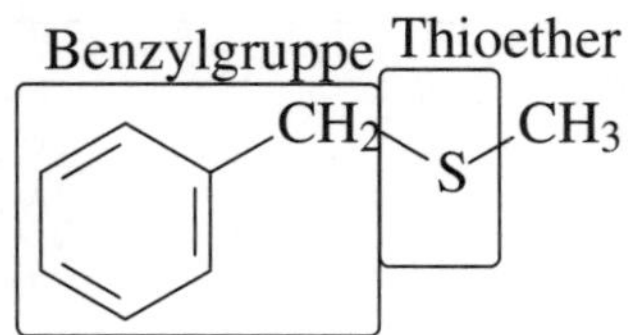

D

L 11.03 A = cyclischer Ether B = cyclischer Ester C = cyclisches Säureanhydrid

---

L 11.04

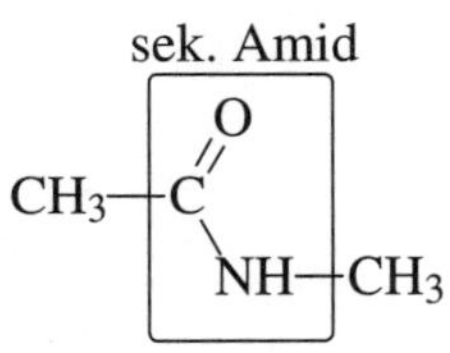

A

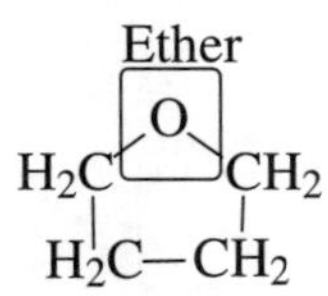

B

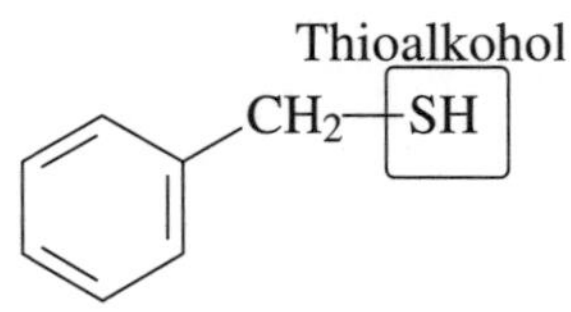

C

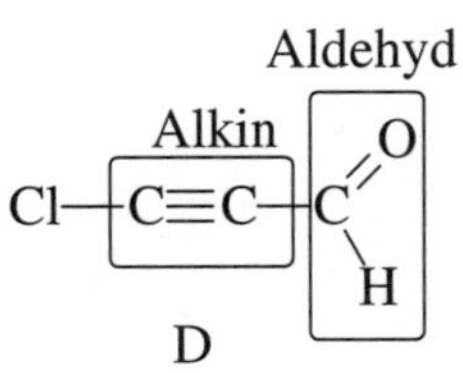

D

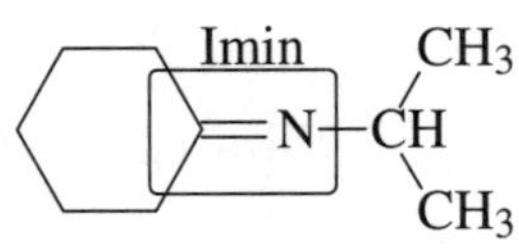

E

L 11.05 Ihre Lösung kann natürlich etwas davon variieren, wichtig sind die markierten Gruppen!

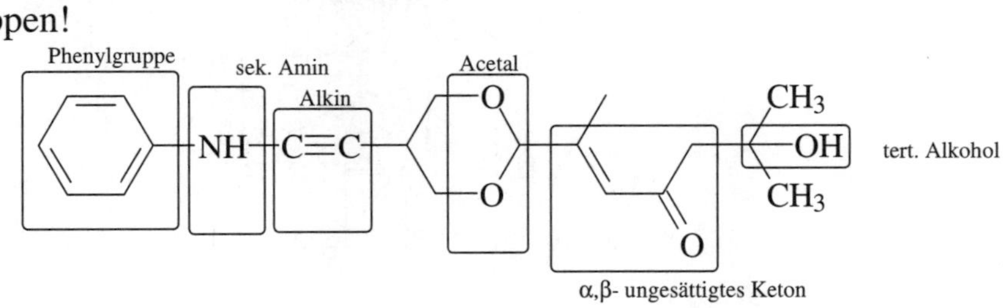

L 11.06

a) 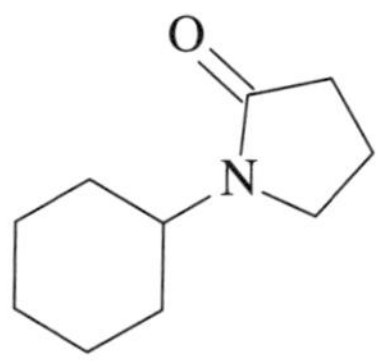
b) 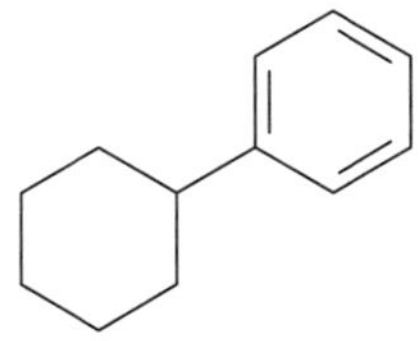
c) 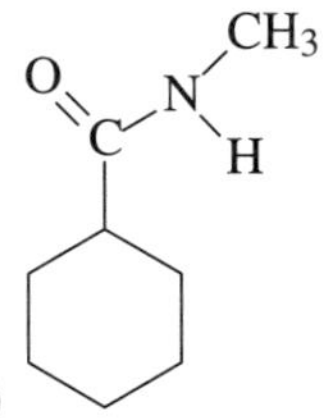
d) 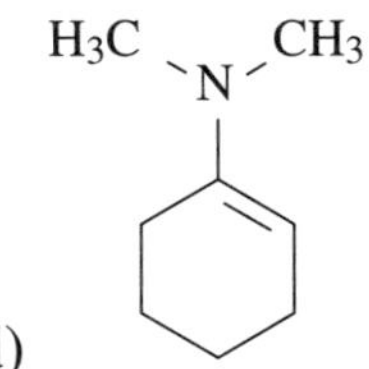

L11.07

a) 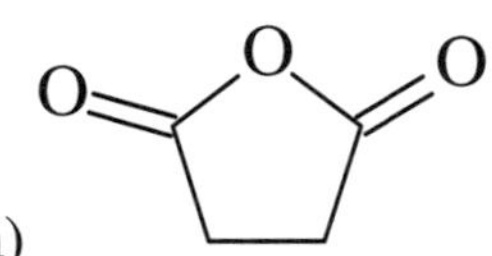
b) 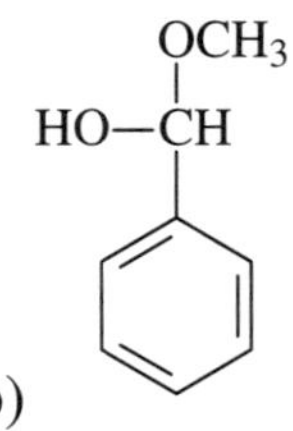
c) 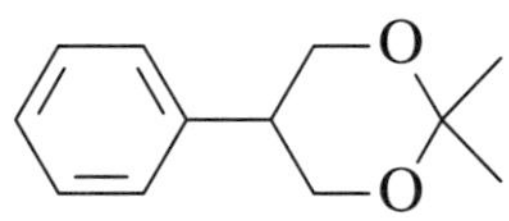
d) 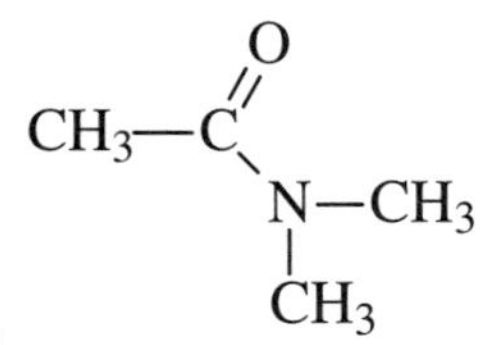

L 11.08

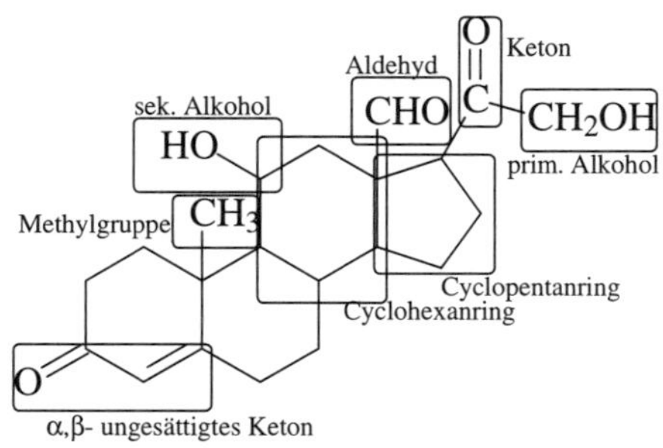

L 11.09

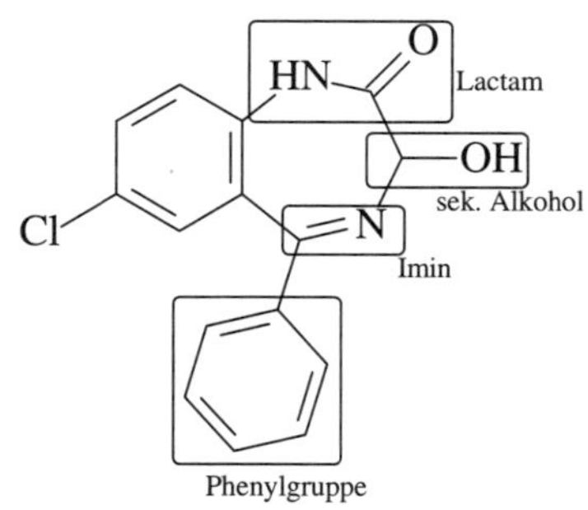

L 11.10 a)Alkohol b) Keton c) Amin d) Amid e) Enol

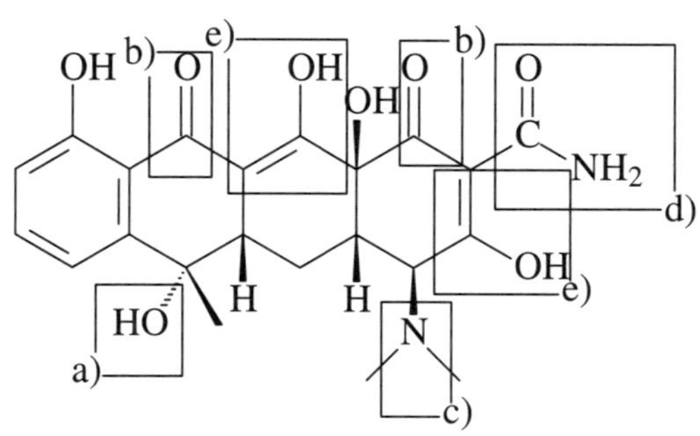

Zwei weitere Alkoholgruppen (am 1. Ring und zwischen dem 3. und 4. Ring) haben wir der Übersichtlichkeit wegen nicht markiert.

L 11.11

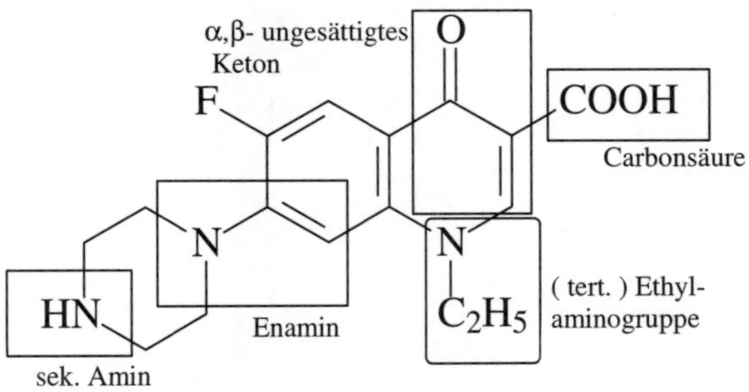

L 11.12

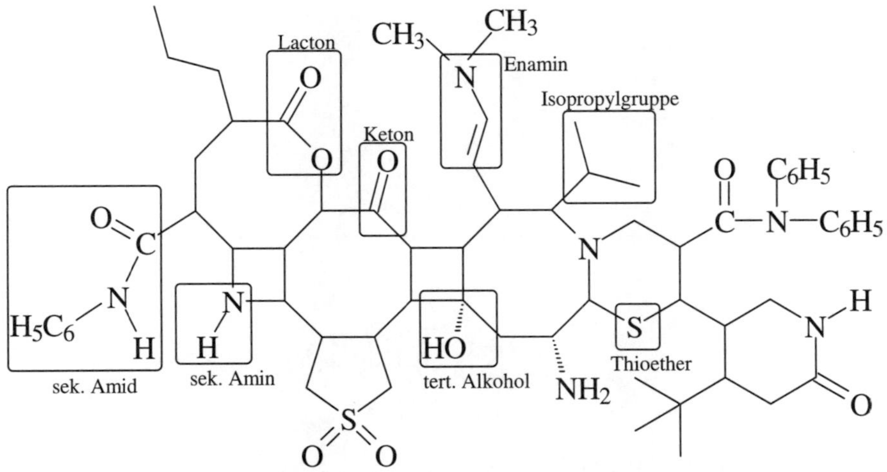

Stören Sie sich bitte nicht an derartigen Phantasiemolekülen, sie sind ausschließlich für Suchspiele gedacht und sollen durch ihre Größe nur verwirren!

L 11.13

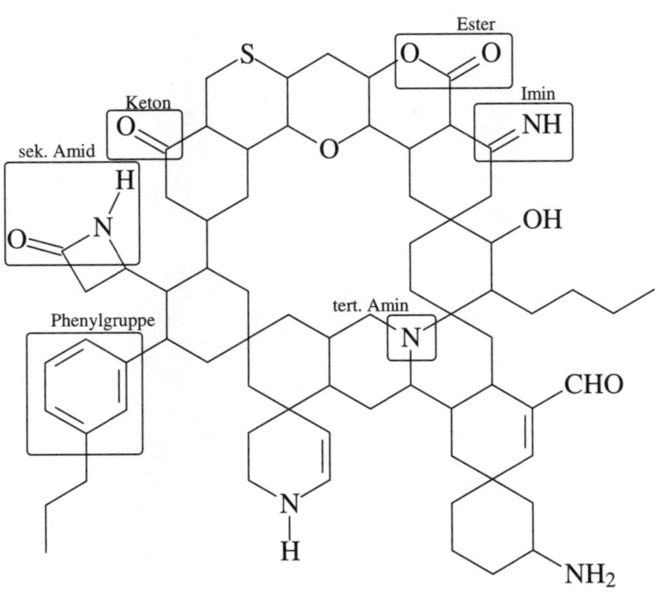

L 11.14

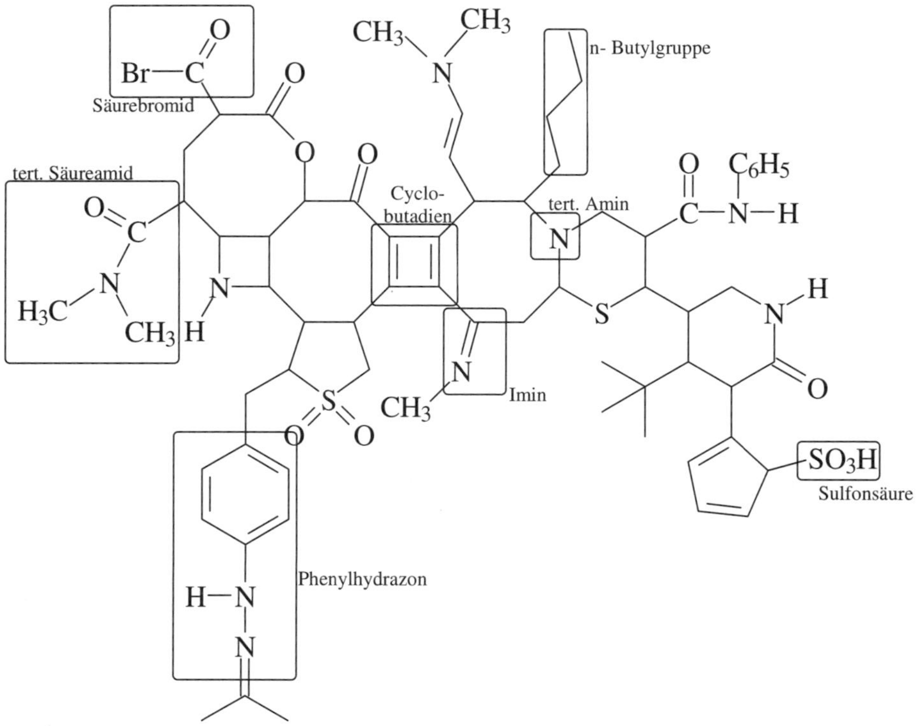

L 11.15

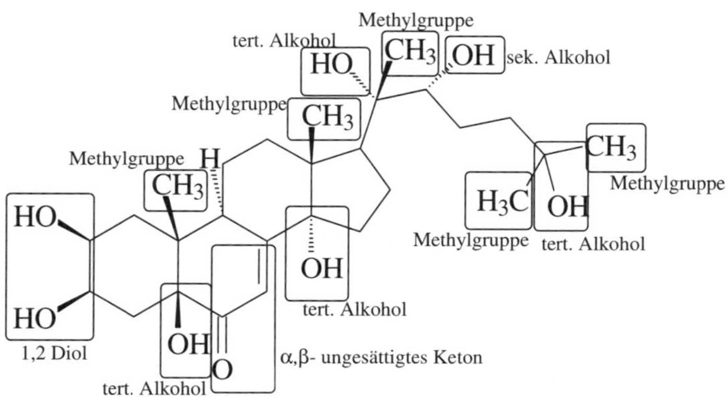

L 11.16

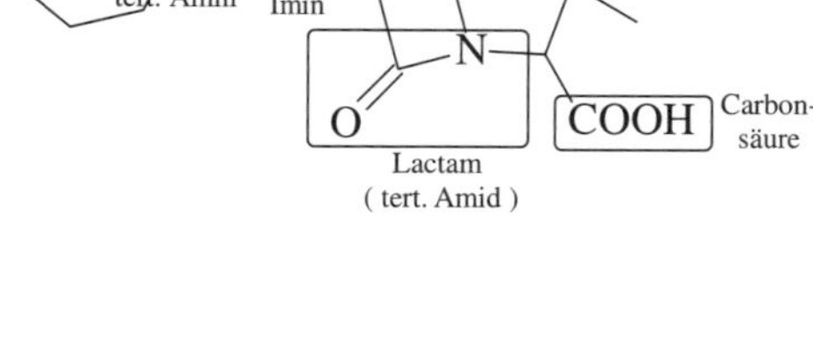

L 11.17

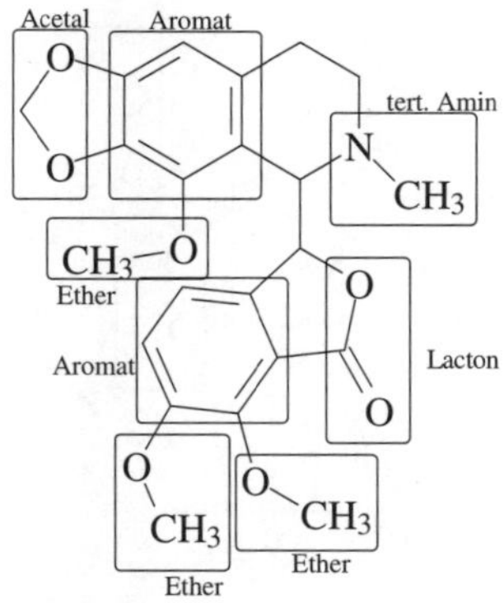

Ein Lactam ist nicht vorhanden!

L 11.18

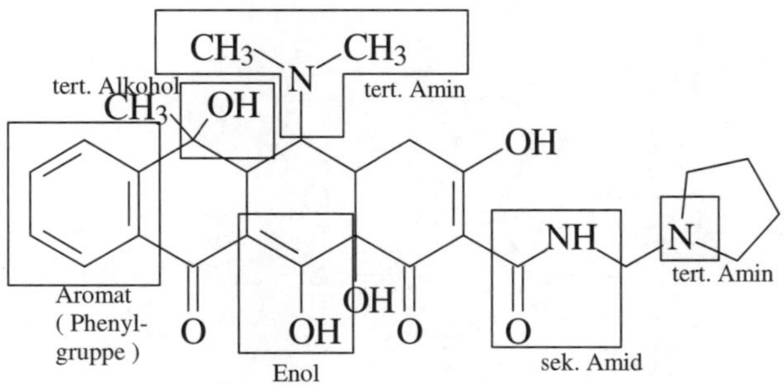

L 11.19

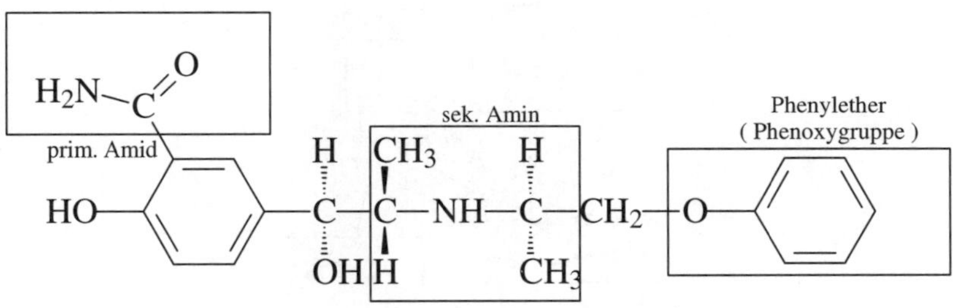

L 11.20 Eine ganze Reihe!

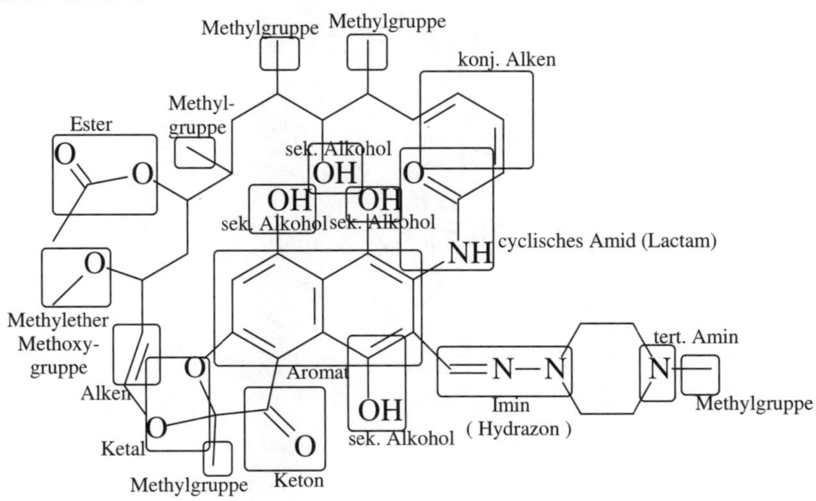

L 11.21

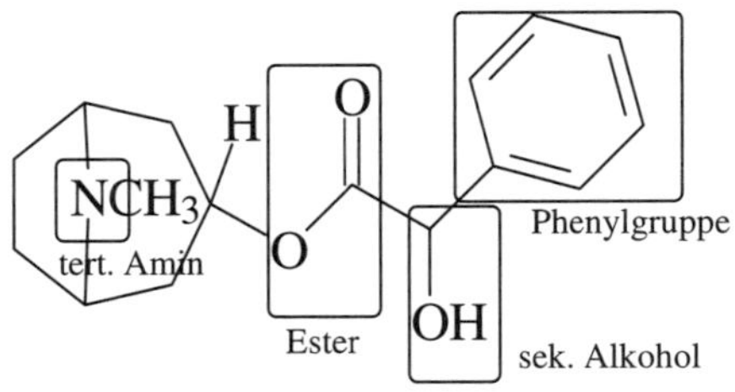

L 11.22

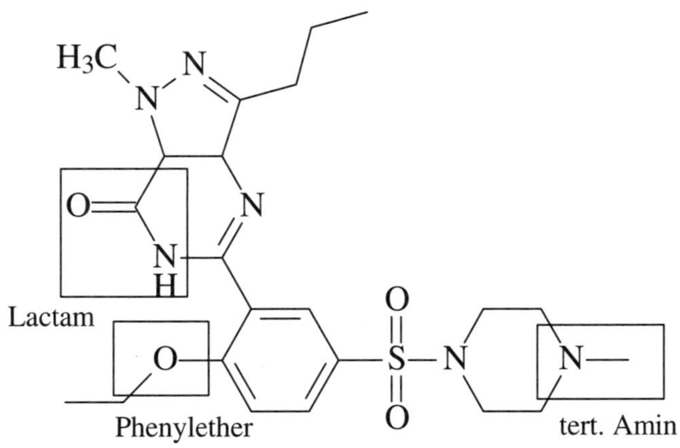

L 11.23

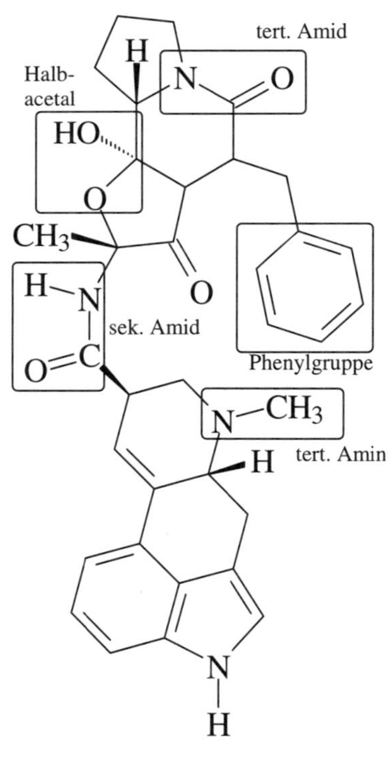

L 11.24 Richtig geraten! Ordnen Sie die vorgegeben Gruppen dem Molekül zu.

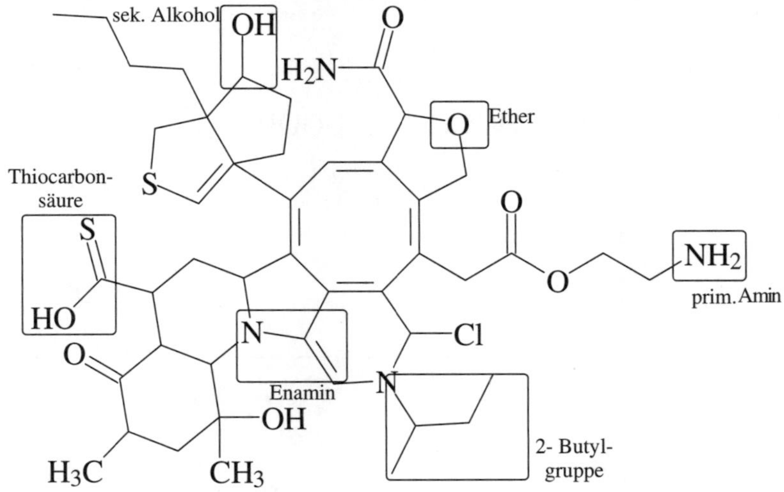

Sie werden sich schon gewundert haben, warum wir so viele Übungen in diesem Kapitel haben; dass liegt zum einen an den vielen Möglichkeiten, derartige Aufgaben zu stellen, zum anderen gilt, je besser Sie eine Gruppe erkennen, desto schneller arbeiten Sie sich in die folgenden Kapiteln ein.

2. Lösungen zum Zeichnen einer Strukturformel nach gegeben Namen

L 11.25

a) 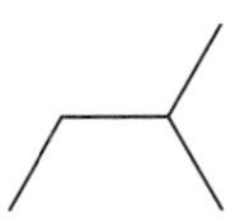 b) 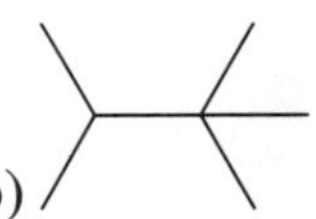 c) 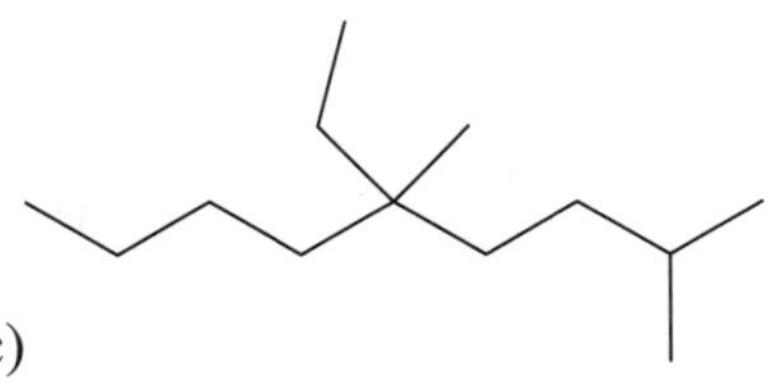 d) 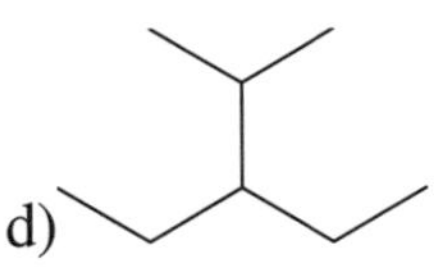

L 11.26

a) 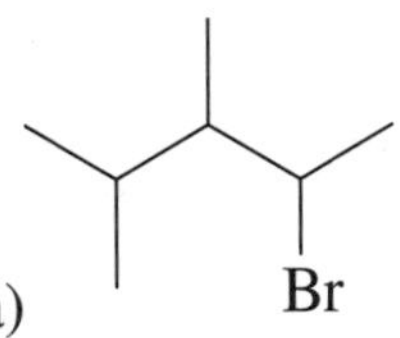

b) 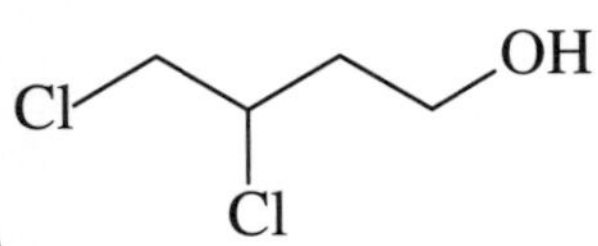

c) 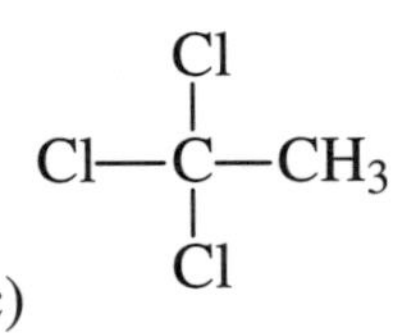

d) 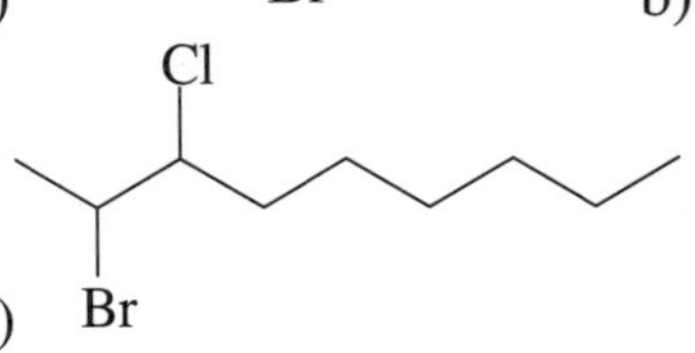

e) 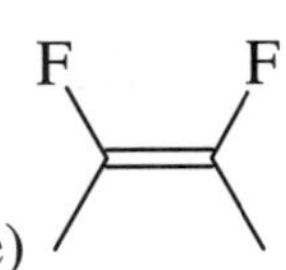

f) 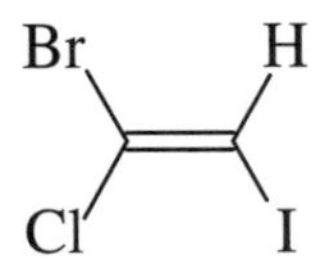

L 11.27

a) 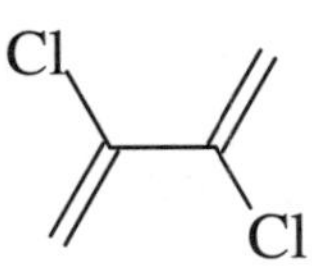

b) 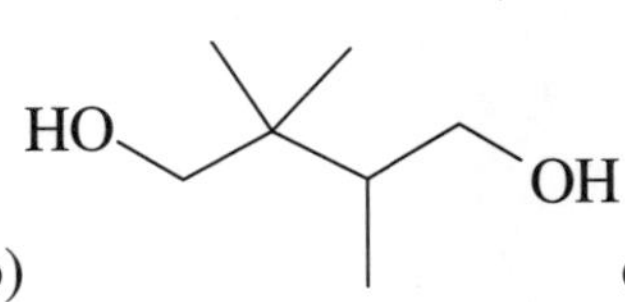

c) 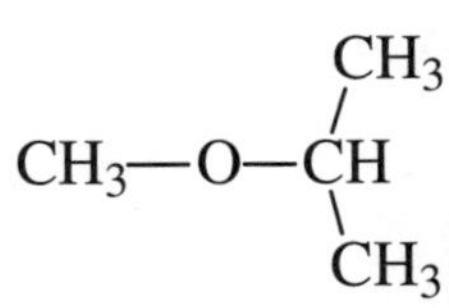

d) 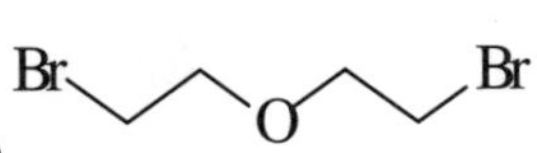

L 11.28

a) 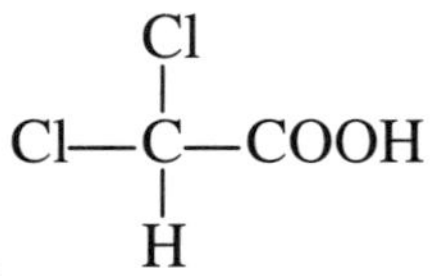

b) 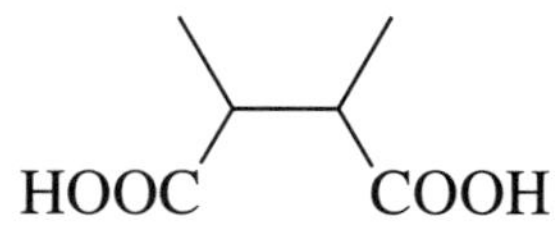

c) 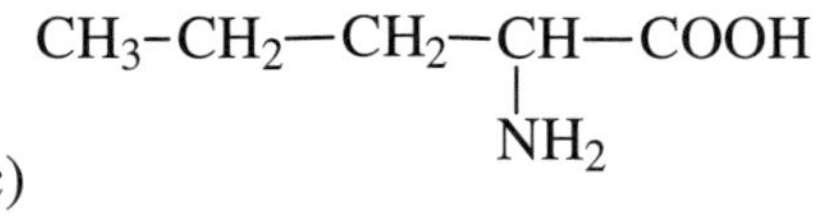

d) 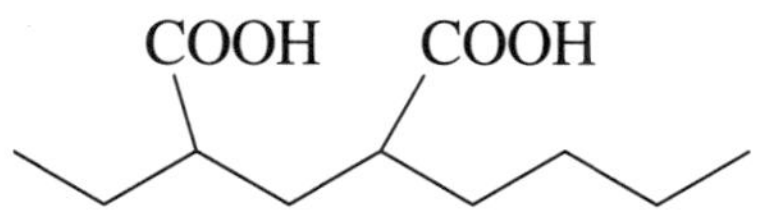

e) 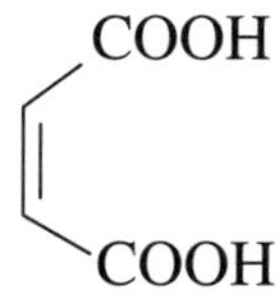

L 11.29

a) 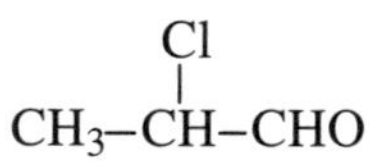

b) 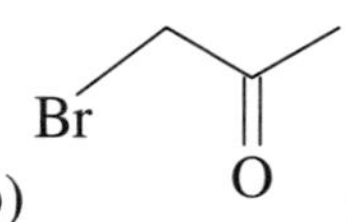

c) 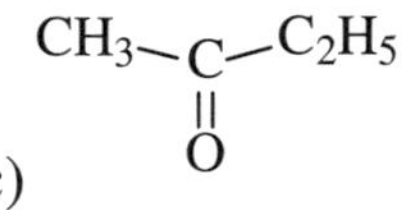

d) 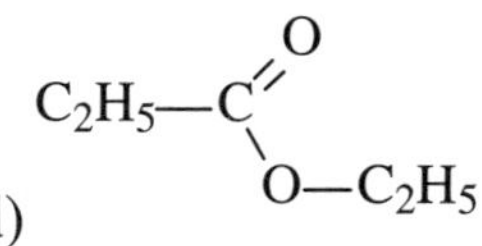

e) 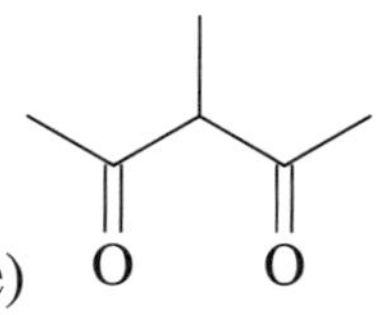

L 11.30

a) 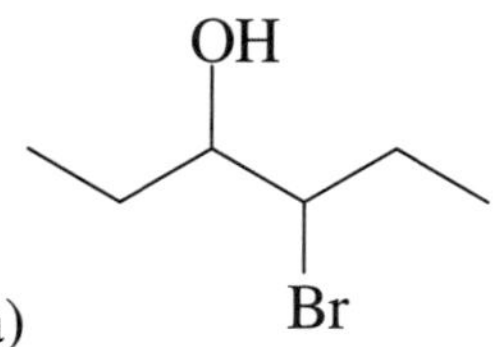

b) 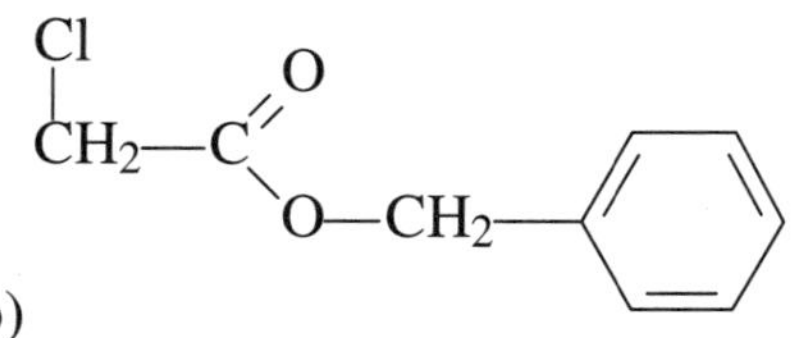

c) $C_2H_5-O-C_3H_7$

d) 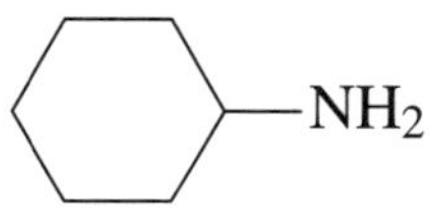

L 11.31

a) 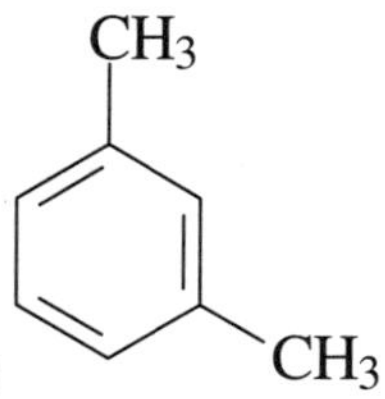

b) 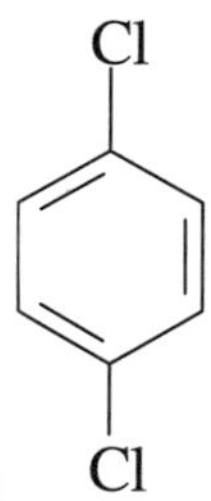

c) 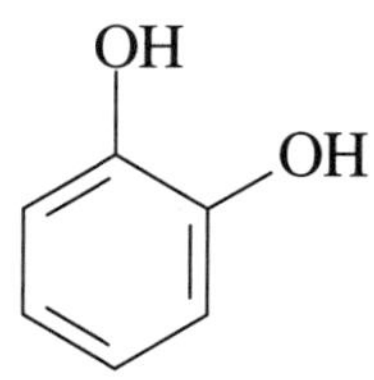

d) 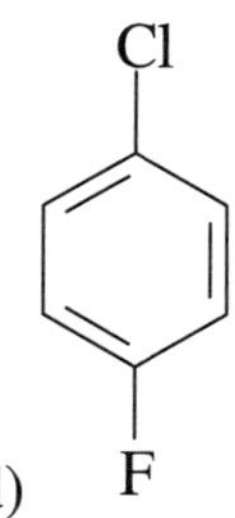

L 11.32

a) 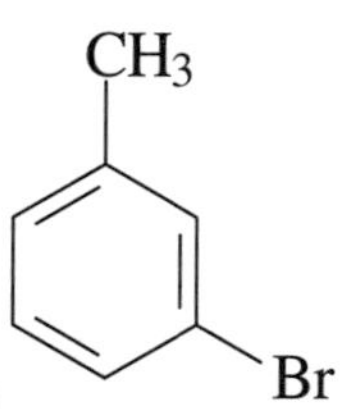

b) 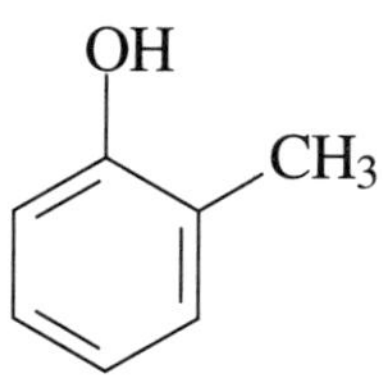

c) 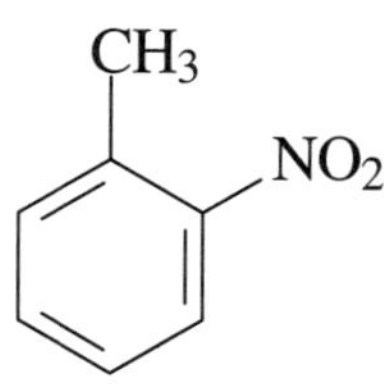

d) 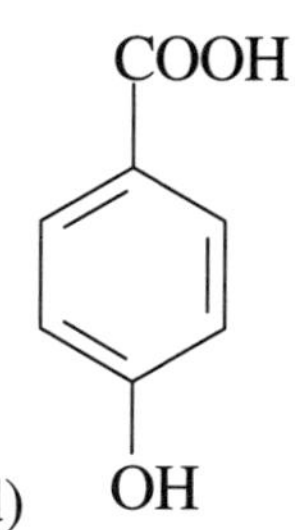

e) 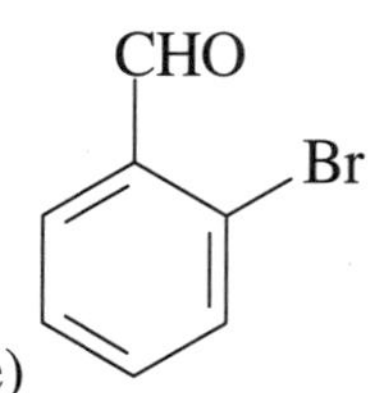

L 11.33

a) 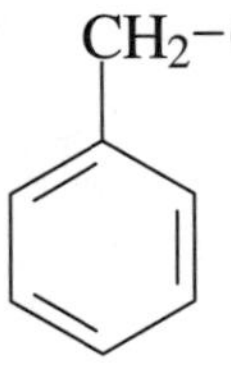

b) 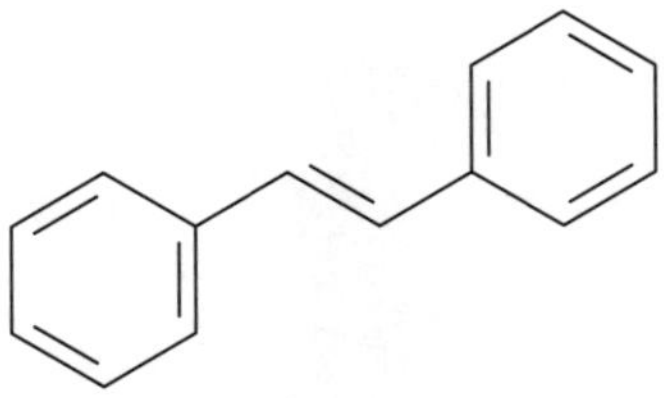

c) 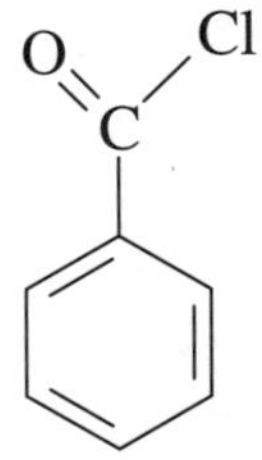

d) 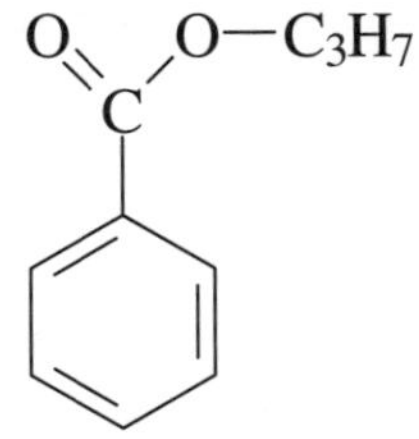

L 11.34

a) 

b) 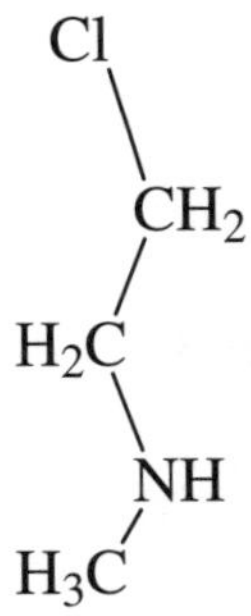

c) 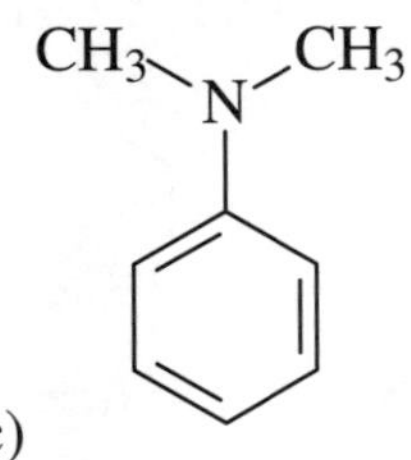

d) 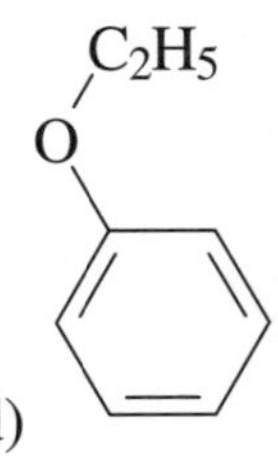

e) 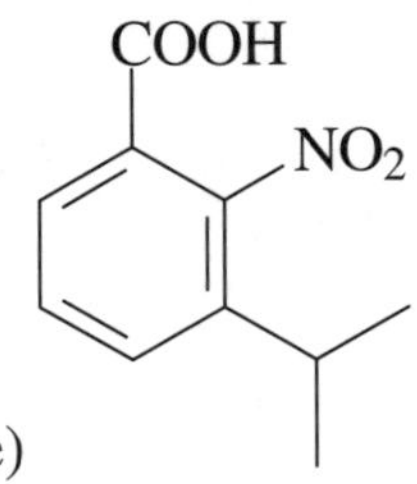

f) 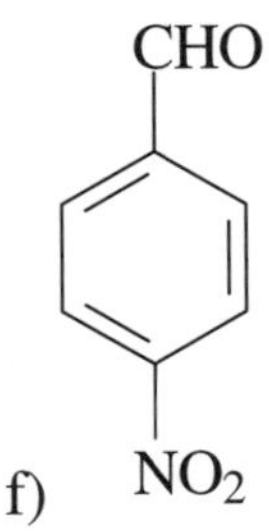

L 11.35

a) 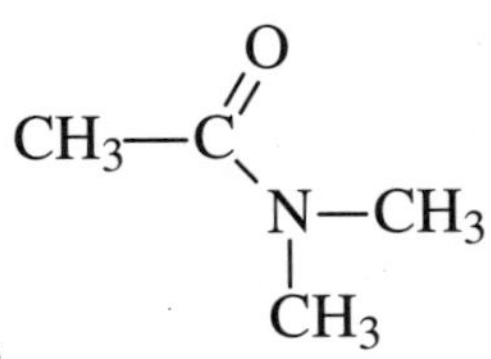

b) 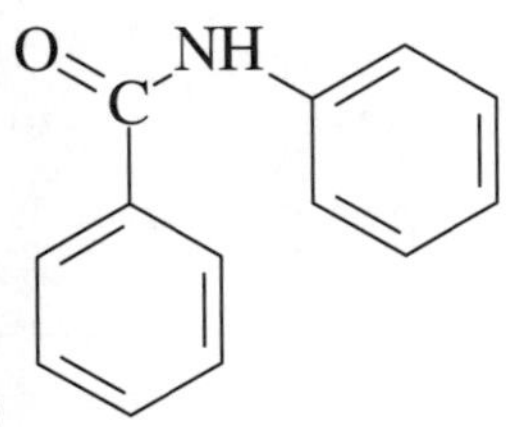

c) 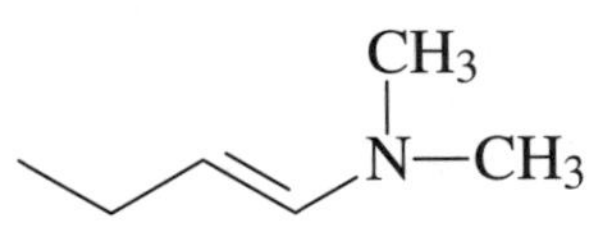

d) 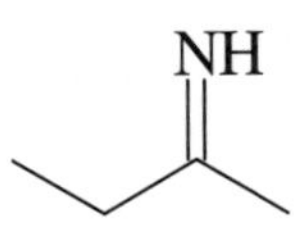

e) 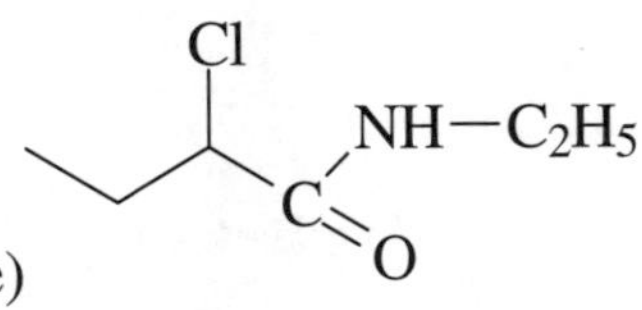

L 11.36

a) 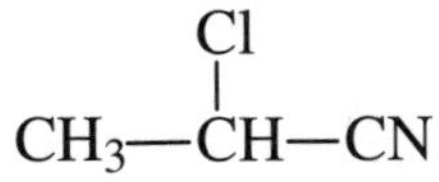

b) 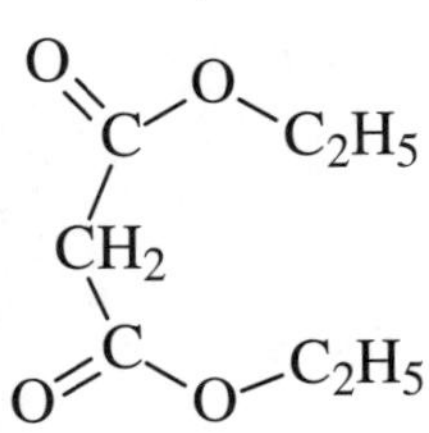

c) 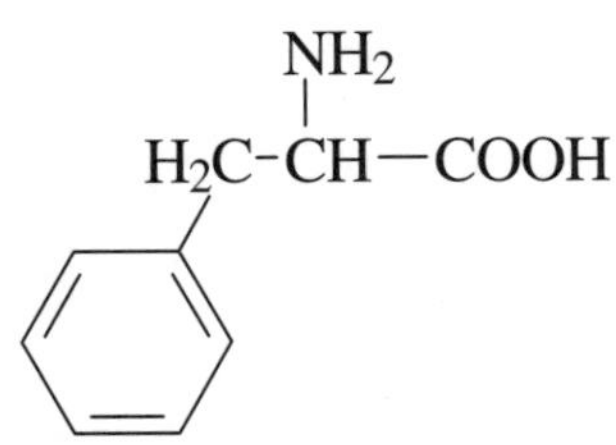

d) 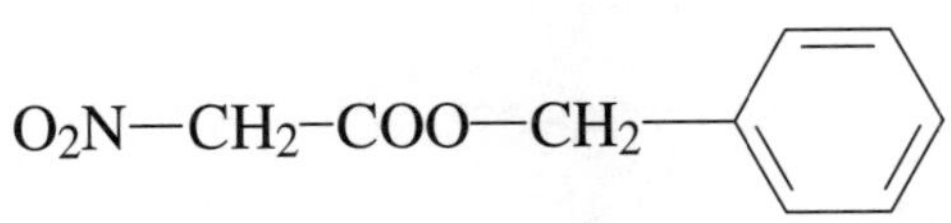

L 11.37

a) 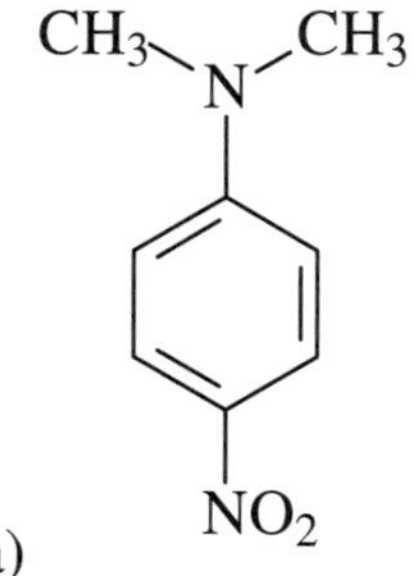 b) 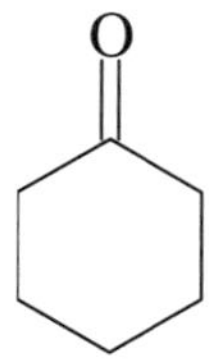 c) 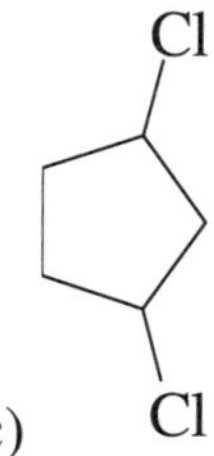 d) 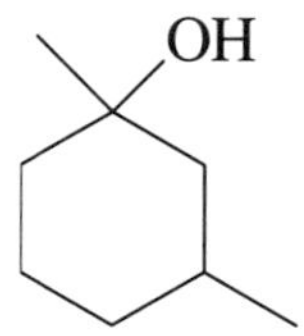 e) 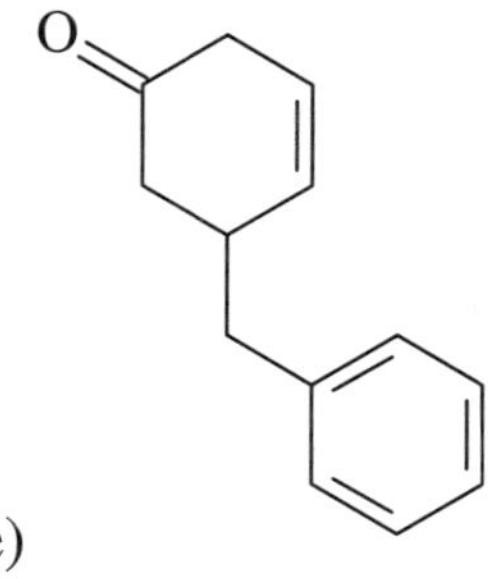

L 11.38

a) 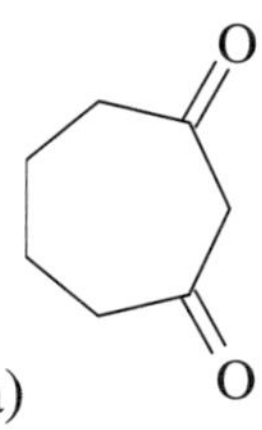 b) 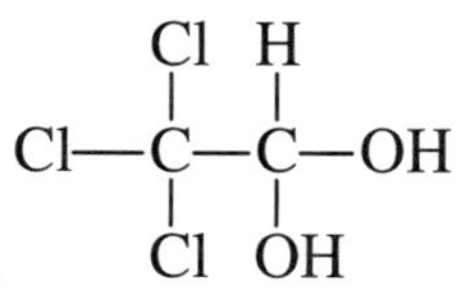 c) 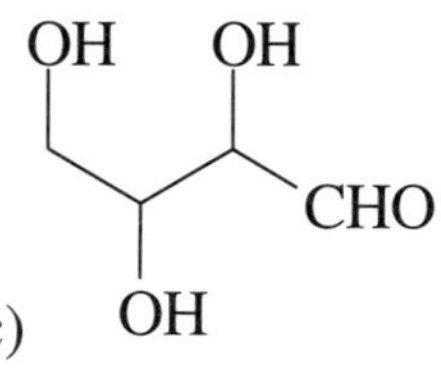 d) 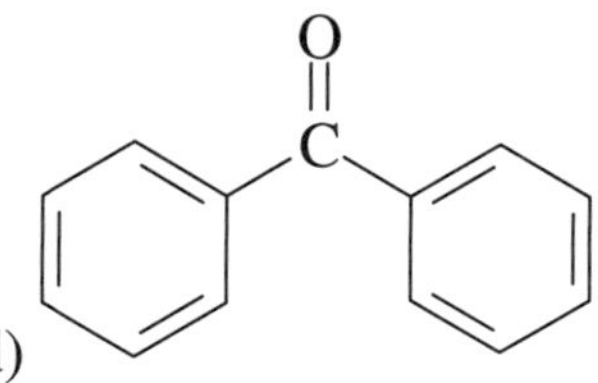

L 11.39

a) 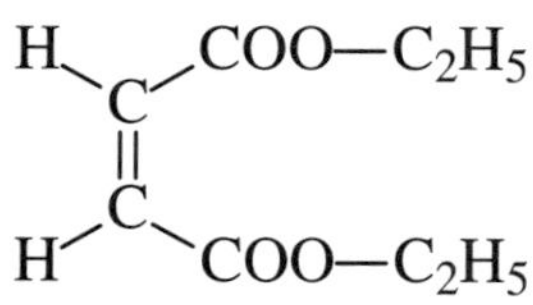 b) 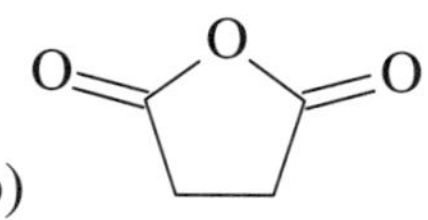 c) 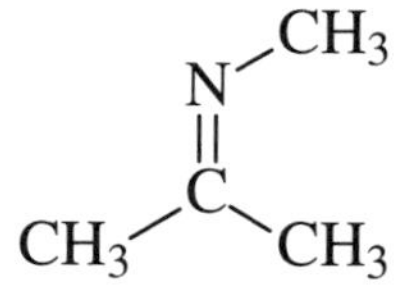 d) 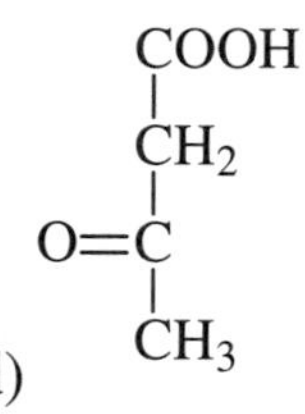

L 11.40

a) 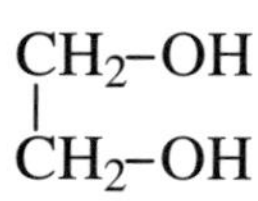 b) 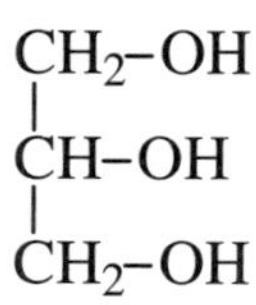 c) H_2N-CH_2-COOH d) 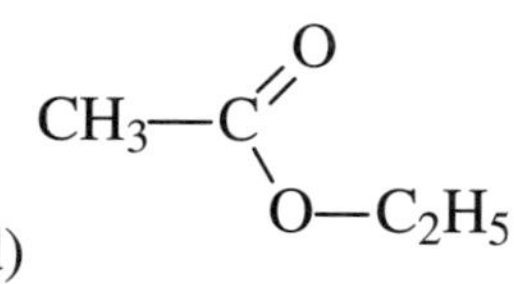

L 11.41

a) 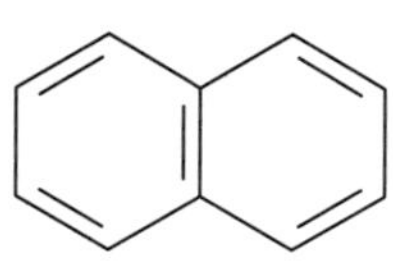 b) 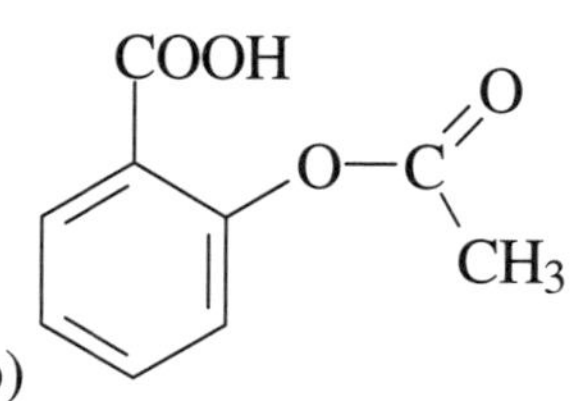 c) 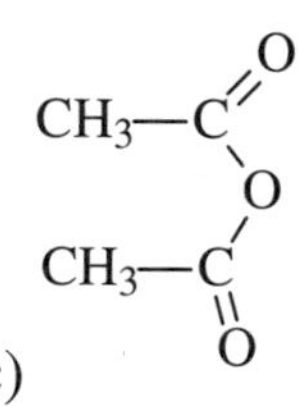

L 11.42

a) 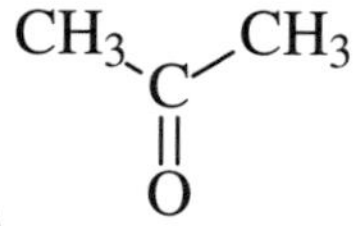 b) 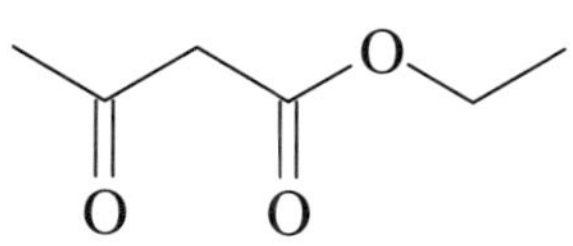 c) 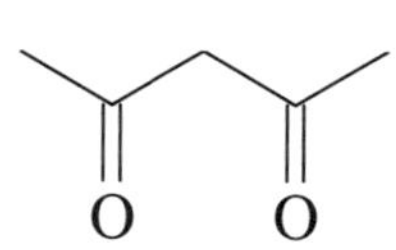 d) 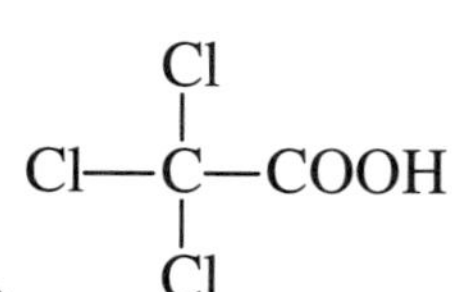

L 11.43

a) 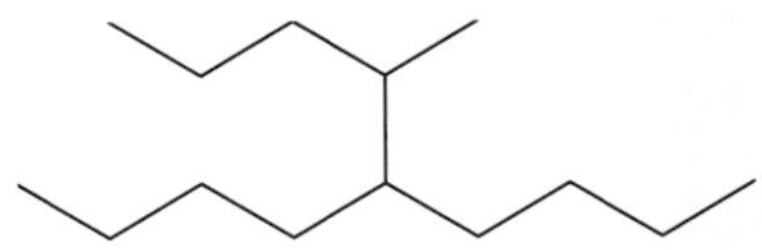

b) 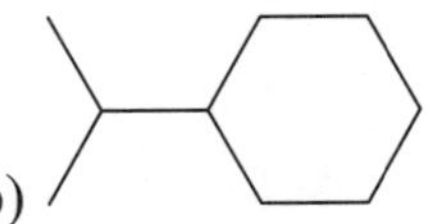

c) 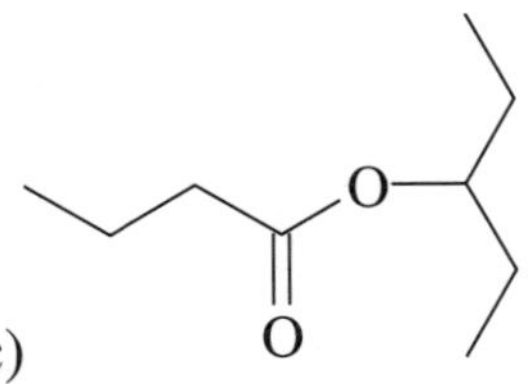

d) 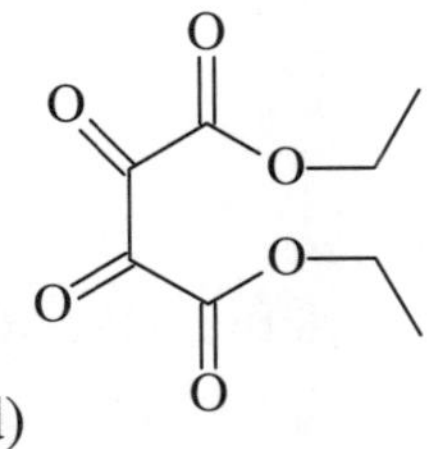

L 11.44

a) 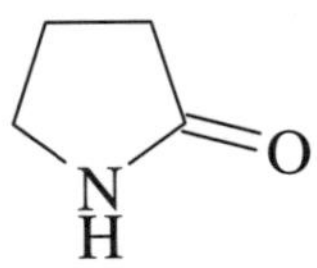

b) 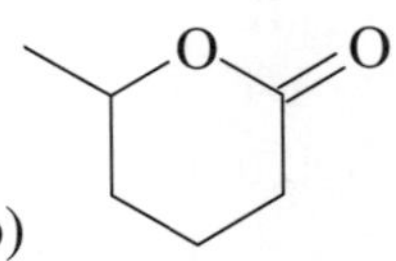

c) 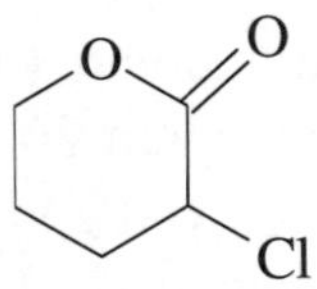

d) 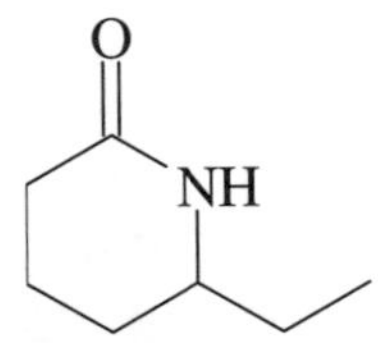

L 11.45

a) 

b) 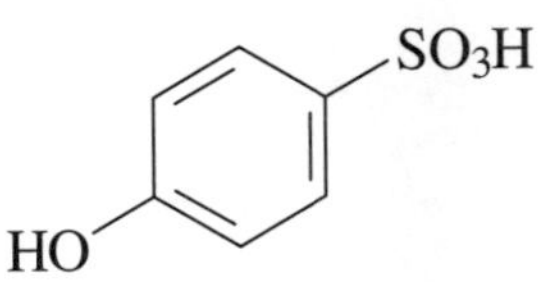

c) 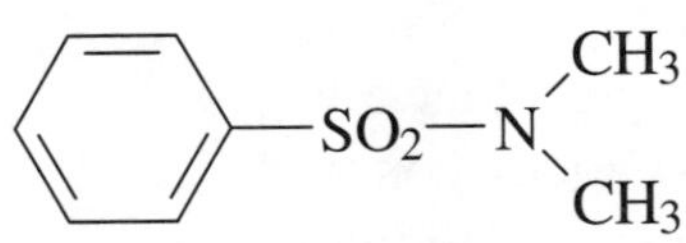

d) 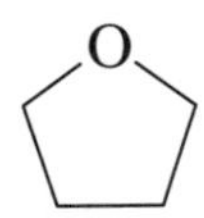

L 11.46

a) 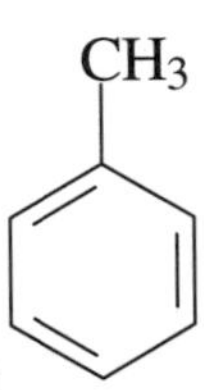

b) 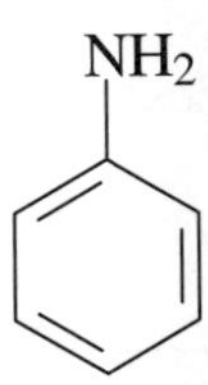

c) 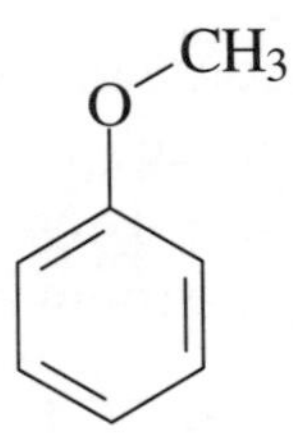

d) 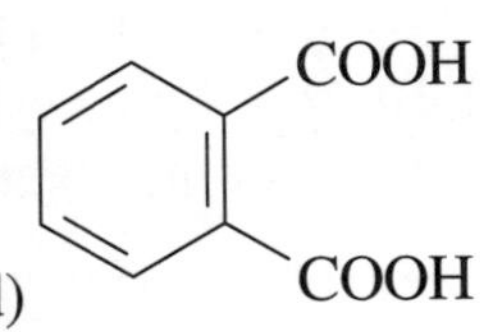

a) Methylbenzol
b) Aminobenzol (Phenylamin)
c) Methylphenylether
d) Benzol-1,2-dicarbonsäure

3. Lösungen zum Bezeichnen von Strukturen nach IUPAC

L 11.47

a) 3-Ethylhexan
b) 3-Ethyldekan
c) 5-Propyldekan
d) 4-Prop-2-ylheptan (4-Isopropylheptan)

L 11.48

a) Hexan-3-ol
b) 5-Methylheptan-2-ol
c) 3-Ethylpentan-1,4-diol
d) 3-Prop-2-yl-pentan-1,4-diol (3-Isopropylpentan-1,4-diol)

L 11.49

a) Ethylpropylether
b) Propylprop-2-ylether (Propylisopropylether)
c) Pentyl-2-methylpropylether
d) 4-Chlorbutylethylether

L 11.50

a) 1-Brom-3-chlormethylheptan (4-Brom-2-Butyl-1-chlorbutan)
b) 3-Brom-5,6-dimethylheptan-2-ol
c) 1-Chlor-2-chloriodmethyl-1-iod-3-methylbutan
d) 3-Chlor-4-prop-2-ylheptan-2-ol (3-Chlor-4-isopropylheptan-2-ol)

L 11.51

a) 1,2-Dimethylcyclohexan
b) 1,4-Diethylcyclohexan
c) 1-Chlor-1-iodcyclohexan
d) 4-Cyclopentyl-6-ethylnonan

L 11.52

a) 3-Hydroxybenzol-1-carbonsäure (m-Hydroxybenzoesäure)
b) 4-Brombenzol-1-carbonsäure (p-Brombenzoesäure)
c) 1-Brom-4-hydroxybenzol (p-Bromphenol)
d) 1-Brom-3-nitrobenzol (m-Bromnitrobenzol)

L 11.53

a) 2-Amino-1-hydroxy-4-nitrobenzol
b) 3-Aminobenzol-1,2-dicarbonsäure
c) 2,4-Dimethyl-1-nitrobenzol
d) 3,4-Dichlorbenzol-1-carbonsäure
e) 1-Amino-3-chlor-5-nitrobenzol

L 11.54

a) Benzolcarbonsäuremethylester (Benzoesäuremethylester)
b) 4-Nitrobenzolcarbonsäuremethylester (p-Nitrobenzoesäuremethylester)
c) Ethansäurephenylester (Phenylethanoat)
d) Ethansäurebenzylester (Benzylethanoat)

L 11.55

a) N,N-Dimethylaminobenzol (Dimethylphenylamin)
b) 1-(N-Ethyl-N-methyl)-amino-4-nitrobenzol (Ethyl-methyl-p-Nitrophenylamin)
c) 1-(N-Acetyl)-amino-3-nitrobenzol (Ethansäure-m-nitrophenylamid)
d) N-Phenylprop-2-ylimin

L 11.56

a) Dipropylprop-2-ylamin (Dipropylisopropylamin)
b) Butyldipropylamin
c) Diethylcyclohexylamin
d) Diethylmethylprop-2-ylammoniumkation

L 11.57

a) Ethansäure-N-ethyl-N-methylamid
b) Butansäure-N-cyclohexylamid
c) 4-Brombutansäure-N-propylamid
d) Butansäure-N-ethyl-N-propylamid
e) Pentansäure-N-pent-3-ylamid

L 11.58

a) Hexandisäure
b) Pentandisäuredimethylester (Dimethylpentandioat).
c) 3-Oxopentansäuremethylester (3-Oxomethylpentanoat)
d) 2-Amino-3-phenylpropansäure (Phenylalanin)

L 11.59

a) Dipropansäureanhydrid
b) Pentandisäureanhydrid
c) Ethansäurepropansäureanhydrid
d) Benzol-1,2-dicarbonsäureanhydrid (Phthalsäureanhydrid)

L 11.60

a) 4-Ethyloctanal
b) 5-Methylnonanal
c) 4-Ethylheptanal

L 11.61

a) Cyclopentanon
b) Nonan-4,6-dion
c) Cyclohexan-1,3-dion
d) Dicyclopentylketon

L 11.62

a) 2-Methylcyclohexanon
b) Pentandisäureanhydrid
c) 1,5-Pentanolid

L 11.63

a) γ-Butanlactam
b) 1,3-Propanolid
c) 1,5-Hexanolid
d) N-Methyl-δ-pentanlactam

L 11.64

a) Benzolcarbaldehyd (Benzaldehyd)
b) 3-Chlorbenzol-1-carbaldehyd (m-Chlorbenzaldehyd)
c) Ethylphenylketon
d) 2-Formylbenzol-1-carbonsäuremethylester

L 11.65

a) Z-1,2-Dichlorethen
b) E-1-Chlor-2-fluor-1-iodethen
c) Propensäuremethylester (Methylpropenoat)
d) E-1,2-Dichlorprop-1-en
e) E-Diphenylethen

L 11.66

a) 4-Methylpent-2-in
b) But-2-indisäure
c) 3,6-Diethyloct-4-in
d) Diphenylethin
e) 3-Phenylpropinsäure

L 11.67

a) Z-Hept-2-en-5-in
b) E-4-Methyl-6-phenylhex-2-en-5-in oder E-3-Methyl-1-phenylhex-4-en-1-in

L 11.68

a) 3-Ethyl-4-nitrohexansäure
b) 1-Amino-3-phenylpentan-2-ol
c) 1-Brom-2-chlor-cyclohex-3-en
d) 6-Methylcycloocta-1,4-dien
e) 3-Methyl-2-phenylhexan-4-on (Man könnte hier auch anders gezählt haben.)
f) 2-Brom-3-methylcyclohex-4-en-1-carbonsäurenitril

L 11.69

a) Hex-3-ylphenylamin
b) Propansäure-N,N-dimethylamid
c) Propannitril
d) 1-Brom-1-chlor-2,2,2-trifluorethan
e) 2-Brompropanthiol

L 11.70

a) 3-Chlor-N,N-dimethylbutansäureamid
b) 2-Hydroxy-3-phenylbutanal
c) 1-Methyl-2,4,6-trinitrobenzol (Trinitrotoluol)

L 11.71

a) Cyclohexylaminomethan
b) 4-Phenylpentan-1-ol
c) Trichlormethylbenzol

L 11.72

a) 2-Amino-3-hydroxypropansäure (Serin)
b) 2-Amino-3-mercaptopropansäure (Cystein)
c) 2-Amino-4-methylthiobutansäure (Methionin)
d) 2-Amino-3-(4-hydroxyphenyl)-propansäure (Thyrosin)
e) 2-Aminobutandisäure (Asparaginsäure)
f) 2,6-Diaminohexansäure (Lysin)
g) 2-Amino-3-methylpentansäure (Isoleucin)

Konfigurationsisomerie

Dieses Kapitel stellt eine Erweiterung der Nomenklaturregeln aus Kapitel 11 dar, für den Fall, daß sich in einer organischen Verbindung ein Asymmetriezentrum befindet. Wir wollen hier nur den einfachen Fall behandeln, in dem sich an einem Kohlenstoff vier verschiedene Substituenten befinden (chirales C- Atom). Durch die Tetraederstruktur der Bindungsorbitale des Kohlenstoffs sind zwei räumliche Anordnungen einer Verbindung mit vier verschiedenen Substituenten möglich, die sich wie Bild und Spiegelbild verhalten. Diese Form der Isomerie wird als *Konfigurationsisomerie* bezeichnet; die beiden isomeren Formen werden *Enantiomere* genannt. Es ist nicht möglich, beide Formen zur Deckung zu bringen. Ein einfacher Vergleich hierzu wäre zum Beispiel die linke und rechte Hand.
Ein Beispiel für Enantiomere:

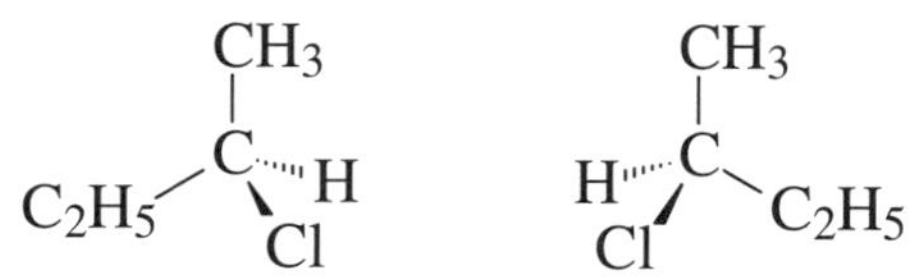

Für die graphische Darstellung (räumliche Projektion) gelten folgende Vereinbarungen:

- Ein normaler Bindungsstrich befindet sich in der Papierebene.
- Ein gestrichelter Bindungsstrich in Keilform befindet sich unter der Papierebene.
- Ein dicker Bindungsstrich in Keilform befindet sich über der Papierebene.

Enantiomere unterscheiden sich in ihren physikalischen und chemischen Eigenschaften bis auf zwei Ausnahmen nicht. Eine Ausnahme ist ihre physiologische Reaktion. Gemeint ist hier das Schlüssel- Schloß- Prinzip bei enzymatischen Reaktionen. In allen Fällen paßt nur eine enantiomere Form in das enzymatische Schloß (Versuchen Sie einmal ein Spiegelbild Ihres Hausschlüssels in das Türschloß zu stecken!).
Die andere Ausnahme ist eine physikalische Eigenschaft, nämlich die Drehung der Ebene des polarisierten Lichts. Wenn man einen Lichtstrahl als Welle versteht, so hat dieser nicht nur eine Schwingungsebene entlang seiner Ausbreitungsrichtung sondern unendliche viele. Durch einen Polarisationsfilter lassen sich alle Schwingungsebenen bis auf eine einzige ausblenden. Diese Art Licht wird linear polarisiertes Licht genannt. Fällt ein solcher Lichtstrahl durch eine Probe mit einer Enantiomerlösung, so wird die Ebene des linear polarisierten Lichts um einen bestimmten Winkel verdreht. Das andere Enantiomer verdreht die Ebene des linear polarisierten Lichts um den gleichen Beitrag in die entgegengesetzte Richtung. Die folgende kleine Skizze soll die physikalischen Zusammenhänge noch einmal verdeutlichen:

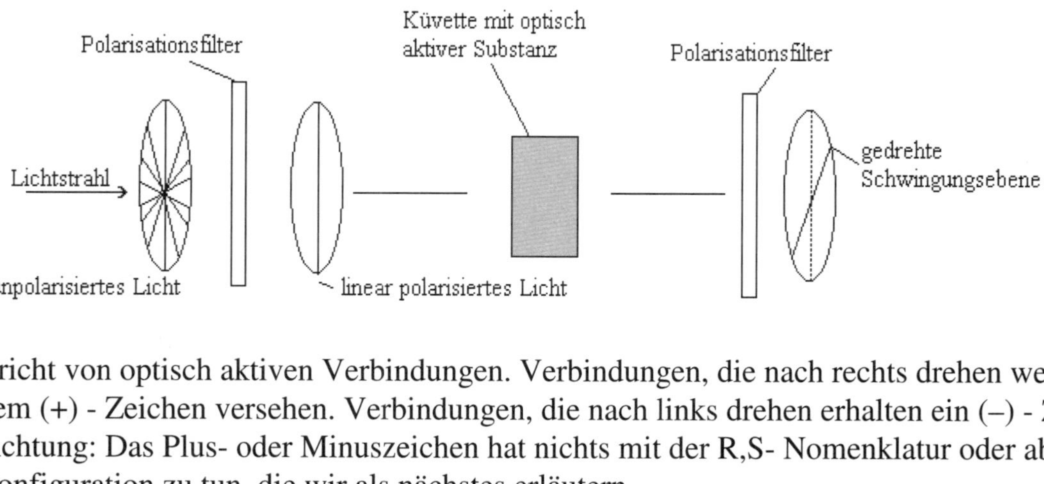

Man spricht von optisch aktiven Verbindungen. Verbindungen, die nach rechts drehen werden mit einem (+) - Zeichen versehen. Verbindungen, die nach links drehen erhalten ein (–) - Zeichen. Achtung: Das Plus- oder Minuszeichen hat nichts mit der R,S- Nomenklatur oder absoluten Konfiguration zu tun, die wir als nächstes erläutern.

Um Enantiomere auch nomenklaturmäßig unterscheiden zu können, wurde die absolute Konfiguration oder R,S-Nomenklatur eingeführt. Dazu benötigt man die Sequenzregel, die Sie schon im Kapitel 11 kennengelernt haben. Im Folgenden noch einmal ausführlicher erläutert:

1. Der Substituent mit der größten Ordnungszahl erhält die höchste Priorität (Nummer 1).
2. Die Vorgehensweise ist schalenartig, das bedeutet, daß bei Substituenten nicht die Kettenlänge entscheidend ist, sondern wo zuerst ein Substituent mit der größten Ordnungszahl ausgehend vom Zentrum erscheint.
3. Doppelbindungen zählen doppelt und Dreifachbindungen zählen dreifach. Die C-Atome sind formal mit zwei bzw. mit drei Partnern verbunden.

Verwendet man die Darstellung von Molekülen der vorherigen Seite, muß die Gruppe mit der geringsten Priorität (Nummer 4) nach hinten weisen. Falls ein Molekül dieser Vorgabe nicht entsprechen sollte, müssen Sie es entsprechend drehen. Falls Sie damit Schwierigkeiten haben verwenden Sie ein Molekülmodell (auch ein Korken mit vier verschiedenartig markierten Streichhölzern tut seinen Dienst). Markieren Sie die Substituenten entsprechend ihrer Priorität mit Zahlen. Es ergibt sich entweder eine Reihenfolge im Uhrzeigersinn (R) oder eine Reihenfolge gegen den Uhrzeigersinn (S).
Beispiel:

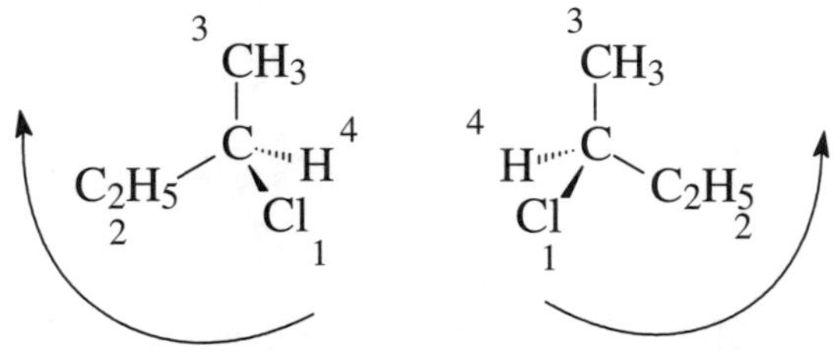

R- konfiguriert S- konfiguriert

Das R bzw. S wird dem Molekülnamen vorangestellt: R-2-Chlorbutan und S-2-Chlorbutan.
Nun noch ein etwas schwierigeres Beispiel:

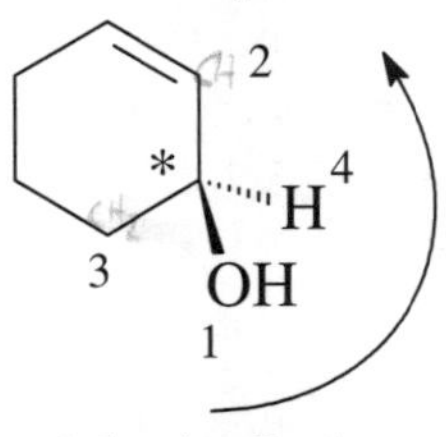

S-konfiguriert

Am chiralen C-Atom befinden sich ein O-Atom, zwei C-Atome und ein H- Atom. Das H-Atom hat die geringste Priorität und erhält die Nummer 4. Das O-Atom erhält die Nummer 1. Nun müssen beide C-Atome verglichen werden. Bei einem folgt eine Doppelbindung, es hat damit eine höhere Priorität als das andere C-Atom (Nummer 3) und erhält daher die Nummer 2. Da der Substituent mit der geringsten Priorität nach hinten weist, ist die Zählrichtung gegen den Uhrzeigersinn: S- konfiguriert.

Eine andere Art der Darstellung von Konfigurationsisomeren ist die *Fischerprojektion.* Hier werden alle Substituenten planar im Winkel von 90° dargestellt. Die Übertragung eines Moleküls aus der räumlichen Projektion in die Fischerprojektion erfolgt üblicherweise so:
- Blicken Sie so auf das Molekül, daß die Substituenten, die die längste Kette bilden nach unten stehen. Dann zeigen die beiden anderen Substituenten nach oben.
- Zeichnen Sie das Molekül so, daß die längste Kette sich senkrecht auf dem Papier befindet.
- Schlagen Sie das Molekül mit einem imaginären Hammer platt: Fertig!

Ein Beispiel:

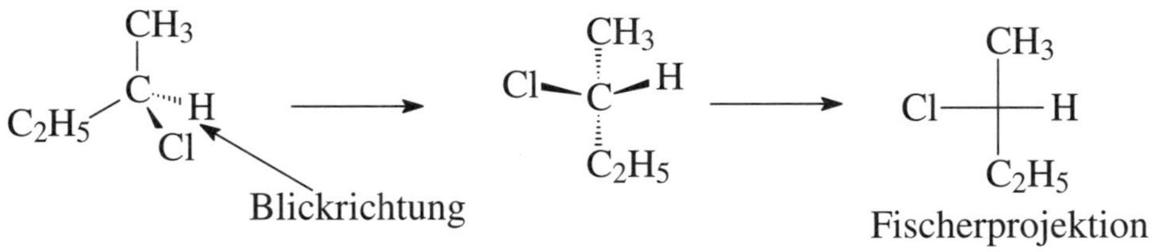

Auch wenn ein Molekül mit asymmetrischem C-Atom in der Fischerprojektion dargestellt wurde, läßt sich die absolute Konfiguration bestimmen. Hierzu haben Sie zwei Möglichkeiten. Welche Sie davon benutzen, bleibt Ihnen selbst überlassen.

1. Die Methode ist nur anwendbar, falls die längste Kette von oben nach unten dargestellt ist. Bestimmen Sie die Priorität wie gewohnt nach der Sequenzregel. Zeichnen Sie das Kreuz mit der entsprechenden Numerierung noch einmal. Nun müssen Sie den Fehler, der bei der Übertragung von drei Dimensionen ins Zweidimensionale zwangsläufig passiert, korrigieren. Vertauschen Sie zwei nebeneinanderliegende Zahlen (nicht die 4!!) und bestimmen dann wie gewohnt die Zählrichtung:

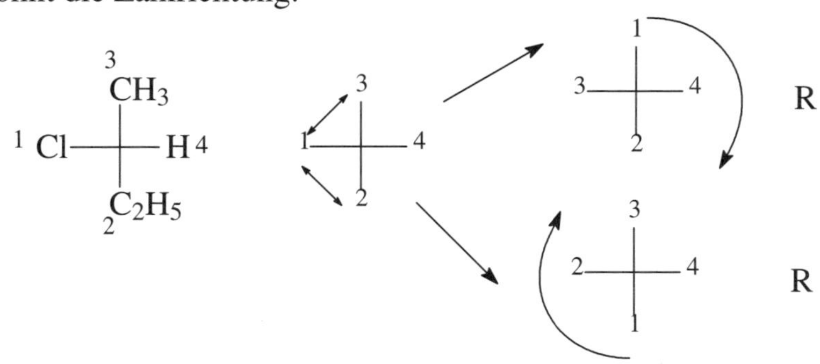

2. Etwas anders ist folgende Methode: Bestimmen Sie wie gewohnt die Prioritäten. Wenn die niedrigste Priorität sich an einem Seitenzweig befindet, drehen Sie diese nach hinten (im einfachsten Fall durch das Drehen des Buches). Gehen Sie dann von dem anderen Seitenzweig aus, der der niedrigsten Priorität gegenüberliegt. Dann zeichnen Sie davon ausgehend einen Pfeil in die Richtung der nachfolgenden Priorität, also von Priorität 1 nach 2, von 2 nach 3 und von 3 nach 1 (!). Danach ergibt sich nur die Frage: In welche Richtung zeigt der Pfeil? Zeigt er nach links, so handelt es sich um eine S- Verbindung, zeigt er nach rechts, so ist die Verbindung R- konfiguriert.
   Beispiel:

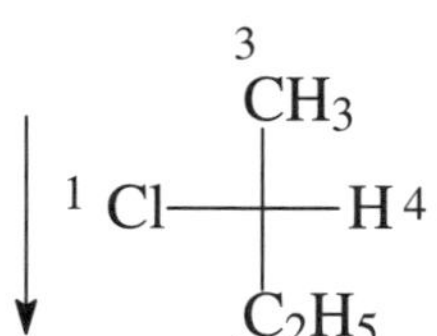

Der Pfeil zeigt nach rechts (Priorität 4 nach hinten drehen), die Verbindung ist R- konfiguriert. Die Bestimmung der Konfiguration, wenn die niedrigste Priorität auf dem Stamm der Fischer- Projektion liegt, ist ebenfalls so möglich, Sie müssen dann nur einen Pfeil von einem Seitenzweig zum anderen nach dem oben erläuterten System zeichnen.
Ein Beispiel:

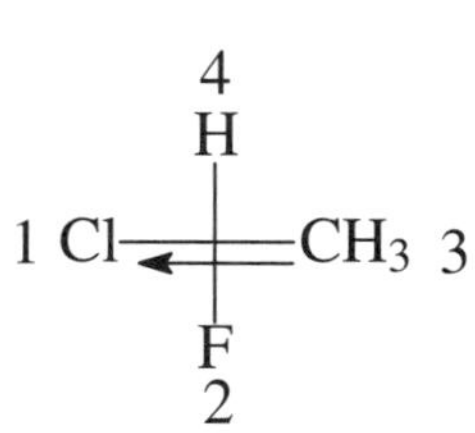

Die Priorität 4 zeigt von Ihnen weg, der Pfeil von der Priorität 3 nach 1 (siehe oben) zeigt nach links, die Verbindung ist S- konfiguriert.
Achtung: Fangen Sie nur nicht an beide Fälle durcheinander zu werfen, nur weil Sie das Buch gedreht haben!

Sind mehrere asymmetrische C-Atome im Molekül vorhanden, ergeben sich für die Konfigurationsisomerie einige neue Aspekte. Es sind nicht nur Enantiomerenpaare möglich also Bild und Spiegelbild, sondern falls sich die Moleküle nicht an allen Asymmetriezentren unterscheiden, sogenannte *Diastereomere*. Sie unterscheiden sich viel stärker in ihren physikalischen und chemischen Eigenschaften als Enantiomerenpaare, weil sich in der Molekülgeometrie ganz andere Gruppen räumlich nahe kommen.
Beispiel:

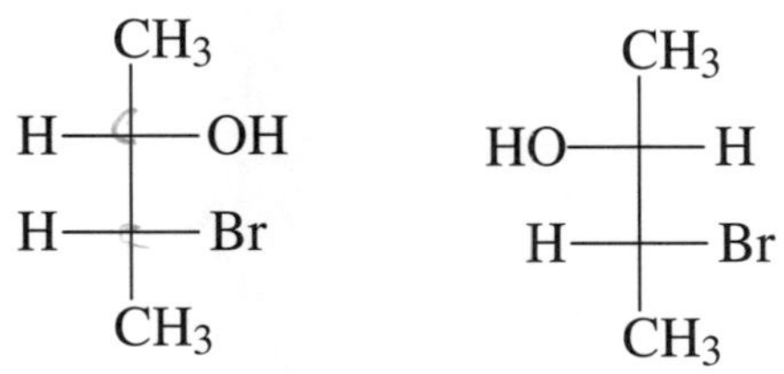

Diastereomere

Von einer Verbindung mit mehreren chiralen C-Atomen existieren 2^n Konfigurationsisomere, wobei n die Zahl der chiralen Zentren ist.

Manchmal kann es vorkommen, daß ein Molekül eine Spiegelebene enthält. Man spricht von einer Meso-Form. Eine Meso-Form ist optisch inaktiv. Die Zahl der möglichen Konfigurationsisomere verringert sich damit um eins pro Meso- Form.
Beispiel (Meso- Weinsäure):

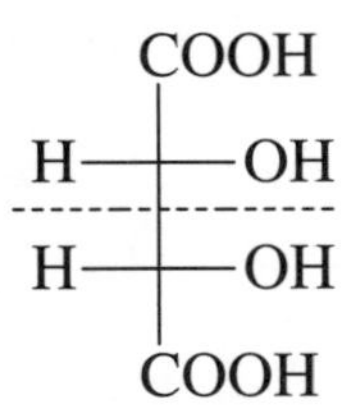

Konformationsisomerie

Konformationsisomere sind räumliche Strukturen eines Moleküls, die durch Drehung um eine Einfachbindung (meist C- C- Einfachbindungen) entstehen. Freie Drehbarkeit um Einfachbindungen unterliegt gewissen Bedingungen. Um den Sachverhalt besser darstellen zu können, existieren zwei graphische Möglichkeiten. Es handelt sich um die *Sägebock-* und um die *Newman-* Projektion. Die Sägebock- Projektion ist eine räumliche Darstellung; bei der Newman- Projektion blickt man von vorne entlang der betrachteten Bindung.
Als Beispiel soll Ethan dienen:

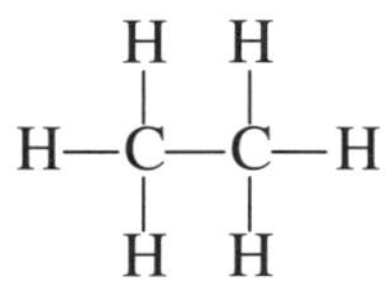

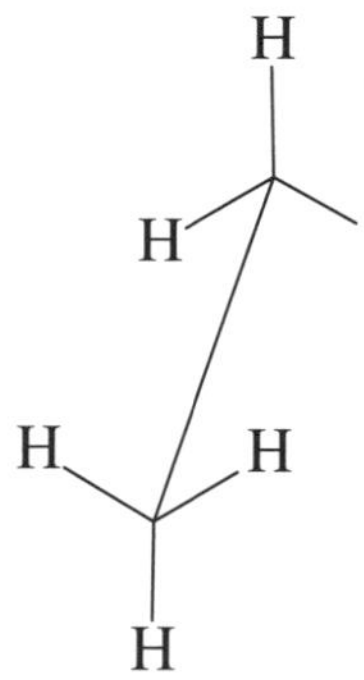

Sägebock

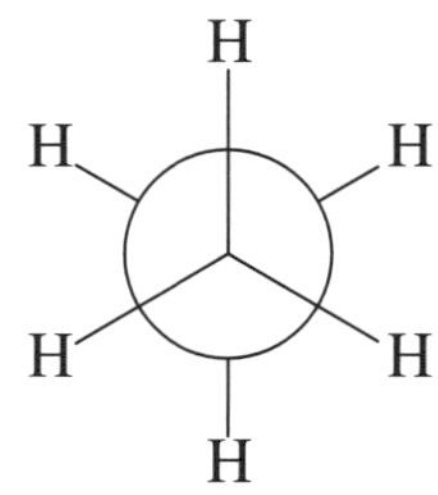

Newman

Bei der Sägebock- und der Newman- Projektion stehen die Wasserstoffatome auf Lücke. Diese Stellung nennt man gestaffelt (engl.: staggered). Es ist noch ein anderes Extrem denkbar, nämlich dann, wenn die Wasserstoffatome voreinander stehen (ekliptisch oder engl. eclipsed). Die gestaffelte Konformation ist jedoch der energieärmere Fall.

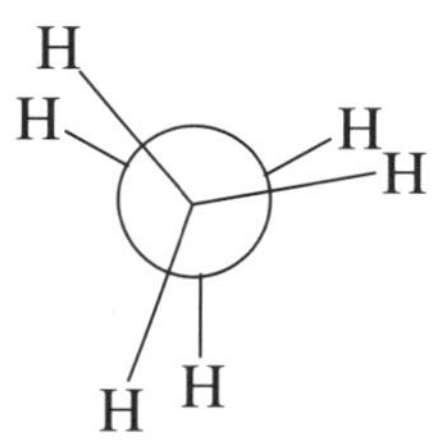

ekliptisch

Der Energieunterschied zwischen beiden Formen ist gering (ca. 12 kJ/mol). Dieser Wert wird schon durch die Raumtemperatur überschritten. Im nachfolgenden Diagramm ist der Zusammenhang zwischen Drehwinkel (ϕ) und Energiegehalt dargestellt. Der gestaffelte Zustand befindet sich im „Tal“ der ekliptische auf der „Bergspitze“.

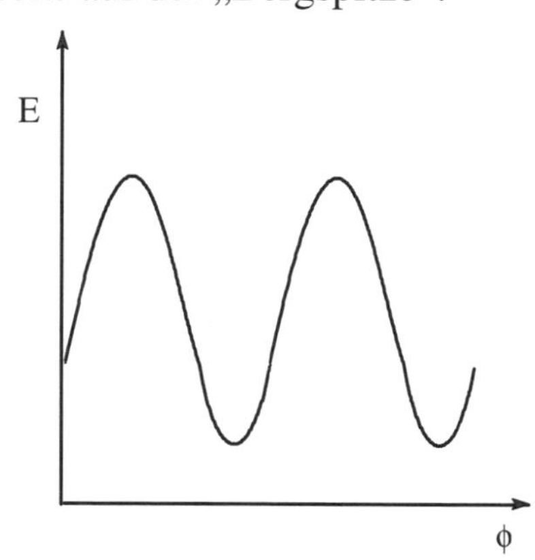

Beim Beispiel Butan ist das Konformerenmuster schon ein wenig komplizierter. Folgende Extremfälle sind möglich:

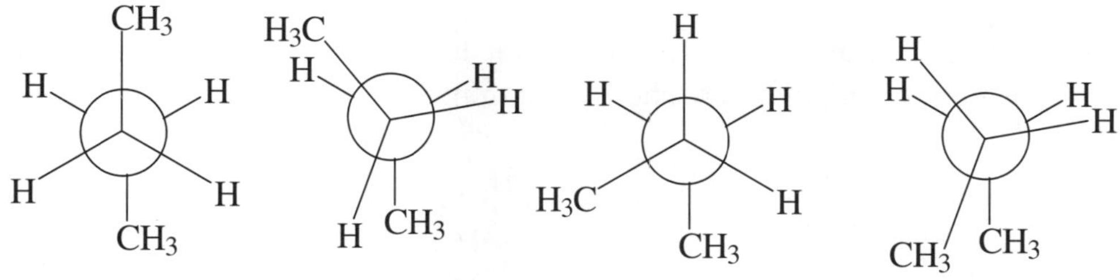

A B C D

Der energieärmste Zustand ist A (gestaffelt). Man bezeichnet diese Stellung auch als *anti*. Zustand C ist ebenfalls energiearm. Diese Stellung wird als *gauche* bezeichnet. Die ungünstigste Stellung ist der Zustand D, der als *syn* bezeichnet wird.
Bei kleinen Molekülen mit räumlich anspruchslosen Gruppen lassen sich Konformere bei Raumtemperatur nicht trennen. Sie wandeln sich ständig ineinander um. Betrachtet man aber zum Beispiel Enzyme oder Proteine, so addieren sich die kleinen Energiedifferenzen, so daß nur noch eine einzige Konformation möglich ist.

Auch beim Cyclohexanring existieren verschiedene Konformere. Cyclohexanringe existieren in der sogenannten Sesselform. Die Substituenten und Wasserstoffatome können zwei verschiedene Positionen einnehmen: axial (a) und equatorial (e). Durch Umklappen sind zwei verschiedene Sesselformen möglich. Die Substituenten tauschen dabei ihre Position. Grundsätzlich ist die Sesselform die energieärmere, bei der möglichst viele Substituenten equatorial stehen.
Beispiel:

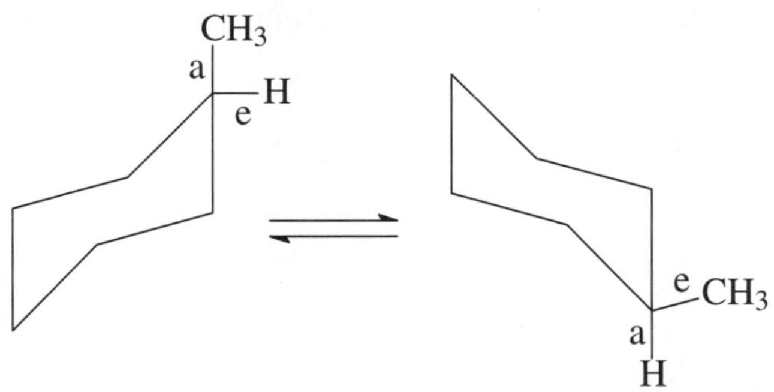

Anmerkung: In Lehrbüchern finden Sie auch noch die sogenannte Wannenform des Cyclohexanrings. Sie ist aber weniger stabil als die Sesselform und findet daher bei den hier behandelten Aufgaben keine Erwähnung.

Aufgaben zur Konfigurations- und Konformationsisomerie

A 12.01 Bestimmen Sie die absolute Konfiguration der folgenden Verbindung und zeichnen Sie die Verbindung in der Fischer-Projektion:

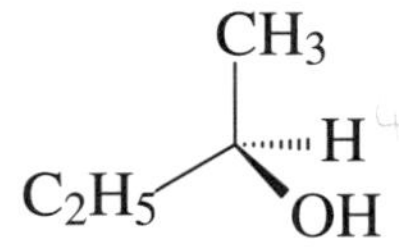

A 12.02 Wie viele Stereoisomere gibt es von folgender Verbindung? Bestimmen Sie die absolute Konfiguration der markierten C-Atome:

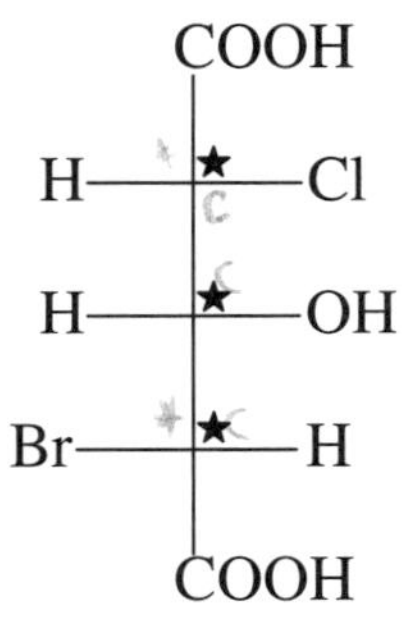

A 12.03 Zeichnen Sie die R- Form von 3-Brom-3-methylhexan.

A 12.04 Zeichnen Sie in der Fischer- Projektion die Meso- Form von 1,2-Dibrom-1,2-ethandicarbonsäure.

A 12.05 Wie viele asymmetrische C-Atome gibt es in folgender Verbindung? Bestimmen Sie die absolute Konfiguration der markierten C-Atome:

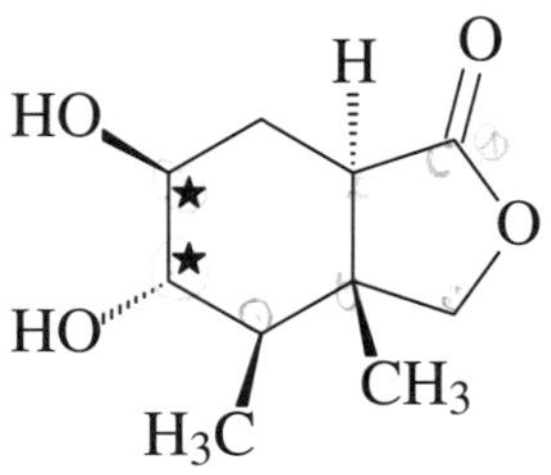

A 12.06 Geben Sie ein zu A diastereomeres (B) und ein zu A enantiomeres (C) 2,3-Dichlorbutan an und klassifizieren Sie in A die asymmetrischen Kohlenstoffatome nach der R,S- Konvention:

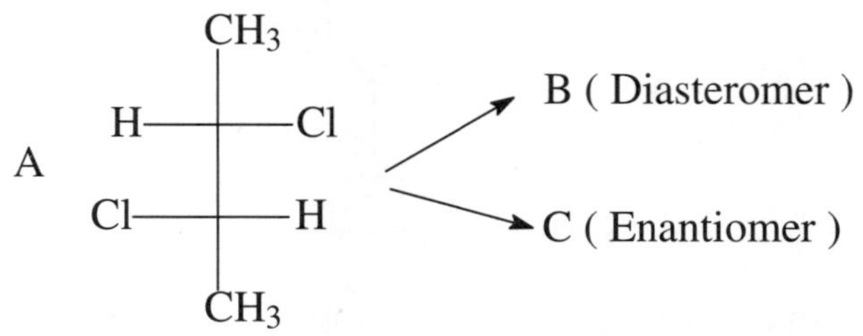

A 12.07 Markieren Sie im folgenden Molekül acht der zehn vorhandenen asymmetrischen Kohlenstoffatome und bestimmen Sie von zweien die absolute Konfiguration nach der R,S- Nomenklatur:

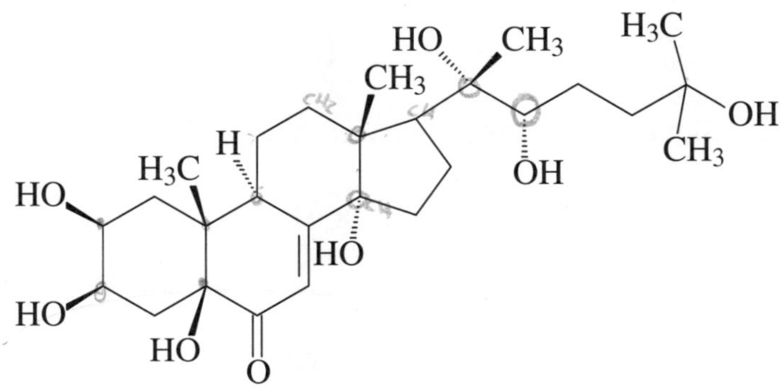

A 12.08 Wie viele Stereoisomere sind von 1,2,3,4- Tetrachlorbutan möglich? Zeichnen Sie die Meso- Form in der Fischerprojektion.

A 12.09 Zeichnen Sie das Konformationsisomer zu A und bestimmen Sie die absolute Konfiguration des markierten Kohlenstoffs nach der R,S- Nomenklatur.

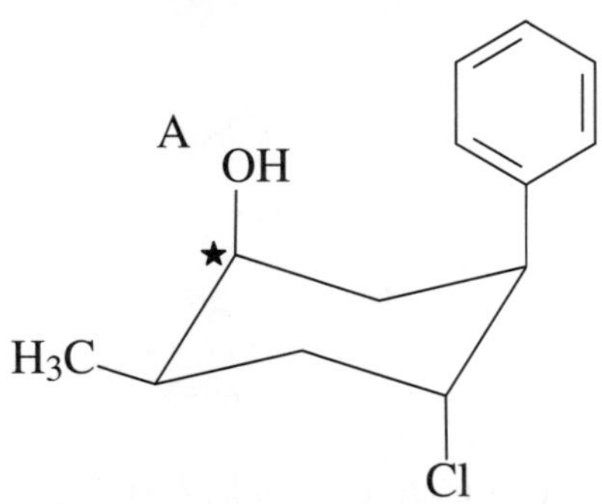

A 12.10 Geben Sie je ein konkretes Beispiel für Konstitutions- Isomerie, Konfigurations-Isomerie und Konformations- Isomerie. Welche dieser Isomere sind bei Raumtemperatur trennbar und wandeln sich nicht ineinander um?

A 12.11 Bestimmen Sie die Konfiguration der markierten Kohlenstoffatome im 1-Brom-2-chlorcyclobutan nach der R,S- Nomenklatur. Wie viele Stereoisomere gibt es? In welcher physikalischen Eigenschaft unterscheiden sich Enantiomere?

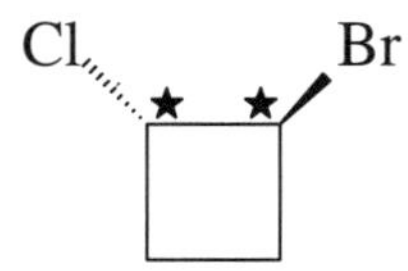

A 12.12 Bestimmen Sie in der folgenden Verbindung die absolute Konfiguration der markierten Kohlenstoffatome nach der R,S- Nomenklatur:

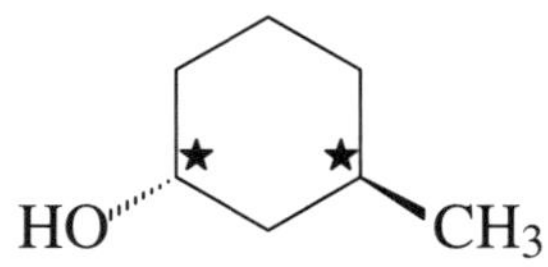

A 12.13 Kennzeichnen Sie die asymmetrischen Zentren im Threonin nach der R,S- Nomenklatur.

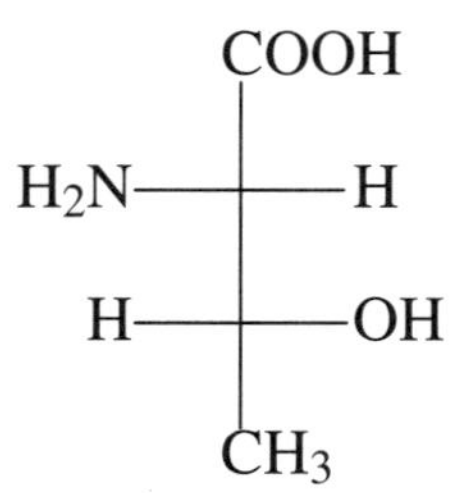

A 12.14 Zeichnen Sie das Threonin, dessen Enantiomeres und ein beliebiges Diastereomeres in der Newman-Projektion.

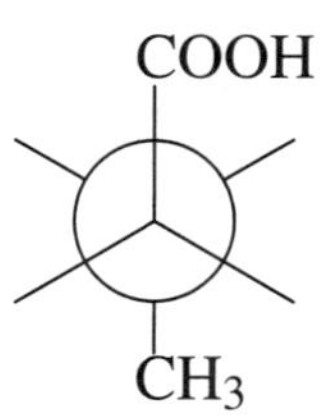

Threonin

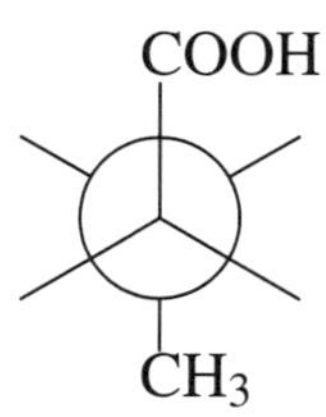

Enantiomer

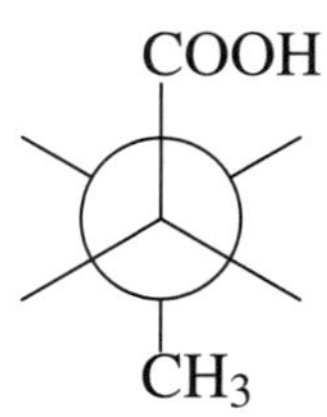

Diastereomer

A 12.15 Geben Sie die Meso-Form (Fischer-Projektion) der 2,3- Butandicarbonsäure an.

A 12.16 Bestimmen Sie die absolute Konfiguration der Verbindung. Zeichnen Sie die Strukturformel des Enantiomeren der Verbindung.

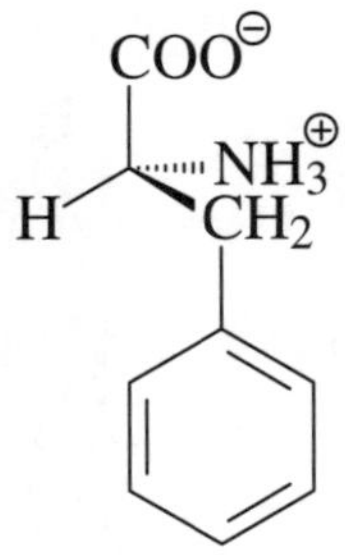

A 12.17 Vervollständigen Sie die Teilstruktur von S-3- Nitrohexan:

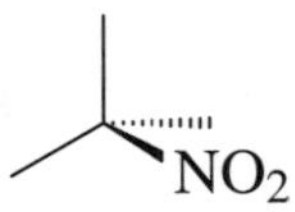

A 12.18 Ergänzen Sie die beiden Stereobilder A und B in der Form, dass Sie die beiden acyclischen enantiomeren Alkane mit der geringstmöglichen Molekülmasse erhalten.

A 12.19 Definieren Sie anhand eines konkreten Beispiels: Diastereomer; Meso- Form.

A 12.20 Bestimmen Sie die Konfiguration der markierten Kohlenstoffatome nach der R,S-Nomenklatur:

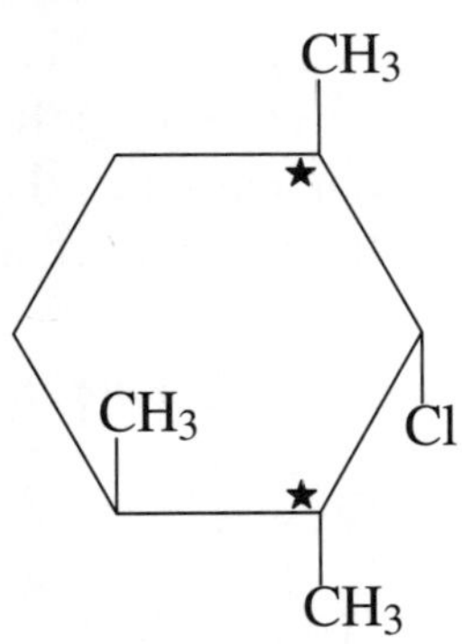

A 12.21 Wie viele Stereoisomere von folgender Verbindung sind möglich? Bestimmen Sie die absolute Konfiguration des markierten Kohlenstoffs nach der R,S- Nomenklatur und zeichnen Sie zu der Verbindung ein Enantiomeres, ein Konstitutionsisomeres und ein Konformationsisomeres:

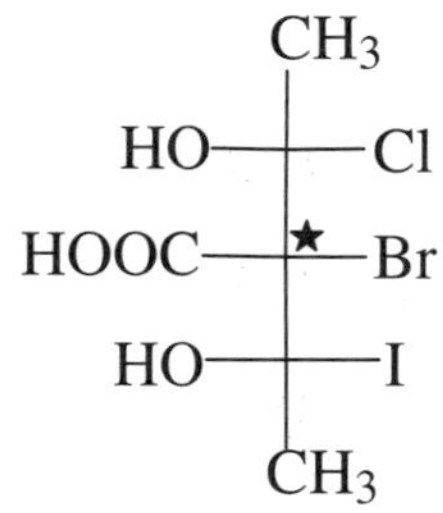

A 12.22 Bestimmen Sie die absolute Konfiguration am chiralen C- Atom der Aminosäuren Cystein und Alanin:

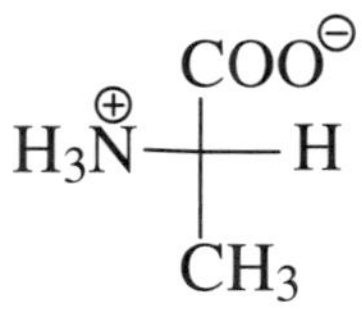

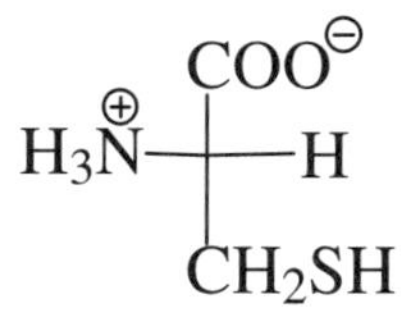

A 12.23 Geben Sie je ein beliebiges Beispiel für ein Enantiomeren- und ein Diastereomeren-Paar.

A 12.24 Entscheiden Sie, ob die folgende Verbindung optisch aktiv ist (Begründung):

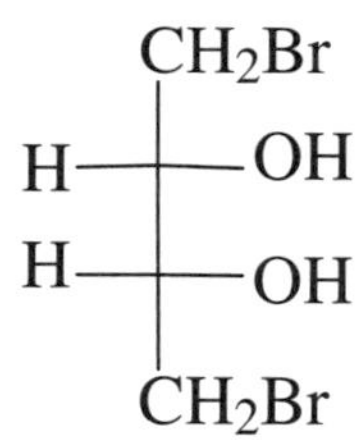

A 12.25 Bestimmen Sie in der folgenden Verbindung die asymmetrischen Kohlenstoffatome nach der R,S- Nomenklatur. Zeichnen Sie zu der Verbindung ein Diastereomeres und entscheiden, ob das erhaltene Molekül optisch aktiv ist.

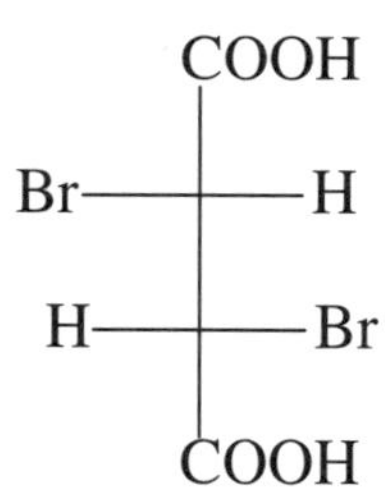

A 12.26 Bestimmen Sie die absolute Konfiguration am markierten C- Atom von D- Glucose. Wie viele Stereoisomere gibt es?

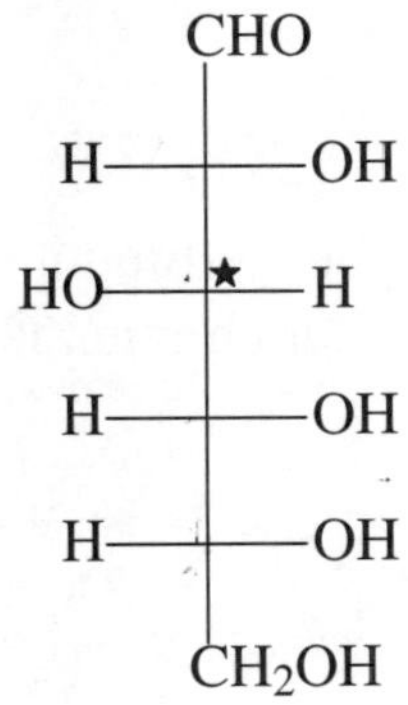

A 12.27 Bestimmen Sie die absolute Konfiguration an den markierten C- Atomen:

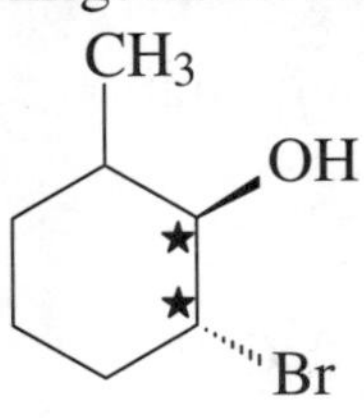

A 12.28 Bestimmen Sie die markierten Kohlenstoffatome der folgenden Verbindung nach der R,S- Nomenklatur:

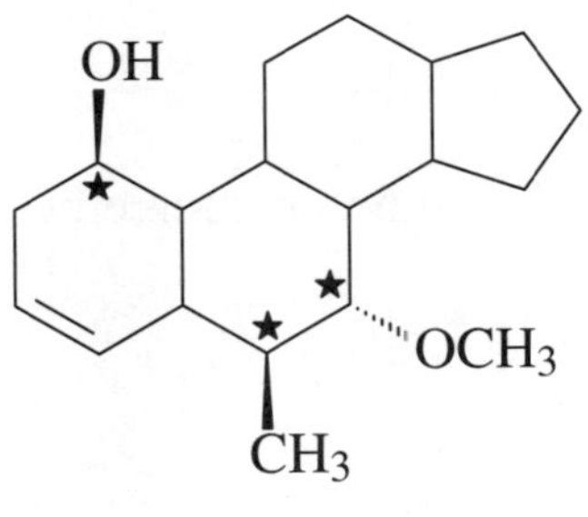

A 12.29 Geben Sie jeweils die Strukturformeln zweier konstitutionsisomerer Verbindungen und eines Enantiomerenpaares der Summenformel $C_5H_{11}Br$ an.

A 12.30 Kennzeichnen Sie das asymmetrische C- Atom im Molekül A und bestimmen Sie dessen absolute Konfiguration (R,S- Nomenklatur):

A

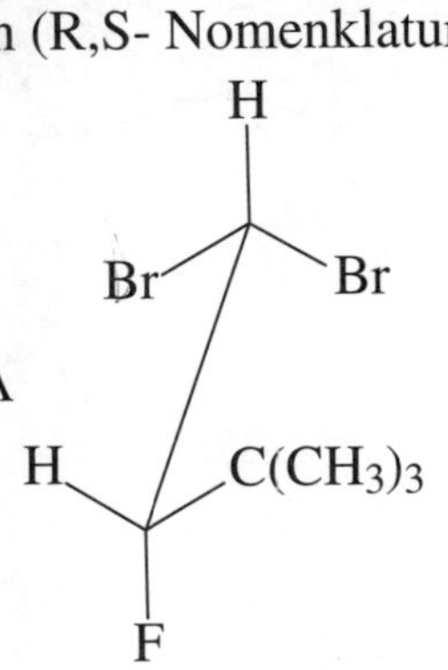

A 12.31 Zeichnen Sie die Meso- Form (Fischer- Projektion) von 2,3- Difluorbutan. Wie viele konfigurationsisomere 2,3- Difluorbutane sind existent?

A 12.32 Entscheiden Sie, ob nachfolgende Verbindungen chiral sind und bestimmen Sie gegebenenfalls die Konfiguration der chiralen C- Atome.

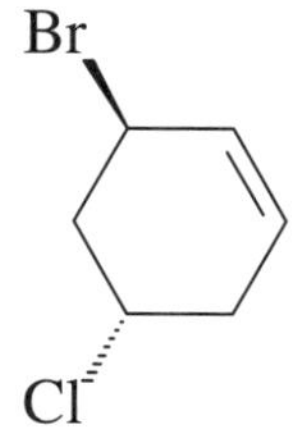

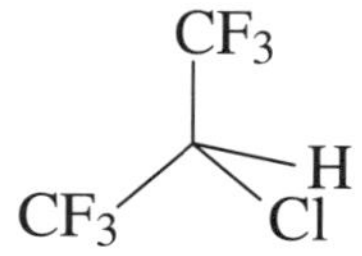

A 12.33 Bestimmen Sie die absolute Konfiguration der chiralen C- Atome in A:

A

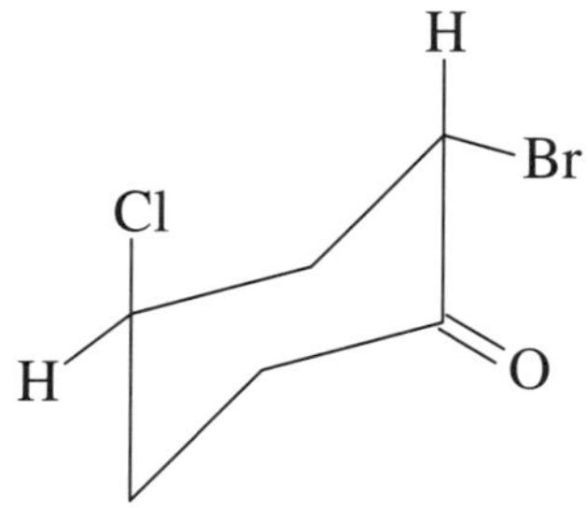

A 12.34 Zeichnen Sie zwei Dichlorbutanmoleküle in einer geeigneten Projektion als:

- Konstitutionsisomere
- Konfigurationsisomere
- Konformationsisomere

A 12.35 Zeichnen Sie in die gegebene Sesselkonformation 2-Chlor-2-methyl-cyclohexan-1-ol so ein, dass der Alkohol in der S- Konfiguration, das andere chirale C- Atom in der R- Konfiguration vorliegt.

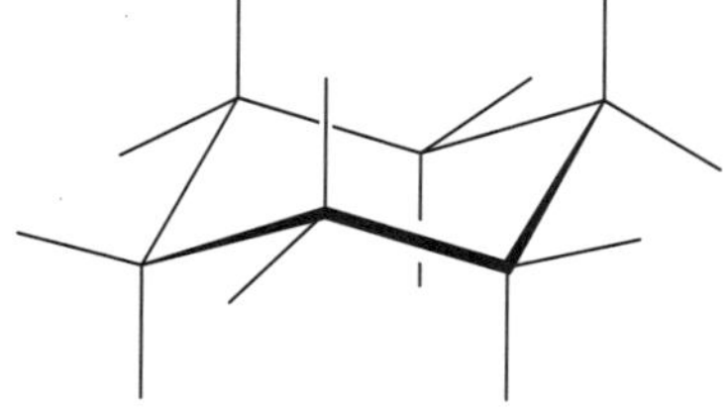

A 12.36 Geben Sie an in welchem Isomerenverhältnis (Identität, Konstitutionsisomere, Konformationsisomere, Konfigurationsisomere) die angegebenen Molekülpaare a, b, c und d stehen.

a)

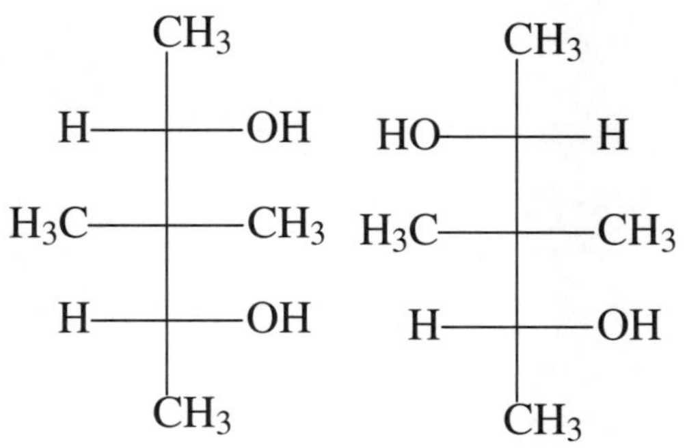

b)

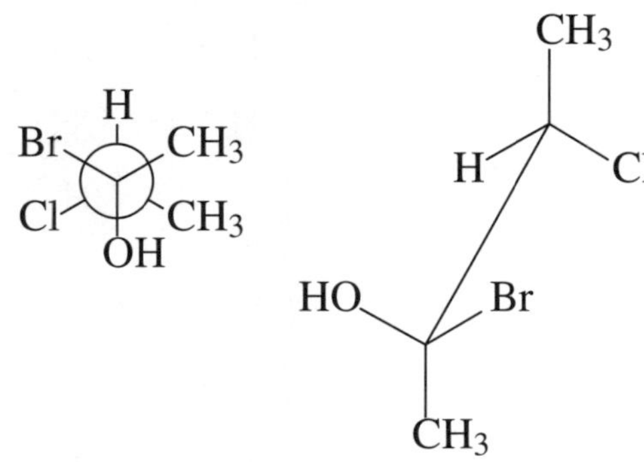

c)

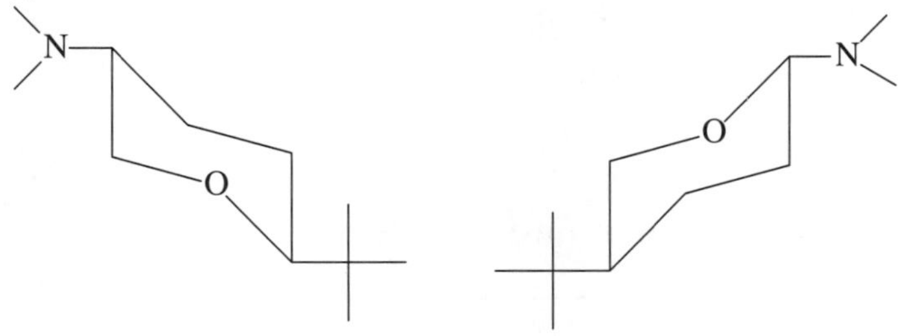

d)

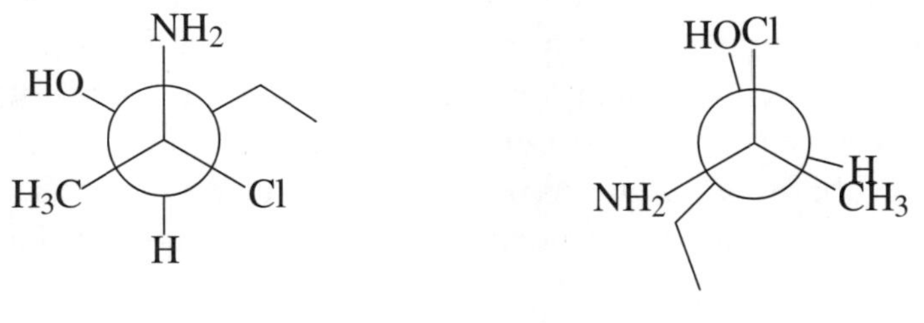

A 12.37 Bestimmen Sie die absolute Konfiguration der markierten C- Atome:

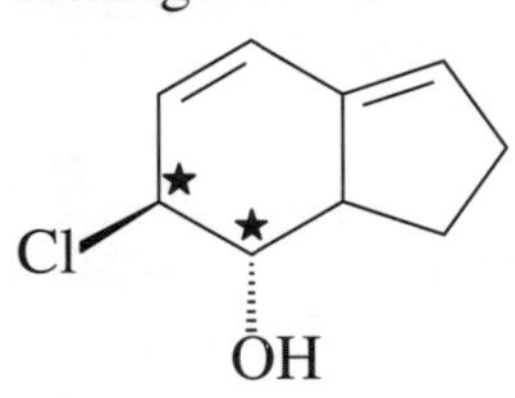

A 12.38 Zeichnen Sie 1,2,4-Trimethyl-3-cyclohexanol in die vorgegebenen Sesselkonformationen ein. Welche ist die energieärmere Form?

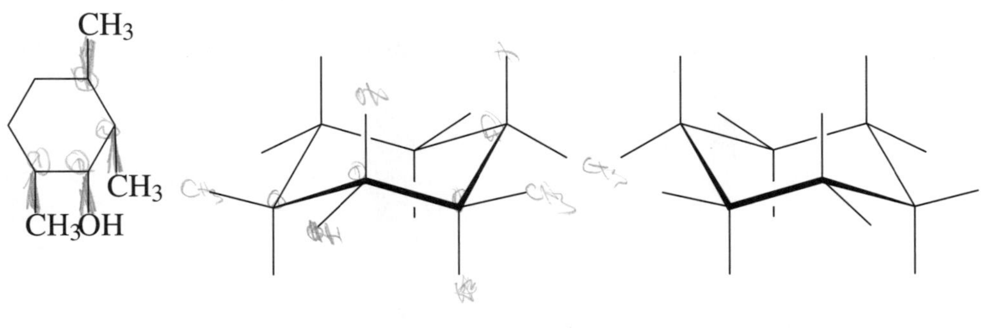

A 12.39 Übertragen Sie folgende Fischerprojektionen in die vorgegebene Newmanprojektion:

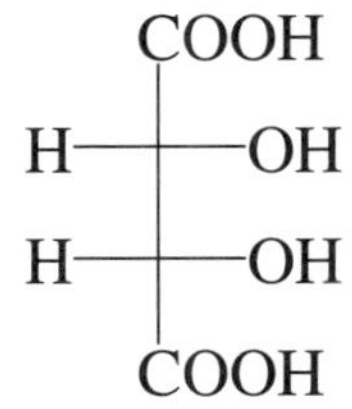

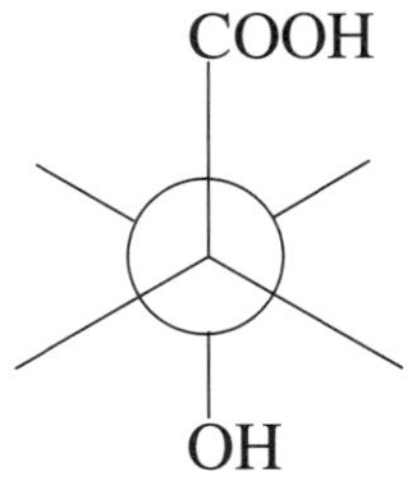

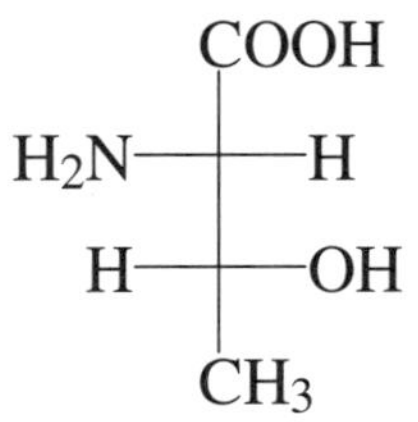

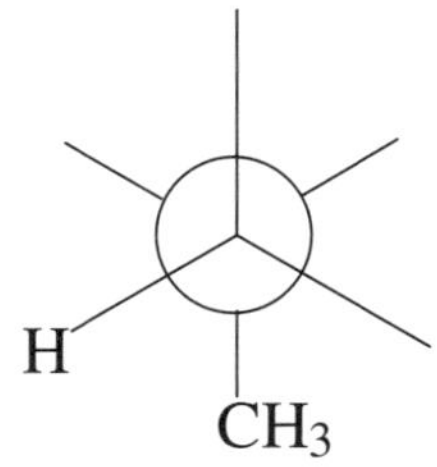

Lösungen zur Konfigurations- und Konformationsisomerie

L 12.01 Zur Lösung dieser Aufgabe bestimmen Sie zuerst die Prioritäten anhand der Ordnungszahl. Wasserstoff hat die niedrigste Ordnungszahl, daher die Priorität 4, Sauerstoff in diesem Beispiel die höchste, daher die 1. Bei den beiden Kohlenstoffen entscheidet die zweite Sphäre. Der Kohlenstoff der Ethylgruppe hat einen Kohlenstoff- und zwei Wasserstoffnachbarn, die Methylgruppe hat nur drei Wasserstoffe als Nachbarn. Da der eine Kohlenstoff in der zweiten Sphäre eine höhere Ordnungszahl hat, folgt für die Ethylgruppe die Priorität 2.

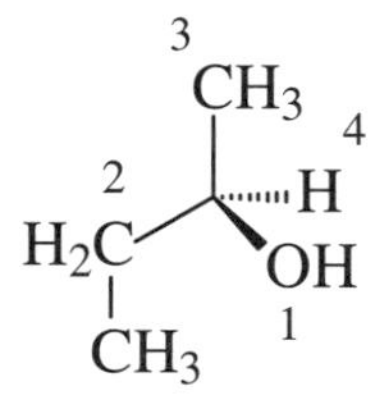

Da die Priorität 4 hinten steht braucht man nur die Prioritäten 1 über 2 mit 3 zu verbinden. Die Verbindung ist R- konfiguriert.

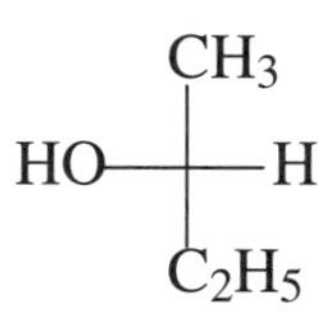

Denken Sie daran, dass die längste Kohlenstoffkette senkrecht stehen sollte!

L 12.02 Es gibt drei chirale C-Atome. Jedes kann R- oder S-konfiguriert sein. Daraus resultieren 8 Stereoisomere.
Zur Lösung der Aufgabe betrachten Sie jedes chirale Zentrum einzeln! Zeichnen Sie für jedes Zentrum eine Fischer-Projektion und bestimmen die Prioritäten.

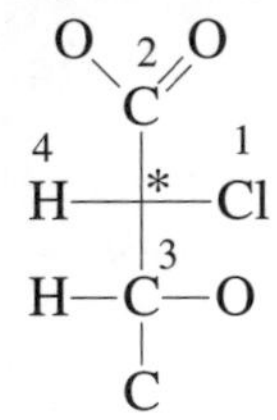

Die Prioritäten verteilen Sich wie folgt:
1. Das Chlor
4. Das Wasserstoff
2. Der Kohlenstoff mit den zwei (formal drei wg. Doppel bindung) Sauerstoffen
3. Der Kohlenstoff mit dem einen Sauerstoff (der Rest zählt schon nicht mehr)

Nach den erläuterten Methoden ist das chirale C-Atom R-konfiguriert.

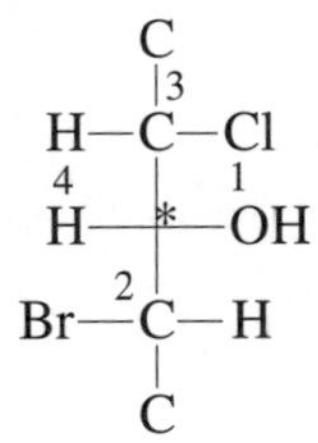

Die Prioritäten verteilen Sich wie folgt:
1. Der Sauerstoff der OH-Gruppe
4. Das Wasserstoff
2. Der Kohlenstoff mit dem Brom (der Rest zählt schon nicht mehr)
3. Der Kohlenstoff mit dem Chlor

Nach den erläuterten Methoden ist das chirale C-Atom S-konfiguriert.

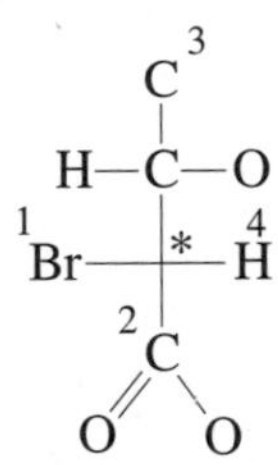

Die Prioritäten verteilen Sich wie folgt:
1. Das Brom
4. Das Wasserstoff
2. Der Kohlenstoff mit den zwei (formal drei wg. Doppelbindung) Sauerstoffen
3. Der Kohlenstoff mit einem Sauerstoff

Nach den erläuterten Methoden ist das chirale C-Atom R-konfiguriert.
Gesamtbild:

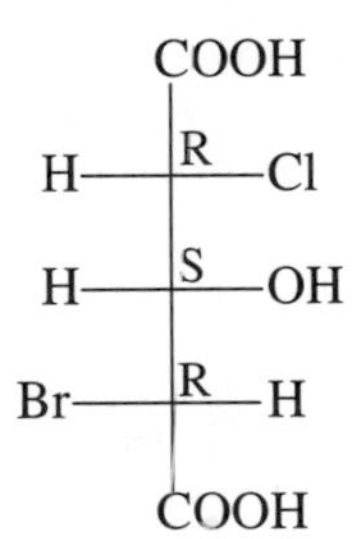

L 12.03

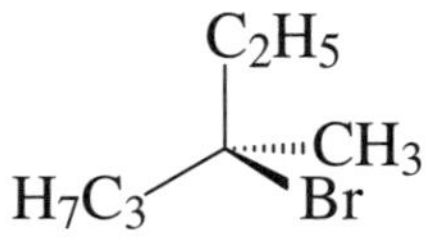

R- Form

L 12.04

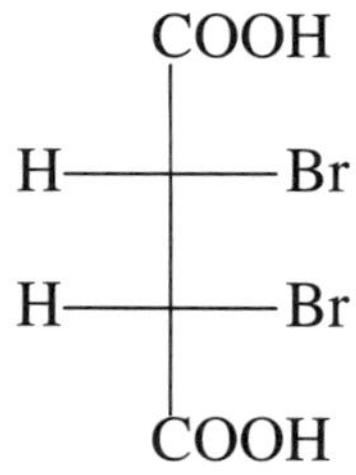

Meso- Form

L 12.05 Es gibt 5 asymmetrische Kohlenstoffatome. Zur Bestimmung der Chiralität lösen Sie auch hier die Struktur auf.
Der obere Kohlenstoff sieht wie folgt aus:

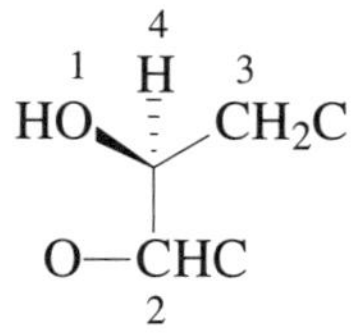

Die Bestimmung der Prioritäten sollte jetzt klar sein! Es ergibt sich eine S-Konfiguration.

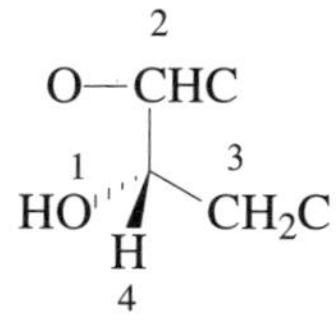

In diesem Fall befindet sich die niedrigste Priorität (4!) nach vorne. Sie können jetzt das Molekül drehen oder Ihren Verstand einsetzen. Verbinden Sie 1 über 2 mit 3. Es ergibt sich eine Orientierung im Uhrzeigersinn. Da Sie aber von der falschen Seite auf das Fragment sehen, ist die Orientierung daher umgekehrt, also S-konfiguriert.

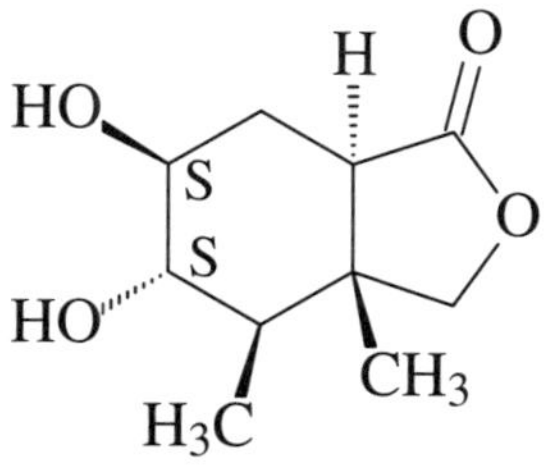

L 12.06 Beide Kohlenstoffatome sind S- konfiguriert.

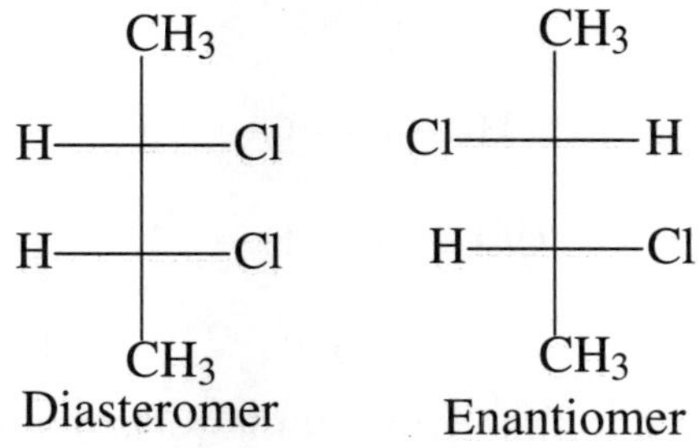

L 12.07

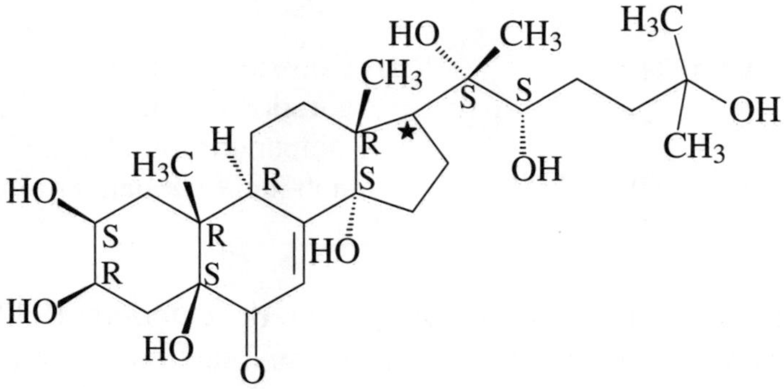

★ Kann nach Literaturrecherche als S bestimmt werden, anhand der Formel ist es nicht bestimmbar.

L 12.08 Vom 1,2,3,4- Tetrachlorbutan sind 3 Stereoisomere möglich. Nicht vier, da wegen der Meso- Form zwei identisch sind.

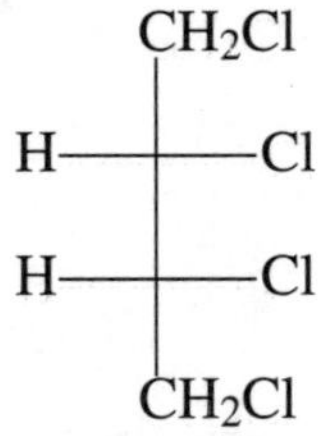

L 12.09 Der markierte Kohlenstoff ist S- konfiguriert.

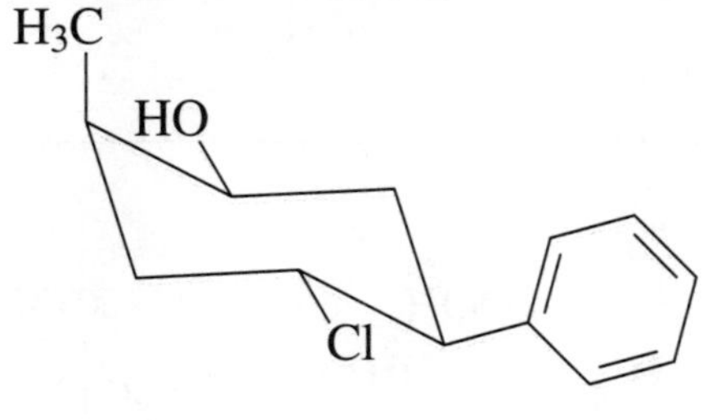

L 12.10

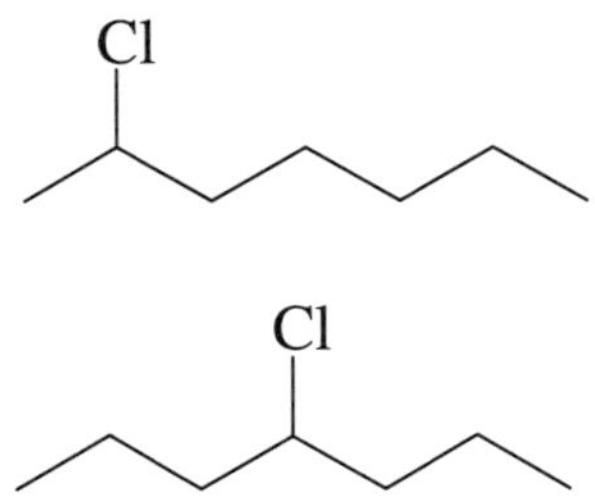

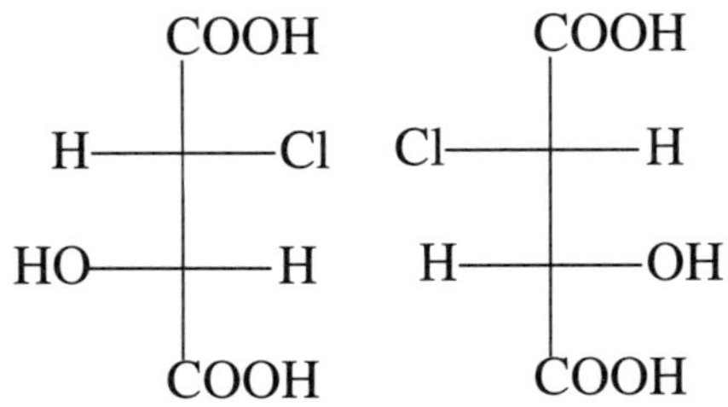

Konstitutionsisomere Konfigurationsisomere

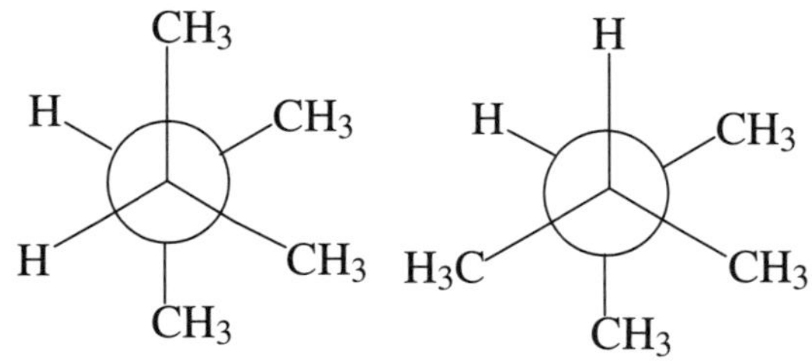

Konformationsisomere

Konstitutionsisomere und Konfigurationsisomere sind bei Raumtemperatur trennbar und wandeln sich nicht ineinander um.

L 12.11 Der bromierte Kohlenstoff ist S- konfiguriert, der chlorierte Kohlenstoff ist ebenfalls S- konfiguriert. Es existieren 4 Stereoisomere. Enantiomere drehen die Ebene des polarisieren Lichts in entgegengesetzte Richtungen.

L 12.12

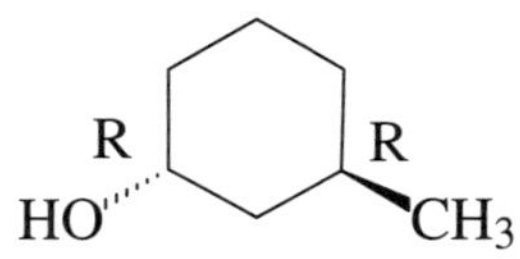

L 12.13

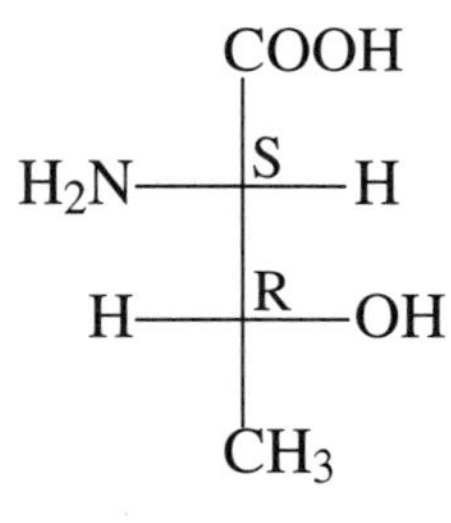

L 12.14

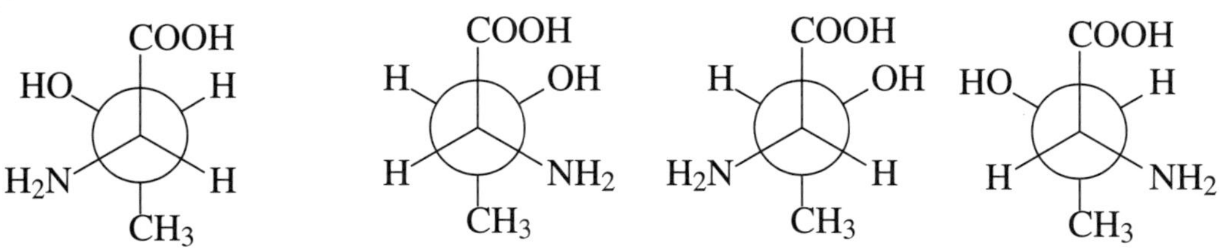

Threonin Enantiomer Diastereomere

L 12.15

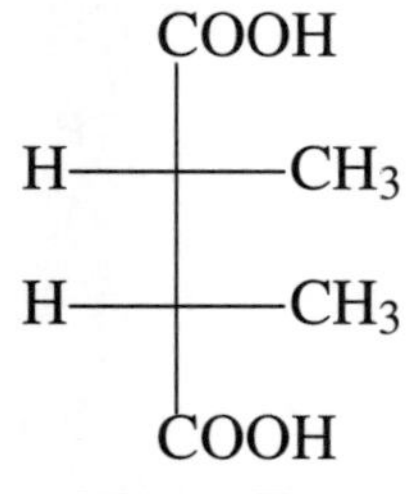

Meso- Form

L 12.16 Die Verbindung ist S- konfiguriert.

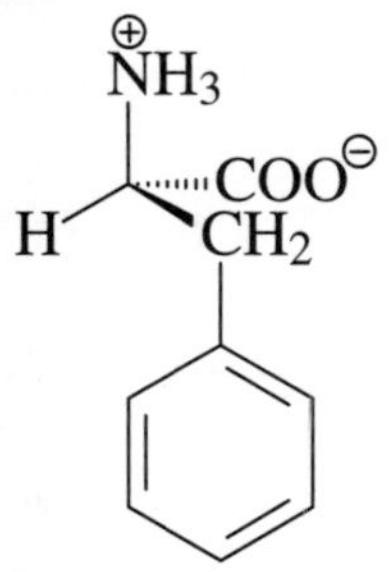

Enantiomer

Tipp: Ein Enantiomer erhalten Sie durch Positionswechsel zweier Substituenten.

L 12.17

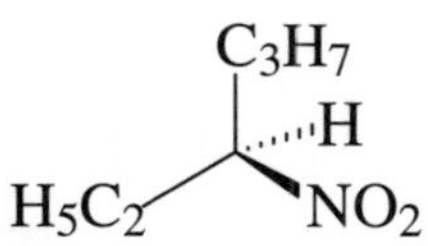

L 12.18

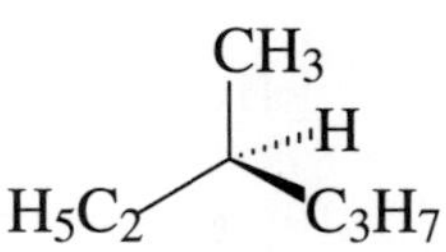

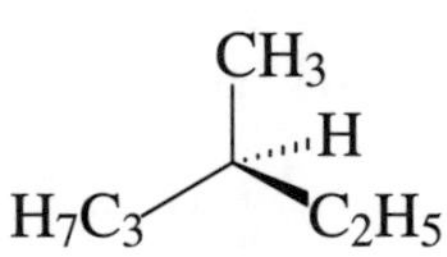

L 12.19 Diastereomere unterscheiden sich nur in einem Stereozentrum. Mesoformen enthalten eine Spiegelebene im Molekül.

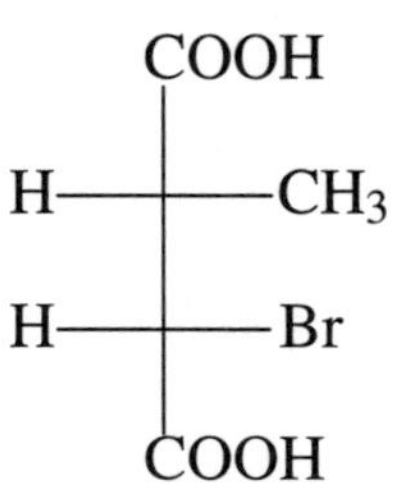

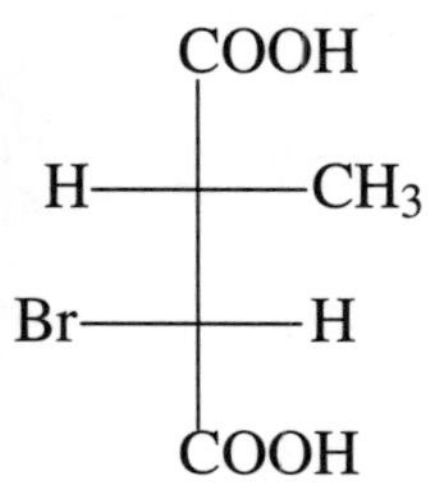

Diastereomere

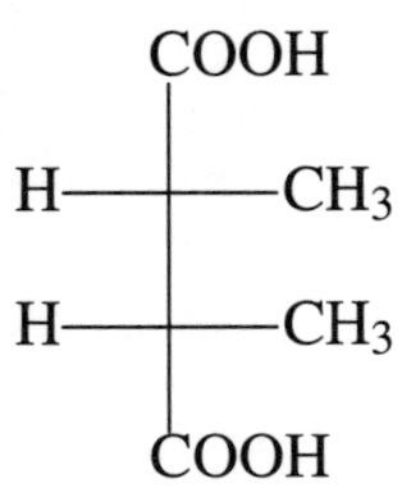

Meso- Form

L 12.20

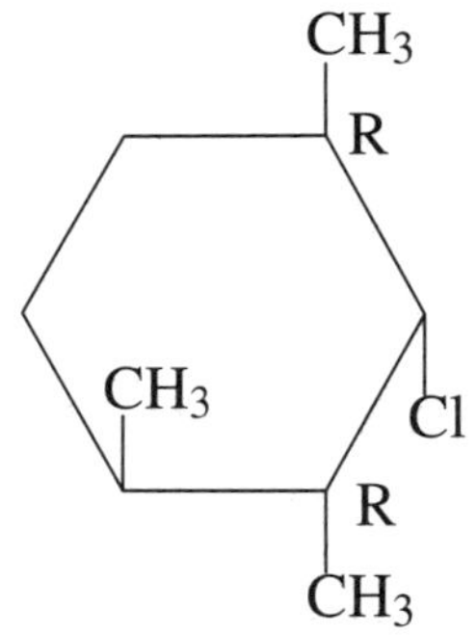

L 12.21 Es sind 8 Stereoisomere möglich. Das markierte C- Atom ist S- konfiguriert.

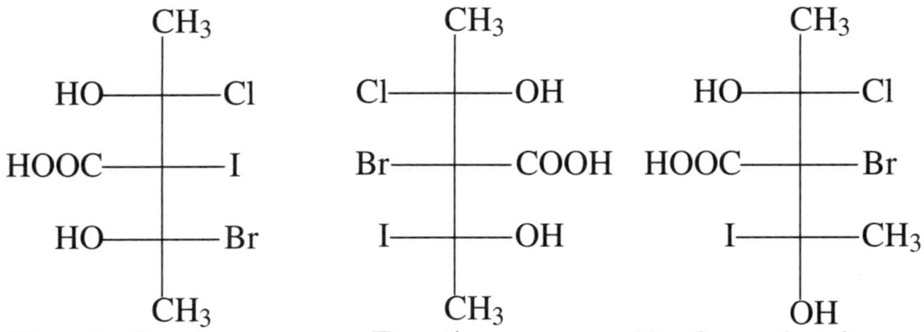

Konstitutionsisomeres Enantiomeres Konformationsisomeres

L 12.22 Alanin ist S- konfiguriert. Cystein ist R- konfiguriert.

L 12.23

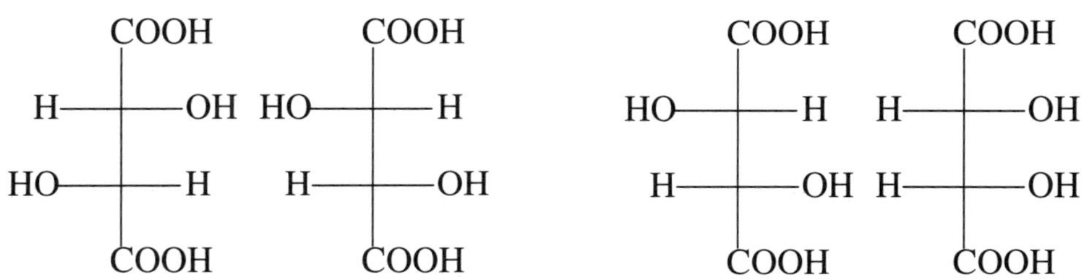

Enantiomere Diastereomere

L 12.24 Die Verbindung ist optisch inaktiv, da es sich um die Meso- Form handelt.

L 12.25 Beide vorhandenen asymmetrischen C- Atome sind R- konfiguriert.

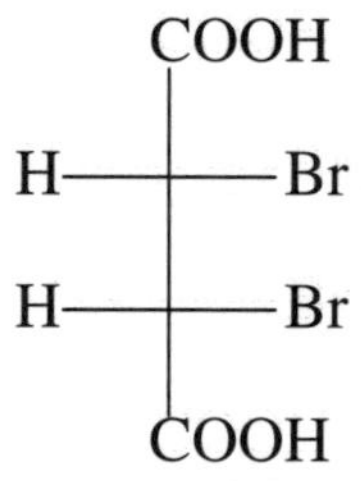

Das Diastereomer ist optisch nicht aktiv, da es sich um die Meso- Form handelt.

L 12.26 Das markierte C- Atom ist S konfiguriert. Von D- Glucose gibt es 16 Stereoisomere.

L 12.27

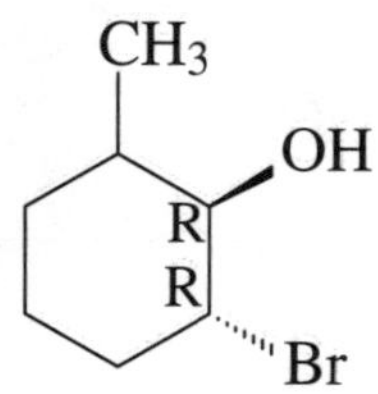

L 12.28

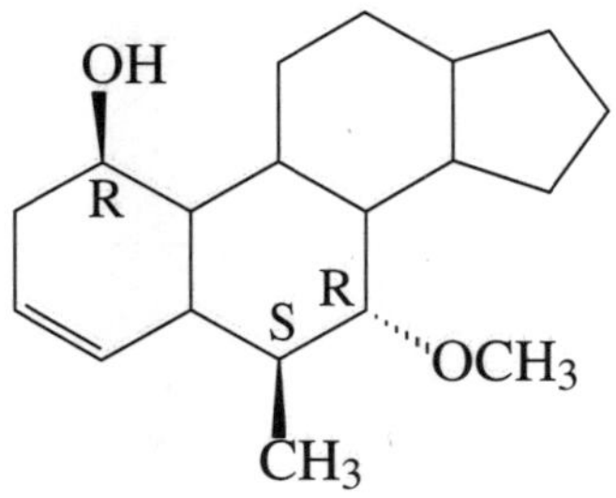

L 12.29

Konstitutionsisomere

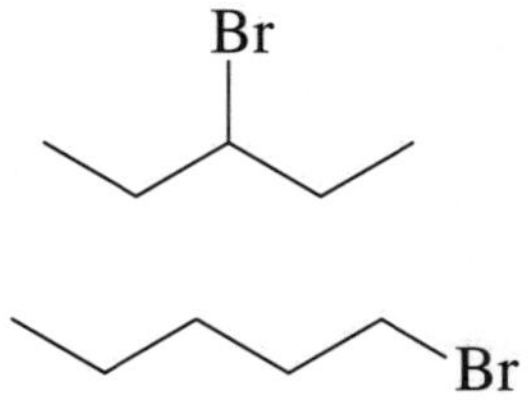

Enantiomerenpaar

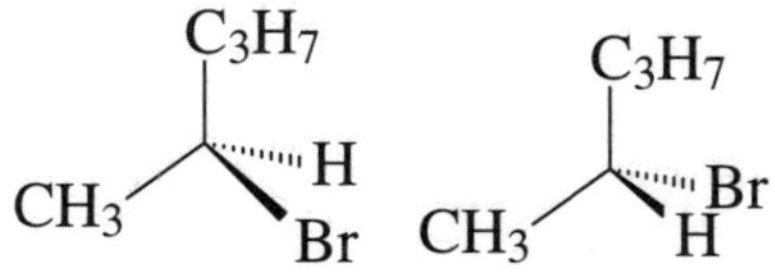

L 12.30 Das asymmetrische C- Atom ist S- konfiguriert.

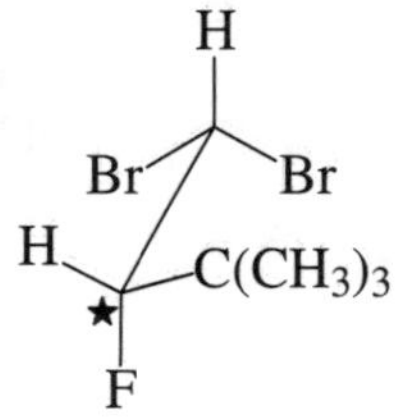

L 12.31 Es existieren drei Konfigurationsisomere.

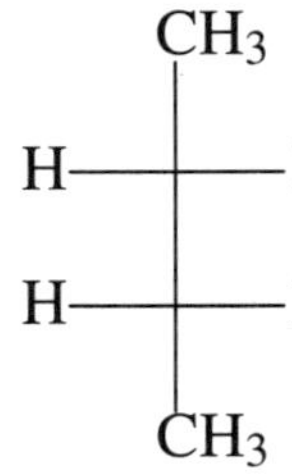

L 12.32 Nur die erste Verbindung ist chiral.

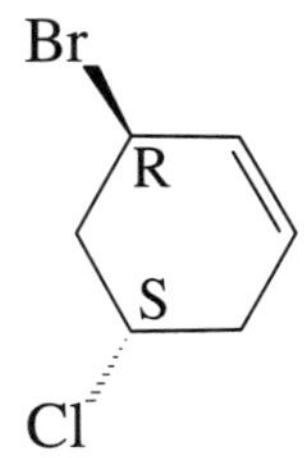

L 12.33

A

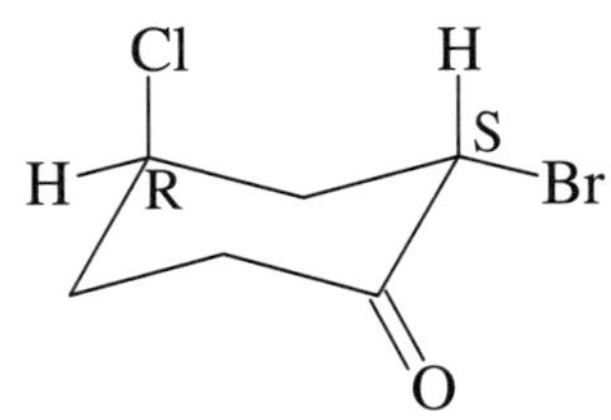

L 12.34

Konstitutionsisomere

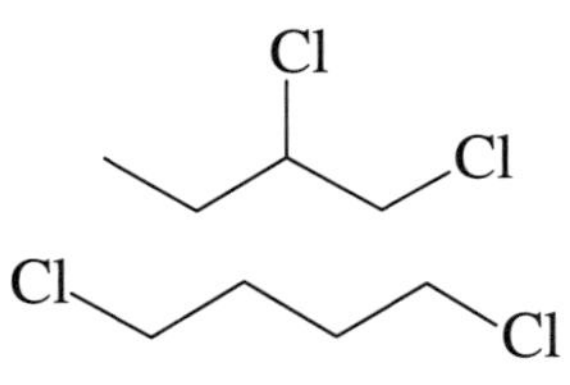

Konfigurationsisomere

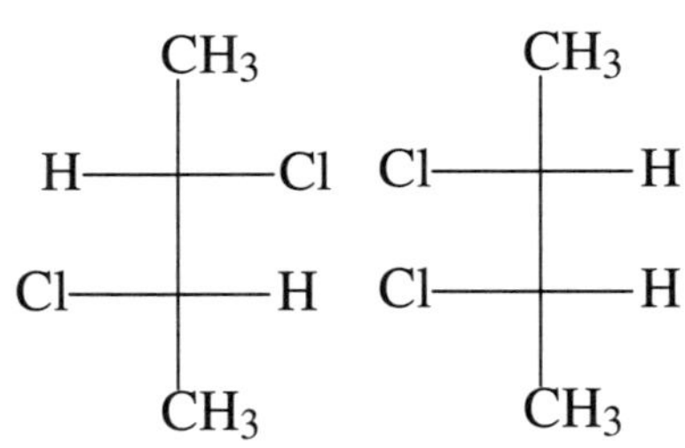

Konformationsisomere

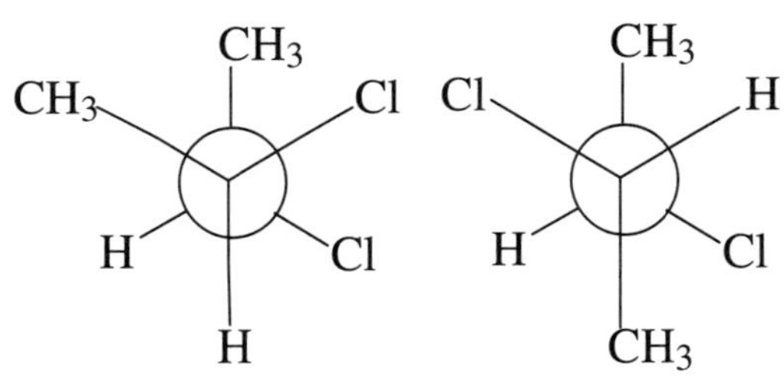

L 12.35

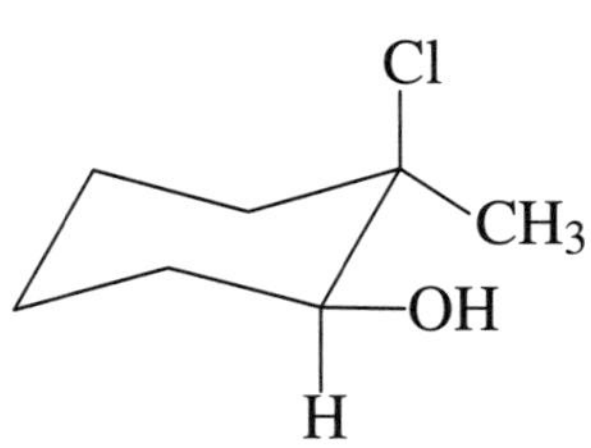

L 12.36 Bei a) handelt es sich um Diastereomere, Molekülpaar b) ist konformer, c) sind Konstitutionsisomere und bei d) liegen Diastereomere vor.
Tipps: Bei b) überführen Sie die Newman-Projektion in einen Sägebock.
Bei c) beachten Sie die Stellung des Sauerstoffs im Ring.

L 12.37

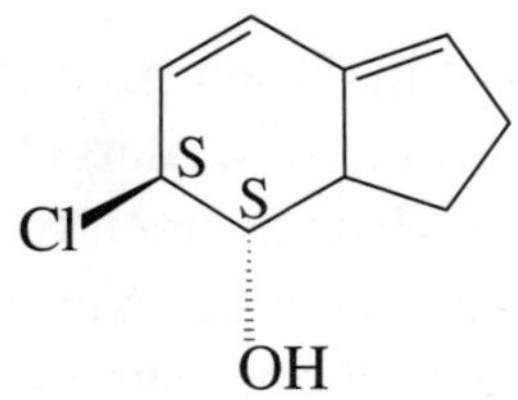

L 12.38

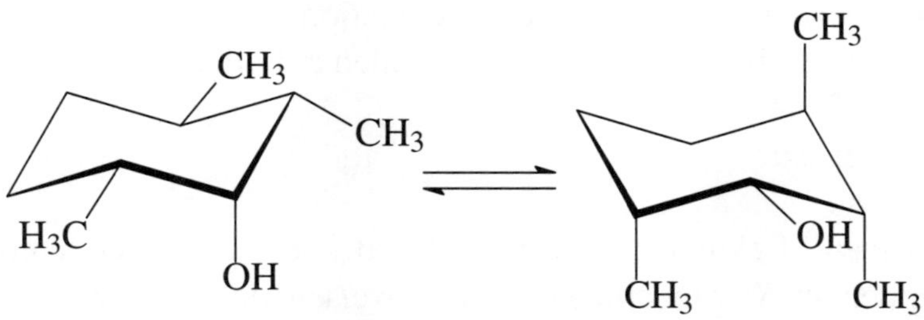

Der linke Cyclohexanring ist energetisch stabiler, da mehr Substituenten equatorial stehen.

L 12.39

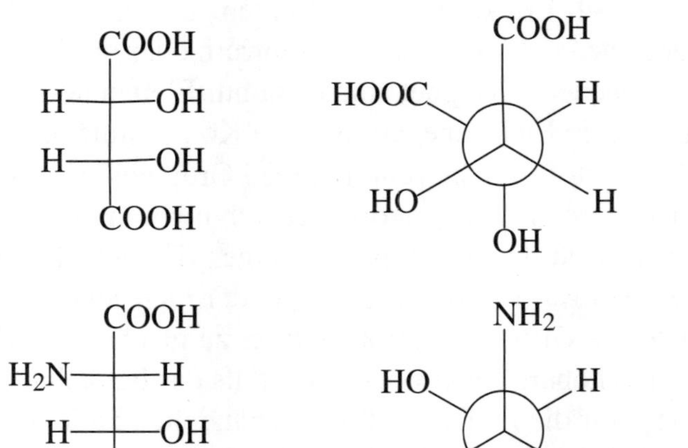

Beachten Sie bitte, dass Sie die zweite Fischerprojektion um 180° drehen müssen. Drehen aber nicht Spiegeln.

Induktive und mesomere Effekte

Für das Verständnis organischer Reaktionsmechanismen ist die Betrachtung der elektronischen Verhältnisse als eine Komponente der Stabilität Voraussetzung. Die andere Komponente sind die sterischen Faktoren, das heißt die räumliche Anordnung der reaktiven Zentren zueinander, die eine Reaktion bedingen oder verhindern. Wir werden an entsprechender Stelle die sterischen Faktoren erläutern.
Wir möchten die elektronischen Effekte in diesem Kapitel am Beispiel organischer Säuren und Basen (im Sinne von Brönsted) einführen, weitergehende Anwendungen werden Sie in vielen Kapiteln bei der Erläuterung der Mechanismen finden.
Die Stärke einer Säure drückt sich durch den pK_S- Wert aus. Zur Erinnerung je kleiner er ist, desto stärker ist die Säure. Voraussetzung für die Dissoziation eines Protons ist die besondere Stabilität der korrespondierenden Base (Säureanion) oder anders ausgedrückt, die Säure muß besonders elektronenarm sein, um ein Proton abzuspalten.
Für Basen gilt ein analoger Gedankengang, wobei hier der Elektronenreichtum der Base bzw. die Stabilität der korrespondierenden Säure (Basenkation) die Basenstärke bedingt.
Die elektronischen Effekte lassen sich folgendermaßen aufteilen:

1. Induktive Effekte
2. Mesomere Effekte

Ad 1.: Die induktiven Effekte hängen von der Elektronegativität der beteiligten Atome oder Atomgruppen ab. Wir möchten darauf hinweisen, daß die Elektronegativität auch von der Hybridisierung eines Atoms abhängig ist. Es gilt, je niedriger die Hybridisierung, desto höher ist die Elektronegativität des betreffenden Atoms. Zur Erinnerung: Die Hybridisierung ist die Zahl der mit einem Atomzentrum verbundenen Atome (z.B. sp mit zwei weiteren, sp^2 mit drei weiteren, sp^3 mit vier weiteren Atomen usw.).

Man unterscheidet +I- Effekte von –I- Effekten. +I- Effekt heißt, daß Atome oder Gruppen in der Lage sind, das Reaktionszentrum oder die funktionelle Gruppe elektronenreicher zu machen. Geeignet sind dazu nur Elemente oder Gruppen, die eine gleiche oder geringere Elektronegativität wie Kohlenstoff besitzen. Wir beschränken uns hier auf Kohlenstoff, da die funktionellen Gruppen in der Organik durch Kohlenstoff vorgegeben werden. Wasserstoff fügt sich nicht in dieses Bild ein, eine Elektronendonatorwirkung würde zur Abspaltung eines H^+-Ions führen.

–I- Effekt heißt, daß Atome oder Gruppen in der Lage sind, das Reaktionszentrum oder die funktionelle Gruppe elektronenärmer zu machen. Hierbei müssen die Atome oder Gruppen eine höhere Elektronegativität als das betrachtete Zentrum besitzen. Zur Orientierung: für die in diesem Buch behandelten Fälle genügen die in dem Periodensystem im Anhang des Buches befindlichen EN- Werte.

Die Qualität eines induktiven Effekts für ein reaktives Zentrum hängt von ihrer Anzahl und der Elektronegativitätsdifferenz und nicht so sehr von der Größe der Gruppen, die diesen Effekt auf das Zentrum ausüben, ab. Die Ursachen hierfür liegen darin, daß sich der induktive Effekt über Einfachbindungen bzw. den Einfachbindungsanteil (σ- Bindung, siehe Lehrbuch) bei Mehrfachbindungen ausbreitet. Es gilt einfach, daß sich der induktive Effekt über eine zunehmende Zahl von Bindungen stark abschwächt.

Betrachten wir nun einige Beispiele:

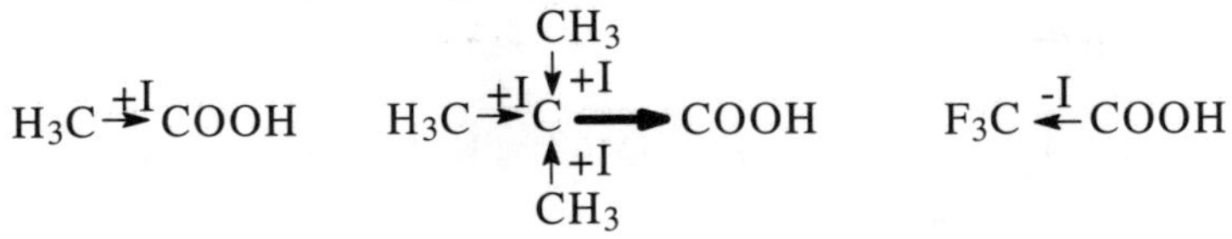

Die betrachtete Gruppe ist hier die Carbonsäure, es gilt je elektronenreicher sie ist, desto schlechter kann sie ein H^+-Ion abspalten. Da +I-Effekte eine höhere Elektronendichte bedingen, verringern sie die Acidität der Säure. –I-Effekte erhöhen daher die Acidität. Nach steigender Acidität geordnet, ergibt sich folgendes Bild:

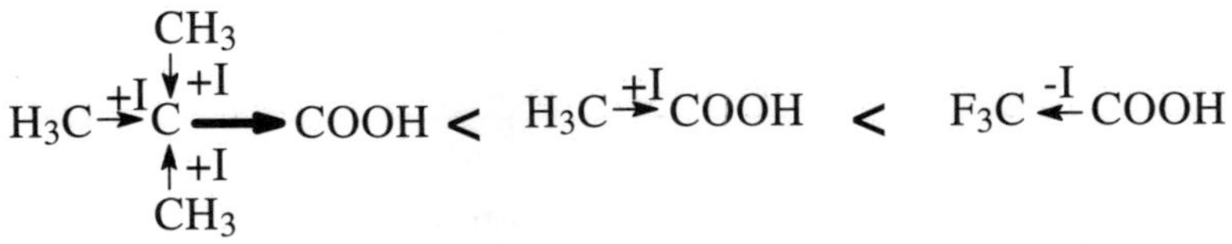

$pK_S = 5{,}05$ $pK_S = 4{,}76$ $pK_S = 0{,}23$

Ad 2.: Von Beginn an sei gesagt, daß mesomere Effekte erheblich stärker sind als induktive Effekte. Sie breiten sich entlang von Doppelbindungen oder freien Elektronenpaaren aus, setzen diese daher zwingend voraus. Zur Erinnerung freie Elektronenpaare treten nur bei Elementen der 5., 6. und 7. Hauptgruppe (Lewisbasen) auf. Bevor wir +M- und –M-Effekte behandeln, müssen wir den Begriff der Mesomerie erläutern. Bei der Mesomerie handelt es sich um die Möglichkeit, Elektronenpaare über mehr als eine Bindung zu delokalisieren (verteilen). Hierzu ein einfaches Beispiel:

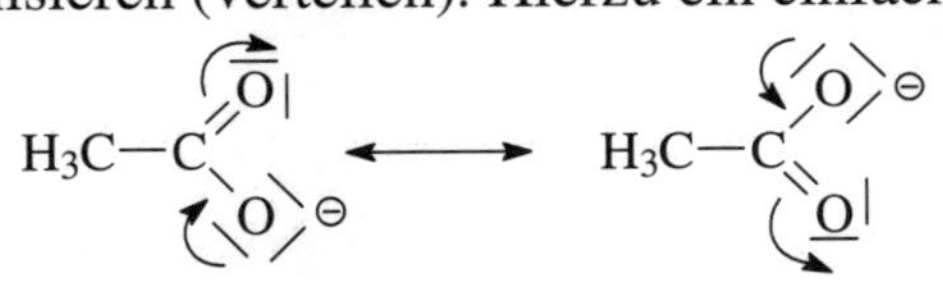

Durch die Verschiebung eines Elektronenpaares am negativ geladenen Sauerstoff wird die negative Ladung über mehrere Zentren verteilt. Der Triebkraft der Delokalisation liegt das Paulingprinzip der Elektroneutralität zugrunde, nachdem kein Atom gerne Ladungen trägt.

M- Effekte können sich im Fall von konjugierten Doppelbindungen (π- Systeme) im Gegensatz zu I- Effekten über viele Zentren ausbreiten. Konjugiert bedeutet dabei die abwechselnde Folge von Einfach- und Doppelbindung. Näheres hierzu finden Sie im folgenden Kapitel.

Wie auch bei den induktiven Effekten unterscheidet man bei den mesomeren Effekten diejenigen, die ein Atomzentrum elektronenreicher machen (+M), von denen, die ein Zentrum elektronenärmer machen (–M). Das obige Beispiel zeigt einen –M- Effekt, denn dort wird Ladung vom Zentrum abgeführt. Ein Beispiel für einen +M- Effekt wäre ein positiv geladener Kohlenstoff (sogenanntes Carbeniumion), der sich benachbart (konjugiert) zu einer Doppelbindung befindet:

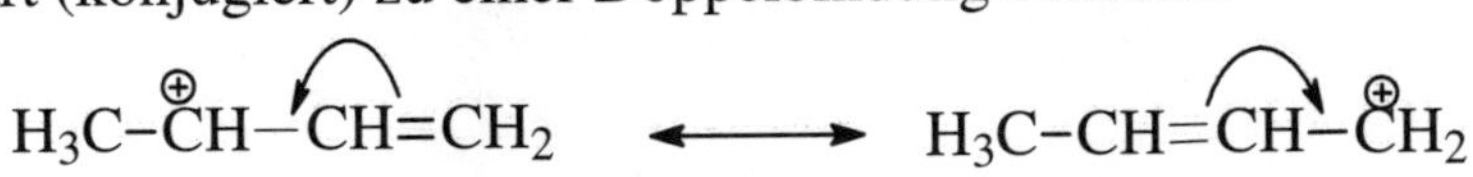

Ein einfaches Beispiel, das die Anwendung des +M- Effektes auf Säuren oder Basen demonstriert, haben wir nicht gefunden, konkrete Anwendungen finden Sie, wie immer, im Aufgabenteil.

Aufgaben zu induktiven und mesomeren Effekten

A 13.01 Ordnen Sie die folgenden Carbonsäuren nach steigender Säurestärke:

$H_3C—COOH$ (A) $H_2CCl—COOH$ (B) $H_3C—CH_2—COOH$ (C)

$CCl_3—COOH$ (D)

A 13.02 Ordnen Sie die folgender Amine nach sinkender Basizität:

NH_3 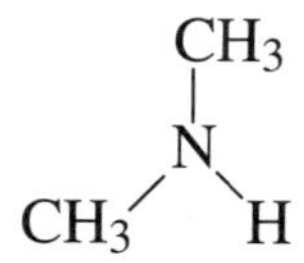 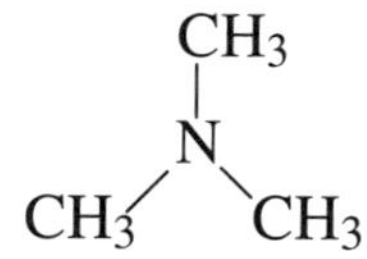 $CH_3—NH_2$

A 13.03 Ordnen Sie folgende Amine nach steigender Basizität und geben Sie an, welches Kriterium über die Basizität entscheidet:

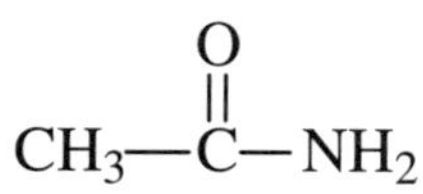 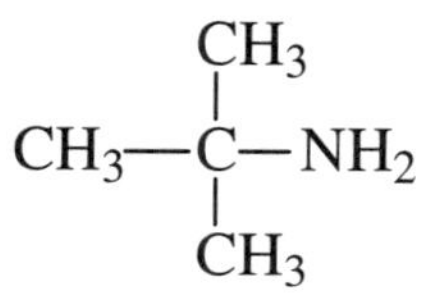 $CH_3–CH_2–NH_2$ $CH_2Cl—NH_2$

A 13.04 Ordnen Sie die folgenden Verbindungen nach steigender Acidität:

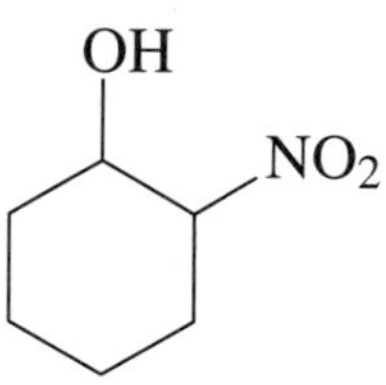

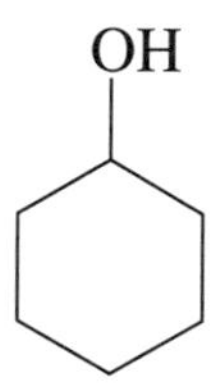

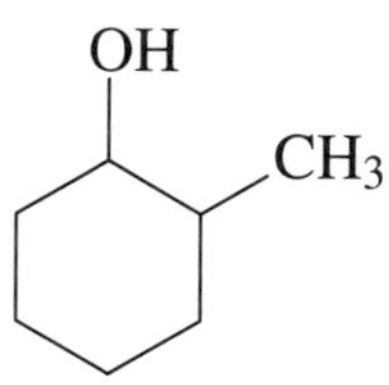

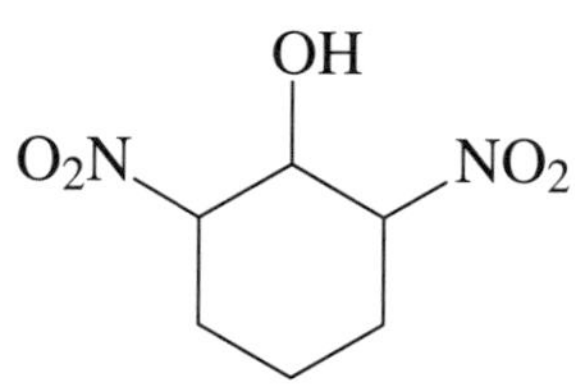

A 13.05 Ordnen Sie nach steigender CH- Acidität am markierten C- Atom:

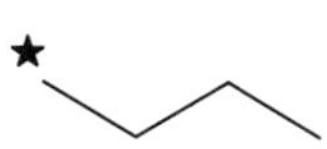

A

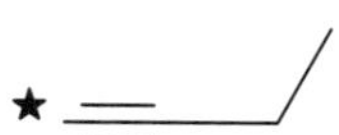

B

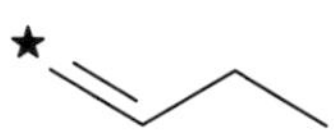

C

A 13.06 Kennzeichnen Sie in folgender Tabelle die M- und I- Effekte:

Gruppe	+I	–I	+M	–M
-Cl				
$-CH_3$				
-Phenyl				
$-NO_2$				
-OR				
$-NH_2$				
-F				
$-NR_2$				
$-CH{=}CH_2$				
-COOH				
-I				
-CN				
$-NR_3^+$				
-OH				
-COOR				
$-NH_3^+$				
-COR				
$-CF_3$				
-Br				
$-SO_3H$				
-CHO				

A 13.07 Schätzen Sie die Stabilität nachfolgender Carbeniumionen ab. Ordnen Sie sie nach sinkender Stabilität:

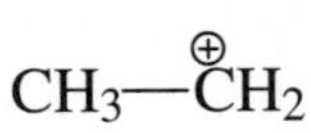

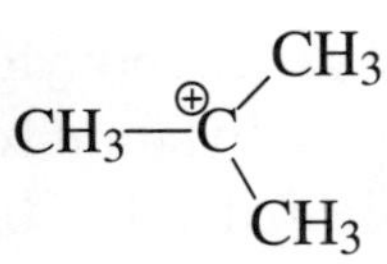

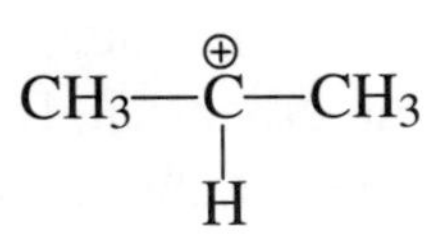

A 13.08 Schätzen Sie auch hier die Stabilität der Carbeniumionen ab:

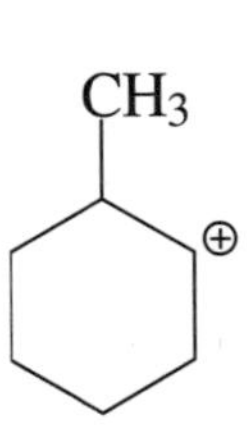

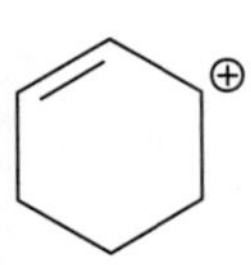

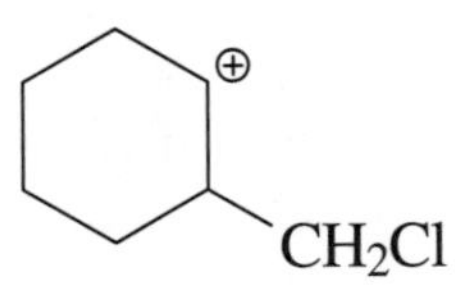

A 13.09 Schätzen Sie hier die Stabilität der Carbanionen ab:

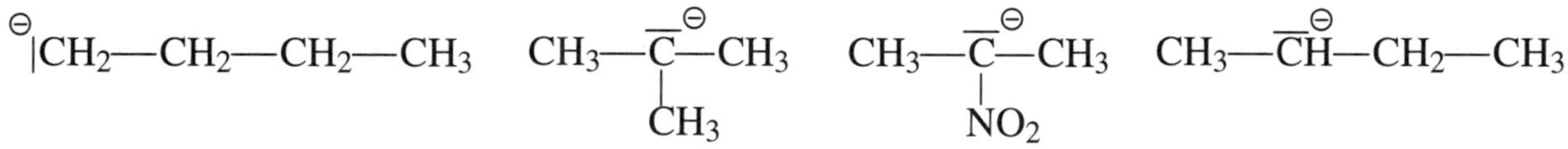

Lösungen zu induktiven und mesomeren Effekten

L 13.01

C A B D

C ist die schwächste Carbonsäure wegen des +I- Effekts der Alkylgruppe. Bei A ist diese Gruppe kürzer und damit der Effekt geringer. Bei B und D bewirken die Chloratome mit Ihren –I- Effekten ein starkes Zunehmen der Säurestärke.

L 13.02 Die Basizität der Amine wird durch die +I- Effekte der Methylgruppen bestimmt. Trimethylamin ist aus sterischen Gründen als Base ungefähr genauso stark wie Dimethylamin.

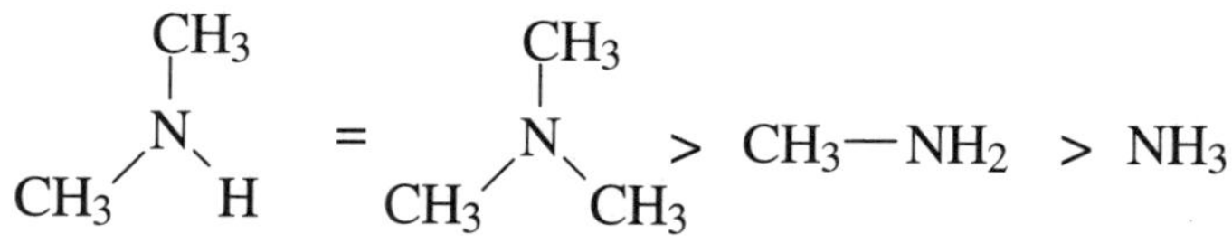

L 13.03 Im Falle von Ethansäureamid hat die Carbonylgruppe einen –M- Effekt und reduziert die Basizität erheblich. Bei Chlormethylamin sorgt das Chlor mit seinem –I- Effekt auch für eine Herabsetzung der Basizität. Die beiden anderen Amine sind durch die +I- Effekte der Alkylgruppen geprägt.

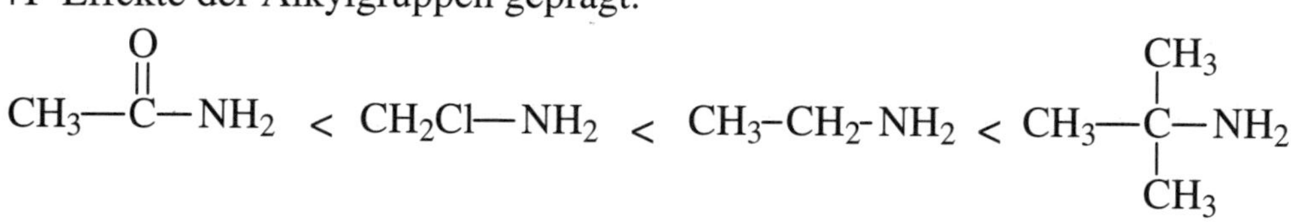

L 13.04 Beachten Sie den –I-Effekt der Nitrogruppe.

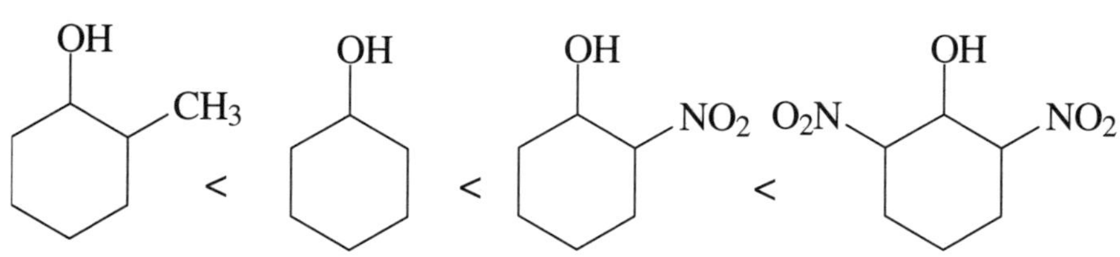

L 13.05 Die CH-Acidität nimmt von der Einfach- zur Dreifachbindung zu. Beachten Sie, dass mit abnehmender Hybridisierung die Elektronegativität steigt.

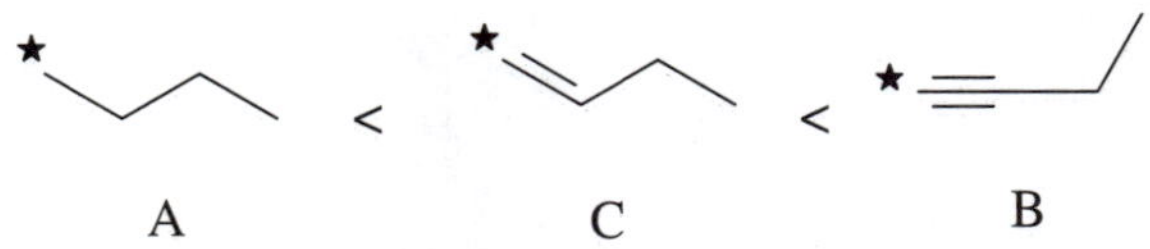

L 13.06

Gruppe	+I	–I	+M	–M
-Cl		x	x	
$-CH_3$	x			
-Phenyl		x	x	x
$-NO_2$		x		x
-OR		x	x	
$-NH_2$		x	x	
-F		x	x	
$-NR_2$		x	x	
$-CH=CH_2$		(x)	x	
-COOH		(x)		x
-I		(x)	x	
-CN		(x)		x
$-NR_3^+$		x		
-OH		x	x	
-COOR		(x)		x
$-NH_3^+$		x		
-COR		(x)		x
$-CF_3$		x		
-Br		x	x	
$-SO_3H$		x		x
-CHO		(x)		x

Betrifft (x):
Der –I-Effekt entsteht durch die sp^2-Hybridisierung des Kohlenstoffatoms, der eine etwas höhere Elektronegativität bedingt.

L 13.07 Tertiäre Carbeniumionen werden durch drei +I-Effekte stabilisiert, sekundäre durch zwei und primäre nur noch durch einen +I-Effekt.

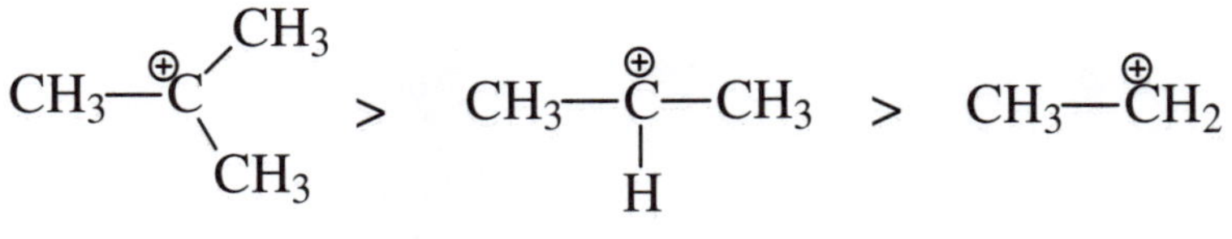

L 13.08

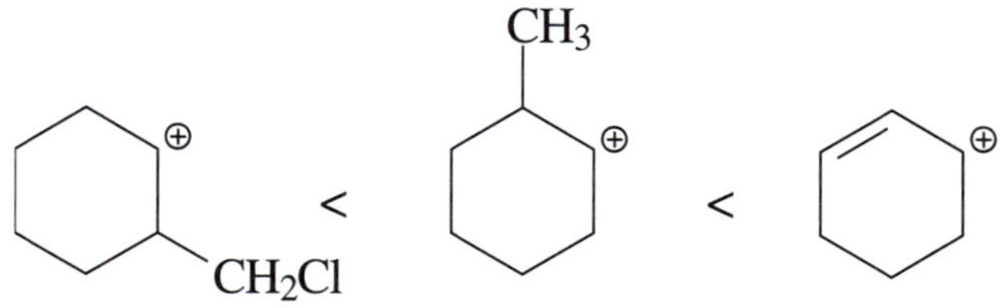

Beim ersten Molekül wirkt ein –I-Effekt, beim zweiten ein +I-Effekt und beim letzten ein +M-Effekt.

L 13.09

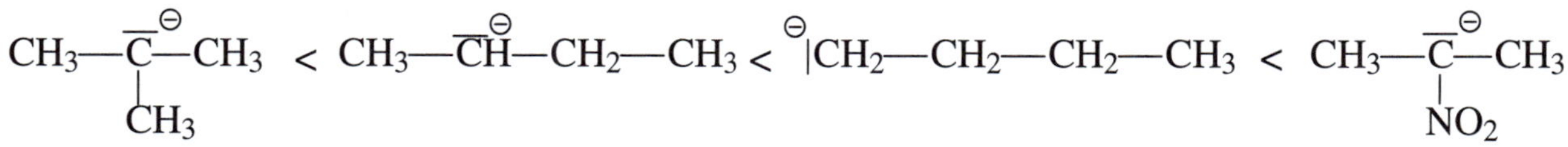

Beachten Sie bitte, dass Carbanionen umso stabiler sind, je elektronenärmer sie sind.

Substitutionen, Additionen und Eliminierungen

Die Reaktionen organischer Verbindungen lassen sich in drei große Gruppen aufteilen. Zum einen gibt es die Reaktionen der Carbonylverbindungen und die der Aromaten - von diesen wird noch an einer anderen Stelle zu sprechen sein - zum anderen gibt es die einfachen Reaktionen der aliphatischen (offenkettigen oder ringförmigen) Verbindungen. Diese lassen sich wiederum aufteilen.

1. Substitutionen, d.h. Ersetzen einzelner Atome oder Gruppen in organischen Verbindungen durch andere Atome oder Gruppen.
2. Additionen an Doppel- oder Dreifachbindungen, d.h. Anfügen von - meist anorganischen Verbindungen - an organische Verbindungen unter Lösung der Doppel- bzw. Dreifachbindung.
3. Eliminierungen, d.h. Schaffung von Doppel- oder Dreifachbindungen an organischen Molekülen unter Abspaltung kleinerer - meist wiederum anorganischer - Molekülteile.

Ad 1.: Es gibt drei verschiedene Arten der Substitutionsreaktionen. Als erste soll hier die Reaktion von Kohlenwasserstoffverbindungen mit Brom oder Chlor unter Lichteinwirkung eingeführt werden. Formal als doppelte Umsetzung, wie Sie sie aus der Anorganik kennen, sieht die Reaktion wie folgt aus:

$$CH_4 + Br_2 \xrightarrow{\text{Licht}} CH_3Br + HBr$$

Sie sehen, dass ein Wasserstoffatom des Methanmoleküls durch ein Bromatom ersetzt wurde. Tatsächlich läuft die Reaktion etwas komplizierter ab. Zuerst wird ein Brommolekül durch die Einwirkung von Licht (auch gerne $h\nu$ abgekürzt) gespalten:

$$Br_2 \xrightarrow{\text{Licht}} 2\,Br^{\bullet}$$

Die Spaltung erfolgt genau so, dass die Einfachbindung in der Mitte gespalten wird (homolytisch) und zwei Atome mit jeweils einem einzelnen Elektron entstehen. Atome oder Moleküle mit ungepaarten Elektronen werden als Radikale bezeichnet. Es ist zu betonen, dass nicht jedes Bromatom, das sich in der Reaktionsmischung befindet, durch Lichteinwirkung gespalten wird, sondern dass diese Reaktion eher die Ausnahme darstellt. Wir betrachten jetzt nur noch eines dieser Radikale, bei dem anderen unterstellen wir, dass es dieselbe Reaktion macht, nur an einer anderen Stelle.

$$CH_4 + Br^{\bullet} \longrightarrow CH_3^{\bullet} + HBr$$

Dieses Bromradikal greift am Methanmolekül außen ein Wasserstoffatom ab. Dadurch entsteht ein Methylradikal. Dieses Methylradikal greift jetzt ein Brommolekül (wie gesagt, diese sind ja wesentlich häufiger als die Bromradikale!) an.

$$CH_3^{\bullet} + Br_2 \longrightarrow CH_3Br + Br^{\bullet}$$

Diese Reaktion liefert ein Bromradikal, das wiederum ein neues Methanmolekül angreifen kann - es ergibt sich eine Kettenreaktion. Diese beiden Schritte, die übrigens ohne Lichteinwirkung ausgeführt werden, bezeichnet man als Kettenfortpflanzungsschritte. Der erste Schritt, die Spaltung einiger Brommoleküle zu Radikalen, wird als Kettenstart bezeichnet. Da aber jede Kette nicht endlos läuft, gibt es auch einige Kettenabbruchreaktionen. Diese finden dann statt, wenn sich zwei Radikale finden und zu einer neuen Einfachbindung rekombinieren:

$$Br^{\bullet} + Br^{\bullet} \longrightarrow Br_2$$

$$Br^{\bullet} + CH_3^{\bullet} \longrightarrow CH_3Br$$

$$CH_3^{\bullet} + CH_3^{\bullet} \longrightarrow C_2H_6$$

Sie sehen, dass durch so eine Reaktion jeweils zwei Ketten nicht mehr fortgeführt werden können. Diese Art von Reaktion wird als radikalische Substitution oder kurz S_R- Reaktion bezeichnet.
Ein solches Reaktionsschema, das die einzelnen Schritte oder Zwischenstufen einer Reaktion aufzeigt, wird als Reaktionsmechanismus bezeichnet.
Diese Reaktionsmechanismen sind wichtig, um die Ausbildung und das Vorkommen einzelner Reaktionsprodukte zu verstehen. Dazu ein Beispiel:

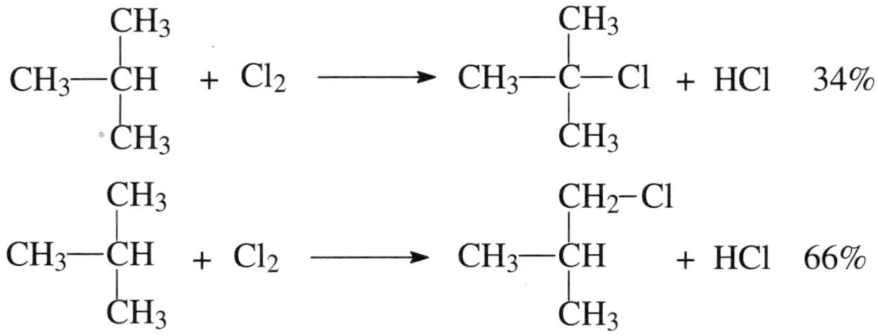

Rein statistisch ist zu erwarten, dass sich das 1-Chlor-2-methylpropan mit 90% Häufigkeit ausbildet, das 2-Chlor-2-methylpropan mit 10% Häufigkeit. Diese statistische Häufigkeit bezieht sich auf die Anzahl der H- Atome (9 primäre und 1 tertiäres). Tatsächlich bildet sich aber gerade dieses Produkt dreimal so häufig aus. Die Ursachen sind im Reaktionsmechanismus zu sehen, und zwar hier bei der Ausbildung des organischen Radikals.

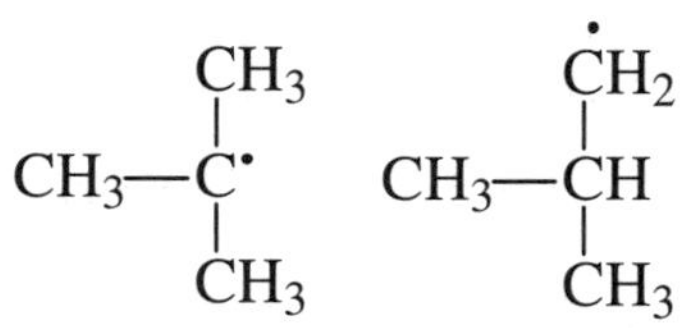

Zur Ausbildung des 2-Chlor-2-methylpropans muss das erste Radikal ausgebildet werden. Da Radikale sich wie Elektronenmangelverbindungen verhalten, werden sie durch eine Erhöhung der Elektronendichte am radikaltragendem C-Atom stabilisiert; dieses erfolgt bei dem ersten Radikal durch drei +I- Effekte. Das zweite Radikal, das zur Ausbildung des 1-Chlor-2-methylpropan führt, hat nur einen, wenn auch etwas größeren +I- Effekt; die Zwischenstufe wird weniger stabilisiert. Je stabiler eine Zwischenstufe aber ist, desto besser kann sie gebildet werden, desto häufiger ist das daraus resultierende Reaktionsprodukt. Reaktionen, bei denen von zwei möglichen Konstitutionsisomeren bevorzugt eins gebildet wird, werden als regioselektiv bezeichnet. Als Hauptprodukt wird in der Regel das Halogenierungsprodukt aufgefasst, das über den stabileren Zwischenzustand gebildet wurde.
Die beiden weiteren Reaktionen müssen im Zusammenhang gesehen werden.
Es handelt sich dabei um die nukleophile Substitution zweiter Ordnung (S_N2) und die nukleophile Substitution erster Ordnung (S_N1).
Keine Panik; es wird alles erläutert!

Substituiert werden bei dieser Reaktion nicht Wasserstoffatome, wie im ersten Beispiel, sondern Gruppen, oder Atome, die aufgrund ihrer hohen Elektronegativität oder Stabilität als Base gut abgespalten werden können. Sie werden durch Lewis-Basen ersetzt. Da der Kohlenstoff, an dem die Reaktion stattfindet, wegen der hohen Elektronegativität der austretenden Gruppe positiv polarisiert ist, der Atomkern (Nukleus) also „durchscheint", werden die Reaktionen als nukleophil („kernliebend") bezeichnet. Um das mit der ersten Ordnung oder zweiten Ordnung zu erläutern, müssen jetzt allerdings die Reaktionsmechanismen eingeführt werden.
Bei der S_N2- Reaktion greift das Nukleophil die Rückseite des Kohlenstoffs an, der die Abgangsgruppe trägt:

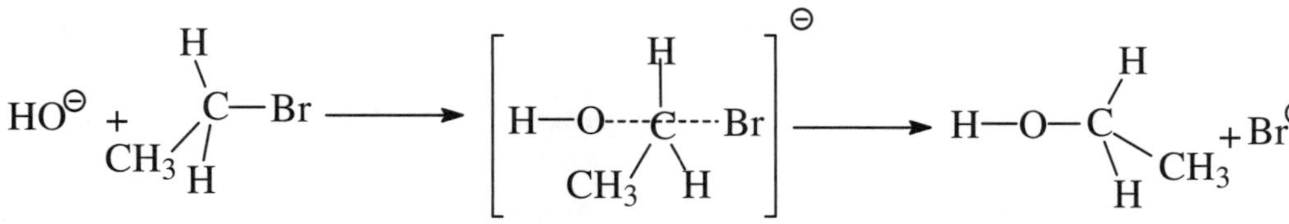

Die Umkehrung der Konfiguration am substituierten Kohlenstoffatom wird als Inversion oder Waldenumkehr bezeichnet. Beachten Sie die Folgen für chirale Kohlenstoffatome!
Es ist zu betonen, dass ein Reaktionsmechanismus nicht „beobachtbar" ist. Er dient zur Darstellung und Erläuterung des wissenschaftlichen Befundes. Zu diesem gehört hier auch die Untersuchung der Reaktionsgeschwindigkeit. Ohne hier näher auf deren Gesetzmäßigkeiten einzugehen, sei hier die wesentliche Folgerung genannt: Zu einer Reaktion kann es nur dann kommen, wenn sich die beiden an der Reaktion unmittelbar beteiligten Moleküle passend treffen. Die Geschwindigkeit ist daher proportional zu der Konzentration beider beteiligten Stoffe, daher zweiter Ordnung.
Bei einer Substitution erster Ordnung ist ein Angriff von der Rückseite nicht möglich, da die Alkylreste ein räumliches Zusammentreffen des Nukleophils mit dem reaktiven Kohlenstoff nicht zulassen. Eine derartige Einschränkung des Raums wird als sterische Hinderung bezeichnet. Trotzdem kommt es zu einer Reaktion, die in zwei Schritte unterteilt ist. Im ersten Schritt in diesem Beispiel muss sich die Kohlenstoff- Brom- Bindung lösen. D.h. als erstes wird immer die Abgangsgruppe abgetrennt. Es entsteht ein positiv geladener Kohlenstoff, der als Carbeniumion (auch „Carbokation" ge-nannt) bezeichnet wird und über drei +I- Effekte von den benachbarten Alkylresten stabilisiert wird. Der Angriff des Nukleophils kann bei einem Carbeniumion aufgrund dessen planarer Struktur aus zwei Richtungen erfolgen, von unterhalb oder oberhalb der Molekülebene.
Wenn die neu eingetretene Gruppe auf derselben Seite steht wie die austretende Gruppe, so bezeichnet man das Produkt als Retentionsprodukt. Tritt sie von der anderen Seite ein, so erhält man ein Inversionsprodukt:

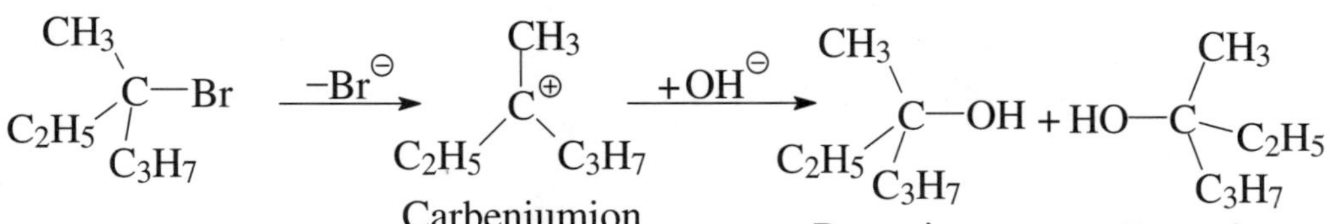

Carbeniumion

Retentions-
produkt

Inversions-
produkt

Daher entsteht bei der Substitutionsreaktion an chiralen Kohlenstoffatomen immer ein Racemat. Bei der Betrachtung der Reaktionsgeschwindigkeit fällt hierbei auf, dass diese nur proportional zur Konzentration eines Stoffes, und zwar des zu substituierenden Moleküls, ist.

Das liegt daran, dass der erste Schritt nur von der Dissoziation des zu substituierenden Moleküls abhängig ist. Diese Reaktion ist im Vergleich zu der nachfolgenden Reaktion langsam und bestimmt damit die Gesamtgeschwindigkeit der Reaktion. (Merke: In einem Team bestimmt immer der Langsamste die Arbeitsgeschwindigkeit!)

Bleibt als Resümee nur noch eine Frage; wann findet eine S_N2- und wann eine S_N1-Reaktion statt? Das hängt von den sterischen Faktoren und von der Stabilisierung durch +I- oder +M Effekte ab. Es zeigt sich folgendes Bild:

- Befindet sich die austretende Gruppe an einem primären Kohlenstoff, so findet ausschließlich eine S_N2- Reaktion statt.
- Befindet sich die austretende Gruppe an einem tertiären Kohlenstoff, so findet ausschließlich eine S_N1- Reaktion statt.
- Befindet sich die austretende Gruppe an einem sekundären Kohlenstoff, so findet sowohl eine S_N2- Reaktion als auch eine S_N1- Reaktion statt.

Bevor wir uns den Energieprofilen widmen, noch eine Bemerkung zu den austretenden Gruppen: Geeignet sind prinzipiell alle Gruppen oder Atome, die eine höhere Elektronegativität als Kohlenstoff haben. Trotzdem gibt es eine Art Hitliste; besonders beliebt sind Halogenatome und eine Gruppe mit der Abkürzung –OTos, die das Anion der para-Toluolsulfonsäure bildet.

Bei den Energieprofilen wird in der Regel nur ihr Aussehen abgefragt, nicht aber warum sie so aussehen. Das können Sie einem Lehrbuch der organischen Chemie entnehmen.

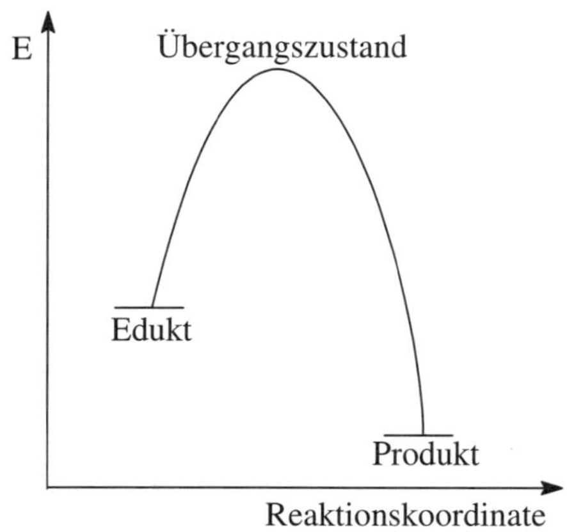

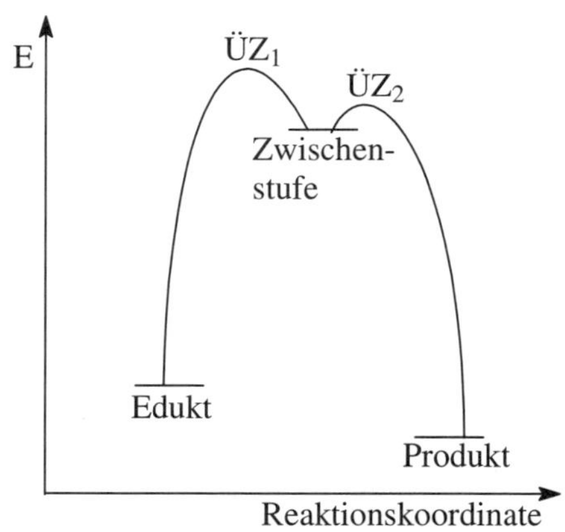

Bei dem ersten Diagramm handelt es sich um das Reaktionsprofil einer Reaktion zweiter Ordnung. Das hier als Übergangszustand gekennzeichnete Maximum wird durch den fünfbindigen Übergangszustand gebildet.

Das zweite Diagramm kennzeichnet eine Reaktion erster Ordnung, die Zwischenstufe ist das durch die +I- Effekte stabilisierte Carbeniumion. Die Übergangszustände 1 und 2 kommen durch die Trennung der Orbitale zur Ausbildung des Carbeniumions und durch die Bildung des Bindungsorbitals zum Produkt zustande. Diese Übergangszustände werden aber in der mechanistischen Darstellung nicht erfasst!

Ad 2.: Bei der Addition an Doppel- oder Dreifachbindungen ist für die Mechanismen die hohe Elektronendichte an diesen Bindungen entscheidend. Ein Agens, das diese Doppel- oder Dreifachbindungen angreifen will, muss positiv oder zumindest positiv polarisierbar sein - es muss elektrophil sein (Unter gewissen Voraussetzungen ist auch ein nukleophiler Angriff denkbar, das spielt für Sie aber keine Rolle!).

Vereinfachend kann man sagen, dass die Reaktionen von Doppelbindungen denen der Dreifachbindungen entsprechen. Daher werden hier nur die Reaktionen der Doppelbindungen besprochen. Stellen Sie sich die Dreifachbindung vereinfacht als „doppelte Doppelbindung" vor.

Um herauszufinden, ob eine unbekannte Verbindung Doppelbindungen enthält, ist es üblich, die Verbindung mit Brom in Tetrachlorkohlenstoff umzusetzen. Dabei wird die braun gefärbte Lösung entfärbt; man spricht davon, dass die Verbindung ungesättigt ist. Wenn sie Doppelbindungen enthält, erfolgt die Reaktion mit Brom nach folgendem Mechanismus:

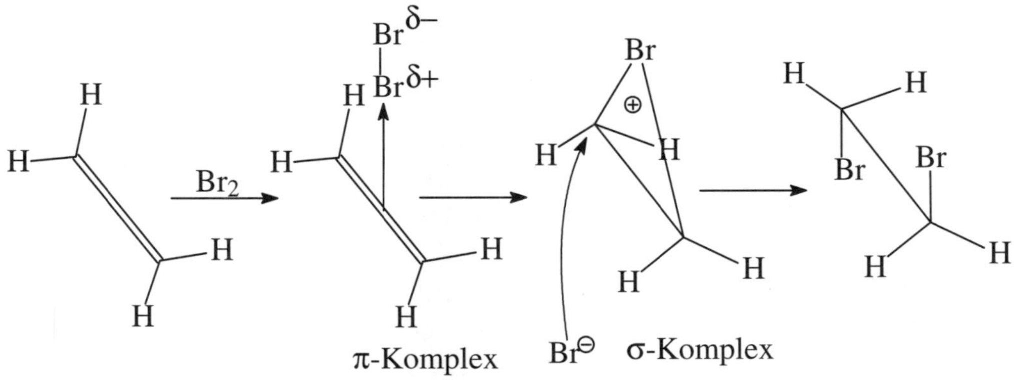

Das Brommolekül wird durch die Doppelbindung positv polarisiert und elektrostatisch fixiert, es bildet sich ein π- Komplex. Das ist möglich, da die Elektronenhülle des Brommoleküls recht groß und somit leicht zu polarisieren ist. Im weiteren Verlauf wird ein Bromatom aus dem Brommolekül entfernt und in die Doppelbindung involviert. Man erhält, da die π- Bindung aufgelöst wurde, einen σ- Komplex, der in diesem Fall als Bromoniumion bezeichnet wird. Anschließend greift ein Bromidion, das durch die Bildung eines Bromoniumions entstanden ist, von der Rückseite her an. Dabei ist nicht vorgegeben, an welchem der beiden zum Bromoniumion gehörenden Kohlenstoffe es angreift. Dieses ist weitestgehend von sterischen Faktoren (vom Raumangebot) abhängig. Beachten Sie bitte, dass bei der Umsetzung von Alkenen mit Brom sehr häufig ein Racemat entsteht.

Eine weitere Addition ist die einer Brönstedsäure an eine Kohlenstoffdoppelbindung. Dabei greift als erstes das H^+ -Ion an. Es ergibt sich ein π- Komplex, der sich dann in eine σ- Bindung umwandelt. Dabei wäre es möglich, dass sich das Proton an jedes der beiden verschiedenen Kohlenstoffe der Doppelbindung anlagert. Tatsächlich wird aber der Wasserstoff immer an den Kohlenstoff angelagert, der die meisten Wasserstoffatome enthält. Dadurch bildet sich nämlich das stabilste Carbeniumion (drei +I-Effekte gegenüber einen +I- Effekt bei der anderen Verbindung in unserem Beispiel!). Diese Regel ist schon seit langer Zeit bekannt und wird als *Markovnikov*- Regel bezeichnet. Das Anion, in dem nachfolgenden Beispiel ein Bromidion, wird dann an das entstandene Carbeniumion angelagert.

Beispiel:

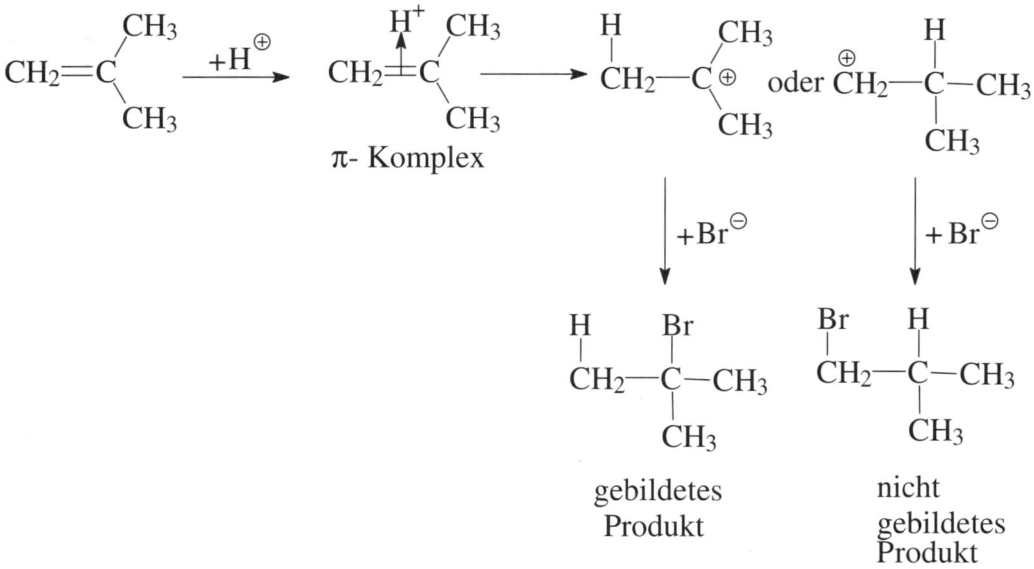

Die Ausbildung des Zwischenproduktes und damit die Bevorzugung einer Reaktion werden hier, wie schon erwähnt, durch elektronische Effekte bedingt. Wenn sich von zwei möglichen Konstitutionsisomeren in einer Reaktion nur eines ausbildet, nennt man die Reaktion regioselektiv. Die andere Möglichkeit der Selektivität, die Stereoselektivität ist zum Beispiel bei der S_N2- Reaktion verwirklicht.
Ein Sonderfall tritt bei der Reaktion von Br_2 oder Brönstedt- Säuren an konjugierten Doppelbindungen auf. Durch den +M- Effekt der benachbarten Doppelbindung bilden sich zwei Produkte!
Beispiel:

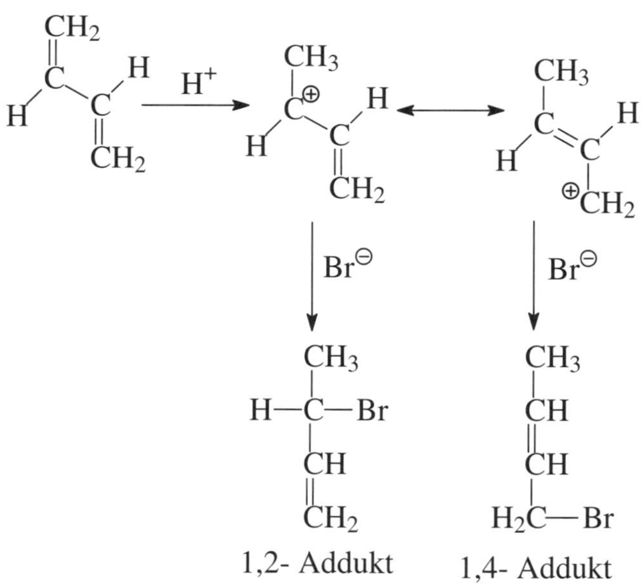

Im ersten Schritt wird — hier entsprechend der Markovnikov- Regel — ein Wasserstoffion an die erste Stelle der Doppelbindung addiert. Merke: Der erste Schritt erfolgt immer an dem ersten Kohlenstoff des konjugierten Systems!
Das gebildete Carbeniumion wird durch den +M- Effekt sowohl auf dem zweiten als auch auf dem vierten Kohlenstoff des konjugierten Systems (bei mehr als zwei konjugierten Doppelbindungen natürlich auch am sechsten, achten usw.) stabilisiert.

Das Anion (hier Bromid) gleicht dann die positive Ladung entweder am zweiten oder vierten Kohlenstoffatom aus, es entsteht ein 1,2- und ein 1,4- Addukt (bzw. auch 1,6- usw. bei mehr als zwei konjugierten Doppelbindungen).
In der Gegenwart von Peroxiden oder Sonnenlicht verläuft die Addition von Bromwasserstoff genau umgekehrt, es bildet sich das Produkt, das nach Markovnikov nicht erwartet wird. Diese Reaktion verläuft radikalisch und nennt sich *anti- Markovnikov-Reaktion*. Sie spielt aber bei unseren Betrachtungen keine Rolle, nähere Informationen zu dem Mechanismus erhalten Sie aus einem Lehrbuch der organischen Chemie.
Bei den nachfolgenden Reaktionen können Sie bei Bedarf den Mechanismus ebenfalls einem Lehrbuch der organischen Chemie entnehmen:

Hydrierung:
Dabei wird Wasserstoff an eine Doppelbindung angelagert. Es entsteht ein Alkan. Die Addition der Wasserstoffatome erfolgt immer nur von derselben Seite - entweder beide H- Atome von oberhalb oder von unterhalb der Doppelbindung - die Reaktion ist eine cis-Addition. Beachten Sie auch hierbei die stereochemischen Konsequenzen!
Beispiel:

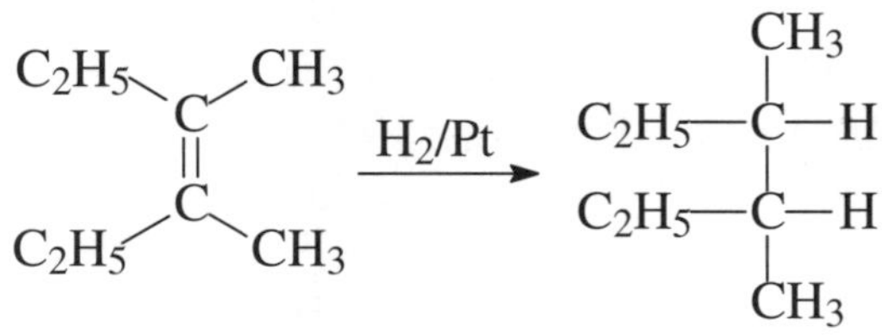

Das Produkt ist eine Meso- Form, Sie erhalten sonst, wenn das Produkt chiral ist, zwei Enantiomere! Außer CC- Doppelbindungen können mit diesem Verfahren auch CO-Doppelbindungen unter Ausbildung von Alkoholen sowie CN Doppel- und Dreifachbindungen unter der Bildung von Aminen hydriert werden.

Lindlar Hydrierung:
Die normale Hydrierung von Dreifachbindungen am Katalysator lässt sich schwer steuern, man erhält sehr oft ein Produktgemisch. Nur bei ausreichender Wasserstoffzufuhr geht die Reaktion ohne Probleme bis zum Stand der Einfachbindung. Gelegentlich entsteht aber das Problem, dass man Dreifachbindungen nur zu einer Doppelbindung hydrieren will. Diese Möglichkeit ergibt sich durch die Nutzung eines Lindlarkatalysators. Das Platin wird durch das Bariumsulfat in der Aktivität abgeschwächt (teilvergiftet), so dass eine Weiterreaktion bis hin zur Einfachbindung nicht mehr möglich ist.
Beispiel:

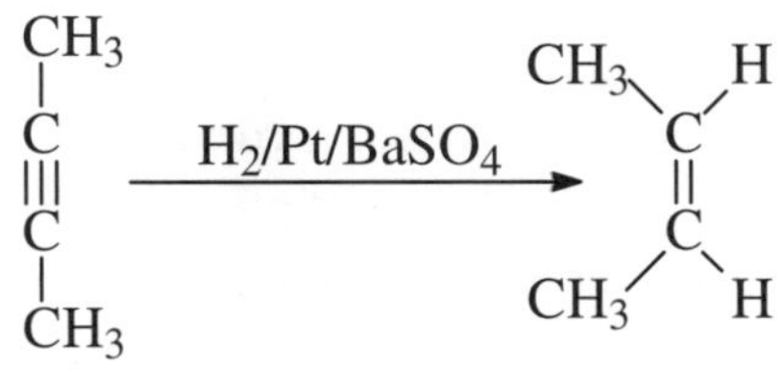

Die Hydrierung erfolgt immer so, dass die beiden Wasserstoffe von derselben Seite neu eintreten.

Syn- Hydroxilierung:
Durch die Behandlung von Alkenen mit wässeriger Kaliumpermanganatlösung (alternativ zum Kaliumpermanganat: Osmium(VIII)-oxid) entstehen cis- Diole.
Beispiel:

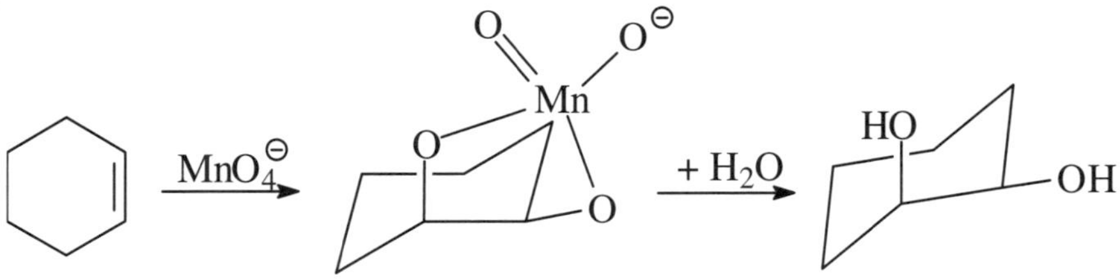

Die Bildung eines cis- Diols erfolgt aufgrund der Zwischenstufe, in der das Permanganation die Sauerstoffe von einer Seite aus einfügt.

Ozonolyse:
Bei der Ozonolyse wird eine Doppelbindung in der Mitte gespalten. Das Zwischenprodukt (Molozonoid) können Sie einem Lehrbuch entnehmen, in diesem Zusammenhang spielt es keine weitere Rolle. Der zweite Schritt entscheidet über die entstehenden Produkte; bei einer reduktiven Aufarbeitung entstehen Ketone und/ oder Aldehyde, bei einer oxidativen Aufarbeitung entstehen Ketone und/ oder Carbonsäuren.
Beispiele:

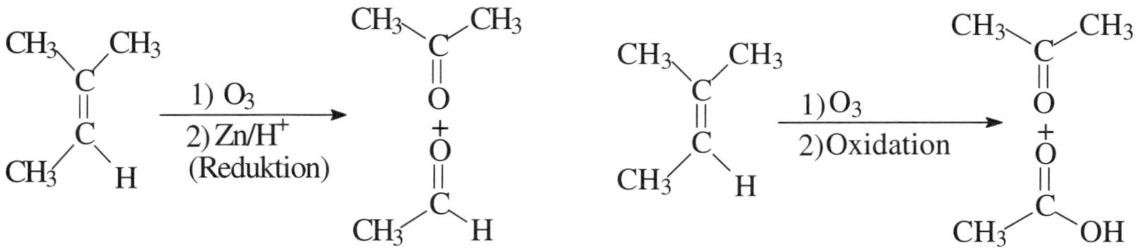

Ad 3.: Bei der Eliminierung werden durch die Abgabe eines Wasserstoffs und einer Abgangsgruppe am benachbarten Kohlenstoffatom (1,2- Eliminierung) Doppelbindungen gebildet (Denken Sie daran: Dreifachbindungen sind „doppelte Doppelbindungen", also zwei Wasserstoffatome und zwei Abgangsgruppen).
Weitere Möglichkeiten Doppelbindungen zu bilden, wie Esterpyrolysen oder die reduktive Eliminierung mit Zink aus 1,2- Dibromalkanen, können Sie einem Lehrbuch entnehmen.
Im Wesentlichen lassen sich vier grundlegende Mechanismen unterscheiden. Zwei Mechanismen sind ionischer Natur und erster Ordnung, zwei andere haben kontinuierliche Übergangszustände und sind daher zweiter Ordnung. Die Mechanismen lassen sich aber besser anhand der Reaktion selbst klassifizieren. Zwei der Mechanismen finden im basischen Medium statt. Bei dem ersten hier vorgestellten Mechanismus handelt es sich um eine Eliminierung zweiter Ordnung im Basischen. Dabei greift eine Base das Wasserstoffatom an, das sich in Antistellung zu der Abgangsgruppe befindet. Während die Base eine Bindung zu dem Wasserstoffatom aufbaut, verliert dieses seine Bindung zu seinem Kohlenstoffatom, das daraufhin eine zweite Bindung zu dem benachbarten Kohlenstoffatom mit der der Abgangsgruppe aufbaut. Dieses gibt daraufhin seine Bindung zur Abgangsgruppe auf.
Um es noch einmal zu betonen: Dieser Mechanismus läuft nur dann gut, wenn sich die Abgangsgruppe und der austretende Wasserstoff genau *gegenüber* („trans") stehen.

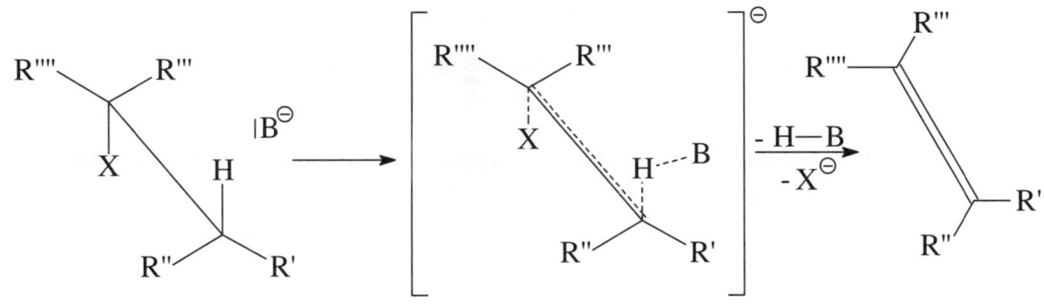

X = –Cl, –Br, –I, –OTos

Der zweite Mechanismus im Basischen verläuft unter der Bildung eines Carbanions durch die Reaktion der Base mit dem abgehenden Wasserstoff. Anschließend schiebt sich das Elektronenpaar in Richtung der Abgangsgruppe. Da dieser Prozess über einen geladenen Zustand verläuft, wird er gerne mit Mechanismen erster Ordnung verglichen. Er wird als E_{1cB} bezeichnet, wobei das cB für korrespondierende Base steht. Tatsächlich ist es ein Mechanismus zweiter Ordnung. Das interessiert aber eigentlich nur Chemiker! Der Unterschied zwischen dem oben geschilderten und diesem Mechanismus wird durch die Abgangsgruppe bedingt. In diesem Fall ist die austretende Gruppe eine schlechte Abgangsgruppe, die Reaktion erfolgt verzögert.

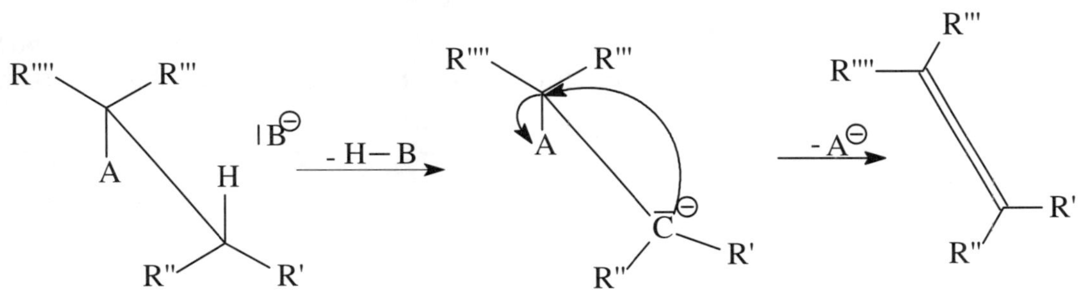

A = –F, $–N^+(CH_3)_3$

Es ist wichtig, diese beiden Reaktionen zu unterscheiden, da sie unterschiedliche Produkte liefern. Doppelbindungen bevorzugen in der Regel eine Mittelstellung, man spricht von höchstsubstituiert. Die so orientierten Produkte werden als *Sajzeff*- Produkte bezeichnet. Der erste Mechanismus (E_2) liefert derartige Produkte. Die Ursachen dafür liegen in der sogenannten Hyperkonjugation, einer Wechselwirkung mit benachbarten σ-Orbitalen hauptsächlich von CH- Bindungen.
Die zweite Eliminierung stellt die Doppelbindung (wenn möglich!) an den Rand der Kohlenstoffkette. Diese Produkte werden als *Hofmann*- Produkte bezeichnet. Carbanionen bilden sich bevorzugt an primären Kohlenstoffen (weniger gut an sekundären, am schlechtesten an tertiären C- Atomen), da dort die *wenigsten* +I- Effekte einwirken.
Beispiele:

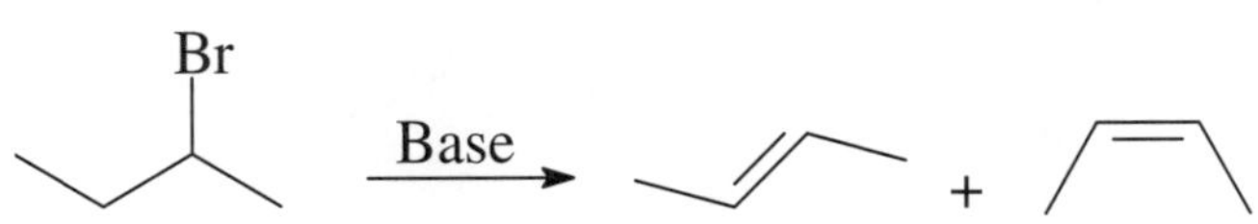

Bei dieser Reaktion bilden sich - bedingt durch das Bromatom als Abgangsgruppe - Sajzeff- Produkte. Beachten Sie, dass bei Eliminierungen an offenkettigen Verbindungen zwei Produkte entstehen können!

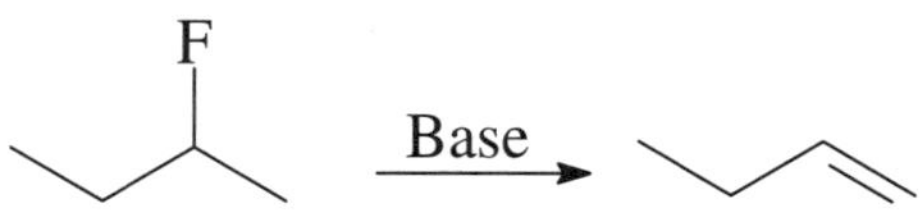

In diesem Fall wird durch die Abgangsgruppe eine endständige Doppelbindung; ein Hofmann-Produkt bedingt.
Achtung!

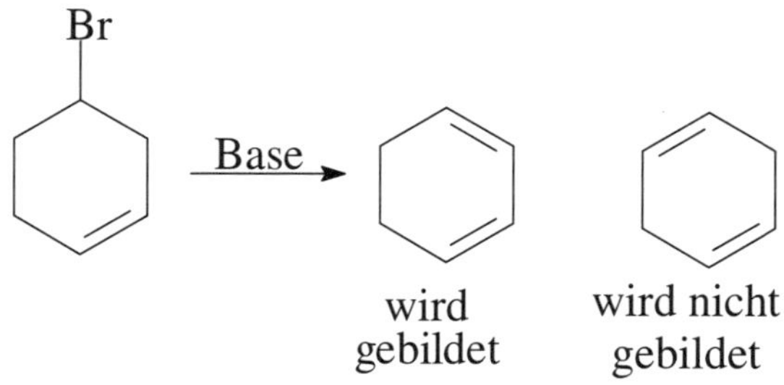

Egal welche Abgangsgruppe, Doppelbindungen stehen am liebsten konjugiert!

Die beiden folgenden Mechanismen laufen im sauren Medium ab. Das Proton oder eine andere Lewis- Säure greift dabei an der Abgangsgruppe an. Der unterschiedliche Verlauf der Mechanismen wird hier allerdings nicht durch die Abgangsgruppe, sondern durch den abgangsgruppentragenden Kohlenstoff bedingt.
Wenn sich an diesem Kohlenstoff als Reste (R''' und R'''') Wasserstoffatome befinden, es also ein primärer Kohlenstoff ist, so erfolgt die Eliminierung nach dem folgenden Mechanismus (E_2):

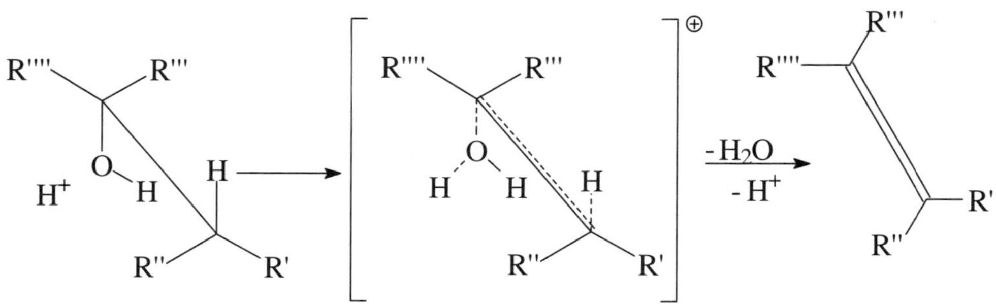

Wenn an dem Kohlenstoff als Reste (R''' und R '''') weitere Kohlenstoffatome sind, der Kohlenstoff also tertiär ist, erfolgt folgender Mechanismus (E_1).

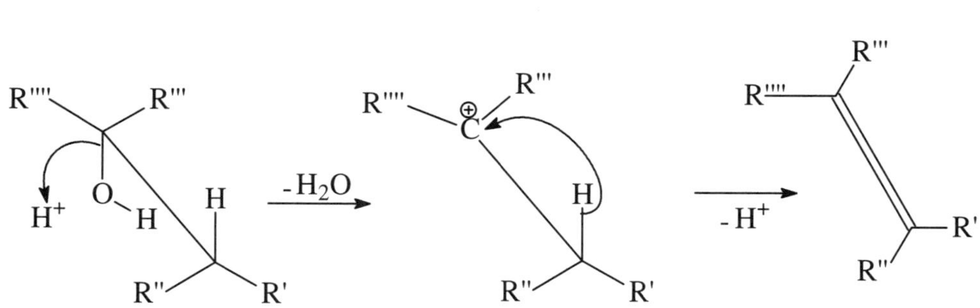

Die Ursache des E_1-Mechanismus ist natürlich durch die Stabilität des Carbeniumions bedingt. Wenn die Abgangsgruppe an einem sekundären Kohlenstoff steht, kann die Reaktion sowohl nach dem E_2- als auch nach dem E_1-Mechanismus verlaufen.

Dem aufmerksamen Leser wird vielleicht aufgefallen sein, dass das Carbeniumion als Übergangszustand auch bei der S_N1-Reaktion vorkommt. Anders formuliert; bei jeder Reaktion, bei der ein Carbeniumion gebildet wird, ist sowohl eine Substitution als auch eine Eliminierung als Produkt denkbar - es sind Konkurrenzreaktionen. Die E_1-wird dabei häufig als Nebenprodukt aufgefasst.
Auch die E_2-Reaktion im Basischen kann als Konkurrenzreaktion zur S_N2-Reaktion aufgefasst werden. Da aber durch geeignete Wahl der Reaktionsbedingungen die Reaktion klar vorgegeben werden kann, brauchen Sie diesen Sachverhalt normalerweise nicht zu berücksichtigen. Für Sie drückt sich die Wahl der Reaktionsbedingungen durch das Wort Base aus. Steht über dem Reaktionspfeil „Base“, so haben Sie zu *eliminieren*! Steht über dem Reaktionspfeil z.B. OH^-, so haben sie zu *substituieren*!

1. Aufgaben zu Substitutionen

A 14.01 Führen Sie bei dieser Verbindung eine Substitution durch:

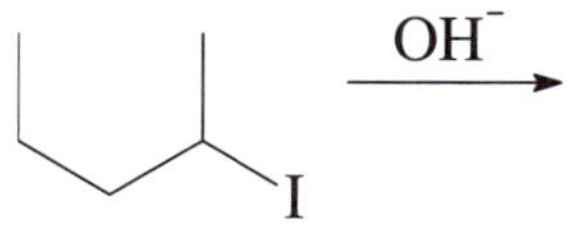

A 14.02 Zeichnen Sie das Reaktionsprodukt der unten angegebenen Reaktionspartner:

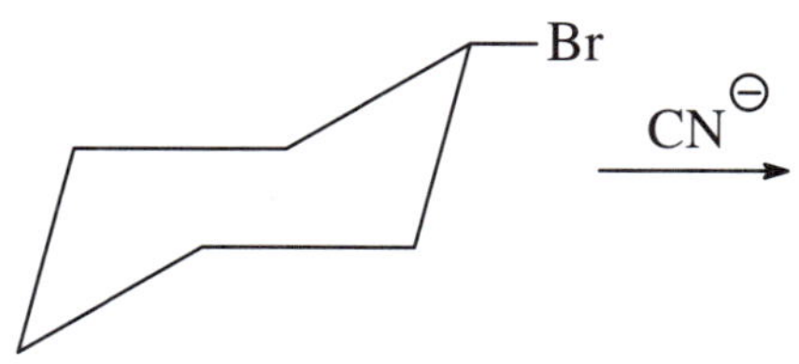

A 14.03 Zeichnen Sie sowohl das Reaktionsprodukt als auch die Zwischenstufe. Benennen Sie den Reaktionsmechanismus.

A 14.04 Zeichnen Sie auch hier den Übergangszustand und das Reaktionsprodukt. Wie heißt dieser Mechanismus?

$$CH_3{-}Cl \xrightarrow{NO_2^{\ominus}}$$

A 14.05 Wie lautet der mathematische Zusammenhang zwischen Reaktionsgeschwindigkeit und Konzentration in A 14.03 und A 14.04?

A 14.06 Erklären Sie detailliert den Reaktionsmechanismus beider Reaktionen unter Angabe der Reaktionsordnung. Welcher Begriff (Retention, Inversion und Racemisierung) beschreibt den jeweiligen stereochemischen Verlauf der Reaktionen?

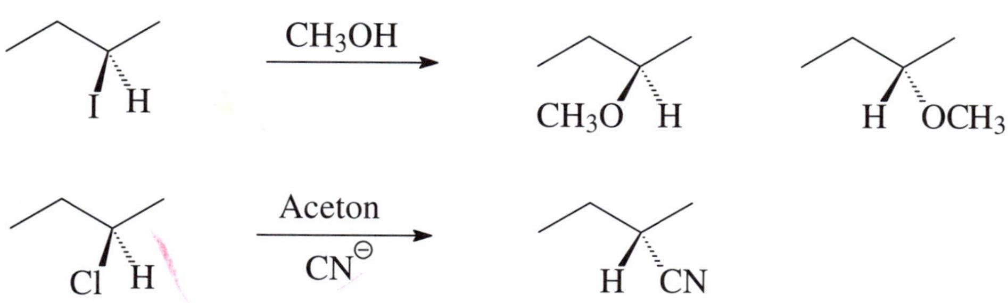

A 14.07 Zeichnen Sie die Energieprofile der S_N2- und S_N1-Reaktion. Nehmen Sie dabei einen exothermen Verlauf der Reaktion an.

A 14.08 Nach welchem Reaktionsmechanismus reagiert die folgende Reaktion? Zeichnen Sie auch hier das Zwischenprodukt:

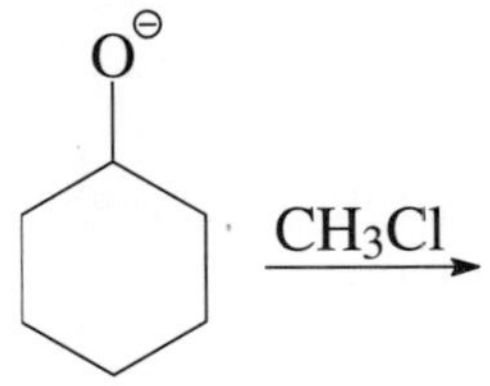

A 14.09 Zeichnen Sie das Reaktionsprodukt der folgenden Reaktion:

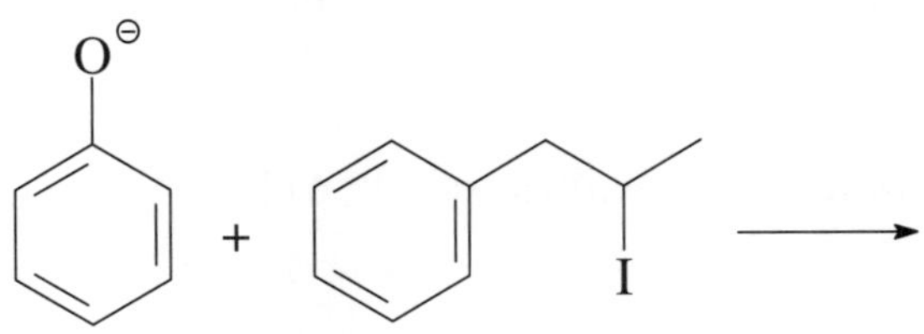

A 14.10 Zeichnen Sie auch hier das Reaktionsprodukt der Reaktion von Chlormethan im Überschuss mit Anilin.

A 14.11 Geben Sie die Reaktionsprodukte folgender Reaktionen an:

a)
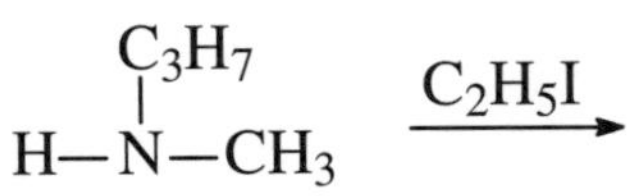

b)
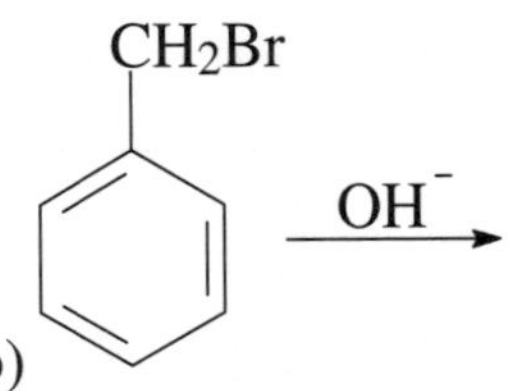

c)
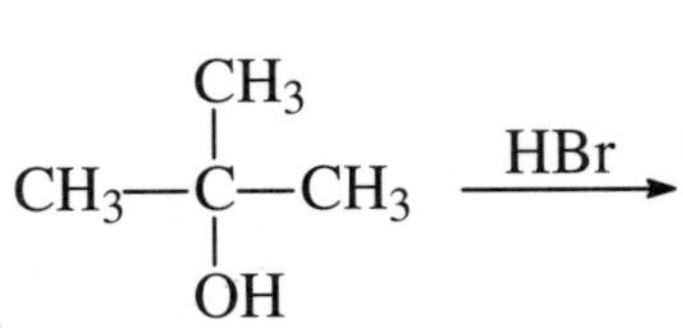

d)
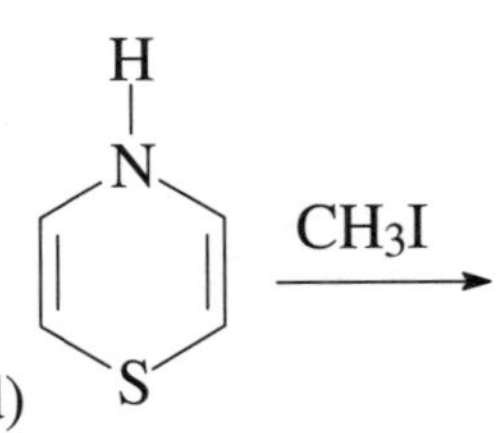

e)
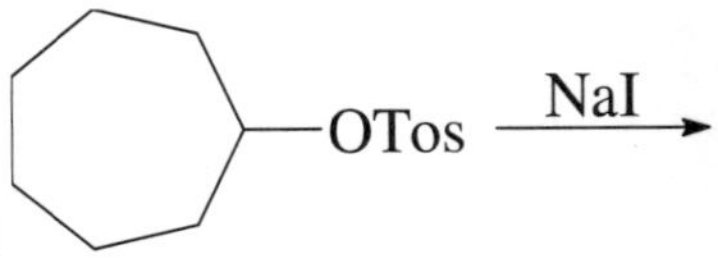

f)
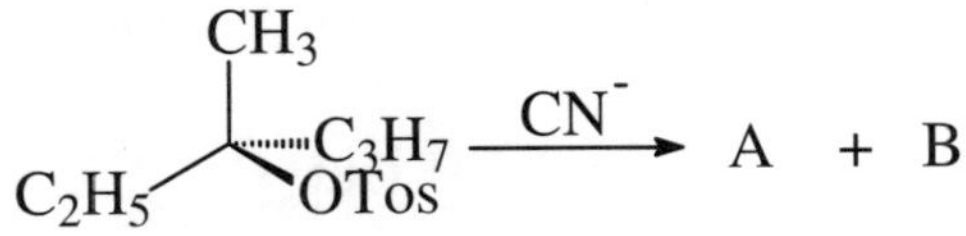

A 14.12 Geben Sie das Produkt bzw. die Produkte an, die Sie bei der Umsetzung von R-2-Chlorbutan und von S-2-Chlorbutan mit Hydroxidionen nach dem S_N1- und S_N2-Mechanismus erhalten:

	S_N1	S_N2
S-2-Chlorbutan		
R-2-Chlorbutan		

A 14.13 Machen Sie Synthesevorschläge für folgende Verbindungen, wobei Sie Cyclohexanol als Ausgangsverbindung benutzen:

a) Bromcyclohexan b) Iodcyclohexan
c) Cyclohexancarbonitril d) Cyclohexylethylether

A 14.14 Gegeben ist 2-Brombutan. Wie reagiert es mit folgenden Substanzen?

a) NaOH b) NaI
c) Anilin d) Natriummethanthiolat
e) Ammoniak (im Überschuss) f) NaCN

A 14.15 Ordnen Sie die Verbindungen der folgenden drei Gruppen nach der Reaktivität in einer nucleophilen Substitution zweiter Ordnung:

a) 2-Brom-2-methylpentan; 1-Brompentan; 2-Brompentan
b) 1-Chor-3-methylpentan; 2-Chlor-4-methylpentan; 3-Chlor-3-methylpentan
c) 1-Iodpentan; 1-Iod-2,2-dimethylpentan; 1-Iod-2-methylpentan; 1-Iod-3-methylpentan

---

A 14.16 Zeichnen Sie bitte den Reaktionsmechanismus der radikalischen Substitution von **Ethan** mit **Brom**. Kennzeichnen Sie Kettenstart, -fortpflanzung und –abbruch.

A 14.17 Welche Alkylbromide können entstehen, welches ist das Hauptprodukt und warum?

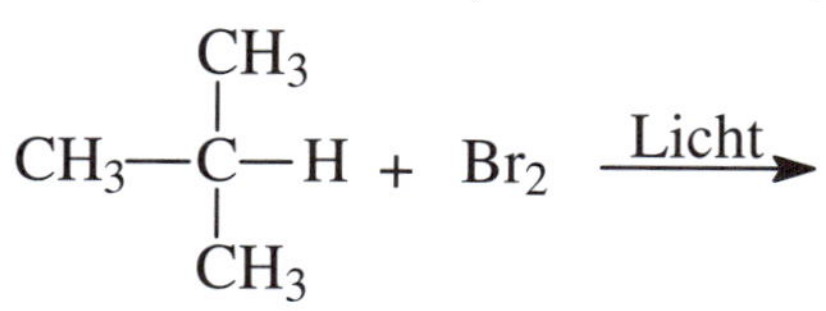

A 14.18 Vervollständigen Sie das gegebene Reaktionsschema, d.h. geben Sie für die Buchstaben die gesuchten Verbindungen an:

$$Br_2 \xrightarrow{\text{Licht}} 2A$$

$$A + CH_3—CH_2—CH_3 \longrightarrow B + HBr$$

$$B + Br_2 \longrightarrow C + A$$

A 14.19 Geben Sie das Reaktionsprodukt der folgenden Reaktion an und erläutern Sie, warum es so reagiert:

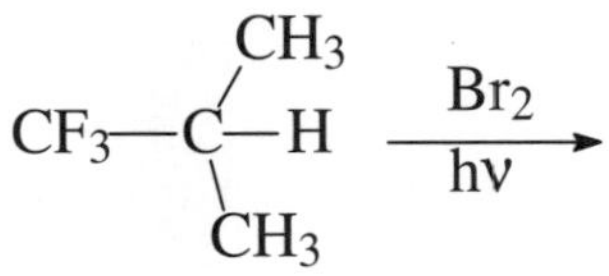

2. Aufgaben zu Eliminierungen

A 14.20 Geben Sie das Produkt der Eliminierung bei folgenden Verbindungen an:

a) 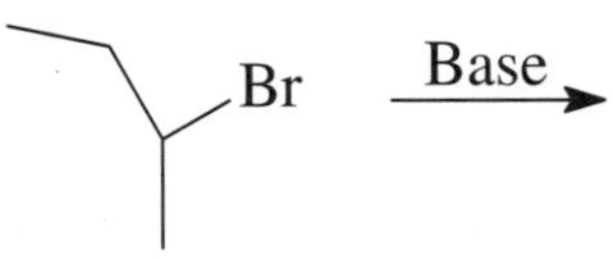

Sajzeff-Prodı

b) 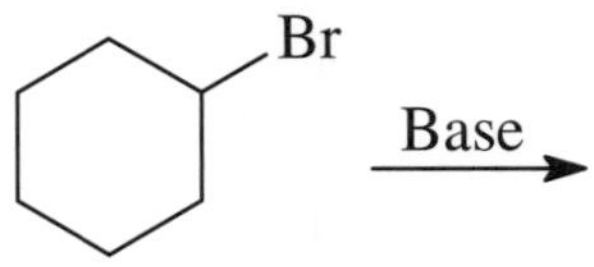

c) 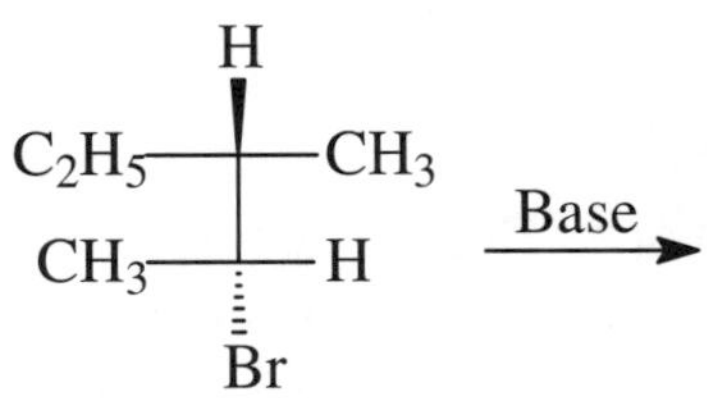

d) 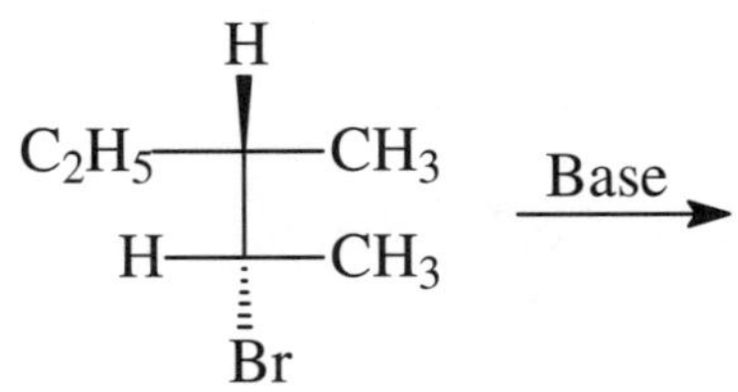

A 14.21 Ergänzen Sie für die folgenden Eliminierungen im basischen Milieu die Reaktionsgleichungen.

a) 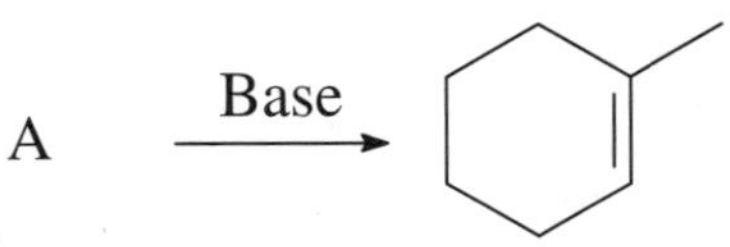

b) 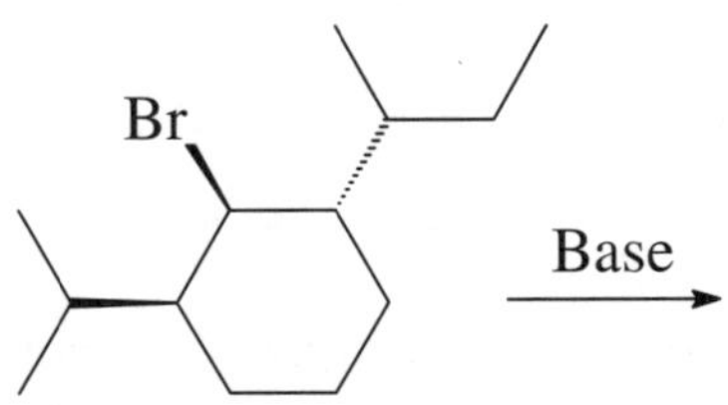

c) 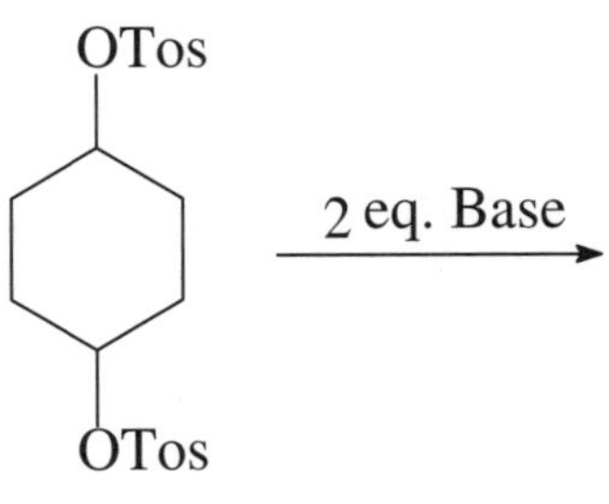

d) 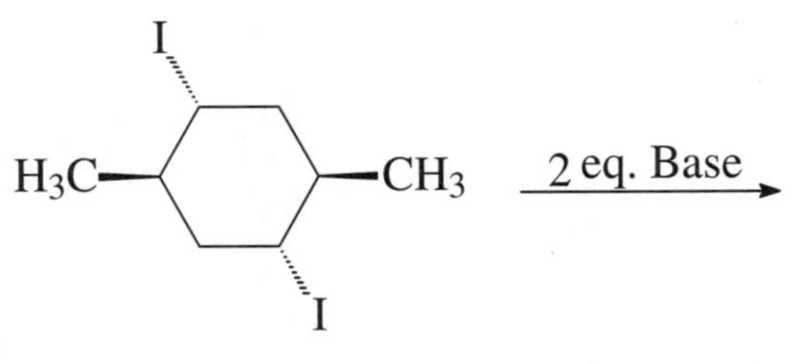

A 14.22 Zeichnen Sie die folgenden Verbindungen als Sesselprojektion mit der Abgangsgruppe in axialer Stellung und zeichnen Sie das Eliminierungsprodukt:

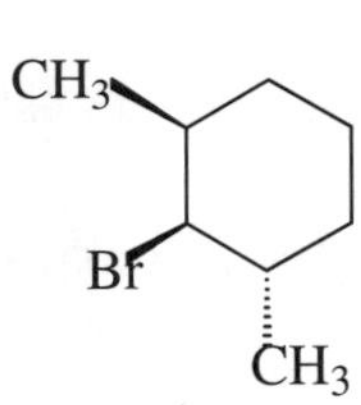

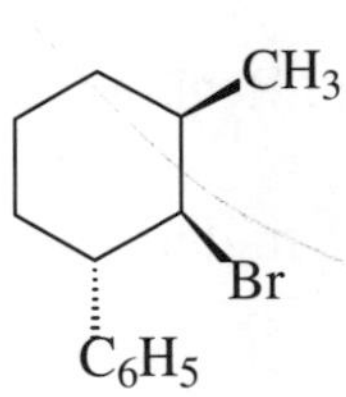

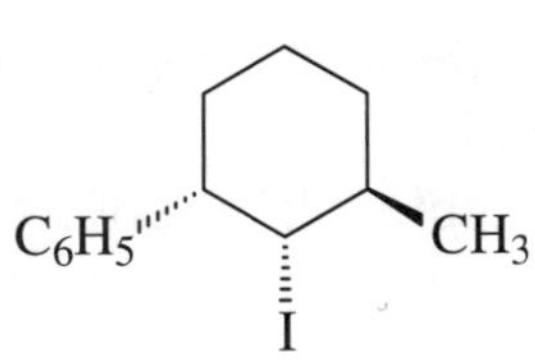

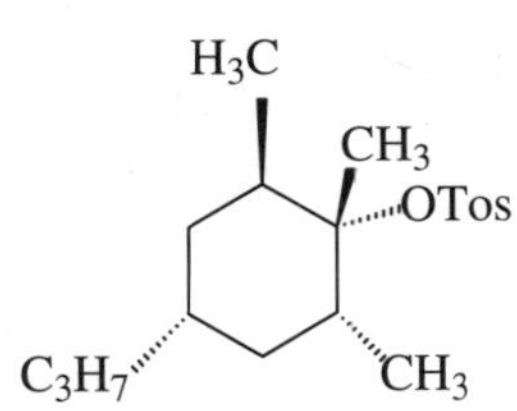

A 14.23 Oft werden Alkohole im sauren Milieu eliminiert. Erklären Sie, warum die Reaktion im Basischen nicht läuft.

A 14.24 Geben Sie die Eliminierungsprodukte der folgenden Reaktionen an:

a) 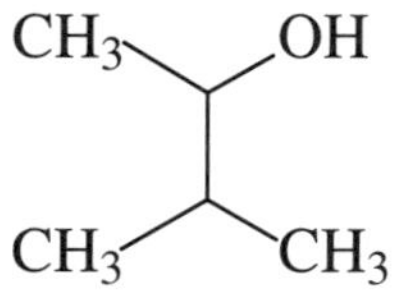

b) 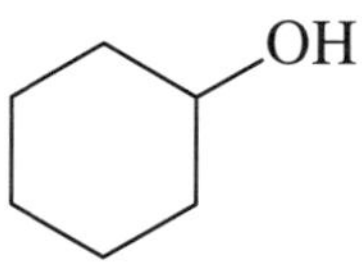

c) 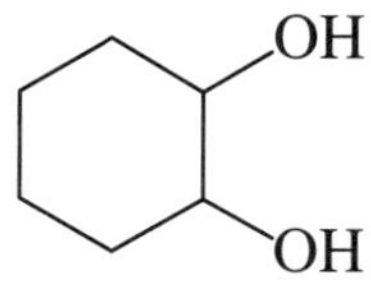

d) 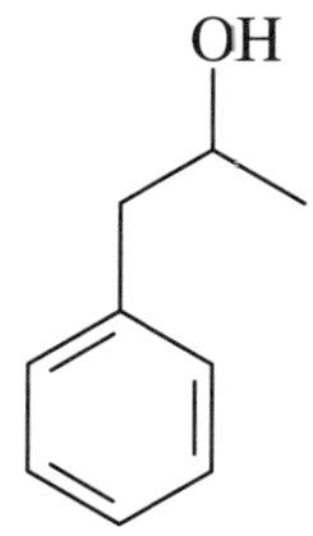

A 14.25 Wie viele Isomere gibt es bei der Eliminierung im Sauren von Hexan-3-ol? Zeichnen Sie diese Verbindungen.

A 14.26 Entscheiden Sie, ob die Eliminierung der folgenden Reaktionen nach einem Mechanismus erster oder zweiter Ordnung läuft. Zeichnen Sie das entstehende Produkt:

a) $CH_3—CH_2—CH_2—CH_2—OH$

b) 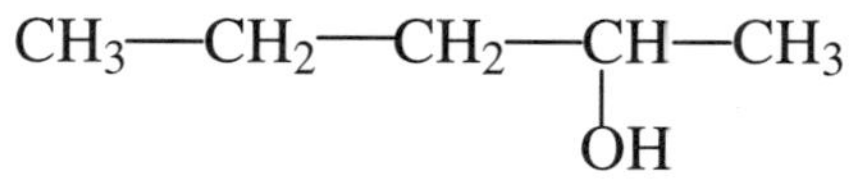

c) 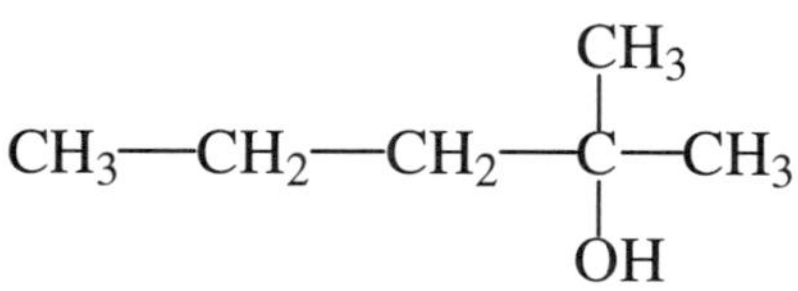

d) 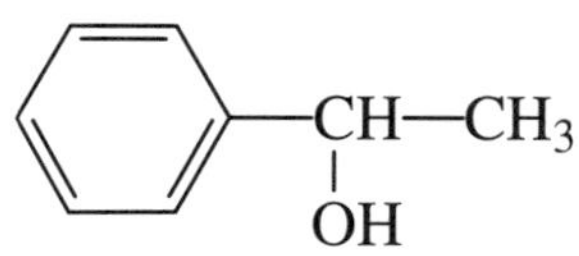

A 14.27 Aus welchen Alkoholen würden Sie folgende Alkene darstellen?

a) 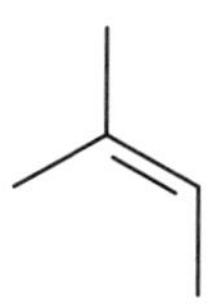

b) 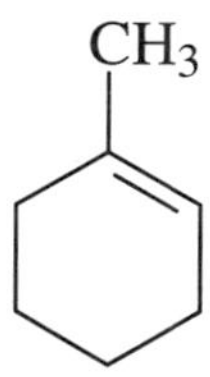

c) 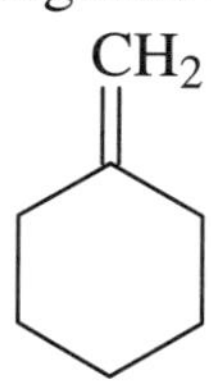

d) 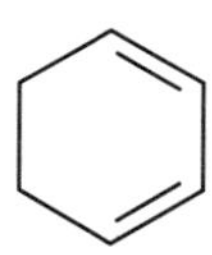

A 14.28 a) Welches Hauptprodukt erhalten Sie bei der Umsetzung von **A** mit verdünnter OH^-?

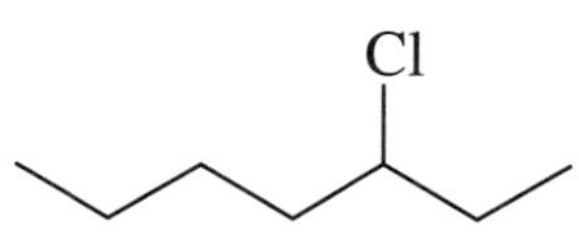

A

b) Nach welchem Mechanismus verläuft die Reaktion und welche Zwischenstufe wird dabei gebildet?

c) Welche(s) Nebenprodukt(e) erwarten Sie in der oben angegebenen Reaktion?

A 14.29 Geben Sie das Reaktionsprodukt der Eliminierung mit einer Base bei der unten angegebenen Substanz an:

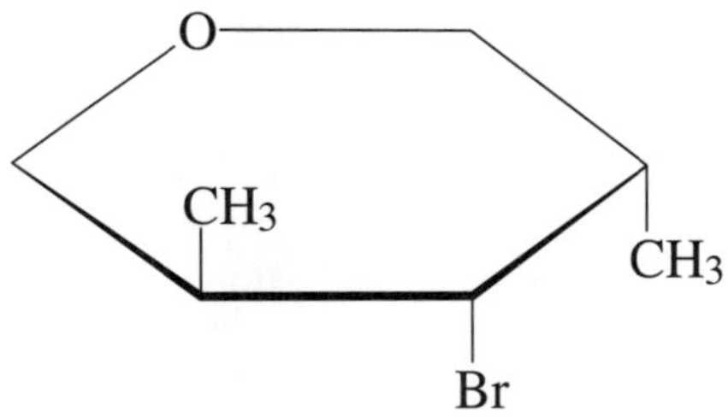

3. Aufgaben zu Additionen

A 14.30 Geben Sie das Produkt der Reaktion der unten aufgeführten Verbindungen an:

a) 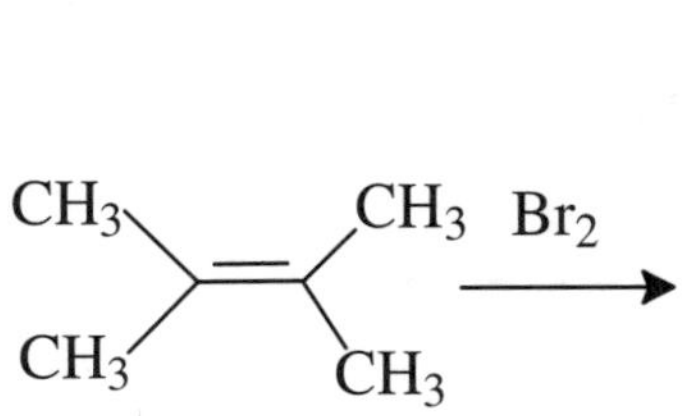

b) 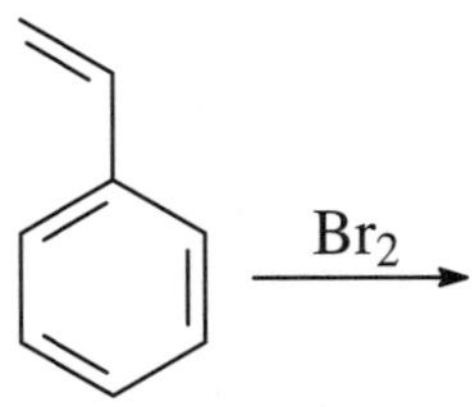

c) $CH_3—C≡CH \xrightarrow{\text{Überschuß } Br_2}$

d) 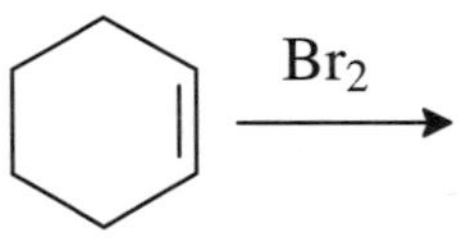

(Zeichnen Sie beide Konformere in der Sesselform!)

A 14.31 Zeichnen Sie bitte die Produkte der folgenden Reaktionen als Sägebock und bestimmen Sie die Konfiguration der chiralen Kohlenstoffatome.

a) 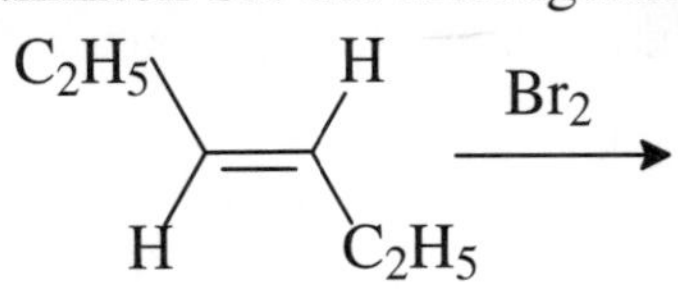

b) 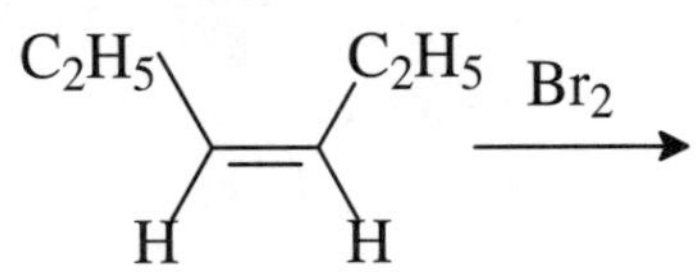

A 14.32 Zeigen Sie am Beispiel des E-But-2-en die trans-Addition des Brom. Benutzen Sie dabei eine Sägebockdarstellung! Bestimmen Sie die Chiralität der Kohlenstoffatome, und sagen Sie voraus, in welcher Richtung polarisiertes Licht von dem Additionsprodukt gedreht würde.

A 14.33 Zeigen Sie am 2-Methylpropen den Reaktionsverlauf einer Markovnikov-Addition.

A 14.34 Zeichnen Sie die Reaktionsprodukte der folgenden Reaktionen:

a) 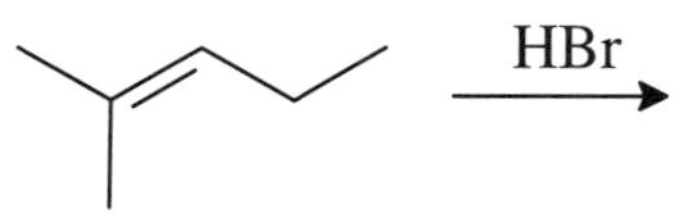

b) 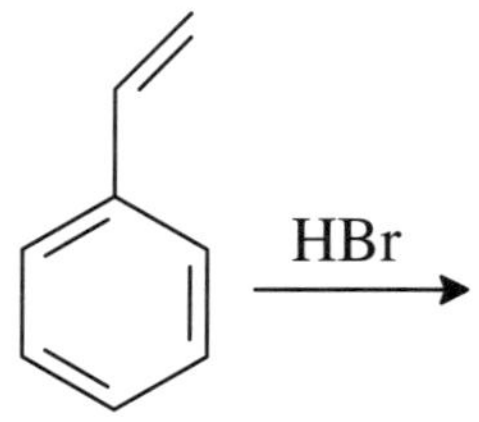

c) 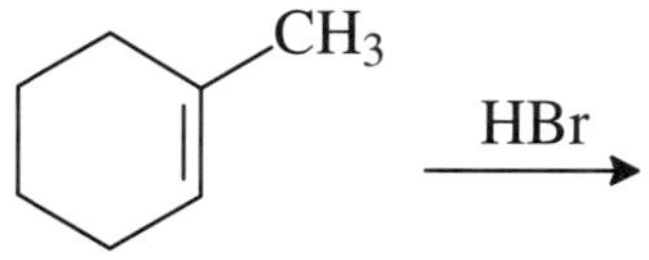

d) 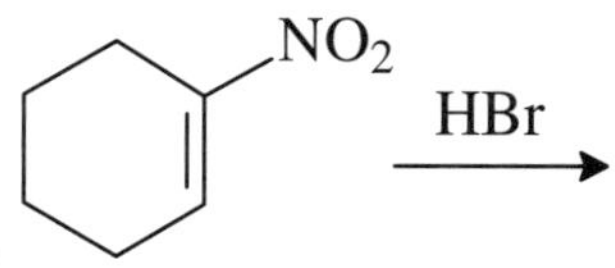

A 14.35 a) Geben Sie die Produkte der Addition von **einem** Äquivalent Bromwasserstoff an Hexa-2,4-dien an.

b) Begründen Sie anhand mesomerer Grenzstrukturen, warum es zu der Ausbildung zweier Produkte kommen muss.

A 14.36 Geben Sie die Reaktionsprodukte der folgenden Reaktionen an!

a) 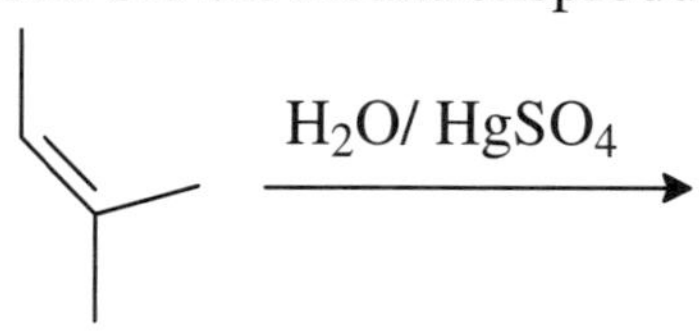

b) 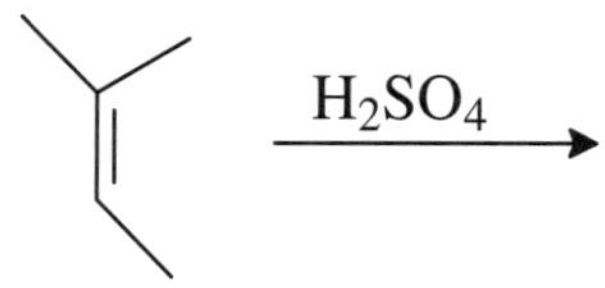

c) $CH_3{-}C{\equiv}CH \xrightarrow{\text{1 eq. HCl}}$

d) 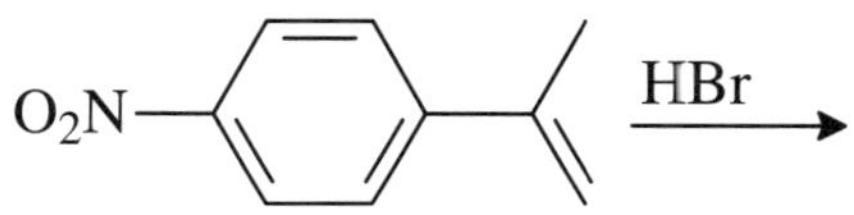

A 14.37 a) Geben Sie in Sägebockschreibweise die Reaktionsprodukte der folgenden Reaktionen an:

a1) 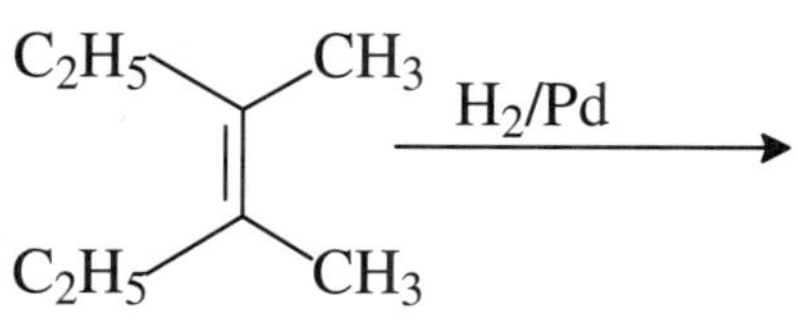

a2) 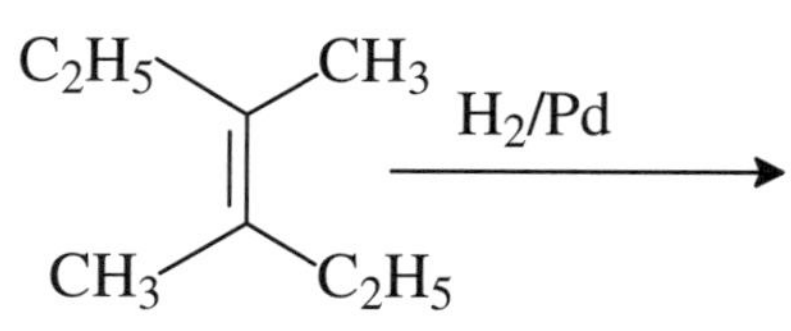

b) Bestimmen Sie dabei die absolute Konfiguration der Produkte. Welches der Produkte dreht polarisiertes Licht nicht?

A 14.38 Welches Alken müssen Sie einsetzen, wenn sie nach einer katalytischen Hydrierung 2,3-Dimethylbutan erhalten wollen? (Mehrere Lösungen möglich)

A 14.39 Geben Sie die Reaktionsprodukte der folgenden Umsetzungen an:

a) 

b) 

c) 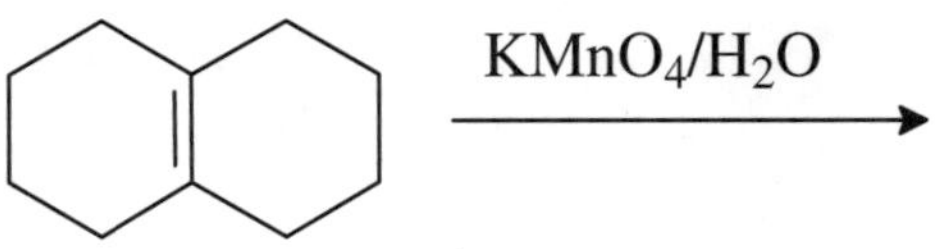

d) 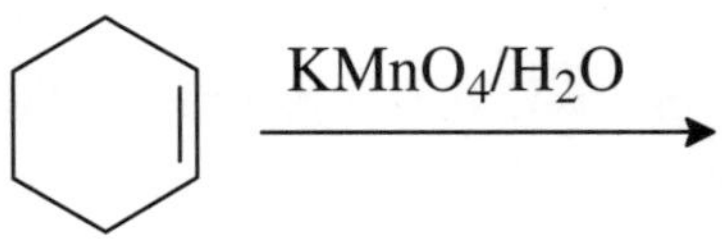

(Bitte wieder beide Konformere in Sesselform !)

A 14.40 Geben Sie die Produkte der folgenden Umsetzungen an:

a) 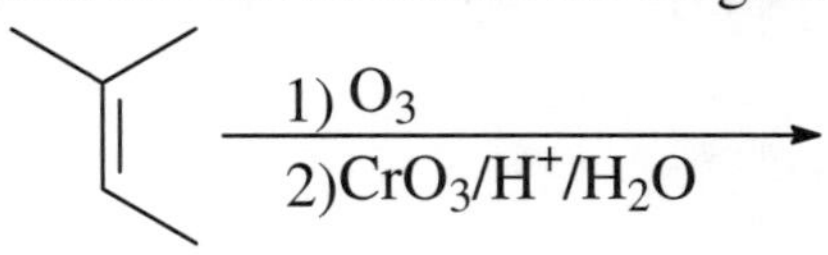

b) 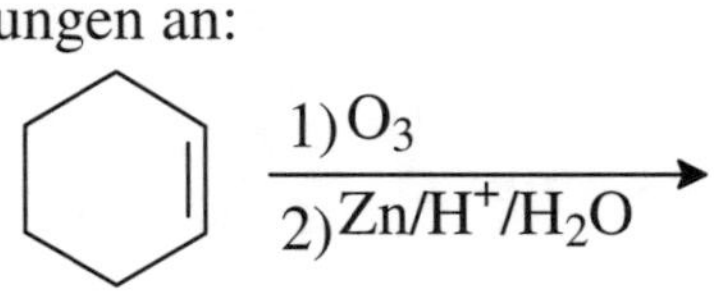

c) 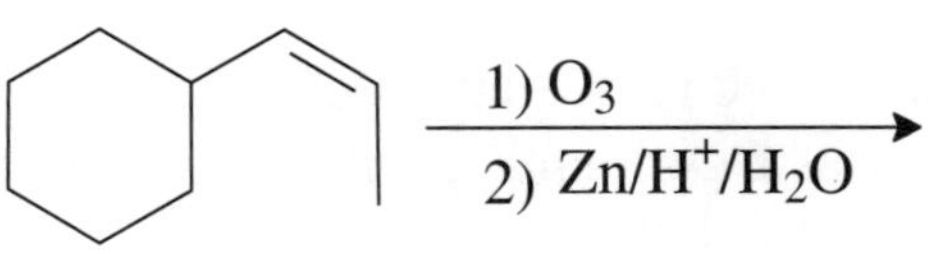

d) 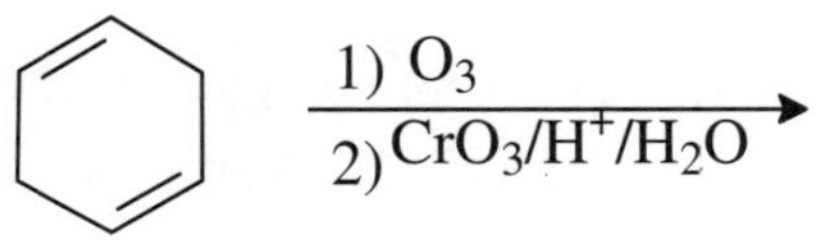

A 14.41 Bei der Ozonolyse und anschließender reduktiver Aufarbeitung einer Verbindung erhielten Sie eine Mischung aus Aceton und Propanal. Wie sah das Edukt der Reaktion aus?

1. Lösungen zu Substitutionen

L 14.01 Denken Sie daran: Anorganische Produkte wie das Iodidion werden in der Organik häufig „unterschlagen", d.h. nicht weiter erwähnt.

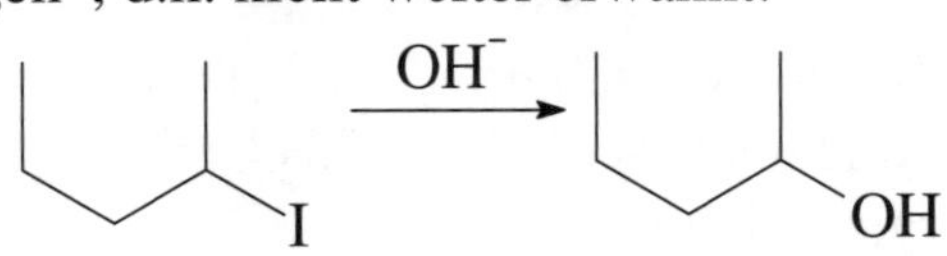

L 14.02 Bei sekundären Kohlenstoffen findet sowohl eine S_N1- als auch eine S_N2- Reaktion statt. Da das Produkt optisch inaktiv ist, zeichnen Sie am besten die energetisch bevorzugte equatoriale Anordnung.

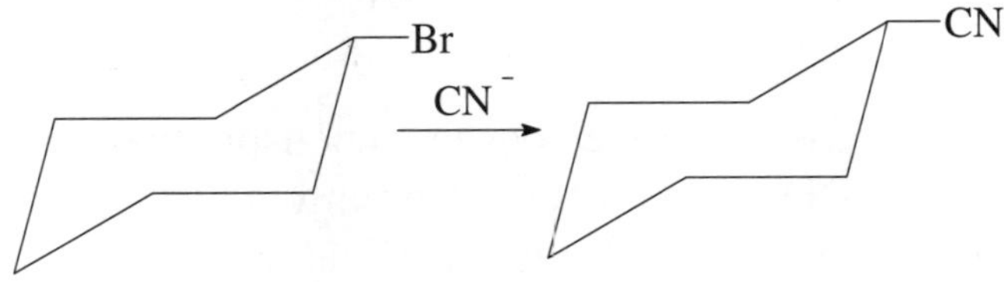

L 14.03 Da es sich um einen tertiären Kohlenstoff handelt, findet ausschließlich eine S_N1-Reaktion statt. Da das Produkt optisch inaktiv ist, braucht man hier nicht zwischen Inversions- und Retentionsprodukt zu unterscheiden!

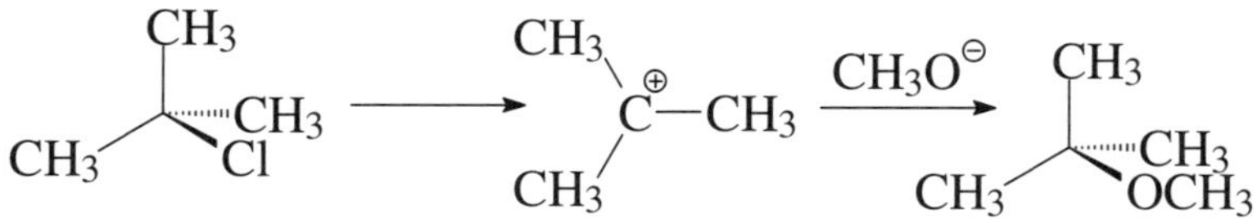

L 14.04 Da es sich um eine Methylgruppe handelt, die Sie wie einen primären Kohlenstoff betrachten können (anstelle eines weiteren Kohlenstoffsubstituenten kein weiterer Kohlenstoffsubstituent), erhalten Sie eine S_N2- Reaktion.

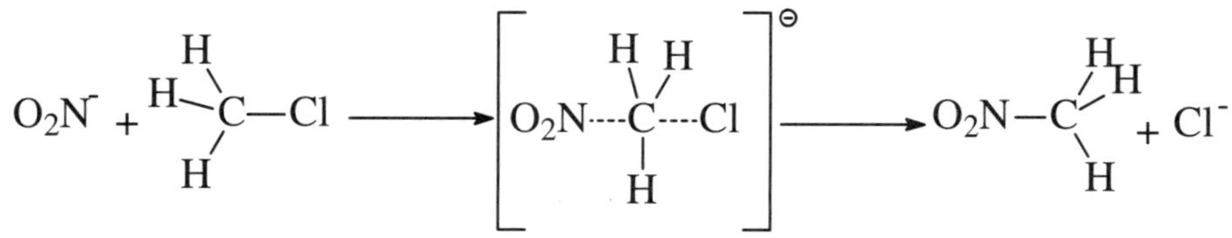

L 14.05 In diesem Fall zeigt sich, ob Sie nebenbei auch mit einem Lehrbuch arbeiten!
Für die S_N1- Reaktion (A 14.03) lautet das Geschwindigkeitsgesetz wie folgt:

$$\vec{v} = k[(CH_3)_3C - Cl]$$

Die Geschwindigkeit hängt nur von der Konzentration des Stoffes ab, an dem substituiert wird.
Die S_N2- Reaktion (A 14.04) hat folgendes Geschwindigkeitsgesetz:

$$\vec{v} = k[CH_3 - Cl][NO_2^-]$$

L 14.06

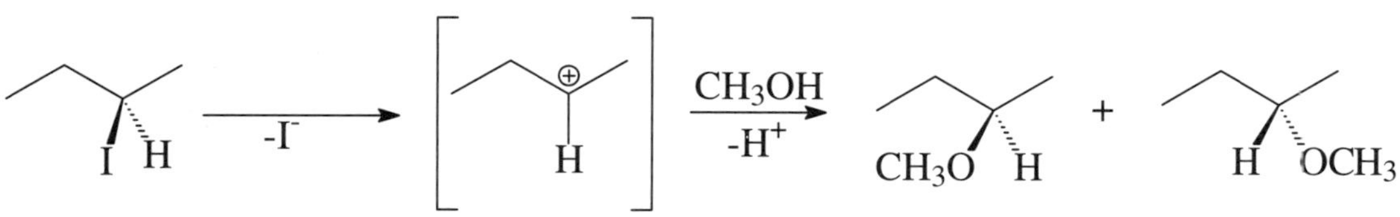

Bei dieser Reaktion handelt es sich um eine S_N1- Reaktion. Dieses konnten Sie aus dem Auftreten eines Racemats schließen. Das Carbeniumion ist die hier auftretende Zwischenstufe (Energiediagramm L 14.07).

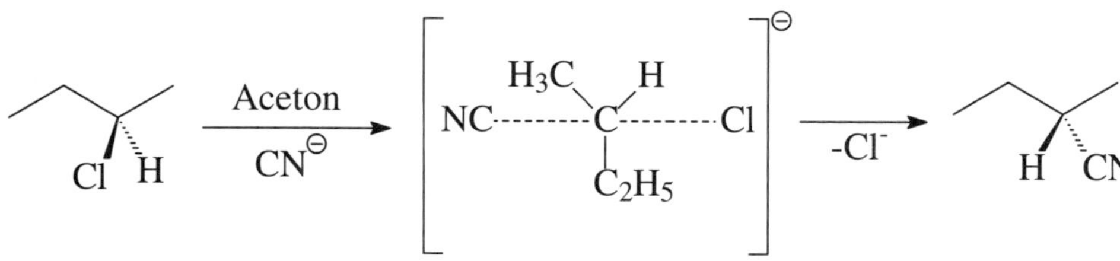

An dem ausschließlichen Auftreten des Inversionsprodukts erkennen Sie hier einen S_N2- Mechanismus. Dieser läuft über einen fünfbindigen Übergangszustand (Energiediagramm L 14.07). Das Aceton fungiert hier nur als Lösungsmittel, das die S_N2-Reaktion begünstigt.

L 14.07

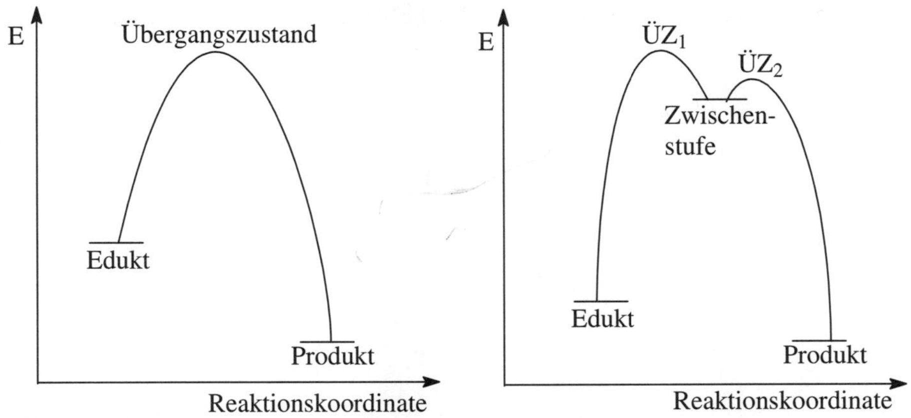

Die linke Graphik zeigt den Verlauf einer S_N2- Reaktion. Das entscheidende an dieser Graphik ist, dass es nur einen Übergangszustand gibt. Im Mechanismus der S_N2-Reaktion wird dieser Übergangszustand (ÜZ) fünfbindig dargestellt.
Die rechte Graphik zeigt den Verlauf der S_N1-Reaktion. Wie schon ausgeführt, wird nur die Zwischenstufe, das Carbeniumion, im Mechanismus erwähnt. Der exotherme (korrekter ist eigentlich exergonisch) Verlauf beider Reaktionen wird dadurch gekennzeichnet, dass das Energieniveau der Produkte niedriger liegt als das der Edukte. Denken Sie bei solchen Aufgaben immer daran, die Achsen zu beschriften!

L 14.08

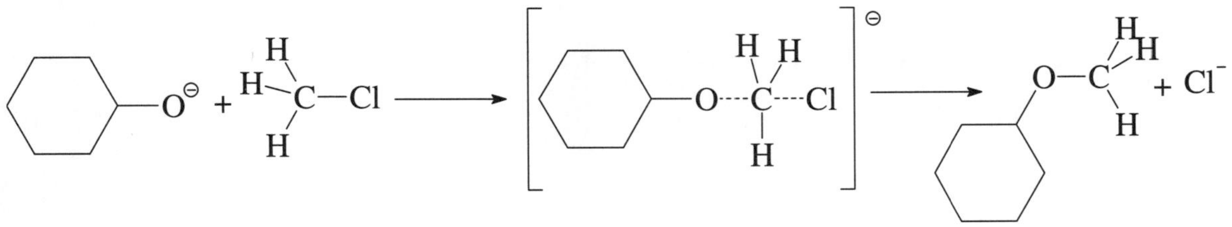

Wie Sie sehen, eine typische S_N2 - Reaktion. Lassen Sie sich nicht von großen Strukturen verwirren!

L 14.09

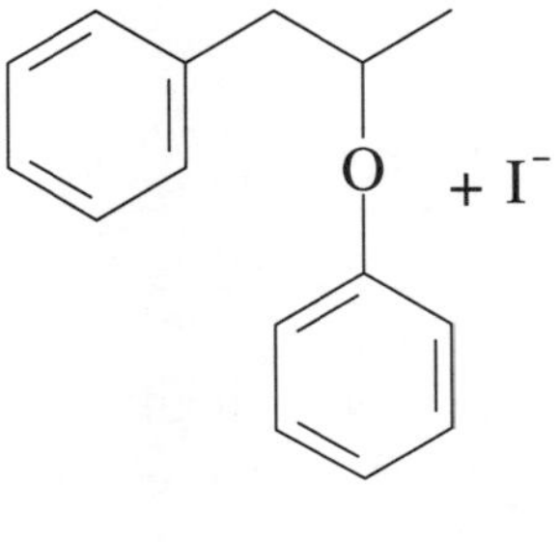

Wenn man, wie in diesem Buch, die Aufgaben sortiert, ist es eigentlich immer klar was man zu tun hat. Wir haben aber die Erfahrung gemacht, dass wenn solche Aufgaben in einer Klausur gelöst werden sollen, die Leute völlig fasziniert auf die beiden Aromaten starren und krampfhaft überlegen, was man damit anfangen kann.

Unser Rat: Achten Sie immer auf die Heteroatome in organischen Verbindungen. Wenn etwas passiert, dann meist an den Heteroatomen oder durch die Heteroatome.

L 14.10

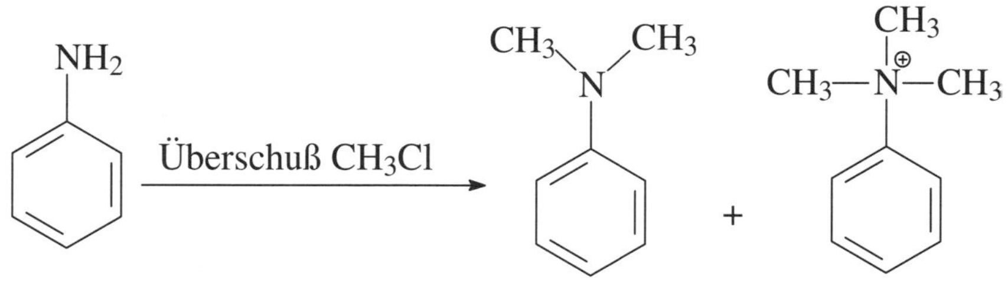

Gerade bei Reaktionen, an denen Amine beteiligt sind, können leicht Mehrfachsubstitutionen erfolgen. Wir haben hier daher zwei mögliche Lösungen angegeben.

L 14.11

a) 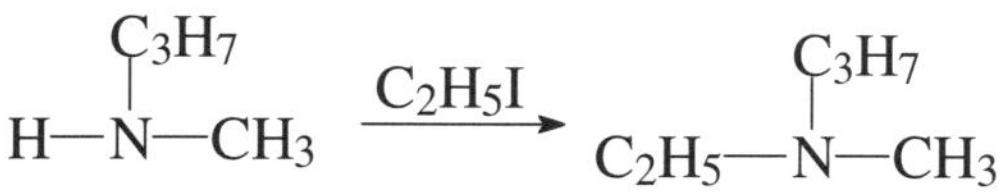

b) 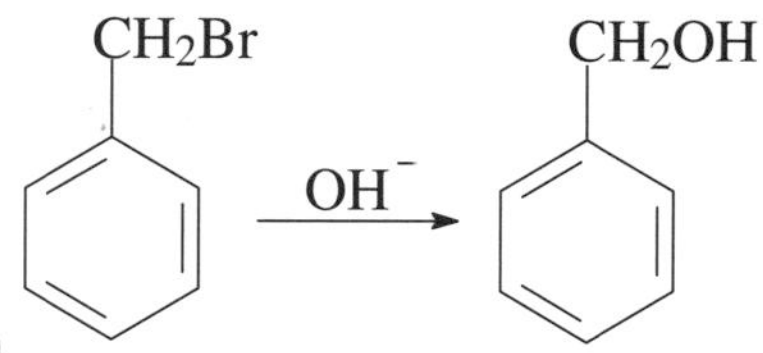

c) 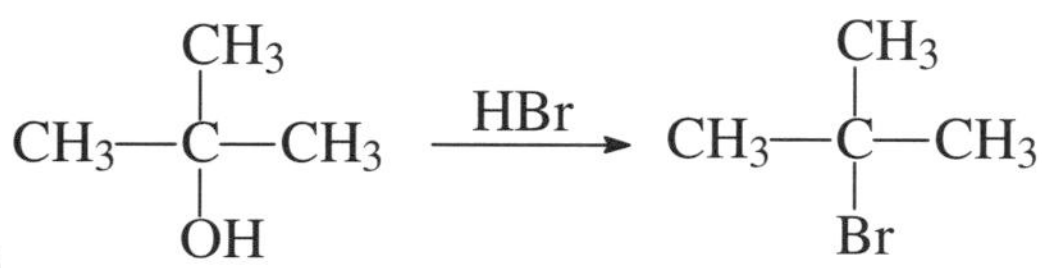

d) 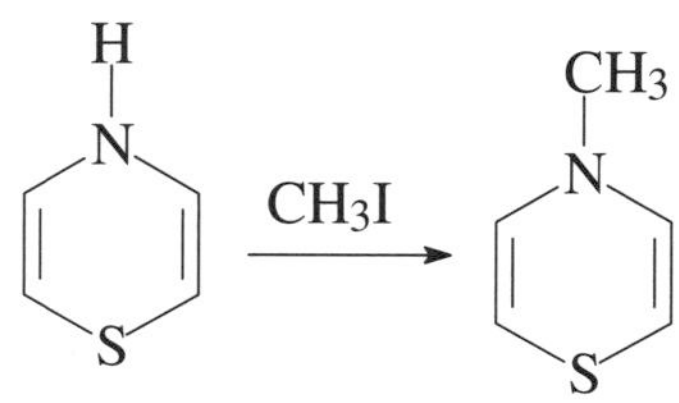

e) 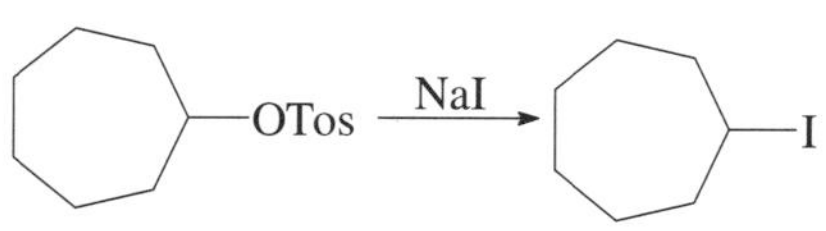

f) 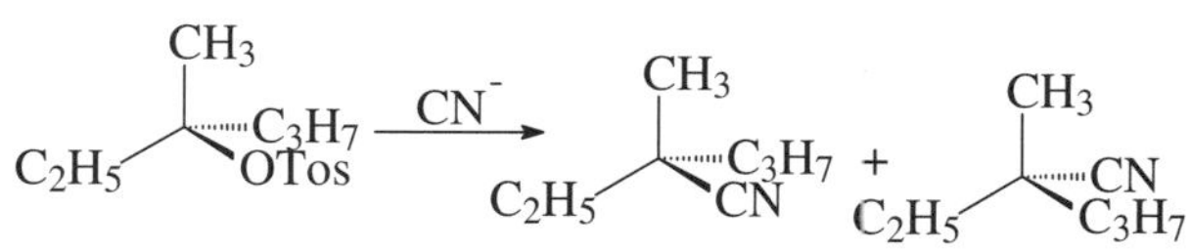

L 14.12

	S_N1	S_N2
S-2-Chlorbutan	*rac*-Butan-2-ol	R-Butan-2-ol
R-2-Chlorbutan	*rac*-Butan-2-ol	S-Butan-2-ol

Bei Aufgaben wie dieser stehen Sie sich am besten, wenn Sie zuallererst die Reaktion zeichnen. Die Abkürzung rac steht für ein Racemat, also eine äquimolare Mischung aus R- und S- Form.

L 14.13

a)
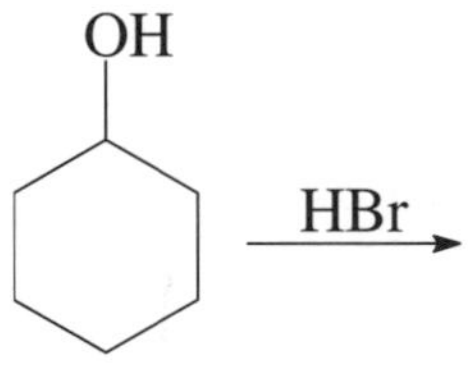

b)
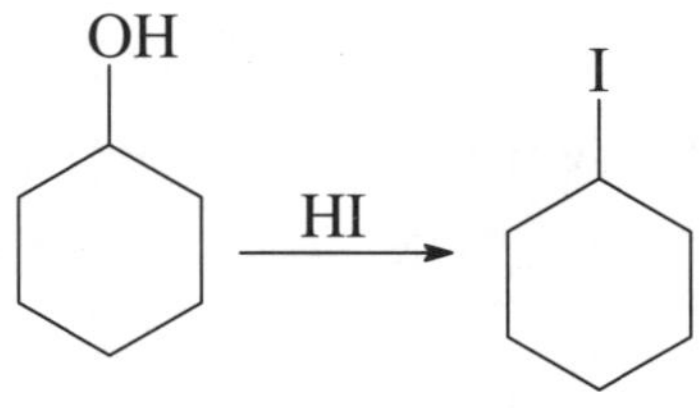

c)
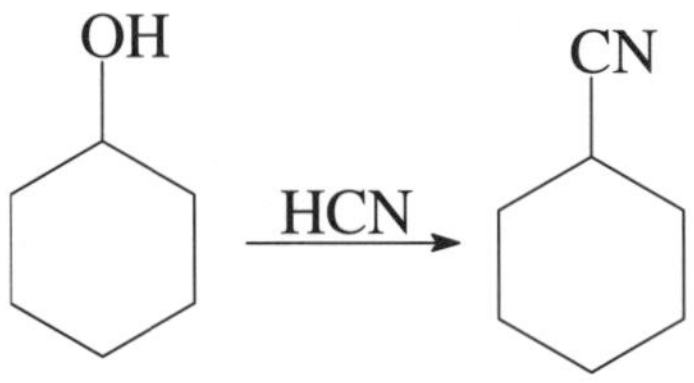

d)
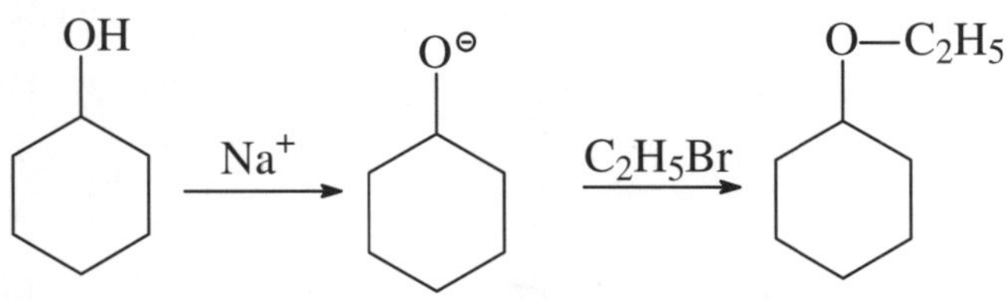

Betrifft b): Diese Lösung wurde aus didaktischen Gründen so angegeben. Für Chemiker: Überlegen Sie mal was tatsächlich entsteht.

L 14.14

a)
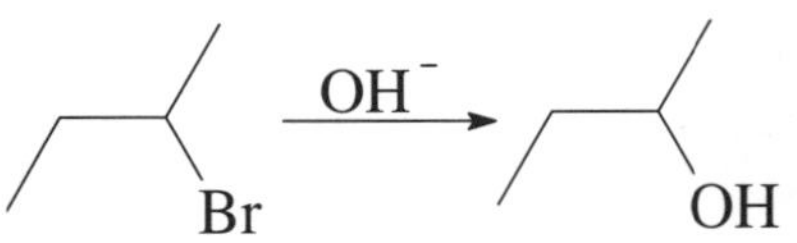

b)
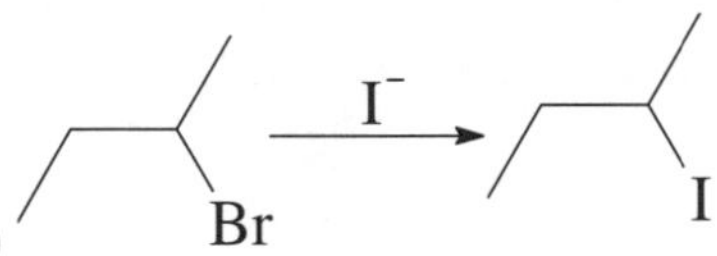

c)
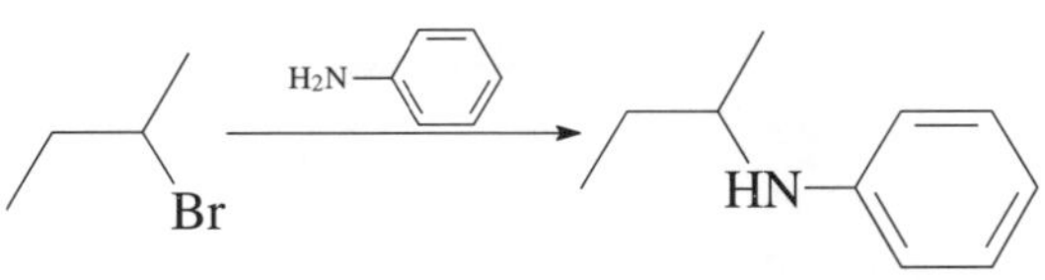

d)
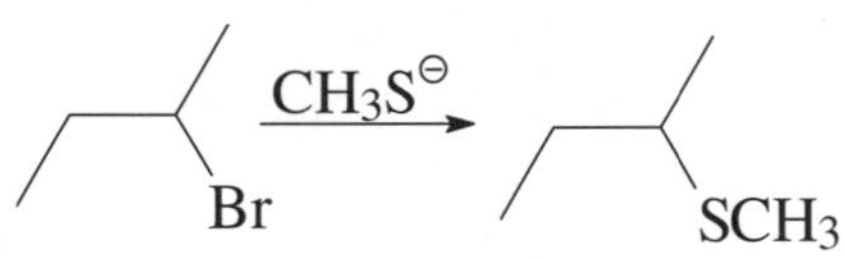

e)
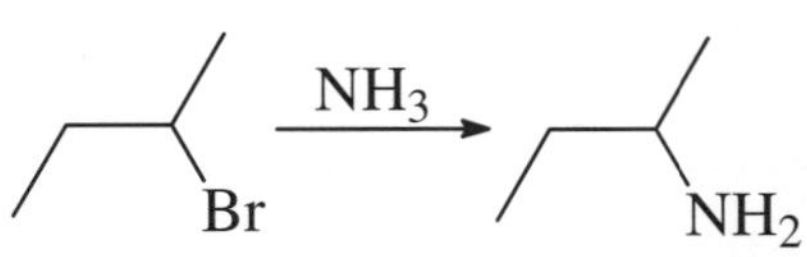

f)
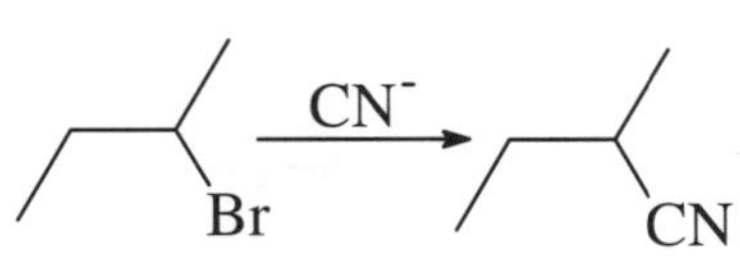

Natürlich haben wir hier nur die organischen Produkte erfasst, die Abgangsgruppen werden, wie üblich, nicht genannt. Die angegebenen Kationen (hier meist Natrium) spielen bei diesen Reaktionen keine Rolle. Bei Aufgabe e) spielte der Überschuss an Ammoniak zur Angabe des Reaktionsproduktes eine wesentliche Rolle. Wie schon erwähnt, neigen Amine dazu, mehr als nur ein Reaktionsprodukt zu bilden. Der Überschuß an Ammoniak sorgt dafür, dass sich nur ein primäres Amin bilden kann.

L 14.15 Zeichnen Sie bei derartigen Aufgaben zuerst die Strukturen. Denken Sie daran: Wenn die Abgangsgruppe an einem primären Kohlenstoff ist, so wird die S_N2-Reaktion bevorzugt, wenn sie einem an tertiären Kohlenstoff ist, wird die S_N1-Reaktion bevorzugt.

a) 1-Brompentan > 2-Brompentan > 2-Brom-2-methylpentan
b) 1-Chor-3-methylpentan > 2-Chlor-4-methylpentan > 3-Chlor-3-methylpentan
c) 1-Iodpentan > 1-Iod-3-methylpentan > 1-Iod-2-methylpentan > 1-Iod-2,2-dimethylpentan

Bei der Reihenfolge entscheidet der immer größer werdende +I -Effekt!

L 14.16

$$Br_2 \xrightarrow{\text{Licht}} 2\,Br^{\bullet} \qquad \text{Start}$$

$$\left.\begin{array}{l} Br^{\bullet} + CH_3CH_3 \longrightarrow CH_3CH_2^{\bullet} + HBr \\ CH_3CH_2^{\bullet} + Br_2 \longrightarrow CH_3CH_2Br + Br^{\bullet} \end{array}\right\} \text{Fortpflanzung}$$

$$\left.\begin{array}{l} 2\,Br^{\bullet} \longrightarrow Br_2 \\ Br^{\bullet} + CH_3CH_2^{\bullet} \longrightarrow CH_3CH_2Br \\ 2\,CH_3CH_2^{\bullet} \longrightarrow CH_3CH_2CH_2CH_3 \end{array}\right\} \text{Abbruch}$$

L 14.17 Die möglichen Produkte sehen wie folgt aus:

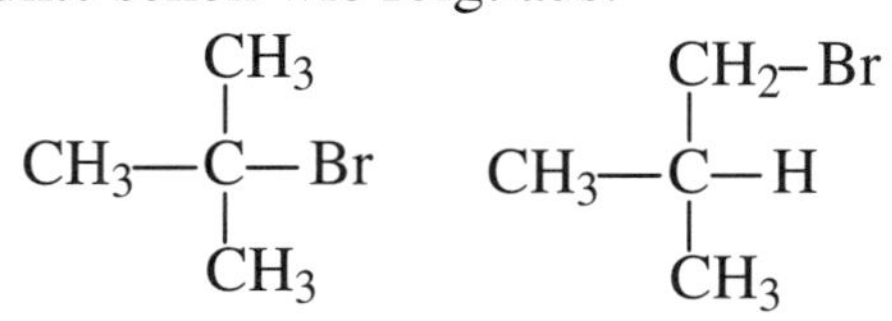

Dabei ist das Produkt links (2-Brom-2-methylpropan) erheblich häufiger zu finden, da die radikalische Zwischenstufe, die zur Ausbildung dieses Produktes führt, durch drei +I -Effekte stabilisiert wird.

L 14.18 Eigentlich handelt es sich dabei um eine Zusammenfassung der beiden obigen Aufgaben. Wir haben Sie extra aufgenommen, da viele Studenten durch diesen Aufgabentyp sehr verwirrt werden.

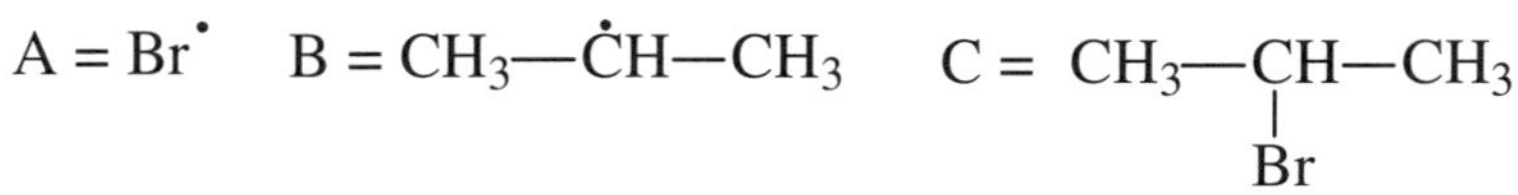

L 14.19

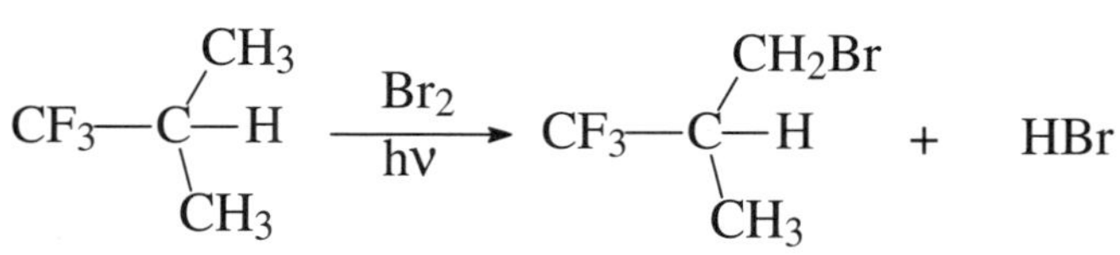

Der starke –I-Effekt der CF_3- Gruppe verhindert die radikalische Substitution am tertiärem Kohlenstoff, weil der –I-Effekt die dortige Radikalzwischenstufe destabilisiert. Daher kann nur eine Substitution an einem primären C-Atom erfolgen.

2. Lösungen zu Eliminierungen

L 14.20

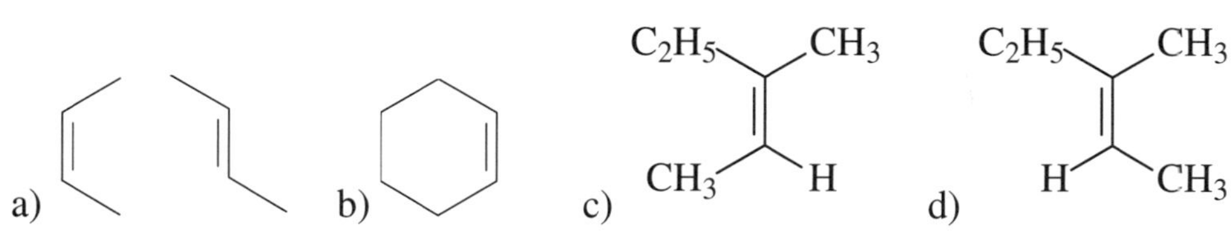

Beachten Sie bei a) bilden sich cis- und trans-Produkte. Denken Sie auch daran, dass die Eliminierung nach Sajzeff hauptsächlich in anti-Stellung erfolgt, was zu den unterschiedlichen Produkten in c) und d) führt.

L 14.21

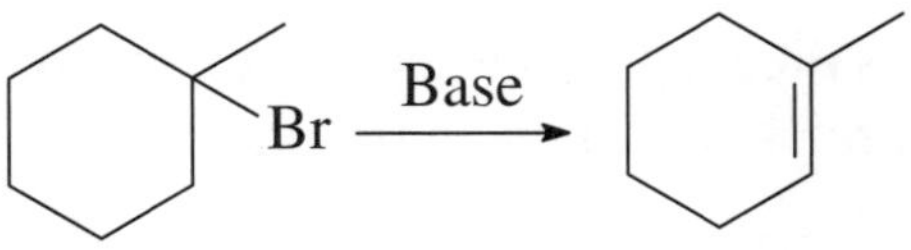

a)

Beachten Sie, dass die Rückreaktion einer Eliminierung eine Addition darstellt. Das eingefügte Brom ist eine willkürliche Wahl für eine Abgangsgruppe.

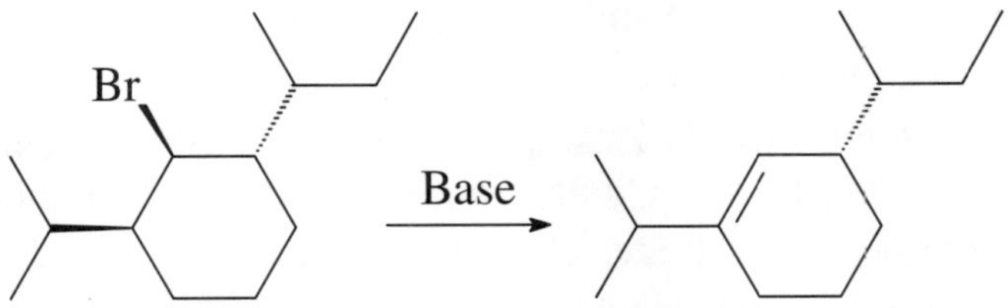

b)

Bedenken Sie das am α-Kohlenstoff zur Abgangsgruppe ein H- Atom in Antistellung vorhanden sein muss.

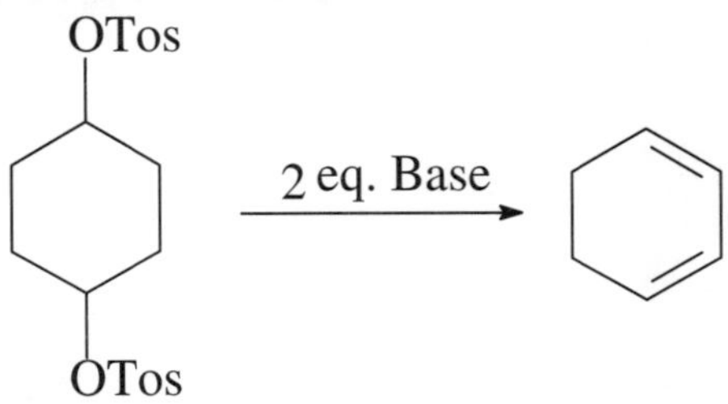

c)

Doppelbindungen stehen bevorzugt konjugiert.

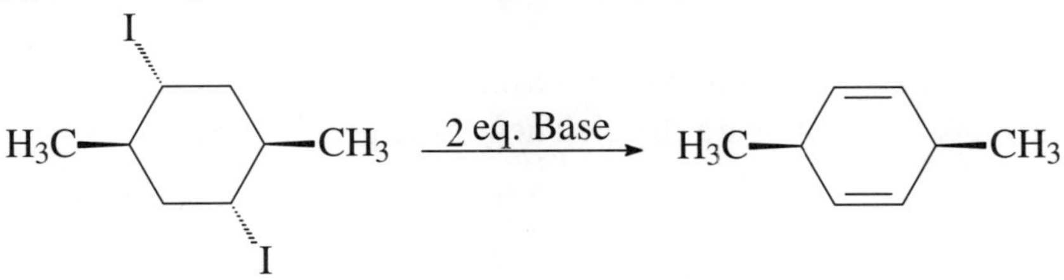

d)

Denken Sie an die Aussage in b). Hier lässt die Stellung der Methylgruppen keine Eliminierungen zu einem konjugierten Produkt zu.

L 14.22

a)

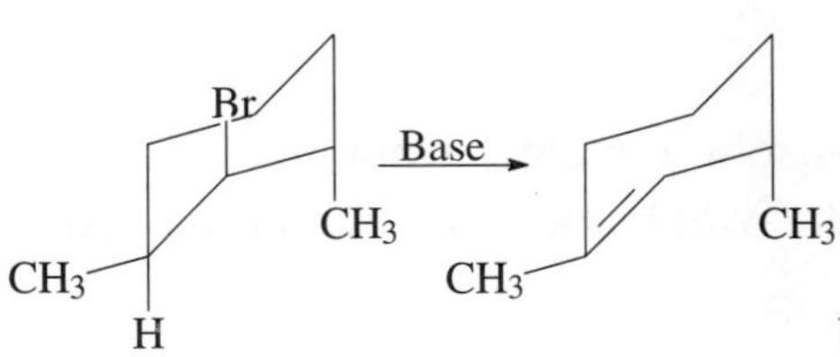

b)

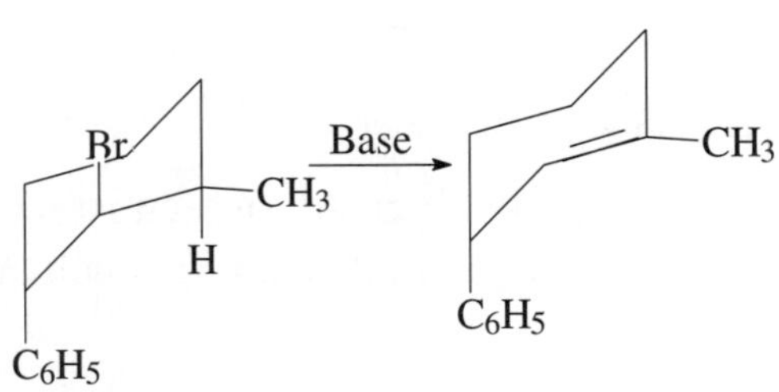

c) 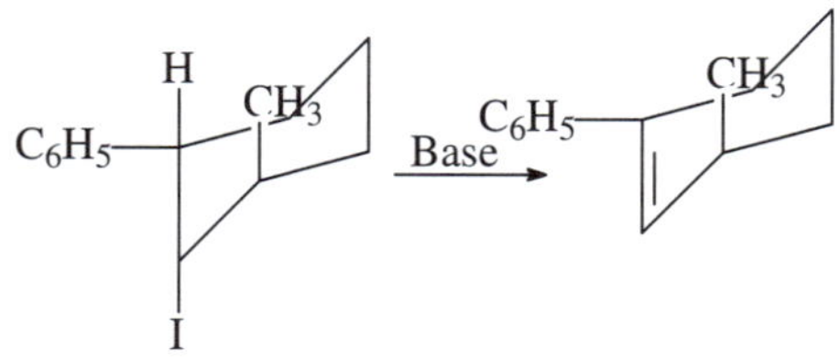

d) 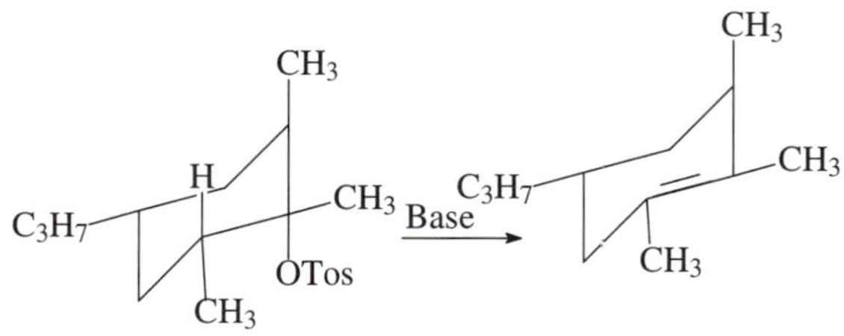

Beachten Sie bei der Eliminierung, dass die Abgangsgruppe zu einem Wasserstoff, den wir hier praktischerweise herausgezeichnet haben, anti stehen sollte!

L 14.23 Die Reaktionen in der organischen Chemie hängen sehr häufig von der Qualität der Abgangsgruppe ab. Bei der Eliminierung einer OH-Gruppe im Basischen bedingt die Bildung eines OH^--Ions. Dieses ist eine starke Base. Starke Basen sind gute Nukleophile, aber schlechte Abgangsgruppen.
Im sauren Medium bildet sich hingegen Wasser, das aufgrund seiner Stabilität eine gute Abgangsgruppe ergibt. Merke, die Qualität einer Abgangsgruppe hängt von der Stabilität des dadurch gebildeten Produktes ab. Achtung! In diesem Gedankengang ist eine grobe Vereinfachung. Auf das HSAB-Konzept wollen wir hier an dieser Stelle nicht eingehen, die Vereinfachung ist durchweg ausreichend!

L 14.24

a) 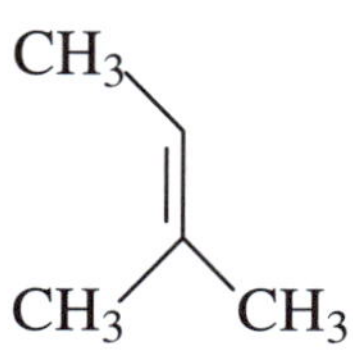

b) 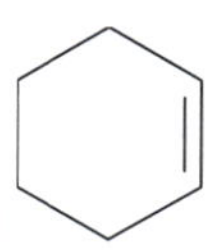
c) 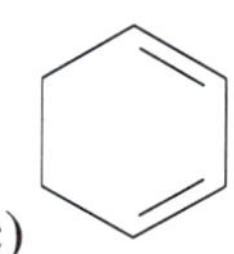
d) 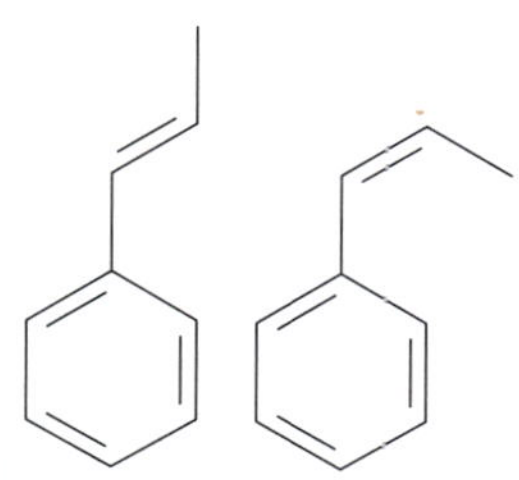

Der Unterschied zwischen sauren und basischen Eliminierungen nach Sajzeff ist nicht sehr groß. Sie sollten auf die gleichen Prinzipien achten!

L 14.25

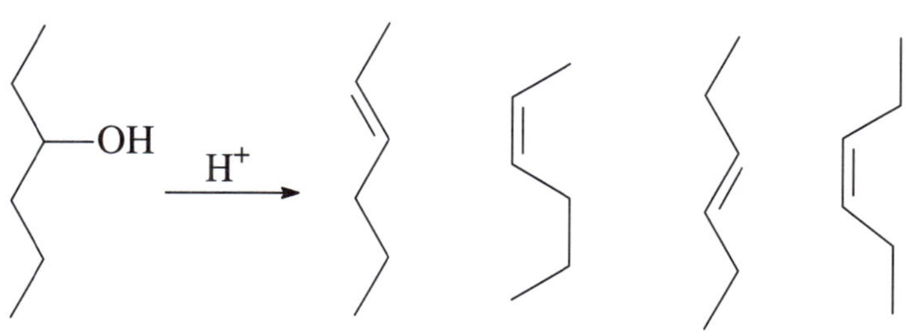

Bei geradkettigen Alkoholen ist die Ausbildung einer Doppelbindung in beide Richtungen möglich, denken Sie auch an die Möglichkeit, cis- und trans-Isomere zu bilden!

L 14.26

a) $CH_3—CH_2—CH=CH_2$

E_2-Eliminierung, da es sich um einen primären Alkohol handelt.

b) $CH_3—CH_2—CH=CH—CH_3$

Sekundäre Alkohole können sowohl nach einem E_2- als auch nach einem E_1-Mechanismus eliminieren.

c) $CH_3—CH_2—CH=C(CH_3)_2$

Tertiäre Alkohole reagieren ausschließlich nach einem E_1-Mechanismus.

d) 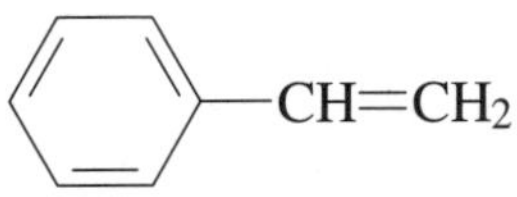

Da der Benzolring in diesem Fall einen +M – Effekt ausübt, ist hier eine E_1-Reaktion wahrscheinlich.

L 14.27

a) 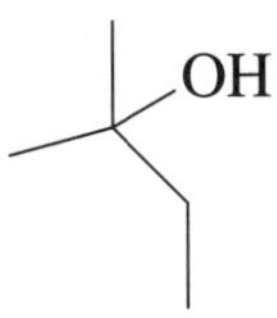

b) 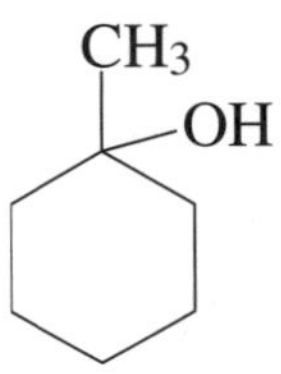

c) 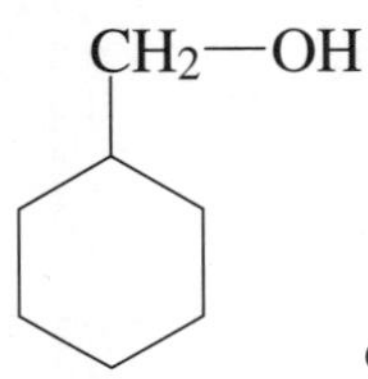

d) 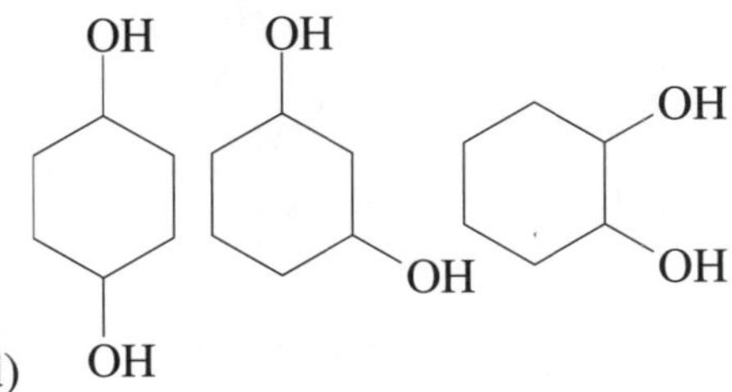

Bei c) führt nur dieses Molekül zum vorgegebenen Alken. Bei d) sind mehrere Lösungen möglich!

L 14.28 Hauptprodukt:

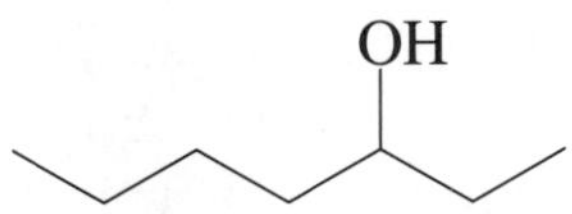

rac. 3- Heptanol

Zwischenstufe:

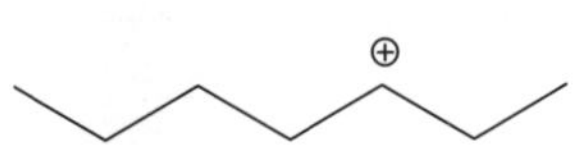

Nebenprodukte:

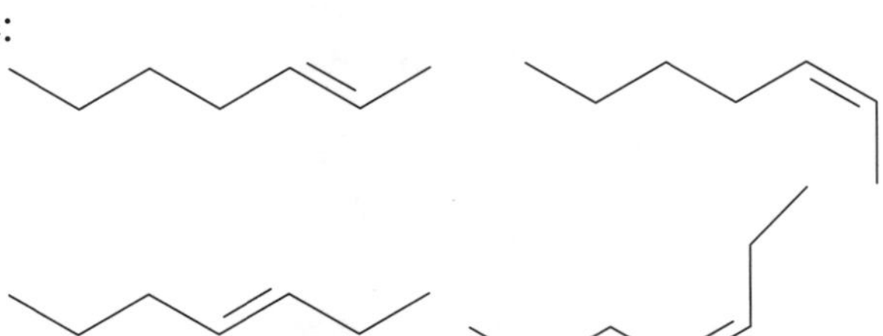

Es handelte sich hier um eine kombinierte Aufgabe aus Substitutionen und Eliminierungen. Denken Sie daran, dass die E_1-Reaktion eine Konkurrenzreaktion zur S_N1 - Reaktion ist. Übrigens: Wenn nach einer „Zwischenstufe" gefragt ist, ist meistens eine Reaktion erster Ordnung gemeint.

L 14.29

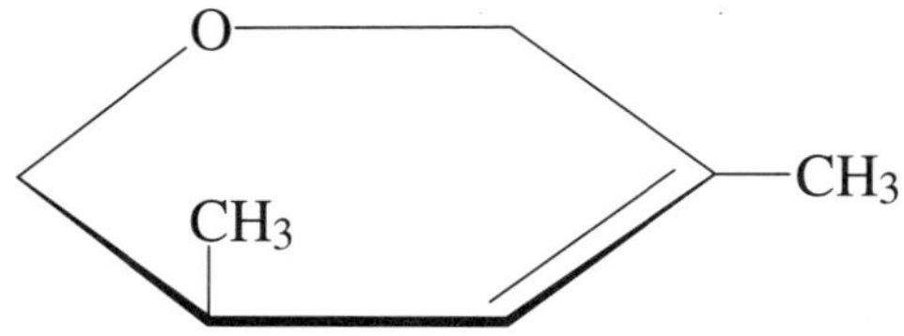

Bei der Haworth- Projektion ist eigentlich die anti- Stellung der zu eliminierenden Gruppen besser zu erkennen.

---

3. Lösungen zu Additionen

L 14.30

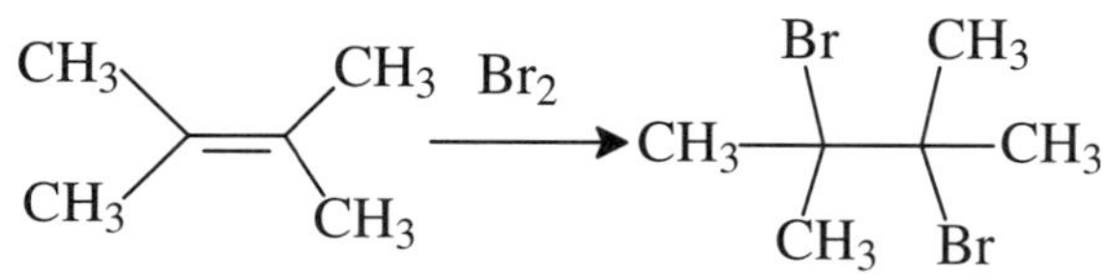

a)

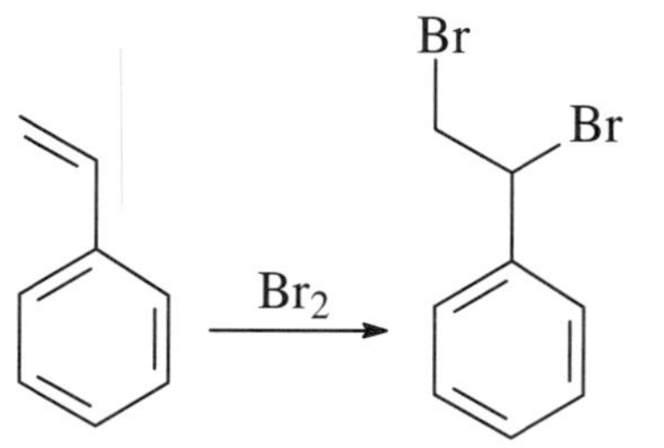

b)

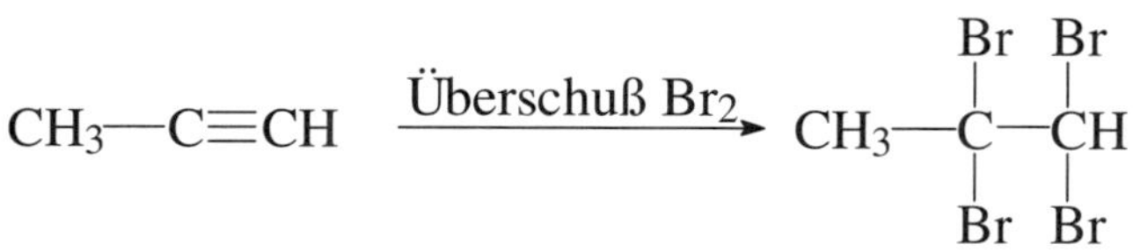

c)

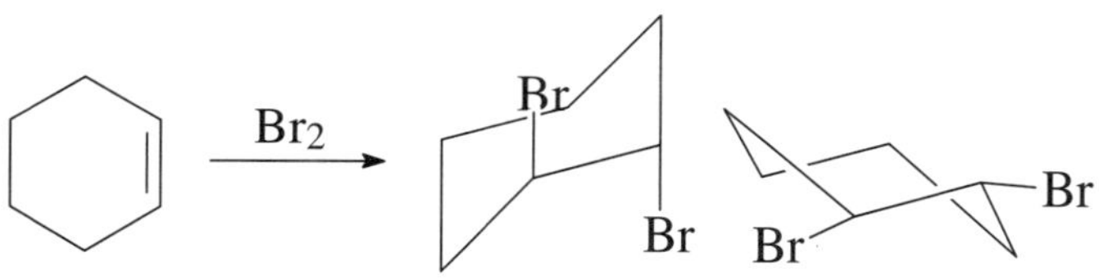

d)

Denken Sie bei der Addition von Brom daran, dass die Addition streng anti verläuft. Das heißt für Cyclohexan axial- axial. Das Enantiomer haben wir hier eingespart. Achtung: Chlor ist für solche Reaktionen ungeeignet, da es sowohl anti, als auch syn addiert!

L 14.31

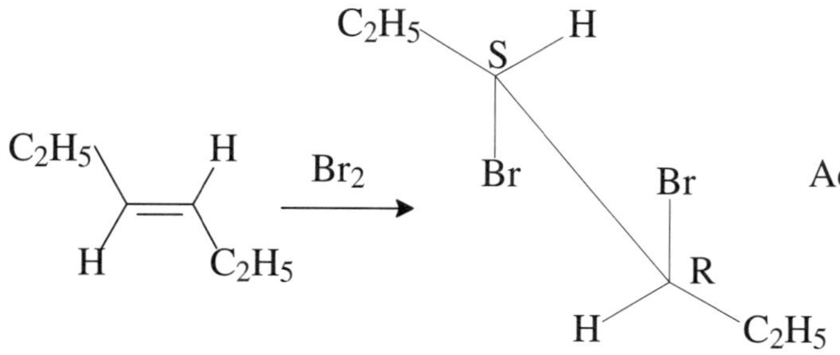

Achtung: meso-Form

a)

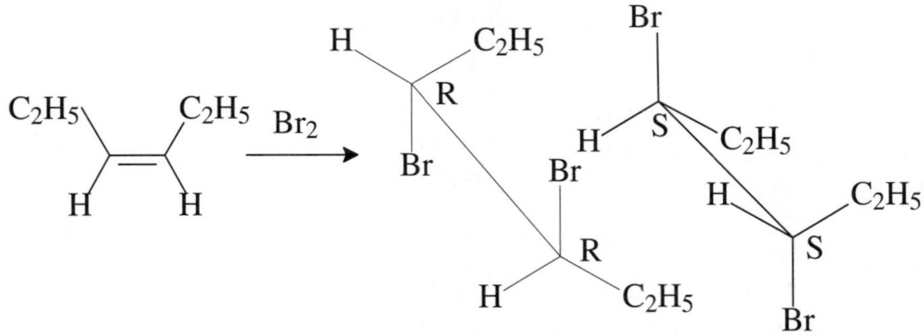

Achtung: Enantiomere

b)

L 14.32

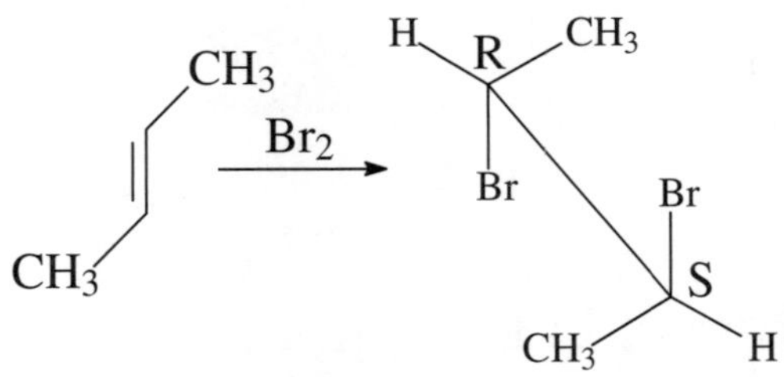

Die anti- Addition führt hier zu einer Mesoform, die das polarisierte Licht natürlich nicht dreht.

L 14.33

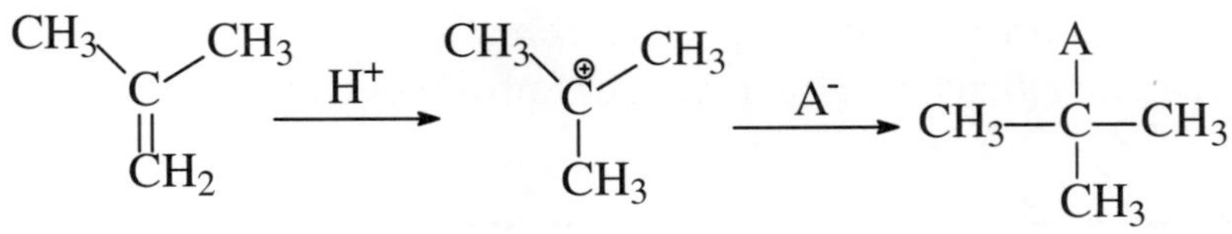

Beachten Sie: Es wird im Übergangszustand immer das stabilste Carbeniumion gebildet.

L 14.34

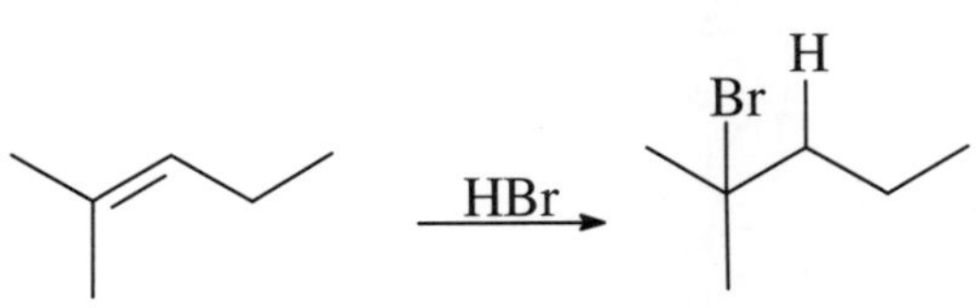

a)

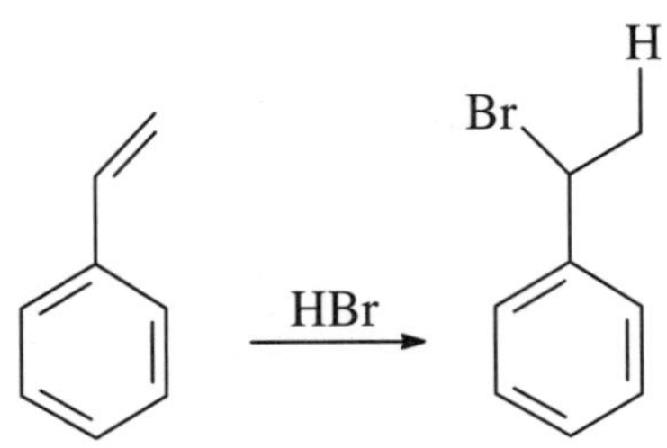

b)

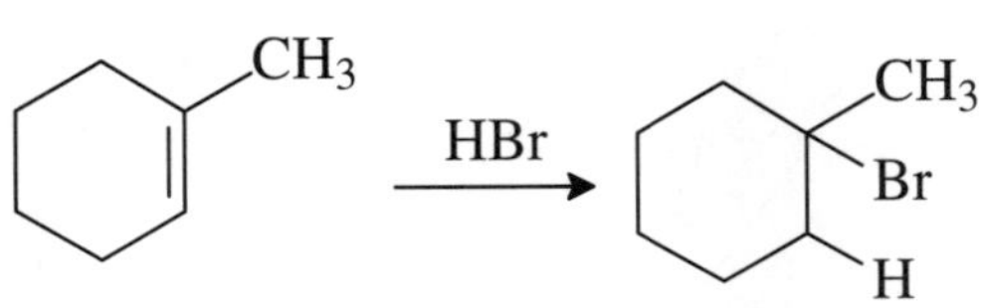

c)

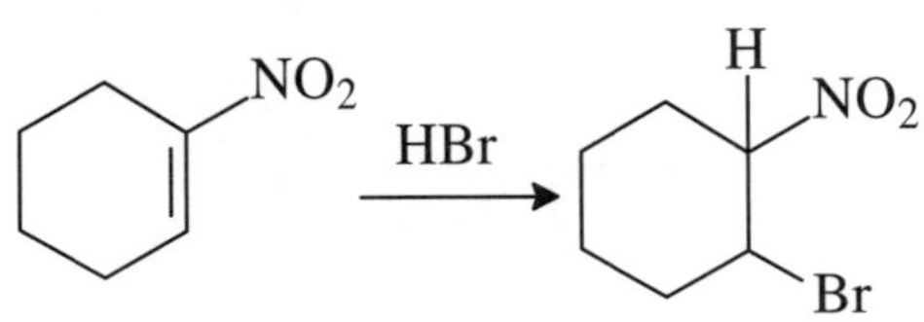

d)

Beachten Sie bei d). Die Addition erfolgt wegen des –M-Effektes der Nitrogruppe genau umgekehrt. Man spricht hier etwas lax von einer anti-Markovnikov-Addition.

L 14.35 Bemerkung: Die Z,E-Isomerie wurde hier der Einfachheit halber unterschlagen!

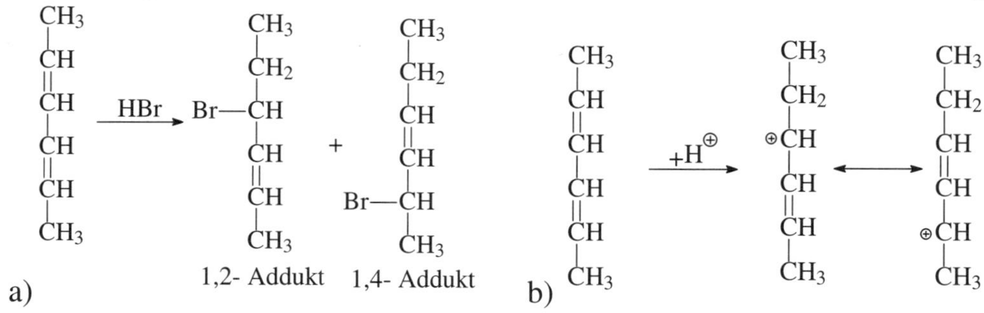

L 14.36

a)

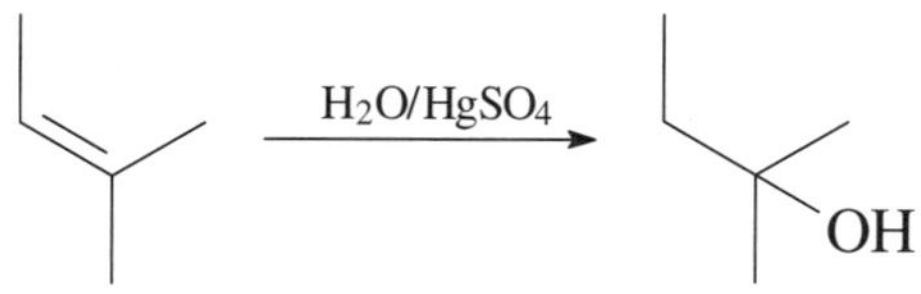

b)

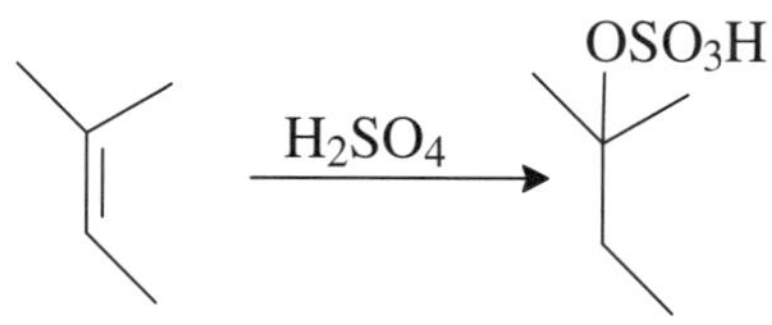

c) $CH_3-C\equiv CH \xrightarrow{\text{1 eq. HCl}} CH_3-C(Cl)=CH_2$

d)

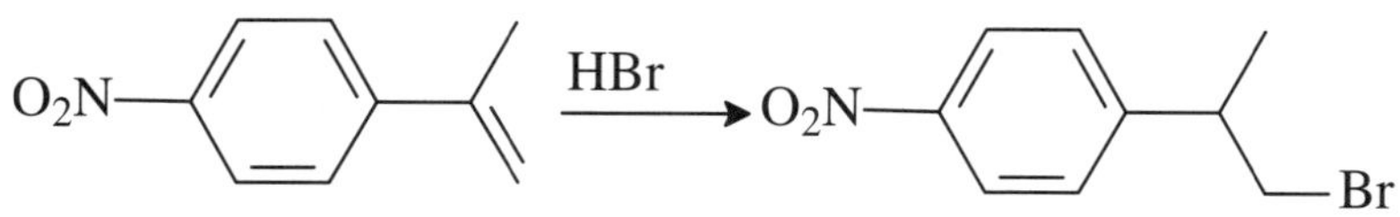

Achten Sie bei d) auf den Nitrosubstituenten an dem Benzolring! Er verursacht die anti-Markovnikow-Orientierung! Der Aromat selbst hat, wenn er einen Substituenten trägt, genau den gleichen Effekt wie der Substituent, er verhält sich „opportunistisch".

L 14.37

a1)

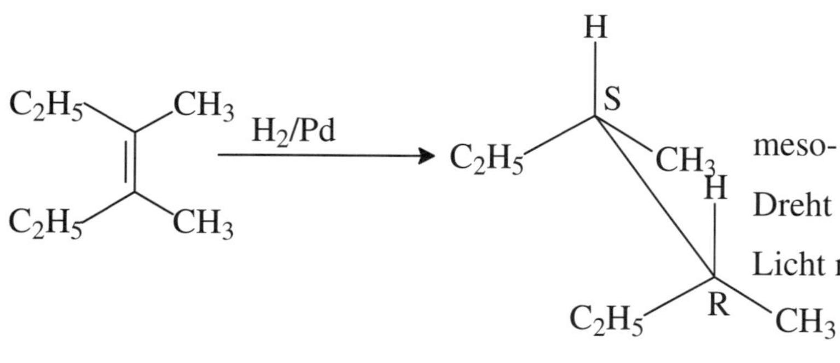

meso- Form
Dreht das polarisierte Licht nicht!

a2)

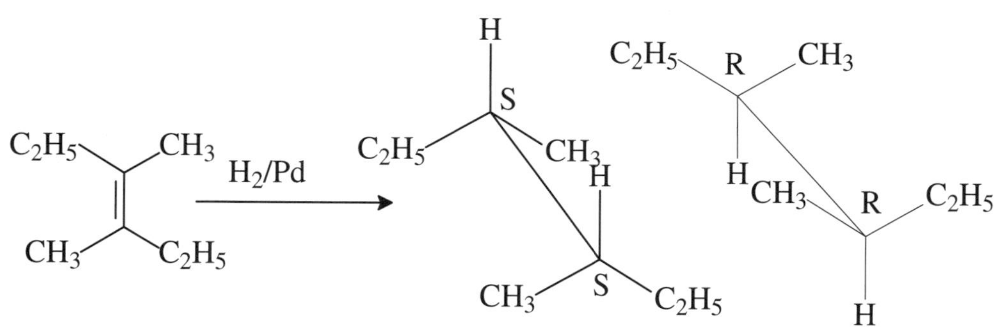

L 14.38

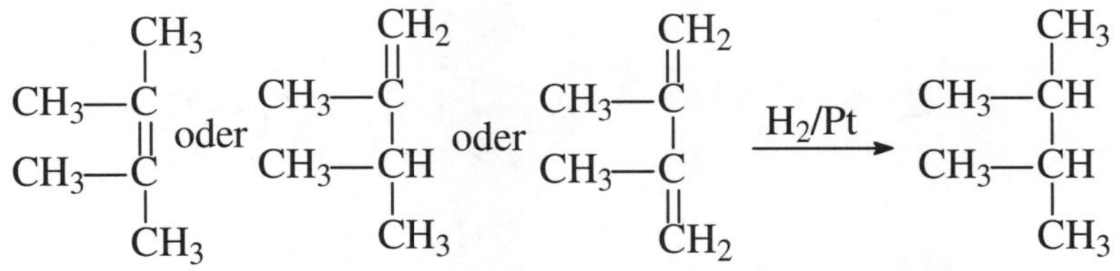

Hydrierungen sind recht unspezifisch, daher erhalten Sie auch bei einem Dien sofort beachtenswerte Mengen eines Alkans.

L 14.39

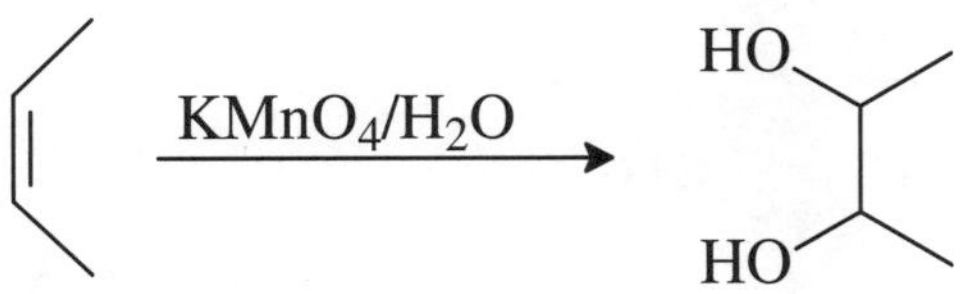

a)

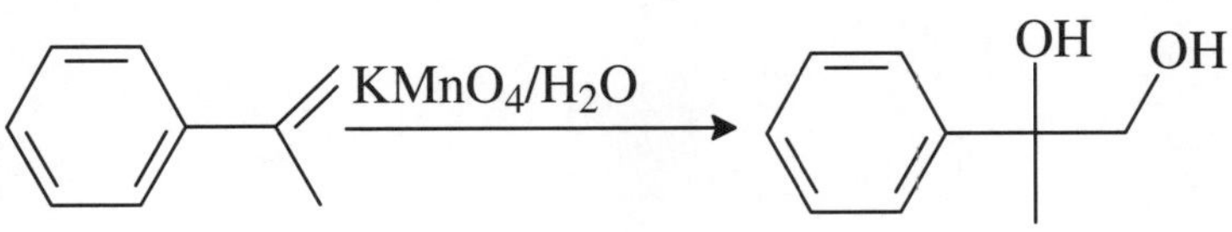

b)

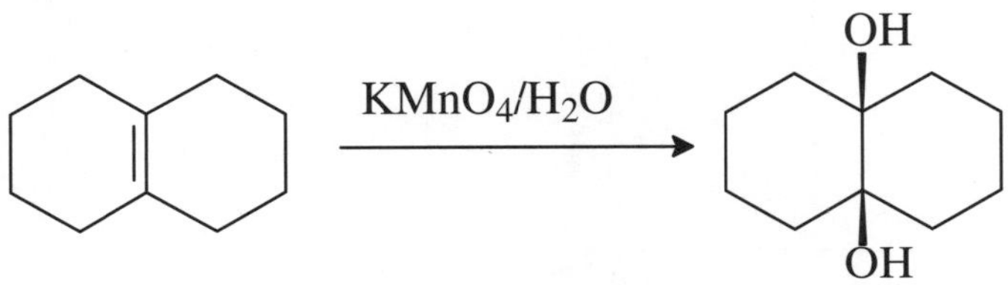

c)

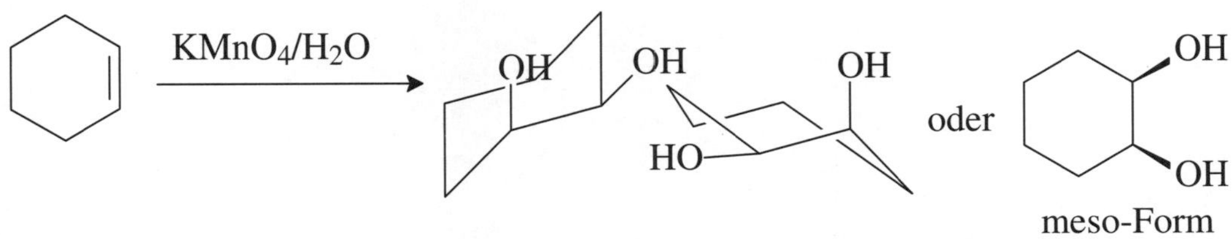

d)

Beachten Sie bei d): eine syn-Hydroxylierung ergibt bei Cyclohexan eine axial- equatorial- Stellung.

L 14.40

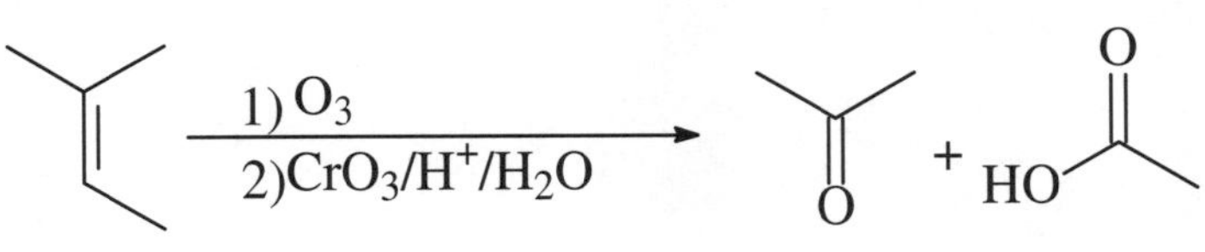

a)

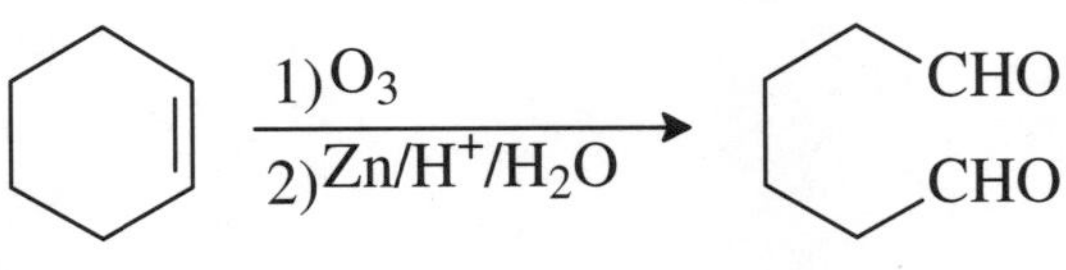

b)

c)
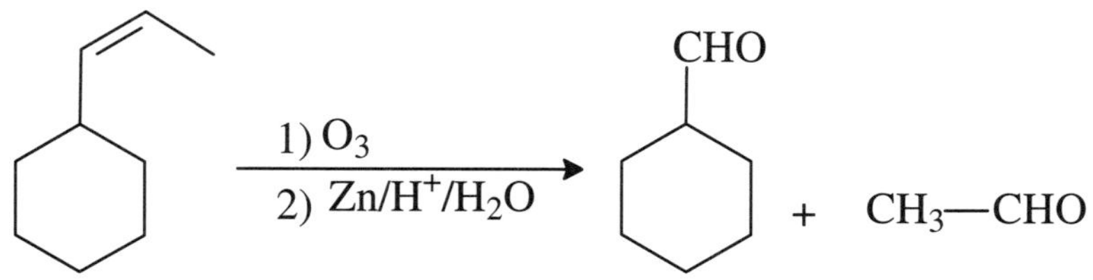
CHO
1) O3
2) Zn/H+/H2O
+ CH3—CHO

d)
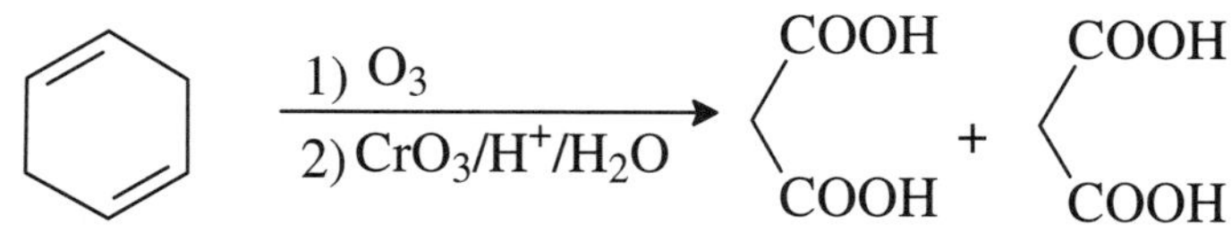
1) O3
2) CrO3/H+/H2O
COOH
COOH
+
COOH
COOH

L 14.41

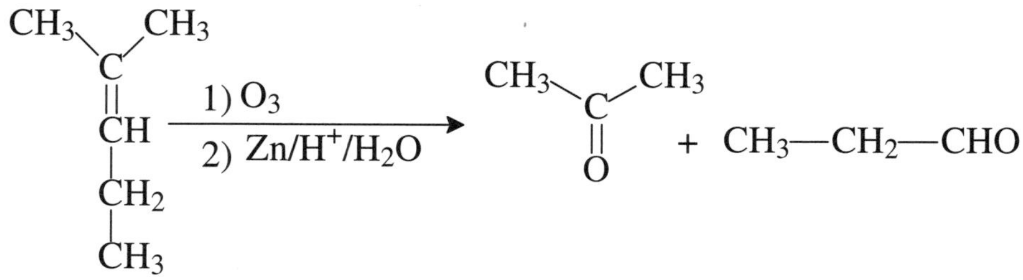
CH3
CH3
C
CH
CH2
CH3
1) O3
2) Zn/H+/H2O
CH3
CH3
C
O
+ CH3—CH2—CHO

Aromaten

Aromaten nehmen eine Sonderstellung in der Betrachtung von Einfach- und Doppelbindungen ein. Der wichtigste der Vertreter dieser Gruppe ist das Benzol (C_6H_6). Der Ring ist planar und enthält drei konjugierte Doppelbindungen. Wird das Benzol in dieser Art dargestellt, handelt es sich um mesomere Grenzzustände, da sich die π-Bindungen verschieben und nicht an einer bestimmten Position lokalisiert sind. Alle C-C-Bindungen sind gleich lang. Ihre Bindungslänge liegt mit 139,7 pm genau zwischen der C-C-Einfachbindungslänge (147,6 pm) und der C-C- Doppelbindungslänge (133,7 pm). Daraus lässt sich schließen, dass keine „normalen" Einfach- oder Doppelbindungen vorliegen. Die drei π-Bindungen (6 π-Elektronen) sind über das ganze Ringsystem verteilt und werden oft als Kreis im Ring dargestellt.

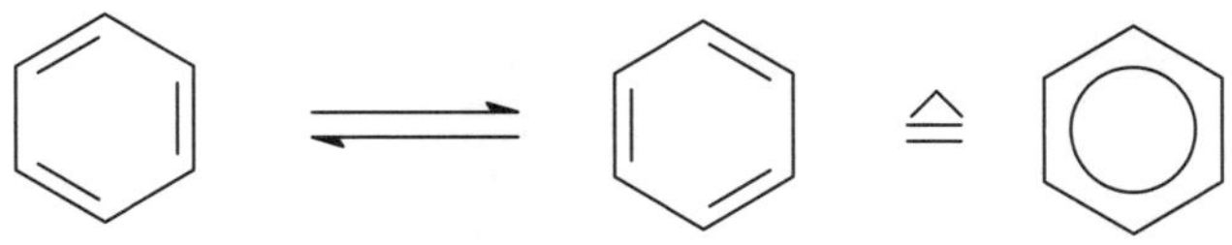

Aromatische Verbindungen zeigen eine andere Art der Reaktivität als aliphatische Verbindungen. Insbesondere lassen sich Additionen an die drei „Doppelbindungen" nicht ohne weiteres durchführen. Der Grund hierfür ist die sogenannte Mesomerie- oder Resonanzenergie. Sie lässt sich durch einen einfachen Versuch nachweisen.

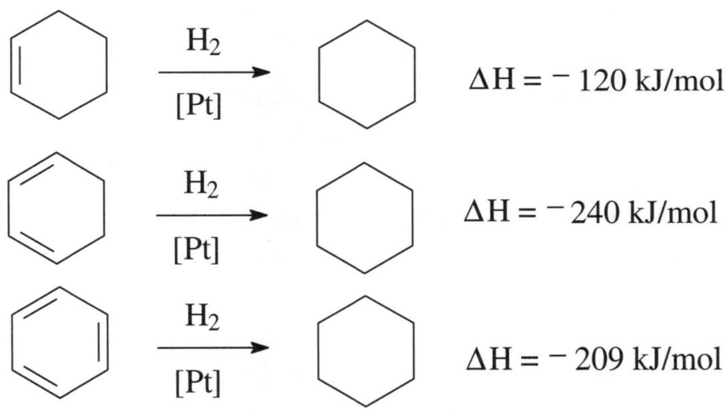

Für die Hydrierung von Benzol würde man einen Wert von ca. – 360 kJ/mol erwarten. Die Differenz zum tatsächlichen Wert, also 151 kJ/mol ist die Mesomerieenergie. Um diesen Betrag ist Benzol stabiler als ein hypothetisches Cyclohexatrien. Aromatische Systeme streben daher in der Regel danach, diesen energiearmen Zustand aufrechtzuerhalten.

Es gibt viele aromatische Systeme. Daher ist es wichtig, diese zu klassifizieren. Ein aromatisches System ist gekennzeichnet durch:

1. cyclischen Aufbau
2. konjugiertes π- System
3. Planarität
4. Erfüllung der Hückelregel: (4n + 2) π- Elektronen müssen vorhanden sein, wobei n eine ganze Zahl sein muss.

Die Planarität ist für Sie nur sehr schwer einschätzbar und spielt bei den Aufgaben auch keine große Rolle.

Einige Beispiele:

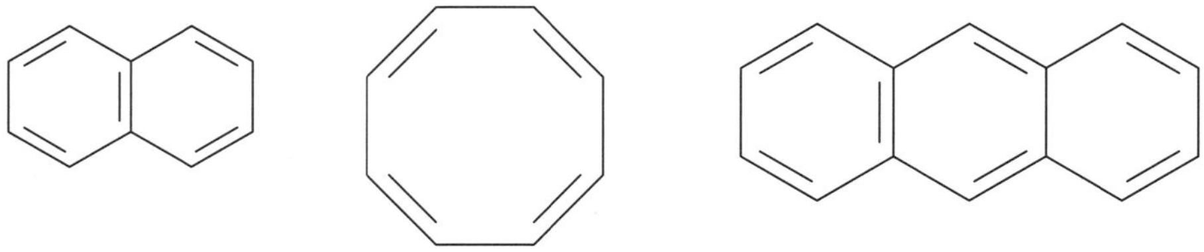

Naphtalin Cyclooctatetraen Anthracen

Naphtalin ist ein Aromat: Es besitzt ein konjugiertes π-System und gehorcht der Hückel-Regel (10 π- Elektronen; n = 2).
Cyclooctatetraen (korrekterweise eigentlich 1,3,5,7-Cyclooctatetraen, Sie sehen die IUPAC-Nomenklatur wird nicht immer streng verwendet.) ist kein Aromat: Es ist konjugiert, gehorcht aber nicht der Hückel-Regel (8 π- Elektronen).
Anthracen ist ein Aromat: konjugiertes π-System und Erfüllung der Hückel-Regel (14 π- Elektronen; n = 3).

Eine Reihe von Aromaten enthalten im Ring nicht nur Kohlenstoff, sondern auch sogenannte Heteroatome (meist N, O, S, P). Sie werden als Heteroaromaten bezeichnet. Die Einschätzung der Aromatizität ist hier etwas schwieriger, da freie Elektronenpaare dieser Elemente am π-System beteiligt sein können. Auch hierzu einige Beispiele:

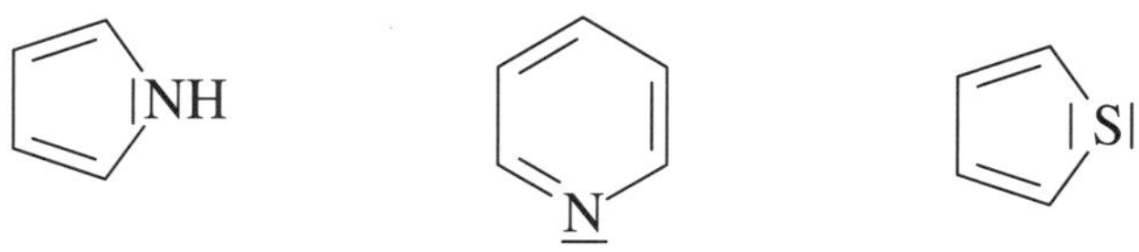

Pyrrol Pyridin Thiophen

Beim Pyrrol ist das freie Elektronenpaar des Stickstoffs an der Mesomerie beteiligt (6 π-Elektronen), um einen aromatischen Zustand zu erreichen. Beim Pyridin ist das nicht erforderlich. Bei Thiophen ist *ein* freies Elektronenpaar des Schwefels notwendig, um einen aromatischen Zustand zu erreichen.

Reaktionen der Aromaten

Da der aromatische Zustand recht stabil ist, gehen die Aromaten meistens Substitutionsreaktionen ein, wobei ein H-Atom des Rings durch ein Atom oder eine andere Gruppe ersetzt wird. Die Delokalisation der π-Elektronen bedingt jedoch, dass der Substituent elektrophile Eigenschaften haben muss. Bei den nachfolgenden Mechanismen und Reaktionen handelt es sich um S_E- Reaktionen. Sie lassen sich folgendermaßen einteilen:

1. Substitutionen nach Friedel- Craft:
   - Halogenierung
   - Alkylierung
   - Acylierung
2. Andere wichtige Substitutionen:
   - Nitrierung
   - Sulfonierung

Ad 1.: Für die Substitutionen nach Friedel- Craft ist ein Katalysator notwendig. Hierbei handelt es sich um eine Lewis- Säure. Meistens werden hierfür Aluminium- oder Eisen-(III)- halogenide verwendet. Die Lewis- Säure steigert die Elektrophilie des angreifenden Teilchens.

Halogenierung:

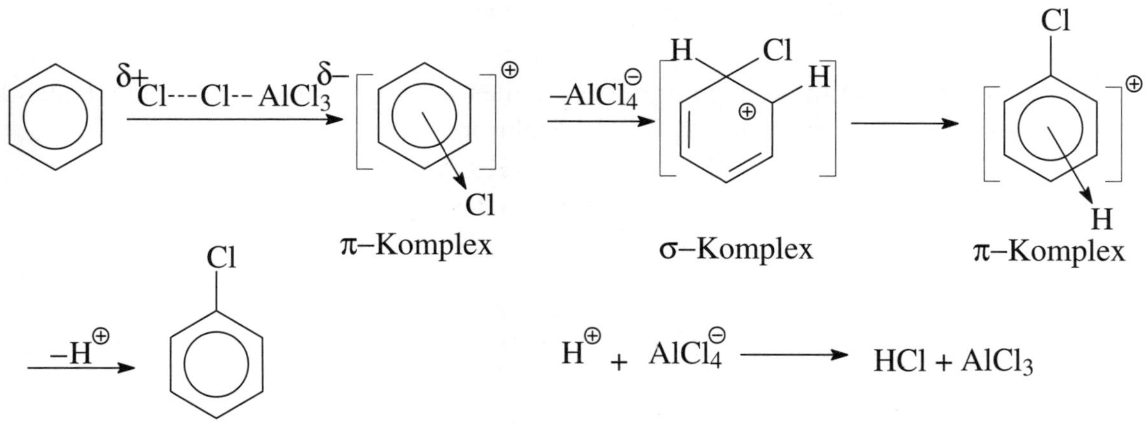

Im eigentlichen Sinne handelt es sich um einen Additions- Eliminierungsmechanismus. Zuerst wird ein Kation an das π-System angelagert und danach an eine Doppelbindung addiert. Anschließend wird ein Proton unter Wiederherstellung des aromatischen Zustands eliminiert. Der auftretende σ-Komplex ist mesomeriestabilisiert.

Alkylierung:

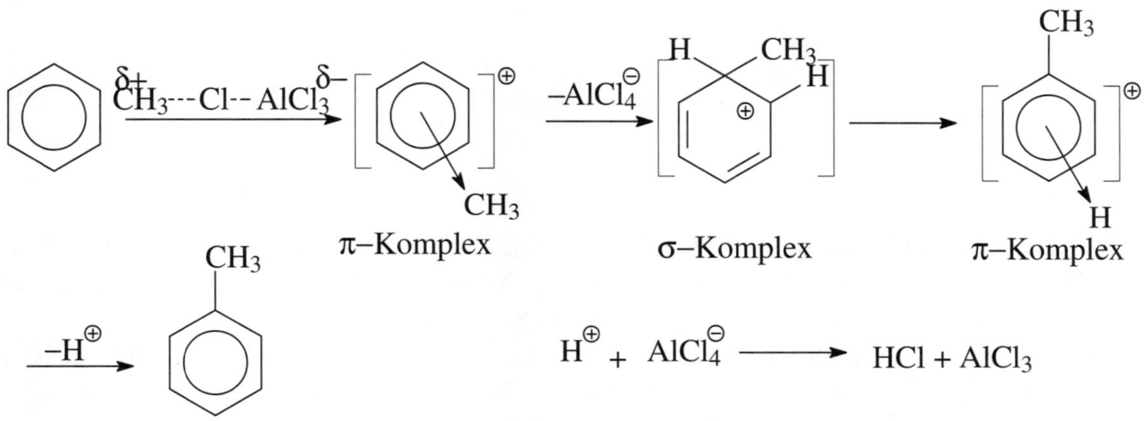

Der Mechanismus der Alkylierung erfolgt auf analoge Weise zum Mechanismus der Halogenierung.

Acylierung: Nach einem vergleichbaren Mechanismus erfolgt die Friedel-Crafts-Acylierung.

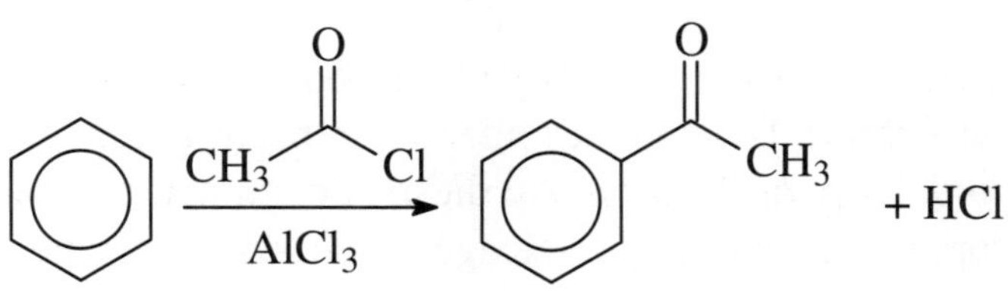

Ad 2.: Bei der Nitrierung wird in einer anorganischen Vorreaktion das Elektrophil gebildet. Hierbei handelt es sich um das Nitroniumion.

$$HNO_3 + 2\,H_2SO_4 \rightleftharpoons NO_2^+ + H_3O^+ + 2\,HSO_4^-$$

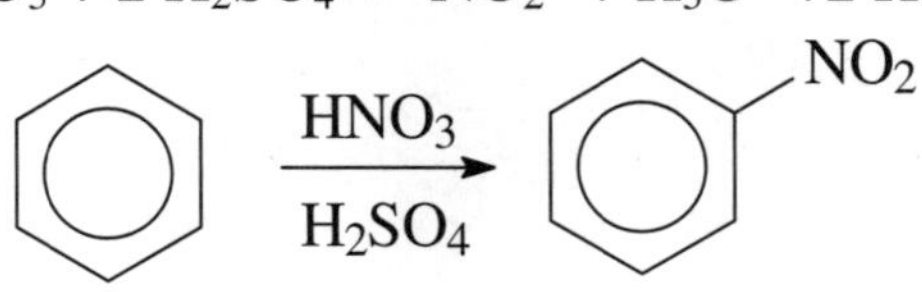

Der genaue Mechanismus läuft natürlich wie bei den Friedel-Crafts-Reaktionen über π- und σ-Komplexe am Aromaten ab.

Auch bei der Sulfonierung kommt es zu einer anorganischen Vorreaktion. Hier sind die Lewissäuren SO_3 oder HSO_3^+ die Elektrophile.

$$2\ H_2SO_4 \rightleftharpoons SO_3 + H_3O^+ + HSO_4^-$$
$$2\ H_2SO_4 \rightleftharpoons HSO_3^+ + HSO_4^- + H_2O$$

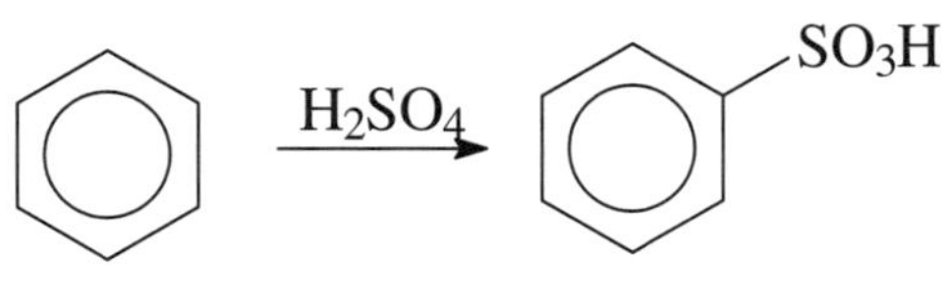

Zweitsubstitution

Bei den bisher besprochenen Substitutionen am Aromaten sind wir immer von Benzol ausgegangen. Ist jedoch ein Substituent (X) bereits vorhanden, so sind folgende Substitutionsmuster möglich:

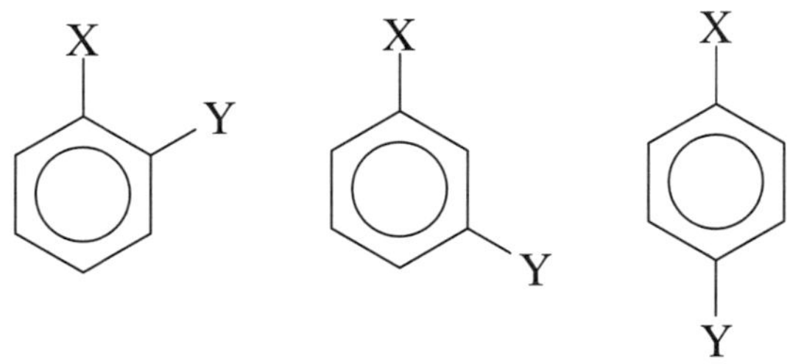

ortho meta para

Alle Substituenten lassen sich in zwei große Gruppen aufteilen. Zum einen in Substituenten, die die Elektronendichte des Aromaten erhöhen (Substituenten 1. Ordnung) und in solche, die die Elektronendichte des Aromaten verringern (Substituenten 2. Ordnung).
Substituenten 1. Ordnung haben eine ortho, para dirigierende Wirkung. Das heißt, dass ein zweiter Substituent bevorzugt in der Ortho- und der para-Position zu finden ist. Anhand mesomerer Grenzstrukturen lässt sich dieses Verhalten erklären:

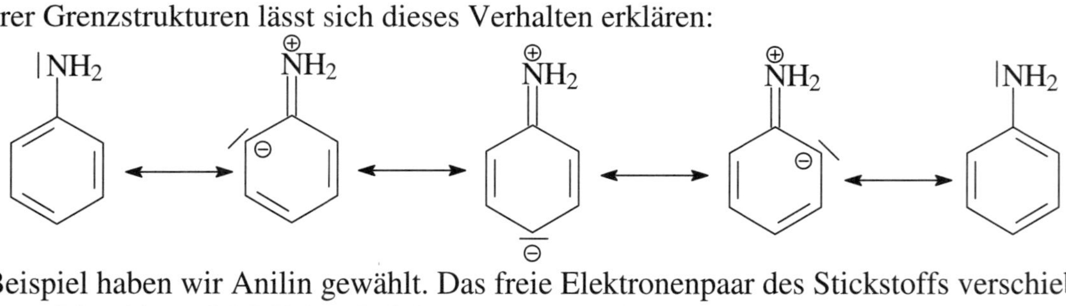

Als Beispiel haben wir Anilin gewählt. Das freie Elektronenpaar des Stickstoffs verschiebt sich zum Ring hin (+ M-Effekt). Bei den mesomeren Grenzstrukturen erscheint eine negative Ladung an der ortho- und der para-Position. An diesen Positionen wird der Zweitsubstituent, der natürlich ein Elektophil ist, bevorzugt angelagert. Die Aminogruppe hat also die Elektronendichte in ortho und para erhöht.

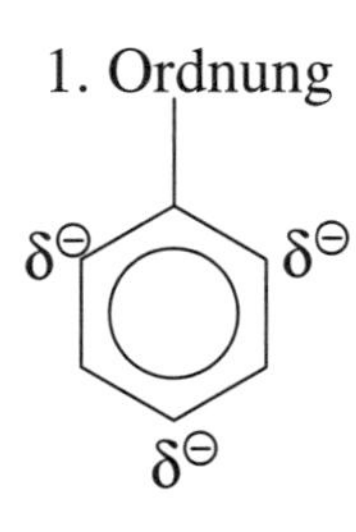

Substituenten mit diesen Eigenschaften müssen daher über einen +M-Effekt oder auch einen +I- Effekt verfügen. Zum Beispiel Halogene besitzen einen +M-Effekt und einen starken –I-Effekt. Sie zählen dennoch zu den Substituenten 1. Ordnung. Erinnern Sie sich daran, dass M-Effekte immer stärker wirken als I- Effekte.

Wichtige Substituenten 1. Ordnung:
$–NR_2$, –NHR, $–NH_2$, –NHCOR, –OH, –OR, –F, –Cl, –Br, –I, $–CH{=}CH_2$, $–CH_3$, $–C_2H_5$ usw.

Substituenten 2. Ordnung verringern die Elektronendichte des Aromaten. Die Zweitsubstitution erfolgt in der meta- Position. Die elektronischen Verhältnisse lassen sich wieder gut mit mesomeren Grenzzuständen betrachten. Als Beispiel haben wir Benzaldehyd gewählt:

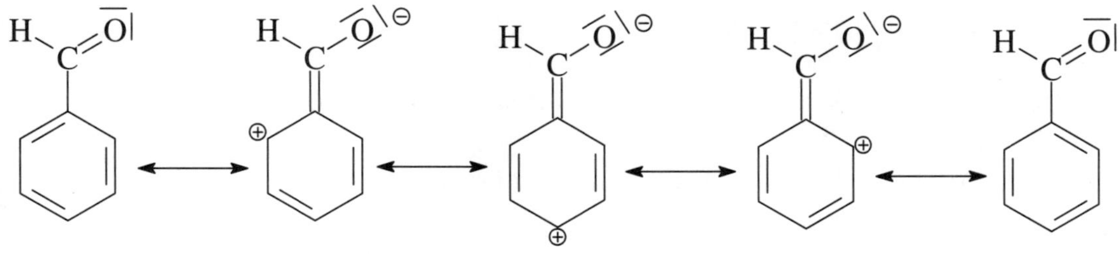

Hier wird ein Elektronenpaar aus dem Ring hinaus zur Carbonylgruppe (–M- Effekt) hin verschoben. Dadurch erscheint an den ortho- und der para- Position bei den mesomeren Grenzstrukturen eine positive Ladung. Der Angriff eines Elektrophil kann daher nur in meta erfolgen.

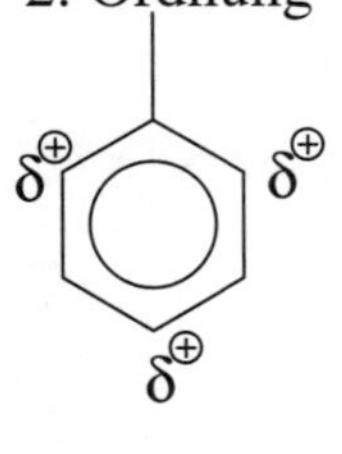

Substituenten 2. Ordnung verfügen über einen –M- Effekt oder auch einen –I- Effekt.

Wichtige Substituenten 2. Ordnung:
–CHO, –COR, –COOH, –COOR, $–CONH_2$, $–NO_2$, $–SO_3H$, –CN, $–NH_3^+$, $–NR_3^+$, $–CF_3$, $–CCl_3$

Chinone
Einige aromatische Verbindungen geben den aromatischen Zustand unter bestimmten Bedingungen auf. Eine wichtige Gruppe sind die ortho- und para- Dihydroxibenzole die durch Oxidation in o- Chinon bzw. p- Chinon übergehen. Chinone verfügen über konjugierte π- Bindungen und sind daher recht stabil.

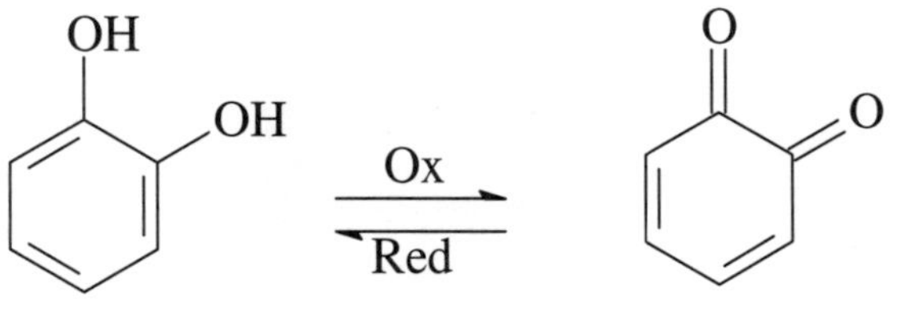

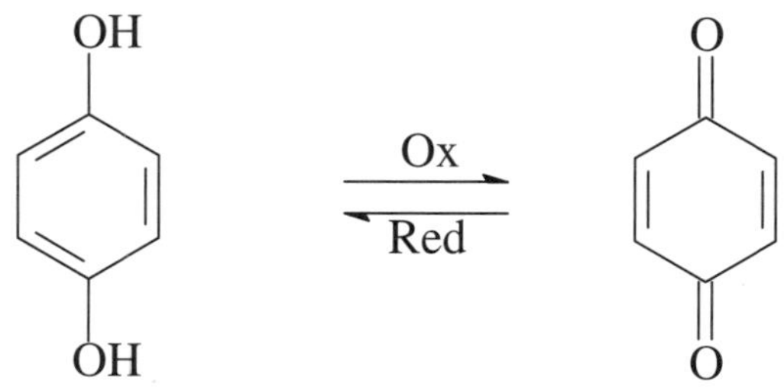

Ein m- Chinon existiert nicht. Überzeugen Sie sich selbst doch einmal hiervon. Es lässt sich nicht durchkonjugieren.

Tipp: Es existieren zwei einfache Regeln, ob eine Reaktion am Aromaten selbst (am Kern) oder an der Seitenkette stattfindet.

KKK: Katalysator, Kälte, Kern SSS: Sonne, Siede, Seitenkette

Überprüfen Sie die Reaktionsbedingungen auf diese Hinweise!
Beispiel:

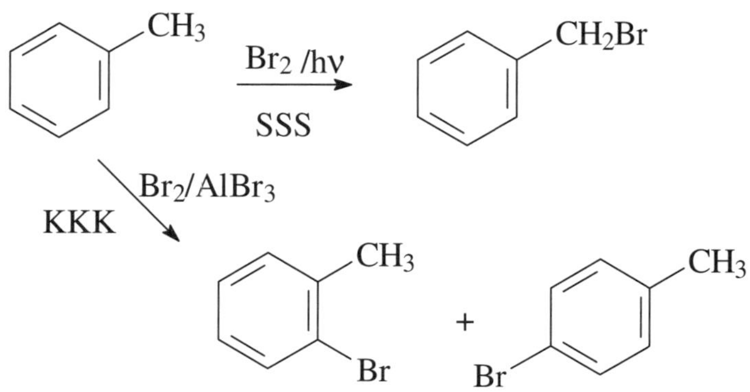

Aufgaben zu den Aromaten

A 15.01 Geben Sie die Strukturformel des Produktes A an:

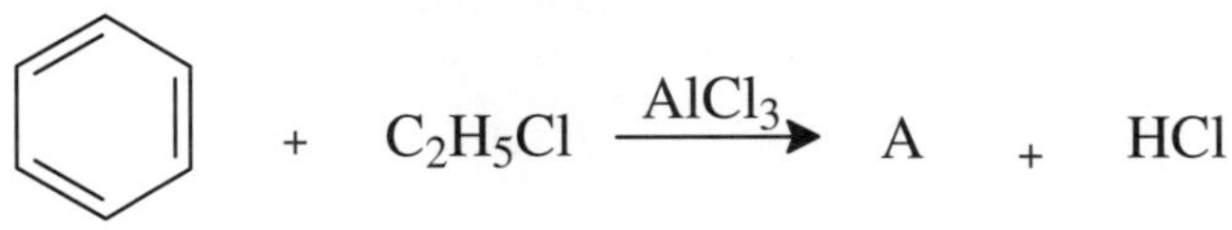

A 15.02 Geben Sie die Strukturformel des Produktes an:

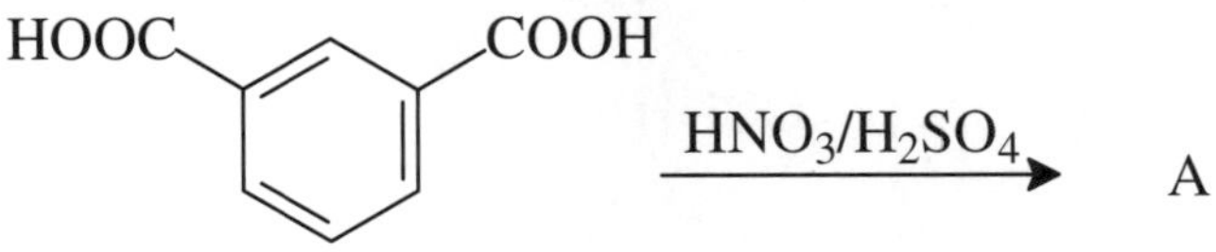

A 15.03 Kennzeichnen Sie folgende Aussagen als falsch oder richtig:

1. Ein Aromat weist 4n- π- Elektronen auf;
2. Ein Aromat kann neutral bzw. positiv oder negativ geladen sein;
3. Ein Aromat darf nur Kohlenstoffatome enthalten;
4. Ein Aromat darf keine Achtringe enthalten.

A 15.04 Welcher der gegebenen Gruppen sind Substituenten 1. Ordnung bzw. 2. Ordnung? Begründen Sie Ihre Entscheidung.

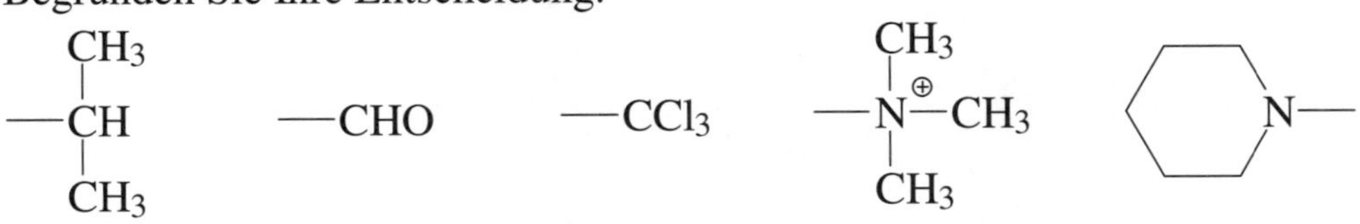

A 15.05 Welche der Moleküle A- F sind aromatisch (mit Begründung)? Wieviele Monobromnaphthaline gibt es?

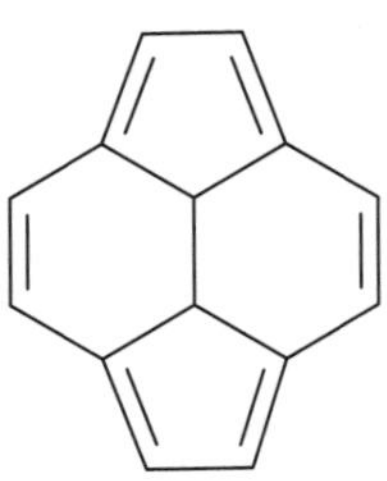
A

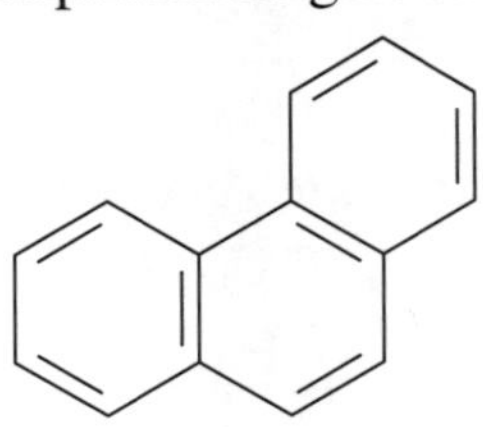
B

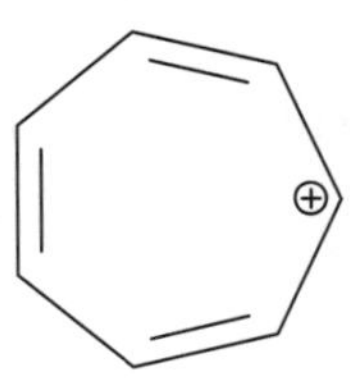

C

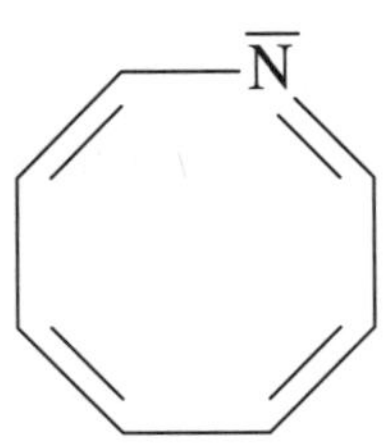

D

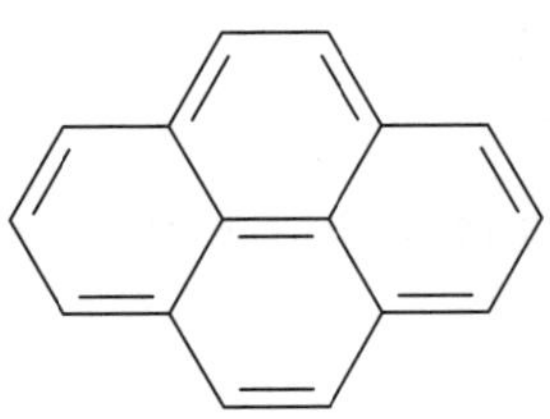
E

F

A 15.06 Welche Produkte entstehen bei der Chlorierung von Toluol?

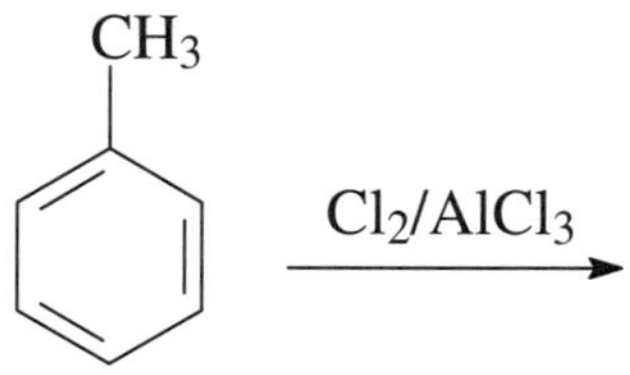

A 15.07 Erklären Sie mit Hilfe von mesomeren Grenzstrukturen den meta- dirigierenden Einfluss der Carbonsäuregruppe bei der elektrophilen Substitution von Benzoesäure.

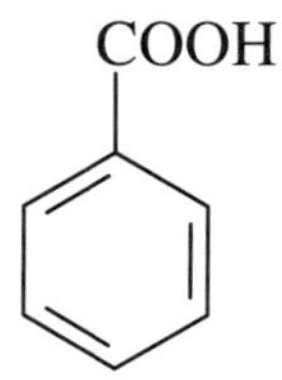

A 15.08 Geben Sie bei den folgenden Reaktionen die Produkte als Strukturformeln an:

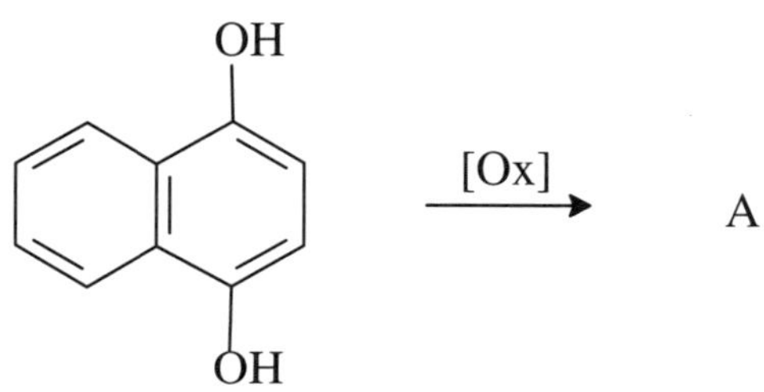

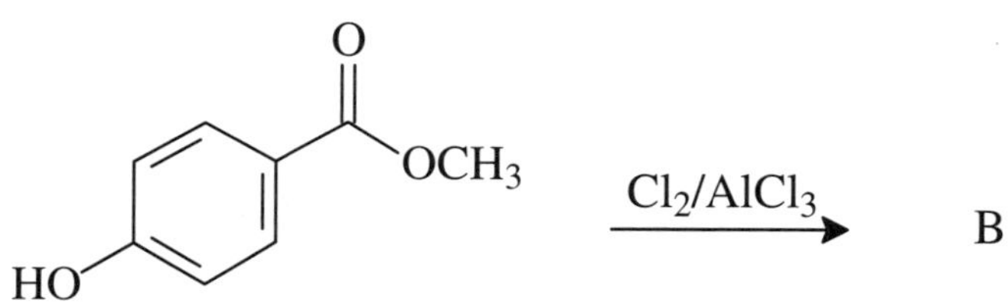

A 15.09 Geben Sie die Strukturformeln der Produkte A- D an:

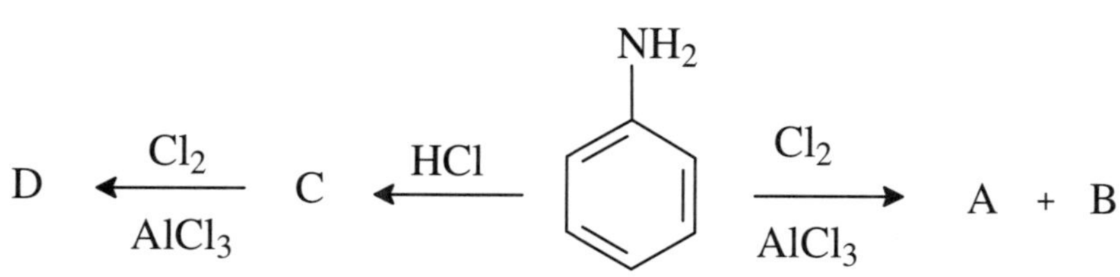

Warum ist Chlor ortho- para-dirigierend, obwohl es einen starken negativen induktiven Effekt (–I - Effekt) ausübt?

A 15.10 Geben Sie die Produkte A und B an:

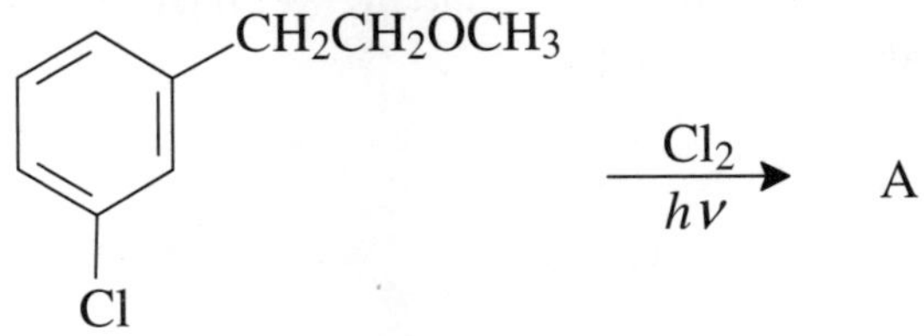

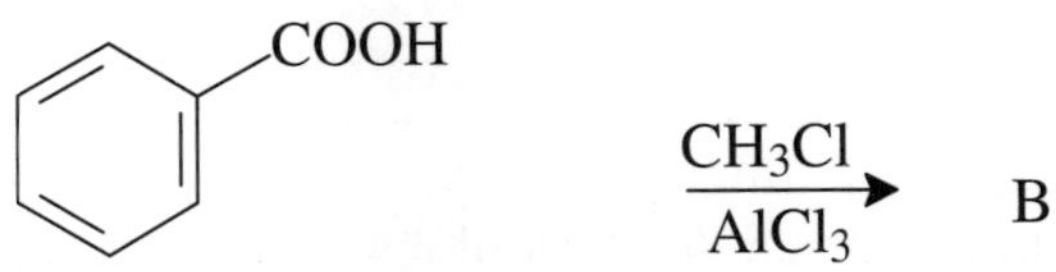

A 15.11 Entscheiden Sie, ob die Verbindung A (Pyrrol) oder die Verbindung B (Pyrrolidin) basischer ist (mit Begründung)?

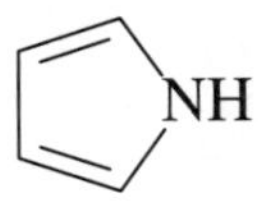
A

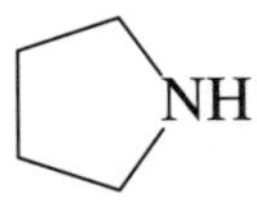
B

A 15.12 Ergänzen Sie die Verbindungen (Strukturformeln) A bis D:

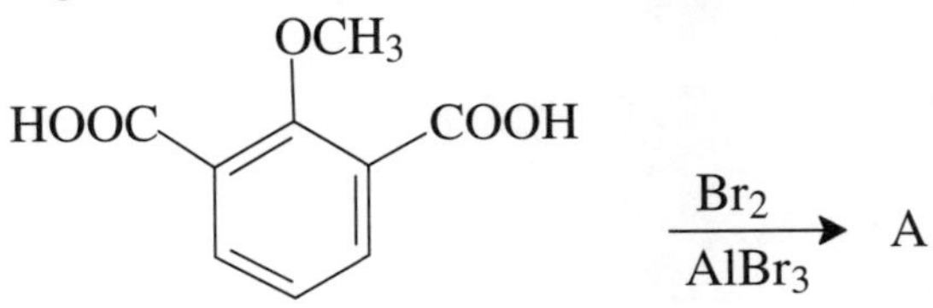

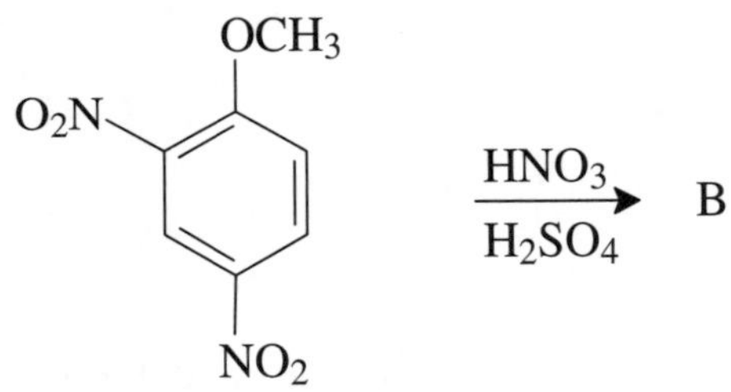

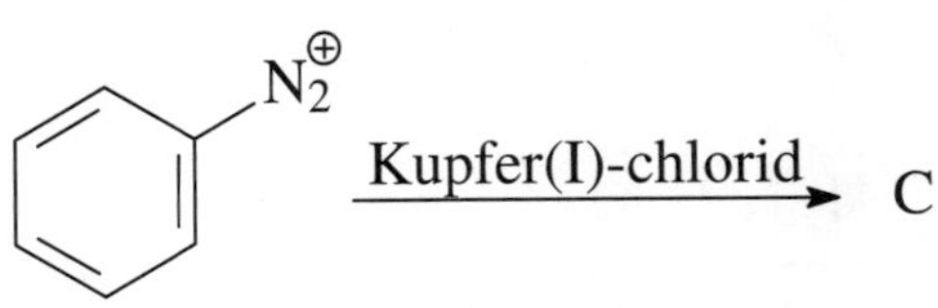

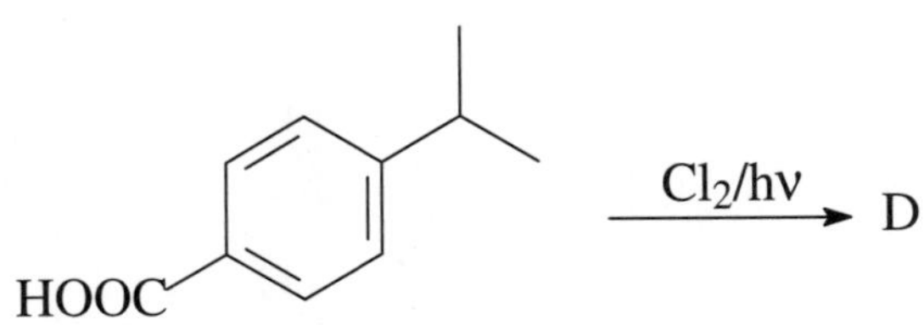

A 15.13 Geben Sie die Strukturformeln der Produkte A und B sowie die benötigten Reagenzien a) und b) möglichst genau an:

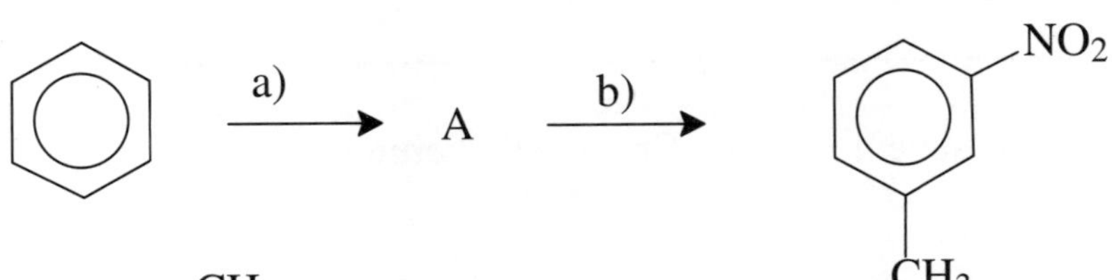

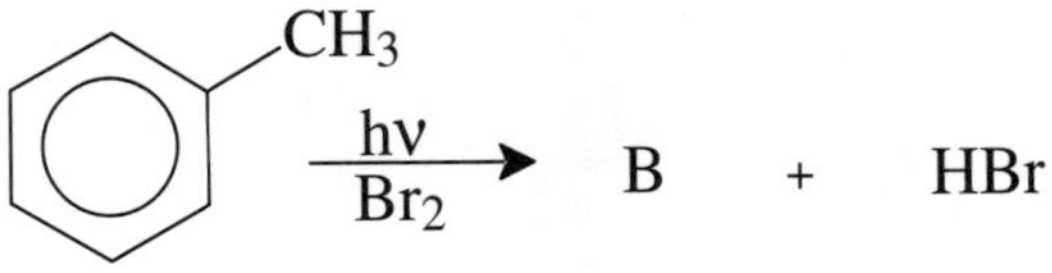

A 15.14 Welches Produkt (Strukturformel) entsteht, wenn Sie A mit Brom in Gegenwart von Aluminiumtribromid umsetzen?

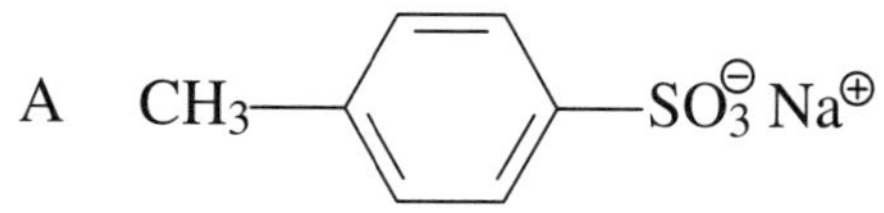

Welches Produkt (Strukturformel) entsteht, wenn Sie A mit Brom unter Lichteinwirkung umsetzen?

A 15.15 Geben Sie die Strukturformel des Produktes an und charakterisieren Sie den Reaktionstyp:

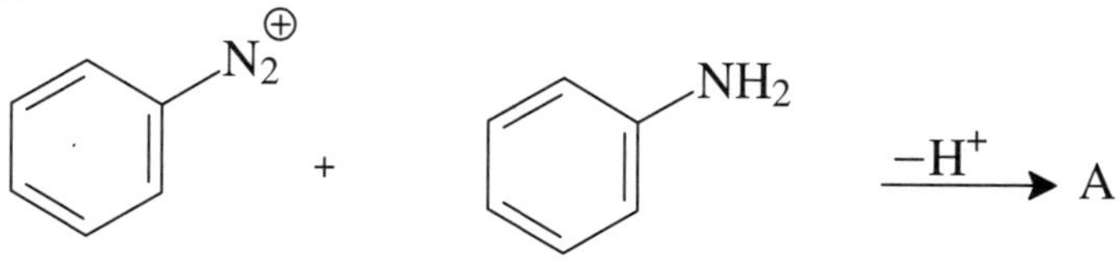

A 15.16 Warum besitzt Tropyliumbromid salzartigen Charakter? Warum ist Cyclopentadien eine relativ starke Säure?

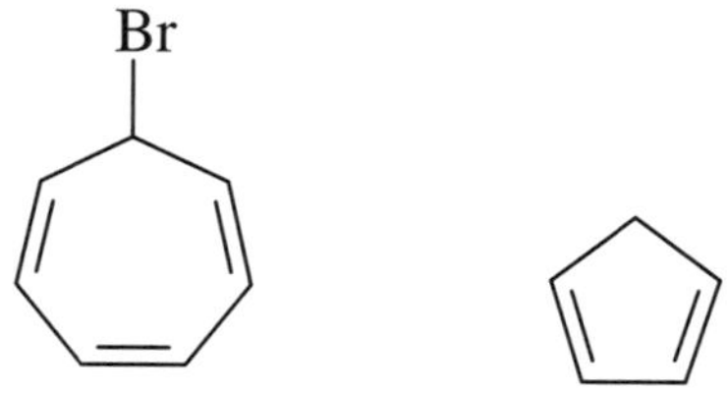

A 15.17 Zum Abschluss noch eine etwas schwierigere Aufgabe:

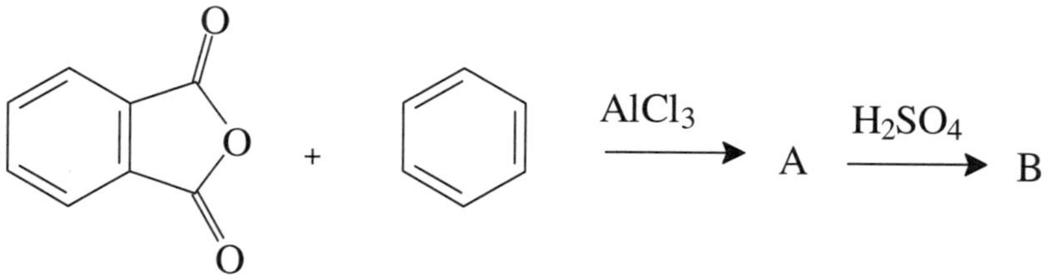

Lösungen zu den Aromaten

L 15.01 Es handelt sich um eine Friedel-Crafts-Alkylierung:

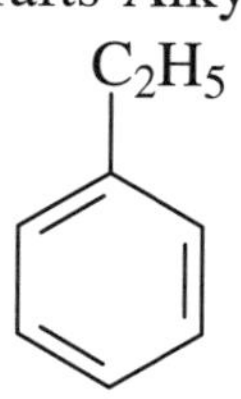

L 15.02 Bei dieser Reaktion ist zu beachten, dass die beiden Carboxylatgruppen Substituenten 2. Ordnung und daher meta-dirigierend sind.

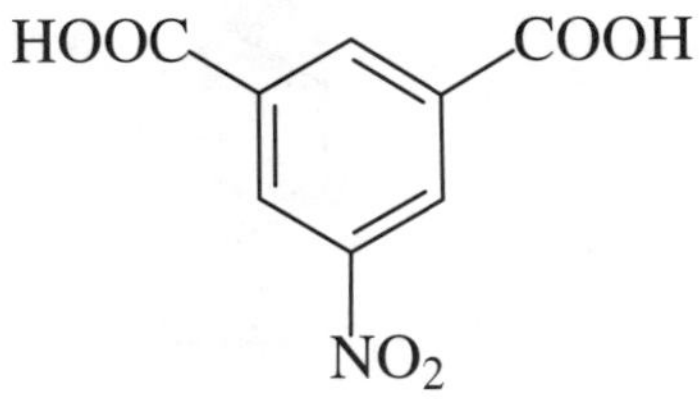

L 15.03 1. falsch
2. richtig, denken Sie zum Beispiel an den π-Komplex
3. falsch, Heteroaromaten sind ebenfalls möglich
4. falsch

L 15.04

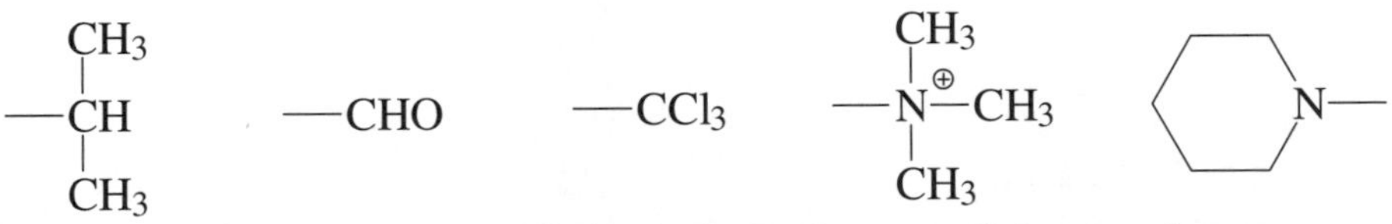

Ein Alkylrest erhöht durch +I-Effekt die Elektronendichte im Aromaten, er ist also ein Substituent 1. Ordnung.
Eine Aldehydgruppe übt über ihre Carbonylfunktion einen –M-Effekt aus, sie ist ein Substituent 2. Ordnung.
Die drei Chloratome am Kohlenstoff sorgen wegen ihrer hohen Elektronegativität für einen –I-Effekt, die Gruppe ist 2. Ordnung.
Ein quartäres Ammoniumsalz sorgt allein schon wegen seiner positiven Ladung für eine Verringerung der Elektronendichte im Aromaten. Es ist ein Substituent 2. Ordnung.
Das Amin hat ein freies Elektronenpaar, mit dem es einen +M-Effekt ausüben kann. Der Substituent ist 1. Ordnung.

L 15.05 Molekül A ist nicht aromatisch, da es 12 π-Elektronen besitzt und damit nicht die Hückelregel erfüllt.
Molekül B ist aromatisch (14 π-Elektronen und konjugiert).
Molekül C ist auch aromatisch, 6 π-Elektronen verteilen sich über das Carbeniumion und den Siebenring. Die positive Ladung ist delokalisiert.
Molekül D ist nicht aromatisch, obwohl es mit dem freien Elektronenpaar des Stickstoffs 10 π-Elektronen sind, aber dann ist es nicht konjugiert.
Molekül E hat 16 π-Elektronen, es ist aber dennoch aromatisch, da die mittlere π-Bindung nicht an der Delokalisation teilnimmt.
Molekül F ist ein typischer Fünfring- Heteroaromat. Ein freies Elektronenpaar des Schwefels nimmt an der Delokalisation teil.

Es existieren zwei Monobromnaphthaline:

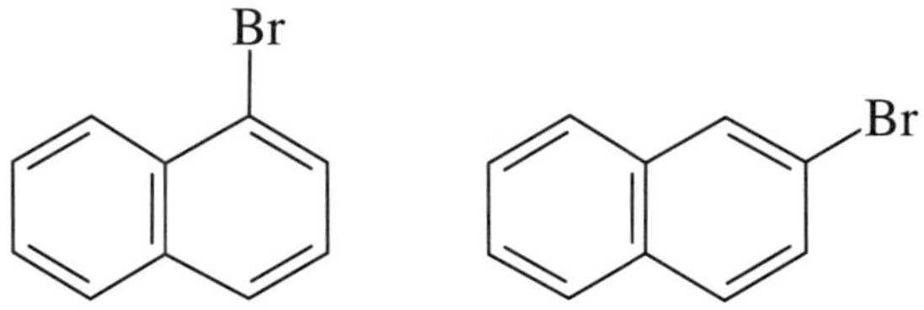

L 15.06 Die Methylgruppe ist ein Substituent 1. Ordnung und damit ortho- para-dirigierend.

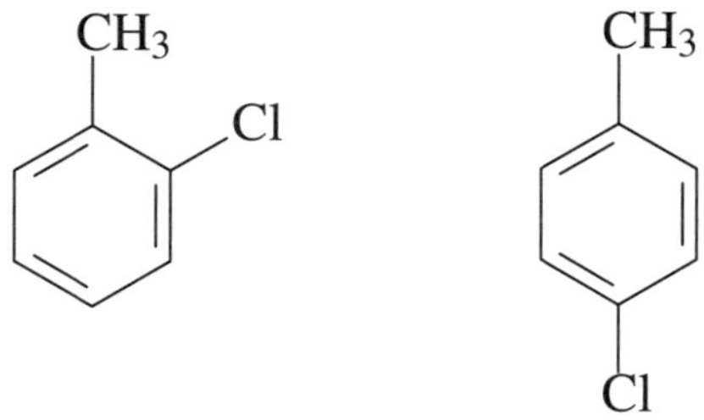

L 15.07

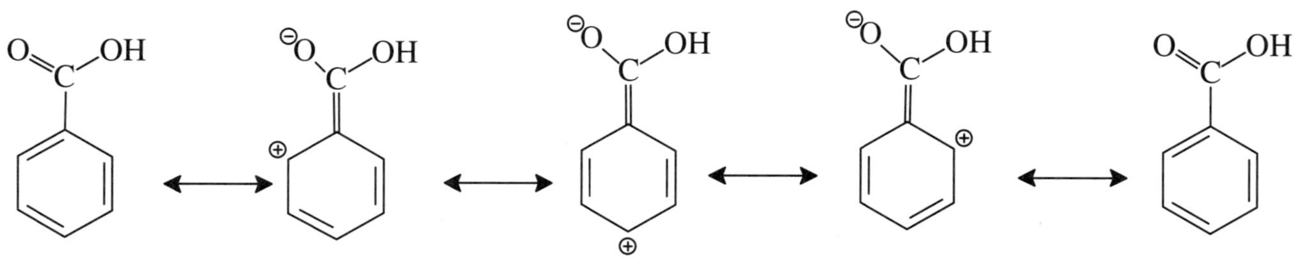

Da die Elektronendichte in ortho und para reduziert ist, kann ein elektrophiler Angriff nur in meta erfolgen.

L 15.08

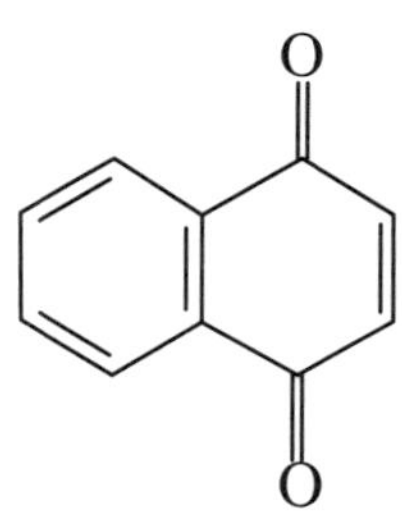

A

Bei der ersten Reaktion entsteht durch Oxidation ein Chinon (A).

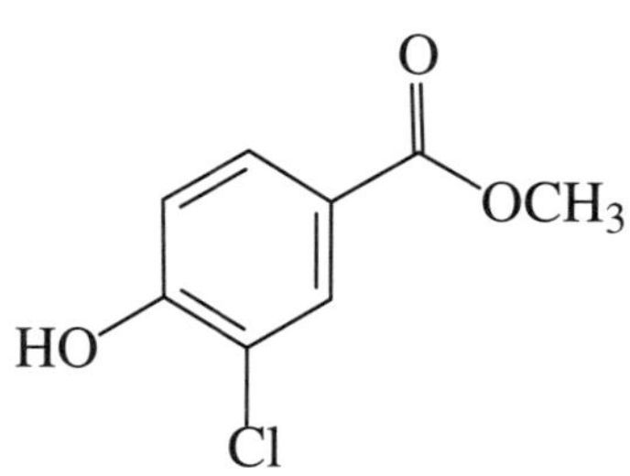

B

L 15.09

 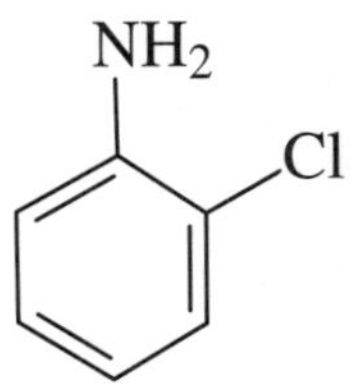 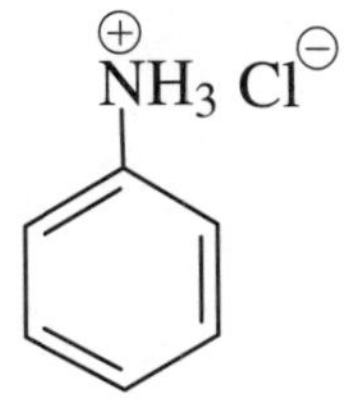 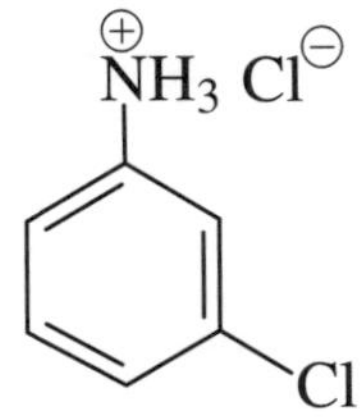

A B C D

Neben dem –I-Effekt, der den Benzolkern an Elektronen verarmen lässt, bestimmt ein schwacher +M-Effekt die Richtung der Zweitsubstitution (ortho und para). Damit ist Chlor ein Substituent mit desaktivierenden Eigenschaften.

L 15.10

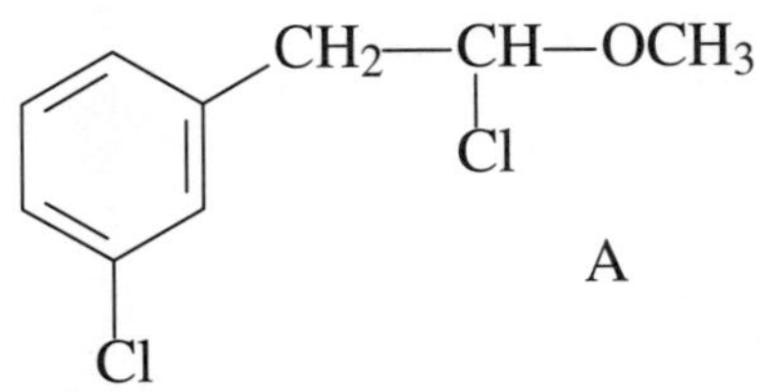

A

Es handelt sich eigentlich um keine Aromatenreaktion, da hier nur in der Seitenkette Wasserstoff gegen Chlor radikalisch substituiert wurde.

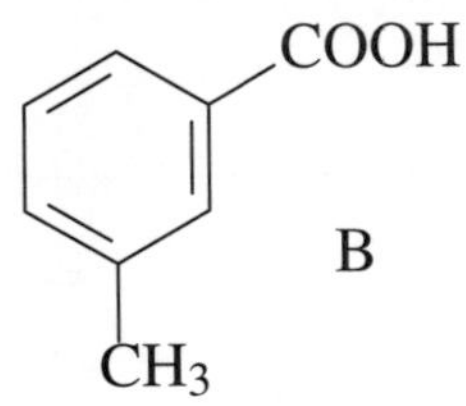

B

L 15.11 Pyrrol ist eine sehr schwache Base, da das freie Elektronenpaar des Stickstoffs am π-System beteiligt und daher delokalisiert ist. Beim Pyrrolidin ist das nicht der Fall. Die Basizität wird durch den +I-Effekt der Alkylgruppen verstärkt. Es handelt sich um ein typisch sekundäres Amin und ist damit wesentlich basischer als Pyrrol.

L 15.12

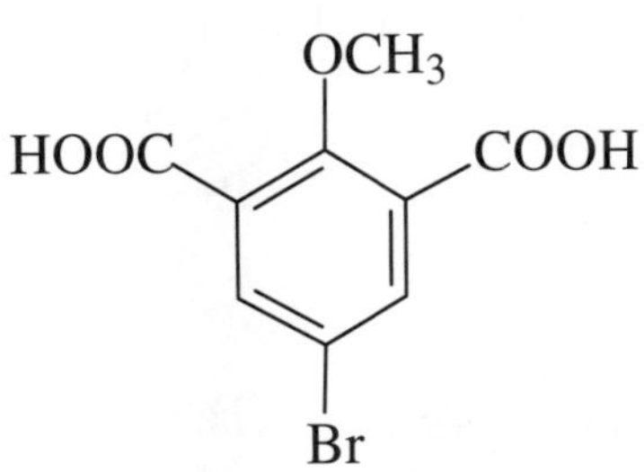

A

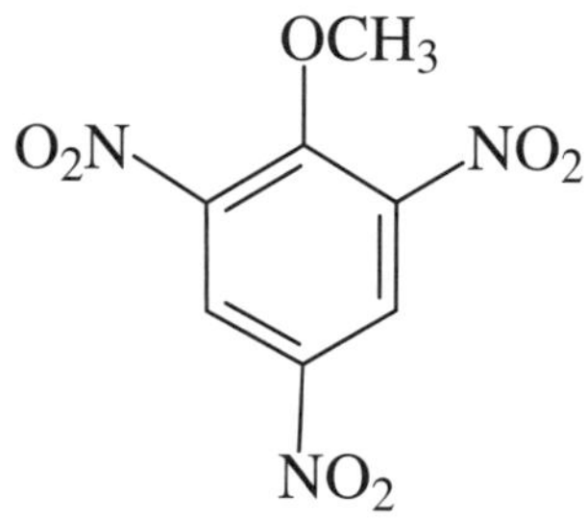

B

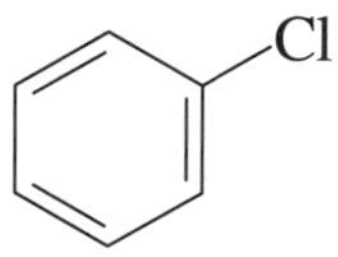

C

Bei der Reaktion von aromatischen Diazonium- Kationen ($R–N_2^+$) mit Kupfer(I)-chlorid handelt es sich nur scheinbar um eine nukleophile Substitution am Aromaten. In Wirklichkeit handelt es sich um eine radikalische Substitution, bei dem das Kupfer eine besondere Rolle spielt. Bitte beachten Sie, nur unter diesen Bedingungen! Verwechseln Sie sie nicht mit der radikalischen Substitution unter Lichteinfluss!

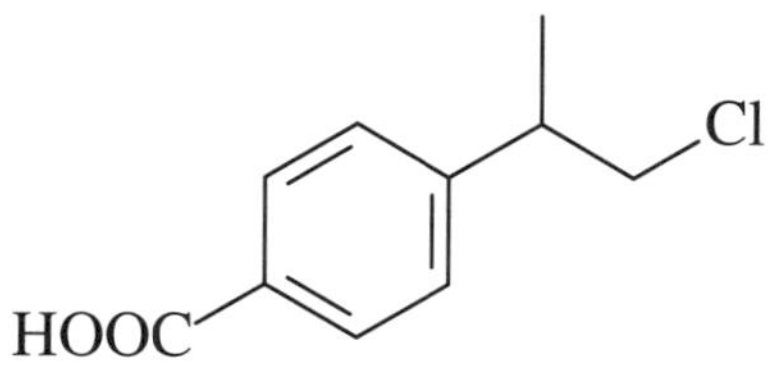

D

Bei D handelt es sich um das Produkt einer radikalischen Substitution der Isopropyl-Seitenkette. Entgegen der normalen Regeln erfolgt die Substitution endständig, da der –M-Effekt der Carboxylatgruppe an der mittleren Position die Elektronendichte verringert. Beachten Sie also auch bei Reaktionen der Seitenkette den Einfluss anderer Substituenten am Aromaten.

L 15.13

a) HNO_3/H_2SO_4
b) $CH_3Cl/AlCl_3$

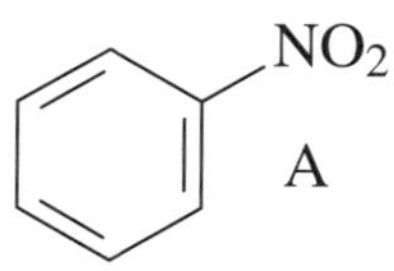

A

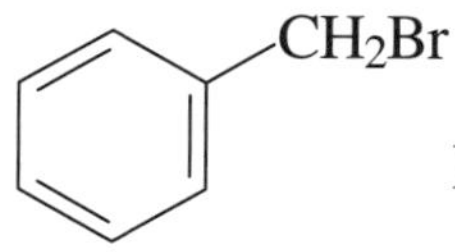

B

Zu A: Da die beiden Substituenten im Endprodukt (siehe Aufgabe) meta zueinander stehen, muss zuerst die Nitrogruppe (2. Ordnung) eingeführt werden.

L 15.14

Reaktion des Rings (KKK):

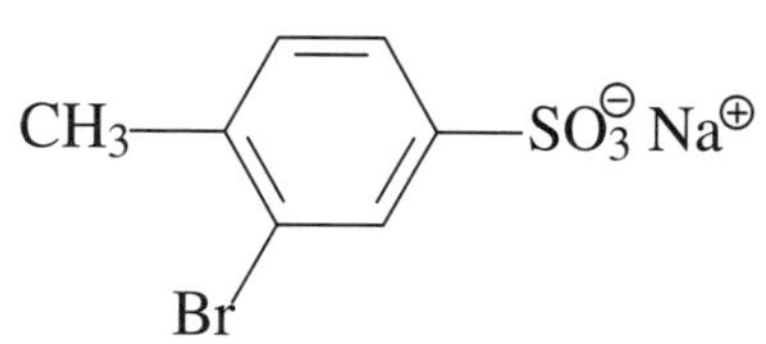

Reaktion der Seitenkette (SSS):

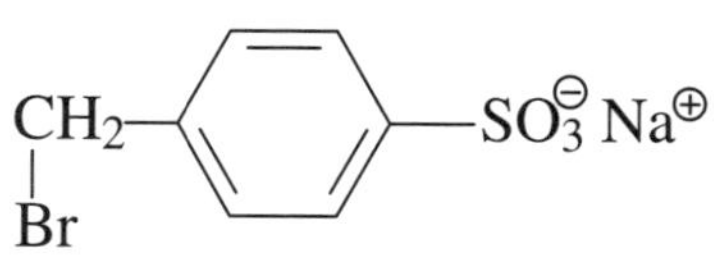

L 15.15

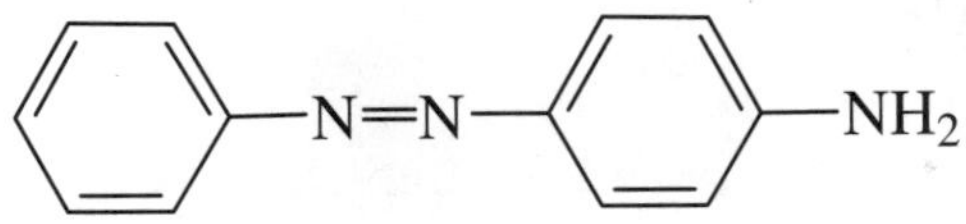

Diese Reaktion nennt man Azokupplung. Sie ist aber auch nur eine elektrophile Substitution am Anilin in para- Stellung. Die ortho-Position ist wegen der Größe des Substituenten (Diazoniumkation) nicht möglich.

L 15.16 Bei Tropyliumbromid kann ein Bromid-Anion dissoziieren. Das 6-π-System ist über den Siebenring mesomeriestabilisiert. Beim Cyclopentadien entsteht durch Abstraktion eines Protons ebenfalls ein mesomeriestabilisiertes aromatisches Anion.

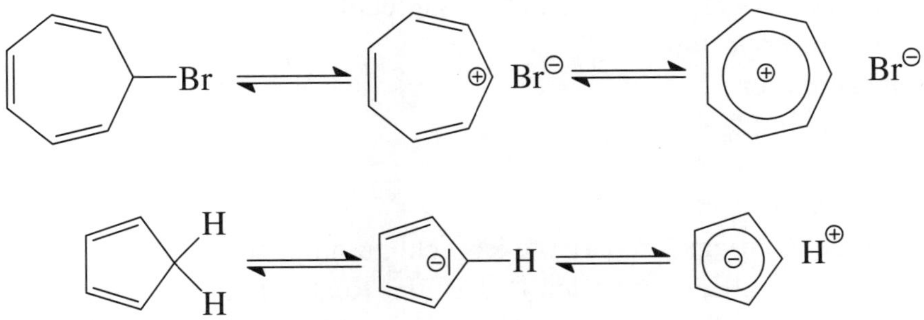

L 15.17

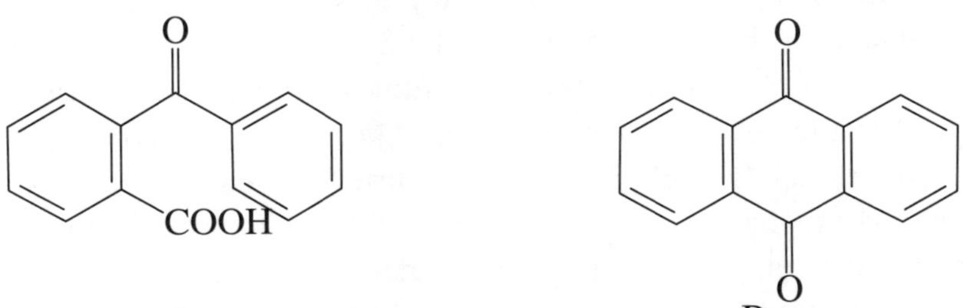

A B

Der erste Schritt ist eine Friedel-Crafts-Reaktion. Bei B hat die Schwefelsäure eine wasserentziehende Wirkung.

Carbonylreaktionen

Als Carbonylverbindungen werden alle Verbindungen, die eine C=O- Gruppierung enthalten, bezeichnet. Dazu gehören Aldehyde, Ketone und Carbonsäuren und deren Derivate. Allen gemeinsam ist die hohe Reaktivität des Carbonylkohlenstoffs sowie eine, durch den –M - Effekt bedingte, gute Abspaltbarkeit von Wasserstoffionen am benachbarten, sogenannten α-Koh-lenstoffatom. Mit diesem Effekt werden wir uns am Ende des Kapitels beschäftigen.

Carbonsäuren und ihre Derivate

Als erstes sollten wir den Begriff des Derivats erläutern. Als Derivat versteht man einen Stoff, der sich von einem anderen Stoff herleitet, sich aus diesem herstellen lässt, oder durch eine einfache Reaktion zu diesem wird.

Die Säurederivate, mit denen Sie zu tun haben, sind:

- Carbonsäurehalogenide (meist Carbonsäurechloride)
- Carbonsäureanhydride
- Carbonsäureester
- Carbonsäureamide
- Carbonsäuren
- Carbonsäureanionen

Diese Anordnung der Carbonsäurederivate ist nicht zufällig, sondern erfolgt hier nach der abnehmenden Reaktivität. Bevor wir den Begriff der Reaktivität erläutern, ist hier noch nachzutragen, dass man Aldehyde und Ketone ebenfalls in diese Reihenfolge der Reaktivitäten einordnen kann. Aldehyde sind reaktiver als Ketone, und liegen in ihrer Reaktivität zwischen Carbonsäureanhydriden und Carbonsäureestern. Diese Einordnung wird aber nicht von allen Lehrbüchern nachvollzogen. Der Begriff Reaktivität lässt sich wie folgt am besten verstehen. Es ist einfach, aus einem Carbonsäurehalogenid alle Säurederivate herzustellen, die in der Reaktivität darunter stehen. Der umgekehrte Weg funktioniert nur unter Schwierigkeiten. Das gleiche Prinzip gilt bei allen Carbonsäurederivaten. Man kann die Derivate, die in der Reaktivität nachfolgen sehr einfach herstellen, der umgekehrte Weg ist schwierig oder gar nicht möglich. Um einem Missverständnis vorzubeugen - es ist nicht nötig, wenn man z.B. aus einem Carbonsäureanhydrid ein Carbonsäureamid herstellen will, zuerst aus dem Anhydrid einen Ester zu machen, der dann zum Amid wird, sondern man kann sofort in einem Schritt vom Anhydrid zum Amid gehen.

Lernen Sie die Reihenfolge auswendig, denn sie wird gerne in Klausuren abgefragt!

Aus verständlichen Gründen können wir Ihnen nicht alle Mechanismen aufzeigen, es geht hier auch nur um das Verständnis. Daher werden wir uns hier auf den prinzipiellen Mechanismus beschränken und diesen an einem Beispiel erläutern.

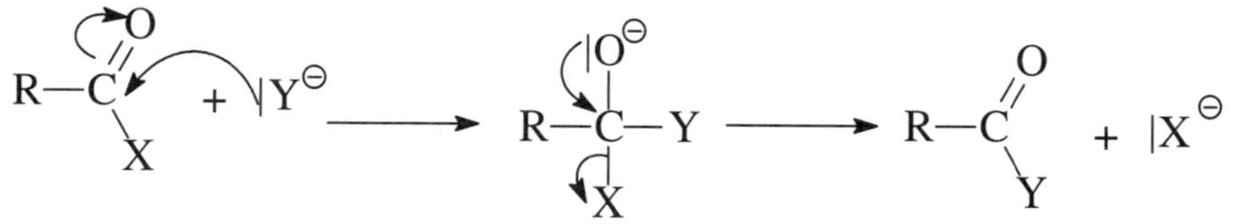

Es handelt sich hier um eine nukleophile Substitution zweiter Ordnung. Ausschlaggebend für diese Reaktion ist die starke positive Polarisierung des Carbonylkohlenstoffs durch den Sauerstoff und die Abgangsgruppe. Daher können Lewis- Basen diesen Kohlenstoff besonders gut angreifen. Es erfolgt eine nukleophile Addition; danach greift der Sauerstoff den Carbonylkohlenstoff wieder an (denken Sie an das Pauling- Prinzip!) und verdrängt dabei die Abgangsgruppe.

Beispiele:
Bilden Sie aus Ethansäurechlorid das Ethansäure-N-methylamid.

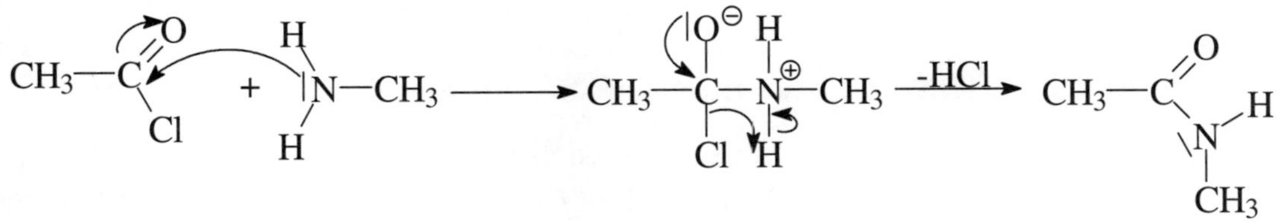

Die Lewis- Base Methylamin greift mit ihrem Elektronenpaar das Säurechlorid an. Durch die Abgabe eines Elektrons zur Ausbildung der Bindung zum Carbonylkohlenstoff wird das Stickstoffatom positiv geladen. Anschließend entsteht unter der Bildung von HCl das Amid. (Achtung: Die Reaktion hat noch einen kleinen Haken; HCl reagiert als Säure natürlich mit noch nicht umgesetztem Methylamin und macht es durch die Beanspruchung des freien Elektronenpaars unwirksam! Überlegen Sie mal, was man dagegen tun könnte!)

Bilden Sie aus Ethansäure und Ethanol einen Ester.
Wie Sie anhand der Reaktivitätenliste erkennen können, dürfte diese Reaktion nicht einfach sein. Man benutzt daher einen Katalysator, in diesem Fall eine Säure (meist konzentrierte Schwefelsäure). Merken Sie sich diesen Mechanismus, er wird in Klausuren sehr gerne abgefragt!

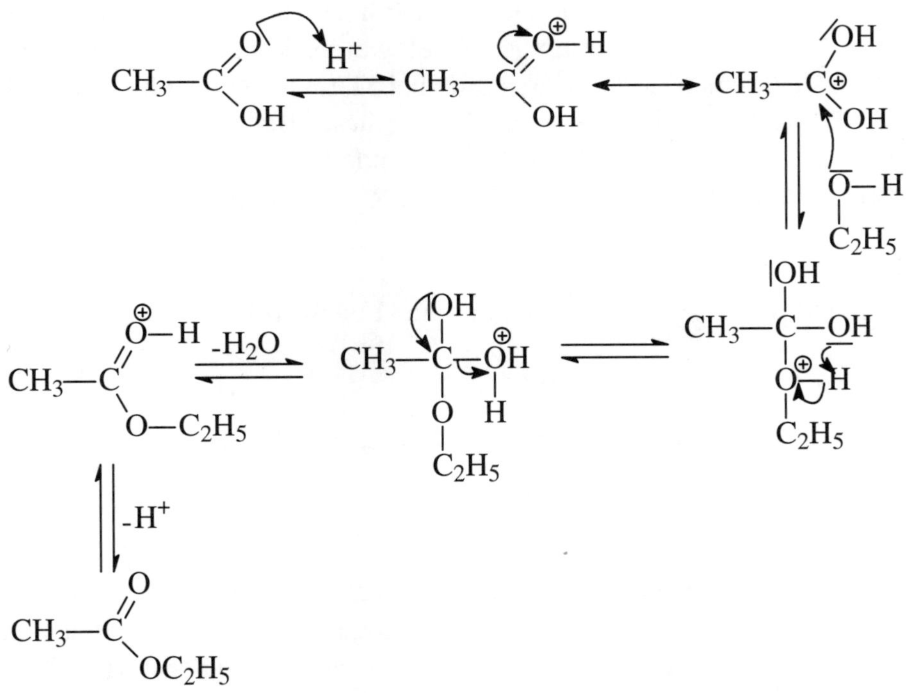

Für die Erstellung von Mechanismen möchten wir noch einmal darauf hinweisen, dass nur freie Elektronenpaare gezeichnet werden, die man unmittelbar für den nächsten Schritt braucht. Das Schöne an diesem Mechanismus ist, dass Sie ihn auch gleich umgekehrt lernen können, denn dann nennt er sich *saure Esterhydrolyse* (saure Verseifung). Neben der sauren Verseifung gibt es noch eine *alkalische Esterhydrolyse* (basische Verseifung).

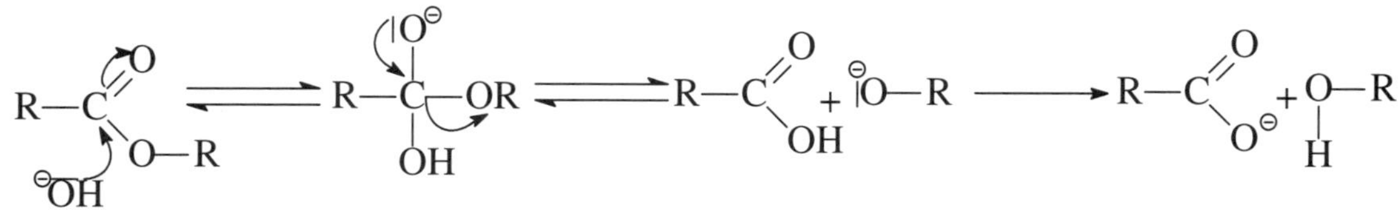

Die basische Verseifung ist entgegen der sauren Esterhydrolyse *nicht umkehrbar*. Die Ursachen dafür liegen zum einen in der hohen Stabilität (niedrige Reaktivität!) des entstandenen Carbonsäureanions, zum anderen in der extrem hohen Basizität des entstandenen Alkoholatanions im letzten Schritt. Da daher die letzte Reaktion nicht reversibel ist, ist natürlich der ganze Mechanismus irreversibel.
Der Begriff Verseifung hat eine kurze Erläuterung verdient. Seifen sind die Natriumsalze (Kernseifen) oder Kaliumsalze (Schmierseifen) von Fettsäuren. Um derartige Seifen zu gewinnen wird Fett oder Pflanzenöl, das sind Ester des Glycerins mit Fettsäuren, mit Natronlauge oder Kalilauge umgesetzt. Dabei entstehen nach dem oben genannten Reaktionsmechanismus Seifen. Es ist daher üblich, Reaktionen bei denen Säurederivate in Säure oder das entsprechende Anion umgesetzt werden, als Verseifungen oder Hydrolysen zu bezeichnen. Weitere Reaktionen können Sie der Reaktionstafel im 18. Kapitel entnehmen.

Aldehyde und Ketone
Vereinfacht gesagt, können Sie sich merken, dass sich Aldehyde und Ketone in ihrer Chemie sehr ähnlich verhalten. Der wesentliche Unterschied liegt darin, dass Aldehyde recht problemlos durch Oxidation in Carbonsäuren umgewandelt werden können. Bei Ketonen muss man erst zu speziellen Reaktionen (Iodoformreaktion bei Methylketonen, Oppenauer- Oxidation zu Estern) greifen. Diese Tricks sind aber nicht Thema dieses Buches, weitergehende Informationen können Sie einem Lehrbuch entnehmen. Folgende Reaktionen sollten Sie sich aber auf jeden Fall merken. In den folgenden Reaktionen ist R gleich ein Alkylrest oder H.

Bildung von Iminen
Imine werden immer aus einem primären Amin und einem Aldehyd oder Keton gebildet.

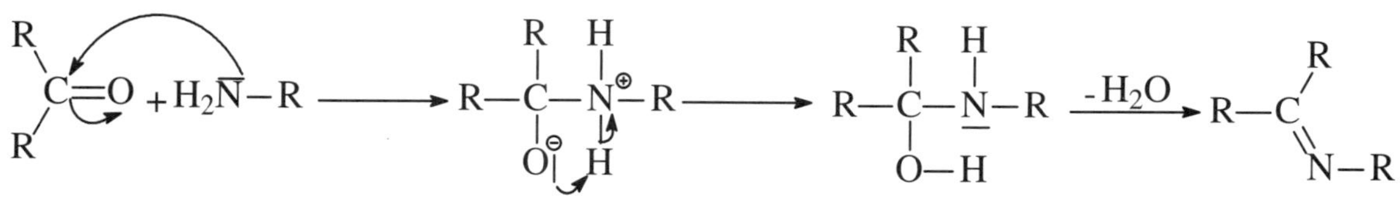

Die Reaktion hält sich an das oben erwähnte Muster; eine Lewisbase greift den Carbonylkohlenstoff an. Da bei Aldehyden oder Ketonen keine Abgangsgruppe vorhanden ist, kann sich die Doppelbindung zwischen Carbonylsauerstoff und Carbonylkohlenstoff nicht mehr ausbilden. Stattdessen nimmt der Carbonylsauerstoff ein Proton auf und bildet eine OH- Gruppe. Der zweite Schritt der Eliminierung von Wasser ist durch das basische Medium bedingt, da — wie schon im 14. Kapitel beschrieben — durch Basen Eliminierungen stattfinden können. Wichtigstes Merkmal für die Verbindung ist die Stickstoff- Kohlenstoff- Doppelbindung! Übrigens: Ein beliebtes Spiel in Klausuren ist es, das Produkt vorzugeben. Sie müssen daher auch lernen, aus welchen Edukten ein Produkt gebildet wird. Man spricht von Retrosynthese, ein besonders bei Carbonylverbindungen beliebter Aufgabentyp. Achtung! Einigen Stickstoffverbindungen sieht man nicht unbedingt an, dass sie sich als primäre Amine verhalten.

Dazu gehören:

Name des Amins	Ammoniak	Hydrazin	Phenylhydrazin	Hydroxylamin
Formel	NH_3	H_2N-NH_2	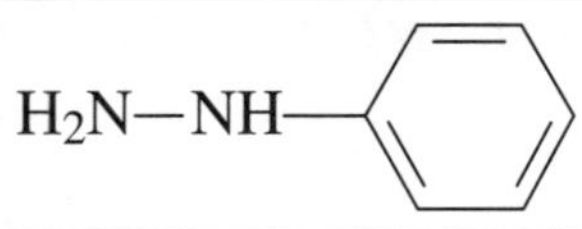	H_2N-OH
Name der entstehenden Carbonylverbindung	Imin	Hydrazon	Phenylhydrazon	Oxim

Noch eine Kleinigkeit: Imine werden in der gängigen Literatur, besonders der Biochemie, auch als Azomethine oder Schiffsche Basen bezeichnet.

Bildung von Enaminen

Enamine bilden sich aus sekundären Aminen und Aldehyden/ Ketonen *mit* α-Wasserstoffatomen. Diese α-Wasserstoffatome sind zugegebenermaßen für den Anfänger nicht leicht zu finden, denken Sie an die Konventionen zur Strichschreibweise, die wir Ihnen am Anfang der Organik erläutert haben!

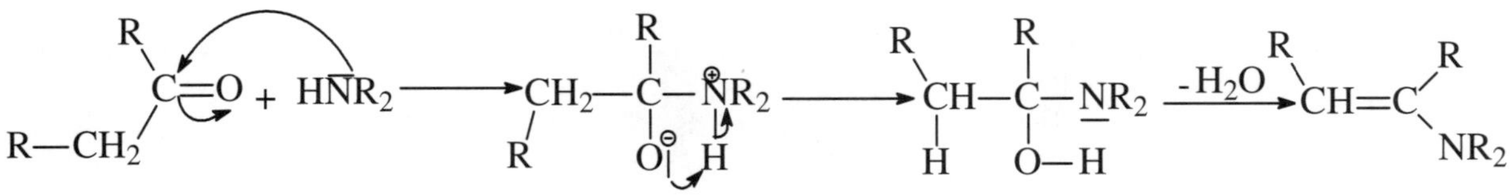

Der erste Schritt entspricht der Reaktion bei den primären Aminen, der Unterschied taucht dann auf, wenn es durch das basische Medium bedingt, zur Eliminierung kommt. Der für die Ausbildung der Doppelbindung nötige Wasserstoff kann nur von dem benachbarten αKohlenstoffatom stammt. Erinnern Sie sich noch an die „Suchspiele" im 11. Kapitel? Jetzt wissen Sie, warum dort Enamine aufgeführt wurden; sie sind wichtige Reaktionsprodukte der Carbonylchemie.

Bildung von Halbaminalen und Aminalen

Halbaminale bilden sich aus sekundären Aminen und Aldehyden/ Ketonen *ohne* α-Wasserstoffatom (Beispiele: Benzaldehyd, Formaldehyd).

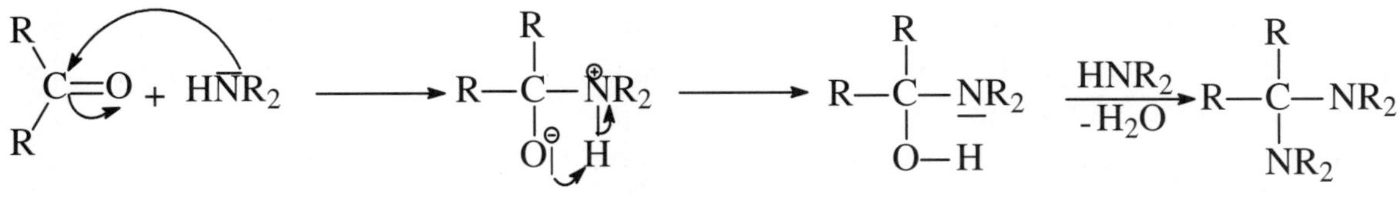

Der erste Schritt entspricht den oben gezeigten Reaktionen. Da aber an den zur OH- Gruppe benachbarten Atomen keine Wasserstoffatome vorhanden sind, ist eine Eliminierung nicht möglich. Das Produkt ist stabil und wird als Halbaminal bezeichnet. Wenn man zu diesem Halbaminal ein weiteres Äquivalent eines sekundären Amins gibt (letzter Schritt), bildet sich durch eine Substitution ein Vollaminal.

Innerhalb einer Klausur können Sie aufgrund der Aufgabenstellung erkennen, ob Sie ein Halbaminal oder Vollaminal bilden sollen. Wenn vor dem sekundären Amin eine zwei, 2 eq., Überschuss oder xs. steht, haben Sie das Vollaminal zu bilden, sonst nur das Halbaminal.

Bildung von Halbacetalen und Acetalen (Vollacetale)
Halb- oder Vollacetale werden aus Alkohol und einem Aldehyd/ Keton gebildet. In manchen Büchern wird das Reaktionsprodukt von Ketonen mit Alkohol allerdings als Halb- oder Vollketal bezeichnet. Wir werden uns bis auf weiteres daran nicht stören!

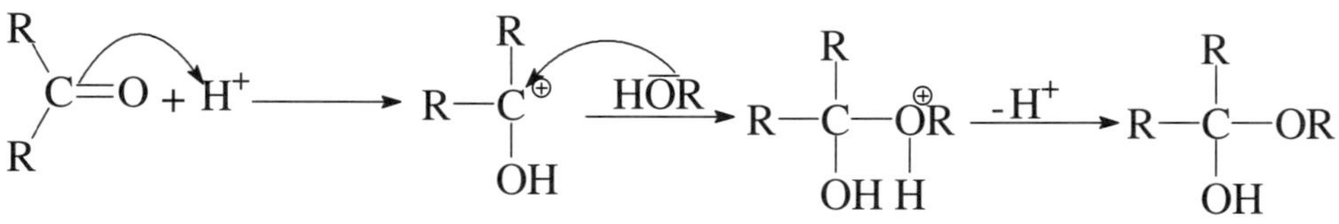

Im Wesentlichen entspricht der Mechanismus der Bildung von Halbacetalen oder Acetalen dem Mechanismus der Halb- oder Vollaminalbildung. Tatsächlich läuft der Mechanismus sauer katalytisch ab, indem sich ein Proton an den Carbonylsauerstoff setzt. Dadurch wird der nukleophile Angriff des Alkohols erleichtert. Man erhält ein Halbacetal. Die Bildung des Vollacetals erfolgt durch eine Substitution. Auch bei dieser Reaktion dient ein Wasserstoffion als Katalysator.

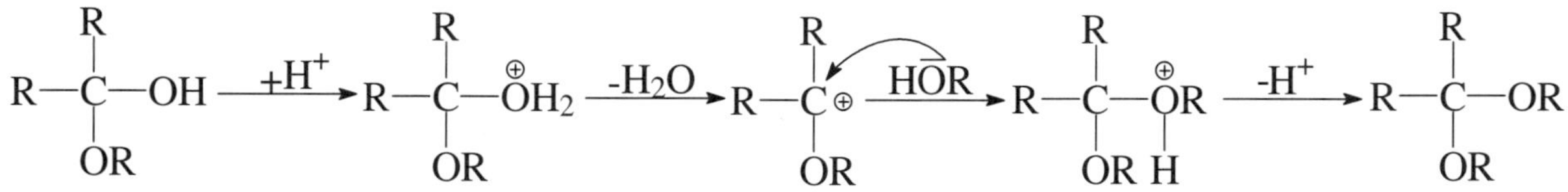

Wie Sie sehen, handelt es sich um einen S_N1- Mechanismus. Die Ursache dafür ist der starke +M- Effekt des Sauerstoffatoms.

Bildung von Hydraten
Hydrate bilden sich durch die Reaktion von Wasser mit Aldehyden/ Ketonen. Das Reaktionsprodukt ist im Regelfall nicht stabil, die Rückreaktion ist begünstigt!

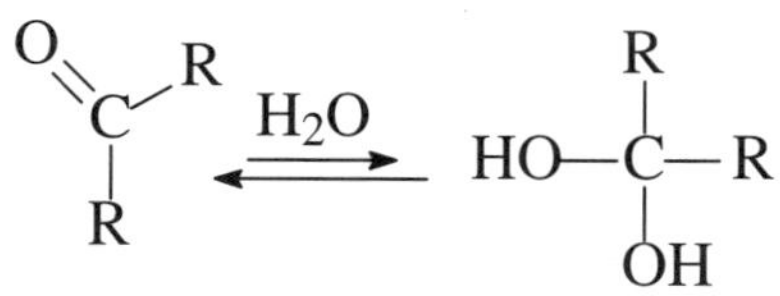

Der Mechanismus entspricht den ersten beiden Schritten einer Iminbildung, anstelle eines Amins dient hier Wasser als Nukleophil. Wie gesagt, sind zwei Hydroxylgruppen an einem Kohlenstoff nicht stabil (Erlenmeyerregel).
Zu jeder Regel gibt es aber Ausnahmen, die immer dann auftreten, wenn die benachbarten Gruppen die Elektronendichte am ehemaligen Carbonylkohlenstoff verringern. Merken Sie sich folgende Ausnahmen:

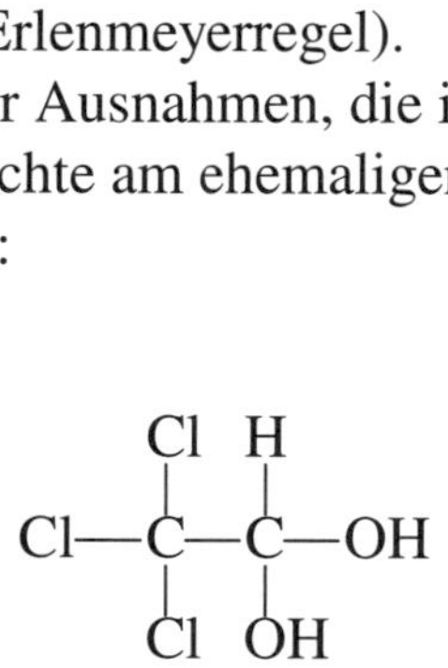

Chloralhydrat
(K.O. -Tropfen)

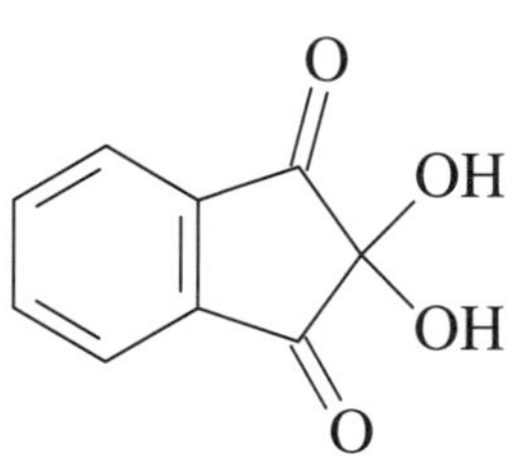

Ninhydrin

Bildung von Cyanhydrinen

Cyanhydrine werden durch die Umsetzung von Cyanidionen oder Cyanwasserstoff (Blausäure) mit Aldehyden/ Ketonen gebildet.

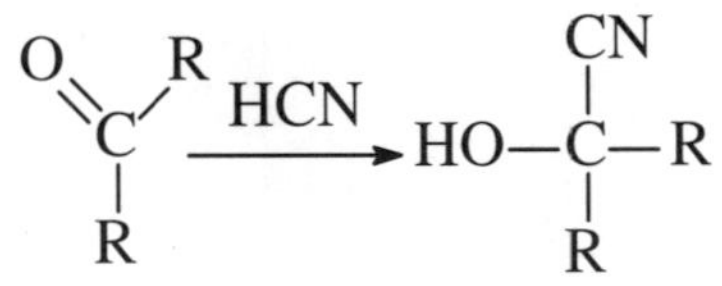

An dieser Stelle sollte der Mechanismus klar sein; beachten Sie, wenn Sie Cyanwasserstoff einsetzen, dient die korrespondierende Base Cyanid als Nukleophil! Es ist insofern eine wichtige Reaktion, da die Cyanogruppe durch Hydrolyse in eine Carbonsäuregruppe überführt werden kann. Als Beispiel soll hier die Synthese von Milchsäure aus Acetaldehyd dienen.

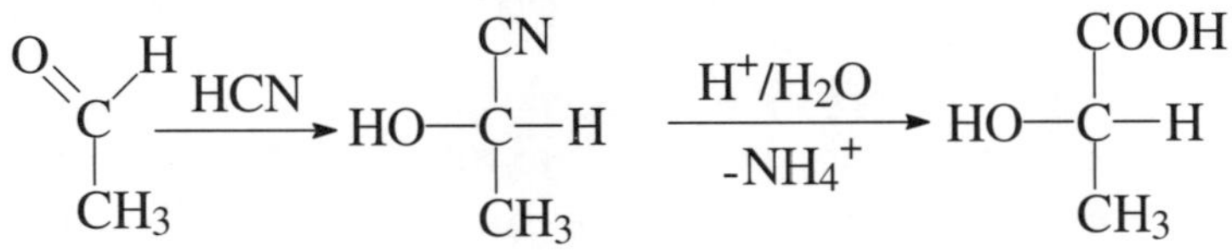

Reaktionen der α- Kohlenstoffatome

Bei Aldehyden oder Ketonen, aber auch bei Estern zeichnet sich das α- H- Atom durch eine besondere Acidität aus. Die Ursache liegt in dem –M- Effekt der benachbarten Carbonylgruppe. Um einem Irrtum gleich vorzubeugen; die Acidität ist sehr gering (aber vorhanden – eben besonders). Formal ergibt sich die Reaktion wie folgt.

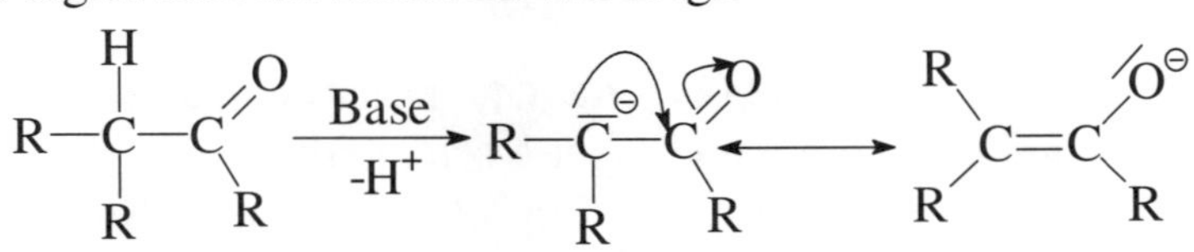

Dieses Prinzip ist bei einer Reihe von Reaktionen wichtig. Im Rahmen dieses Buches möchten wir die folgenden Reaktionen erläutern:

1. Keto- Enol- Tautomerie
2. Aldoladditionen/ Aldolkondensationen
3. Esterkondensationen

Ad 1.: Bei einer Tautomerie handelt es sich um ein Gleichgewicht zwischen zwei strukturisomeren Stoffen. Dieses Gleichgewicht lässt sich nicht unterdrücken, die strukturisomeren Stoffe sind nicht voneinander trennbar. Die Einstellung des Gleichgewichts erfolgt immer über mesomere Grenzstrukturen. In diesem Fall sieht die Reaktion wie folgt aus:

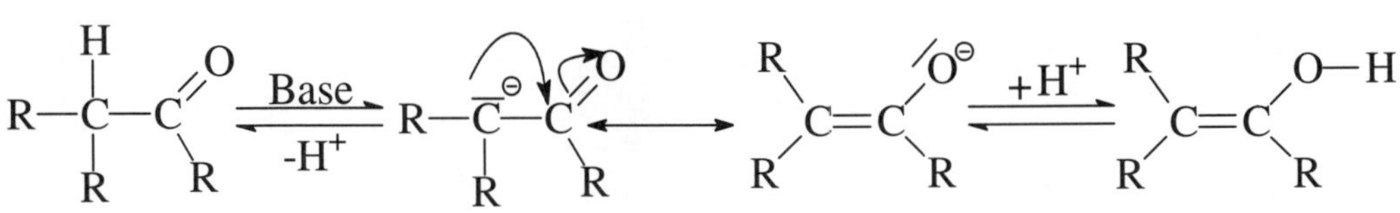

Die Base ist in diesem Fall ein freies Elektronenpaar des Ketons. Im zweiten Schritt geht das Wasserstoffion natürlich an die Stelle, an der sich die negative Ladung befindet. Das Gleichgewicht liegt im Regelfall auf der Seite des Ketons. Bei höheren pH-Werten erhöht sich der Anteil des Enols. Das ist besonders in der Biochemie wichtig.

Beispiel: Zeichnen Sie ein Enoltautomeres des Acetylacetons.

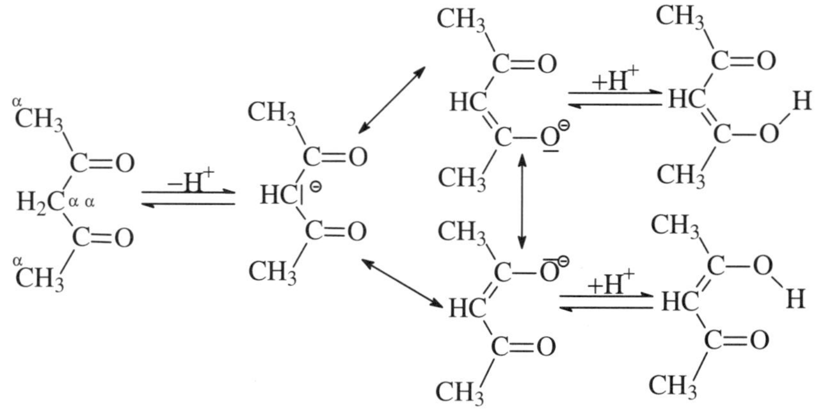

Gehen Sie bei solchen Aufgaben immer wie folgt vor: Suchen Sie das oder die α- H-Atome (Wer immer noch Schwierigkeiten mit diesem Begriff hat, sollte noch einmal das Kapitel Nomenklatur wiederholen). Es gilt, je öfter ein Kohlenstoffatom α- ständig ist, desto besser kann dort ein Wasserstoffatom abgetrennt werden. Man sagt, dass an dieser Stelle die CH- Acidität am höchsten ist. Trennen Sie dort ein Wasserstoffion ab. Lösen Sie die Doppelbindung zwischen Carbonylkohlenstoff und Carbonylsauerstoff und bilden Sie eine neue Doppelbindung zwischen dem Carbonylkohlenstoff und dem Kohlenstoff, der das Proton abgegeben hat. Setzen Sie anschließend das Wasserstoffatom an den Carbonylsauerstoff.
In diesem Fall ist das chemische Gleichgewicht deutlich zur Seite der Enole verschoben, da hier konjugierte Doppelbindungen vorliegen!
Eine verwandte Reaktion ist die Amid- Iminol- Tautomerie. Sie kann nur bei primären und sekundären Amiden auftreten und sieht folgendermaßen aus:

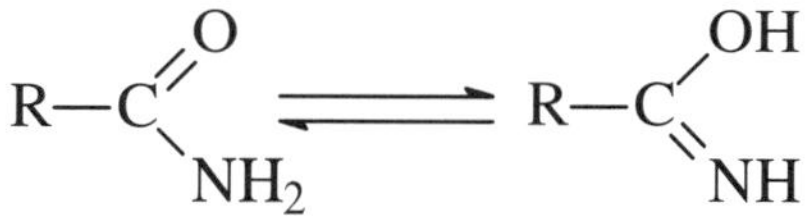

Die Amid- Iminol- Tautomerie stabilisiert Proteinketten!
Beispiel: Zeichnen Sie von folgender Verbindung die tautomeren Isomere:

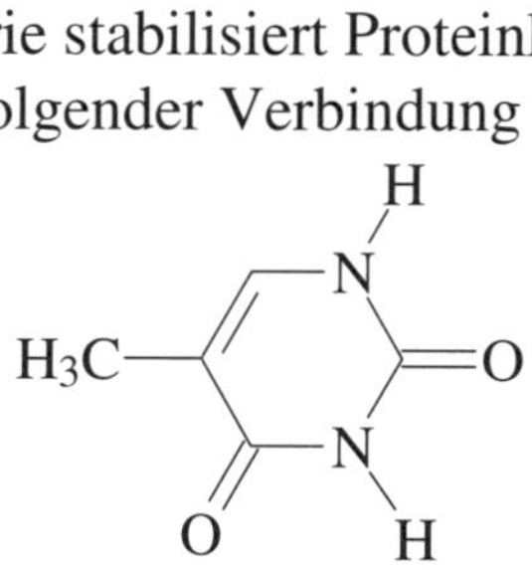

Thymin

Die möglichen Lösungen der Aufgabe sehen wie folgt aus:

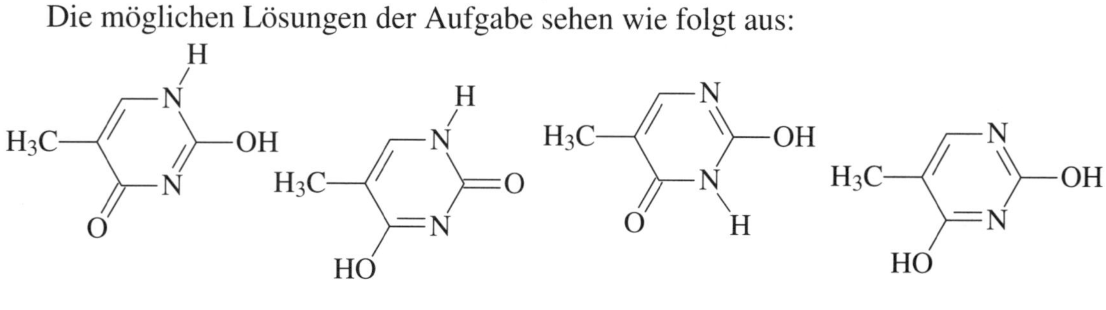

Dabei ist die Lösung links am unwahrscheinlichsten (isolierte Doppelbindungen innerhalb des Rings) und die Lösung rechts am wahrscheinlichsten (Aromat). Da aber nach den Tautomer*en* gefragt wurde, wären in dem Fall alle Lösungen richtig.

Ad 2.: Die Aldoladdition/ -kondensation ist die Reaktion des α- Carbanions mit einem Aldehyd oder Keton. Das Carbanion greift nukleophil den Carbonylkohlenstoff an. Das dadurch entstehende Aldolatanion wird durch die Aufnahme eines Protons zum Aldol.

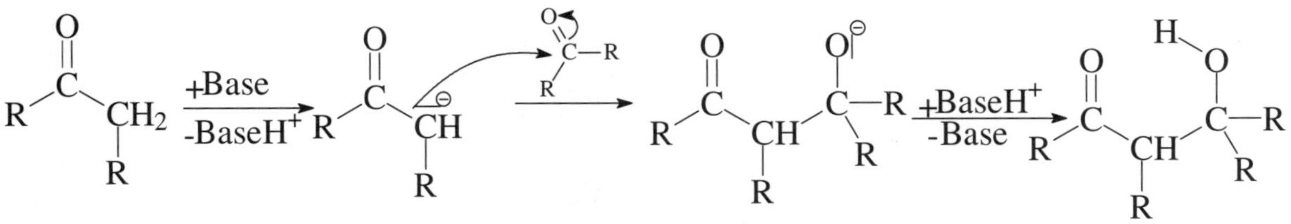

Die Base wird im letzten Schritt regeneriert, sie wirkt katalytisch. Das Reaktionsprodukt kann stabilisiert und isoliert werden, aber im Regelfall läuft die Reaktion weiter. In einem weiteren Schritt wird Wasser eliminiert. Es entsteht das Aldolkondensationsprodukt, eine α,β- ungesättigte Carbonylverbindung. Die Richtung der Eliminierung ist durch die Ausbildung einer konjugierten Doppelbindung vorgegeben.

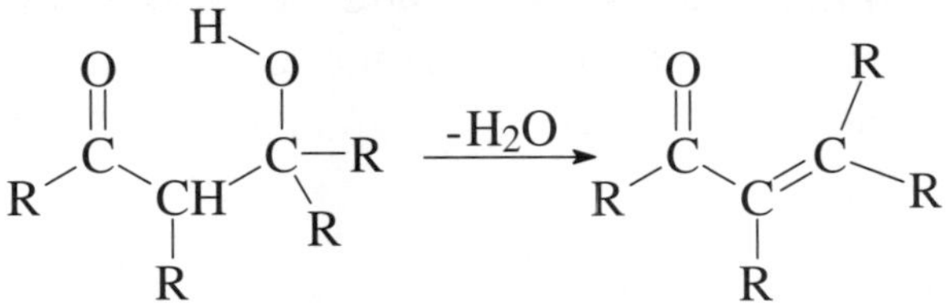

Übrigens: α- Carbanionen kann man auch für andere Reaktionen als Nukleophil benutzen (z. B.: S_N)!

Beispiel:
Geben Sie das Hauptreaktionsprodukt der Reaktion von Acetylaceton mit Acetaldehyd an.

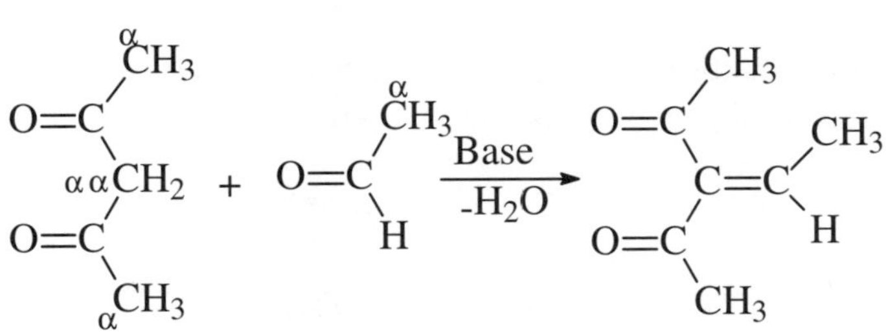

Denken Sie daran, wieder die α- Positionen relativ zu den Carbonylgruppen zu markieren. Prinzipiell sind hier, da eine Reihe von Kohlenstoffatomen α- ständig ist, mehrere Produkte denkbar. Sie sehen aber schnell, dass der mittlere Kohlenstoff des Acetylacetons doppelt α- ständig ist und daher besonders leicht Wasserstoffionen abspalten kann. Dadurch ergibt sich dieses Produkt als Hauptreaktionsprodukt.
Wenn bei einer Reaktion mehr als ein Produkt durch die Kombination zweier Edukte entstehen kann, so nennt man diese Kreuzprodukte. Häufig ist es aber so, dass ein Atom der Edukte besonders ausgezeichnet ist, so dass man ein Produkt bevorzugt erhält. Dieses Beispiel zeigt wieder, dass die genaue Kenntnis des Mechanismus es ermöglicht das Produkt vorherzusagen oder die Synthese zu planen.

Ad 3.: Esterkondensationen sind mit den Aldolkondensationen verwandt. Durch eine Base wird ein α- Wasserstoffatom, diesmal von einem Ester abgespalten. Das Nukleophil greift ein anderes Estermolekül an. Da aber in diesem Fall eine Abgangsgruppe in Form des Alkoholatanions vorliegt, geht die Reaktion gleich bis zur Endstufe, einem β- Carbonylester.

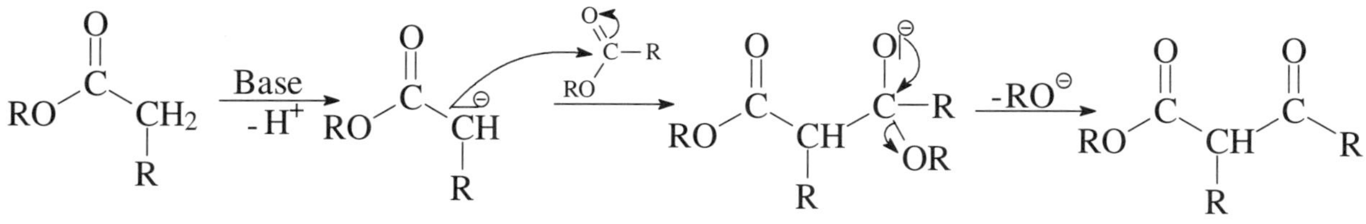

In einer Nebenreaktion gibt dann die Base das aufgenommene Proton an das Alkoholatanion ab. Die Base wird dadurch regeneriert, sie ist ein Katalysator. Diese Reaktion dient, ebenso wie die Aldoladdition, zur Verlängerung von Kohlenstoffketten. Da sie in ähnlicher Weise auch im Körper stattfinden, sind sie von einiger biochemischer Relevanz. Ein Beispiel ist die Fettsäuresynthese in der Zelle.
Die bei der Hydrolyse des entstehenden Esters gebildete Carbonsäure ist nicht stabil. Durch einen ringförmigen Mechanismus wird die Carbonsäuregruppe in Form von Kohlendioxid abgegeben, die Kohlenstoffkette wird — logischerweise — um einen Kohlenstoff verkürzt.

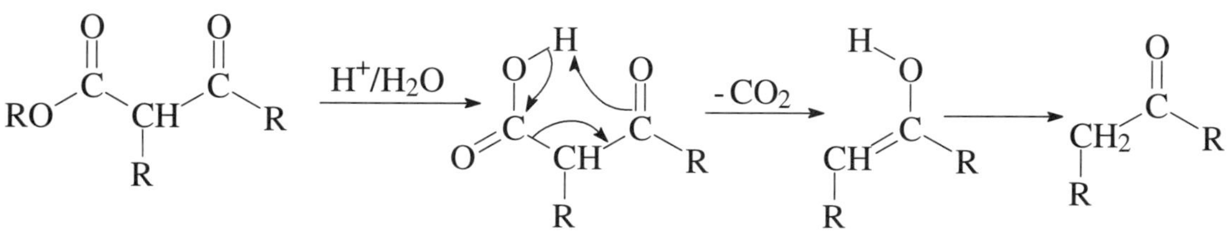

Diese Reaktion wird als β- Decarboxylierung bezeichnet. Vergleichen Sie auch hier mit der Biosynthese von Fettsäuren.

Beispiele:
a) Geben Sie das Reaktionsprodukt von Malonsäurediethylester mit Essigester an.
b) Geben Sie das Reaktionsprodukt der sauren Hydrolyse dieses Produktes an.

a)

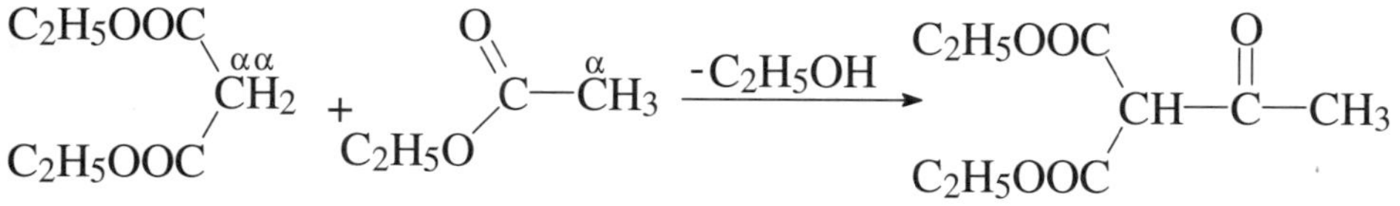

Auch hier sollten Sie zuerst die α- Kohlenstoffatome markieren. Der Malonsäurediethylester zeichnet sich durch eine erheblich erhöhte Reaktivität am α- C- Atom aus. Es bildet sich daher hauptsächlich das hier gezeigte Produkt.

b)

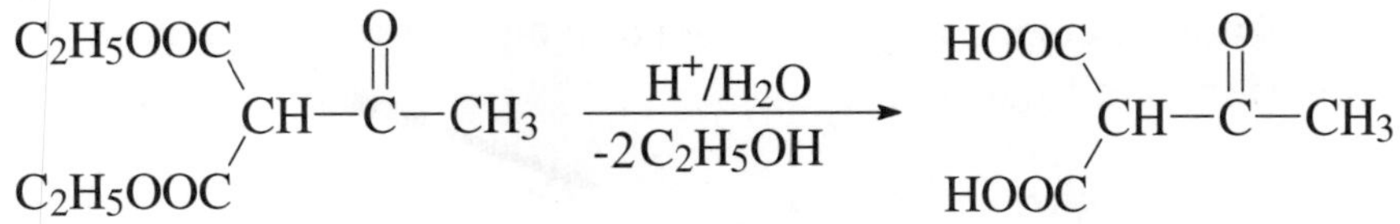

Die saure Hydrolyse macht natürlich aus den Estergruppen eine Dicarbonsäure! Diese β- Ketodicarbonsäure neigt natürlich zum Decarboxylieren.

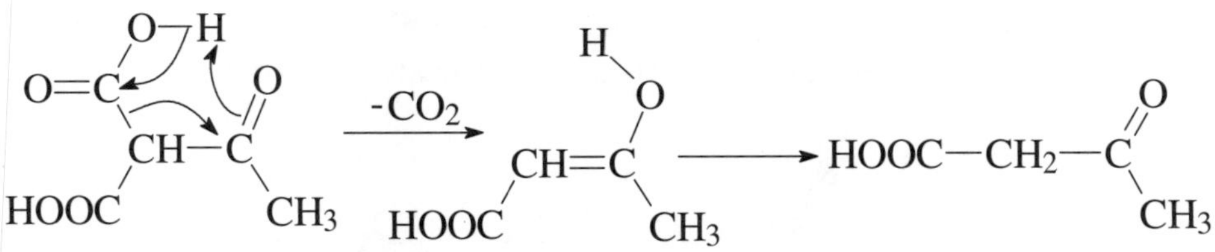

Und weil es so schön war, noch einmal:

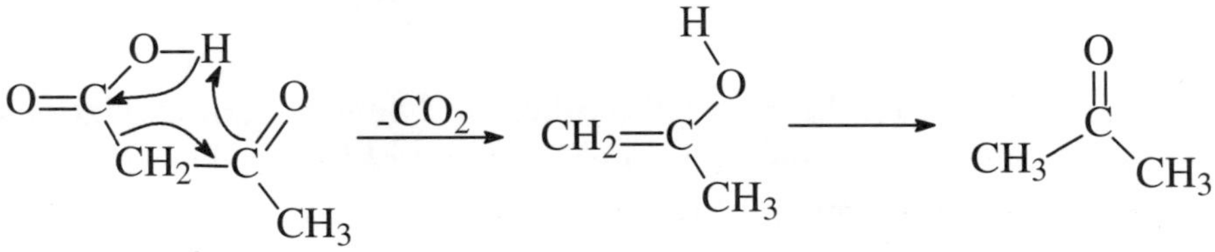

Eine etwas exklusive Art, um Aceton herzustellen, wenigstens blubbert es ganz nett.

Cannizarro- Reaktion

Diese Reaktion gehört im erweiterten Sinn zu den Reaktionen der α- Kohlenstoffatome. Die Edukte, hier nur Aldehyde, zeichnen sich dadurch aus, dass sie keine α- Wasserstoffatome besitzen. Im basischen Medium kann daher keine Aldoladdition/ -kondensation stattfinden. Es erfolgt eine Disproportionierung:

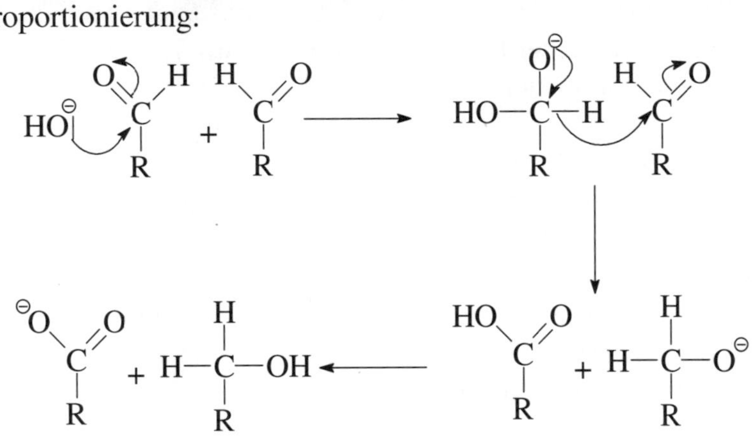

Das Nukleophil ist in diesem Fall OH^-, das ein Aldehydmolekül angreift. Danach greift das freie Elektronenpaar am ehemaligen Carbonylsauerstoffatom den benachbarten Kohlenstoff an, der daraufhin ein Wasserstoffatom mit dem Elektronenpaar an ein anderes Aldehyd überträgt, dieses also reduziert. Es entsteht ein Alkoholat und eine Carbonsäure. Anschließend findet eine Säure- Base- Reaktion zwischen der Carbonsäure und der starken Base Alkoholat statt, wodurch die Reaktion wieder irreversibel wird.

Darstellung der Carbonsäuren, Aldehyde und Ketone aus Alkoholen
Aldehyde und Carbonsäuren können durch die Oxidation eines primären Alkohols hergestellt werden. Die Reaktion sieht wie folgt aus:

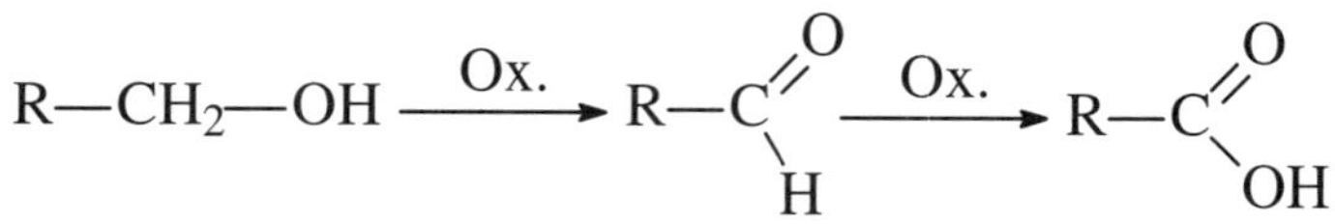

Hier müssen Sie beachten, in welcher Menge Oxidationsmittel zugesetzt werden. Ketone können durch die Oxidation eines sekundären Alkohols dargestellt werden:

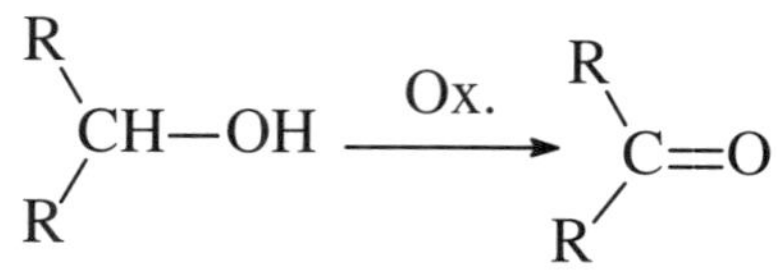

Tertiäre Alkohole sind in diesem Sinne nicht oxidierbar. Die gängigen Oxidationsmittel sind dabei Kaliumpermanganat und Kaliumdichromat im sauren Milieu, aber auch Silber(I)- und Kupfer(II)- verbindungen in Ammoniaklösung.

Grignard- Reaktionen
Diese Reaktionen sind wesentlich für die Verlängerung von Kohlenstoffketten und finden in der organischen Synthese breite Anwendung. Der erste Reaktionsschritt ist die Reaktion eines Alkyl- oder Arylhalogenids mit Magnesium.

$$\overset{\delta^+}{R}Br + Mg \xrightarrow{\text{Ether}} \overset{\delta^-}{R}MgBr$$

Der Kohlenstoff neben dem Halogenatom (hier Brom) ist positiv polarisiert (denken Sie an die Elektronegativität). Durch die Insertion des Magnesiums ändert sich die Polarisation des Kohlenstoffs. Man spricht von einer Umpolarisation. Wichtig ist, dass die Verbindung nur in wasserfreien Ethern stabil und löslich ist.

Reaktionen mit dem Grignard- Reagenz
Wir möchten Ihnen hier eine Auswahl an möglichen Reaktionen vorstellen. Durch die Umpolarisation des Kohlenstoffs verhält er sich als Nukleophil.

1. Reaktion mit Wasser
2. Reaktion mit einem Keton
3. Reaktion mit einem Ester
4. Reaktion mit einem Alkylhalogenid

Ad 1.: Wasser ist eine schwache Säure. Sie kann also in einem gewissen Maße H^+ abgeben. Das Grignard- Reagenz ist aber eine starke Base.

$$\overset{\delta^-}{R}MgBr + H_2O \longrightarrow RH + MgBrOH$$

Sie sehen, dass ein Alkan sowie ein basisches Magnesiumsalz entstehen. Die allgemeine Regel ist, dass acide Verbindungen (Wasser, Säuren, aber auch schon einige der oben beschriebenen CH- aciden Verbindungen) ein Grignard- Reagenz durch eine Säure- Base Reaktion zerstören. Deswegen nimmt man auch Ether als Lösungsmittel.

Ad 2.: Der Carbonylkohlenstoff eines Ketons (natürlich auch eines Aldehyds) ist für das nukleophile Grignard- Reagenz gut angreifbar.

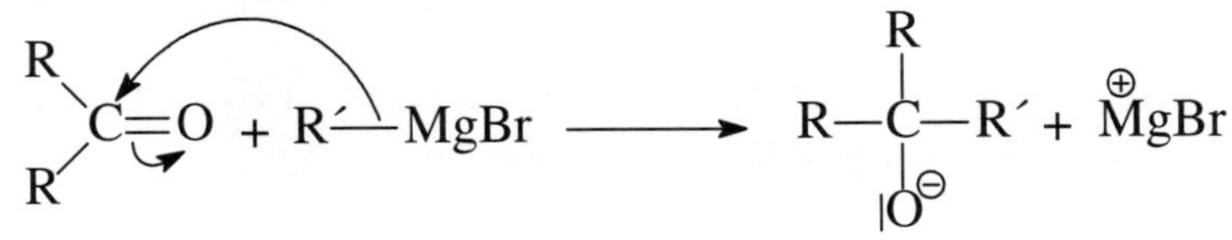

Den exakten Mechanismus entnehmen Sie – bei Bedarf – einem Lehrbuch.

Anschließend reagiert das Alkoholat mit zugefügtem Wasser.

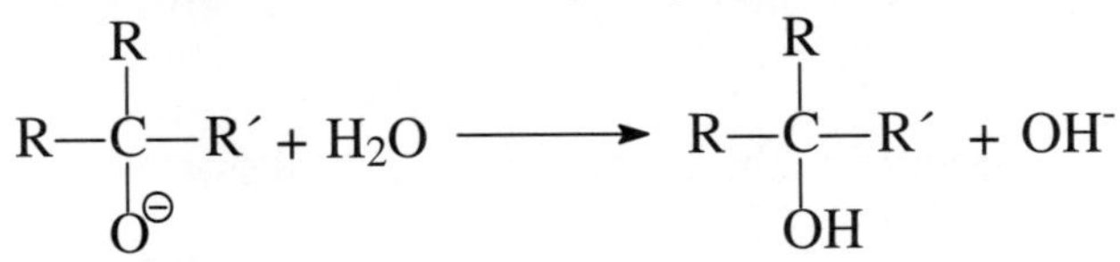

Auf diesem Weg erzeugt man aus Ketonen tertiäre Alkohole. Aus Aldehyden entstehen sekundäre Alkohole, aus Formaldehyd entstehen primäre Alkohole.

Ad 3.: Auch hier erfolgt eine Reaktion am Carbonylkohlenstoff.

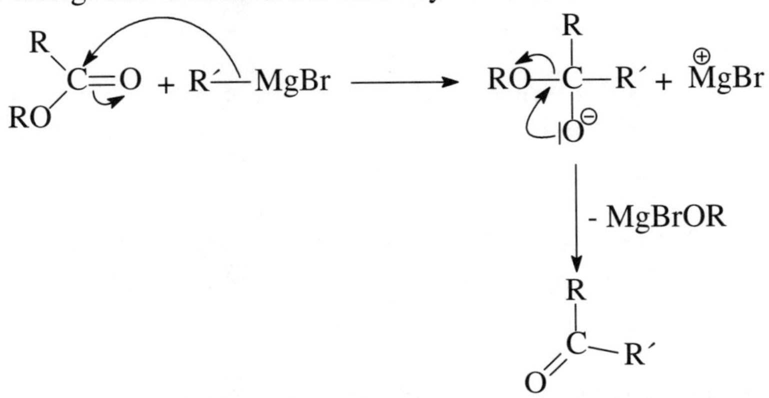

Das gebildete Keton reagiert ein weiteres Mal mit dem Grignard- Reagenz nach dem unter Ad 2. gezeigtem Schema. Es entsteht wiederum ein tertiärer Alkohol. Die Reaktion lässt sich nicht beim Keton stoppen.

Ad 4.: Die Reaktion mit Alkylhalogeniden wird als Wurtz- Reaktion bezeichnet. Auch hier handelt es sich um einen nukleophilen Angriff. Der Mechanismus entspricht aber dem einer S_N2- oder S_N1- Reaktion.

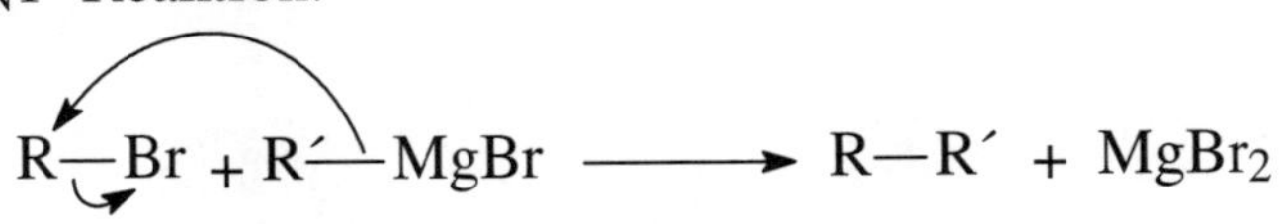

Über die mechanistischen Differenzierungen zwischen S_N2- oder S_N1- Reaktion verweisen wir auf das Kapitel 14.

1. Aufgaben zu Carbonsäurederivaten

A 16.01 Ordnen Sie bitte die folgenden Carbonsäurederivate nach zunehmender Reaktivität und zeichnen Sie ein Beispiel für die Verbindungen.

Carbonsäure Carbonsäureanhydrid Carboxylatanion Ester

Carbonsäurechlorid Carbonsäureamid

A 16.02 Entwerfen Sie einen Mechanismus für die Reaktion von Ethansäurechlorid mit einem Phenolat-Anion!

A 16.03 Entwerfen Sie bitte einen Mechanismus für die sauer katalysierte Veresterung von Ethansäure mit Methanol.

A 16.04 Stellen Sie bitte ein Massenwirkungsgesetz für die vorhergehende Reaktion auf und erläutern Sie den Einfluss der übrigen Komponenten auf die Esterausbeute!

A 16.05 Wie verläuft die basische Hydrolyse eines Esters (Mechanismus)? Wieso heißt die Reaktion auch Verseifung? Warum ist Sie nicht reversibel?

A 16.06 Stellen Sie einen Mechanismus für die saure Verseifung von Ethansäurepropylester auf. Vergleichen Sie mit A 16.03 und A 16.05. Welche Konsequenzen ergeben sich für die saure Verseifung?

A 16.07 Geben Sie die Reaktionsprodukte der Veresterung folgender Stoffe an!

a) 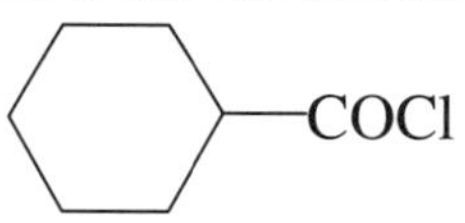 + C_2H_5OH

b) C_2H_5COOH + 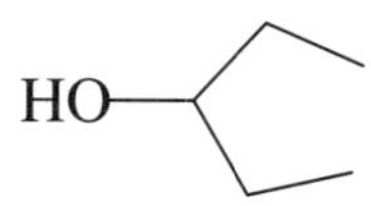

c) 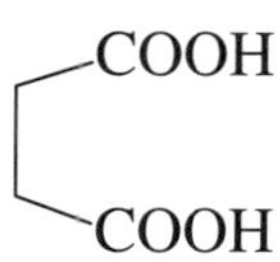 + Überschuß CH_3OH

d) HO—CH_2—CH_2—CH_2—COOH

A 16.08 Welche Aussagen sind richtig oder falsch?

a) Die Hydrolyse eines Esters wird durch eine höhere Temperatur beschleunigt.
b) Der Sauerstoff des bei der Esterbildung austretenden Wassers stammt aus dem Alkohol.
c) Säurechloride setzen sich vollständig in einem Überschuss Alkohol zum Ester um.
d) Druckerhöhung verlangsamt die sauer katalysierte Veresterung.

A 16.09 Was entsteht bei der Hydrolyse folgender Ester?

a) 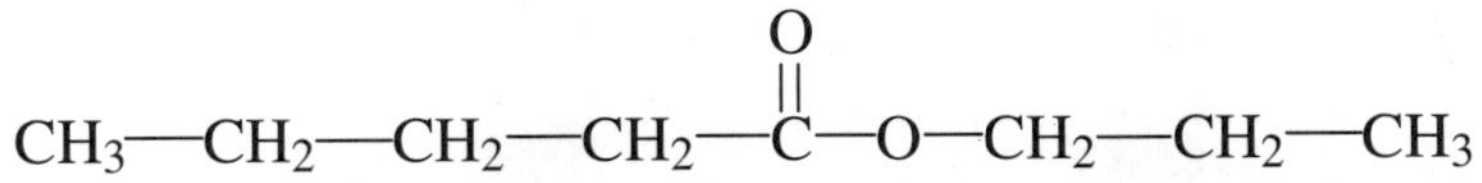

b) 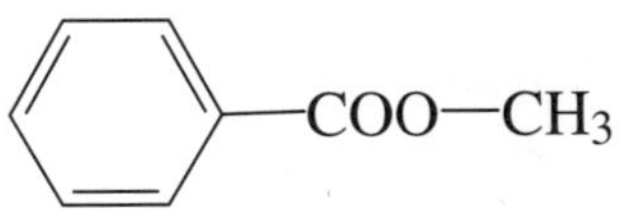

c) 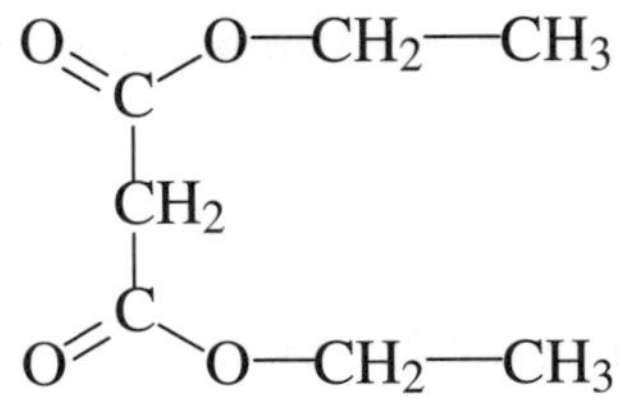

d) 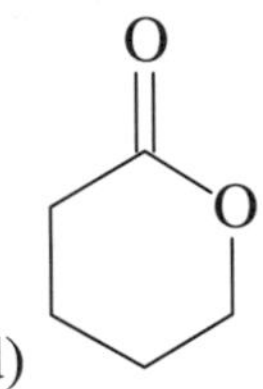

A 16.10 Gegeben ist eine unbekannte Verbindung mit der Summenformel $C_3H_6O_2$. Sie reagiert mit Methanol zu einer fruchtig riechenden Verbindung mit der Summenformel $C_4H_8O_2$. Bei der Reduktion der Ausgangsverbindung ($C_3H_6O_2$) entsteht über die Zwischenstufe eines Aldehyds ein Alkohol.
Geben Sie die Strukturformeln aller auftretenden Verbindungen an.

A 16.11 Geben Sie das Produkt der folgenden Umsetzungen an:
a) ortho-Hydroxybenzoesäure und Essigsäureanhydrid
b) Ethylethanoat und verdünnte Schwefelsäure
c) para-Dihydroxybenzol und ein Überschuss an Essigsäurechlorid
d) Phthalsäureanhydrid und Wasser.
Welche der Reaktionen ergibt Aspirin?

A 16.12 Geben Sie die Reaktionsprodukte von Essigsäureanhydrid mit folgenden Stoffen an:

a) Anilin	b) Phenol
c) tert-Butanol	d) Natronlauge
e) Dimethylamin	f) Unterschuss Ethandiol

A 16.13 Ordnen Sie folgende Verbindungen nach abnehmender Acidität. Begründen Sie Ihre Entscheidung.

Essigsäure	Butansäure	2,2-Dimethylpropansäure
2,2-Difluorpropansäure	Dichloressigsäure	

A 16.14 Ordnen Sie die folgenden Verbindungen nach abnehmenden pK_B-Wert:

para-Nitrobenzoesäure	ortho-Hydroxybenzoesäure
meta-Nitrobenzoesäure	ortho-Methylbenzoesäure

A 16.15 Die wohl vom Verständnis her schwierigste Reaktion der Carbonsäurederivate ist die Esterkondensation. Entwerfen Sie einen Mechanismus zur Kondensation von zwei Molekülen Essigsäureethylester mit dem Ethanolat-Anion als Katalysator.

A 16.16 Geben Sie das Kondensationsprodukt der folgenden Ester an:
a) Propansäureethylester und Propansäureethylester
b) Ethansäureethylester und Benzoesäureethylester
c) 2,2-Dimethylpropansäureethylester und Propansäuremethylester
d) 2,2-Dimethylpropansäuremethylester und Benzoesäuremethylester.

A 16.17 Zur Esterkondensation nimmt man sehr gerne Malonsäurediethylester (Diethylpropandioat). Begründen Sie, warum die Esterkondensation mit ihm besonders reaktiv ist, und geben Sie die Produkte (Hauptprodukte) der Kondensation mit folgenden Stoffen an:

a) Essigsäureethylester
b) Benzoesäurethylester
c) 1 Eq. Iodmethan
d) 2,2-Dimethylbutansäuremethylester

---

2. Aufgaben zu Aldehyden und Ketonen

A 16.18 Aldehyde und Ketone sind durch einen doppelt gebundenen Sauerstoff, eine sogenannte Oxogruppe charakterisiert. Nennen Sie jeweils eine Methode zur Herstellung von den unten genannten Molekülen.

a) 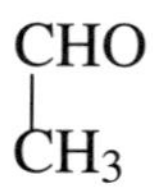
b) 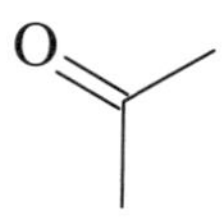
c) 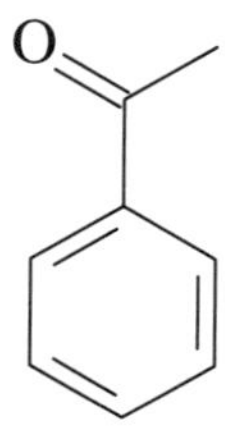

A 16.19 Stellen Sie einen Reaktionsmechanismus für die Reaktion von Ammoniak mit Ethanal auf.

A 16.20 Die Reaktion eines Amins ist eine für die Carbonylchemie typische Reaktion. Geben Sie die Reaktionsprodukte der unten aufgeführten Reaktionen an:

a) 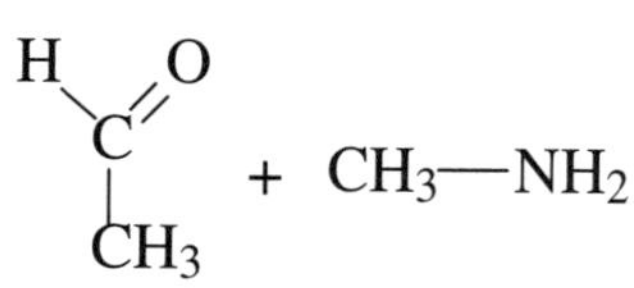

b) 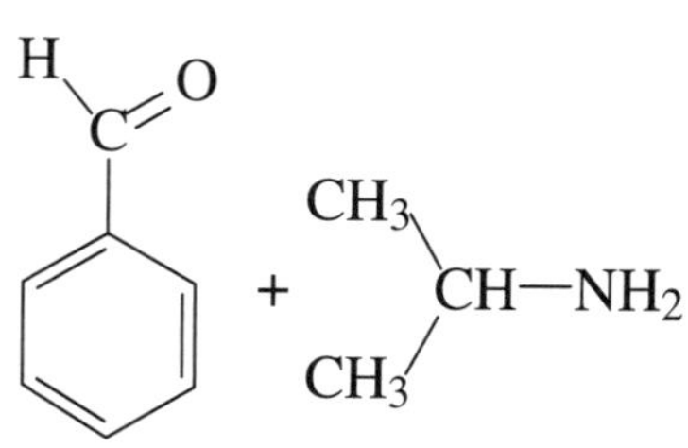

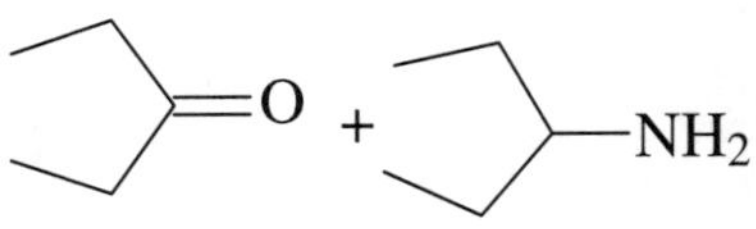

c)

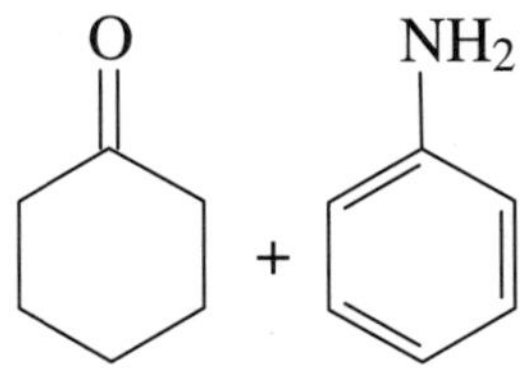

d)

A 16.21 Geben Sie an, aus welchen Edukten folgende Moleküle hergestellt wurden:

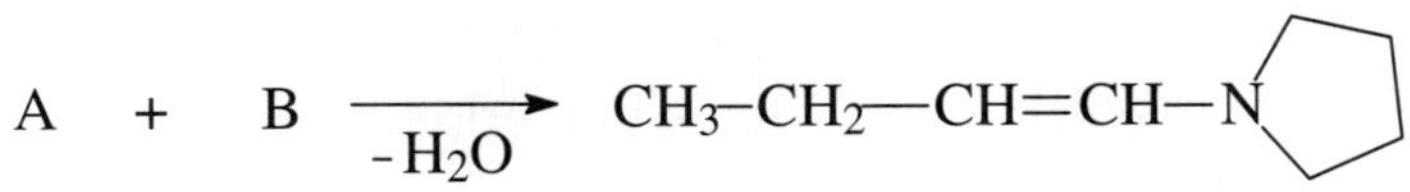

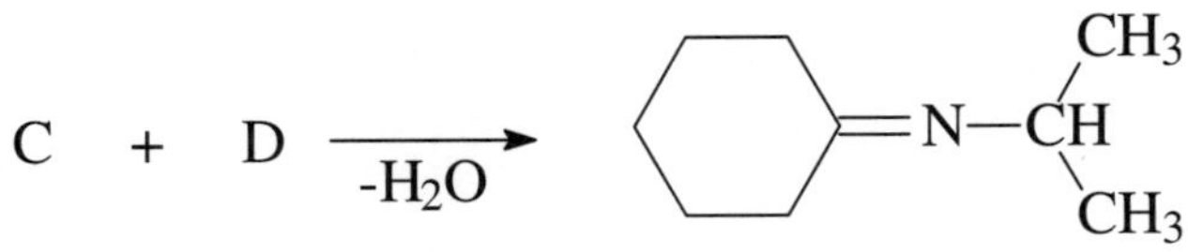

A 16.22 Bei sekundären Aminen verläuft die Reaktion etwas anders. Geben Sie jeweils das Reaktionsprodukt der unten aufgeführten Reaktion an:

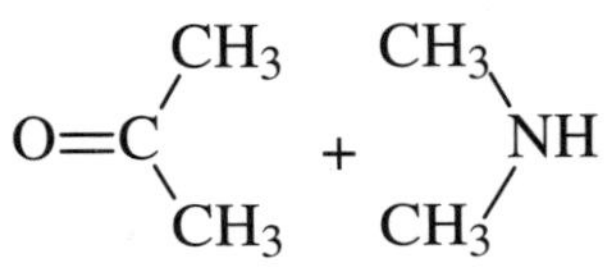

a)

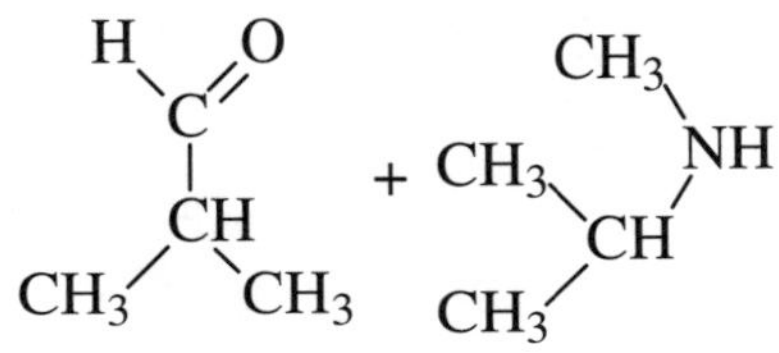

b)

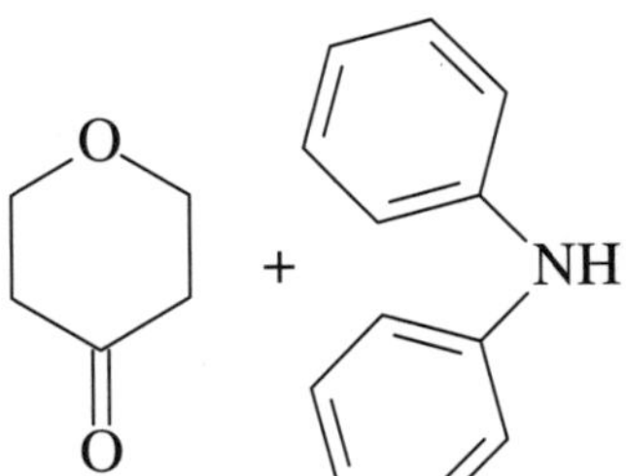

c)

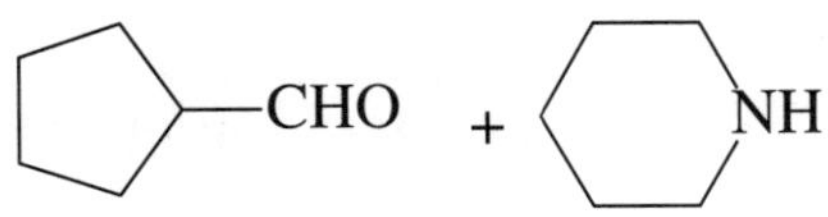

d)

A 16.23 Noch einmal Aldehyde bzw. Ketone und sekundäre Amine, aber dieses Mal raten wir Ihnen zur Vorsicht!

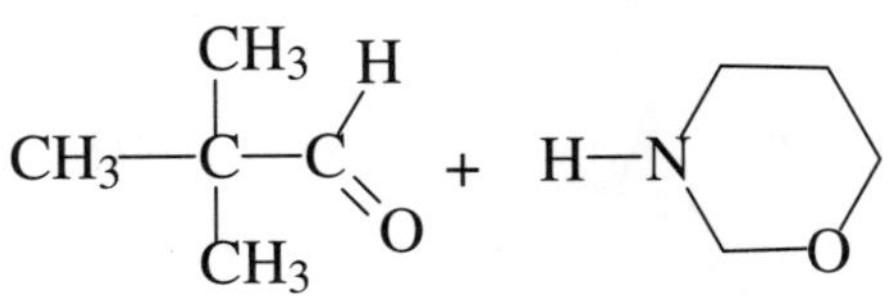

a)

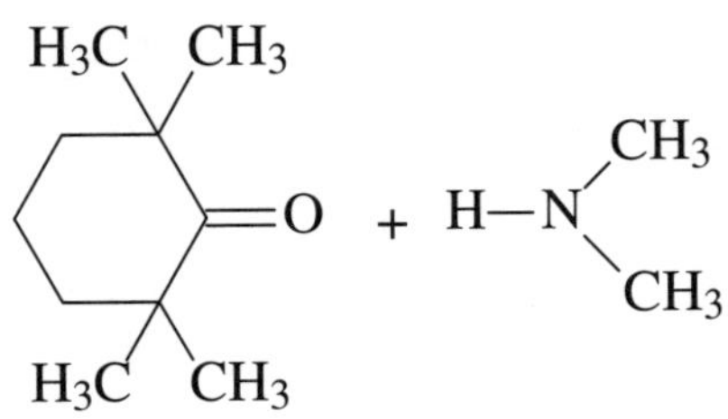

b)

c) 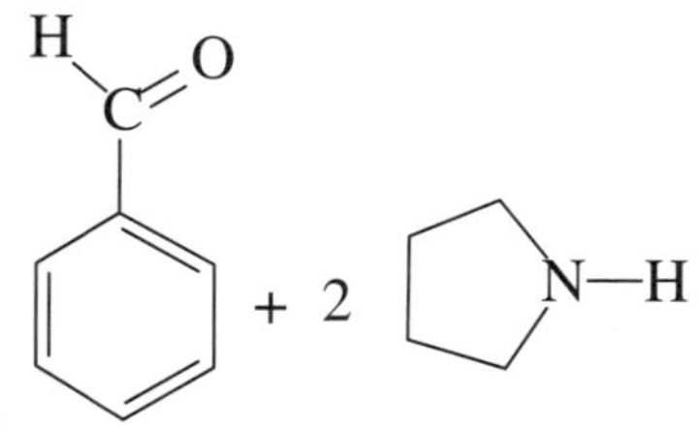

d) 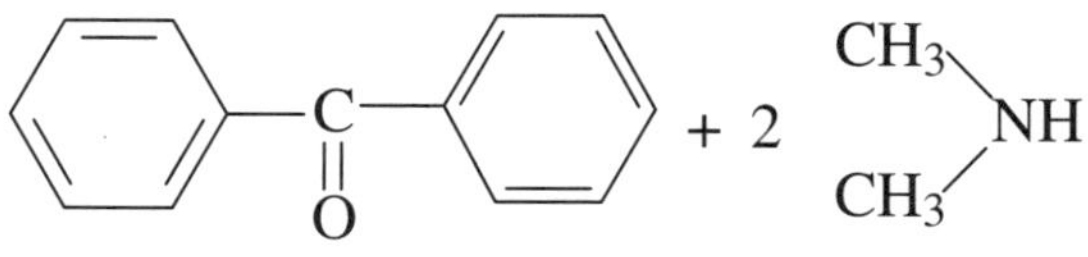

A 16.24 Eine Ausnahme der Erlenmeyerregel stellt folgende Verbindung dar. Geben Sie an, aus welchen Edukten sie sich herleitet und erklären Sie warum diese Ausnahmeverbindung existiert.

$$Cl_3C{-}CH(OH)_2$$

A 16.25 Entwerfen Sie für die Reaktion von Acetaldehyd mit einem Überschuss an Methylalkohol einen sauer katalysierten Reaktionsmechanismus!

A 16.26 Geben Sie die Reaktionsprodukte der Umsetzung folgender Reaktionen an:

a) 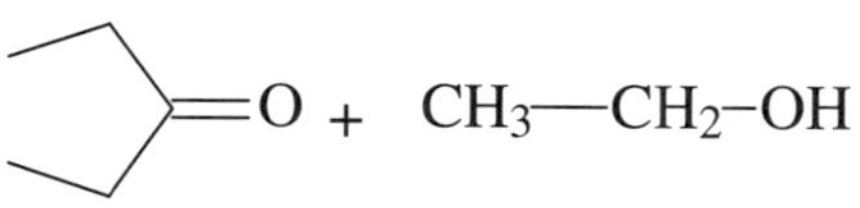

b) 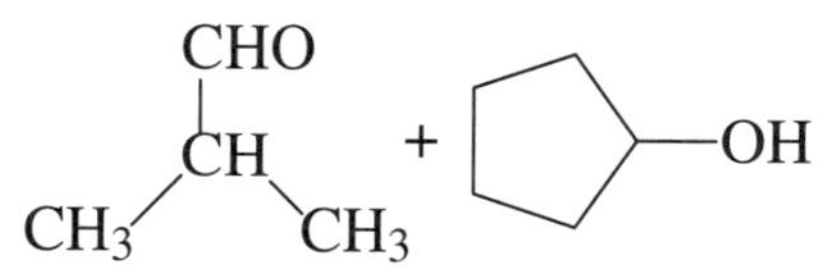

c) 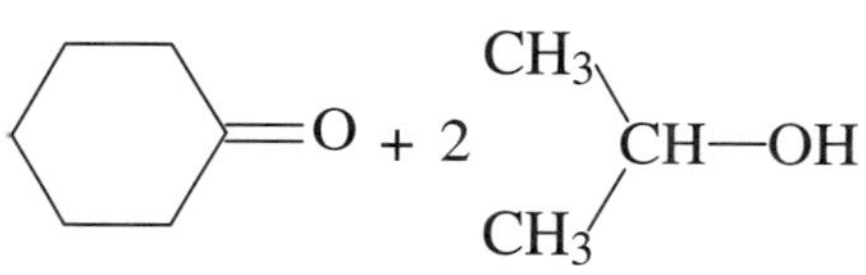

d) 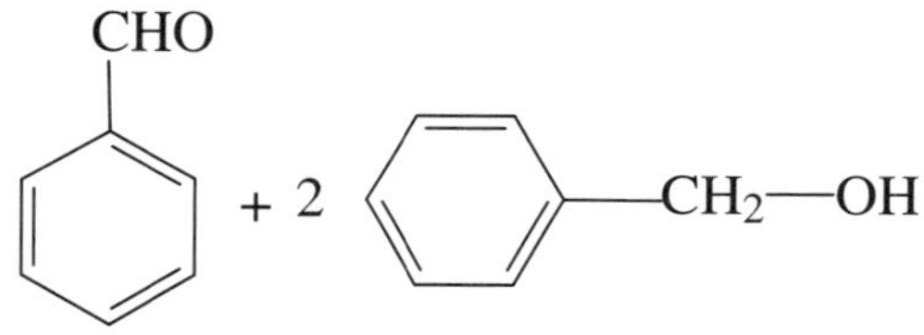

A 16.27 Noch ein paar schwierigere Reaktionen:

a) 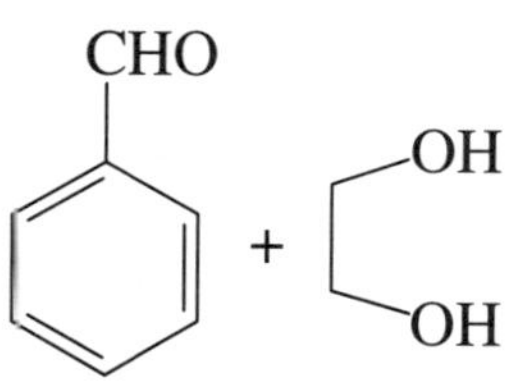

b) $CH_3{-}\overset{O}{\overset{\|}{C}}{-}CH_2{-}CH_2{-}CH_2{-}\overset{OH}{\overset{|}{C}}H{-}CH_3$

c) $HO{-}CH_2{-}CH_2{-}CH_2{-}CH_2{-}CHO$

d) 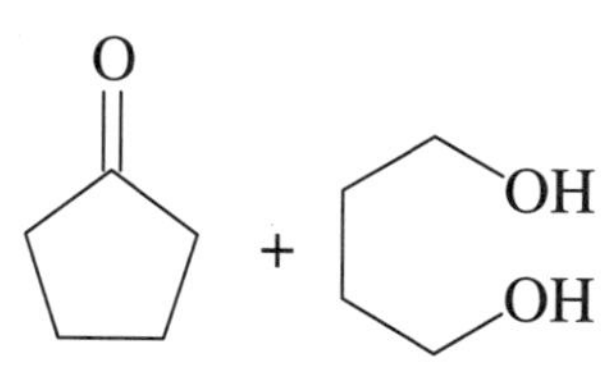

A 16.28 Geben Sie an, aus welchen Molekülen die folgenden Verbindungen hergestellt wurden:

a) 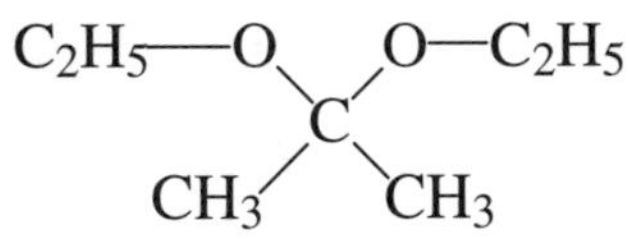

b) 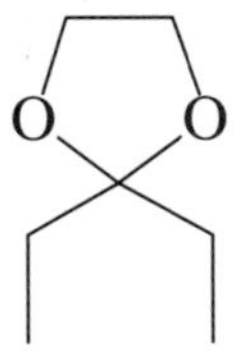

c) 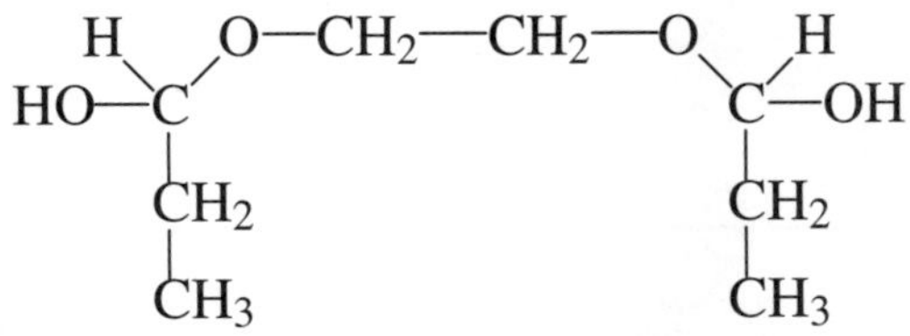

d) 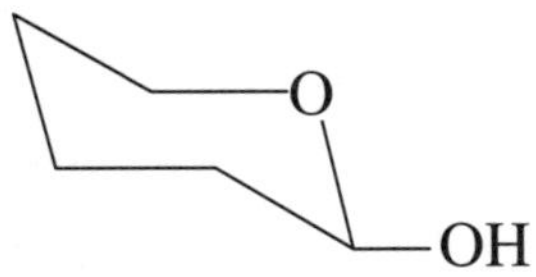

A 16.29 Geben Sie die Reaktionsprodukte folgender Reaktionen an:

a) 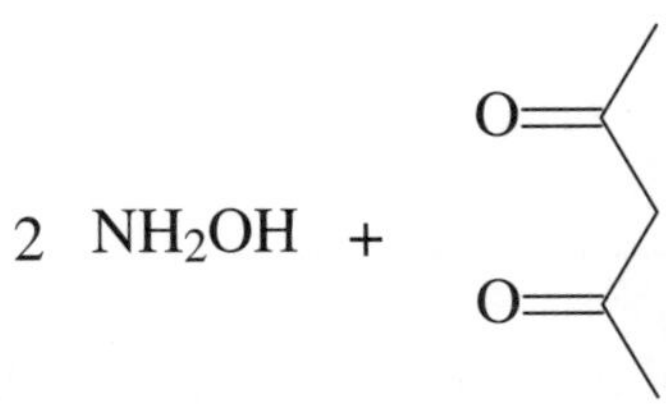

b) 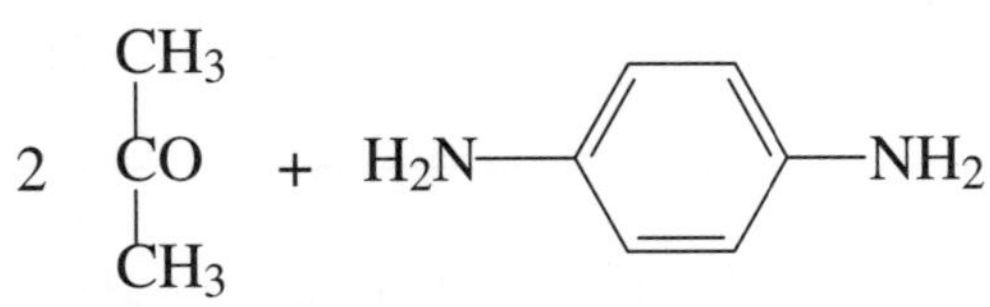

c) 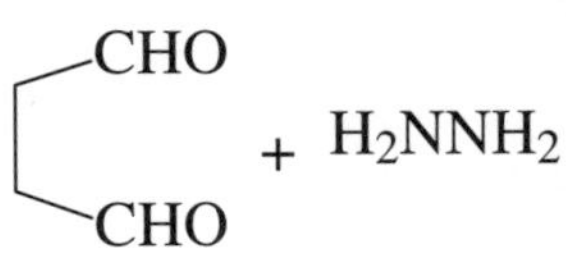

d) 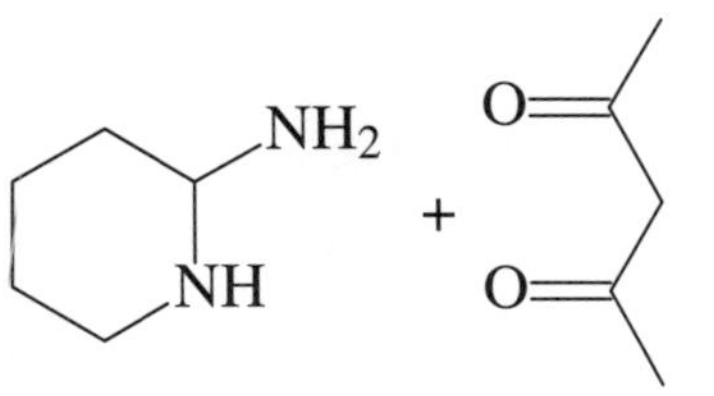

A 16.30 Geben Sie die Reaktion von Cyclohexanon mit folgenden Reagenzien an:

a) Hydrazin b) Hydroxylamin
c) H_2/Pt d) Blausäure

A 16.31 a) Was versteht man unter dem Begriff CH-Acidität?
b) Definieren Sie kurz den Begriff Keto-Enol-Tautomerie!

A 16.32 Zeichnen Sie bitte die tautomere(n) Verbindung(en) folgender Substanzen:

a) 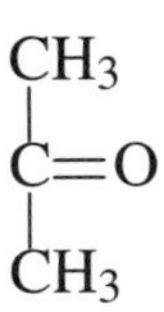

b) 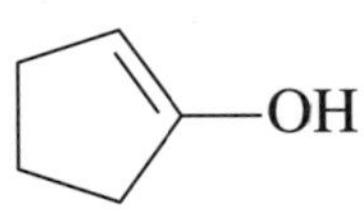

c) 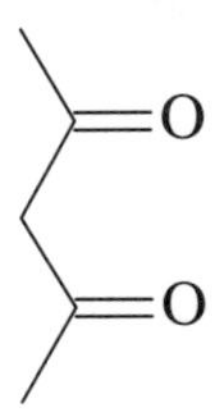

d) 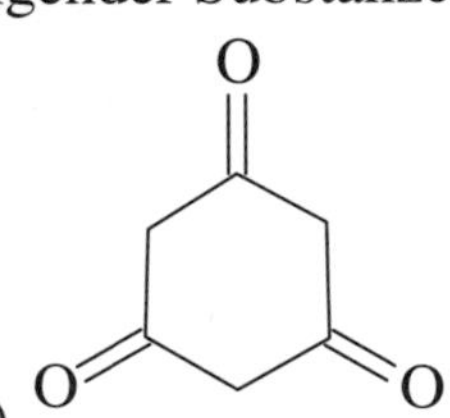

A 16.33 Geben Sie bitte die stabilsten Carbanionen der folgenden Verbindungen an und begründen Sie Ihre Entscheidung:

a) 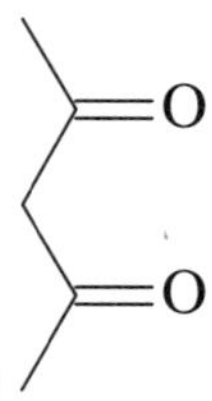

b) 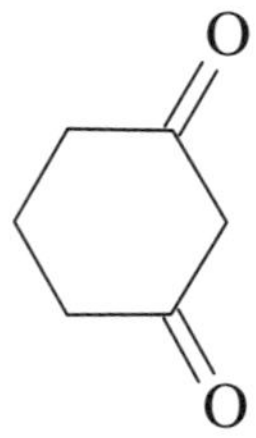

c) 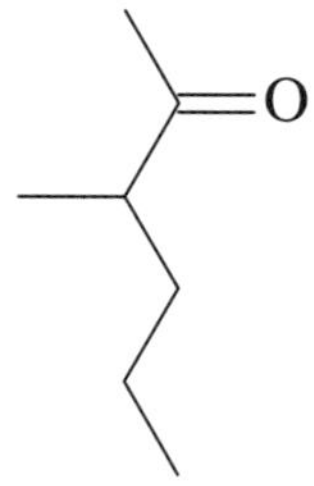

d) 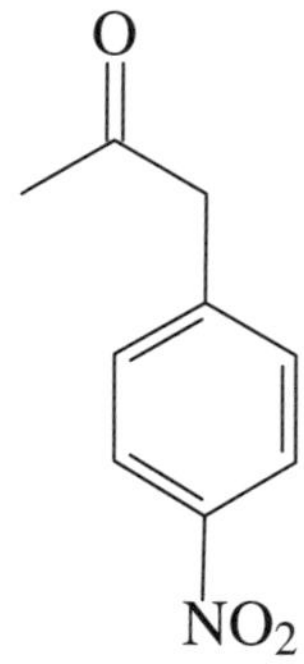

A 16.34 Zeichnen Sie drei Enoltautomere der folgenden Verbindung:

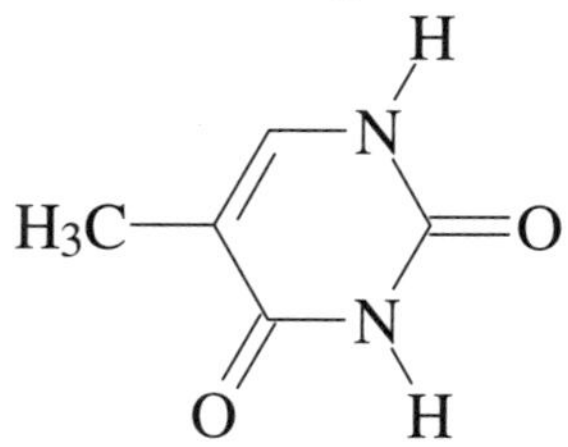

A 16.35 Geben Sie bitte die Reaktionsprodukte der Aldolkondensation folgender Verbindungen an:

a) $CH_3CHO + CH_3CHO$

b) $CH_3-C(=O)-CH_3 + CH_3-C(=O)-CH_3$

c) 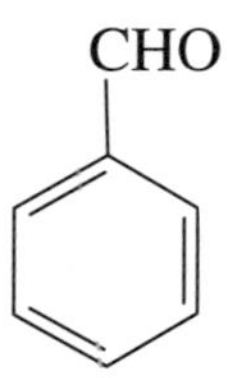 + 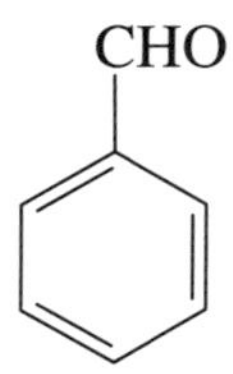

d) 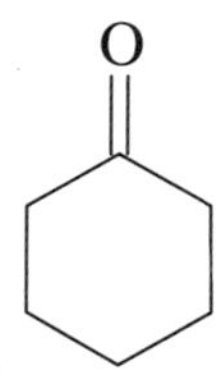 + 2 HCHO

A 16.36 Geben Sie bitte die Reaktionsprodukte von Pentan-2,4-dion mit folgenden Reagenzien im basischen Medium an (jeweils nur einfache Reaktion, bitte immer nur das Hauptprodukt nennen!):

a) CH_3-CHO

b) 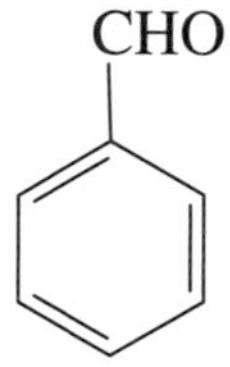

c) CH_3-I

d) 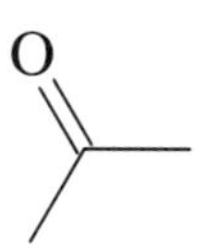

A 16.37 Geben Sie die Reaktionsprodukte der Aldolreaktion bei einem Überschuss Benzaldehyd mit folgenden Agenzien an:

a) 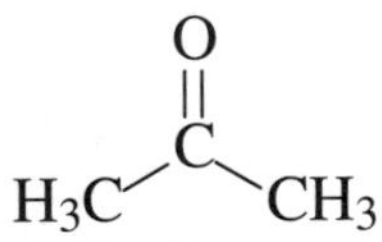
b) 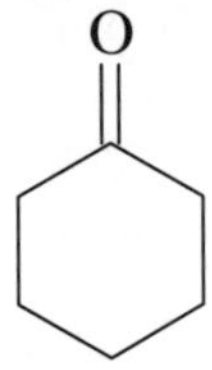
c) 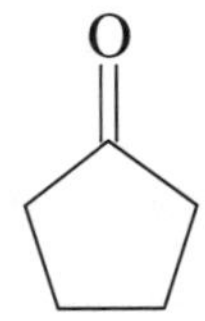
d) 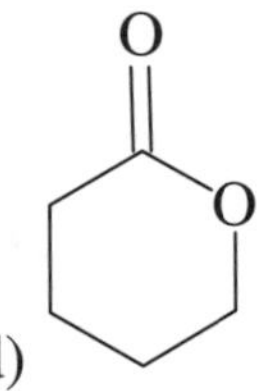

A 16.38 Geben Sie die Reaktionsprodukte dieser Kondensationsreaktionen an:

a) 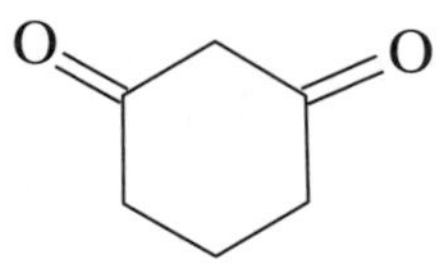 + $CH_3COOC_2H_5$

b) 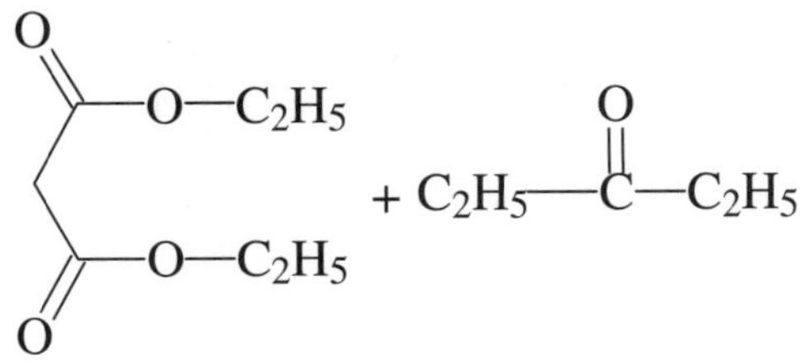

c) 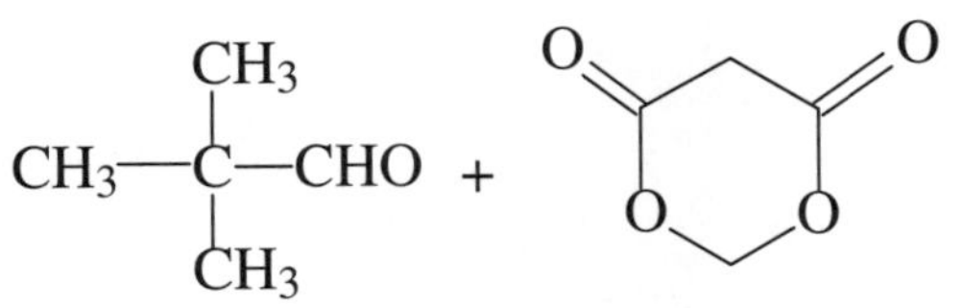

d) 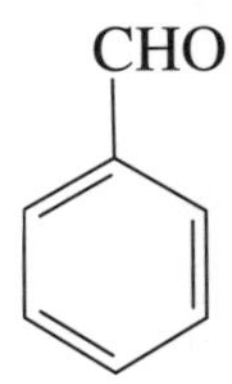 + $CH_3CH_2COOC_2H_5$

A 16.39 Ergänzen Sie folgende Reaktionsgleichungen. Für diese Aufgaben geben Sie die Produkte nach wässeriger Aufarbeitung an.

a) $CH_3-CHO + C_2H_5MgBr$

b) $CH_3-C(=O)-CH_3 + C_2H_5MgBr$

c) Formaldehyd + Ethyl–MgBr

d) Cyclohexanon + n-Propyl–MgBr

A 16.40 Ergänzen Sie auch hier die Reaktionsgleichungen und geben Sie die Produkte nach wässeriger Aufarbeitung an.

a) $CH_3-C(=O)-O-C_2H_5 + 2\,CH_3MgBr$

b) 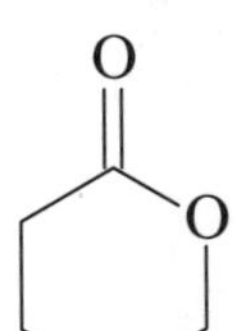 + $2\,CH_3MgBr$

c) 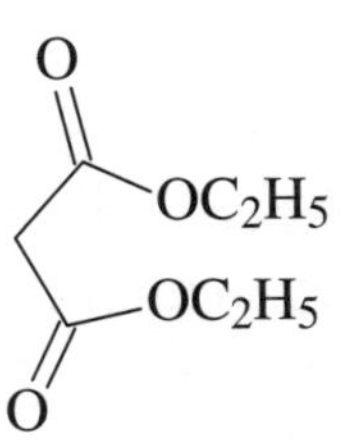 + CH_3MgBr

d) $C_3H_7MgBr + CO_2$

A 16.41 Folgende Reaktionen sind keine Carbonylreaktionen, gehören aber zum Themenbereich der Grignard- Reaktionen.
a) $C_2H_5Br + C_2H_5MgBr$ b) iso-Propylbromid + CH_3MgBr

1. Lösungen zu Carbonsäurederivaten

L 16.01 Carboxylatanion < Carbonsäure < Carbonsäureamid < Ester
$CH_3—COO^{\ominus}$ $CH_3—COOH$ $CH_3—CONH_2$ $CH_3—COOC_2H_5$
< Carbonsäureanhydrid < Carbonsäurechlorid
$CH_3—COOCO—CH_3$ $CH_3—COCl$

L 16.02

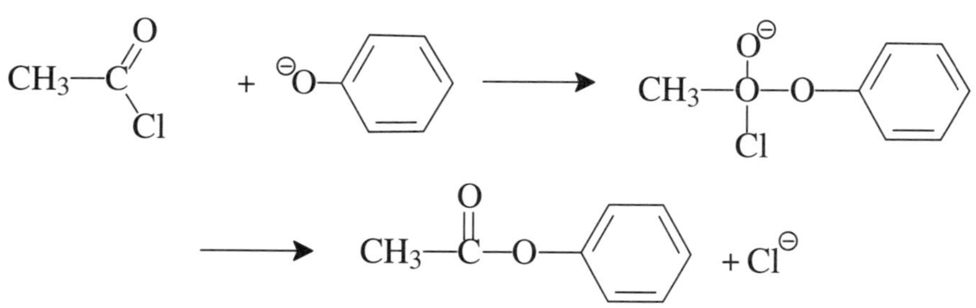

L 16.03

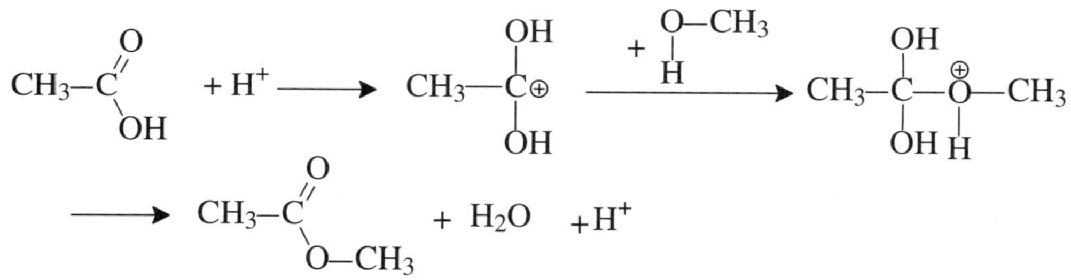

Wenn Ihnen die Abgabe von Wasser im letzen Schritt etwas schnell vorkommt, so müssen wir Ihnen Recht geben. Auch dafür gibt es einen Mechanismus, der aber gerne unterschlagen wird (didaktische Reduktion nennt man so etwas). Denken Sie doch mal an die Erlenmeyerregel.

L 16.04

$$\frac{[\text{Ester}]\ [H_2O]}{[\text{Alkohol}]\ [\text{Carbonsäure}]} = K$$

Zugabe von Alkohol oder Carbonsäure oder das Entfernen des Esters oder — sinnvollerweise — des Wassers erhöht die Ausbeute an Ester. Neben einigen recht intelligenten Methoden, das bei der Reaktion entstehende Wasser zu entfernen, ist die einfachste Methode die Benutzung konzentrierter Schwefelsäure. Diese hat sogenannte hygroskopische Eigenschaften, zieht also Wasser an und entfernt es somit aus dem Gleichgewicht.

L 16.05

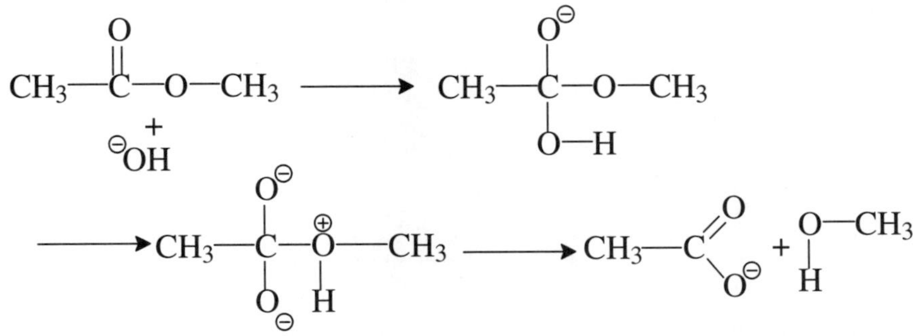

Die Reaktion ist nicht reversibel, da kein Hydroxidanion zurückgebildet wird. Die Ursachen hierfür liegen in der Stabilität des Carboxylatanions (–M- Effekt). Die Reaktion heißt auch Verseifung, da man früher aus Fetten (Glycerinester) auf diese Art Seife gewonnen hat. Im übertragenen Sinn gilt das Wort jetzt für alle Esterhydrolysen, also auch für die sauren Hydrolysen.

L 16.06

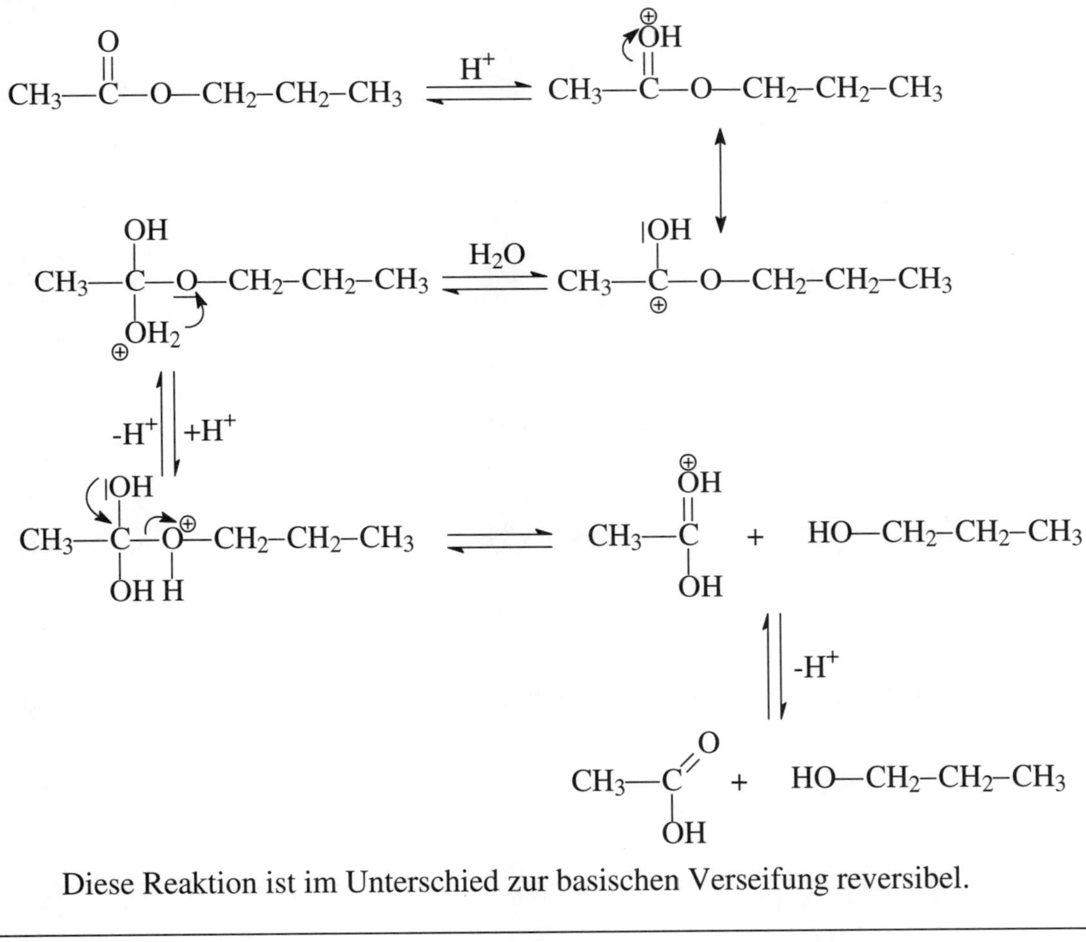

Diese Reaktion ist im Unterschied zur basischen Verseifung reversibel.

L 16.07

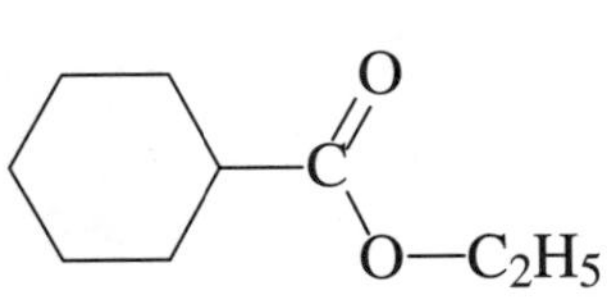

a)

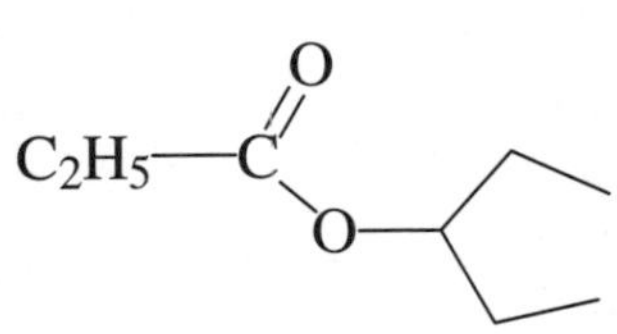

b)

---

c) 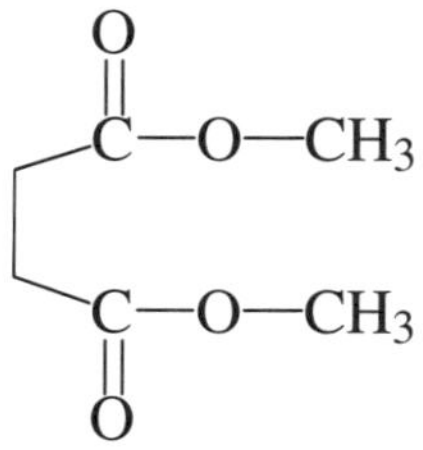

d) 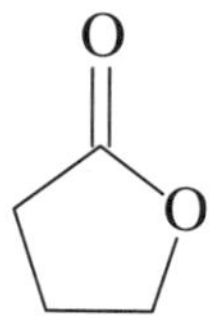

L 16.08 Die Antworten lauten:

a) richtig b) falsch c) richtig d) falsch

L 16.09

a) 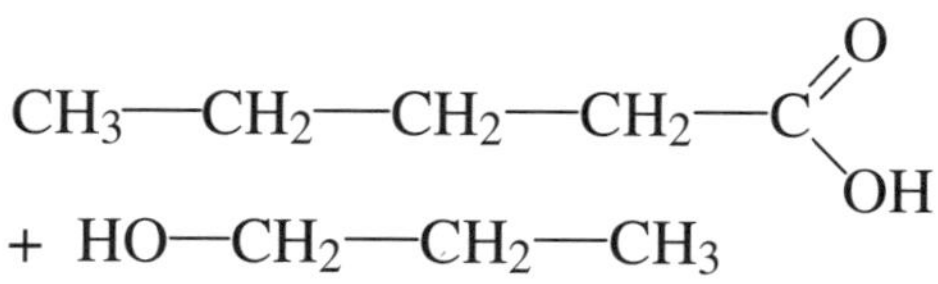

b) 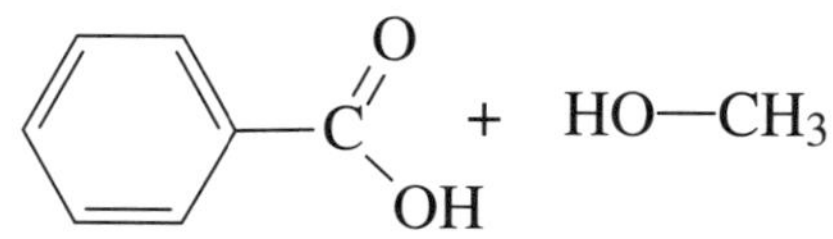

c) 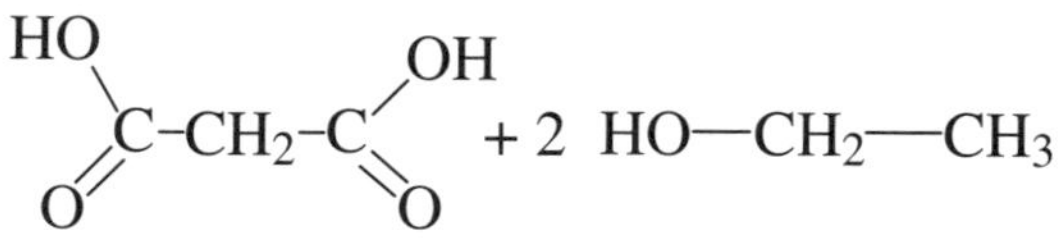

d) 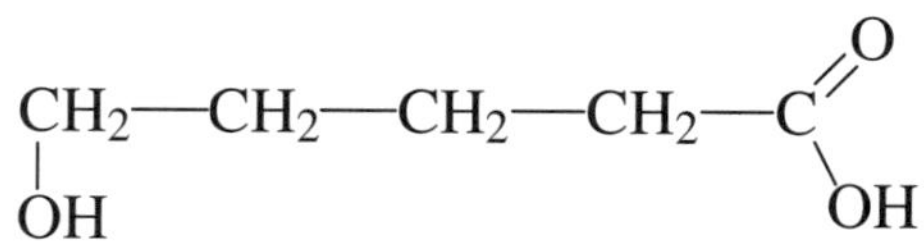

L 16.10

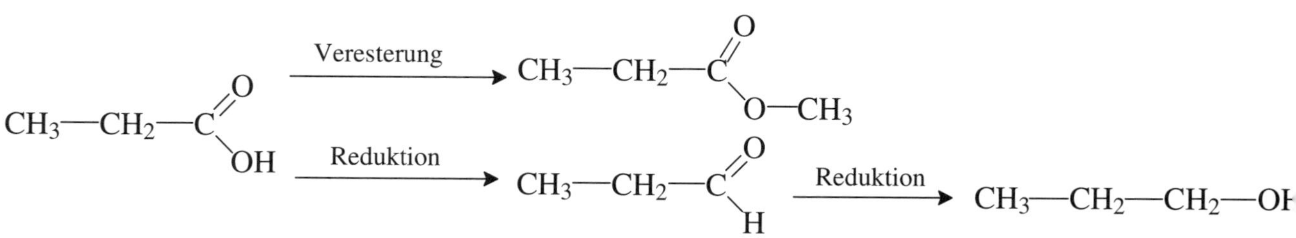

Übrigens: Ester zeichnen sich meist durch einen intensiven, oft angenehm fruchtigen Geruch aus.

L 16.11

a) 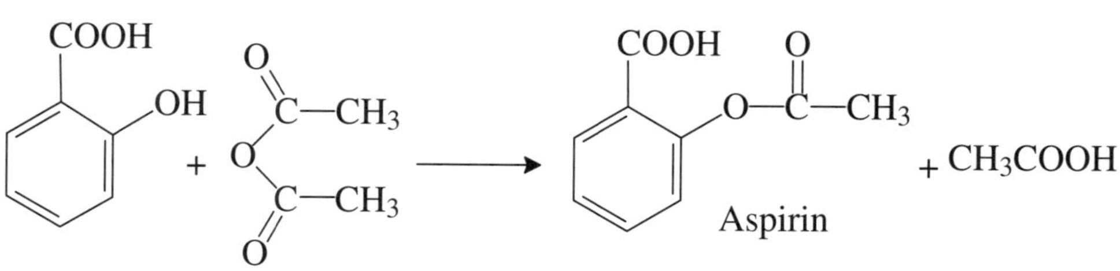

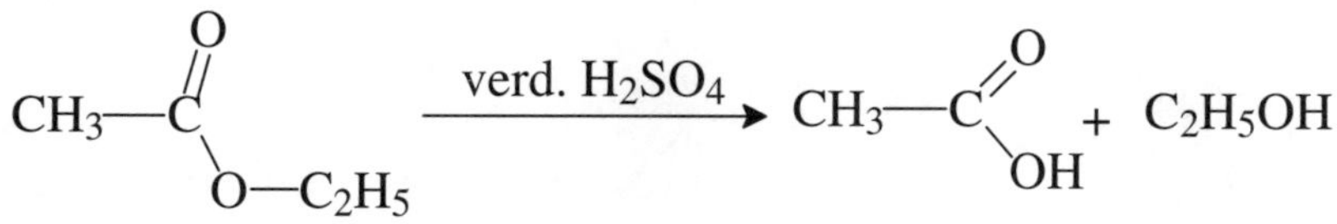

b)

Verdünnt heißt natürlich mit Wasser verdünnt, es ist demnach eine Hydrolyse!

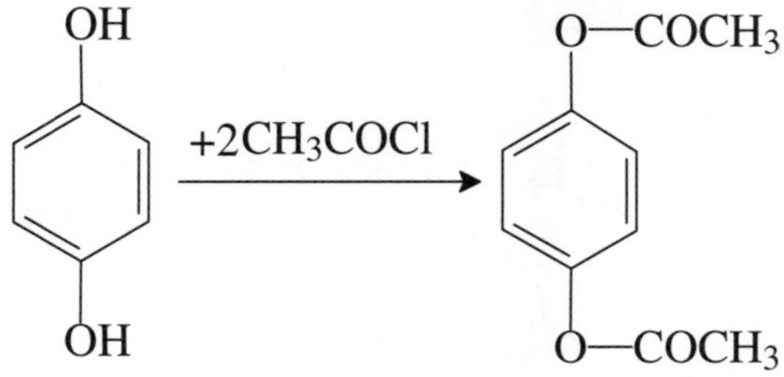

c)

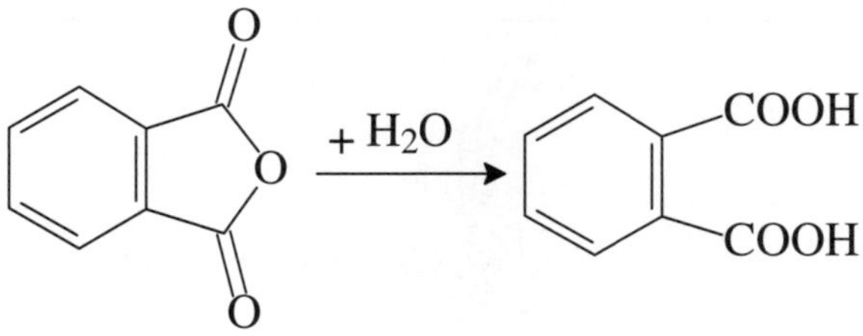

d)

L 16.12

a)

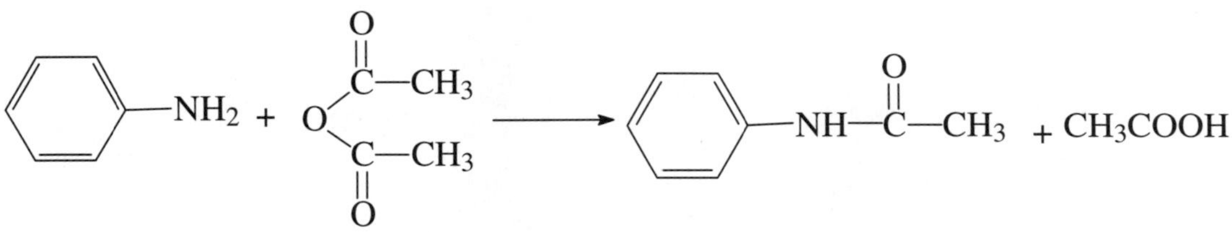

b)

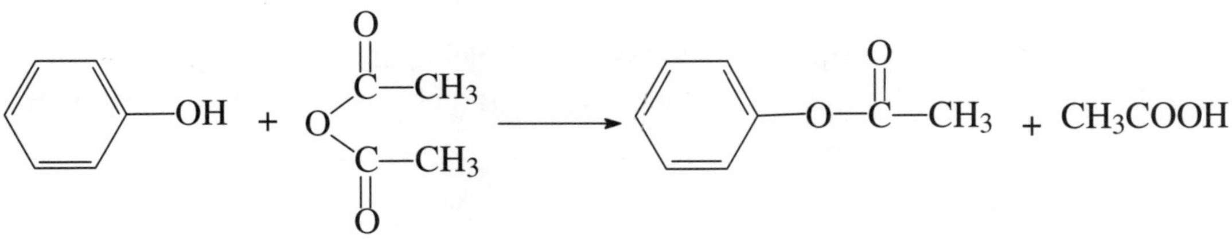

c)

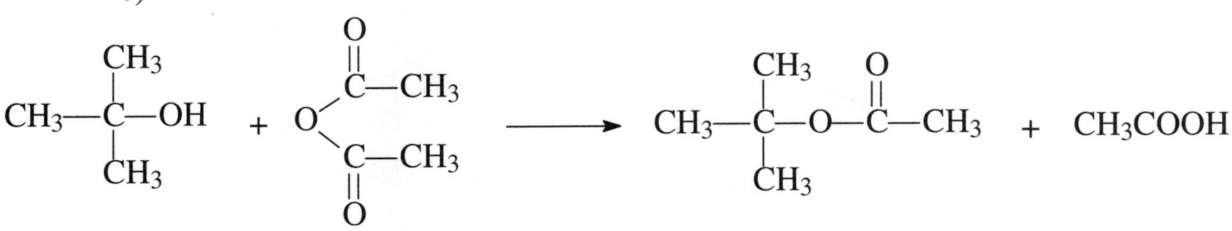

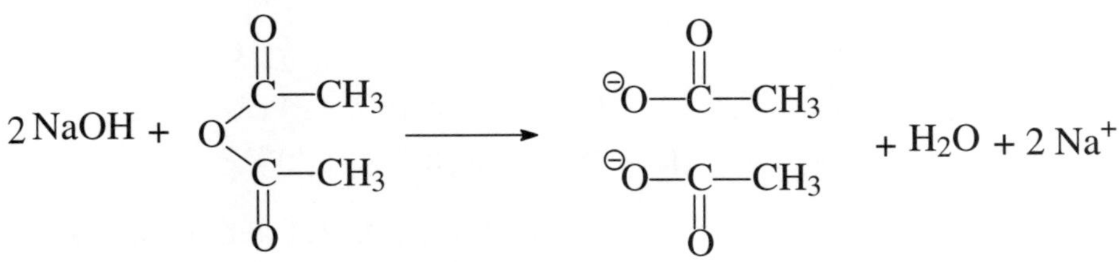

d)

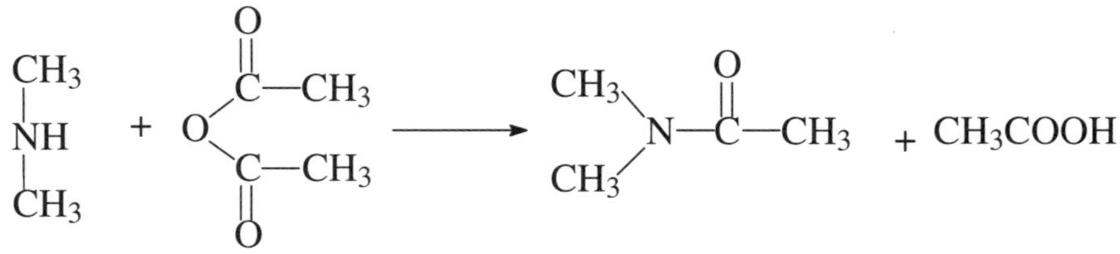

e)

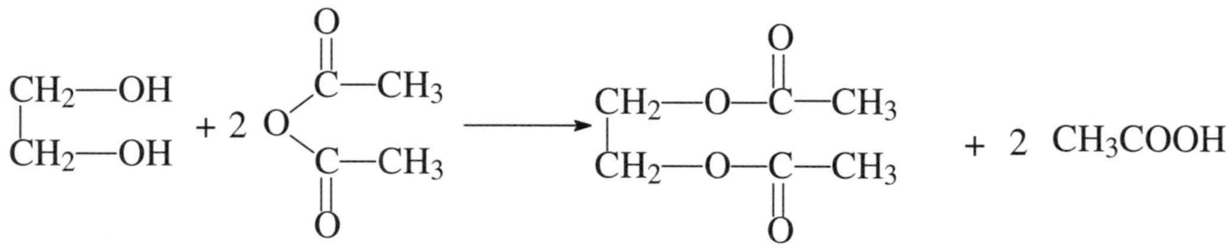

f)

L 16.13

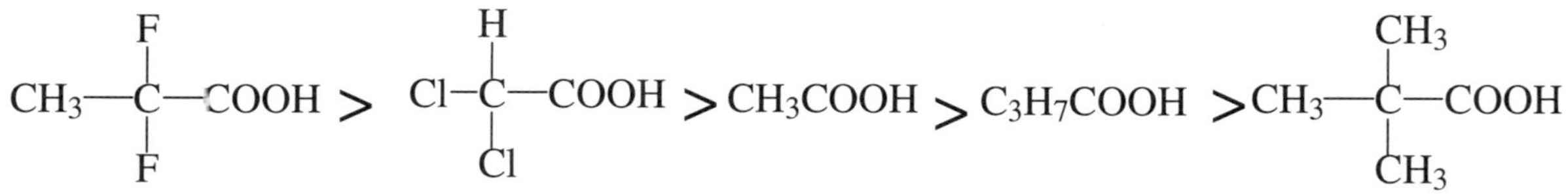

Eigentlich haben wir diesen Aufgabentyp schon im Kapitel 13 besprochen. Wir möchten Sie hier noch einmal an die entscheidende Rollen elektronischer Effekte bei organischen Reaktionen erinnern, hier +I- und –I- Effekte.

L 16.14

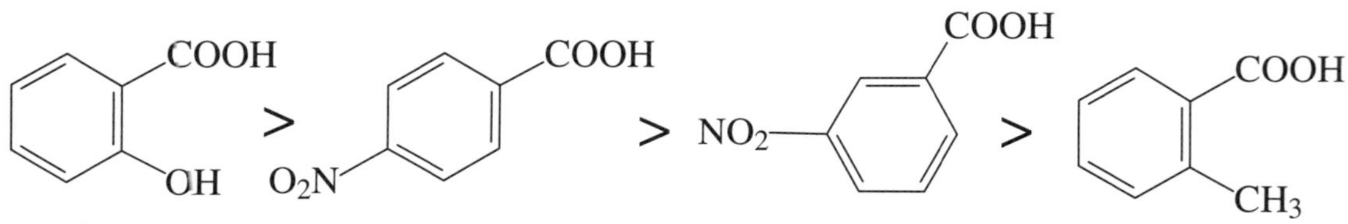

Das erste Molekül ist aufgrund einer Wasserstoffbrücke, die das Anion ausbilden kann, besonders sauer (großer pK_B- Wert). Sonst sind es wieder M- und I- Effekte!

L 16.15

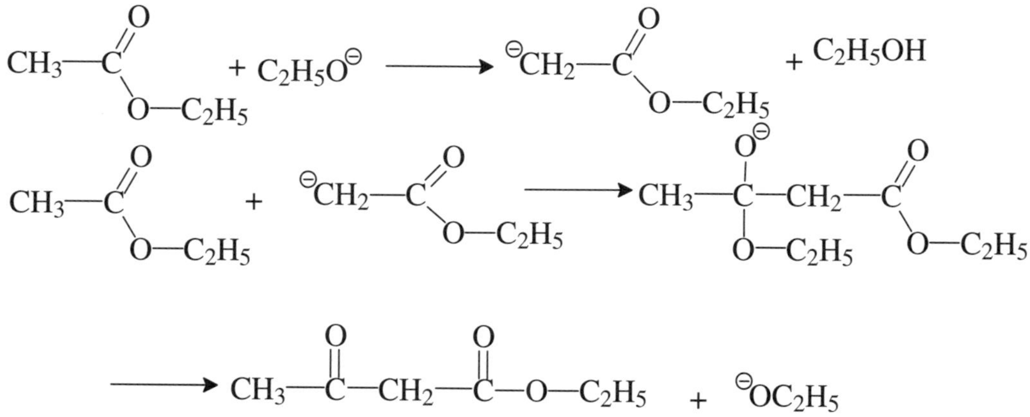

Wichtig ist die Stabilisierung der negativen Ladung auf dem Kohlenstoffatom neben der Carbonylgruppe durch deren –M- Effekt!

L 16.16

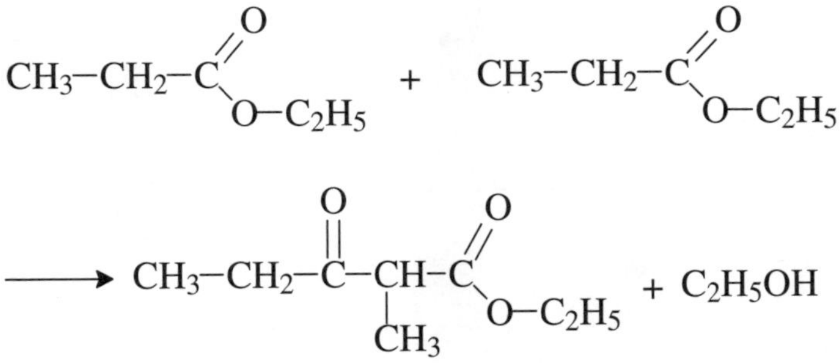

a)

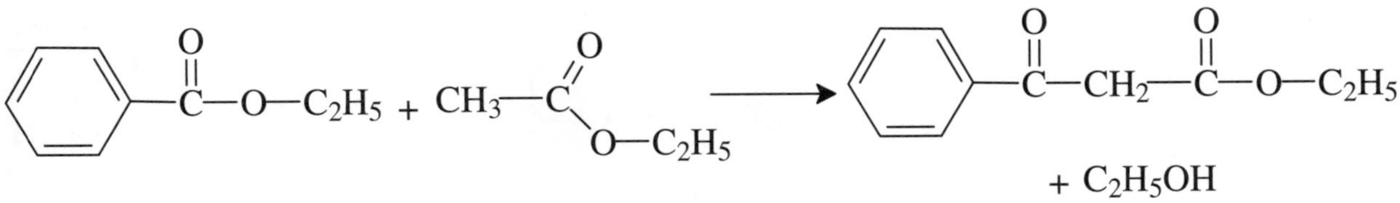

b)

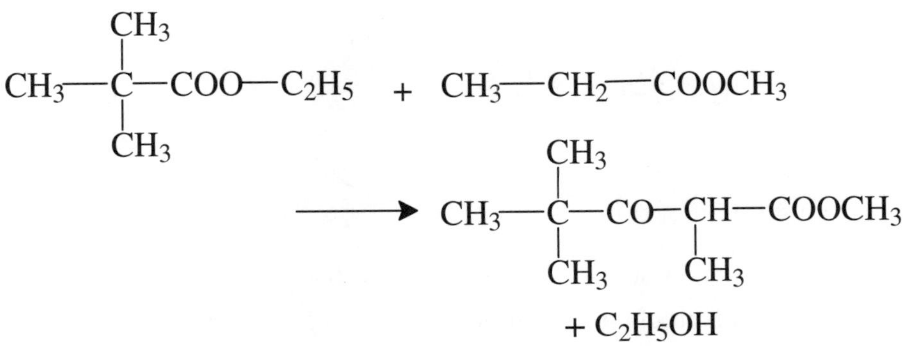

c)

d) Wegen fehlender Wasserstoffatome direkt neben der Carbonylgruppe erfolgt ***keine*** Reaktion!

L 16.17 Der Malonsäurediethylester hat zwei Carbonylgruppen neben dem α- Kohlenstoffatom. Dadurch kann die negative Ladung, die durch die Abgabe des α- Wasserstoffatoms dort entsteht, durch zwei –M -Effekte stabilisiert werden. Je stabiler Zwischenstufen sind, desto besser läuft die Reaktion.

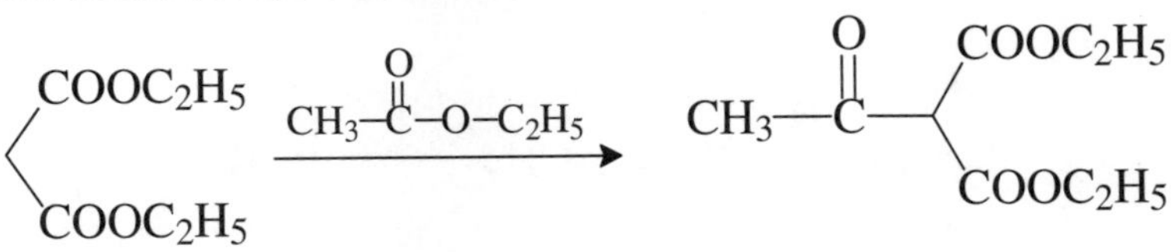

a)

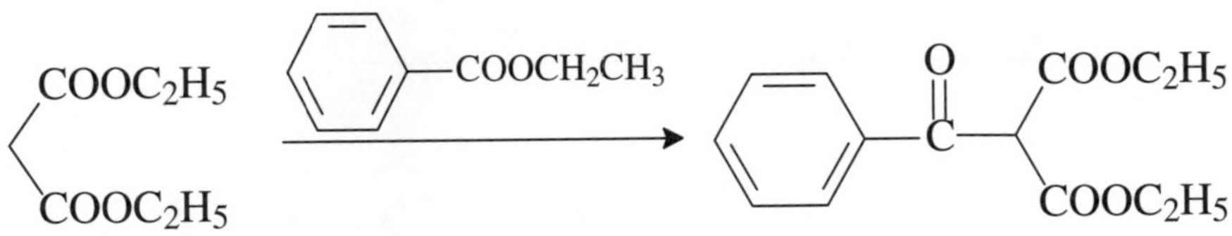

b)

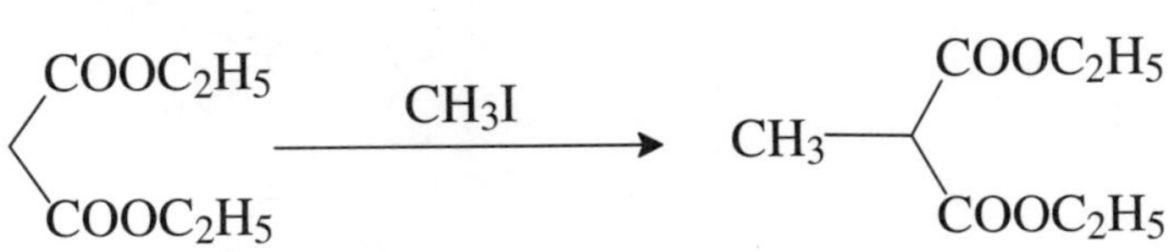

c)

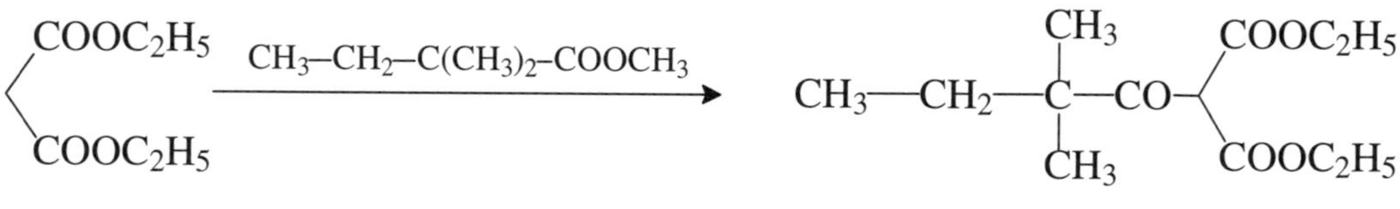

d)

2. Lösungen zu Aldehyden und Ketonen

L 16.18

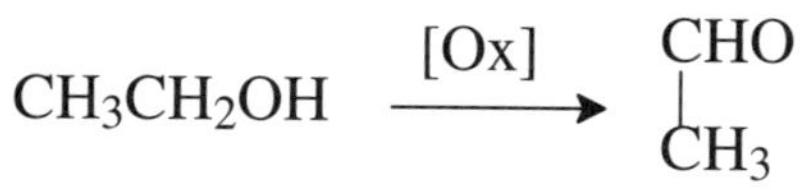

a)

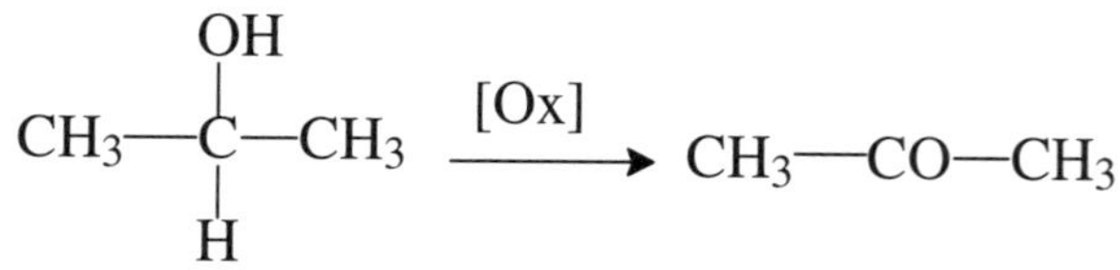

b)

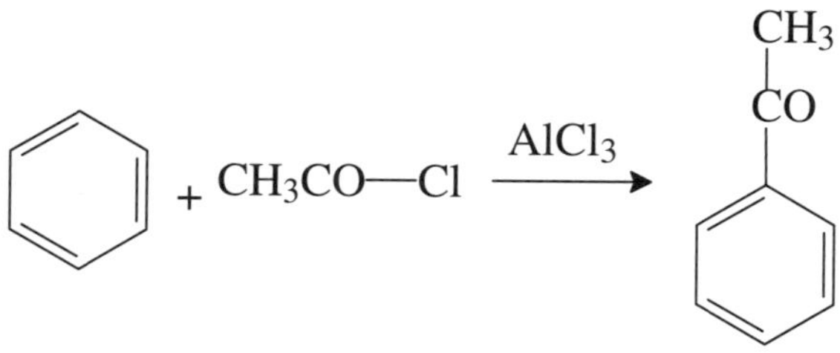

c)

Sie erinnern sich doch noch an die Friedel-Crafts- Reaktion? Falls Sie hier aber die Oxidation des entsprechenden Alkohols gewählt haben, ist das natürlich prinzipiell nicht falsch.

L 16.19

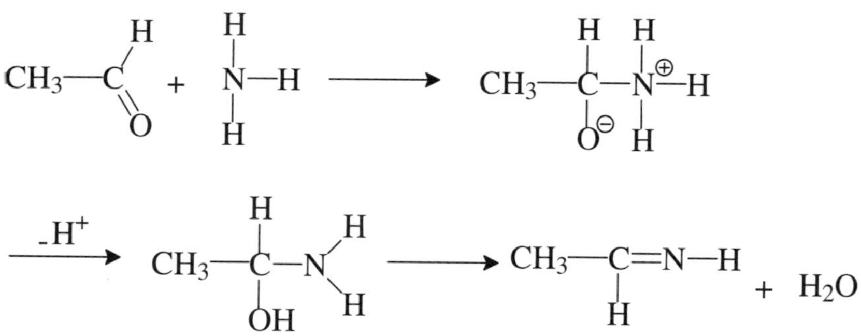

L 16.20

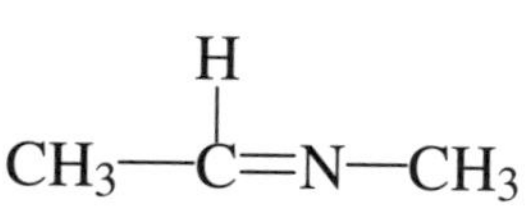

a)

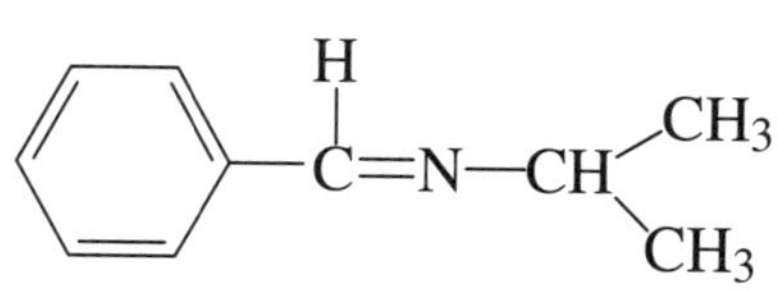

b)

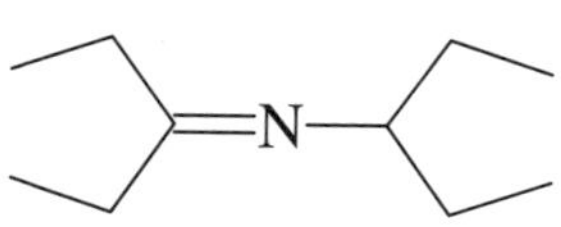

c)

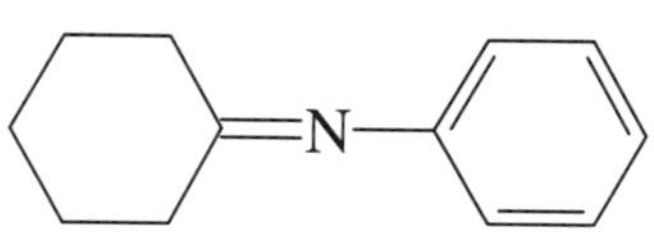

d)

L 16.21

$CH_3–CH_2–CH_2–CHO$

A

B

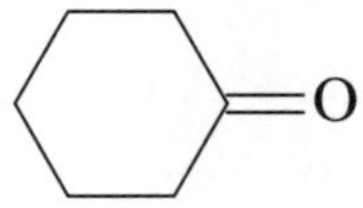

C

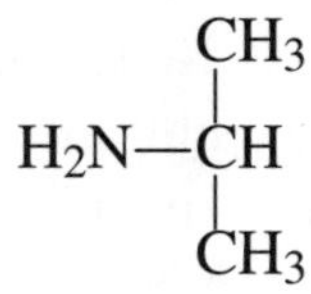

D

L 16.22

a)

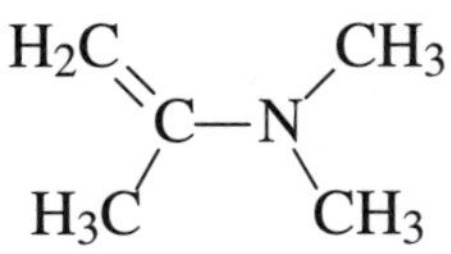

b)

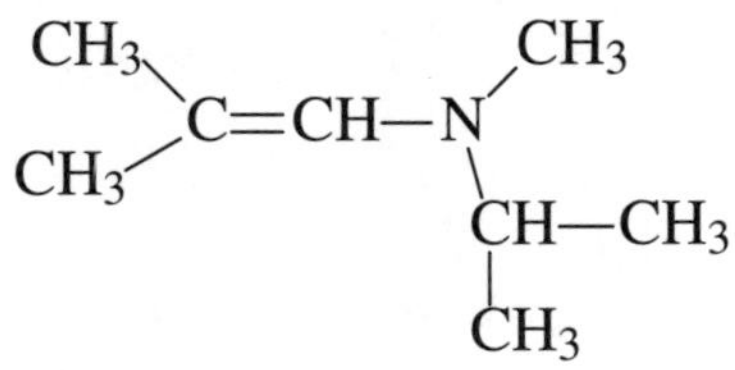

c)

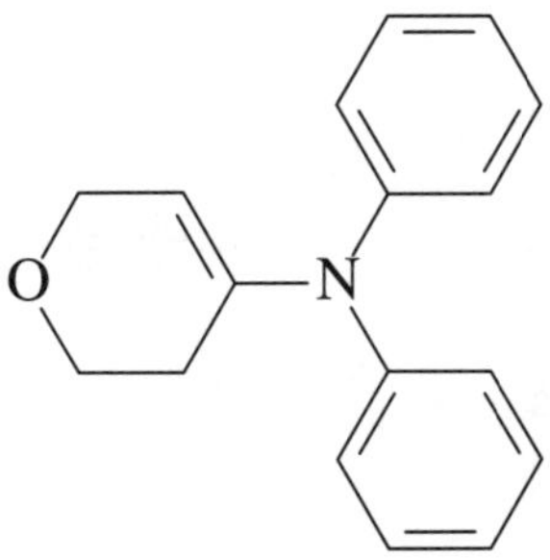

d)

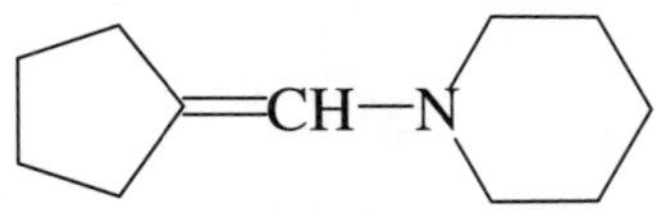

L 16.23 Hier geht es um die Bildung von Halb- oder Vollaminalen.

a)

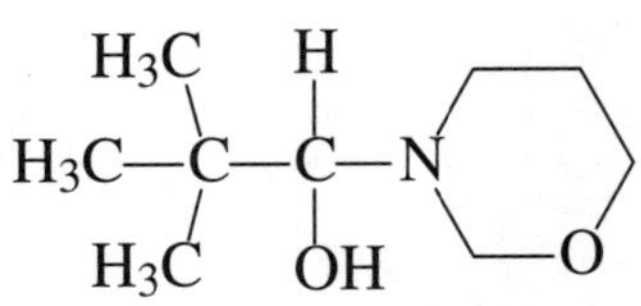

b)

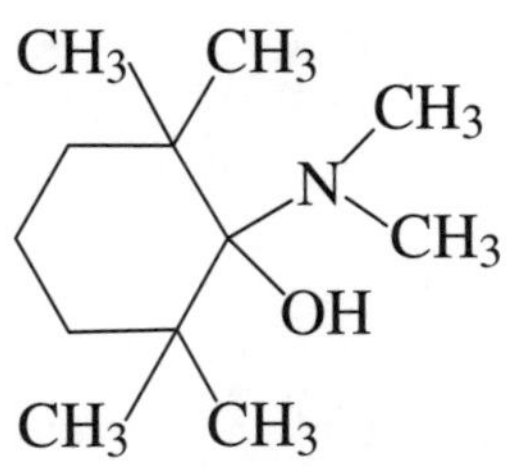

c)

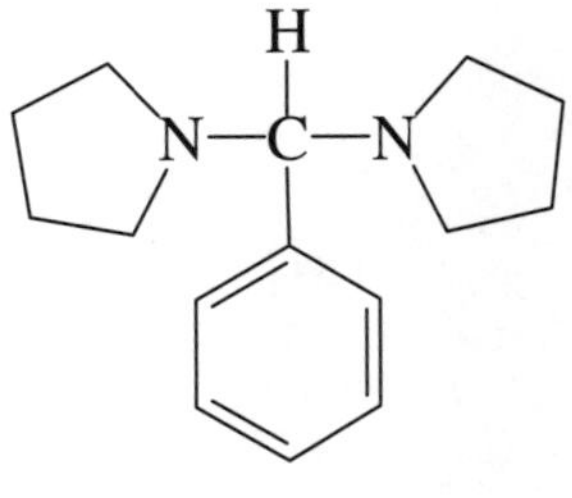

d)

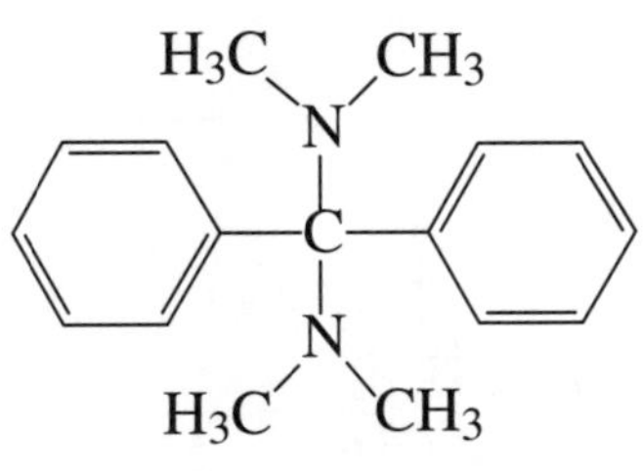

L 16.24

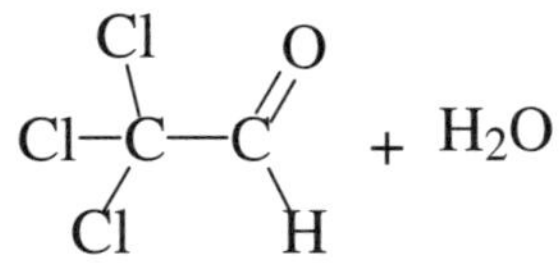

Die Erlenmeyer- Regel sagt aus, dass sich an einem Kohlenstoff nie mehr als eine Hydroxylgruppe befindet. Keine Regel ohne Ausnahmen, hier treten Sie dann auf, wenn starke negative elektronische Effekte auftreten. Sie helfen bei der Stabilisierung. Ein weiterer Stoff, bei dem diese Erscheinung auftritt, ist das Ninhydrin.

L 16.25 Erster Schritt:

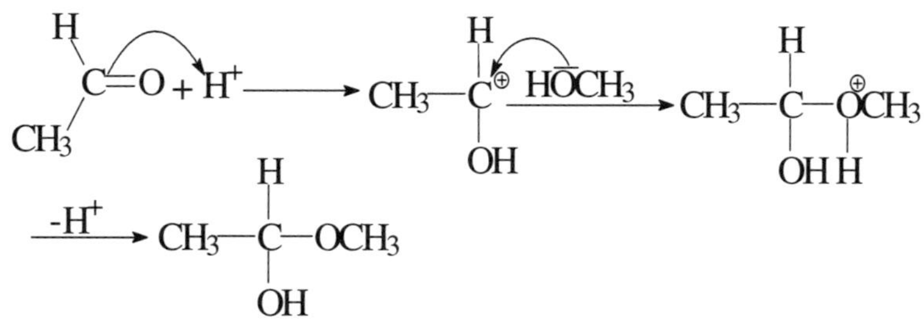

Zweiter Schritt:

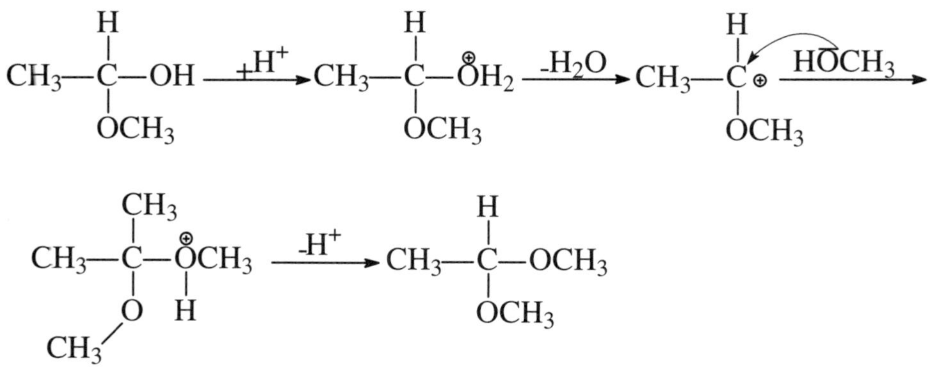

L 16.26

a) 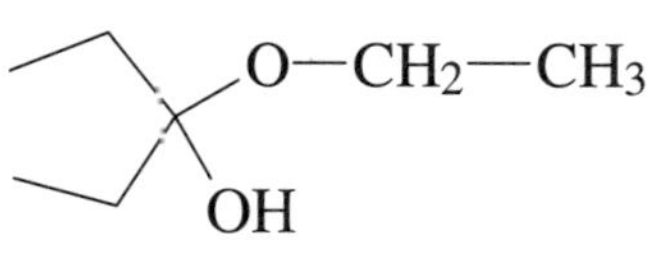

b) 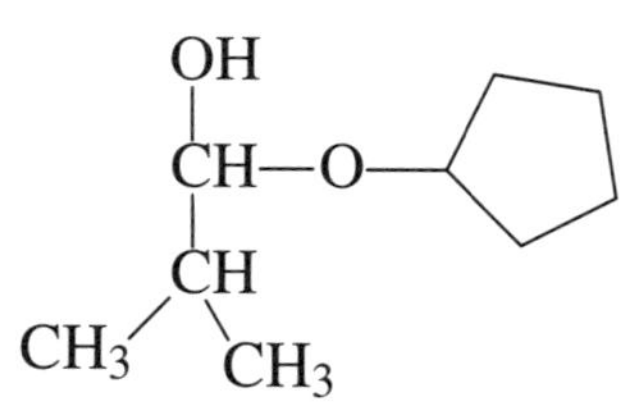

c) 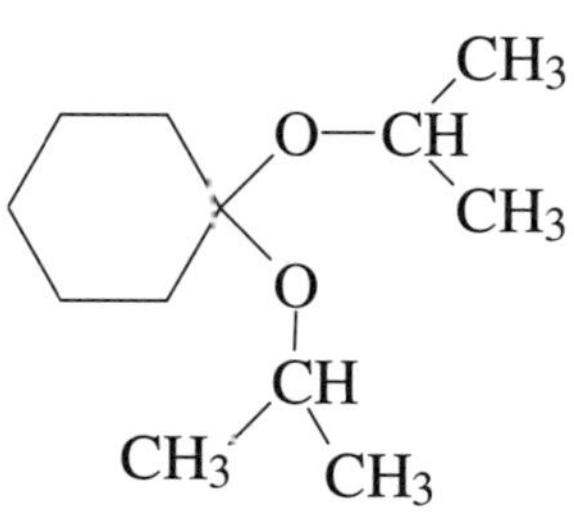

d) 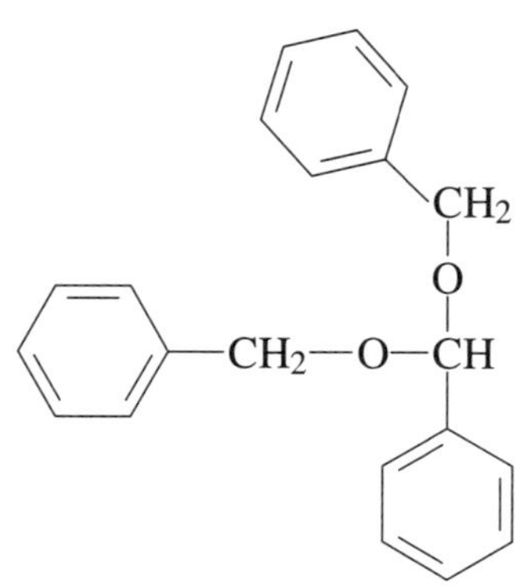

L 16.27

a) 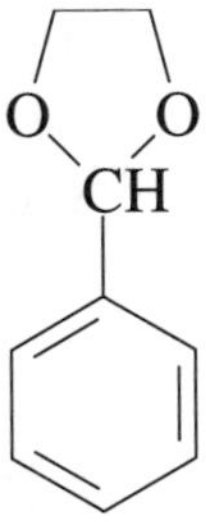

b) 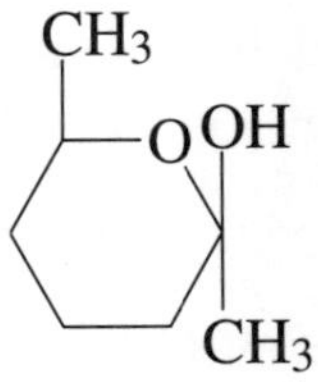

c) 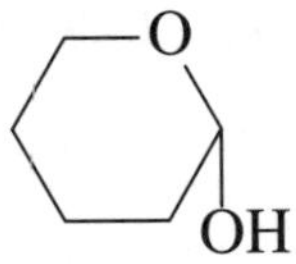

d) 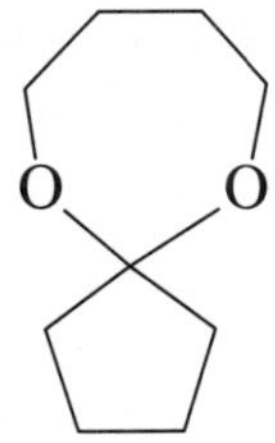

Achtung: Bei b) und c) sind jeweils zwei Konfigurationsisomere denkbar. Diese Tatsache ist in der Zuckerchemie wichtig.

L 16.28

a) 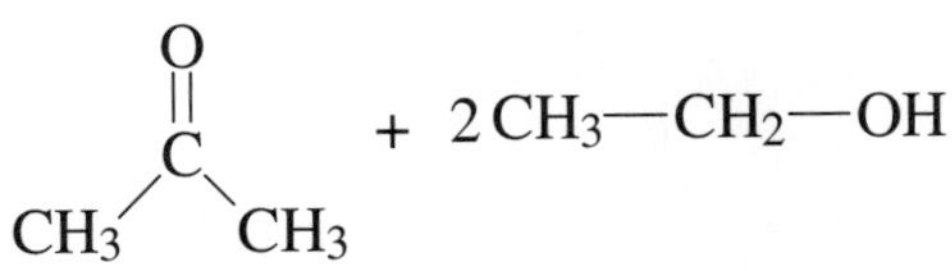

b) 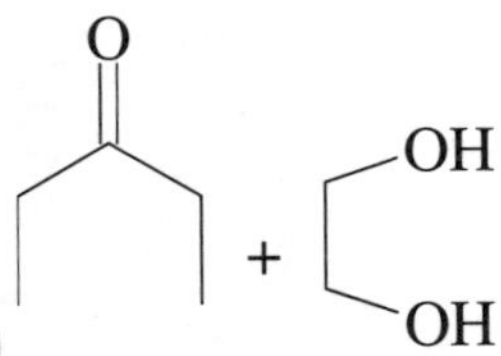

c) 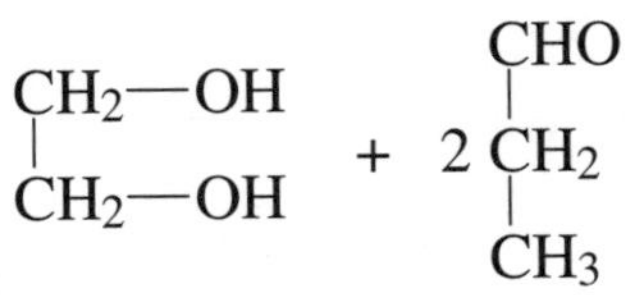

d) HO—CH$_2$—CH$_2$—CH$_2$—CH$_2$—CHO

Wenn Sie sich bei den Resultaten etwas an die vorhergehende Aufgabe erinnert fühlen, das war Absicht!

L 16.29

a) 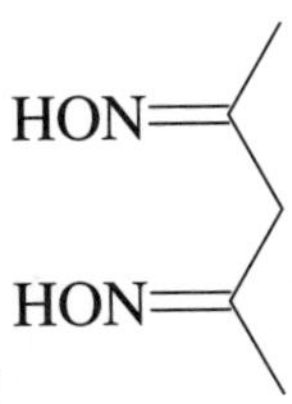

b) 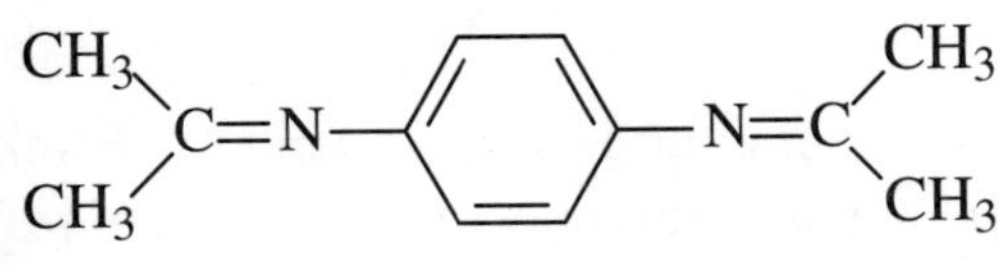

c) 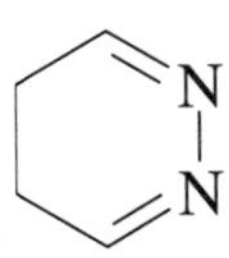

d) 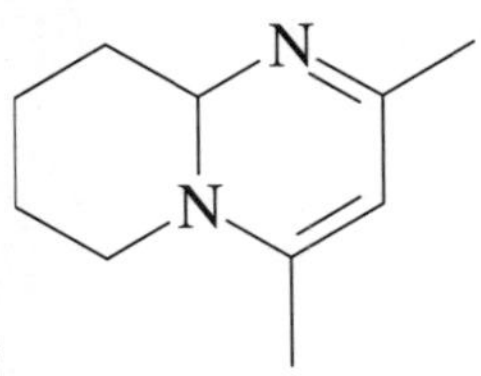

Zugegeben: c) und d) sind nicht sehr einfach.

L 16.30

a) 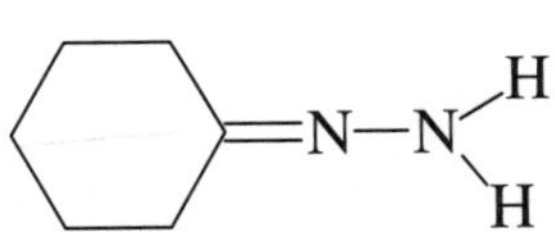

b) 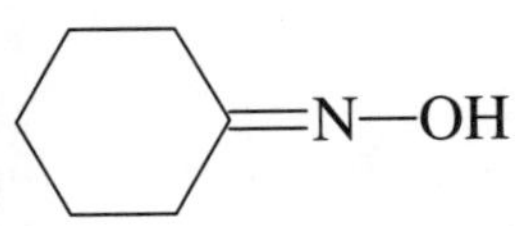

c) 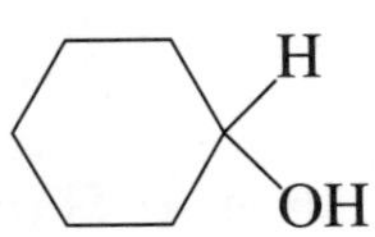

d) 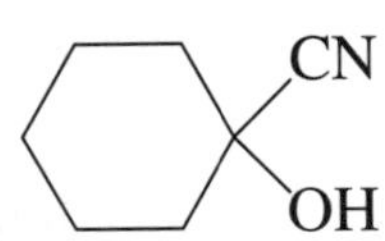

L 16.31 a) Der Begriff CH-Acidität bedeutet, dass in der Nachbarschaft von Gruppen mit –I - und –M -Effekt die Kohlenwasserstoffbindung durch die Einwirkung einer starken Base deprotoniert werden kann, d.h. ihr Wasserstoffatom an eine Base verliert.

b) Tautomerie bedeutet das chemische Gleichgewicht zwischen zwei Konstitutionsisomeren, in diesem Fall zwischen einem Keton und einem Enol.

L 16.32

a) 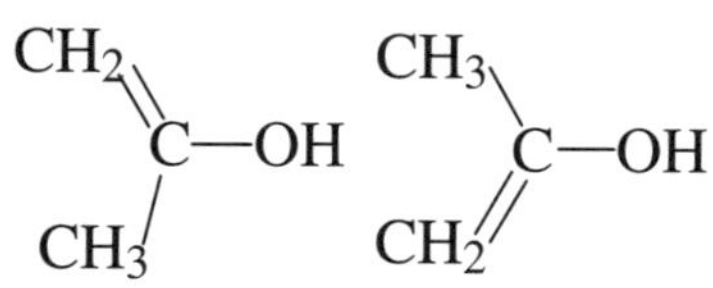

b) 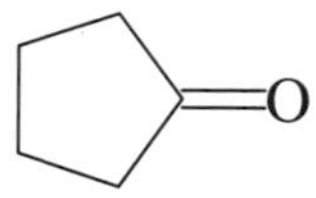

c) 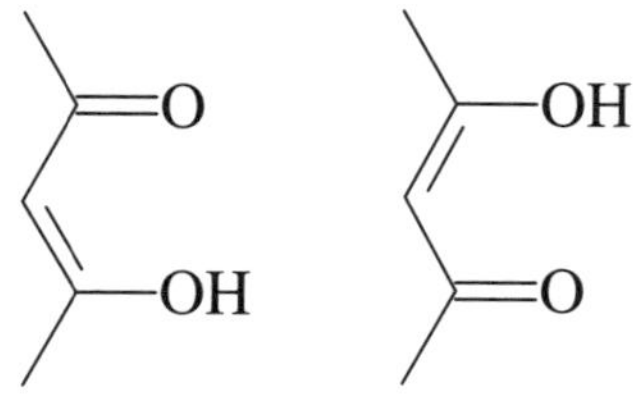

d) 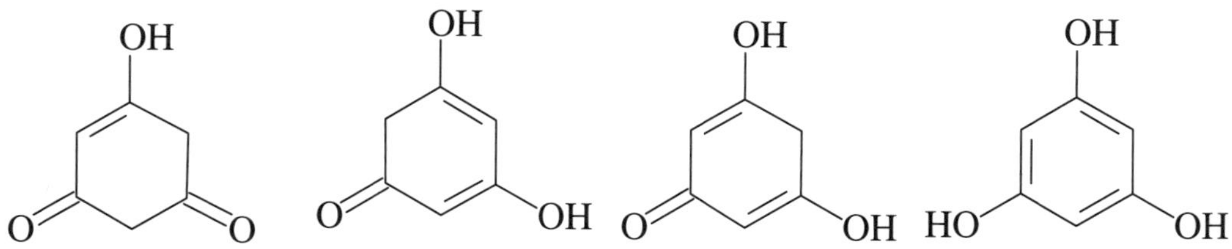

L 16.33

a) 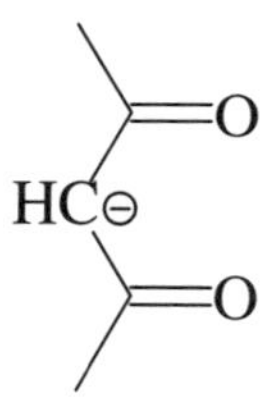

b) 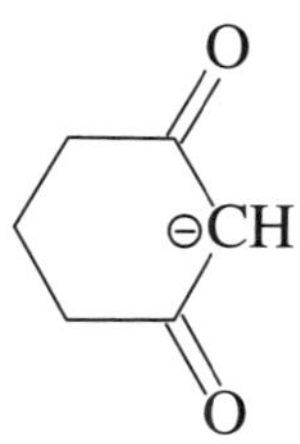

c) 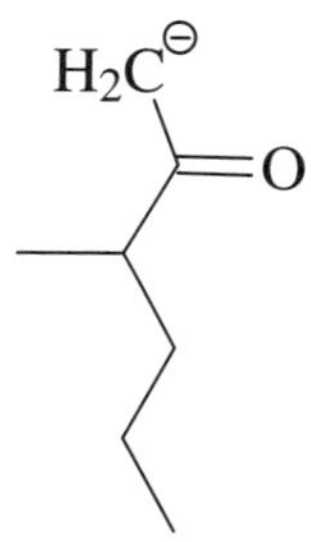

d) 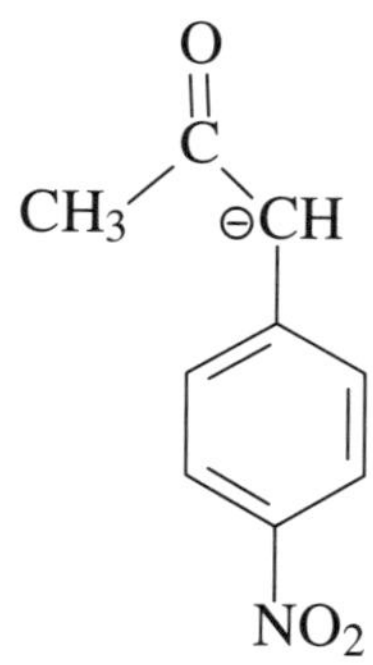

Begründung: bei a) und b) sind zwei –M -Effekte wirksam, bei c) gilt, dass negative Ladungen sich am Rand besser stabilisieren (vgl.: Hofmann- Eliminierung), bei d) wird die negative Ladung durch den –M - Effekt des para-substituierten Benzolrings stabilisiert.

L 16.34

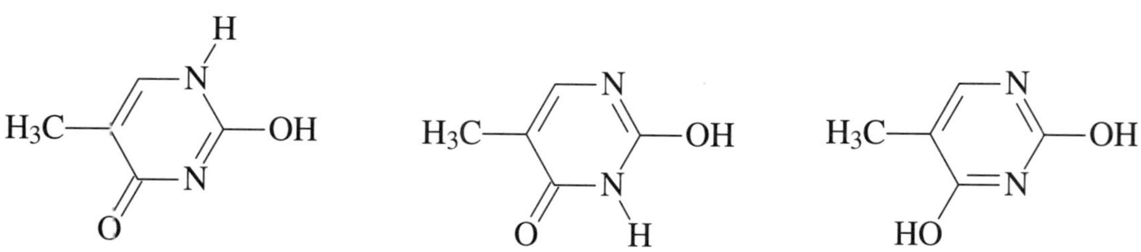

Die letzte tautomere Form ist aromatisch und damit besonders stabil. Darüber hinaus gibt es noch zwei weitere Lösungen.

L 16.35

a) 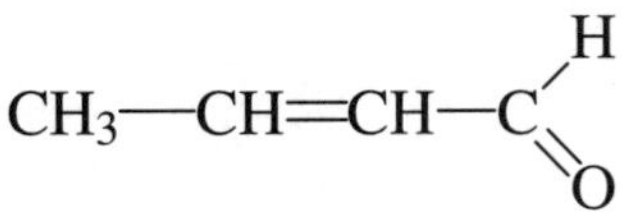

b) 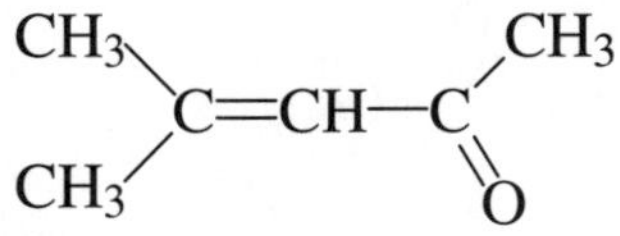

c) 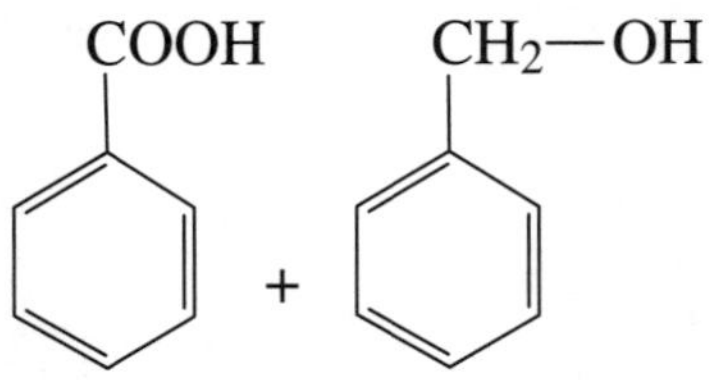

d) 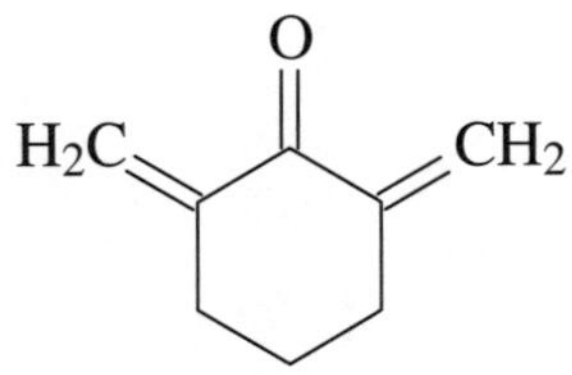

Bei c) handelt es sich um eine Cannizarro- Reaktion!

L 16.36

a) 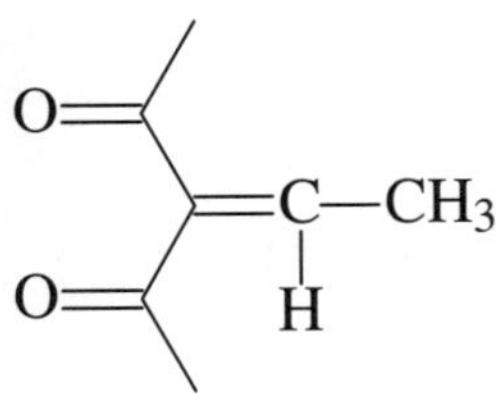

b) 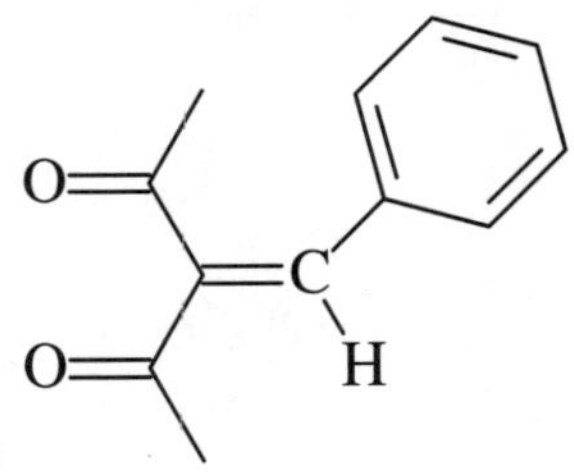

c) 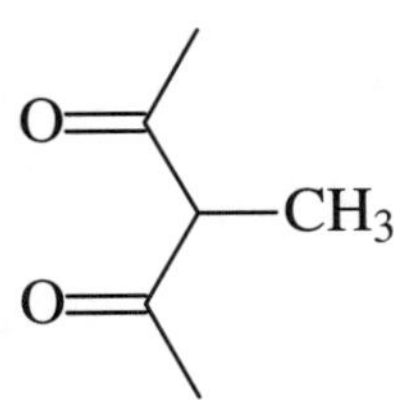

d) 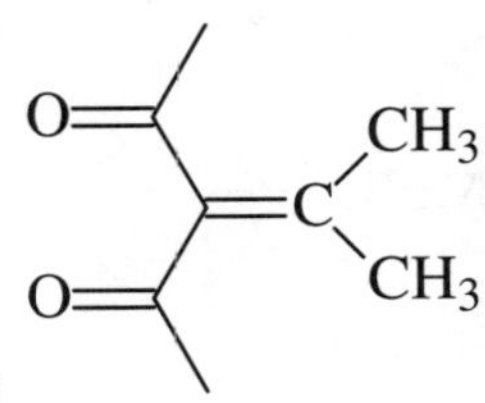

L 16.37

a) 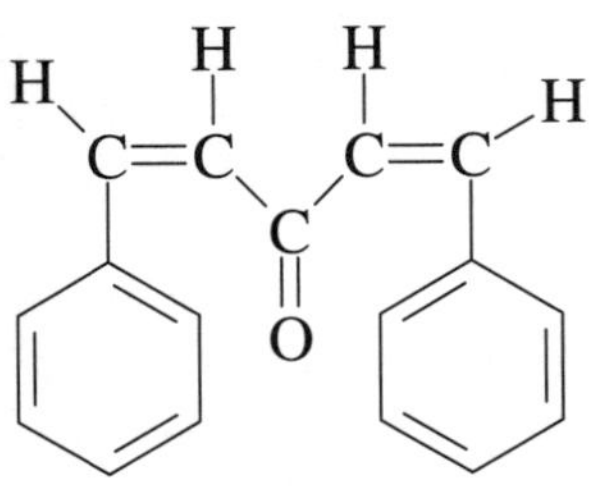

b) 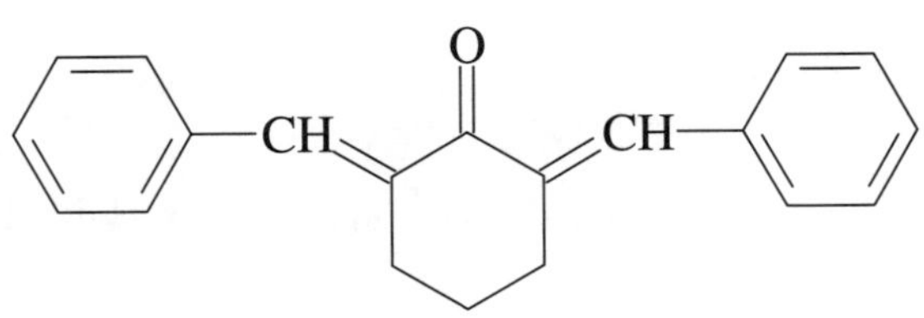

c) 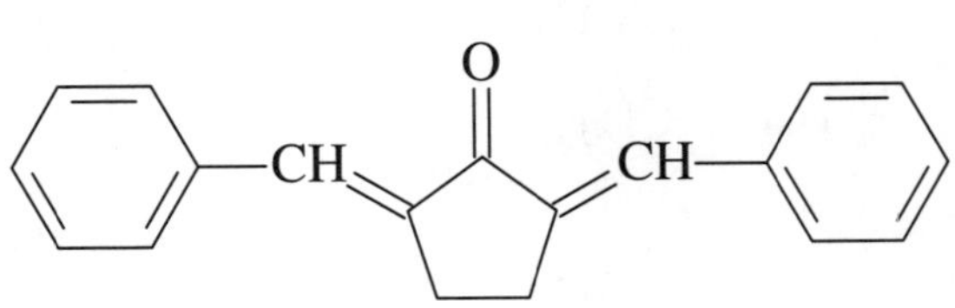

d) 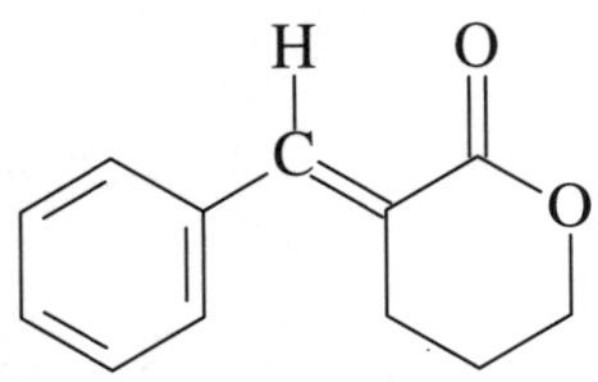

L 16.38

a) 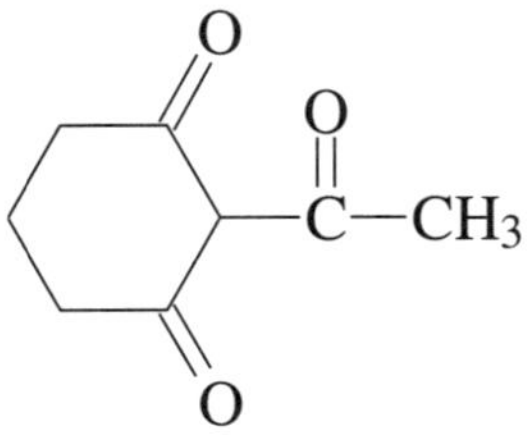

b) 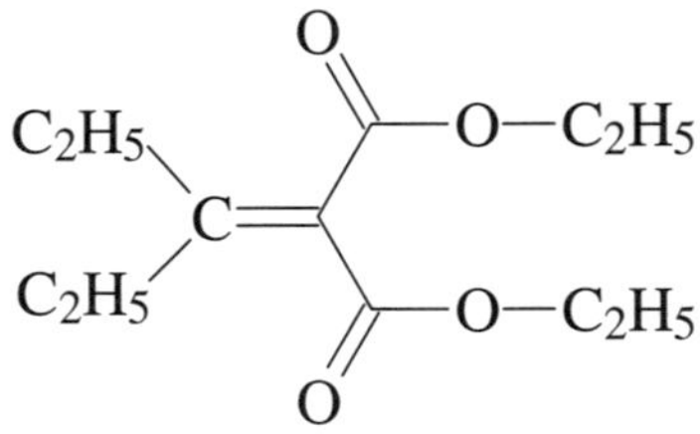

c) 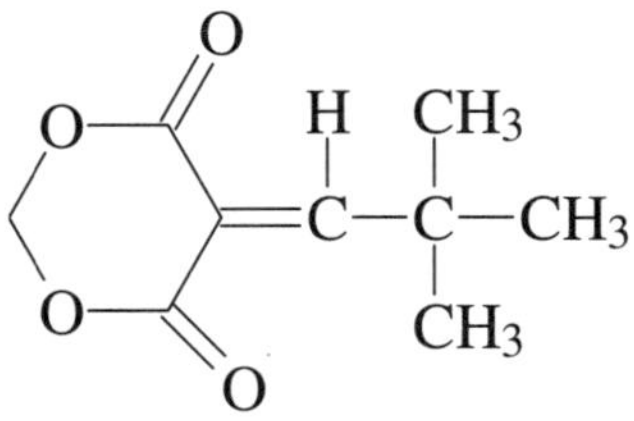

d) 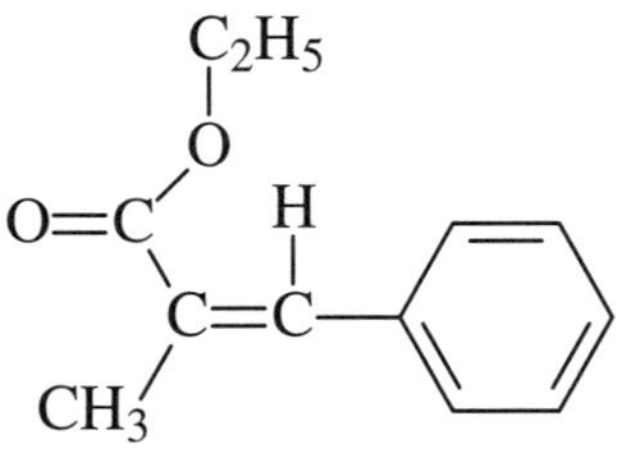

L 16.39

a) $CH_3{-}CHO + C_2H_5MgBr \xrightarrow[2.\ H_2O]{} CH_3{-}CH(OH){-}CH_2{-}CH_3$

b) 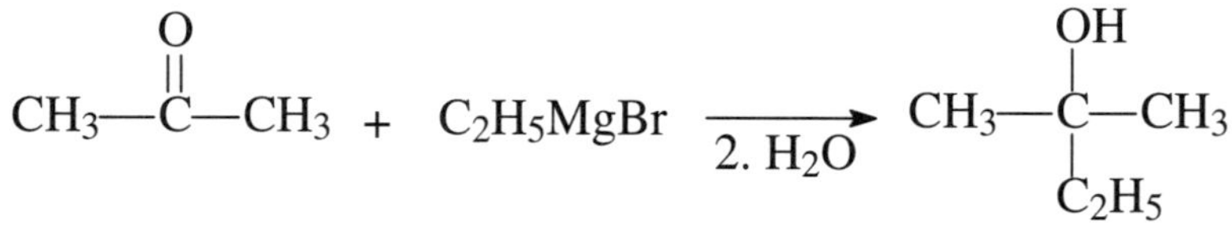

c) $HCHO + C_2H_5MgBr \xrightarrow[2.\ H_2O]{} CH_3{-}CH_2{-}CH_2{-}OH$

d) 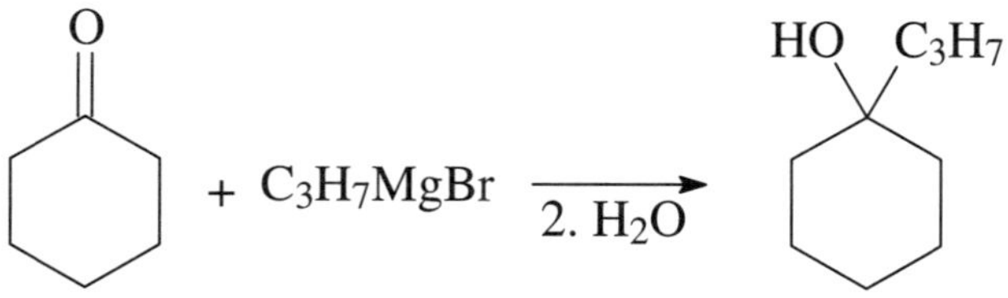

L 16.40

a) 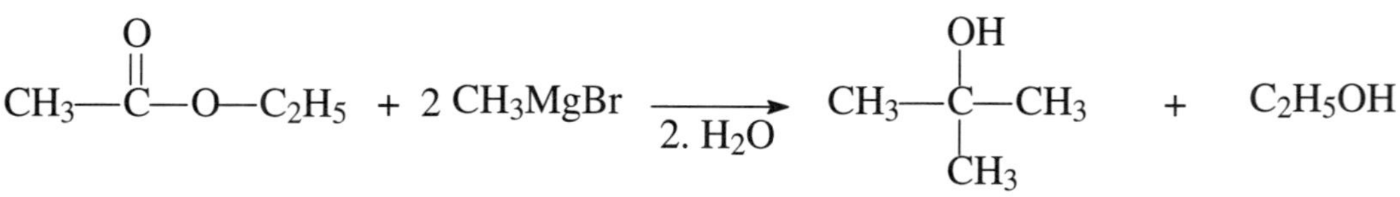

b) 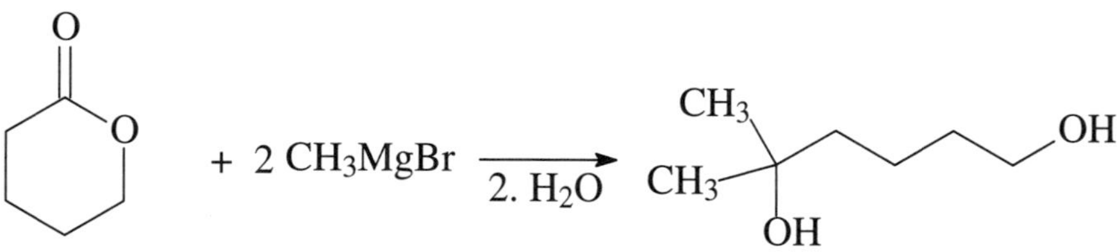

Verzählen Sie sich hier bloß nicht bei der Kette!

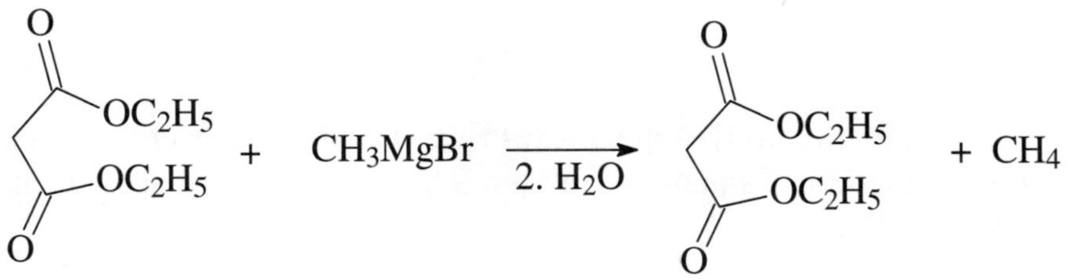

c)

Wir sind gespannt, wer hier die richtige Lösung gefunden hat. Die CH- Acidität durch die –M- Effekte der beiden Carbonylgruppen ist so groß, dass das Grignard-Reagenz protoniert wird.

d) $C_3H_7MgBr + CO_2 \xrightarrow[\text{2. } H_2O]{} C_3H_7COOH$

Kohlendioxid lässt sich ebenfalls als Carbonylderivat auffassen. Halten sie sich die Nase zu, Buttersäure stinkt erbärmlich.

L 16.41

a) $C_2H_5Br + C_2H_5MgBr \longrightarrow CH_3—CH_2—CH_2—CH_3$

b) isoPropylbromid + $CH_3MgBr \longrightarrow CH_3—CH(CH_3)—CH_3$

Zwei etwas teure Methoden zur Erzeugung von einfachen Kohlenwasserstoffen!

Naturstoffe

Das Gebiet der Naturstoffe, die im Rahmen dieses Buches behandelt werden, lässt sich in drei verschiedene Bereiche gliedern. Es handelt sich um Kohlenhydrate (Zucker), Proteine (Eiweiße und Aminosäuren) und Fette.

1. Kohlenhydrate
Die Gruppe der Kohlenhydrate umfasst im wesentlichen Zucker aber auch Polysaccharide wie Stärke oder auch Zellulose. Polysaccharide bestehen aus vielen Zuckermolekülen, die in einer Kette aneinander gebunden sind. Der Name Kohlenhydrate führt zu folgender Summenformel: $C_n(H_2O)_n$, n ist eine Zahl von 3 - 6; vorausgesetzt es handelt sich um Monosaccharide (einzelne Zuckermoleküle). Höhere Zahlen für n werden hier nicht berücksichtigt.
Monosaccharide lassen sich in Aldosen und Ketosen unterteilen. Aldosen tragen im Molekül eine Aldehydfunktion, Ketosen entsprechend eine Ketogruppe. Beispiel:

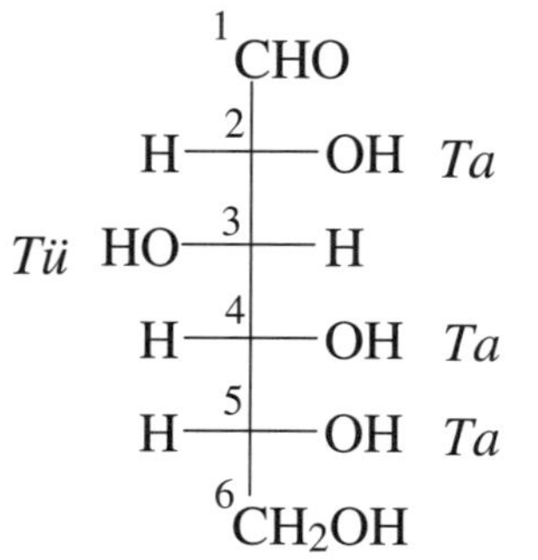

D- Aldohexose
D- Glucose

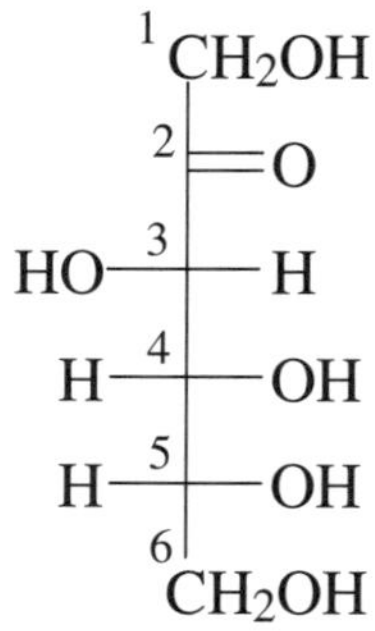

D- Ketohexose
D- Fructose

D- Glucose und D- Fructose gehören zu den Molekülen, die Sie auswendig kennen sollten! Das TaTüTaTa sollte Ihnen eine kleine Hilfe sein.
Der Name Hexose ergibt sich aus der Anzahl der Kohlenstoffatome; ein Zucker mit fünf C-Atomen heißt dann Pentose usw.. Bei der Aldose handelt es sich um D- Glucose, bei der Ketose um D- Fructose. Das D bezieht sich auf die Stellung der OH- Gruppe am vorletzten C-Atom, hier bei beiden jeweils die 5. Steht diese OH- Gruppe rechts in der Fischerprojektion handelt es sich um einen D- Zucker, steht sie links um einen L- Zucker. Bedenken Sie, bei L-Glucose handelt es sich um das Enantiomer zu D- Glucose:

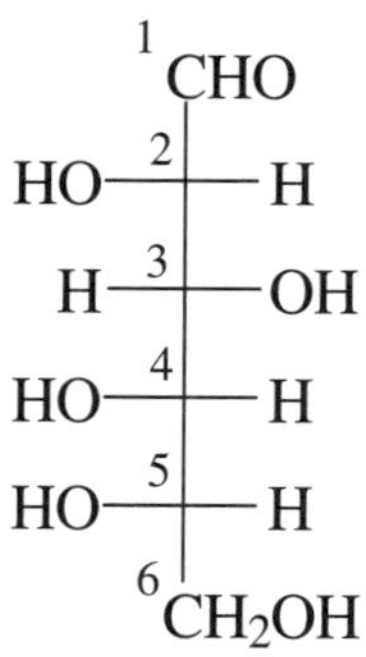

L- Aldohexose
L- Glucose

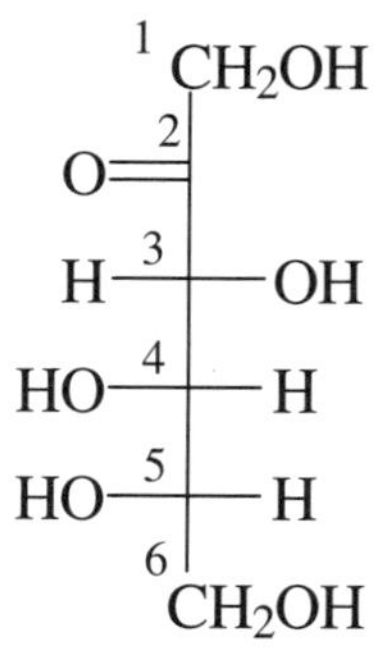

L- Ketohexose
L- Fructose

Betrachtet man die Gruppe der Hexosen, so existieren 2^4 stereoisomere Aldosen und 2^3 stereoisomere Ketosen, also insgesamt 24 verschiedene Moleküle.

Monosaccharide lassen sich mit *Fehlingscher* Lösung nachweisen. Fehlingsche Lösung ist die basische Lösung eines Cu(II)- tartratkomplexes und wird als Nachweis für Aldehyde verwendet:

Die Aldehydgruppe wird zur Carboxylatgruppe oxidiert, Cu^{2+}- Ionen werden zu Kupfer(I)-oxid reduziert. Allerdings reagieren auch Ketosen mit Fehlingscher Lösung, deren Ketogruppe auf diesem Weg nicht oxidierbar ist. Ketosen unterliegen in basischer Lösung einer Keto- E-nol- Tautomerie, die in ihrem Gleichgewicht eine Aldose enthält. Es entstehen natürlich zwei Aldosen, die sich in der Stellung der OH- Gruppe am zweiten C- Atom unterscheiden. Diese Art von Zuckern nennt man epimere Zucker.
Über diesen Umweg reagieren auch Ketosen zeitverzögert mit Fehlingscher Lösung.

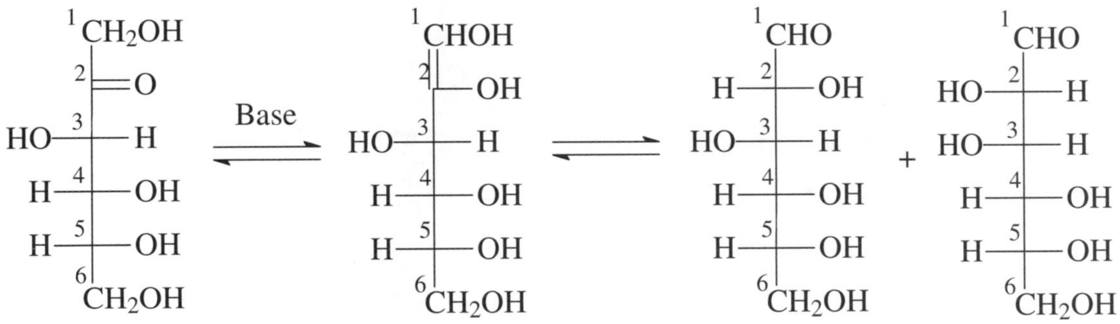

Enoltautomeres

Weitere Nachweismethoden sind die *Tollens*- oder auch die *Nylander*- Reaktion. Bei der Tollens- Reaktion wird ammoniakalische Silbersalzlösung verwendet; Silberionen werden zu metallischem Silber reduziert. Bei der Nylander- Reaktion wird aus alkalischer Wismutsalzlösung metallisches Wismut ausgefällt. Allen diesen Nachweisen ist gemein, dass sie im basischen Milieu ablaufen und mit der Aldehydgruppe reagieren. Daher reagieren auch hier wieder Ketosen unter diesen Bedingungen.

Ringbildung
Zucker liegen nicht nur in einer offenkettigen Form vor, sondern sie neigen zur Ringbildung durch eine intramolekulare Halbacetalreaktion. Bei Ketosen müsste man korrekterweise von Halbketalreaktion sprechen, das ist aber unüblich. Die Ringform überwiegt mit mehr als 99 %. Bei der Ringbildung entstehen aus sterischen Gründen ausschließlich Fünf- und Sechsringe, die jeweils ein Sauerstoffatom enthalten.
Der Fünfring leitet sich von der Furangrundstruktur ab und wird Furanose genannt; der Sechsring vom Pyransystem und wird entsprechend Pyranose genannt.

Pyransystem Furansystem

Pyranosen und Furanosen werden meist nicht in der Sesselform dargestellt, sondern in der *Haworth*- Projektion. Dazu wird der Ring planar gezeichnet und die Stellung der Substituenten durch senkrechte Striche markiert.

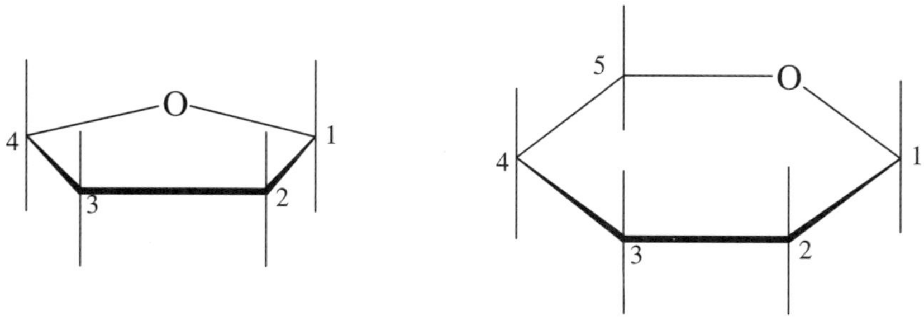

Mechanismus der Ringbildung bei D- Glucose zu einer Pyranose:

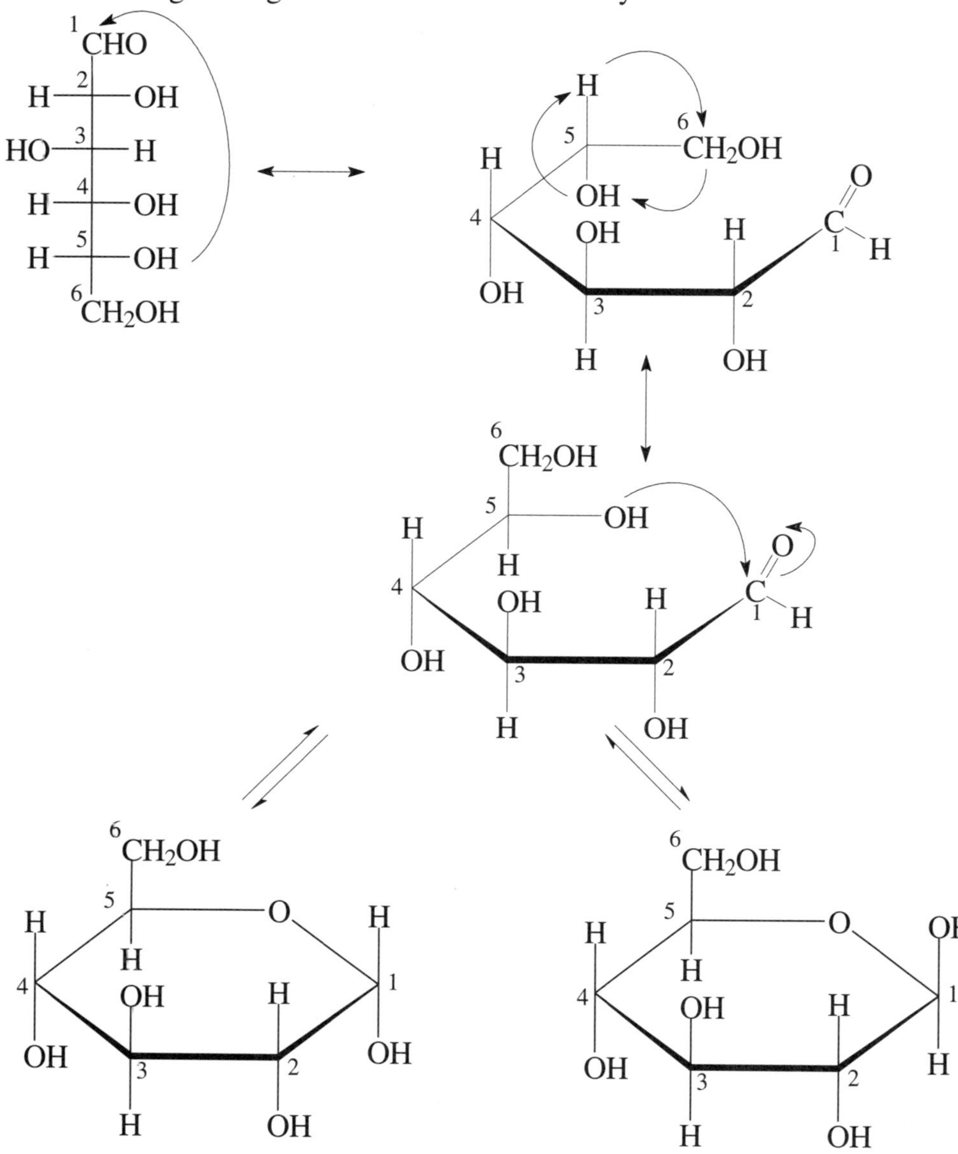

α- D- Glucopyranose β- D- Glucopyranose

Aus der Carbonylgruppe des Zuckers entsteht ein neues asymmetrisches C- Atom, bei welchem die neu entstandene OH- Gruppe im Ring entweder nach oben (β- Anomer) oder nach unten (α- Anomer) stehen kann. Das Carbonyl- C- Atom wird als das anomere C- Atom bezeichnet. Achtung: Bei L- Zuckern ist die Bezeichnung umgekehrt.

In wässeriger Lösung besteht ein Gleichgewicht zwischen offenkettiger Form, α- Anomer und β- Anomer. Dieses Gleichgewicht wird *Mutarotation* genannt.

Um Ihnen das Übertragen von Zuckern von der offenkettigen Form in die cyclische Halbacetalform zu erleichtern, haben wir ein paar Regeln aufgestellt:

1. Nummerieren Sie die offenkettige Form von oben nach unten.
2. Zeichnen Sie ein Furan- oder Pyranringgerüst. Nummerieren Sie auch dieses. Bedenken Sie bei Aldosen ist die rechte Ecke die 1, bei Ketosen die 2.
3. Entscheiden Sie anhand der Aufgabenstellung, ob die α- oder die β- Form verlangt wird. Existiert keine Präferenz haben Sie die freie Wahl.
4. Gehen Sie weiter im Uhrzeigersinn vor. Was sich in der Kettenform auf der rechten Seite befindet, steht im Ring unten; links entsprechend umgekehrt.
5. Für den letzten Kohlenstoff vor dem O- Atom im Ring gilt folgendes: An dieser Position war in der Kette die OH- Gruppe, die den Ring geschlossen hat. Steht diese OH- Gruppe in der Kette rechts, kommt der Rest nach oben. Mit Rest sind die C- Atome gemeint, die nach dieser Position stehen. Falls die OH- Gruppe links stand, kommt der Rest nach unten.

Beispiele:
Aus der D- Idose soll eine β- D- Idopyranose und eine α- D- Idofuranose entstehen:

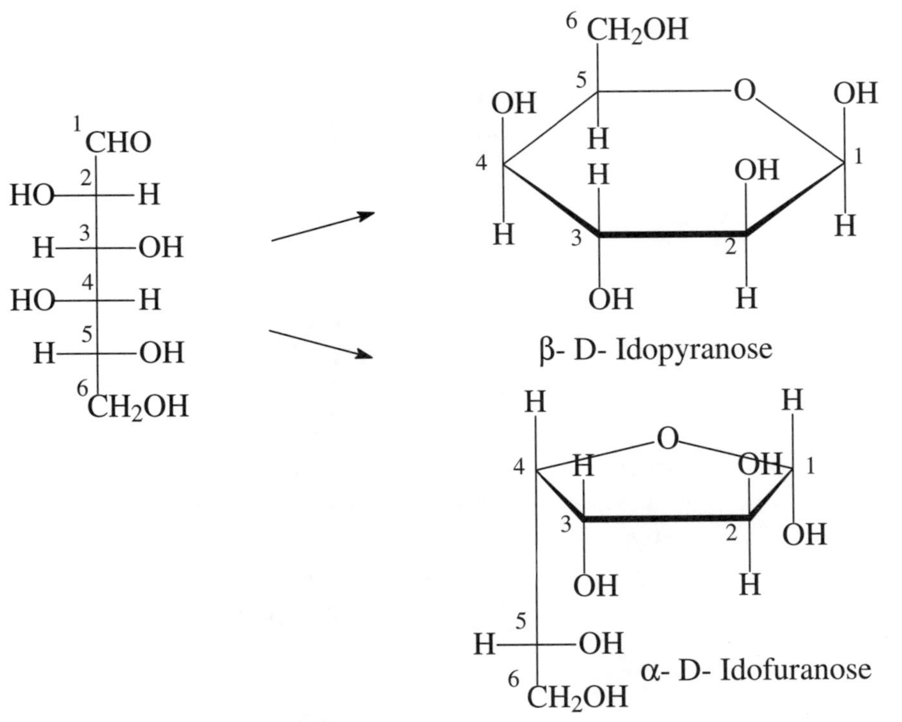

Sie sehen bei der D- Idose befindet sich die OH- Gruppe (4), die den Ring schließt, links. Daher steht im Ring der Rest (5 und 6) nach unten.

Aus einer Ketose (D- Fructose) soll eine α- D- Furanose entstehen:

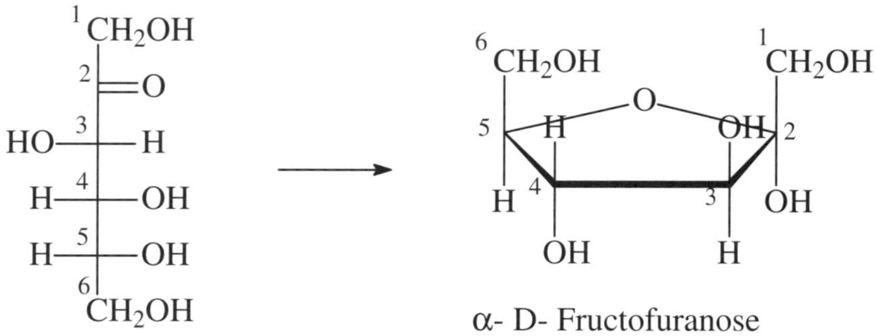

Osazonbildung
Osazone entstehen durch die Reaktion von Monosacchariden mit Phenylhydrazin. Es handelt sich um gut kristallisierbare Verbindungen, die einen scharfen Schmelzpunkt besitzen und daher bei der Identifikation von Zuckern eine große Rolle spielten. Bei der Reaktion geht die Information der ersten beiden C- Atome verloren, so dass immer drei Zucker (2 Aldosen und eine Ketose) das gleiche Osazon bilden. Diesen Sachverhalt möchten wir am Beispiel von D- Glucose verdeutlichen:

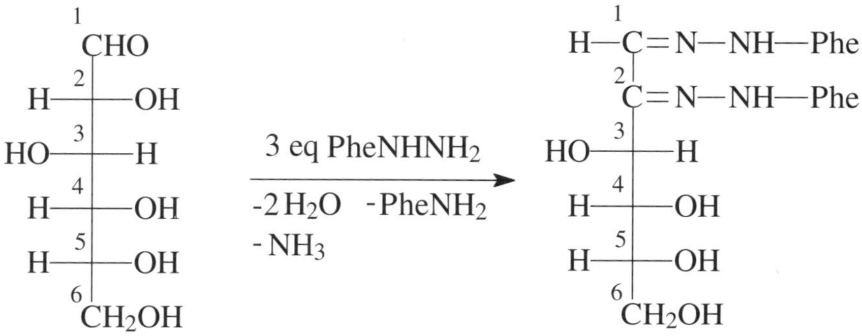

Auch D- Fructose und D- Mannose würden zum gleichen Osazon führen. Es handelt sich um epimere Zucker.

Disaccharide und Polysaccharide
Ringförmige Zuckermoleküle können über eine glykosidische Bindung miteinander verknüpft werden. Hierbei reagiert die Halbacetalgruppe eines Zuckermoleküls mit einer OH- Gruppe eines zweiten Zuckermoleküls unter Acetalbildung und Wasserabspaltung.
Beispiel: Bildung von α- Maltose aus zwei Molekülen D- Glucose.

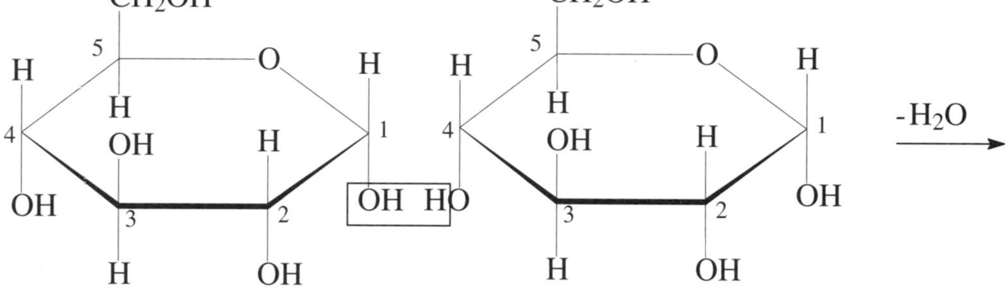

α- D- Glucopyranose α- D- Glucopyranose

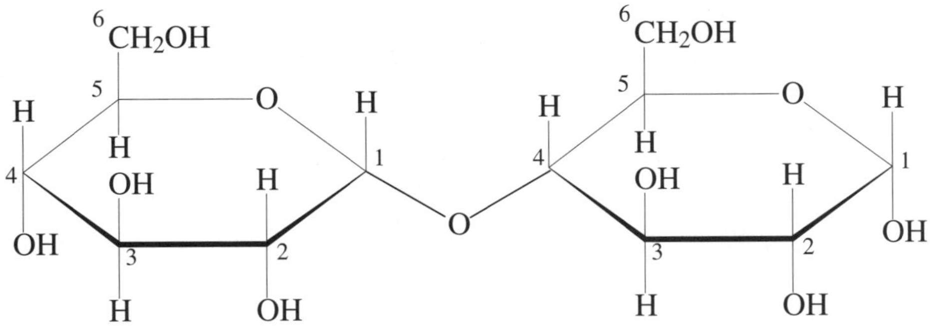

α- Maltose

Bei der glykosidischen Bindung handelt es sich um eine α- 1,4- Verknüpfung. Der linke Ring ist zum Acetal geworden und unterliegt in wässeriger Lösung keiner Mutarotation mehr. Der rechte Ring liegt noch immer in der Halbacetalform vor und zeigt daher Mutarotation und reagiert mit den üblichen Nachweisreagenzien für Monosaccharide.

Die beiden Glucosemoleküle können aber auch α- 1,1- verknüpft sein. Dabei entsteht die α,α- Trehalose:

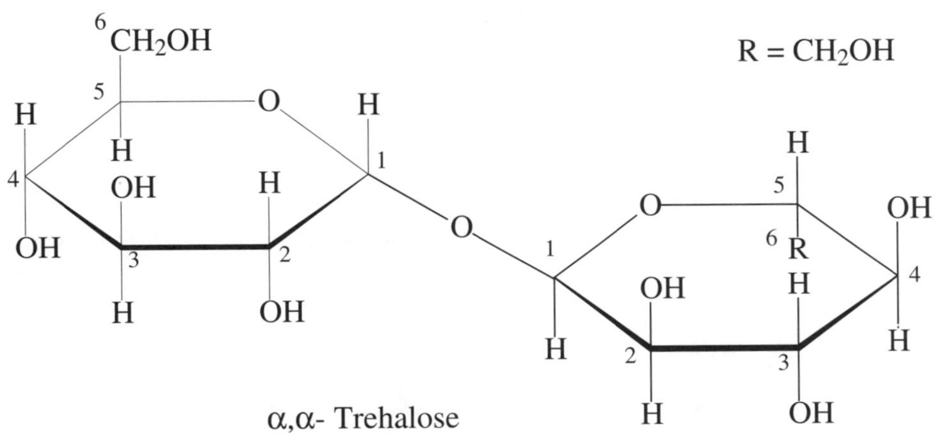

α,α- Trehalose

Beachten Sie der rechte Ring ist umgedreht worden; daher sind alle Positionen getauscht. Nun enthalten beide Ringe je ein Acetal. Die Folge ist, dass das Disaccharid keine Mutarotation zeigt und auch bei den üblichen Nachweisen keine Reaktion erfolgen kann.

Das bekannteste Disaccharid ist die Saccharose. Sie besteht aus D- Glucose und D- Fructose, welche α- 1,2 verknüpft sind. Auch die Saccharose enthält nur noch Acetale und zeigt deswegen keine Mutarotation.

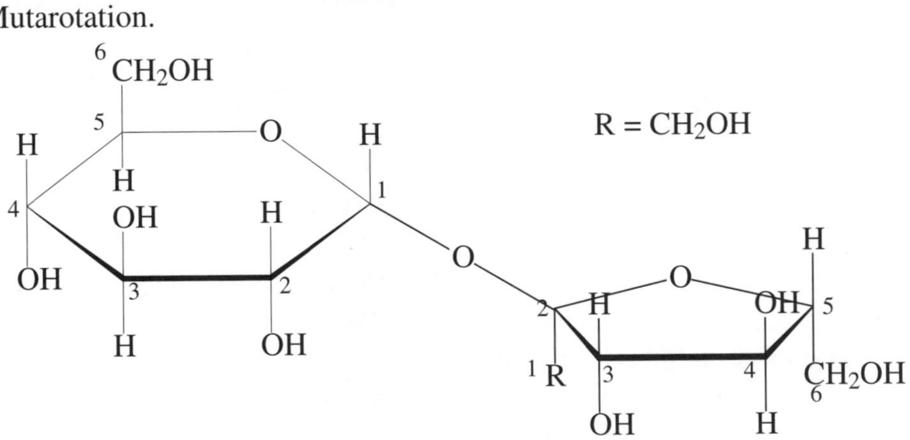

Saccharose

Die bekanntesten Polysaccharide sind Stärke (Amylose) und Zellulose. Stärke besteht aus D-Glucosemolekülen, welche α- 1,4 verknüpft sind. Cellulose besteht auch aus D- Glucosemolekülen, die aber β- 1,4 verknüpft sind.

Kettenausschnitt bei Stärke:

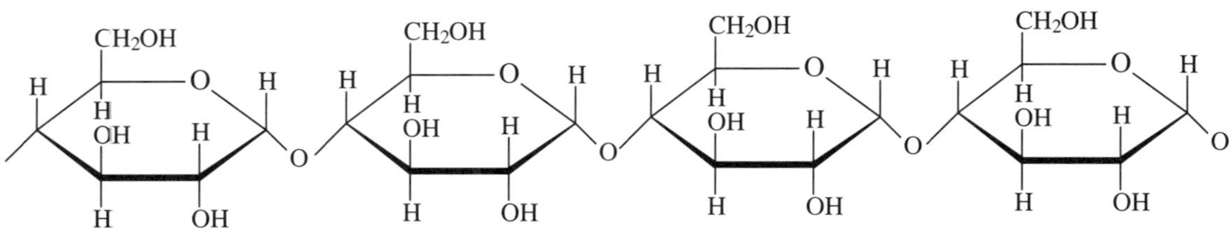

Kettenausschnitt bei Cellulose:

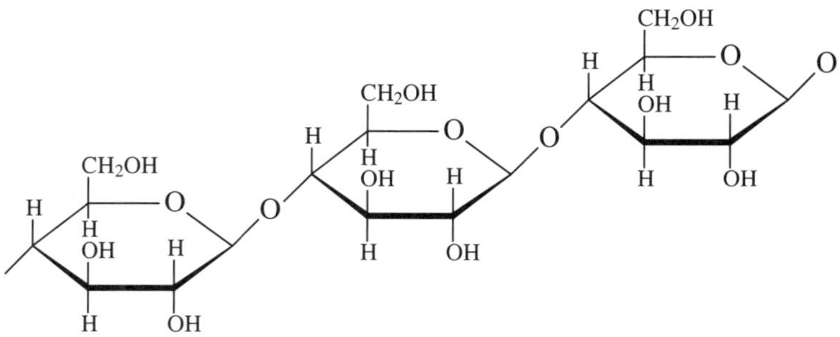

Ausgewählte Reaktionen
Die Umsetzung eines Zuckers in der cyclischen Halbacetalform mit Methanol führt zu einem Acetal:

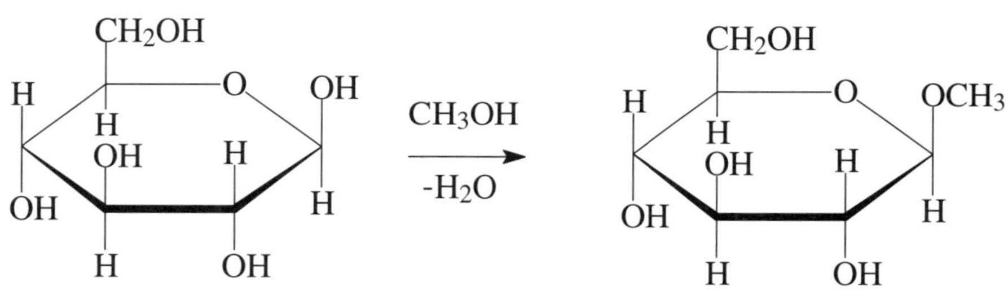

Bei der Umsetzung mit Methyliodid erhält man (erschöpfende Methylierung):

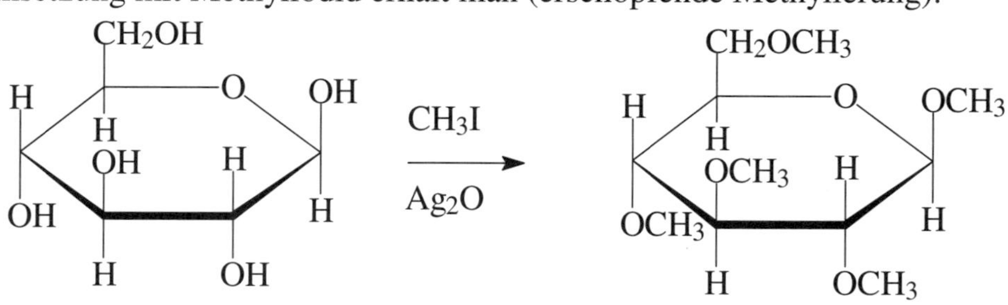

2. Fette (Triglyceride)
Fette sind Ester aus Glycerin und sogenannten Fettsäuren. Glycerin ist ein Alkohol mit drei OH- Gruppen (IUPAC: 1,2,3- Propantriol). Bei Fettsäuren handelt es sich um längerkettige unverzweigte Carbonsäuren (6 bis 20 C-Atome). Die meisten in der Natur vorkommenden Fettsäuren besitzen eine gerade Anzahl von C- Atomen. Enthalten diese Fettsäuren eine oder mehrere C-C- Doppelbindungen, spricht man von ungesättigten Fettsäuren und damit auch von ungesättigten Fetten (meist Z- konfiguriert).

Wichtige gesättigte Fettsäuren:

- Laurinsäure: n- Dodecansäure $C_{11}H_{23}COOH$
- Palmitinsäure: n- Hexadecansäure $C_{15}H_{31}COOH$
- Stearinsäure: n- Octadecansäure $C_{17}H_{35}COOH$

Wichtige ungesättigte Fettsäuren:

- Ölsäure: Z-9- Octadecensäure $C_{17}H_{33}COOH$
- Linolsäure: Z,Z-9,12-Octadecadiensäure
- Linolensäure: Z,Z,Z-9,12,15-Octadecatriensäure

Tipp: Versuchen Sie doch einmal zur Übung, die Strukturformeln der ungesättigten Fettsäuren aufzuzeichnen. Die Lösungen können Sie einem Lehrbuch entnehmen. Machen Sie sich auch Gedanken darüber, warum Fette mit ungesättigten Fettsäuren (Öle) bei Raumtemperatur flüssig sind, während Fette mit gesättigten Fettsäuren (Fette) hierbei fest sind.

Auf die in der Biochemie gebräuchliche α- oder ω- Nomenklatur werden wir in diesem Rahmen nicht eingehen.
Struktur eines typischen Fettes (Triglycerid):

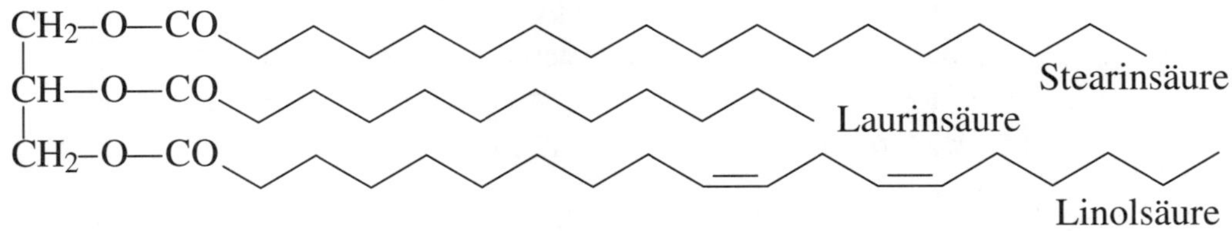

Methoden zur Analyse von Fetten sind die Bestimmung der Iodzahl und der Verseifungszahl. Mit der Iodzahl lässt sich das Vorhandensein von Doppelbindungen und deren Anzahl bestimmen. Mit der Verseifungszahl bestimmt man den Grad der Veresterung des Glycerins oder bei bekanntem Grad das Molekulargewicht.

3. Aminosäuren und Peptide

Mit Aminosäuren sind in diesem Zusammenhang nur proteinogene Aminosäuren gemeint, das heißt solche, die zur Bildung von Proteinen benötigt werden. Es handelt sich um zwanzig verschiedene α- Aminosäuren. (α- heißt hier, dass sich die Aminogruppe am α- C- Atom befindet). Machen Sie sich schon einmal mit dem Gedanken vertraut, sie auswendig zu lernen. Sie finden die Aminosäuren am Ende des 11. Kapitels.
Allgemeine Formel:

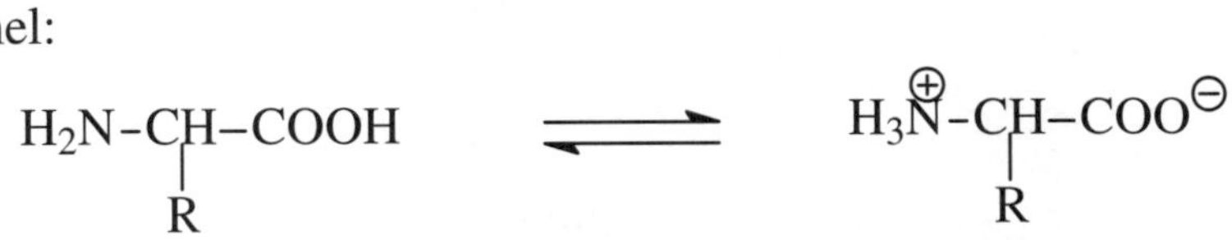

Die Form, in der die Aminosäure auf der rechten Seite der Gleichung vorliegt, nennt man Zwitterionenform. Aminosäuren sind schwache Säuren und schwache Basen zu gleich. Daher wird der Carboxylatgruppe ein pK_{S1} zugeordnet und der Aminogruppe bzw. der korrespondierenden Säure ein pK_{S2}. Der pH- Wert, an dem die Aminosäure vollständig in der Zwitterionenform vorliegt, wird isoelektrischer Punkt genannt. Für diesen Punkt existiert eine Vielzahl von Abkürzungen: pH_i, pK_i, pI, IP, IEP. Wir verwenden hier die Abkürzung: pH_i. Der isoelektrische Punkt lässt sich für eine neutrale Aminosäure wie folgt berechnen.

$$pH_i = \frac{pK_{S1} + pK_{S2}}{2}$$

Enthält die Aminosäure in ihrer Seitenkette eine zusätzliche saure oder basische Funktion, so wird hierfür ein pK_{S3}- Wert angegeben (Vorsicht, nicht alle Bücher folgen dieser Konvention).
Für saure Aminosäuren gilt:

$$pH_i = \frac{pK_{S1} + pK_{S3}}{2}$$

Für basische Aminosäuren gilt:

$$pH_i = \frac{pK_{S3} + pK_{S2}}{2}$$

Tipp: Wird dieser Konvention nicht gefolgt, gilt folgendes. Bei einer sauren Aminosäure verwenden Sie die beiden niedrigen pK_S- Werte und berechnen den Durchschnitt. Bei einer basischen verwenden Sie entsprechend die beiden hohen pK_S- Werte.

Stereochemie der Aminosäuren
Alle natürlich vorkommenden Aminosäuren sind nach alter Konvention L konfiguriert bis auf Glycin, welches optisch inaktiv ist (R = H). Nach der R,S- Nomenklatur sind sie S konfiguriert bis auf zwei Ausnahmen. Zum einen natürlich wieder Glycin, zum anderen Cystein, welches R konfiguriert ist. Der Grund liegt in der höheren Priorität des Schwefels.

Synthese von Aminosäuren
Es existieren viele Methoden, um Aminosäuren zu synthetisieren. Wir beschränken uns hier auf die Synthese nach *Strecker.*

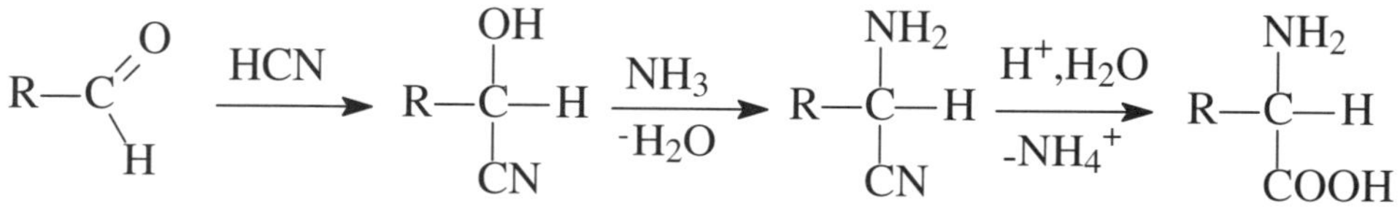

Die Synthese geht von einem Aldehyd aus, dessen Rest am Ende der Synthese den Rest der Aminosäure bildet. Den Mechanismus des letzten Schritts, der Verseifung des Nitrils können Sie im Kapitel 18 in den Reaktionstafeln finden. Beachten Sie bitte, dass Sie außer im Falle von Glycin ein Enatiomerengemisch erhalten.

Peptidbildung
Aminosäuren können im Sinne einer Säureamidbildung miteinander gekoppelt werden. Das Produkt einer Reaktion zweier Aminosäuren ist dann ein Dipeptid. Die Bindung zwischen den Aminosäuren wird Peptidbindung genannt. Es gibt immer zwei Möglichkeiten je nachdem, welche Aminosäure als Säure und welche als Amin reagiert. Bei mehreren Aminosäuren gibt es dann schon sehr viele Möglichkeiten. Überlegen Sie einmal, wie groß die Zahl der Isomeren bei einem Protein mit 100 Aminosäuren wäre.
Peptide mit mehr als 15 Aminosäuren werden als Polypeptide bezeichnet, Peptide mit weniger als 15 Aminosäuren als Oligopeptid. Peptide mit mehr als 100 Aminosäuren bezeichnet man als Protein. Die Abfolge der Aminosäuren in einem Protein wird Primärstruktur genannt.

Beispiel: Bildung eines Dipeptids aus Alanin und Phenylalanin

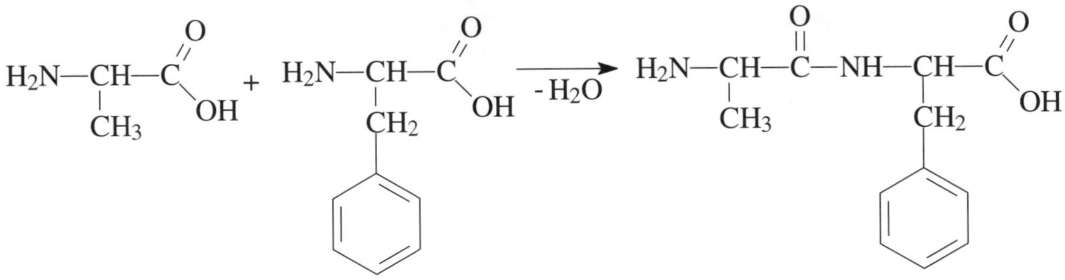

Das entstandene Dipeptid wird mit Alanylphenylalanin bezeichnet. Nur die letzte, C- terminale Aminosäure trägt ihren normalen Namen und dient als Wortstamm. Alle anderen davor erhalten die Endung -yl; falls eine saure Aminosäure darunter ist, so erhält sie die Endung -ol. Sie werden entsprechend ihrer *Sequenz* in dem Peptid als Präfixe vorangestellt.
Beispiel: Ein Tetrapeptid der Folge: Met—Glu—Ser—Asp

Methionylglutamolserenylasparaginsäure

Die Präfixe werden hier natürlich nicht alphabetisch sortiert. An diesem Beispiel sehen Sie, dass die Aminosäuren in der Form des Drei- Buchstaben- Codes abgekürzt wurden.

Der isoelektrische Punkt eines Peptids ist nur sehr schwer abschätzbar. Falls das Peptid nur neutrale Aminosäuren enthält, bildet man den Durchschnitt aus dem pK_{S2} der N-terminalen Aminosäure (die erste Aminosäure) und dem pK_{S1} der C- terminalen Aminosäure. Bei einem Überschuss an sauren Aminosäuren liegt der isoelektrische Punkt niedrig, bei einem Überschuss an basischen Aminosäuren ist es umgekehrt.

Formoltitration von Aminosäuren
Aminosäuren ergeben bei der Titration keine gut erkennbaren Äquivalenzpunkte. Sehen Sie sich doch einfach die Titrationskurve einer schwachen Säure mit einer schwachen Base hierzu an. Für die Formoltitration wird die Aminogruppe blockiert, in dem sie mit Formaldehyd zum Imin umgesetzt wird.

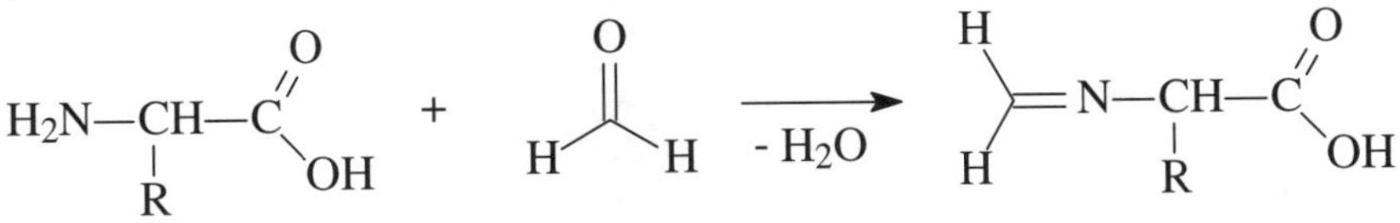

Anschließend lässt sich die Aminosäure als schwache Säure titrieren. In einigen Lehrbüchern werden andere Reaktionsprodukte angegeben, was für diese Betrachtung völlig unwichtig ist. Die Formoltitration lässt sich auch zur Molekulargewichtsbestimmung einsetzen.

Ausgewählte Trennverfahren für Aminosäure- und Peptidgemische
1. Papier- oder Dünnschichtchromatographie
Bei dieser Methode wird auf einen festen Träger Aluminiumoxid, Silikagel oder auch Papiermehl aufgebracht. Dies wird als stationäre Phase bezeichnet. Die genannten Substanzen besitzen adsorbierende Eigenschaften. Der Träger wird aufrecht in ein Lösungsmittelbad gestellt. Aufgrund der Kapillarkräfte steigt in dem Träger eine Lösungsmittelfront hoch. Diese wird mobile Phase genannt. Wurde auf dem unteren Ende der Karte ein Substanzgemisch aufgebracht, so wird dieses vom Lösungsmittel je nach Art und Größe der Moleküle unterschiedlich

weit transportiert. Die Folge ist, dass das Substanzgemisch aufgetrennt wird. Meist wird als Laufmittel ein schwach polares Solvens verwendet, so dass hydrophobe Aminosäuren besser transportiert werden. Zur Normierung lassen sich sogenannte R_f - Werte berechnen:

$$R_f = \frac{Lauflänge\ (Probe)}{Lauflänge\ (Lösungsmittel)}$$

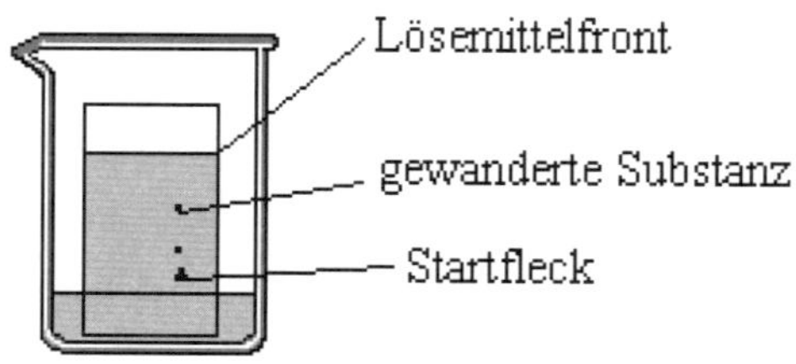

Mit diesem Verfahren lassen sich auch Peptid und Aminosäuregemische trennen. Da Aminosäuren farblos sind, werden sie mit Ninhydrin angefärbt (violette Farbe: Ausnahme Prolin orange). Den folgenden Mechanismus sollten Sie nicht auswendig lernen.
Ninhydrinbildung:

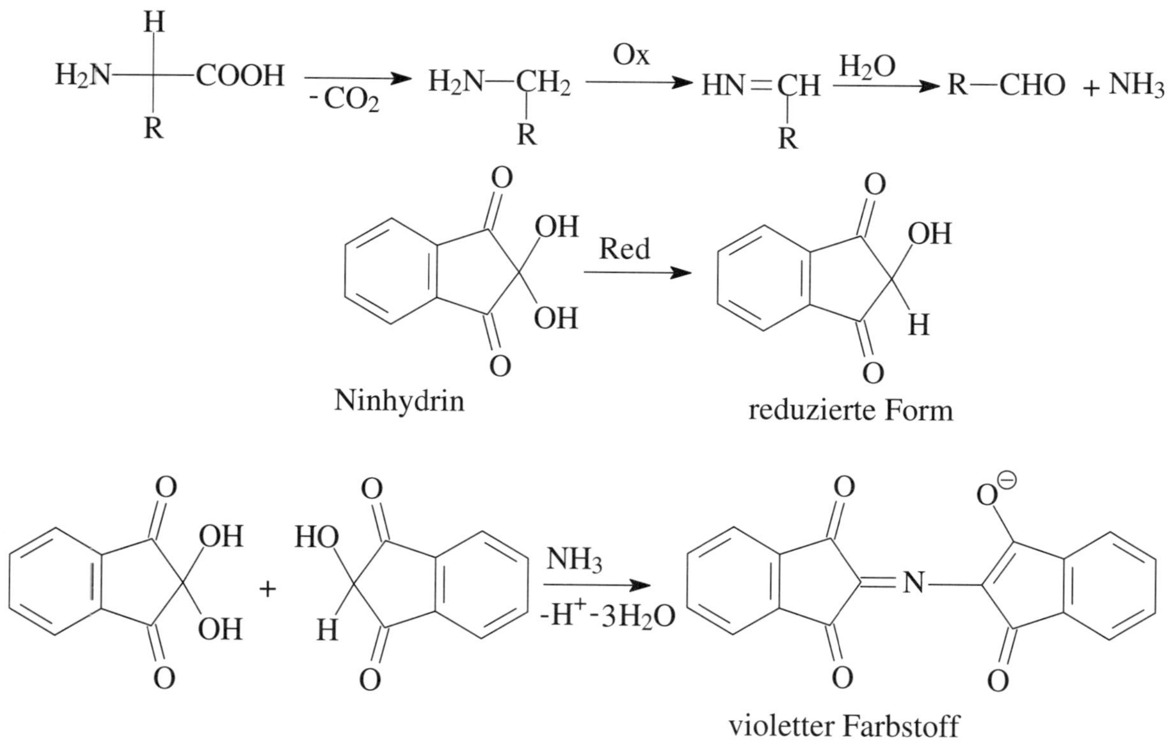

2. Papier- oder Gelelektrophorese
Bei dieser Methode wird z.B. ein mit einer Pufferlösung getränkter Papierstreifen in ein elektrisches Feld gebracht. In der Mitte aufgebrachte Substanzgemische wandern auf Grund ihrer Ladung in unterschiedliche Richtungen und werden so getrennt. Denken Sie daran Kationen wandern zur Kathode, Anionen zur Anode.

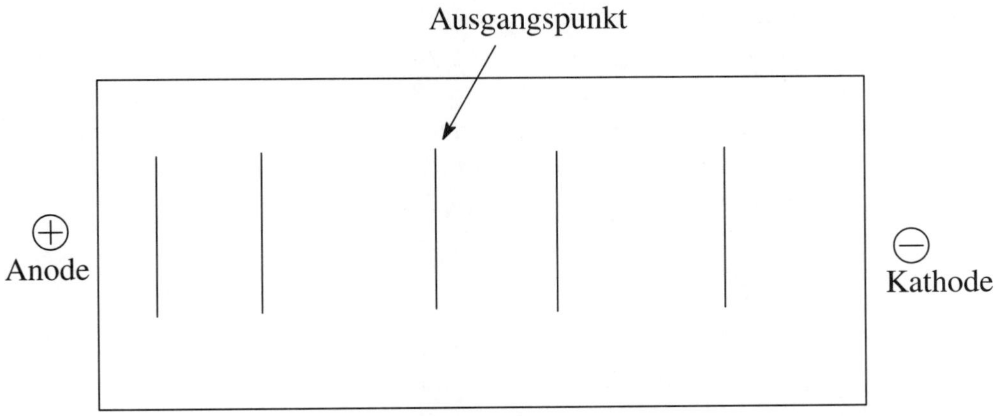

Für Aminosäure und Peptidgemische gilt folgendes:
- Ist der pH- Wert des Papiers kleiner als der pH_i- Wert der betrachteten Aminosäure, so ist diese protoniert – also ein Kation und wandert zur Kathode.
- Ist der pH- Wert des Papiers gleich dem pH_i- Wert der betrachteten Aminosäure, so liegt diese in der Zwitterionenform vor und wandert nicht.
- Ist der pH- Wert des Papiers größer als der pH_i- Wert der betrachteten Aminosäure, so ist diese deprotoniert – also ein Anion und wandert zur Anode.

Auch bei dieser Methode werden Aminosäuren mit Ninhydrin angefärbt.
Die Gelelektrophorese findet ihre Anwendung zur Trennung von Proteinen, die häufig mittels Antikörperreaktionen nachgewiesen werden.

Biuret- Reaktion zum Nachweis von Peptiden und Protein
Hierzu wird eine alkalische Probelösung mit einer Kupfer(II)- sulfatlösung versetzt. Das Ergebnis ist eine rot- bis blauviolette Lösung. Es entsteht ein Kupferkomplex, in dem das Kupferion an je zwei Peptidbindungen gebunden ist. Daher sollte ab einem Tripeptid eine positive Biuretreaktion möglich sein. Wundern Sie sich aber nicht, wenn Sie auch bei Dipeptiden einen Nachweis erzielen.

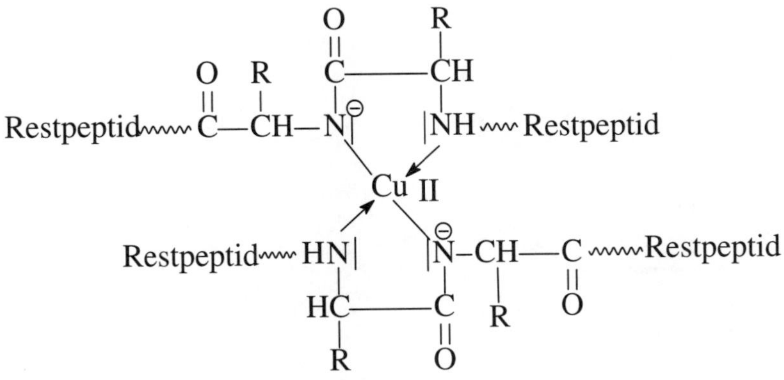

Kupferpeptidkomplex

1. Aufgaben zu Kohlenhydraten

A 17.01 D-Fructose (A) steht über ihr Enoltautomeres (B) in alkalischer Lösung mit (C) im Gleichgewicht. Zeichnen Sie (B) in der Fischerprojektion. Formulieren Sie zwei cyclische Halbacetalformen von (C) in der Haworth-Projektion.

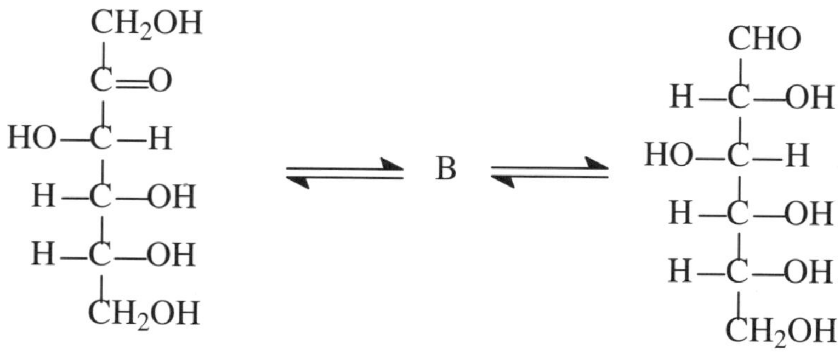

A C

A 17.02 Zeichnen Sie eine Aldotriose, eine Ketose, eine Desoxyfuranose und eine Pyranose. Setzen Sie die von Ihnen gewählte Aldotriose mit Methanol um und zeichnen Sie das Produkt in der Fischer-Projektion.

A 17.03 Aus der Saccharose (A) werden bei saurer Hydrolyse D-Glucose sowie D-Fructose freigesetzt. Zeichnen Sie jeweils die offenkettige Form dieser Monosaccharide in der Fischer-Projektion.

- Geben D-Glucose und D-Fructose das gleiche Osazon?
- Reduzieren beide Zucker Fehlingsche Lösung?

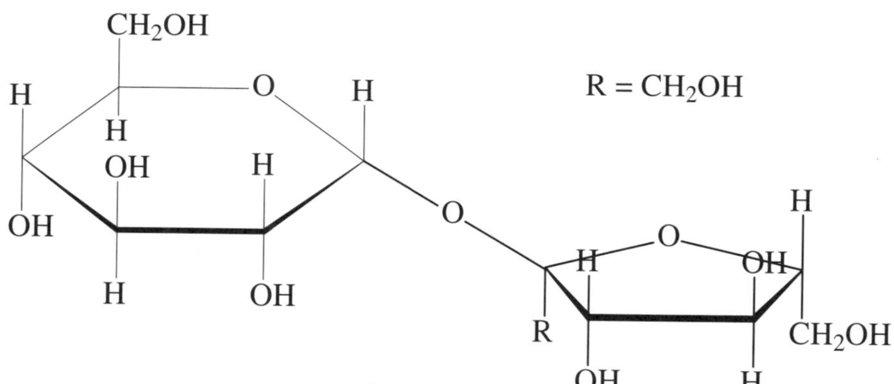

A

A 17.04 Gegeben sind die Disaccharide (+) Trehalose A und (+) Maltose B.

- Welche/s Disaccharide zeigen in saurer Lösung Mutarotation?
- Welche/s ergeben nach saurer Hydrolyse nur D-Glucose?
- Welche/s der beiden Disaccharide bestehen aus einer Ketose und einer Aldose?
- Ist die Bindung zwischen den markierten C-Atomen glykosidisch?

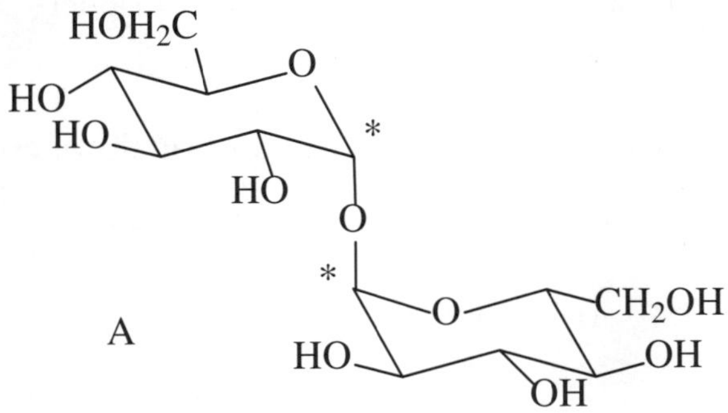

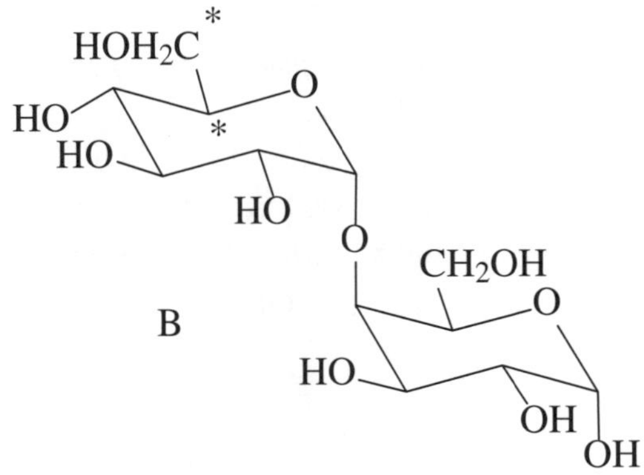

A 17.05 Gegeben ist die Aldohexose D-Galactose. Zeichnen Sie D-Galactose in der Haworth-Projektion als α-D-Pyranose und als β-D-Furanose.

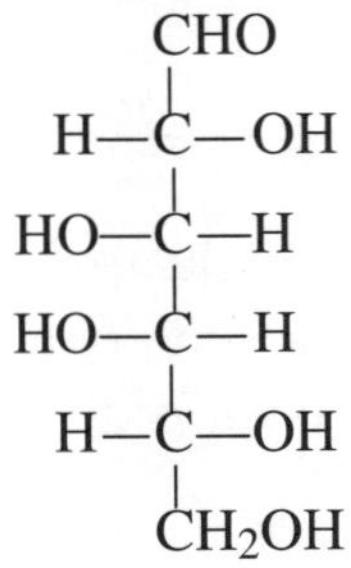

D- Galactose

A 17.06 Zeichnen Sie alle isomeren D-Aldopentosen in der Fischerprojektion.
- Welche der Zucker ergeben das gleiche Osazon?
- Wie lautet die Summenformel eines Disaccharids aus 2 beliebigen Aldopentosen?

A 17.07 Geben Sie die Strukturformel (Haworth-Projektion) eines beliebigen Disaccharids A an, das folgenden Kriterien genügt:
- A besteht aus zwei nicht identischen Aldopentosen,
- A enthält eine α-glykosidische Bindung,
- A zeigt Mutarotation.
Definieren Sie den Begriff Anomer anhand eines konkreten Beispiels.

A 17.08 Zeichnen Sie die offenkettige Form der folgenden Furanose (A) eines L-Zuckers und geben Sie den Namen an.
- Zeichnen Sie den Zucker A als α-Pyranose in der Haworthprojektion.
- Welches Produkt entsteht aus der α-Pyranose nach Mutarotation?

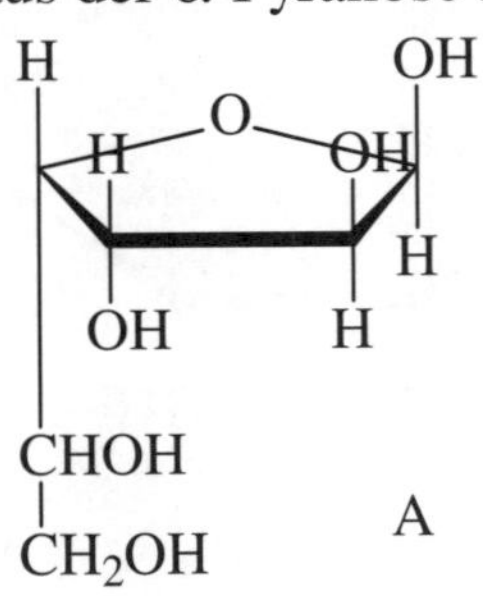

A 17.09 In welche Monosaccharide zerfällt Maltose bei der Hydrolyse (Name, Fischer-Projektion)?
- Wird Fehlingsche-Lösung durch Maltose reduziert?
- Welches Produkt entsteht bei der Umsetzung der Maltose mit Methanol, welches mit Methyliodid (Haworthprojektion)?

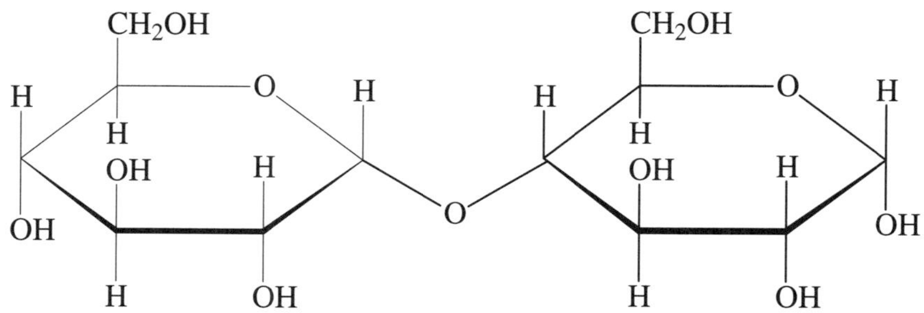

α- Maltose

A 17.10 Raffinose ist ein Trisaccharid aus D-Galactose und zwei weiteren Zuckermolekülen.
- Welche beiden anderen Zuckermoleküle (Name, Fischer-Projektion) sind das?
- Geben Sie die Zahl der glykosidischen Bindungen in Raffinose an.
- Zeigt Raffinose Mutarotation?

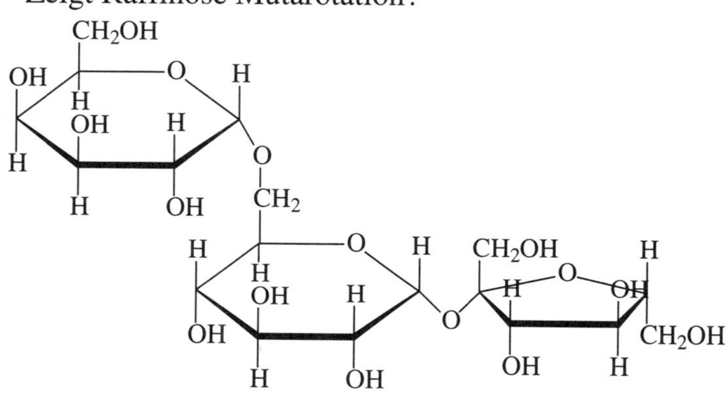

Raffinose

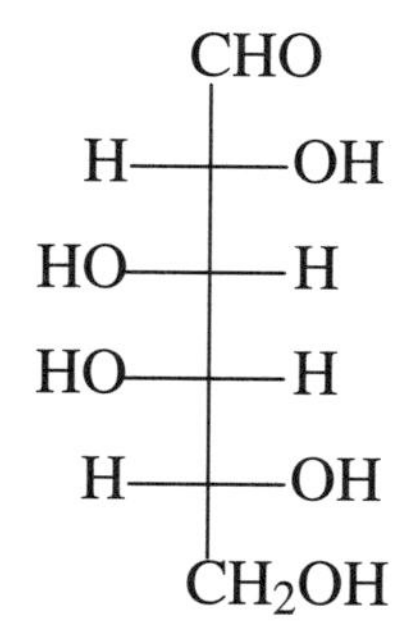

D- Galactose

A 17.11 Übertragen Sie die Darstellung des Zuckers A von der Haworth-Projektion in die Fischer-Projektion.
- Ist A ein D- oder ein L-Zucker?
- Was versteht man unter Mutarotation?
- Welches Produkt entsteht wenn man A mit Methyliodid umsetzt, welches wenn man Methanol verwendet?

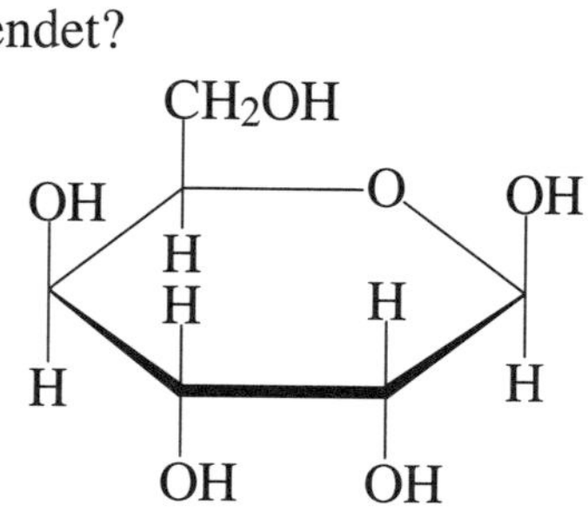

A

A 17.12

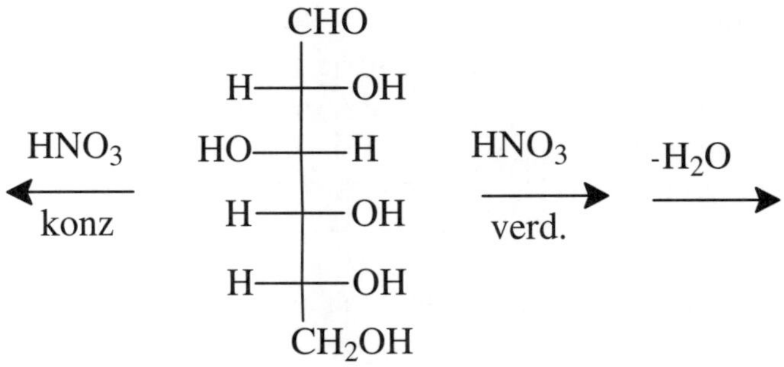

2. Aufgaben zu Aminosäuren und Peptiden

A 17.13 Wohin wandern die Aminosäuren Serin (pH_i = 5,68) und Lysin (pH_i = 9,74) bei pH = 1 und bei pH = 9,74 bei einer Elektrophorese (Angabe: zur Kathode; Anode; gar nicht)?
-Berechnen Sie den pH_i -Wert von Alanin aus den gegebenen pK_S-Werten:
pK_S = 2,34 ; pK_S = 9,69 .
-Welcher pK_S-Wert ist der Aminogruppe zuzuordnen?

A 17.14 Benennen Sie Lysin nach IUPAC. Ist Lysin eine saure, basische oder neutrale Aminosäure? Zeichnen sie das folgende Dipeptid: Phe-Glu.

A 17.15 Benennen Sie Asparaginsäure und Serin nach IUPAC und zeichnen Sie deren Strukturformeln in der Zwitterionenform. Wie liegen Cystein (pH_i = 7,3) und Methionin (pH_i = 5,7) bei pH 5,7 bzw. 9,3 vor (Kation, Anion, Zwitterionenform)?

A 17.16 -Geben Sie die Trivialnamen der folgenden Aminosäuren an:
2,6-Diaminohexansäure; 1-Amino-1,3-propandicarbonsäure.
- Nennen Sie zwei Aminosäuren (nur Namen), die aromatische Reste tragen.
- Bei welchem pH-Wert wandert Glycin bei einer Elektrophorese nicht? Geben Sie einen pH-Wert an, bei dem Glycin zur Kathode wandert. Zeichnen Sie für beide Fälle die Struktur des Glycins (pK_S = 2,4 und pK_S = 9,8).

A 17.17 Aus welchen Aminosäuren besteht das folgende Tripeptid?

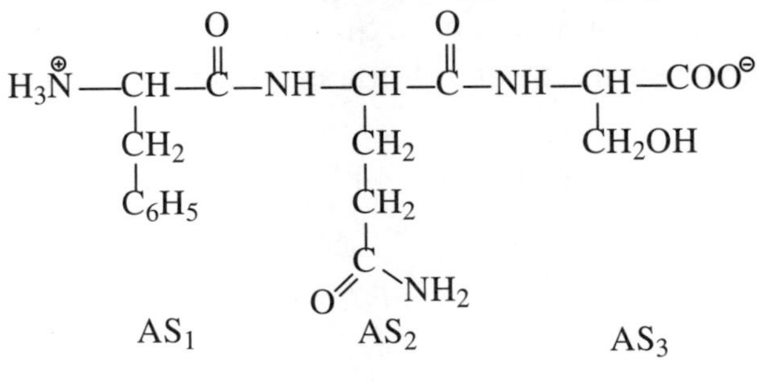

AS_1 AS_2 AS_3

Bei welchem pH-Wert beobachten Sie für obiges Tripeptid bei einer Elektrophorese keine Wanderung?

	pk_{S1}	pK_{S2}
AS_1	1,8	9,0
AS_2	2,2	9,1
AS_3	2,3	9,2

Wie viel verschiedene Tripeptide lassen sich aus drei verschiedenen Aminosäuren bilden?

A 17.18 Gegeben ist das untenstehende Oligopeptid.
Welche Aminosäuren werden aus diesem Peptid nach saurer Hydrolyse freigesetzt? Geben Sie für jede dieser Aminosäuren den Namen und die Strukturformel in der zwitterionischen Form an.

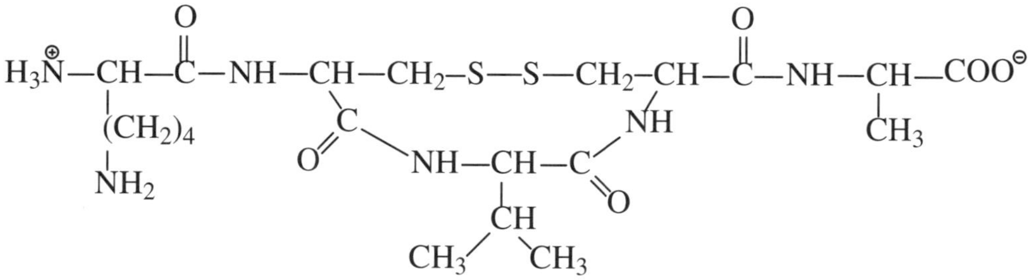

A 17.19 Gegeben ist das Oligopeptid A.
Kennzeichnen Sie folgende Aussagen als richtig oder falsch:
- Die C-terminale Aminosäure ist Glutamin.
- Bei pH = 7 wandert das Peptid zur Anode.
- Das Peptid besteht aus fünf Aminosäuren.
- Das Peptid zeigt die Biuret-Reaktion.

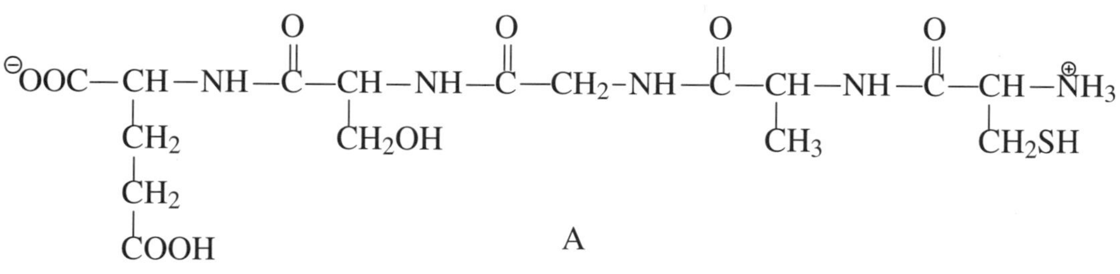

A

A 17.20 Die Synthese der Asparaginsäure nach Strecker verläuft nach dem unten angegebenen Schema. Geben Sie die Strukturformeln von A, B und C (Asparaginsäure) an.

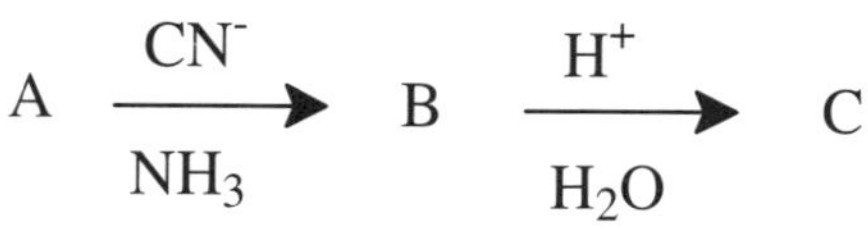

A 17.21 Erläutern Sie anhand von Strukturformeln die bei der pK-Wert-Bestimmung benutzte Formoltitration nach Sörensen. Aus welchem Grund lassen sich Aminosäuren nicht wie einfache Basen und Säuren titrieren?

A 17.22 Die Hydrolyse eines Dipeptids liefert ein 1 : 1 Gemisch aus Glutaminsäure und Lysin. Machen Sie Strukturvorschläge für das Dipeptid.
Entscheiden Sie, ob für ein Dipeptid eine positive Biuret-Reaktion zu erwarten ist.
In welchem pH-Bereich wandern Glutaminsäure und Lysin bei einer Elektrophorese in gegensätzliche Richtungen?
pH_i = 9,74 für Lysin und pH_i = 3,22 für Glutaminsäure

A 17.23 Bilden Sie aus den Aminosäuren Ala, Gln, Gly und Phe das folgende Tetrapeptid in der Zwitterionenform: Gly – Ala – Phe – Gln.
- Welche der genannten Aminosäuren ist optisch inaktiv?
- Was versteht man unter essentiellen Aminosäuren?

A 17.24 Welche Aminosäuren (nur Namen) entstehen bei der Hydrolyse der Peptidbindungen des Peptids A? Geben Sie an (Strukturformeln), wie die N-terminale Aminosäure in wässeriger Lösung bei pH 4; 5,8 und 7 vorliegt.
pK_S = 2,2 und pK_S = 9,4

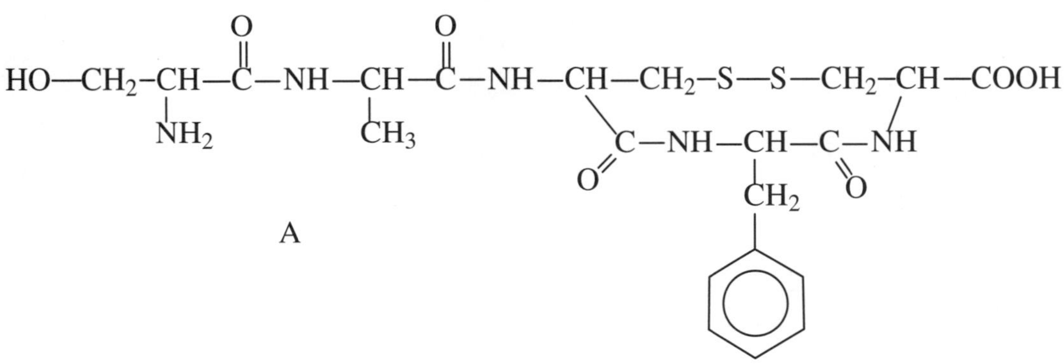

A

A 17.25 Ein Dipeptid liefert nach saurer Hydrolyse zwei Aminosäuren A und B, die folgendes Dünnschichtchromatogramm ergeben:

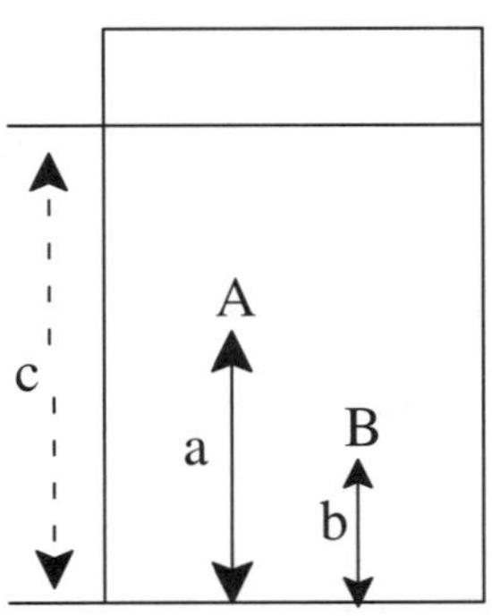

R_f - Werte

Ala = 0,4	a = 32 mm
Leu = 0,5	b = 8 mm
Gly = 0,3	c = 80 mm
Asp = 0,1	

- Geben Sie die Strukturformeln von A und B in der Zwitterionenform an.
- Klassifizieren Sie die Aminosäuren nach sauer, basisch und neutral.
- Nennen Sie ein Reagenz (nur Name) zur Anfärbung von Aminosäuren.
- Geben Sie ein weiteres Verfahren zur Trennung von Aminosäuren an.

A 17.26 Aus welchen Aminosäuren besteht das folgende Tripeptid?

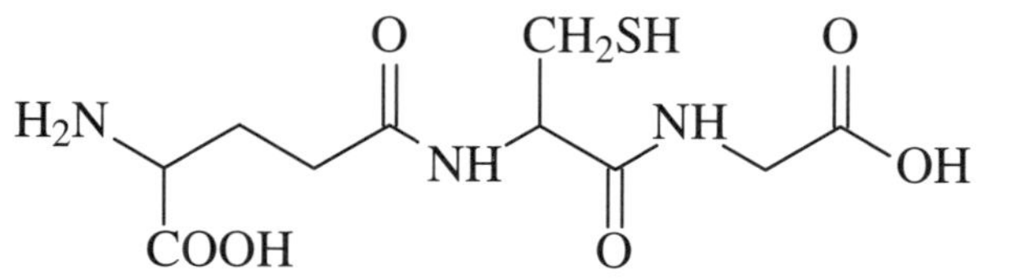

Die drei Aminosäure haben die pH_i-Werte: 3,33; 5,97; 5,00.
Ordnen Sie sie ihnen korrekt zu.

A 17.27 Ordnen Sie die vier gegebenen Tripeptide den Banden im folgenden Elektropherogramm bei pH = 7 zu.
A: Phe—Gly—Ala B: Phe—Glu—Ala C: Val—Lys—Val
D: Gly—His—Val

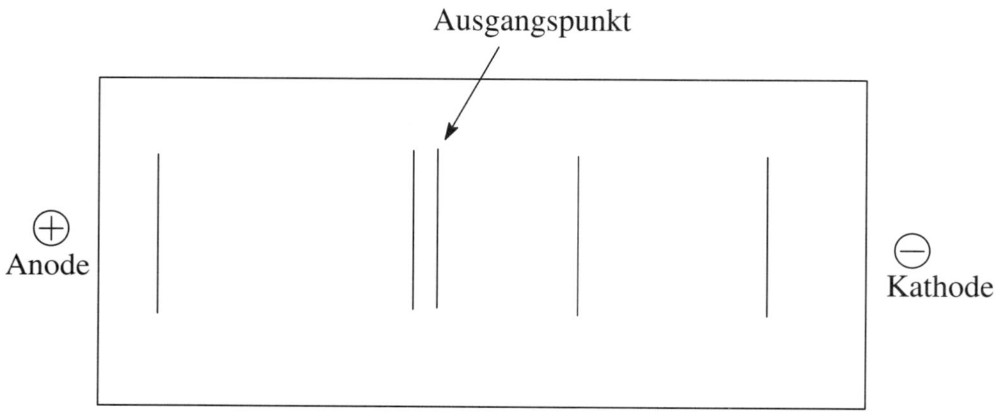

---

1. Lösungen zu Kohlenhydraten

L 17.01

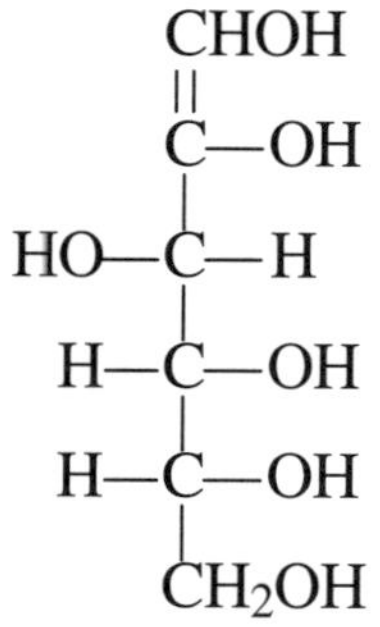

B

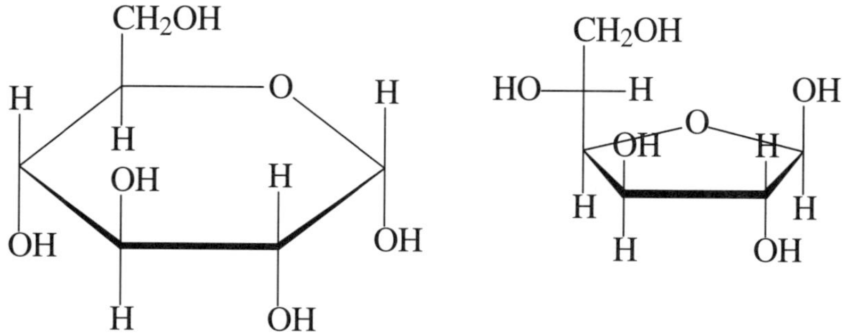

Zwei cyclische Halbacetalformen von C

L 17.02

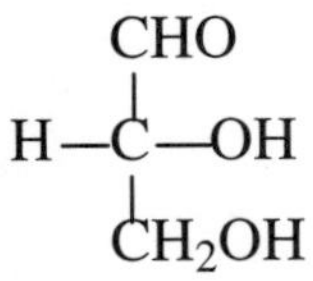
Aldotriose

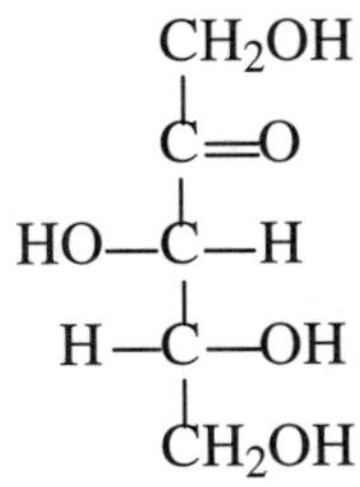
Ketose

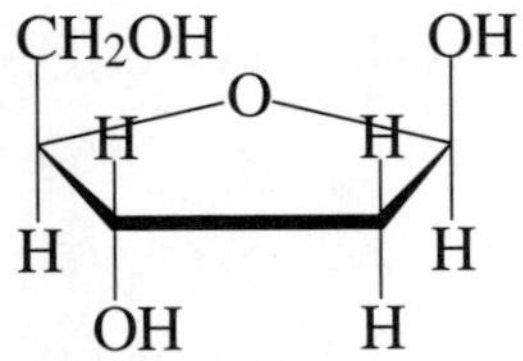
Desoxyfuranose

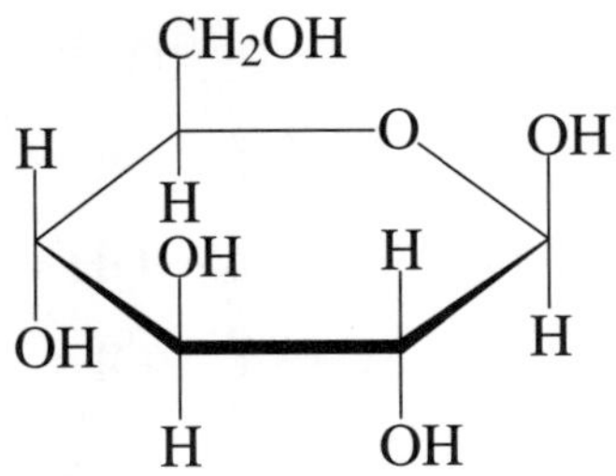
Pyranose

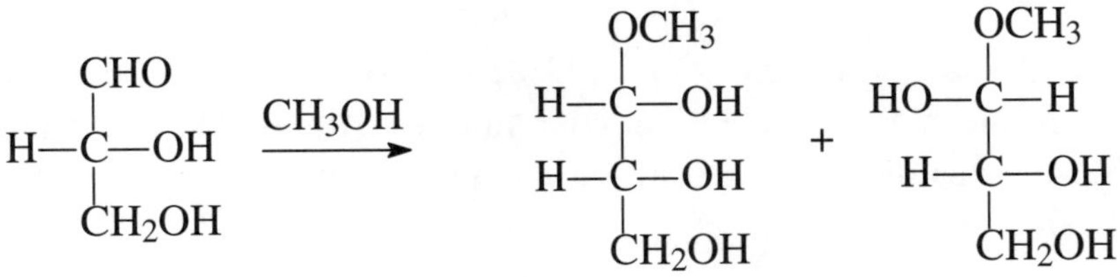

Es entstehen zwei diastereomere Halbacetalformen.
Desoxyzucker enthalten statt einer OH-Gruppe ein H-Atom.

L 17.03 D-Glucose und D-Fructose sind epimere Zucker und bilden das gleiche Osazon. Beide Zucker reduzieren Fehlingsche Lösung.

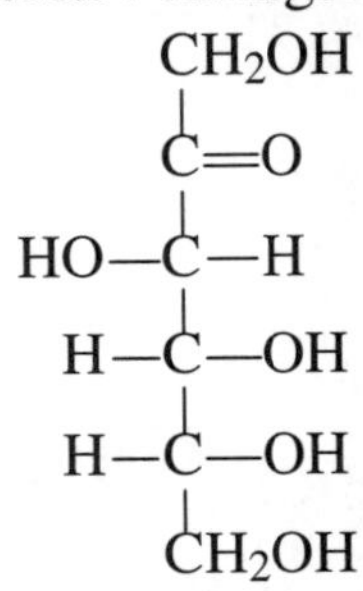
D- Fructose

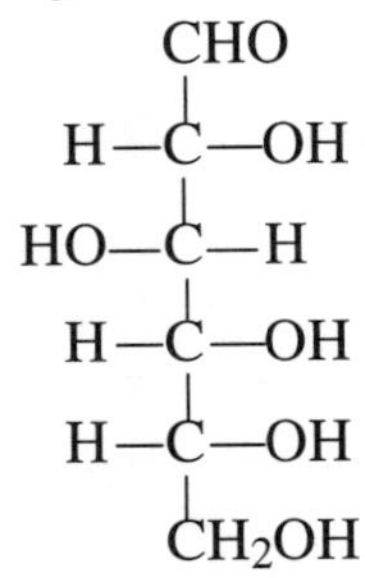
D- Glucose

L 17.04 - Nur das Disaccharid B (Maltose) zeigt in saurer Lösung Mutarotation, die Trehalose (A) ist ein 1,1 verknüpftes Disaccharid (Vollacetal).
- Beide Disaccharide ergeben nach saurer Hydrolyse nur D-Glucose; damit bestehen beide nur aus Aldosen.
- Bei A ist die markierte Bindung glykosidisch bei B nicht.

L 17.05

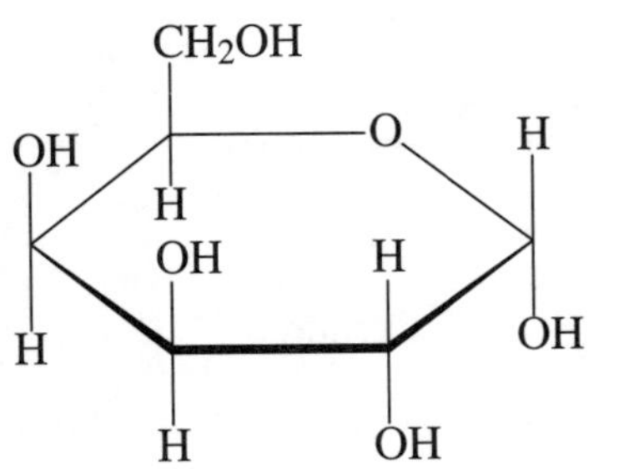
α- D- Galactopyranose

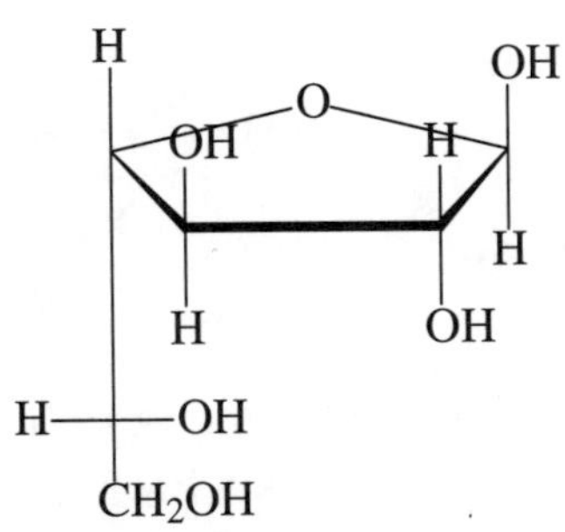
β- D- Galactofuranose

L 17.06

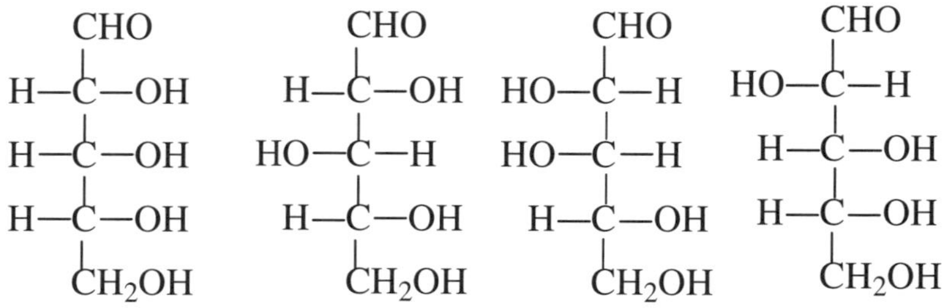

A B C D

- Epimere Zucker bilden das gleiche Osazon, also Zucker, die sich nur an den ersten beiden C-Atomen unterscheiden. Hier sind das A und D sowie B und C.
- Die Summenformel eines Disaccharids aus zwei beliebigen Aldopentosen lautet: $C_{10}H_{18}O_9$

L 17.07

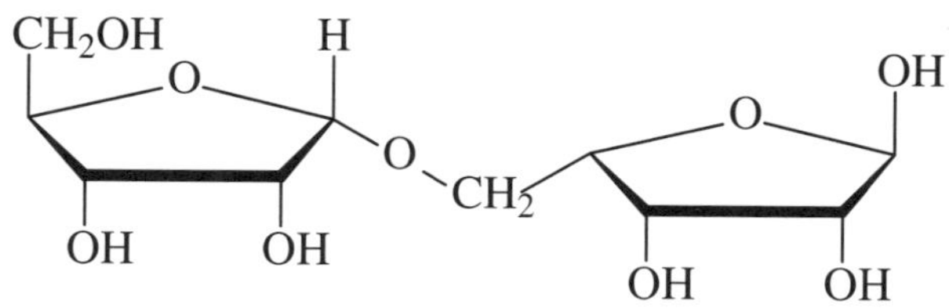

Gesuchtes Disaccharid

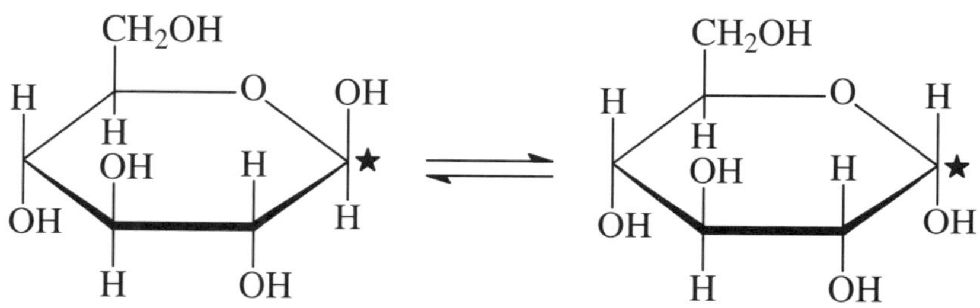

Die Isomeren der α- und β-Form, die sich bei sonst gleicher Konfiguration nur an der Stellung der OH-Gruppe am markierten C-Atom unterscheiden, nennt man Anomere.

L 17.08

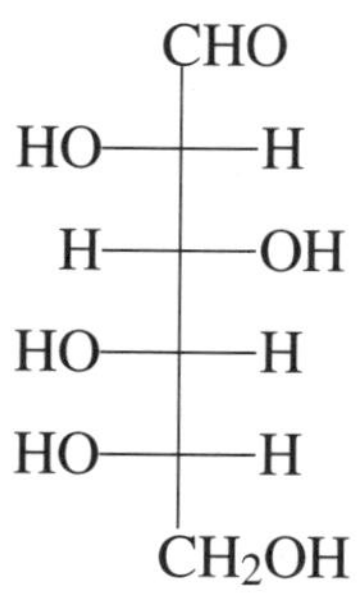

L- Glucose

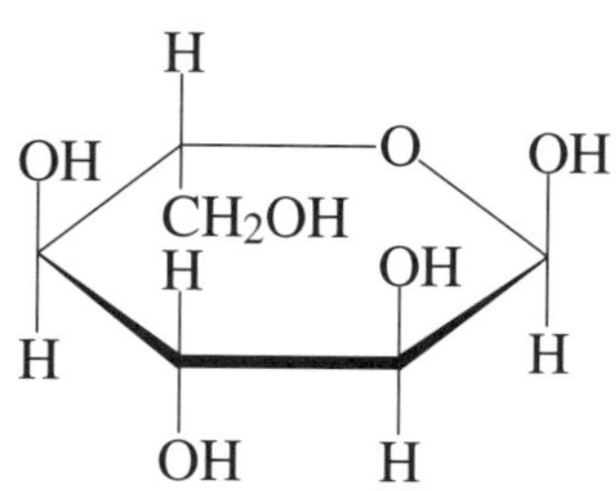

α- Pyranose

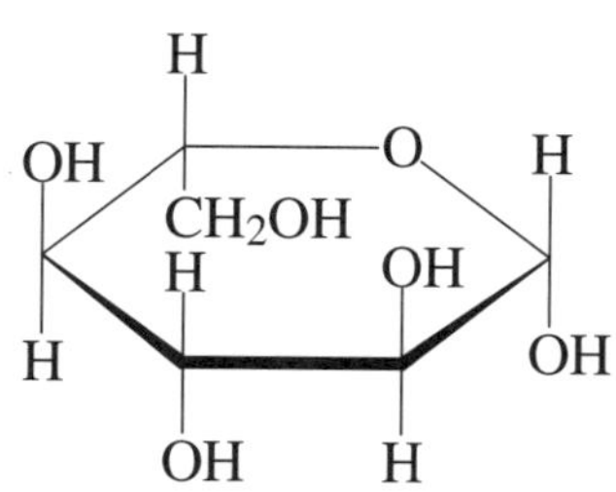

β- Pyranose

Beachten Sie bitte: Es handelt sich um einen L-Zucker. Daher sind die Anomerenpositionen umgekehrt. Nach Mutarotation wird aus der α-Pyranose natürlich eine β-Pyranose.

L 17.09 - Maltose zerfällt nach saurer Hydrolyse in zwei Moleküle D-Glucose.

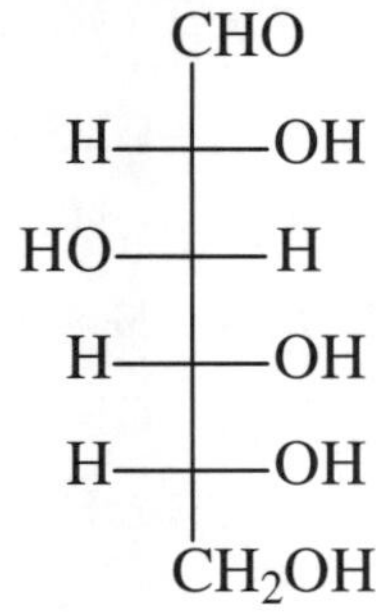

- Maltose reduziert Fehlingsche Lösung.
- Umsetzung von Maltose:

Mit Methanol:

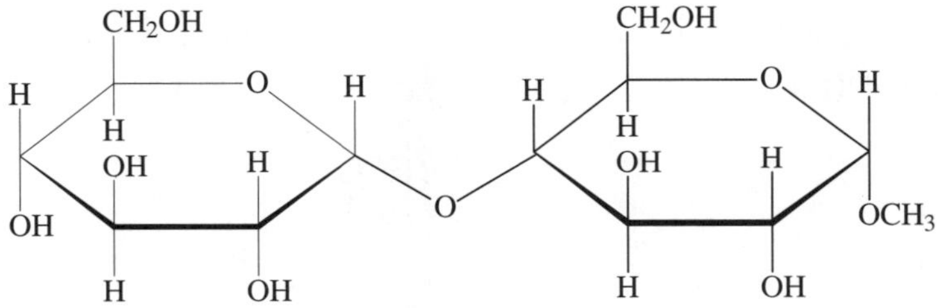

Mit Methyiodid

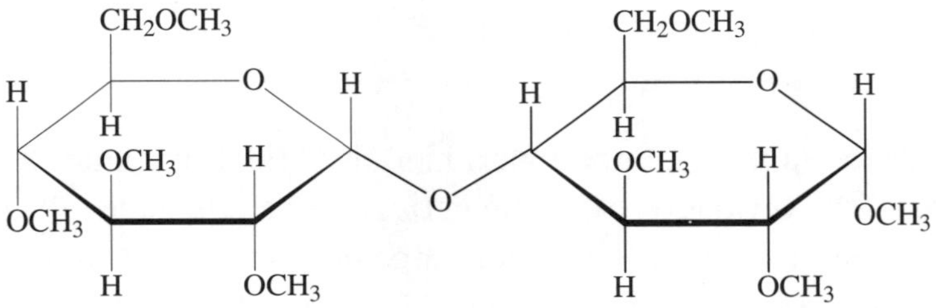

L 17.10 - Raffinose enthält außer D-Galactose auch:

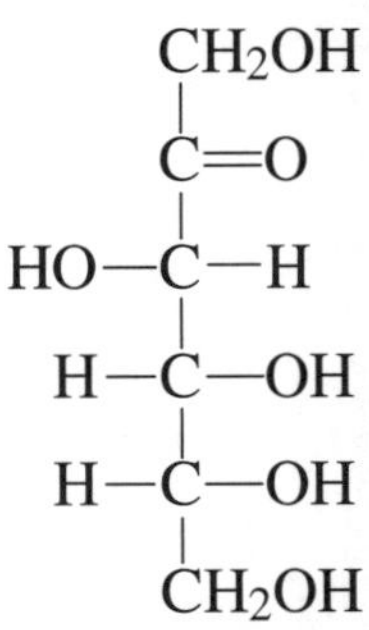

D- Fructose

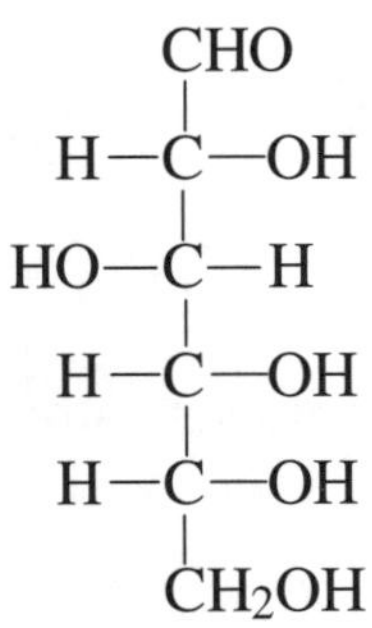

D- Glucose

- Raffinose enthält zwei glykosidische Bindungen.
- Raffinose besitzt keine Halbacetalfunktionen und zeigt daher keine Mutarotation.

L 17.11

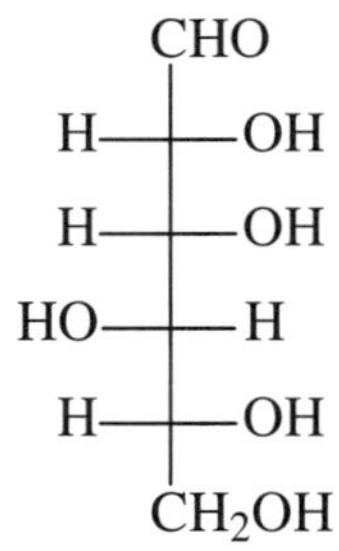

A

- Bei A handelt es sich um einen D-Zucker.
- Unter Mutarotation versteht man das Gleichgewicht in wässeriger Lösung zwischen den anomeren Halbacetalformen. Sie verläuft über die offenkettige Form des Zukkers.

mit Methanol

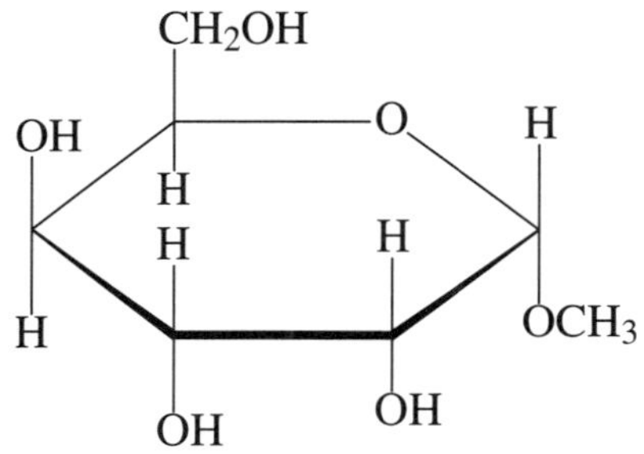

mit Methyliodid

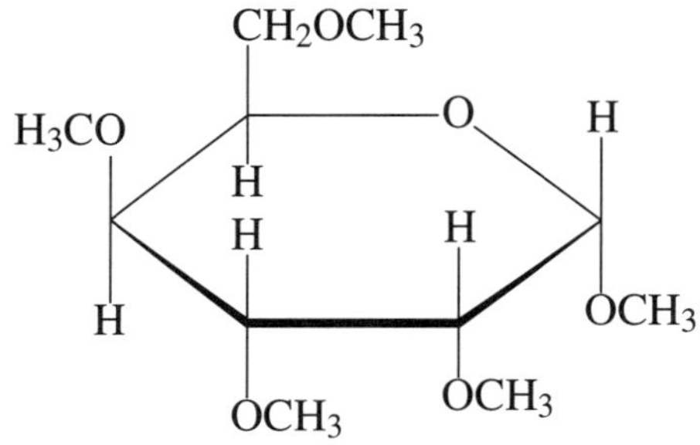

L 17.12 Die eingesetzte Salpetersäure fungiert hier als Oxidationsmittel. Bei verdünnter Salpetersäure ist die Oxidationswirkung geringer. Die erhaltene Gluconsäure cyclisiert leicht zum Lacton. Bei konzentrierter Salpetersäure erhält man Glucarsäure.

Mit verdünnter Salpetersäure und anschließender Wasserabspaltung:

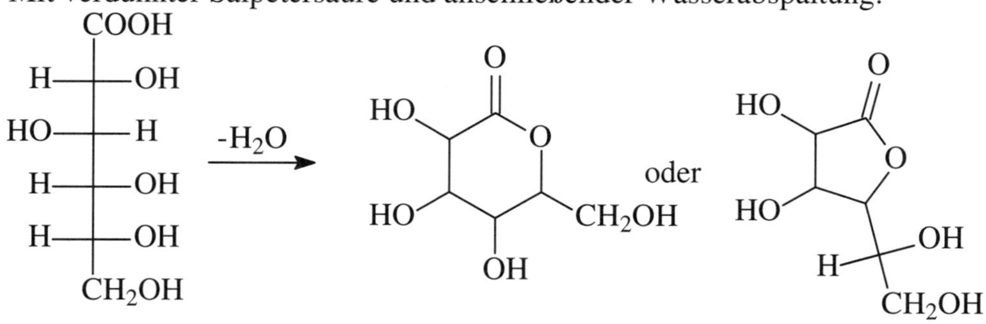

Mit konzentrierter Salpetersäure:

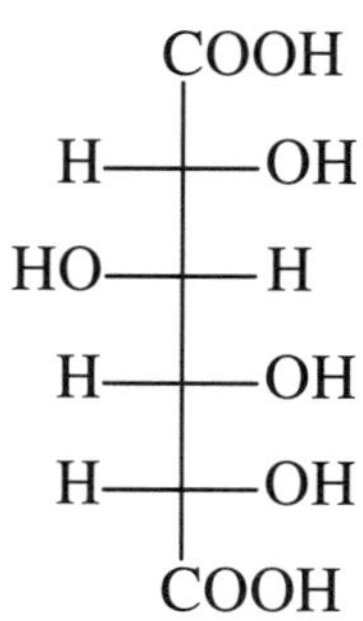

2. Lösungen zu Aminosäuren und Peptiden

L 17.13 Lysin und Serin sind bei pH = 1 protoniert (Kationen: pH < pH_i) und wandern bei einer Elektrophorese zur Kathode. Bei pH = 9,74 ist Serin deprotoniert (Anion: pH > pH_i) und wandert daher zur Anode. Lysin liegt bei diesem pH-Wert in der Zwitterionenform vor (pH = pH_i) und wandert gar nicht.
Der pH_i-Wert von Alanin ist 6,015.
Zur Aminogruppe gehört natürlich der größere pK_S-Wert von 9,69.

L 17.14 Lysin heißt nach IUPAC 2,6-Diaminohexansäure und ist eine basische Aminosäure.

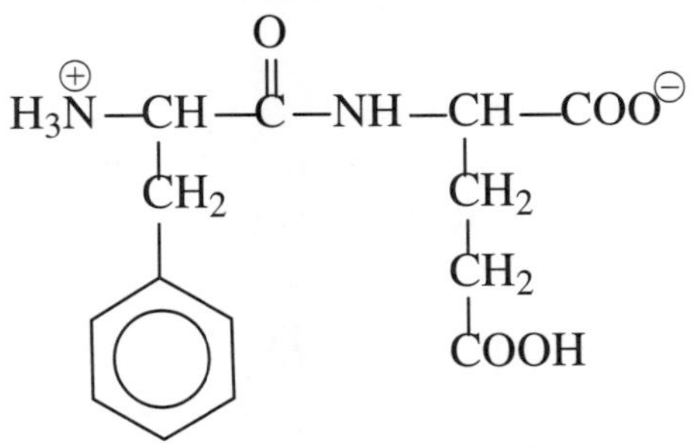

L 17.15 Asparaginsäure heißt nach IUPAC 1-Amino-1,2-ethandicarbonsäure (2-Amino-butandisäure). Serin ist nach IUPAC 2-Amino-3-hydroxypropansäure.

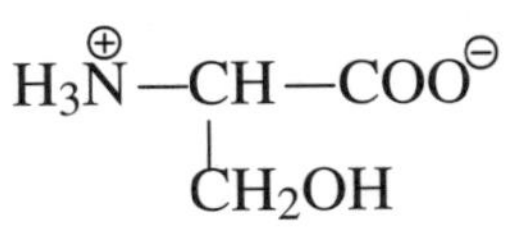

Serin

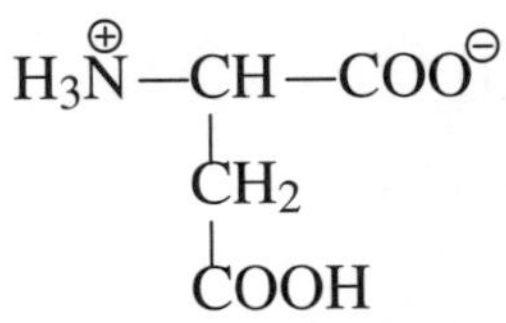

Asparaginsäure

Bei pH = 5,7 liegt Cystein als Kation, Methionin als Zwitterion vor.
Bei pH = 9,3 liegen beide Aminosäuren als Anion vor.

L 17.16 - 2,6-Diaminohexansäure ist Lysin und 1-Amino-1,3-propandicarbonsäure ist Glutaminsäure.
- Phenylalanin und Tyrosin sind Aminosäuren mit aromatischen Resten.
- Glycin wandert bei einer Elektrophorese am isoelektrischen Punkt (pH = 6,1) nicht.
- Wenn der pH-Wert kleiner als 6,1, ist wandert Glycin zur Kathode.

Bei pH = 6,1

$$H_3\overset{\oplus}{N}-CH_2-COO^{\ominus}$$

Bei pH < 6,1

$$H_3\overset{\oplus}{N}-CH_2-COOH$$

L 17.17 Das Tripeptid besteht aus Phenylalanin, Glutamin und Serin. Am isoelektrischen Punkt wandert das Tripeptid nicht. Für die Bestimmung dieses Punktes sind nur die pK_S-Werte der jeweils endständigen Amino-bzw. Carboxyl-Gruppe relevant.

$$\frac{9{,}0 + 2{,}3}{2} = 5{,}65$$

Aus drei verschiedenen Aminosäuren lassen sich 6 verschiedene Tripeptide bilden.

L 17.18

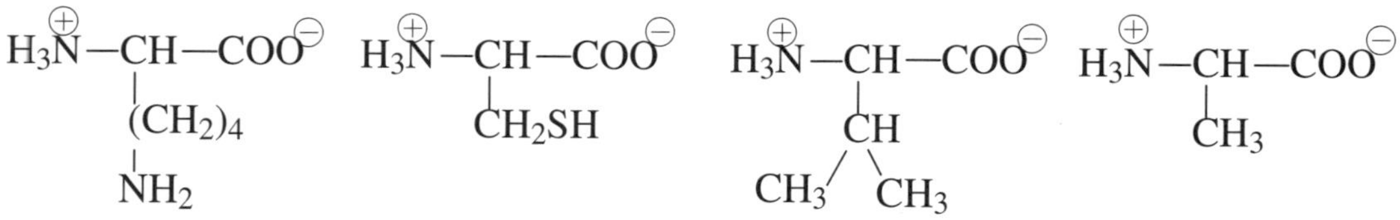

Lysin 2 Cystein Valin Alanin

L 17.19 - Falsch, die C-terminale Aminosäure ist Glutaminsäure.
- Richtig, bei pH = 7 ist die Seitenkette von Glutaminsäure deprotoniert (Anion).
- Richtig
- Richtig, bei diesem Peptid gibt es vier Peptidbindungen (zwei sind nötig).

L 17.20

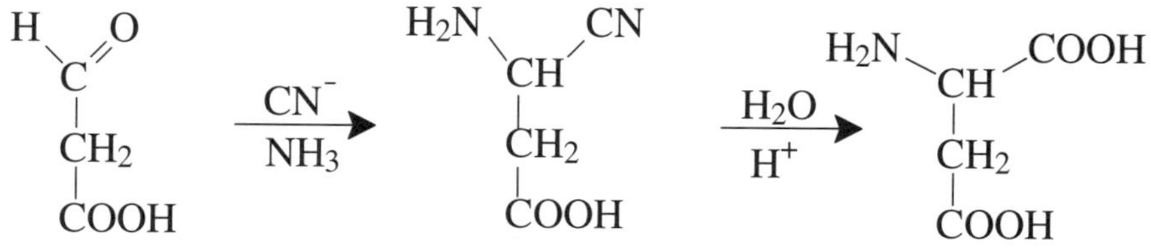

L 17.21

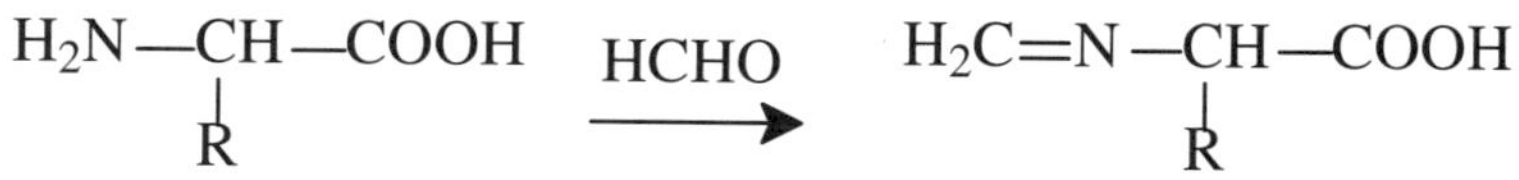

Aufgrund der Bifunktionalität bildet sich ein doppeltes Puffersystem, das ineinander übergeht.

L 17.22

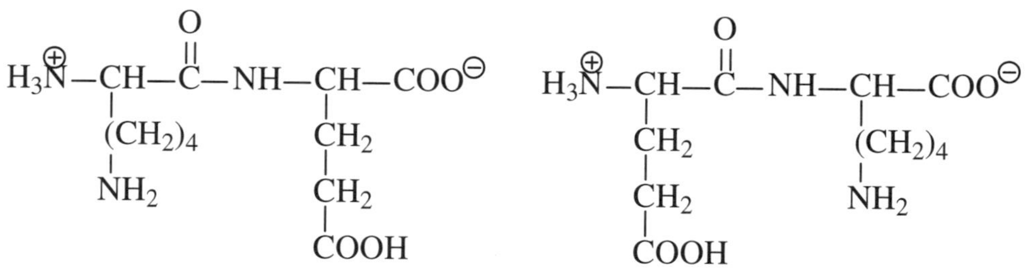

Es sind auch noch andere Dipeptide möglich, bei denen die Amino-oder die Carboxylgruppe der Seitenkette an der Peptidbindung beteiligt sind. Für ein Dipeptid ist in der Regel keine positive Biuret-Reaktion zu erwarten. Lysin und Glutaminsäure wandern zwischen pH = 3,22 und pH = 9,74 in gegensätzliche Richtungen.

L 17.23

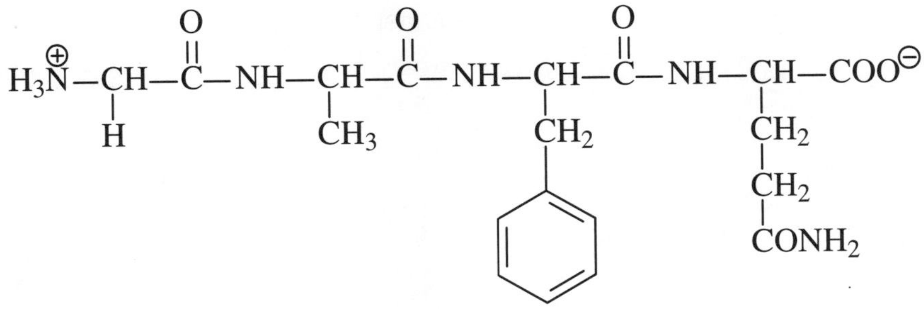

- Glycin ist optisch inaktiv.
- Essentielle Aminosäuren sind diejenigen, die der Körper nicht selbst synthetisieren kann, sondern mit der Nahrung zugeführt werden müssen (Leu, Phe, Met, Lys, Val, Ile, Thr und Trp).

L 17.24 Bei der Hydrolyse des Peptids A werden Serin, Alanin, 2 Moleküle Cystein und Phenylalanin freigesetzt.
Die N-terminale Aminosäure ist Serin:

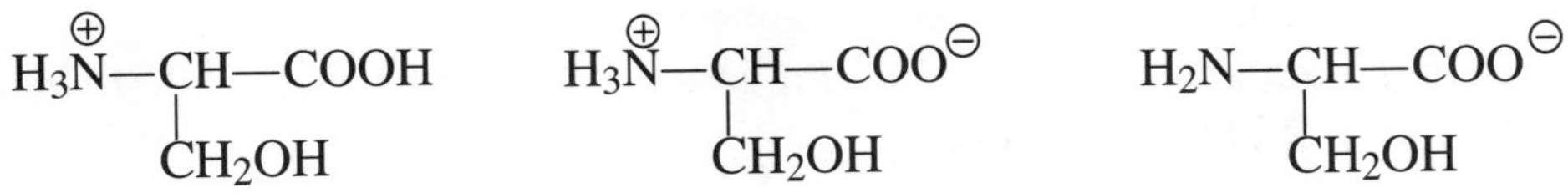

pH = 4 pH = 5,8 pH = 7

L 17.25 - Bei Aminosäure A ist a/c = 0,4. Es handelt sich um Alanin (neutral).
Bei Aminosäure B ist b/c = 0,1. Es handelt sich um Asparaginsäure (sauer).
- Ninhydrin dient zum Anfärben von Aminosäuren.
- Aminosäuren lassen sich mittels Elektrophorese oder auch über Ionenaustauscher trennen.

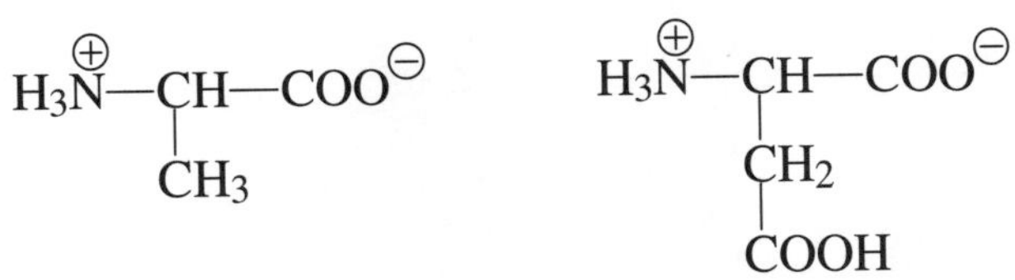

Alanin Asparaginsäure

L 17.26 Das Tripeptid enthält:

Glutaminsäure	$pH_i = 3,33$
Cystein	$pH_i = 5,00$
Glycin	$pH_i = 5,97$

L 17.27

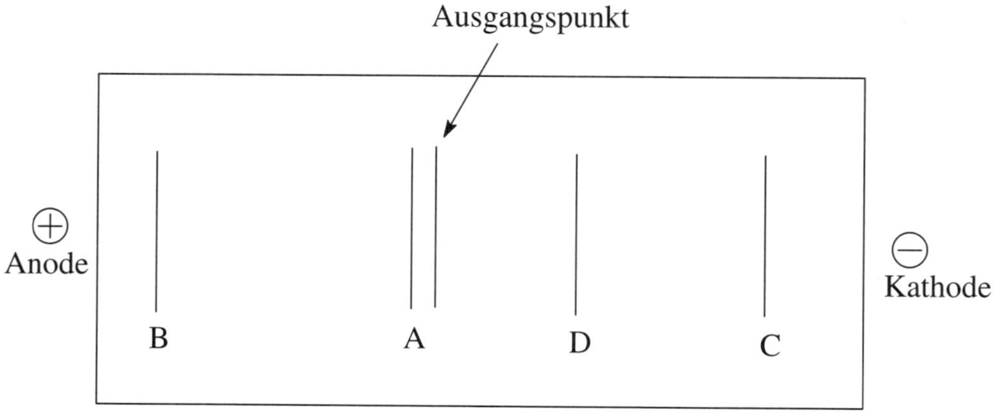

Peptid A enthält nur neutrale Aminosäuren. Da der pH-Wert des Puffers in der Nähe des isoelektrischen Punktes (pH_i ~ 5,5) ist, wandert A nur ganz wenig in Richtung Anode. Peptid B enthält eine saure Aminosäure, die bei pH = 7 natürlich als Anion vorliegt. Daher finden Sie dieses Peptid bei der Anode. Neutrale Aminosäuren haben bei dem gegebenen pH-Wert kaum Einfluss auf die Wanderungsrichtung. C enthält Lysin, eine basische Aminosäure und wandert daher schnell in Richtung der Kathode. Die in D enthaltene Aminosäure Histidin ist nur schwach basisch. Daher wandert D nicht so weit in Richtung Kathode.

Reaktionstafeln

Radikalische Substitution S_R						
R–H	+	X_2	$\xrightarrow{\text{Licht}}$	R–X	+	HX
Alkan	+	Halogen	$\xrightarrow{\text{Licht}}$	Alkylhalogenid	+	Halogen-wasserstoff

Geeignete Halogene: Chlor oder Brom
Regioselektivität: allyl > tert > sek > prim; Brom selektiver als Chlor
Keine Stereoselektivität
Wichtig: Licht

Nucleophile Substitution erster Ordnung S_N1						
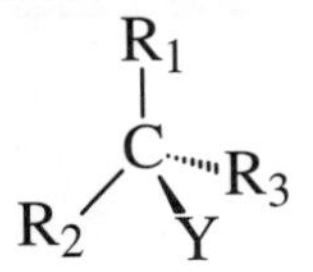	+	X^-	$\xrightarrow[-Y^-]{}$	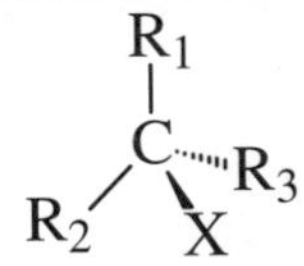	+	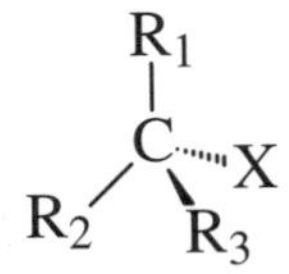
subst. Alkan	+	Nucleophil	$\longrightarrow$	Subst. Alkan	+	subst. Alkan

Geeignete Edukte: Abgangsgruppe in tertiärer oder sekundärer Position
Regioselektivität: -
Stereoselektivität: keine
Wichtig: Bei asymmetrischem Zentrum bildet sich ein Racemat.

Nucleophile Substitution zweiter Ordnung S_N2						
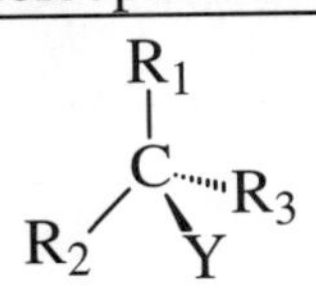	+	X^-	$\xrightarrow[-Y^-]{}$	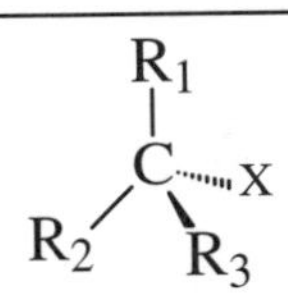	+	Y^-
subst. Alkan	+	Nucleophil	$\longrightarrow$	Subst. Alkan	+	Abgangsgruppe

Geeignete Edukte: Abgangsgruppe in primärer oder sekundärer Position
Regioselektivität: -
Stereoselektivität: Inversion
Wichtig: Bei asymmetrischen Zentrum Konfigurationsumkehr.

Eliminierung E_1						
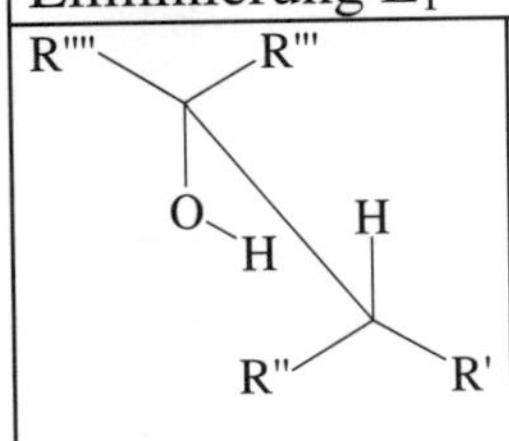	+	H^+	$\longrightarrow$	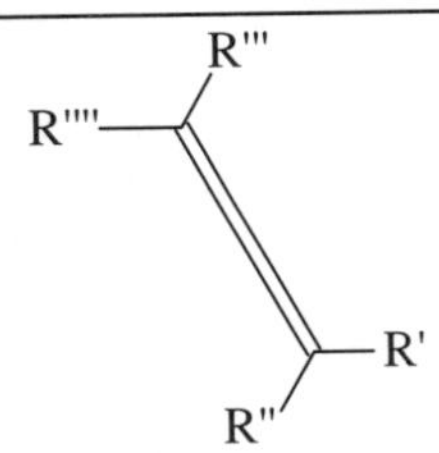	+	H_2O
Alkohol	+	Säure	$\longrightarrow$	Alken	+	Wasser

Geeignete Edukte: Alkohole
Regioselektivität: Sajzeff- Produkt, Hofmann- Produkt bei E_{1CB}
Stereoselektivität: -
Wichtig: Konkurrenzreaktion zur S_N1- Reaktion

Eliminierung E_2						
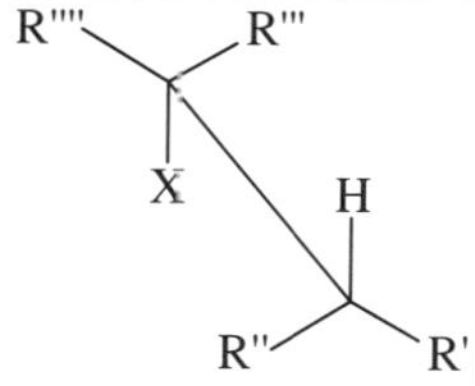	+	$\|B^{\ominus}$	⟶	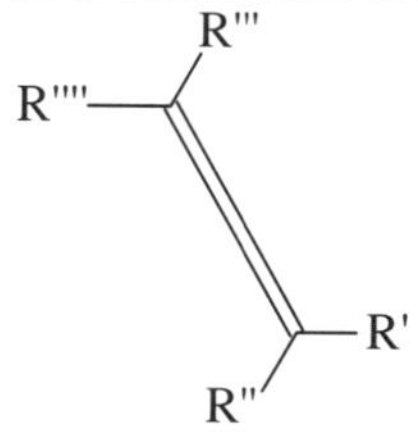	+	$HB + X^-$
subst. Alkan	+	Base	⟶	Alken	+	Abgangsgruppe

Geeignete Edukte: Alkane mit einer Abgangsgruppe (z.B. Halogene außer Fluor)
Regioselektivität: Sajzeff- Produkt
Stereoselektivität: -
Wichtig: Abgangsgruppe muß trans zu einem α- H- Atom stehen.

Elektrophile Substitution am Aromaten						
	+	E^+	Kat. ⟶	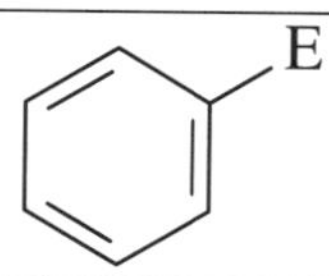	+	H^+
Aromaten	+	E^+	Kat. ⟶	Aromat–E	+	H^+

Geeignete Edukte: Aromaten, Elektrophil (Halogene, Halogenalkane, Säurehalogenide oder –anhydride, Salpetersäure, Schwefelsäure) und eine Lewissäure.
Regioselektivität: Beachten Sie die Regeln für die Zweitsubstitution.
Stereoselektivität: -
Wichtig: -

Elektrophile Addition an Alkene nach Markovnikow						
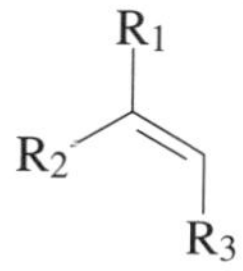	+	HX	⟶	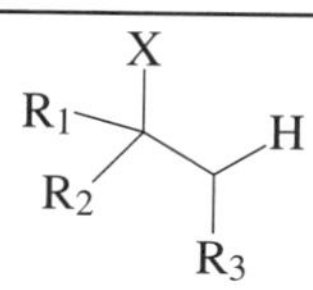	+	–
Alkene	+	HX	⟶	Alkan–X	+	–

Geeignete Edukte: Alkene und Halogenalkane oder Wasser in Gegenwart von Lewissäure
Regioselektivität: Markovnikow- Regel
Stereoselektivität: keine
Wichtig: In Gegenwart von Peroxiden und bei Vorhandensein von Gruppen mit –I oder –M-Effekt in Allylstellung Anti- Markovnikow.

Hydrierung von Alkenen						
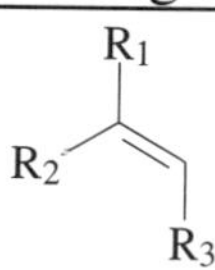	+	H_2	Kat. ⟶	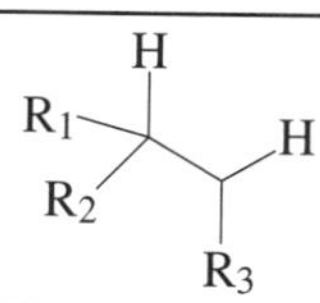	+	–
Alkene	+	H_2	Kat. ⟶	Alkane	+	–

Geeignete Edukte: Alkene, Wasserstoff und Katalysator (z.B. Platin oder Palladium)
Regioselektivität: –
Stereoselektivität: Bei sym. cis- erhalten Sie die Mesoform bei trans- Alkenen ein Racemat.
Wichtig: Cis- Addition. Für die selektive Hydrierung vom Alkin zum Alken Lindlarkatalysator Verwenden.

Elektrophile Addition von Chlor und Brom an Alkene						
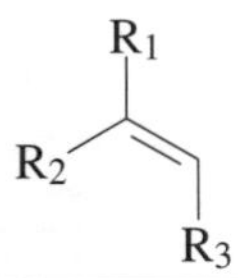	+	X_2	⟶	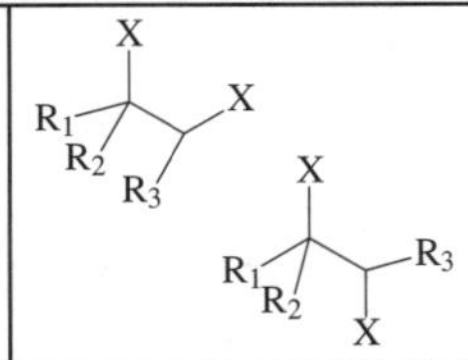	+	–
Alken	+	X_2	⟶	Halogenalkan	+	–

Geeignete Edukte: Alkene und Chlor oder Brom
Regioselektivität: –
Stereoselektivität: Antiprodukt (Enantiomerenpaar) bei Brom
Wichtig: Bei Chlor ist das Produkt syn und anti, da der Mechanismus über ein Carbeniumion läuft.

Ozonolyse von Alkenen						
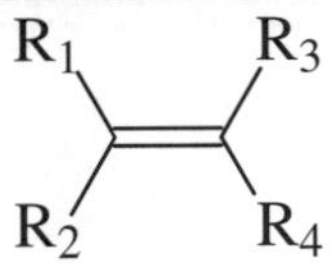	+	O_3 2. Aufarbeitung	⟶	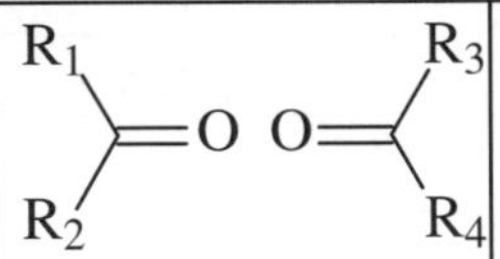	+	–
Alkene	+	1. O_3 2. Aufarbeitung	⟶	Carbonylver- Bindung	+	–

Geeignete Edukte: Alkene und Aromaten
Regioselektivität: -
Stereoselektivität: -
Wichtig: Die Aufarbeitung kann reduktiv (Aldehyde oder Ketone) oder oxidativ (Carbonsäuren oder Ketone) sein.

Synhydroxilierung bei Alkenen						
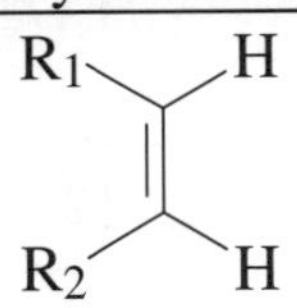	+	$KMnO_4/H_2O$ oder OsO_4/H_2O	⟶	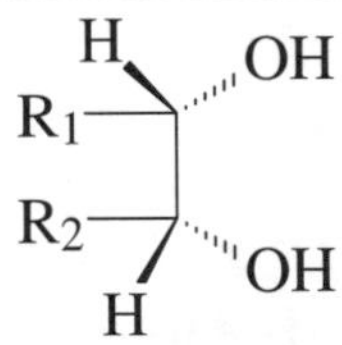	+	–
Alken	+	$KMnO_4/OsO_4$	⟶	Alkandiol	+	–

Geeignete Edukte: Alkene und als Oxidationsmittel $KMnO_4$ oder OsO_4
Regioselektivität: –
Stereoselektivität: Racemat oder Mesoform möglich
Wichtig: Cis- Addition

Diels- Alder- Reaktion						
	+	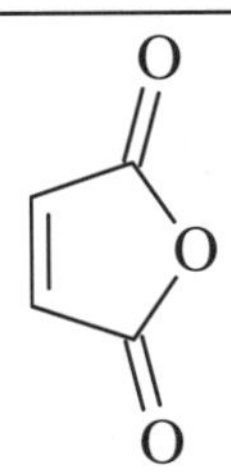	⟶	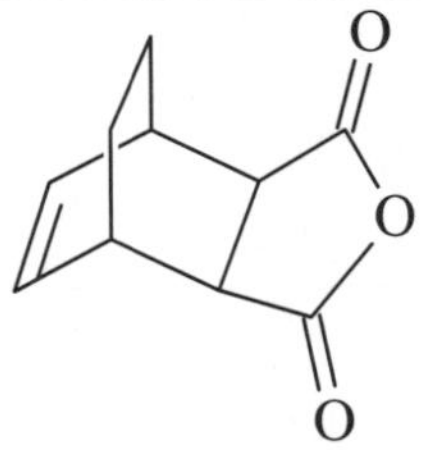	+	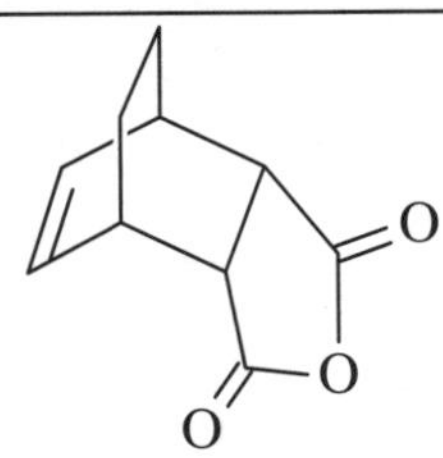
Dien	+	Dienophil	⟶	Exoprodukt	+	Endoprodukt

Geeignete Edukte: Nucleophile 1,3- Diene und elektrophile Alkene
Regioselektivität: –
Stereoselektivität: Exo- und Endoprodukt
Wichtig: Verhältnis des Exo- und Endoprodukts ist temperaturabhängig.

Oxidation von Alkoholen

R−CH_2OH	+	Oxidationsmittel	→	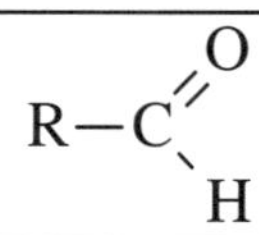	+	–
prim. Alkohol	+	Oxidationsmittel	→	Aldehyd	+	–
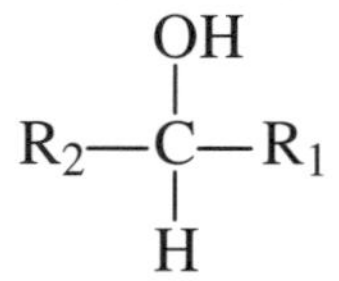	+	Oxidationsmittel	→	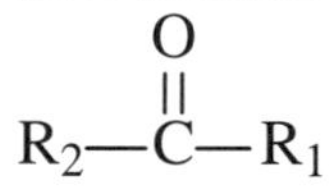	+	–
sek. Alkohol	+	Oxidationsmittel	→	Ketone	+	–

Geeignete Edukte: Primäre und sekundäre Alkohole, Oxidationsmittel ($KMnO_4$, H_2O_2 o.ä.)
Wichtig: Tertiäre Alkohole reagieren nicht, Aldehyde lassen sich zu Carbonsäuren oxidieren.
Die Reduktion der Produkte zu Alkoholen gelingt mit Reduktionsmitteln z.B. $LiAlH_4$.

Nucleophile Substitution des Carbonylsauerstoffs

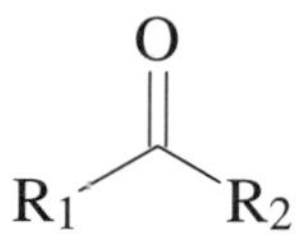	+	H_2N–Y	→	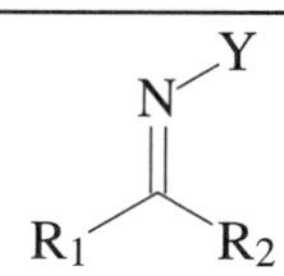	+	H_2O
Aldehyde/Ketone	+	H_2N–Y	→	Imin- Analoga	+	H_2O

Geeignete Edukte: Aldehyde, Ketone, Aminoderivate (Y = H, OH, R, NR_2)
Wichtig: Beachten Sie Sonderfälle wie Hydrazin.

Nucleophile Substitution des Carbonylsauerstoffs

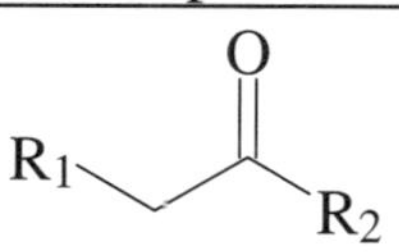	+	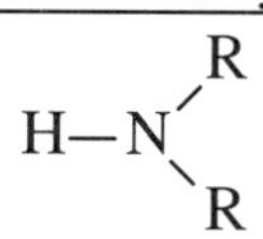	→	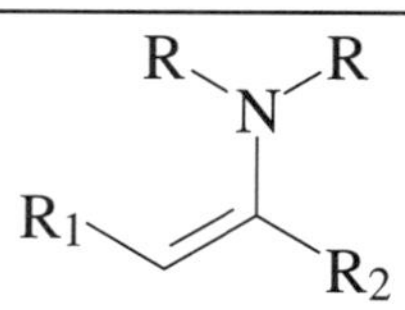	+	H_2O
Aldehyde/Ketone	+	Sek. Amine	→	Enamin	+	H_2O

Geeignete Edukte: Aldehyde, Ketone und sekundäre Amine
Wichtig: Sind keine α- H- Atome vorhanden, bildet sich ein Halbaminal.

Bildung von Halbacetalen und Acetalen

R−CHO	+	R_1OH	→	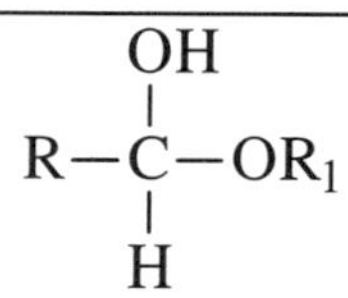	+	–
Aldehyd/Keton	+	Alkohol	→	Halbacetal	+	–
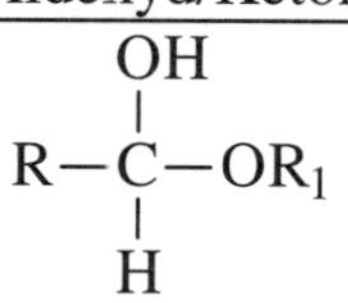	+	R_1OH	→	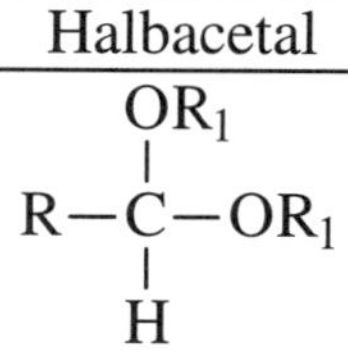	+	H_2O
Halbacetal	+	Alkohol	→	Acetal	+	H_2O

Geeignete Edukte: Aldehyde, Ketone und Alkohole
Wichtig: Für die Ringbildung bei Zuckern sollten Sie die Halbacetalbildung kennen.

Aldolkondensation

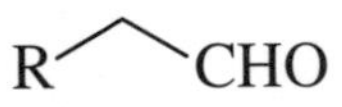	+	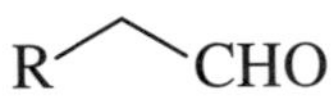	Base →	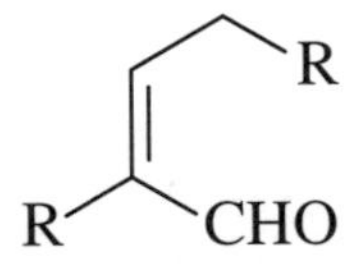	+	H_2O
Aldehyde/Ketone	+	Aldehyde/Ketone	Base →	α,β- unges. Carb.	+	H_2O

Geeignete Edukte: Aldehyde und Ketone mit α- H- Atomen und eine Base
Wichtig: Sind nicht zwei α- H- Atome vorhanden, bildet sich keine α, β ungesättigte Carbonylverbindung sondern nur ein Aldol.

Cannizarro- Reaktion

2 RCHO	+	Base	→	RCH_2OH	+	$RCOO^{\ominus}$
2 Aldehyde	+	Base	→	Alkohol	+	Carbonsäure

Geeignete Edukte: Aldehyde ohne α- H- Atome und eine Base
Wichtig: Es handelt sich um eine Disproportionierung eines Aldehyds zu einem primären Alkohol und einer Carbonsäure.

Nucleophile Substitution von Carbonsäurederivaten

$R-C(=O)-X$	+	HY	→	$R-C(=O)-Y$	+	$H^{\oplus}$ + $X^{\ominus}$
Carbonsäureder.	+	Nucleophil	→	Carbonsäureder.	+	

Geeignete Edukte: X = OH, F, Cl, Br, I, OR, OOCR, Amine
HY = Alkohole, Amine, Carbonsäuren, Wasser
Wichtig: Beachten Sie die Reihenfolge der Reaktivität der Carbonsäurederivate.

Esterkondensation

$2\ R_1-CH_2-C(=O)-OR$	+	Base	→	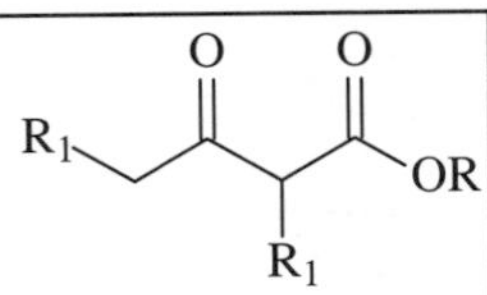	+	ROH
Ester	+	Base	→	β- Ketoester	+	Alkohol

Geeignete Edukte: Carbonsäureester mit α- H- Atom, Basen
Wichtig: –

Nitrilverseifung

$R-C\equiv N$	+	H^+/H_2O	→	$R-COOH$	+	NH_4^+
Nitril	+	H^+/H_2O	→	Carbonsäure	+	NH_4^+

Geeignete Edukte: Nitrile und Säuren
Wichtig: Reaktionsschritt bei der Aminosäuresynthese nach Strecker

$R-C\equiv N$	+	OH^-/H_2O	→	$R-COO^{\ominus}$	+	NH_3
Nitril	+	OH^-/H_2O	→	Carboxylatanion	+	NH_3

Geeignete Edukte: Nitrile und Basen
Wichtig: —

Grignardreagenz						
RX	+	Mg/Ether	⟶	RMgX	+	–
Alkylhalogenid	+	Mg/Ether	⟶	Grignardreagenz	+	–

Geeignete Edukte: Alkylhalogenide (X = Br, I, Cl)
Wichtig: Der Kohlenstoff in R läßt sich als Nucleophil einsetzen.

Grignardreagenz mit Aldehyden/Ketonen						
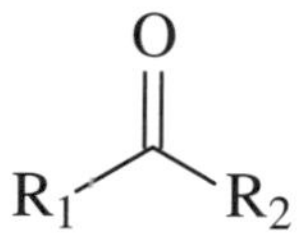	+	RMgX	⟶	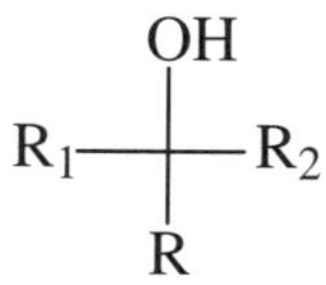	+	–
Aldehyd/Keton	+	Grignardreagenz	⟶	Alkohol	+	–

Geeignete Edukte: Aldehyde, Ketone
Wichtig: Im Falle von Aldehyden erhalten Sie sekundäre Alkohole, bei Ketonen tertiäre Alkohole (nach hydrolytischer Aufarbeitung).

Grignardreagenz mit Estern						
R_1—$COOR_2$	+	2 RMgX	⟶	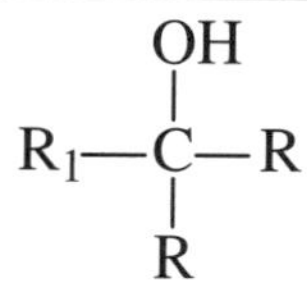	+	R_2OH
Ester	+	2 Grignardreagenz	⟶	tert. Alkohol	+	Alkohol

Geeignete Edukte: Ester
Wichtig: Ester regieren mit zwei Mol Grignardreagenz. Produkte nach hydrolytischer Aufarbeitung.

Grignardreagenz mit Wasser						
RMgX	+	H_2O	⟶	R–H	+	MgOHX
Grignardreagenz	+	H_2O	⟶	Alkan	+	MgOHX

Geeignete Edukte: Grignardreagenz
Wichtig: –

Grignardreagenz mit Alkylhalogenid						
RMgX	+	R_1X	⟶	R–R_1	+	MgX_2
Grignardreagenz	+	Alkylhalogenid	⟶	Alkan	+	MgX_2

Geeignete Edukte: Grignardreagenz
Wichtig: Es entsteht ein verlängertes Alkan.

Vermischte Aufgaben

A 18.01 Retrosynthese: Wie lassen sich nachfolgende Verbindungen durch Carbonylreaktionen darstellen?

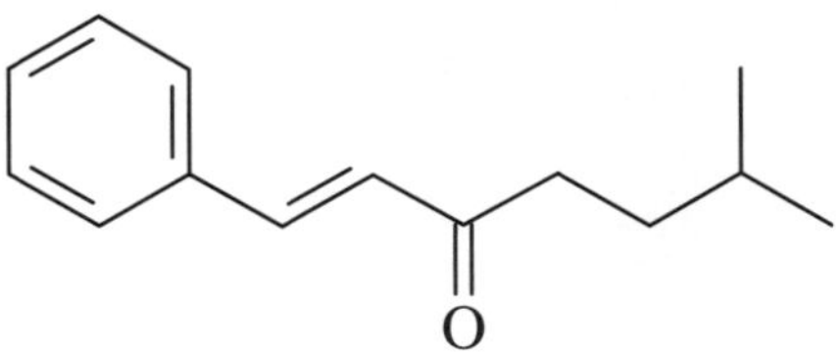

A

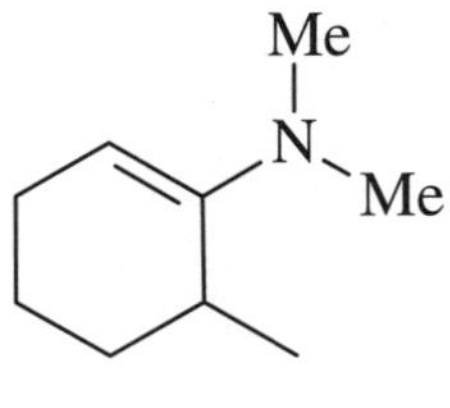

B

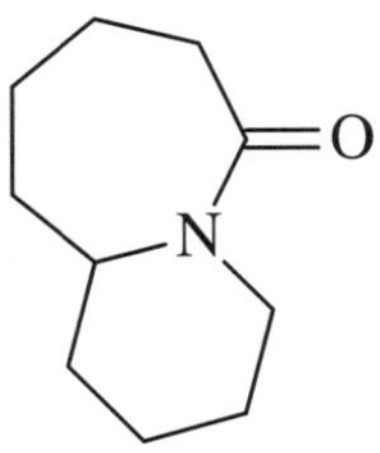

C

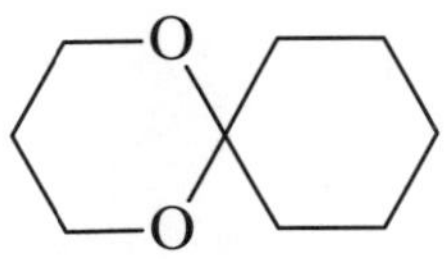

D

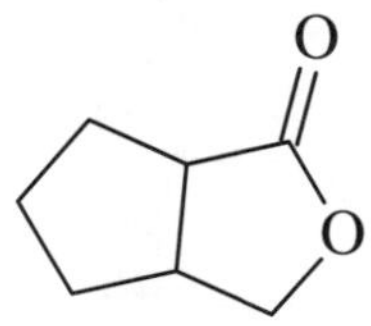

E

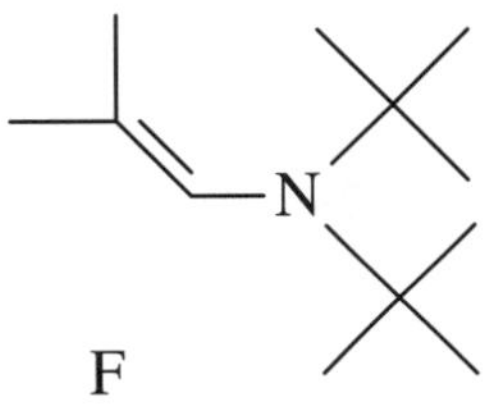

F

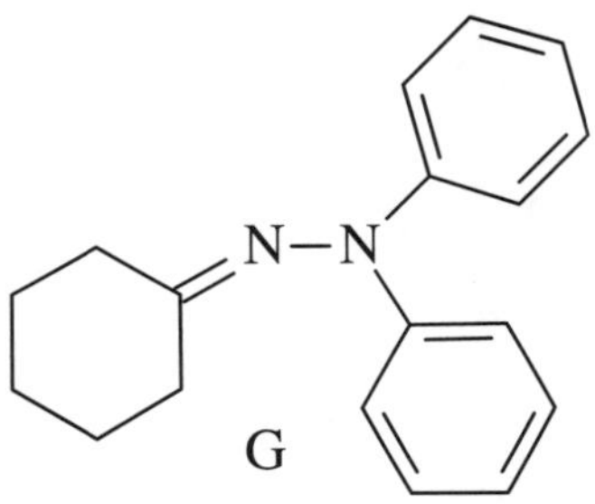

G

A 18.02 Geben Sie die Strukturformeln der Produkte A - D an:

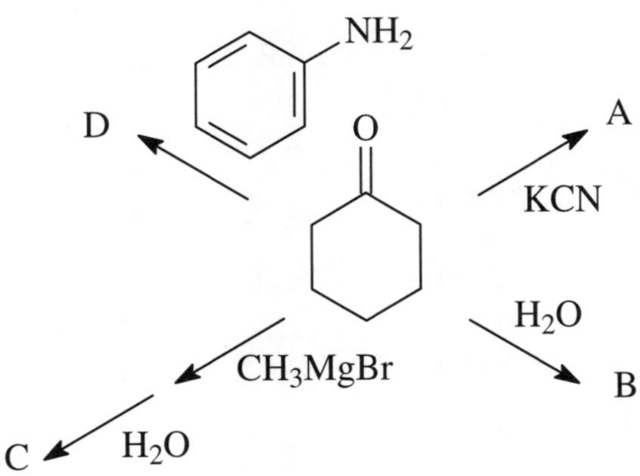

A 18.03 Retrosynthese: Wie lassen sich nachfolgende Verbindungen durch Carbonylreaktionen darstellen?

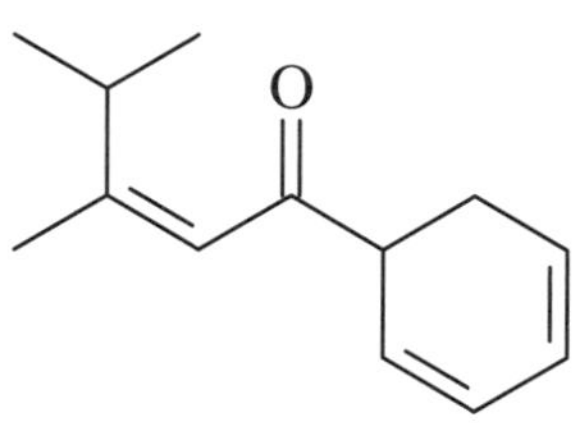

A

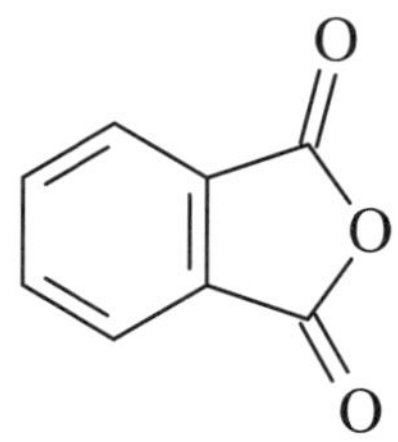

B

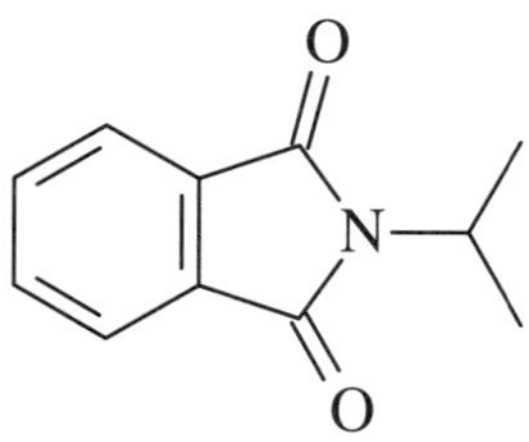

C

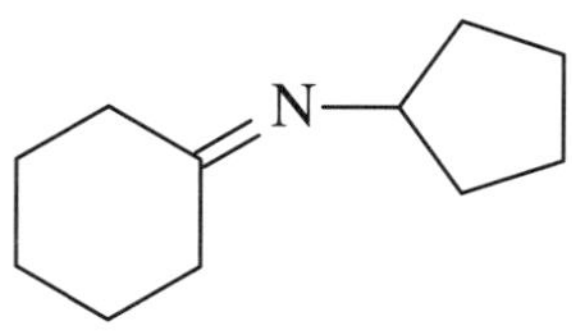

D

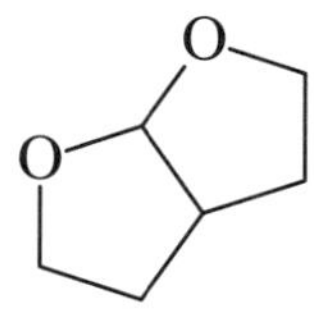

E

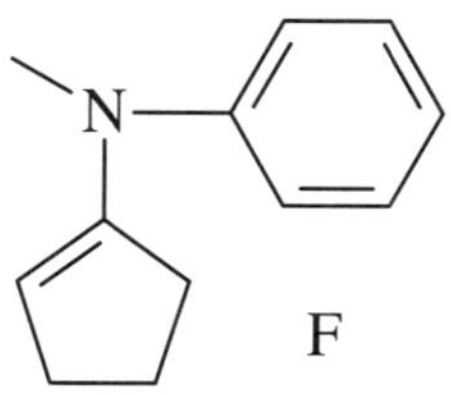

F

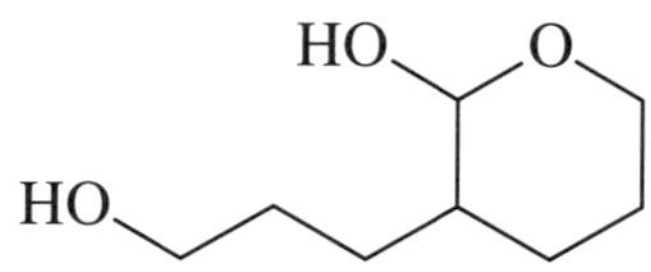

G

A 18.04 Sie haben ein Gemisch von Cyclohexanol, Phenol, Triethylamin und Propansäure in Ether. Wie können sie wässerig- extraktiv dieses Gemisch in seine Einzelkomponenten auftrennen (Reaktionsgleichungen!)?

A 18.05 Geben Sie die Strukturformeln der Produkte A- E an:

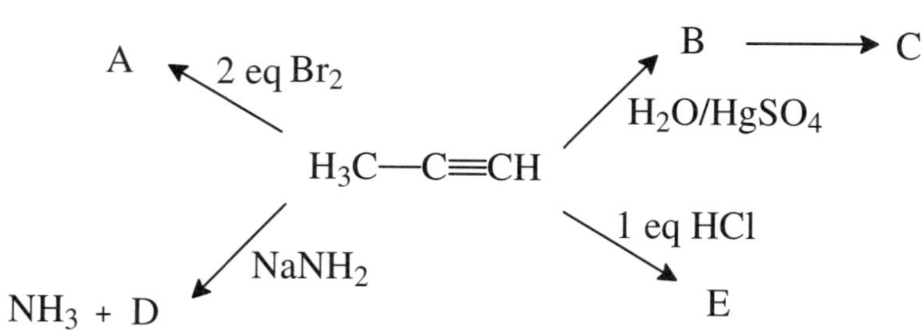

A 18.06 Geben Sie die Strukturformeln der Produkte A - E an:

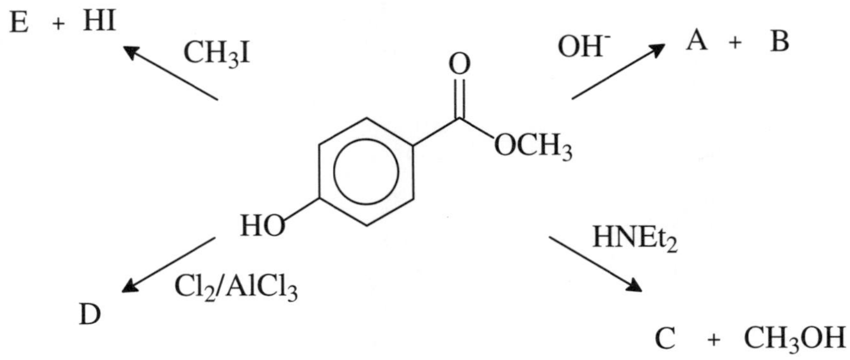

A 18.07 Welche Produkte A bis D entstehen bei der Reaktion von 4,4- Dimethylcyclohexanon mit den angegebenen Reagenzien?

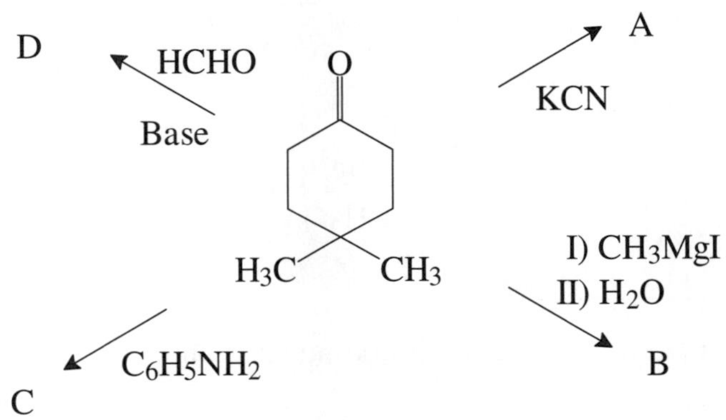

A 18.08 Geben Sie die Strukturformeln der Produkte A - D an:

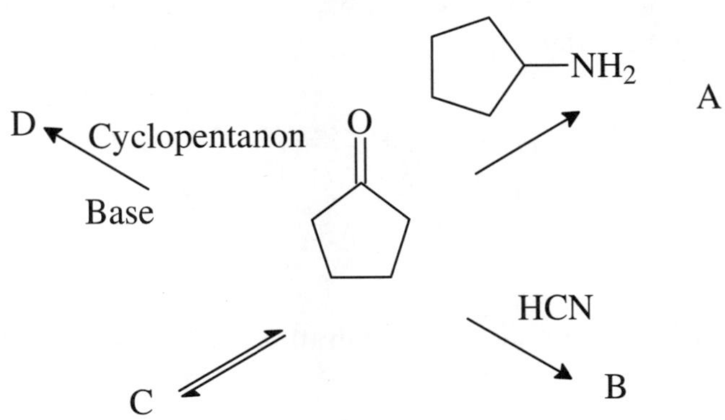

A 18.09 Geben Sie einfach mal die Reaktionsprodukte A - I an:

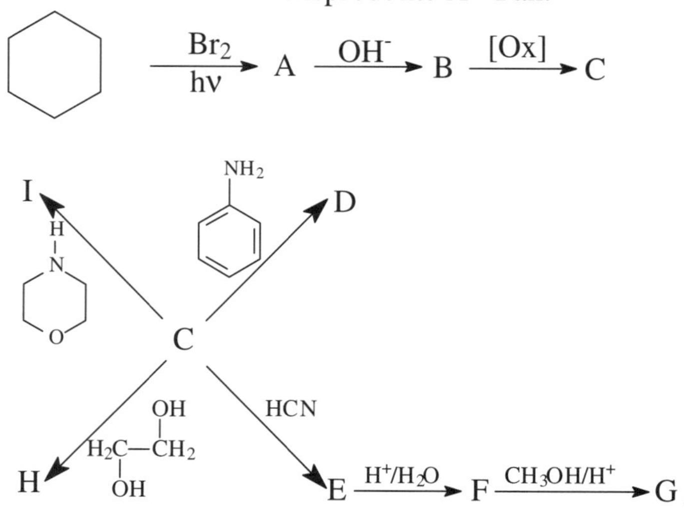

Lösungen zu vermischten Aufgaben

L 18.01

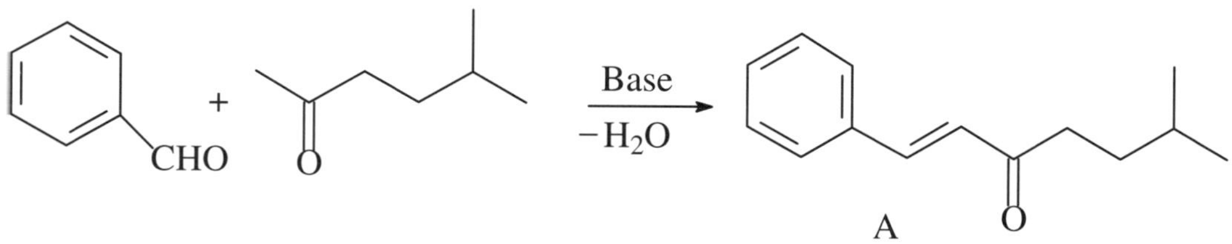

Zu A gelangt man mittels einer Aldolkondensation.

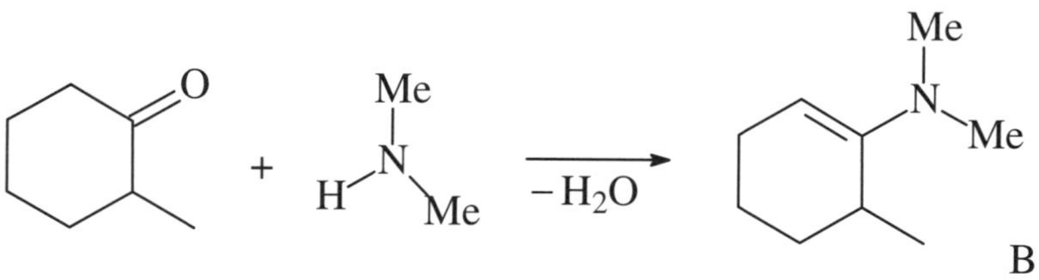

Bei B handelt es sich um ein Enamin, welches aus einem Keton und einem sekundären Amid gebildet werden kann.

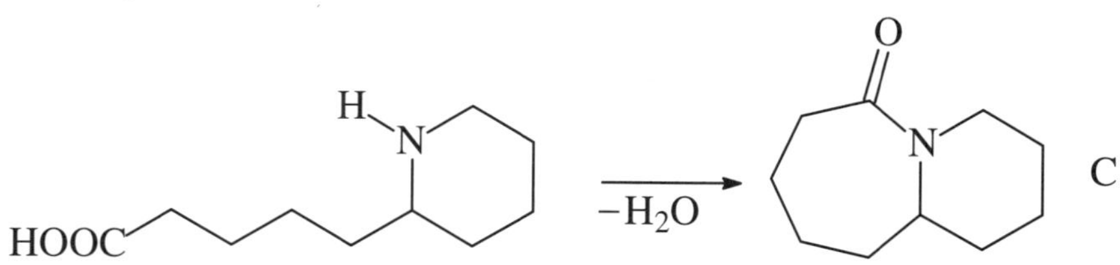

C ist ein Lactam, welches sich durch intramolekulare Amidbildung synthetisieren lässt.

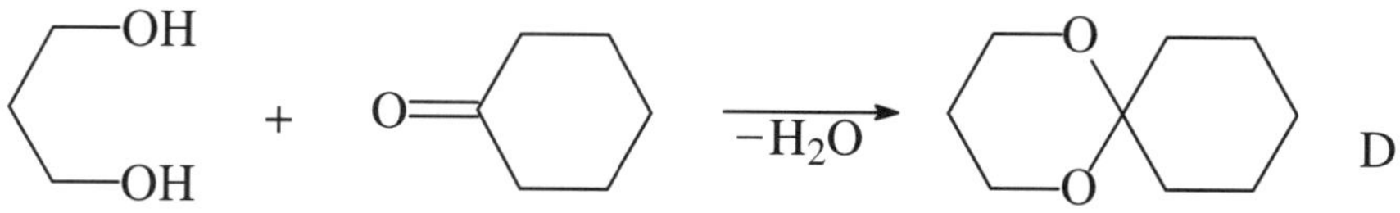

D ist ein Actetal; es lässt sich hier aus einem Diol und einem Keton bilden.

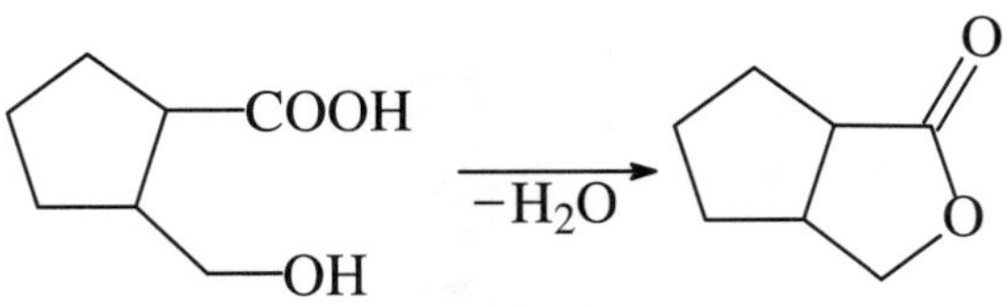

E

Das Lacton E synthetisiert man durch intramolekulare Esterbildung.

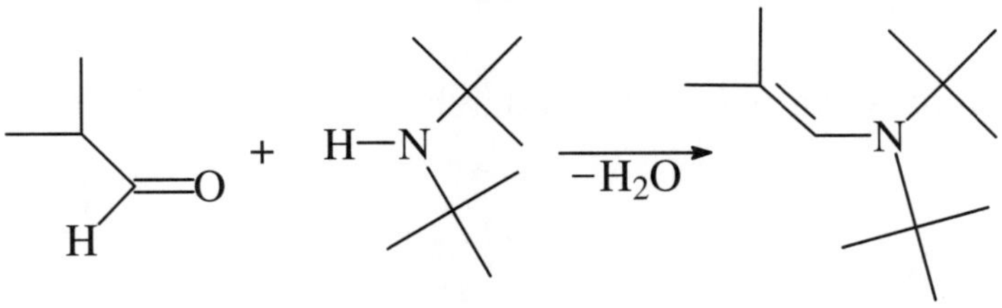

F

Wie im Fall von B, ist F ein Enamin. Die Edukte sind ein Aldehyd und ein sek. A-min.

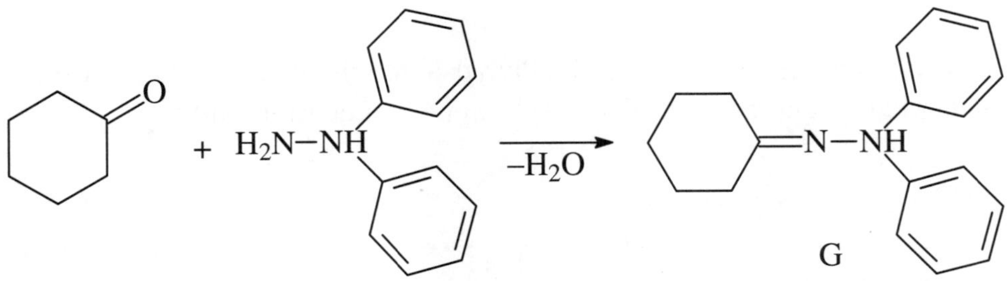

G

G ist ein Hydrazon, das aus einem Keton und einem Hydrazinderivat gebildet wird.

L 18.02 Bei A entsteht ein Cyanhydrin, im Fall von B entsteht ein Hydrat und D ist ein Hydrazon. Im Falle des Produkts C handelt es sich um eine Grignardreaktion. Merken Sie sich, dass bei Grignardreagenzien, der Kohlenstoff, der an das Magnesium gebunden ist, negativ polarisiert ist und im Sinne einer nucleophilen Addition mit Carbonylverbindungen reagiert.

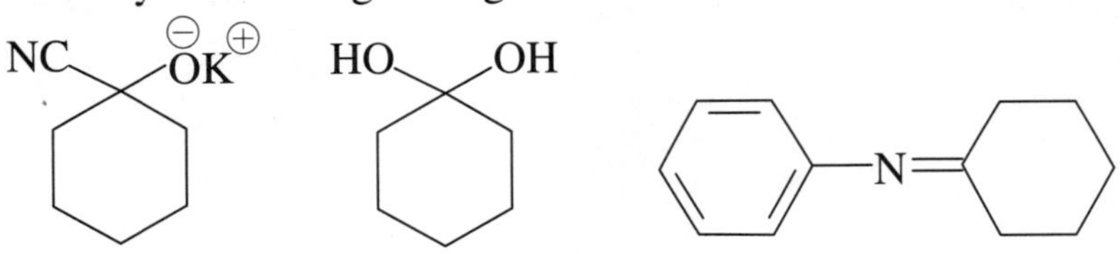

A B D

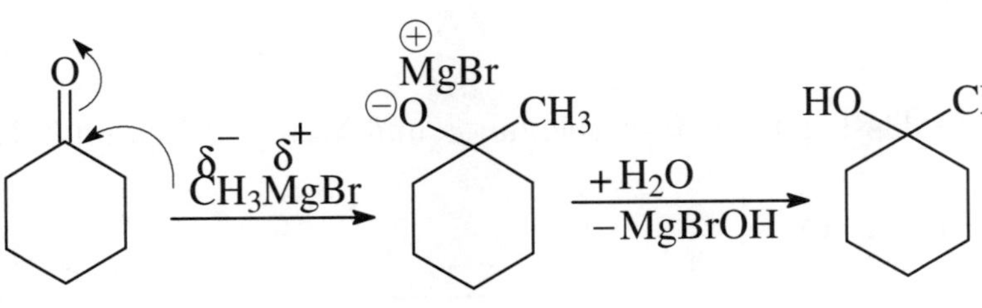

C

L 18.03 A ist das Produkt einer Aldolkondensation.

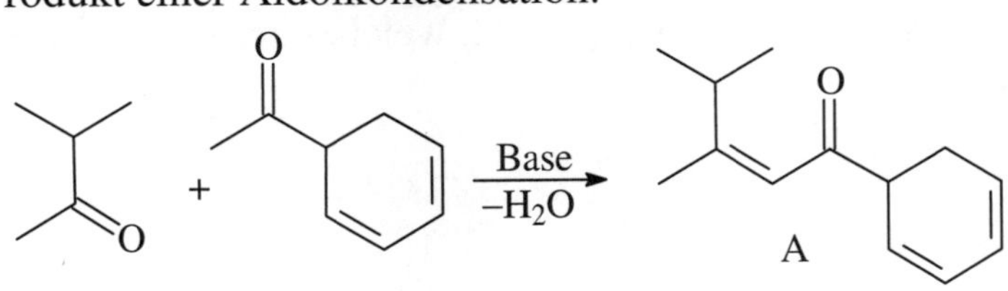

A

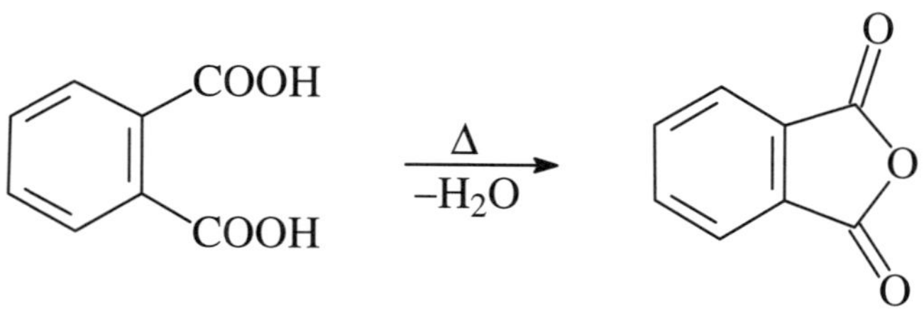

B

B ist Phthalsäureanhydrid, es entsteht durch Erhitzen von Phthalsäure.

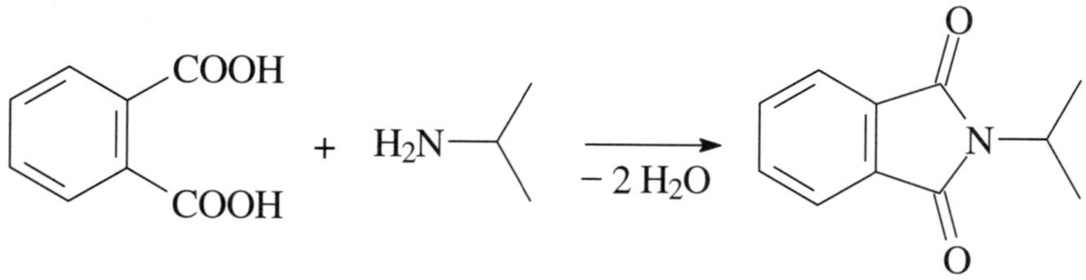

C

Um C zu synthetisieren, setzen Sie Phthalsäure mit einem primären Amin um. In diesem Fall reagieren beide Carboxylgruppen unter Amidbildung.

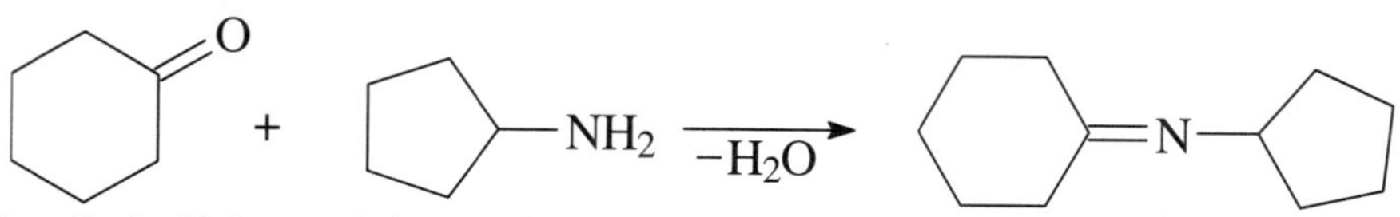

D

Das Imin D lässt sich aus Cyclohexanon und Cyclopentylamin bilden.

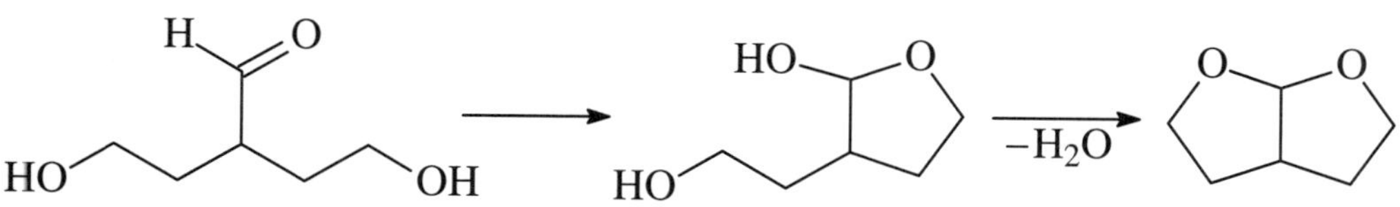

E

Bei E handelt es sich um ein Acetal, welches sich in einer intramolekularen Reaktion aus einem Dihydroxialdehyd bilden kann.

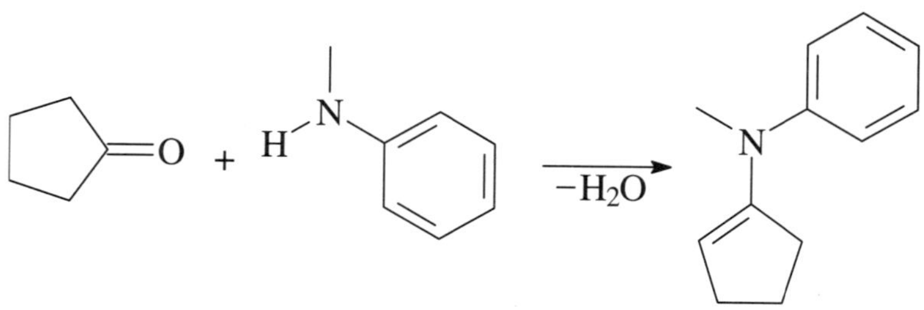

F

Das Enamin F lässt sich aus Cyclopentanon und Methylphenylamin darstellen.

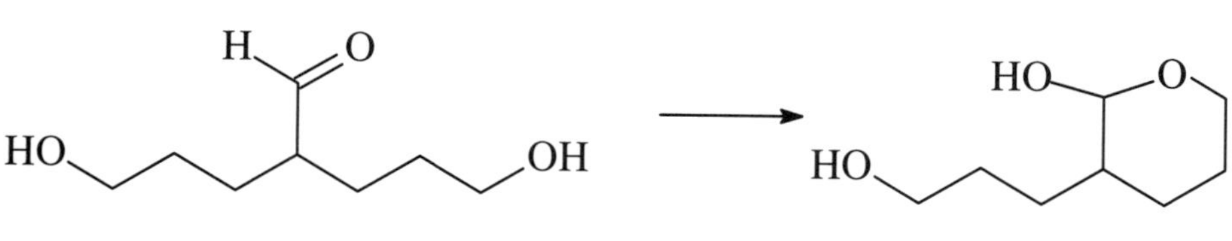

G

Bei G handelt es sich um ein Halbacetal, welches aus einem Dihydroxialdehyd zugänglich ist.

L 18.04 Die meisten Stoffe lösen sich am besten in ionischer Form in Wasser.

1. Das Gemisch wird mit verdünnter Salzsäure behandelt. Hierbei extrahiert man Triethylamin als quartäres Ammoniumsalz. Eventuell vorhandene Propanoationen werden durch Protonierung zurückgedrängt.

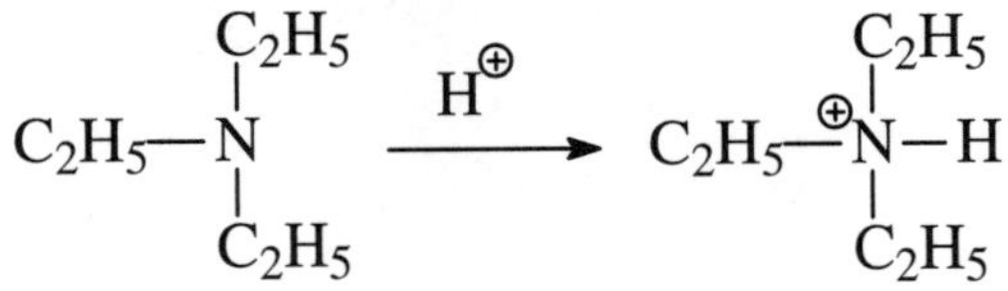

2. Mit einer schwachen Base z.B. einer Sodalösung lässt sich Propansäure extrahieren.

$$2\ C_2H_5{-}COOH + Na_2CO_3 \longrightarrow CO_2 + H_2O + 2\ C_2H_5{-}COO^{\ominus}Na^{\oplus}$$

3. Phenol lässt sich mit einer starken Base wie Natronlauge extrahieren. Die schwache Base aus 2. ist hierzu nicht in der Lage.

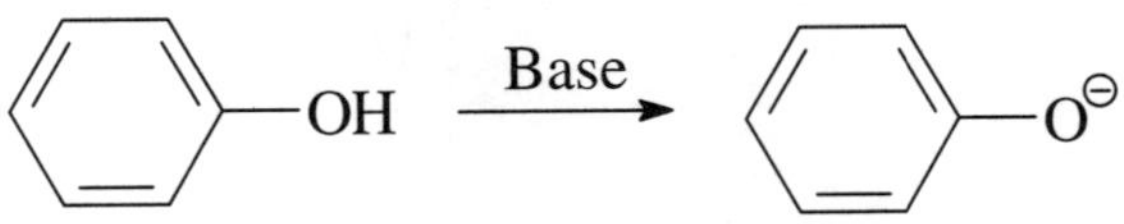

4. Das Cyclohexanol verbleibt als einziger Stoff im Ether und kann durch Verdunsten des Ethers gewonnen werden.

L 18.05

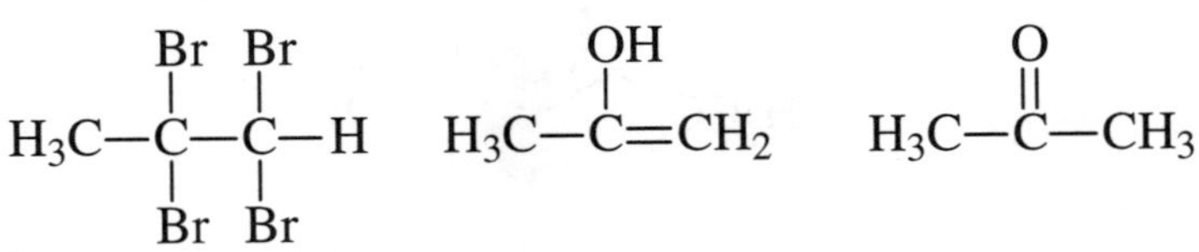

A B C

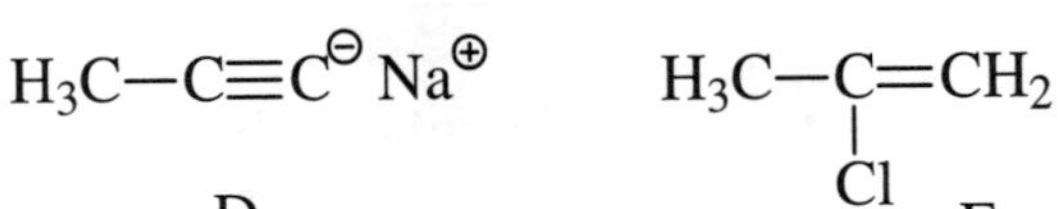

D E

Das Zwischenprodukt B (Enol) wandelt sich in einer Keto- Enol- Tautomerie zum Keton C um. Natriumamid ist als starke Base in der Lage, Alkine zu deprotonieren. Das Produkt ist dann ein Alkinylanion D.

L 18.06 Bei dieser Aufgabe sollten Sie darauf achten, mit welcher Gruppe des Edukts die zugefügten Reagenzien reagieren können.

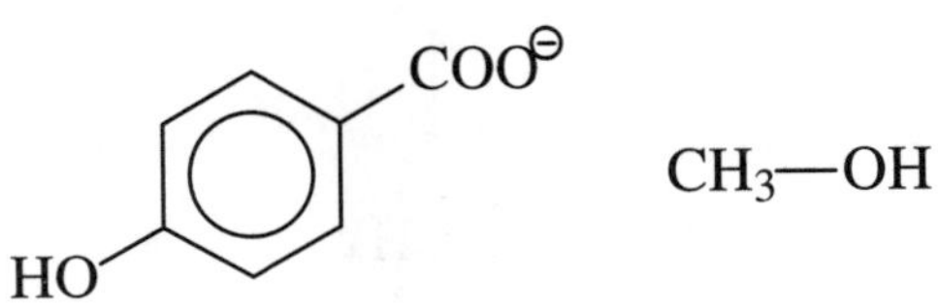

A B

Die Base führt zu einer Esterhydrolyse (A und B).

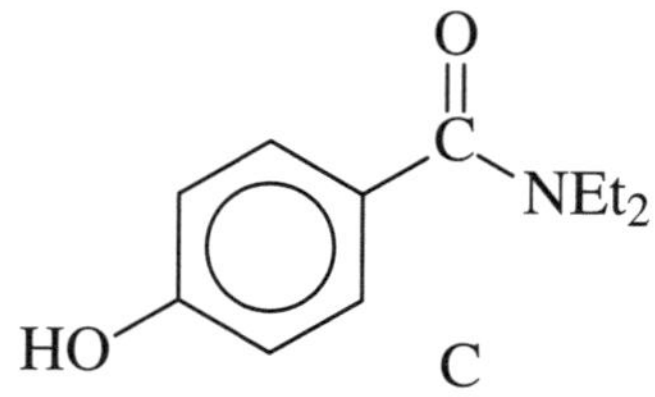

C

Das sekundäre Amin reagiert mit der Estergruppe unter Amidbildung (C).

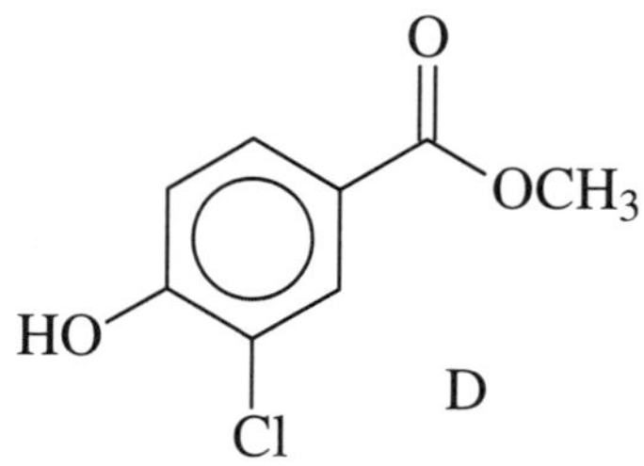

D

Bei D handelt es sich um Friedel- Craft- Bedingungen, die zu einer Chlorierung des Rings in der Meta- Position zur Estergruppe führen.

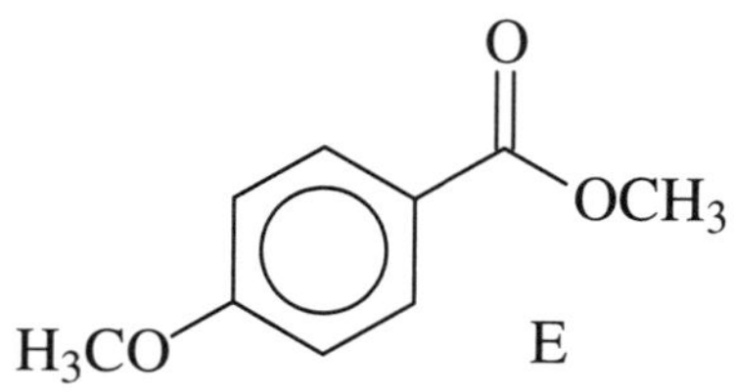

E

Im Fall von E wurde die Hydroxygruppe in eine Methoxygruppe überführt.

L 18.07 Bei dieser Aufgabe handelt es sich ausschließlich um Carbonylreaktionen.

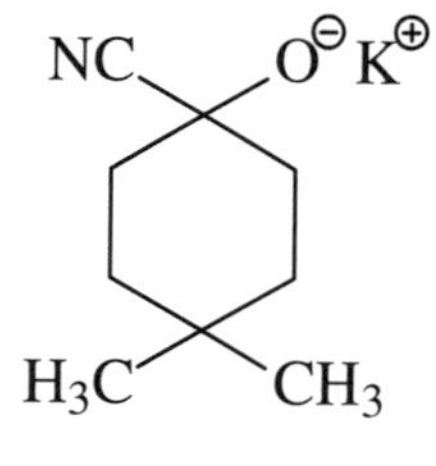

A

Mit KCN entsteht ein Cyanhydrin.

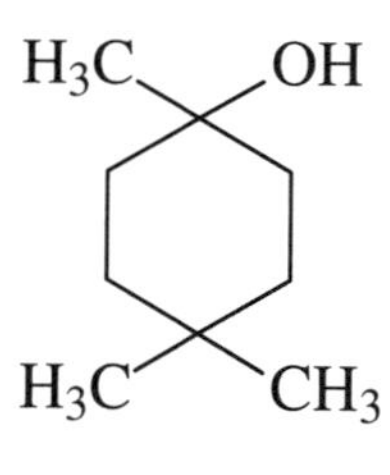

B

Reagenz I ist ein Grignardreagenz, welches nach anschließender Hydrolyse zum tertiären Alkohol B führt.

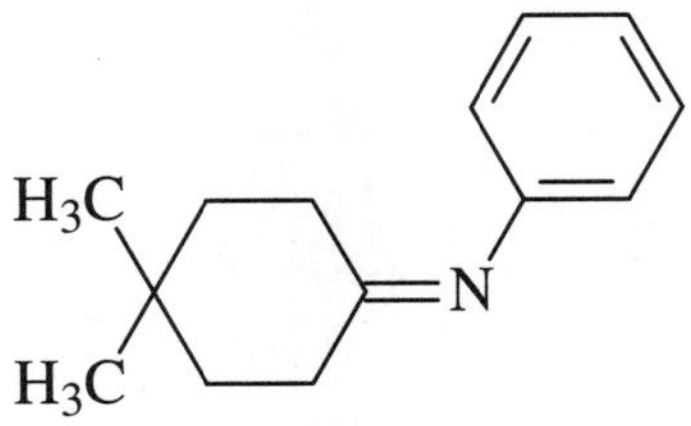

C

Mit Anilin entsteht ein Imin.

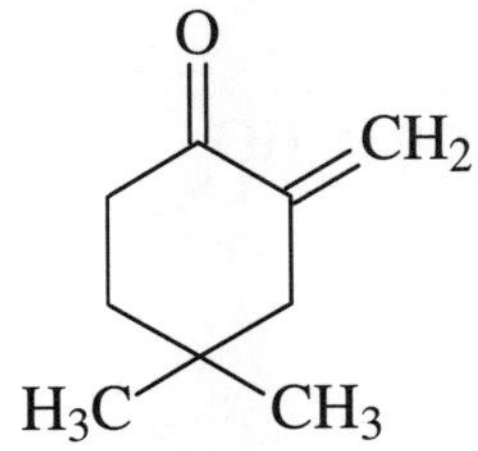

D

Bei Formaldehyd unter basischen Bedingungen kommt es zur Aldolkondensation.

L 18.08 Auch diese Aufgabe behandelt nur Carbonylreaktionen.

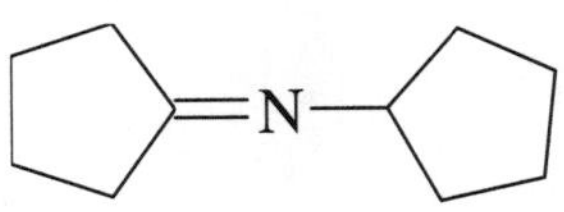

A

Umsetzung mit einem primären Amin führt zum Imin A.

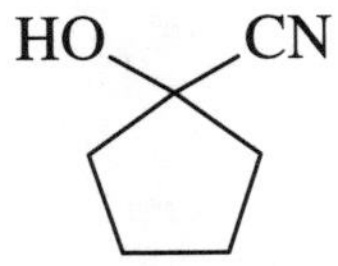

B

Mit Blausäure erhalten Sie Cyanhydrin B.

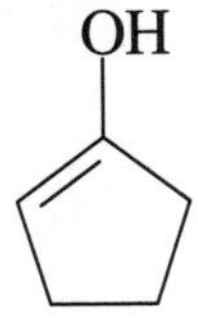

C

Hier geht es nur um die Keto- Enol- Tautomerie (Enol C).

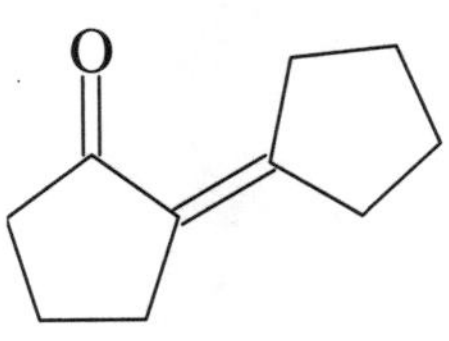

D

Bei Behandlung mit einer Base führt zur Aldolkondensation D.

L 18.09 Die Lösungen sind:

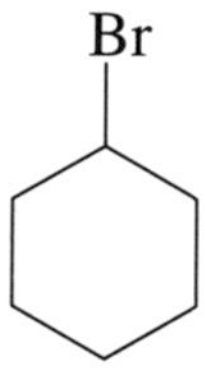

A

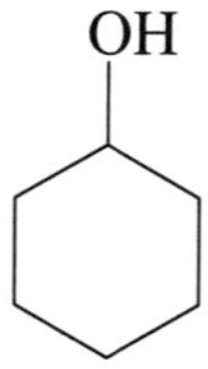

B

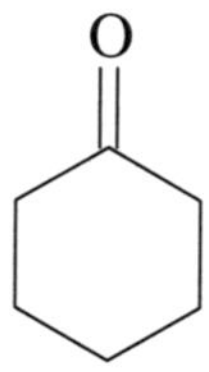

C

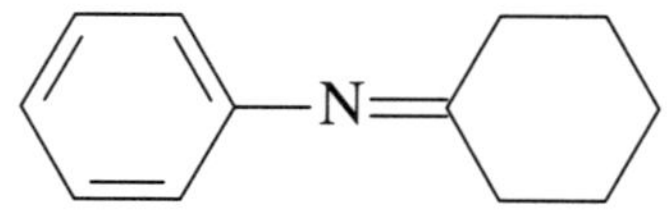

D

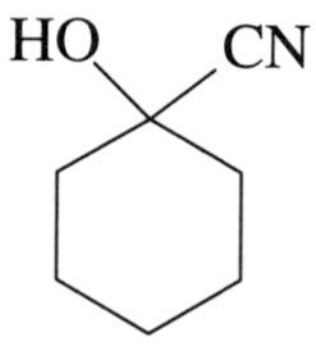

E

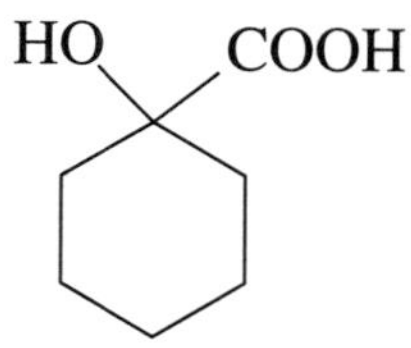

F

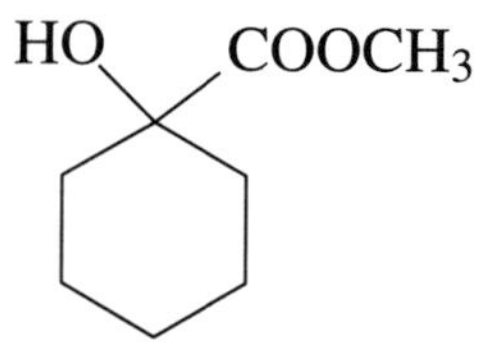

G

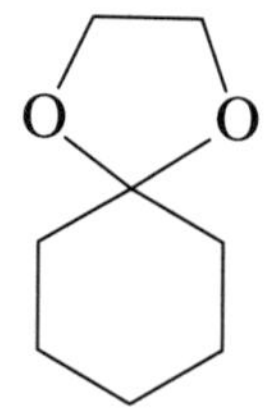

H

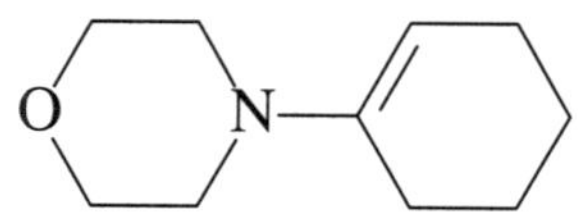

I

Wo war das denn schwer?

Glossar

Addition: Reaktion zweier *Moleküle* unter Bildung eines einzigen. Kap. 14, S. 251

Aktivierungsenergie nach Arrhenius: Die Energiemenge, die benötigt wird um eine chemische Reaktion einzuleiten. Kap. 5, S. 66

Anion: Negativ geladenes *Atom* oder *Molekül*. Kap. 1, S. 9

Anode: Die *Elektrode*, an der Elektronen aufgenommen werden, auch Pluspol genannt, bezogen auf die Elektronen. Kap. 9, S. 149

Aromatischer Zustand: Besonders energiearmer Zustand bei *konjugierten* Doppelbindungen bei Erfüllung der *Hückel- Regel*. Kap. 15, S. 283

Arrhenius- Säure- Base: Säuren geben H^+ ab, Basen geben OH^- ab. Kap. 4, S. 49
Kap. 6, S. 78

Atom: Kleinstes elektrisch neutrales Teilchen eines Elements, welches mit chemischen Mitteln nicht weiter teilbar ist. Kap. 1, S. 7

Atombau: Aufbauprinzip der *Atome*, bestehend aus einem Kern, der *Protonen* und *Neutronen* enthält und den *Orbitalen*, welche die *Elektronen* enthalten. Kap. 1, S. 7

Atombindung: Auch kovalente Bindung zwischen *Atomen*, bei denen die Bindungselektronen von beiden Atomen gemeinsam genutzt werden, um die *Edelgaskonfiguration* zu erreichen. Kap. 1, S. 10

Bohrsches Atommodell: Veraltete Vorstellung, nach der die *Elektronen* den Atomkern auf festen Bahnen (Schalen) umkreisen. Kap. 1, S. 7

Brönsted -Säure -Base: Säuren sind *Protonen*donatoren, Basen sind *Protonen*aktzeptoren. Kap. 6, S. 78

Chiralität: *Moleküle*, die sich wie Bild und Spiegelbild verhalten und durch keine geometrische Operation zur Deckung zu bringen sind. Kap. 12, S. 220

Diastereomere: *Konfigurationsisomere*, die sich nicht in allen *Chiralitäts*zentren unterscheiden. Kap. 12, S. 223

Delokalisation: Unbestimmter Aufenthaltsort von freien Elektronenpaaren oder Doppelbindungselektronen. Kap. 13, S. 245
Kap. 15, S. 283

Dipol: *Molekül*, bei dem die Bindung gerichtet *polarisiert* ist. Kap. 1, S. 13

Dipol- Dipol- Wechselwirkung: Anziehung zwischen gerichteten *Dipolen*. Kap. 1, S. 13

Disproportionierung: *Redoxreaktion*, bei denen ein Element von einer *Oxidationsstufe* in eine höhere und eine niedrigere reagiert. Kap. 8, S. 125

Doppelte Umsetzung: Reaktion zweier *Salze*, bei denen jeweils *Kationen* und *Anionen* ausgetauscht werden. Kap. 3, S. 37

Edelgaskonfiguration: Angestrebter Zustand, bei dem das *Valenzorbital* voll mit Elektronen besetzt ist. Kap. 1, S. 9

Elektrode: Teil eines Leiters, welcher den elektrischen Strom in eine Flüssigkeit, ein Gas oder einen Feststoff überträgt. Kap. 9, S. 149

Elektron: negativ geladenes Elementarteilchen von geringer Masse, welches sich in der *Atom*hülle befindet. Kap. 1, S. 7

Elektronegativität: Bestreben der Atome, Elektronen an sich zu binden. Kap. 1, S. 9

Eliminierung: Reaktion, bei der ein Teil eines *Moleküls* abgespalten wird und eine Mehrfachbindung entsteht. Kap. 14, S. 251

Endotherm: Chemische Reaktion mit negativer Wärmetönung, bei der Energie verbraucht wird. Kap. 5, S. 64

Enthalpie: Reaktionswärme Kap. 5, S. 64

Entropie: Maß der Unordnung Kap. 5, S. 64

Erlenmeyerregel: Mehr als eine OH- Gruppe an einem C- Atom ist nicht stabil. Kap. 16, S. 302

Exotherm: Chemische Reaktion mit positiver Wärmetönung, bei der Energie frei wird. Kap. 5, S. 63

Faraday- Konstante: Elektrizitätsmenge eines *Mol Elektronen* gemessen in Amperesekunden (ca. 96500 As). Kap. 9, S. 150

Gravimetrie: Quantitative Analysenmethode, die sich der Schwerlöslichkeit einiger Verbindungen bedient. Kap. 4, S. 47

Hauptquantenzahl: Dient zur Numerierung der Schalen eines *Atoms* und beschreibt einen großen Energieunterschied zwischen den *Orbitalen*. Kap. 1, S. 7

Henderson- Hasselbalch- Gleichung: Ermöglicht die Berechnung des *pH- Wertes* von *Puffer*systemen. Kap. 6, S. 83

Hückelregel: Kriterium für *Aromatizität*. Kap. 15, S. 283

Hundsche Regel: Energiegleiche *Orbitale* werden zuerst einfach besetzt, dann unter *Spin*paarung aufgefüllt. Kap. 1, S. 7

Hybridisierung: Mischung zweier oder mehrerer *Atomorbitale*. Kap. 10, S. 161

Induktive Effekte: Einfluss benachbarter Gruppen auf die *Elektronendichte* eines Zentrums aufgrund von *Elektronegativitäts*unterschieden. Kap. 13, S. 244

Ionen: Elektrisch geladene *Atome* oder *Moleküle*. Kap. 1, S. 10

Ionenaustauscher: Spezielle Kunststoffharze, die in der Lage sind, entweder *Kationen* oder *Anionen* gegen andere *Ionen* auszutauschen. Kap. 4, S. 49

Ionenbindung: Elektrostatische Wechselwirkung zwischen verschieden geladenen *Ionen*. Kap. 1, S. 10

Ionisierungsenergie: Die Energie, die notwendig ist, ein *Elektron* aus der Hülle eines *Atoms* zu entfernen. Kap. 1, S. 9

Isomere: Verbindungen mit gleicher Summenformel, aber unterschiedlicher Geometrie. Kap. 11, S. 179

IUPAC: International Union of Pure and Applied Chemistry Kap. 2, S. 26

Kathode: Die *Elektrode*, an der Elektronen abgegeben werden, auch Minuspol genannt, bezogen auf die Elektronen. Kap. 9, S. 149

Kation: Positiv geladenes *Atom* oder *Molekül*. Kap. 1, S. 9

Komplexe: Zentralteilchen, an welches *koordinativ Liganden* gebunden sind; derart, dass die *Liganden Elektronen* zu Verfügung stellen und das Zentralteilchen leere oder teilweise gefüllte *Orbitale*. Kap. 1, S. 12; Kap. 10, S. 161

Komproportionierung: *Redoxreaktion*, bei der ein Element von einer höheren und einer niedrigen in eine mittlere *Oxidationsstufe* reagiert. Kap. 8, S. 125

Kondensation: Reaktion zweier *Moleküle* im Sinne einer *Addition* unter Abspaltung von Wasser. Kap. 16, S. 303

Konzentration: Verteilungsdichte einer Stoffmenge in einem konkreten Volumen. Kap. 4, S. 46

Konfigurationsisomere: *Isomere*, die sich bei gleicher *Konstitution* und *Konformation* nur in der Anordnung der *Atome* oder Gruppen im Raum unterscheiden. Kap. 12, S. 220

Konformationsisomere: *Isomere*, die sich bei gleicher *Konfiguration* nur durch Drehung um eine C–C- Einfachbindung unterscheiden. Kap. 12, S. 224

Koordinative Bindung: Sonderfall der *kovalenten* Bindung. Ein Reaktionspartner stellt ein *Elektronen*paar zur Verfügung der andere ein freies *Orbital.* Kap. 1, S. 12

Koordinationszahl: Zahl der vom Zentralatom ausgehenden *koordinativen Bindungen.* Kap. 10, S. 161

Konstitutionsisomere: *Isomere*, bei denen die *Atome* bei gleicher Summenformel unterschiedlich verknüpft sind. Kap. 11, S. 180

Kovalente Bindung: Siehe *Atombindung* Kap. 1, S. 10

Lewis- Säure- Base: Säuren sind *Elektronen*paarakzeptoren, Basen sind *Elektronen*paardonatoren. Kap. 6, S. 78

Liganden: *Elektronen*paardonatoren bei *Komplexen* Kap. 2, S. 28; Kap. 10, S. 161

Löslichkeitsprodukt: Aus dem *Massenwirkungsgesetz* hergeleiteter Zusammenhang für schwerlösliche Verbindungen. Kap. 7, S. 112

Londonkräfte: Sehr schwache Wechselwirkung zwischen un*polaren Molekülen.* Kap. 1, S. 13

Magnetische Quantenzahl: Gibt die Raumausrichtung nicht kugelförmiger *Orbitale* an. Kap. 1, S. 7

Markovnikow- Regel: *Regioselektivität* bei der *Addition protonen*acider Verbindungen an C–C- Mehrfachbindungen. Kap. 14, S. 255

Massenwirkungsgesetz: Der Quotient aus dem Produkt der Produkte und aus dem Produkt der Edukte einer chemischen Reaktion ist bei vorgegebenem Druck und Temperatur konstant. Kap. 5, S. 63

Metallbindung: Bildung eines *Elektronen*gases und positiver *Atom*rümpfe bei nicht geladenen Elementen geringer *Elektronegativität.* Kap. 1, S. 12

Mesomere Effekte: Einfluss benachbarter Gruppen auf die *Elektronen*dichte eines Zentrums aufgrund von freien *Elektronen*paaren oder Doppelbindungen. Kap. 13, S. 244

Mol: Ein Mol eines Stoffes sind 6×10^{23} Teilchen, bzw. die Summe der Atommassen in Gramm. Kap. 4, S. 46

Molarität: Konzentrationsmaß, Einheit [*mol/l*] Kap. 4, S. 46

Molekül: Gruppe von *Atomen*, die durch intramolekulare Wechselwirkungen miteinander verbunden sind. Kap. 1, S. 10

Nebenquantenzahl: Charakterisiert die Form eines *Orbitals*. Kap. 1, S. 7

Nernstsche Gleichung: Gestattet die Berechnung einer elektrochemischen *Potential*differenz, wenn die Bestandteile der *Redox*reaktion nicht unter Normalbedingungen vorliegen. Kap. 9, S. 149

Neutron: Neutrales Elementarteilchen mit ungefähr der gleichen Masse eines *Protons*, welches sich im *Atom*kern befindet und zur Isolation der *Protonen* voneinander dient. Kap. 1, S. 7

Normalität: Konzentrationsmaß; Produkt aus *Molarität* und *Wertigkeit*. Kap. 4, S. 49

Normalpotential: *Potential*, eines Stoffes unter Normalbedingungen gegenüber der *Normalwasserstoffelektrode*. Kap. 9, S. 150

Normalwasserstoffelektrode: Bezugs*elektrode* aus Platin, die in eine 1 molare H^+- *Ionen*lösung eintaucht und mit Wasserstoffgas von einer Atmosphäre umspült wird (25°C). Kap. 9, S. 149

Oktettregel: *Edelgaskonfiguration*, in bezug auf die Elemente der zweiten Periode. Kap. 1, S. 9

Orbital: Aufenthaltswahrscheinlichkeiten der *Elektronen*. Kap. 1, S. 7

Oxidation: Abgabe von *Elektronen*, oder Reaktion mit Sauerstoff. Kap. 8, S. 122

Oxidationsmittel: Stoff, der in der Lage ist andere Stoffe zu *oxidieren* und dabei selbst *reduziert* wird. Kap. 8, S. 122

Oxidationzahl: Formaler Ladungsüberschuss oder - unterschuss eines Elementes oder einer Gruppe, der aufgrund der Zuordnung der Bindungs*elektronen* nach der *Elektronegativität* erfolgt. Kap. 8, S. 122

Pauli- Prinzip: *Elektronen* innerhalb eines *Atoms* unterscheiden sich mindestens in einer *Quantenzahl* voneinander. Kap. 1, S. 7

Periodensystem: Tabelle aller Elemente, die nach dem Aufbau der *Elektronen*hülle strukturiert ist. Die Elemente sind nach steigender *Protonen*zahl geordnet. Kap. 1, S. 7

pH-Wert: Negativer dekadischer Logarithmus der H^+- bzw. H_3O^+- Konzentration. Kap. 6, S. 78

pK-Wert: Negativer dekadischer Logarithmus einer Gleichgewichtskonstante aus dem *Massenwirkungsgesetz* (meist in bezug auf Säuren und Basen). Kap. 6, S. 81

Polarisierung: Verschiebung der Bindungs*elektronen* in einer Verbindung zum *elektronegativeren* Bindungspartner hin. Kap. 1, S. 12

Potential: Hier im Sinne der Spannung eines elektrochemischen Elementes. Nur als Potentialdifferenz messbar. Kap. 9, S. 149

Proton: Positiv geladenes Elementarteilchen mit der Masse 1 innerhalb des *Atom*kerns (auch positiv geladener Wasserstoff). Kap. 1, S. 7

Puffer: Schwaches korrespondierendes Säure- Base- Paar, dient zum konstant halten von pH- Werten. Kap. 6, S. 83

Quantenzahl: Charakterisiert die Position und den Zustand eines *Elektrons* innerhalb eines *Orbitals*. Kap. 1, S. 7

Redoxgleichung: Chemische Reaktion, bei der eine *Oxidation* und eine *Reduktion* stattfindet. Kap. 8, S. 122

Reduktion: Aufnahme von *Elektronen*. Kap. 8, S. 122

Reduktionsmittel: Stoff, der in der Lage ist andere Stoffe zu *reduzieren* und dabei selbst *oxidiert* wird. Kap. 8, S. 122

Regioselektiv: Bevorzugter Angriff bei einer chemischen Reaktion an eine bestimmte Position eines *Moleküls*. Kap. 14, S. 256

Salz: Verbindungen, die aus *Kationen* und *Anionen* aufgebaut sind. Kap. 1, S. 10

Spannungsreihe: Anordnung von Elementen oder Verbindungen nach ihrem *Normalpotential*. Kap. 9, S. 150

Spinquantenzahl: Gibt die Richtung des Eigendrehimpulses eines *Elektrons* an. Kap. 1, S. 7

Stereoselektiv: Bevorzugung eines *Konfigurationsisomeren* bei einer Reaktion, bei der zwei oder mehr *Konfigurationsisomere* entstehen können. Kap. 14, S. 256

Substitution: Reaktion, bei der ein *Atom* oder eine Gruppe eines *Moleküls* durch ein anderes *Atom* oder eine Gruppe ersetzt wird. Kap. 14, S. 251

Tautomerie: Gleichgewicht zwischen zwei Formen eines *Moleküls*, die durch Wanderung eines Wasserstoffs zustande kommt. Kap. 16, S. 303

Titration: Quantitative Analyse, bei der die zu bestimmende Menge eines Stoffes durch den Verbrauch eines bestimmten Volumens einer Lösung bekannter *Konzentration* bei einer Reaktion erfolgt. Kap. 4, S. 48

Van der Waals-Kräfte: Schwache intermolekulare Wechselwirkung zwischen *Molekülen* mit *polarisierten* Bindungen. Kap. 1, S. 13

Valenzorbital: Äussere an chemischen Bindungen beteiligte *Orbitale*. Kap. 1, S. 9

Wasserstoffbrückenbindung: Wechselwirkung eines *kovalent* gebundenen Wasserstoffs mit einem freien *Elektronen*paar eines Elements mit hoher *Elektronegativität* (N, O, F). Kap. 1, S. 13

Wertigkeit: Zahl der aktiven Teilchen, die innerhalb einer chemischen Reaktion von einem Stoff abgegeben werden können. Kap. 4, S. 49

Zähnigkeit: Anzahl der von einem *Liganden* zur Verfügung gestellten Bindungen. Kap. 10, S. 162

Zwitterion: *Molekül*, oft eine Aminosäure, das sowohl eine positive als auch eine negative Ladung trägt. Kap. 17, S. 339

Periodensystem der Elemente

1a	2a	3b	4b	5b	6b	7b	8b			1b	2b	3a	4a	5a	6a	7a	8a	
Alkali-metalle	Erdalkali-metalle	Übergangsmetalle										Erdmetalle	Kohlenstoff-gruppe	Stickstoff-gruppe	Chalkogene	Halogene	Edelgase	
1 H Wasserstoff 1 EN:2,2																	4 He Helium 2 EN:-,-	1
7 Li Lithium 3 EN:1,0	9 Be Beryllium 4 EN:1,5					70 Ga Gallium 31 EN:1,8	Massenzahl (gerundet!) Elementsymbol Elementnamen Ordnungszahl Elektronegativität					11 B Bor 5 EN:2,0	12 C Kohlenstoff 6 EN:2,5	14 N Stickstoff 7 EN:3,1	16 O Sauerstoff 8 EN:3,5	19 F Fluor 9 EN:4,1	20 Ne Neon 10 EN:-,-	2
23 Na Natrium 11 EN:1,0	24 Mg Magnesium 12 EN:1,2											27 Al Aluminium 13 EN:1,5	28 Si Silicium 14 EN:1,7	31 P Phosphor 15 EN:2,1	32 S Schwefel 16 EN:2,4	35 Cl Chlor 17 EN:2,8	40 Ar Argon 18 EN:-,-	3
39 K Kalium 19 EN:0,9	40 Ca Calcium 20 EN:1,0	45 Sc Scandium 21 EN:1,2	48 Ti Titan 22 EN:1,3	51 V Vanadium 23 EN:1,5	52 Cr Chrom 24 EN:1,6	55 Mn Mangan 25 EN:1,6	56 Fe Eisen 26 EN:1,6	59 Co Kobalt 27 EN:1,7	59 Ni Nickel 28 EN:1,8	64 Cu Kupfer 29 EN:1,8	65 Zn Zink 30 EN:1,7	70 Ga Gallium 31 EN:1,8	73 Ge Germanium 32 EN:2,0	75 As Arsen 33 EN:2,2	79 Se Selen 34 EN:2,5	80 Br Brom 35 EN:2,7	84 Kr Krypton 36 EN:-,-	4
85 Rb Rubidium 37 EN:0,9	88 Sr Strontium 38 EN:1,0	89 Y Yttrium 39 EN:1,1	91 Zr Zirkon 40 EN:1,2	93 Nb Niob 41 EN:1,2	96 Mo Molybdän 42 EN:1,3	98 Tc Technetium 43 EN:1,4	101 Ru Ruthenium 44 EN:1,4	103 Rh Rhodium 45 EN:1,5	106 Pd Paladlium 46 EN:1,4	108 Ag Silber 47 EN:1,4	112 Cd Cadmium 48 EN:1,4	115 In Indium 49 EN:1,5	119 Sn Zinn 50 EN:1,7	122 Sb Antimon 51 EN:1,8	128 Te Tellur 52 EN:2,0	127 I Iod 53 EN:2,2	113 Xe Xenon 54 EN:-,-	5
133 Cs Cäsium 55 EN:0,9	137 Ba Barium 56 EN:1,0	139 La Lanthan 57 EN:1,1	178 Hf Hafnium 72 EN:1,2	181 Ta Tantal 73 EN:1,3	184 W Wolfram 74 EN:1,4	186 Re Rhenium 75 EN:2,2	190 Os Osmium 76 EN:1,5	192 Ir Iridium 77 EN:1,6	195 Pt Platin 78 EN:1,4	197 Au Gold 79 EN:-,-	201 Hg Quecksilber 80 EN:-,-	204 Tl Thalium 81 EN:1,4	207 Pb Blei 82 EN:1,6	209 Bi Wismut 83 EN:1,7	209 Po Polonium 84 EN:1,8	210 At Astat 85 EN:2,0	222 Rn Radon 86 EN:-,-	6
223 Fr Francium 87 EN:0,9	226 Ra Radium 88 EN:1,0	227 Ac Actinium 89 EN:1,0																7

Die Massenzahlen sind hier gerundet, die exakten Werte können Sie einem Lehrbuch entnehmen.
Die Reihe der Lanthaniden und Actiniden fehlt, auch Sie kann bei Bedarf einem Lehrbuch entnommen werden.